中国制造
2025

现代
机械设计手册

第二版

单行本

U0296724

创新设计与绿色设计

赵新军　张秀芬　主编

化学工业出版社
·北　京·

《现代机械设计手册》第二版单行本共 20 个分册，涵盖了机械常规设计的所有内容。各分册分别为：《机械零部件结构设计与禁忌》《机械制图及精度设计》《机械工程材料》《连接件与紧固件》《轴及其连接件设计》《轴承》《机架、导轨及机械振动设计》《弹簧设计》《机构设计》《机械传动设计》《减速器和变速器》《润滑和密封设计》《液力传动设计》《液压传动与控制设计》《气压传动与控制设计》《智能装备系统设计》《工业机器人系统设计》《疲劳强度可靠性设计》《逆向设计与数字化设计》《创新设计与绿色设计》。

本书为《创新设计与绿色设计》，主要介绍了创新的理论和方法、创新设计理论和方法、发明创造的情境分析与描述、技术系统进化理论分析、技术冲突及其解决原理、技术系统的物-场分析模型、发明问题解决程序 ARIZ 法、科学效应及其应用创新、创新方法与专利规避设计；绿色设计涉及的基本问题、绿色设计方法与工具、绿色材料选择设计、结构减量化设计、可拆卸设计、再制造设计、绿色包装设计、绿色设计评价、产品绿色设计综合案例等。本书可作为机械设计人员和有关工程技术人员的工具书，也可供高等院校相关专业师生参考。

图书在版编目（CIP）数据

现代机械设计手册：单行本. 创新设计与绿色设计/赵新军，张秀芬主编. —2 版. —北京：化学工业出版社，2020.2
ISBN 978-7-122-35658-1

Ⅰ.①现… Ⅱ.①赵… ②张… Ⅲ.①机械设计-手册 Ⅳ.①TH122-62

中国版本图书馆 CIP 数据核字（2019）第 252667 号

责任编辑：张兴辉　王烨　贾娜　邢涛　项潋　曾越　金林茹　　装帧设计：尹琳琳
责任校对：王素芹

出版发行：化学工业出版社（北京市东城区青年湖南街 13 号　邮政编码 100011）
印　　装：大厂聚鑫印刷有限责任公司
787mm×1092mm　1/16　印张 20½　字数 691 千字　2020 年 2 月北京第 2 版第 1 次印刷

购书咨询：010-64518888　　售后服务：010-64518899
网　　址：http://www.cip.com.cn
凡购买本书，如有缺损质量问题，本社销售中心负责调换。

定　　价：79.00 元

《现代机械设计手册》第二版单行本出版说明

　　《现代机械设计手册》是一部面向"中国制造2025"，适应智能装备设计开发新要求、技术先进、数据可靠、符合现代机械设计潮流的现代化机械设计大型工具书，涵盖现代机械零部件设计、智能装备及控制设计、现代机械设计方法三部分内容。旨在将传统设计和现代设计有机结合，力求体现"内容权威、凸显现代、实用可靠、简明便查"的特色。

　　《现代机械设计手册》自2011年出版以来，赢得了广大机械设计工作者的青睐和好评，先后荣获全国优秀畅销书、中国机械工业科学技术奖等，第二版于2019年初出版发行。为了给读者提供篇幅较小、便携便查、定价低廉、针对性更强的实用性工具书，根据读者的反映和建议，我们在深入调研的基础上，决定推出《现代机械设计手册》第二版单行本。

　　《现代机械设计手册》第二版单行本，保留了《现代机械设计手册》（第二版6卷本）的优势和特色，结合机械设计人员工作细分的实际状况，从设计工作的实际出发，将原来的6卷35篇重新整合为20个分册，分别为：《机械零部件结构设计与禁忌》《机械制图及精度设计》《机械工程材料》《连接件与紧固件》《轴及其连接件设计》《轴承》《机架、导轨及机械振动设计》《弹簧设计》《机构设计》《机械传动设计》《减速器和变速器》《润滑和密封设计》《液力传动设计》《液压传动与控制设计》《气压传动与控制设计》《智能装备系统设计》《工业机器人系统设计》《疲劳强度可靠性设计》《逆向设计与数字化设计》《创新设计与绿色设计》。

　　《现代机械设计手册》第二版单行本，是为了适应机械设计行业发展和广大读者的需要而编辑出版的，将与《现代机械设计手册》第二版（6卷本）一起，成为机械设计工作者、工程技术人员和广大读者的良师益友。

化学工业出版社

《现代机械设计手册》第一版自2011年3月出版以来，赢得了机械设计人员、工程技术人员和高等院校专业师生广泛的青睐和好评，荣获了2011年全国优秀畅销书（科技类）。同时，因其在机械设计领域重要的科学价值、实用价值和现实意义，《现代机械设计手册》还荣获2009年国家出版基金资助和2012年中国机械工业科学技术奖。

《现代机械设计手册》第一版出版距今已经8年，在这期间，我国的装备制造业发生了许多重大的变化，尤其是2015年国家部署并颁布了实现中国制造业发展的十年行动纲领——中国制造2025，发布了针对"中国制造2025"的五大"工程实施指南"，为机械制造业的未来发展指明了方向。在国家政策号召和驱使下，我国的机械工业获得了快速的发展，自主创新的能力不断加强，一批高技术、高性能、高精尖的现代化装备不断涌现，各种新材料、新工艺、新结构、新产品、新方法、新技术不断产生、发展并投入实际应用，大大提升了我国机械设计与制造的技术水平和国际竞争力。《现代机械设计手册》第二版最重要的原则就是紧密结合"中国制造2025"国家规划和创新驱动发展战略，在内容上与时俱进，全面体现创新、智能、节能、环保的主题，进一步呈现机械设计的现代感。鉴于此，《现代机械设计手册》第二版被列入了"十三五国家重点出版物规划项目"。

在本版手册的修订过程中，我们广泛深入机械制造企业、设计院、科研院所和高等院校进行调研，听取各方面读者的意见和建议，最终确定了《现代机械设计手册》第二版的根本宗旨：一方面，新版手册进一步加强机、电、液、控制技术的有机融合，以全面适应机器人等智能化装备系统设计开发的新要求；另一方面，随着现代机械设计方法和工程设计软件的广泛应用和普及，新版手册继续促进传动设计与现代设计的有机结合，将各种新的设计技术、计算技术、设计工具全面融入传统的机械设计实际工作中。

《现代机械设计手册》第二版共6卷35篇，它是一部面向"中国制造2025"，适应智能装备设计开发新要求、技术先进、数据可靠、符合现代机械设计潮流的现代化的机械设计大型工具书，涵盖现代机械零部件及传动设计、智能装备及控制设计、现代机械设计方法及应用三部分内容，具有以下六大特色。

1. 权威性。《现代机械设计手册》阵容强大，编、审人员大都来自设计、生产、教学和科研第一线，具有深厚的理论功底、丰富的设计实践经验。他们中很多人都是所属领域的知名专家，在业内有广泛的影响力和知名度，获得过多项国家和省部级科技进步奖、发明奖和技术专利，承担了许多机械领域国家重要的科研和攻关项目。这支专业、权威的编审队伍确保了手册准确、实用的内容质量。

2. 现代感。追求现代感，体现现代机械设计气氛，满足时代要求，是《现代机械设计手册》的基本宗旨。"现代"二字主要体现在：新标准、新技术、新材料、新结构、新工艺、新产品、智能化、现代的设计理念、现代的设计方法和现代的设计手段等几个方面。第二版重点加强机械智能化产品设计（3D打印、智能零部件、节能元器件）、智能装备（机器人及智能化装备）控制及系统设计、数字化设计等内容。

（1）"零件结构设计"等篇进一步完善零部件结构设计的内容，结合目前的3D打印（增材制造）技术，增加3D打印工艺下零件结构设计的相关技术内容。

"机械工程材料"篇增加 3D 打印材料以及新型材料的内容。

（2）机械零部件及传动设计各篇增加了新型智能零部件、节能元器件及其应用技术，例如"滑动轴承"篇增加了新型的智能轴承，"润滑"篇增加了微量润滑技术等内容。

（3）全面增加了工业机器人设计及应用的内容：新增了"工业机器人系统设计"篇；"智能装备系统设计"篇增加了工业机器人应用开发的内容；"机构"篇增加了自动化机构及机构创新的内容；"减速器、变速器"篇增加了工业机器人减速器选用设计的内容；"带传动、链传动"篇增加并完善了工业机器人适用的同步带传动设计的内容；"齿轮传动"篇增加了 RV 减速器传动设计、谐波齿轮传动设计的内容等。

（4）"气压传动与控制""液压传动与控制"篇重点加强并完善了控制技术的内容，新增了气动系统自动控制、气动人工肌肉、液压和气动新型智能元器件及新产品等内容。

（5）继续加强第 5 卷机电控制系统设计的相关内容：除增加"工业机器人系统设计"篇外，原"机电一体化系统设计"篇充实扩充形成"智能装备系统设计"篇，增加并完善了智能装备系统设计的相关内容，增加智能装备系统开发实例等。

"传感器"篇增加了机器人传感器、航空航天装备用传感器、微机械传感器、智能传感器、无线传感器的技术原理和产品，加强传感器应用和选用的内容。

"控制元器件和控制单元"篇和"电动机"篇全面更新产品，重点推荐了一些新型的智能和节能产品，并加强产品选用的内容。

（6）第 6 卷进一步加强现代机械设计方法应用的内容：在 3D 打印、数字化设计等智能制造理念的倡导下，"逆向设计""数字化设计"等篇全面更新，体现了"智能工厂"的全数字化设计的时代特征，增加了相关设计应用实例。

增加"绿色设计"篇；"创新设计"篇进一步完善了机械创新设计原理，全面更新创新实例。

（7）在贯彻新标准方面，收录并合理编排了目前最新颁布的国家和行业标准。

3. 实用性。新版手册继续加强实用性，内容的选定、深度的把握、资料的取舍和章节的编排，都坚持从设计和生产的实际需要出发；例如机械零部件数据资料主要依据最新国家和行业标准，并给出了相应的设计实例供设计人员参考；第 5 卷机电控制设计部分，完全站在机械设计人员的角度来编写——注重产品如何选用，摒弃或简化了控制的基本原理，突出机电系统设计，控制元器件、传感器、电动机部分注重介绍主流产品的技术参数、性能、应用场合、选用原则，并给出了相应的设计选用实例；第 6 卷现代机械设计方法中简化了繁琐的数学推导，突出了最终的计算结果，结合具体的算例将设计方法通俗地呈现出来，便于读者理解和掌握。

为方便广大读者的使用，手册在具体内容的表述上，采用以图表为主的编写风格。这样既增加了手册的信息容量，更重要的是方便了读者的查阅使用，有利于提高设计人员的工作效率和设计速度。

为了进一步增加手册的承载容量和时效性，本版修订将部分篇章的内容放入二维码中，读者可以用手机扫描查看、下载打印或存储在 PC 端进行查看和使用。二维码内容主要涵盖以下几方面的内容：即将被废止的旧标准（新标准一旦正式颁布，会及时将二维码内容更新为新标准的内容）；部分推荐产品及参数；其他相关内容。

4. 通用性。本手册以通用的机械零部件和控制元器件设计、选用内容为主，主要包括机械设计基础资料、机械制图和几何精度设计、机械工程材料、机械通用零部件设计、机械传动系统设计、液压和气压传动系统设计、机构设计、机架设计、机械振动设计、智能装备系统设计、控制元器件和控制单元等，既适用于传统的通用机械零部件设计选用，又适用于智能化装备的整机系统设计开发，能够满足各类机械设计人员的工作需求。

5. 准确性。本手册尽量采用原始资料，公式、图表、数据力求准确可靠，方法、工艺、技术力求成熟。所有材料、零部件和元器件、产品和工艺方面的标准均采用最新公布的标准资料，对于标准规范的编写，手册没有简单地照抄照搬，而是采取选用、摘录、合理编排的方式，强调其科学性和准确性，尽量避免差错和谬误。所有设计方法、计算公式、参数选用均经过长期检验，设计实例、各种算例均来自工程实际。手册中收录通用性强、标准化程度高的产品，供设计人员在了解企业实际生产品种、规格尺寸、技术参数，以及产品质量和用户的实际反映后选用。

6. 全面性。本手册一方面根据机械设计人员的需要，按照"基本、常用、重要、发展"的原则选取内容，另一方面兼顾了制造企业和大型设计院两大群体的设计特点，即制造企业侧重基础性的设计内容，而大型的设计院、工程公司侧重于产品的选用。因此，本手册力求实现零部件设计与整机系统开发的和谐统一，促进机械设计与控制设计的有机融合，强调产品设计与工艺技术的紧密结合，重视工艺技术与选用材料的合理搭配，倡导结构设计与造型设计的完美统一，以全面适应新时代机械新产品设计开发的需要。

经过广大编审人员和出版社的不懈努力，新版《现代机械设计手册》将以崭新的风貌和鲜明的时代气息展现在广大机械设计工作者面前。值此出版之际，谨向所有给过我们大力支持的单位和各界朋友表示衷心的感谢！

主　编

目录

CONTENTS

第34篇 创新设计

第1章 创新的理论和方法

第2章 创新设计理论和方法

第3章 发明创造的情境分析与描述

第4章　技术系统进化理论分析

第5章　技术冲突及其解决原理

第6章　技术系统物-场分析模型

第7章　发明问题解决程序——ARIZ法

第8章　科学效应及其应用创新

第9章　创新方法与专利规避设计

附　　录

第 35 篇　绿色设计

第 1 章　绿色设计涉及的基本问题

第 2 章　绿色设计方法与工具

第 3 章　绿色材料选择设计

第 4 章　结构减量化设计

第 5 章　可拆卸设计

第 6 章　再制造设计

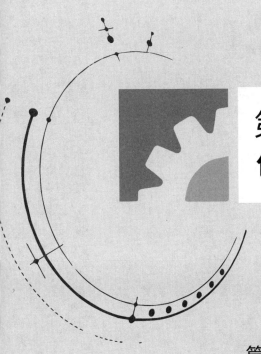

第 34 篇
创新设计

篇主编：赵新军

撰　　稿：赵新军　钟　莹　孙晓枫

审　　稿：李赤泉

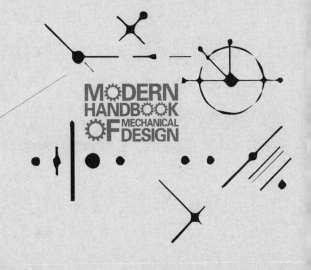

第1章　创新的理论和方法

1.1　创新的基本概念

创新这一概念是由美籍奥地利经济学家约瑟夫·阿罗斯·熊波特（Joseph Alois Schumpeter）首先提出的。在其1912年德文版《经济发展理论》一书中首次使用了创新（innovation）一词。他将创新定义为"新的生产函数的建立"，即"企业家对生产要素之新的组合"，也就是把一种从来没有过的生产要素和生产条件的"新组合"引入生产体系。按照这一观点，创新包括技术创新（产品创新与过程创新）与组织管理上的创新，因为两者均可导致生产函数的变化。他认为，创新是一个经济范畴，而非技术范畴；它不是科学技术上的发明创造，而是把已发明的科学技术引入企业之中，形成一种新的生产能力。具体来说，创新包括以下五种情况，如表34-1-1所示。

表 34-1-1　创新的五种情况

序号	创新的五种情况
1	引入新产品（消费者不熟悉的产品）或提供新的产品质量
2	采用新的生产方法（制造部门中未曾采用过的方法，此种新方法并不需要建立在新的科学发现基础之上，可以是以新的商业方式来处理某种产品）
3	开辟新的市场（使产品进入以前不曾进入的市场，不管这个市场以前是否存在过）
4	获得原料或半成品的新的供给来源（不管这种来源是已经存在的，还是第一次创造出来的）
5	实行新的企业组织形式（例如建立一种垄断地位，或打破一种垄断）

表 34-1-2　创新的定义

序号	创新的定义
1	创新是开发一种新事物的过程。这一过程从发现潜在的需要开始，经历新事物的技术可行性阶段的检验，到新事物的广泛应用为止
2	创新是运用知识或相关信息创造和引进某种有用的新事物的过程
3	创新是对一个组织或相关环境的新变化的接受
4	创新是指被相关使用部门认定的任何一种新的思想、新的实践或新的制造物
5	当代国际知识管理专家艾米顿对创新的定义是：新思想到行动（new idea to action）

许多研究者对创新进行了定义，有代表性的定义有表34-1-2所列的几种。

由此可见，创新概念包含的范围很广，各种提高资源配置效率的新活动都是创新。其中，既有涉及技术性变化的创新，如技术创新、产品创新、过程创新；也有涉及非技术性变化的创新，如制度创新、政策创新、组织创新、管理创新、市场创新、观念创新等。

从事创新活动、使生产要素重新组合的人称为创新者。创新者必须具备三个条件，如图34-1-1所示。

图 34-1-1　成为创新者的三个条件

1.1.1　发明、发现、创新、创造

发明、发现、创新、创造有相近的含义，都包含新的意思，但它们的侧重点有所区别，其内涵如表34-1-3所示。

表 34-1-3　发明、发现、创新、创造的内涵

名称	英文概括	内涵	实例
发明 invention	technical feasibility proven	是一切具有独创性、新颖性、实用性、时间性的技术成果	想出一个技术系统，它没有从前的系统所存在的矛盾
发现 discovery	in science	是对科学研究中前所未知的事物与（或）现象及其规律性的一种认识活动	想出一种科学系统，它没有过去的理论所含的矛盾
创新 innovation	economic development	指技术方面一切具有独创性、新颖性、实用性、时间性的人类活动	在技术方面提供与以往不同的新的知识、新的概念、新的方法、新的理论、新的产品、新的艺术形象等
创造 creation	original idea, generation	创造就是破旧立新	就是一切具有独创性、新颖性、实用性、时间性的人类活动

1.1.2 创新、创造的相互关系

"创新"和"创造"是在国内外传媒和有关书籍中使用最频繁的词汇之一，也是最容易混淆的概念。对于两者之间的关系，大致有以下几种论点，如表34-1-4 所示。

表 34-1-4　创新与创造的关系

关系	内　涵	图　例
"等同说"	即"创造"就是"创新"。两者之间无实质性差别，都是研究"创造学"领域逻辑起源的概念，视为相同的概念，不必在逻辑上进行严格区分	创造 创新
"本质不同说"	即"创造"和"创新"是完全不同的概念。认为"创造"是"无中生有"，即创造出一个自然界没有的东西来；而"创新"是"有中生无"，在已有的基础上进行变革和改进，具有新的功能和效益。"创造"指科学技术的发明；"创新"是指这种发明第一次被商业性运用	创造　创新
两种"包含说"	一种认为"创造"包含"创新"。"创新"是人类创造活动的一种，专指经济领域的创造，是创造成果的商业性应用	创造 创新
	另一种认为"创新"包含了"创造"。创造是创新过程的第一阶段，是"创新"的一个环节。发明或制造出某种新想法、概念、事物为"创造"，而"创新"需要在此基础上推广使用，并产生一定的经济效益和社会效益	创新 创造
"交叉说"	即"创造"和"创新"的内涵有相容和不相容，呈交叉状态	创新　创造

在市场经济的作用下，有更多的创造是为了创新。也就是说，创新是创造的目的性过程和结果，创新从创造开始，创造也就包含于创新；另外，随着社会的发展，创新的速度和节奏在加快，使得新技术、新事物的出现到应用技术发明生产新产品的时间缩短，并被广泛地引用到各个领域。这些领域发生的新事物比技术发明应用更多、更频繁，且发明与应用往往交织产生。如现在更常讲的创新——知识创新、技术创新、理论创新、管理创新、制度创新等，都是从广义上援引了创新的概念。

创新的涵义及其与创造的关系如图 34-1-2 所示。

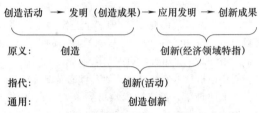

图 34-1-2　创新的涵义及其与创造的关系

"创新"和"创造"其本质是相通的，因为"创新"是在人类发明创造基础上产生的，它们表现的共性是："创造"和"创新"都要出成果，其成果都具有首创性和新颖性。它们表现的差异性是："创造"不一定要具有社会性、价值性。创新是在创造基础上经过提炼的结果，是新设想、新概念发展到实际和成功应用的阶段，它代表了人类先进的生产力和先进文化，有益于人类社会的进步。

1.1.3 创造能力及其开发

（1）创造能力及其内涵

创造能力，泛指人类自身所具有的创造新事物的能力，美国创造学家 R. C. 贝利把创造力的影响因素

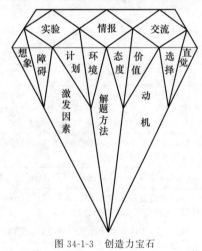

图 34-1-3　创造力宝石

形象比做一颗锥形多面体，每个表面表示一个因素，称为"创造力宝石"，如图 34-1-3 所示。

近年来，有关创造力的理论研究出现一种汇合取向，吉尔福特综合了创造力的不同视角，寻求学科整合，提出创造力的 4P（person, product, process, press and place）理论。如图 34-1-4 所示。

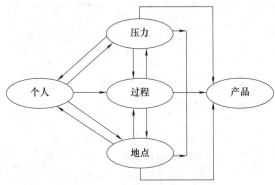

图 34-1-4　吉尔福特创造力 4P

以 RIM 公司发明"黑莓手机"为例，吉尔福特的 4P 理论就具体体现如下，如图 34-1-5 所示。

图 34-1-5　4P 在 RIM "黑莓手机"中的应用

创造个人（person）：Mike Lazaridis。一名追求完美的工程师，拥有软件编码和无线技术的多项专利，荣获过一项计算机电影编辑设备设计艾美奖。

创造过程（process）：创造个人能够抓住机遇。1997 年，Mike 看到公司邮件系统中更人性化和更专业化的需要——一套成功的无线邮件系统可以大大节省成本，增加生产力。找到这样潜力十足而又非常明确的市场后，RIM 公司开始潜心研究最适合的技术方案，最终实现了目标。

创造环境（place and press）：RIM 公司重视创新、鼓励分享、支持新设想。每周四举办以创新为主题的"远见系列"会议，讨论公司近况和未来目标（这是个站着开的会）。

创造性产品（product）：RIM 公司创造了具有多项新功能和优质服务功能的"黑莓"手机，既能与数据库连接，又能及时下载邮件，并且占内存很小。

西蒙顿的历史计量取向认为，创造力的产生是个人、家庭环境、社会和历史事件汇合而成的，如图 34-1-6 所示。

个体创造创新能力大小由自身的创造创新要素所决定。个体的创造创新素养，主要由创造创新个性品

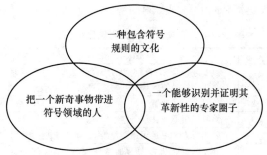

图 34-1-6　创造力的汇合

质、创造性思维品质、创造技法和创新技能四部分构成，如表 34-1-5 所示。

表 34-1-5　创造创新能力的组成

序号	组成	内　涵
1	创新个性品质	包括创新意识、意志、毅力、勤奋、自信力、活力、诚信、积极、乐观、胆识、团队精神、合作精神以及创造性人才的思维特质，如直觉、潜意识和灵感等
2	创新思维品质	指创造创新者能灵活掌握和运用各种创新思维方法，及时了解所需信息、发现存在问题及及时处理问题的思维能力品质。包括创造思维、逻辑思维、批判思维和发展思维等
3	创造技法应用	指创造创新者能合理地选择和应用创造技法解决创造创新活动中出现的问题的能力品质。创造技法很多，并随着创造创新活动的开展不断涌现
4	创新技能运用	指创造创新者正确处理个人与社会的关系，以促进创新价值实现的能力品质。除了一定的操作能力、完成能力外，更重要的是学习应用新知识新技术的能力、发现问题的能力、借得他人优势的能力以及抓机遇能力、延伸大脑能力、凭借信息能力等

在创新能力的四项构成中，创新个性品质是创新能力的基础，也是培养创新能力的重点。只掌握创新思维、创新技法和创新技能，却缺乏创新者应用的先进文化的素养以及胆识、活力、冒险精神与团队精神，是难以开展创新活动的。而具备了创新个性品质的人，就会以过人的胆识与勇气去克服困难，创新性学习和工作，追求卓越，去掌握运用创新思维、创造技法、创新技能，讲求团队精神，带领团队创新成功。因此，要特别注重创新个性品质的培育和锻炼。

（2）开发创造能力的基本途径

1）努力营建所在单位的先进文化。创新是一种单位行为或社会行为，除个人要努力提高先进文化的修养外，还要注意营建自己所在的工作单位或周围环境的先进文化氛围。从利于创新的角度看，营建先进

文化氛围的内容如表 34-1-6 所示。

表 34-1-6　营建创新文化氛围的方法

序号	方　　法
1	积极进行合作、自信、活力、自我激励、追求卓越等创新个性品质锻炼
2	学习运用情感智力
3	学习运用职业礼仪
4	创建努力学习运用创新思维、创新技能的氛围
5	寻找制订个人或单位的创新课题、制订创新计划；结识有助于创新的朋友、导师和专家
6	寻求创新之路——要研究的创新领域，要应用的新理论、新技术、新政策、新制度和达到目标
7	对企业来讲，创建企业文化、创新体系、创新机制、激励机制等

2）提高人格品质修养。根据个人职业特点，制订人格品质锻炼计划并提出具体要求，坚持在实际工作和生活中锻炼，只要持之以恒，将较快培育出良好的人格品质，包括如表 34-1-7 所示的内容。

表 34-1-7　提高人格品质修养的方法

序号	方法	内　　涵
1	认识自我	了解自己的创造性程度；了解自己所处的环境要素，分析自己的知识信息要素、思维要素和个性动力要素组成，以便在创新中有效地调整和控制创造力的产生
2	意识培养	强化创造意识是培养训练创造力的第一步。可以结合有关的历史知识和创造力在著名人物成长过程中的作用等内容。这是创造力训练的提高认识阶段
3	理解力培养	理解创造力的特点、性质和创造过程的规律性。增加创造学知识，澄清以往的模糊认识，减少盲目性，增强自觉性。这是创造性人才培养的重点，是创造力训练的知识准备阶段
4	创新技法培养	学习各种创新技法。如头脑风暴法、综摄类比法、联想法、组合法、移植法、设问法等。这是创造力训练的掌握方法阶段，是一个核心的环节
5	创造力调控	根据创造力产生机理，调节自己的思维、知识和个性动力，使其优势与创新目标一致，从而激发出自己的创造力，实现创新

3）加强情感智力修养。性格是可以通过训练、锻炼重新塑造的。有关人格品质和情感智力的科学培育方法，就是塑造良好性格的重要途径。即使性格很内向的人只要认真坚持锻炼、实践，是能够塑造良好性格，增强创新能力的。当然，不能仅从性格内外向上来区别谁更适合创造创新工作，比如诚信、谦逊和追求卓越等品质远比内、外向的品质重要。因此，无论原有性

格什么特点，注意人格品质和情感智力的修养与锻炼，也都是能培育出创造创新型人才个性品质的。

4）创造的过程。创造是创新的核心内容，了解创造过程利于开发创造创新能力。创造过程有表 34-1-8 所示的几个步骤。

表 34-1-8　创造过程的步骤

序号	步骤	内　　涵
1	准备期	为解决某个问题，在学习知识的基础上，结合经验，搜集有关资料。这一阶段主要靠认知记忆进行思维，需要良好的思维组织形式，需要好学、用功、维持注意力等人格品质
2	酝酿期	百思不解，暂时搁置，但潜意识仍在为创造性解决问题的方案而活跃着。这一阶段需要个人的思维，形势上漫不经心，使思想自由驰骋
3	豁朗期	突然顿悟，明白了解决问题的关键所在。这一阶段主要靠发散思维运作，期望的思维形式是经常混淆、不协调的，需要冒险，容忍失败及暧昧的态度
4	验证期	将顿悟的观念加以实施，验证其是否可行。这一阶段以收敛思维、评荐思维进行运作，需要纯粹、良好的组织和清楚陈述的思维形式，导引逻辑结果

在传统教育中，经常接受类似以上第一、第四阶段能力的学习和培养，而忽视了第二、第三阶段的发展。创造创新能力的开发训练，应把重点放在第二、第三阶段内容上。

5）积极参加创造创新实践活动。创造创新能力培育锻炼不能脱离实际，只能在实践中育成。

创造创新能力的形成是以创造创新性人格品质的形式为重要基础的。创造创新性人格品质的强弱必定会在创造创新活动实践中体现出来。

创造创新活动不可以成败论英雄，不能只看一时一事。通过学习训练，掌握了一定的创造创新基础知识和方法技能，在此基础上，要自觉地、积极地投入到创造创新的实践活动中去，不能只学不用。训练到一定程度每人都应有创新课题。创新课题不论大小，重在实践锻炼。

6）创造创新能力训练的原则和要求。组织和接受创造创新能力训练，在方法上与传统教学有较大差别，要遵循表 34-1-9 所示的原则和要求。

7）多种新观念激发术。多种新观念激发术是思考者能在较短时间内头脑中闪现出数量和种类都比较多的解决问题的新观念并以各种方式表达出来的方法技巧。多种新观念激发术有许多，包括借鉴创造技法，个体、团体都可使用，如表 34-1-10 所示。

表 34-1-9　　　　　　　　　　　　　**创造创新训练的原则和要求**

序号	原则和要求	内　涵
1	要坚信通过科学训练一定能够提高创造、创新能力	通过科学、系统的训练,创造创新能力是可以快速提高,大大增强的。要坚定信心,积极投入训练和实践
2	坚持推迟评价原则	训练操作或现实工作中,需要提出观念时,都要对别人和自己的意见和设想暂不评价,让每个人都充分发表尽可能多的意见和想法。没有这条原则,就无法解放思想、畅所欲言,也就遏制了创造创新的源泉
3	欢迎离奇设想	许多事物没有正确与错误之分,方案没有最好,只有更好。因此,训练和现实工作中要欢迎离奇设想,多出新颖观念
4	坚持"训练式"为主的教学方法	创造创新能力训练不是有关学说、知识的传授,不能以"讲课"的形式进行。要研究训练的组织形式、组织技巧,研究培养创新人才的人格品质和思维特质的训练方法并勇于付诸实践
5	训练方法要趣味化、多样化	实施训练,要始终保持高度投入的积极性,才会收到良好的训练效果。受训者保持的积极情绪,训练方法多样化,不断研究和推出新的训练方法
6	独立性原则	任何发现、发明、革新、创造都离不开独立性。要培养独立思考完成作业的能力,培养自己的独立意识,独立地提出问题、观察问题和研究问题
7	主动性原则	主动性原则,一是要求指导者要主动热情地鼓励受训者大胆开展创造创新实践,在其需要帮助的时候,主动提供帮助;二是要求受训者主动地进行自我训练和实践,自觉地寻找各种有效办法,进行自我锤炼
8	灵活性原则	训练的方法、课题和过程应从实际出发,对不同培养对象区别对待,采取不同的方法;受训者不受传统观念或习惯的束缚,能举一反三,触类旁通,产生多种构思,提出多种不同看法,保持思维活力
9	持恒原则	产生一时的新颖、主动和灵活并做出一定的成绩并不难,创造创新能力的长足发展,需要长期地坚持创造创新活动的实践

表 34-1-10　　　　　　　　　　　　　**多种新观念激发术**

序号	激发术	内　涵
1	"为什么—为什么"及"如何做—如何做"术	对提出的问题连续追问"为什么—为什么",至少五步,同时试着做出各个问题的原因解答。接着,针对每步的"为什么",进一步连续提出"如何做—如何做"的解决问题的措施。这两个程序都要以图表方式表达出来。如此,能使思维向纵深推进,为探索问题核心及其解答打下基础
2	广角术	思考问题时运用横向思维方法,在同一时间内对同一事物的不同方面,或某事物与其他事物之间相互联系来进行思考。即,思考某一问题时要进行多维性思考、动态性思考、立体性思考,并相应画出表图来。如此,能使思维扩展出足够的广度
3	视图隐喻法	视图隐喻法是一种用画图的方式来思考和解决问题的方法 步骤是:每人用画图的形式画出问题图—每人都画出问题的解答图—每人都去观察问题解图与问题图的不同—每人对问题图与问题解图做出解释—小组在解决问题的最佳方法上达成一致 如此,对图中隐藏的问题展开分析和提出举措
4	时间压迫法	提出问题后,查找问题成因和提出解决方案时,可采用"限定每人在几分钟内提出多少数量和多少种类设想"的方法
5	画"脑图"	先把某一中心问题写在一张白纸的中央,然后将它圈起来。接着,只要大脑中闪出新的思想就写或画下来并用线条将其连接,犹如说话一般。如果某一特殊的想法引发了其他联想,就从那条线段上画出一个分支。并把新想法记在上面。如此,可使问题的思路深刻
6	力场分析法	问题都是由某种作用力引发出现的,研究这种力有利于问题的解决。利用这种力,可以在寻求解决问题办法的过程中产生积极的效果。同时,还有各种各样的力阻碍问题的解决,即阻力。要分析阻力形成的因素,尽量减少阻力的影响。操作步骤: ①每页分两栏,左栏内自上面下按级次写出某一问题的作用力,右栏内写出与作用力相对应的阻力; ②分析各级次两种力的影响程度,力量大的优先分析; ③根据两种力的表现结果提出解决问题的方案

续表

序号	激发术	内　　涵
7	符号表征法	每个人都可以开发出代表一些事物的一套符号。思考问题时,使用这些符号代表一定的原则或连带性因素。可进一步直观地附带激发出一些新的符号代表一些影响因素。操作步骤如下 ①写出问题 ②根据所涉及的原则对问题再界定或再陈述 ③画出代表原则的抽象符号 ④将抽象符号作为出发点,通过自由联想,在第一个符号的启发下,想到另一个符号(即第二个符号)并画下来 ⑤以此类推进行下去,直到画出四五个符号为止 ⑥将这些符号作为刺激因素,激发出创意观念并记录下来
8	荷花盛开法	以"核心思想"开头并扩展下去,得到一系列环绕其周围的思想花瓣。在中央,核心思想被八片花瓣包围起来。而每片花瓣又将成为一组八片窗户的核心。每种核心思想都起着观念激发器的作用,由它来激发次一级的核心思想,如此以直观而新颖的形式来表达思想以及诸想法之间的联系

1.2　创新思维方法

创新思维产生于人类生产、生活实践,并且不断丰富发展。经过实际生产生活的检验,许多常用的创新思维被总结出来。这些思维方法看似简单,却非常实用有效。特别是当这些创新思维成为自觉的思维习惯时,会产生巨大的成效。熟悉并用心体会以下这些创新思维的特征和规律,是培养创新能力的有效途径。

主要的创新思维方法如表 34-1-11 所示。

1.2.1　直觉思维

直觉思维常常表现了人的领悟力和创造力。爱因斯坦特别指出:"物理学家的最高使命是要得到那些普遍的基本定律,由此,世界体系就能用单纯的演绎法建立起来。要通向这些定律,并没有逻辑的道路,只有通过那种以对经验的共鸣的理解为依据的直觉,才能得到这些定律。"

直觉思维有三个特点,如图 34-1-7 所示。

图 34-1-7　直觉思维的特点

直觉思维是由想象和判断组成的,以想象为主的,因此决定了它的形式(或中介)主要是形象或图形。直觉思维的形象和图形有如下三大类:一是具体的形象;二是图形(也叫智力图像);三是奇特的符号,这符号只有使用者本人才能领会。

下面简单介绍两种直觉思维训练方法。

暴风雨式联想法式训练法,指以极快的联想方式进行思维,并从中引出新颖观念的方法。在思维活动中,应将涌现出来的任何信息,不评价其好坏优劣,一律即刻记录下来,等联想结束后,再逐一评判其价值。

笛卡儿连接法式训练法,指用抽象的几何图形来说明代数方程,尽可能采用"智力图像"来解决问题的方法。"智力图像"即指存在于人的思维中的某种思维模型。类似于物理模型、几何模型等,应尽可能采用这种图像模型来进行思维。笛卡儿连接法在解析几何时代以及相对论时代都曾发挥巨大作用,至今,这种思维技巧亦成为时代前进的一把开山利斧。

1.2.2　形象思维

形象思维,指用直观形象和表象解决问题的思维方法。其特点如图 34-1-8 所示。

图 34-1-8　形象思维法的特点

形象思维的基本单位是表象,形象思维是用表象来进行分析、综合、抽象、概括的过程。例如一个人要外出,他就要考虑环境、气候、交通工具等情况,分析比较走什么路线最佳、穿什么衣物合适,这种利用表象进行的思维就是形象思维的过程。

形象思维分为两种形式。初级形式指具体形象思维,即凭借事物具体形象或表象的联想来进行的思维;高级形式指言语形象思维,即借助鲜明生动的语言表征,以形成具体的形象或表象来解决问题的思维过程,带有强烈情绪色彩。

表 34-1-11　　　　　　　　　　　　　　　　　主要的创新思维方法

创新思维方法	内　涵	种　类	方　法
静态思维	思维主体从固定的概念出发,遵循固定的程序,达到固定成果的思维方法	绝对化静态思维	按照约定俗成的规则、模式进行思考的思维过程
		相对化静态思维	在思维过程中寻求稳定因素和秩序,使思维规则化,以便不断重复
逆向思维	思维主体沿事物的相反方向,用反向探求的方式进行思考的思维方法	功能反转	从已有事物的相反功能去设想和寻求解决问题的新途径
		结构反转	从已有事物的相反结构形式去设想和寻求解决问题新途径
		因果反转	从已有事物的因果关系,变因为果去发现新的现象和规律,寻找解决问题的新途径
		状态反转	根据事物的某一属性(如正与负、动与静、进与退、作用与反作用)的反转来认识事物和引发创造的方法
联想思维	思维过程中从研究一事物联想到另一事物的现象和变化,探寻其中相关或类似的规律,藉以解决问题的思维方法	相似联想	大脑受到某种刺激后,自然而然想起同这一刺激相似的经验
		对比联想	大脑受到某种刺激后,想起与这一刺激完全相反的经验。即把性质完全不同的事物,进行对比对照
		相关联想	大脑受到某种刺激后,想起时间上或空间上与这一刺激有关联的经验
抽象思维	利用概念、借助言语符号进行思维的方法	经验思维	依据日常生活经验或日常概念进行的思维
		理论思维	根据科学概念和理论进行的思维
形象思维	用直观形象和表象解决问题的思维方法	具体形象思维(初级形式)	凭借事物具体形象或表象的联想来进行的思维
		言语形象思维(高级形式)	借助鲜明生动的语言表征,以形成具体的形象或表象来解决问题的思维过程,带有强烈情绪色彩
简化思维	思维过程中尽可能撇开非主要因素,减少不必要的环节,使复杂问题简单易行地解决的思维方法	剪枝去蔓	思考时尽力排除可以不予考虑的非主要因素
		同类合并	把同一类的问题合并在一起分析和处理
		寻觅快捷方式	在思考中尽量找出和在实践中尽力避开非必需的程序、环节
发散思维	思维过程中,无拘束地将思路由一点向四面八方展开,从而获得众多的设想、方案和办法的思维过程	材料发散	以某种材料或物品或图形等作为"材料",以此为扩散点,设想它的多种用途或多种与此相像的东西
		组合发散	从某一事物出发,以此为扩散点,尽可能多地设想与另一事物联结成具有新价值(或附加价值)的新事物的各种可能性
		因果发散	以某个事物发展的结果作扩散点,推测造成此结果的各种可能的原因;或以某个事物发展的起因作扩散点,推测可能发生的各种结果
		关系发散	从某一事物出发,以此为扩散点,尽可能多地设想与其他事物的各种关系
		功能发散	以寻求的某种"功能"为扩散点,尽可能多地说出获得这种功能的各种可能的途径
		方法发散	以解决问题或制造物品的某种方法为扩散点,设想出利用该种方法的各种可能性

创新思维方法	内　　涵	种　　类	方　　法
发散思维	思维过程中，无拘束地将思路由一点向四面八方展开，从而获得众多的设想、方案和办法的思维过程	形态发散	以事物的某种形态（如形状、颜色、音响、味道、明暗等）为扩散点，想出尽可能多地利用这种形态的各种可能性
		结构发散	以某种"结构"为扩散点，设想出尽可能多地利用该种结构的各种可能性
收敛思维	以某种研究对象为中心，将众多思路和信息汇集于这个中心点，通过比较、筛选、组合、论证从而得出在现有条件下最佳方案的思维过程	目标识别	思考问题时，细致观察，从中找出关键的现象，对其加以关注和定向思维
		间接注意	用间接手段寻找"关键"技术或目标，以解决最终的问题
		层层剥笋	在思维过程中应层层分析，逐渐逼近问题的核心，避开繁杂的、表面的特征，以揭示隐藏在表面现象下的深层本质
聚焦思维	把针对解决问题的各种信息集中起来加以研究，进而找出解决问题的最好方案的思维方法	广泛调查	研究问题是如何存在的，以加宽注意的广度想出较多的解决方法
		深入研究	区分问题的叙述，以决定是否把精神集中于一个更待定的层面上
多屏幕思维	多屏幕法是指在分析和解决问题的时候，不仅考虑当前的系统，还要考虑它的超系统和子系统；不仅要考虑当前系统的过去和将来，还要考虑超系统和子系统的过去和将来	考虑"当前系统的过去和未来"	考虑发生当前问题之前该系统的状况（包括系统之前和之后运行的状况，其生命周期的各阶段情况等）；考虑如何利用过去和以后的事情来防止此问题的发生；以及如何改变过去和以后的状况来防止问题发生或减少当前问题的有害作用
		考虑当前系统的"超系统"和"子系统"	当前系统的"超系统"和"子系统"的元素是物质、技术系统、自然元素、人与能量流，需分析如何利用超系统和子系统的元素及组合来解决当前系统的问题
		考虑当前系统的"超系统和子系统的过去"以及"超系统和子系统的未来"	是指分析发生问题之前和之后超系统和子系统的状况，并分析如何利用和改变这些状况来防止或减弱问题的有害作用
灵感思维	人们借助于直觉启示对题得到突如其来的领悟或理解的一种思维形式	联想式	思维主体在久思不得结果的情况下，因为某一偶然事件的刺激顿时产生各种联想，从而使问题迎刃而解
		触发式	思维主体在受到某种刺激、特别是与别人展开讨论或争论并受到别人或自己提出想法的激励时直接迸发出灵感的一种诱发灵感的形式
		自生式	灵感诱发形式的产生不需要借助外界"触媒"的刺激，而是通过头脑中内在的省悟和内部"思想的闪光"
想象思维	将记忆中的表象（知识、经验和信息）加以重新组合，使之产生新思想、新方案、新方法的思维过程	再造想象	根据语言和文字的描述或图样的示意，在头脑中形成相应新形象的过程
		创造想象	根据一定的目的和希望，对头脑中已有的表象进行加工改造，独立地创造出新形象的过程
		幻想	创造想象的特殊形式，是一种指向未来的想象；符合客观事物发展规律的幻想即理想
		梦	漫无目的、不由自主的奇异想象

续表

创新思维方法	内　涵	种　类	方　法
直觉思维	思维过程中,不依靠明确的分析活动,不经过严密的推理和论证,直接迅速地从感性形象材料中捕捉、领悟到解决问题途径的思维方法	暴风骤雨式联想	以极快的联想方式进行思维,并从中引出新颖观念的方法
		笛卡儿式连接	用抽象的几何图形来说明代数方程,尽可能采用"智力图像"来解决问题的方法
立体思维	从多角度、多方位、多层次认识对象、研究对象,全面地反映问题的整体及其周围事物构成的立体画面的思维模式	整体性思考	以诸多因素综合律为依据的整体性思维方法
		系统性思考	以各层次、因素、方面贯通律为依据的思维方法
		结构分析	以纵横因素交织律为依据的思维方法
潜思维	从反映客观对象呈现出来的模糊状态到反映事物特有属性的过渡阶段的思维形式	潜概念	描述客观对象呈现的模糊状态时使用的概念
		潜判断	借助潜在语境表达隐含丰富的思维内容,为人们进行创造思维和潜意识活动提供了中介环节
		潜推理	帮助人们发现显推理及某一理论潜在的错误倾向,使思维灵敏地做出判断,防患于未然
演绎思维	指思维从若干已知命题出发,按照命题之间的逻辑联系,推导出新命题的思维方法	原因到结果	由已知的条件演绎推导出可能出现的结果
		结果到原因	由已知的结果演绎回溯出引发其出现的原因
博弈思维	思考出许多方案,并以极快的思维操作比较其优劣,从中挑选出最好、最理想的方案并付诸实施的思维方法	经验判断法	通过对各种预选方案进行直观的比较,按一定的价值标准从优到劣进行排序
		"求异""求同"思维	求异,指分析比较诸方案间的差异,深入思考,往往能提出新的科学严密方案;求同,指利用相同的标准对诸方案进行比较和论证,选出最终方案
		数学定量思维	对复杂事物如气象预测、军事国防、海洋捕鱼、经济竞争、大型产品的设计等制定对策时,必须借助于大型数学模型,运用电子计算机进行设计、比较和筛选方案
迂回思维	思维活动遇到了难以消除的障碍时,谋求避开或越过障碍而解决问题的思维方法	中间传导	增加解决问题的中间环节,比直来直去更为切实可行
		曲径通幽	面对难题暂时抛开,充实必要的知识和技能后再回头攻关
		以远为近	先解决与所主攻的问题关联较小的问题,后解决主要问题
辩证思维	从联系、运动、发展等方面来考察和研究事物的思维方式	对立统一思维	原因和结果、自由和必然、民主和集中、正确和错误、优点和缺点,都是处于对立统一之中的,二者之间既是有区别的,又是相互联系和相互转化的
		发展思维	在客观现实中,任何事物都在不断运动、变化和发展着,绝对静止的事物是不存在的,思维要正确反映对象发展,必须具有灵活性,从发展变化来思考对象
		整体历史思维	任何事物都是在一定历史条件下存在和发展的,都有其产生、发展和消亡的过程,思维要达到正确反映客观事物的目的,就必须全面地、历史地思考对象,才能获得关于对象的具体真理
变维思维	将思维对象当做能够进一步开拓或挖掘的主体,循序变换思维的视点、角度,进而猎取新颖、奇特的思想火花,从而解决问题的思维方法	变换思维视点	认识物体间的部位转移
		变换角度	认知主体(认知者本人)的方法、方式的更替

第 34 篇

形象思维是一个过程，主要由以下五个环节组成，如表 34-1-12 所示。

表 34-1-12　　　　形象思维过程

序号	形象思维过程	内　涵
1	形象感受	形象思维的基础
2	形象储存	将感受到的形象储存在脑海中
3	形象判断	对储存的形象进行识别
4	形象创造	通过想象、联想、组合、模拟等方法，舍去不表达创造者意图的形象，创造出新的艺术形象或科学形象
5	形象描述	通过语言、线条等描述工具，将创造出的新形象表现出来，使之成为别人可以感知、欣赏的艺术或科学形象

形象思维侧重于事物形象、音乐形象和空间位置等。如图 34-1-9 介绍了培养形象思维的几个具体训练方法。

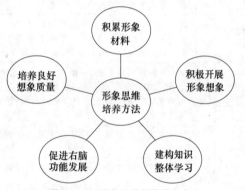

图 34-1-9　形象思维的培养方法

积累形象材料，指在日常活动和社会实践中，有意识地观察事物，积累表象材料，丰富储备。头脑中的表象越多，为形象思维提供了形象原料就越多。

积极开展联想和想象，指要经常开展形象、丰富、生动的联想和想象。

建构知识整体学习法，指先理解和掌握知识的整体结构，以此为根基理解部分知识内容。这样有助于大脑右半球功能的发挥，能提高学习记忆的效果。例如拼版玩具、学习课程都应先从概貌开始，掌握整体图表和整体结构，再掌握部分。

促进右脑功能发展，是由于右脑负责形象思维，所以促进右脑功能发展与培养形象思维一致。

培养良好的想象质量，指形象思维锻炼过程中，要努力留存可实现的、能解决问题的优秀想象，抛弃不切实际的、虚幻的幻想。

1.2.3　联想思维

联想思维，指思维过程中从研究一事物联想到另一事物的现象和变化，探寻其中相关或类似的规律，藉以解决问题的思维方法。爱迪生曾说："在发明道路上如果想有所成就，就要看我们是否有对各种思路进行联想和组合的能力。"

联想的一般方法有三条，是古希腊的心理学家亚里士多德创立的，如表 34-1-13 所示。

表 34-1-13　　　　联想的法则

方法	法　则	实例
相似联想	指大脑受某种刺激后，自然而然想起同这一刺激相似的经验	汽车与拖拉机
对比联想	指大脑受到某种刺激后，想起与这一刺激完全相反的经验。即把性质完全不同的事物，进行对比对照	飞机与火车
相关联想	指大脑受到某种刺激后，想起时间上或空间上与这一刺激有关联的经验	火车与汽车

除此之外，联想思维还包含三种方法，如表 34-1-14所示。

表 34-1-14　　　　联想思维的方法

方法	定　义	举　例
概念联想法	培养和训练联想能力的常用方法。概念是事物本质属性的反映，是人们经常使用的思维单元，而概念和概念之间的关系反映了客观事物之间的常见的关系，为开展概念联想法创造了条件	
自由联想法	一种不受任何限制的联想方法。这种联想的成功率较低，但大都能产生奇思妙想，有时会收到意想不到的效果	荷兰生物学家列文·虎克就曾从自由联想中发现了微生物
强制联想法	与自由联想相对，对事物有限制的联想方法。限制包括同义、反义、部分和整体等规则。具体要解决某一个问题或有目的地去发展某种产品，可采用强制联想，让人们集中全部精力在一定的控制范围内去进行联想	曹植所做的七步诗

联想的方法是很多的，各种各样的联想方法都是可以产生出创造性设想的，并获得创造的成功。

[例1]　第二次世界大战期间，德法两军对峙，一德国侦察兵发现，对面法军阵地的一片坟地上常出现一只有规律活动的家猫。每天早晨八九点钟时，那只猫就来到坟地上晒太阳。奇怪的是，坟地周围既没有村庄，也看不到有人活动。

这个善于联想的侦察兵据此猜测，坟地下面可能是个法军的掩蔽部，而且还可能是个高级机关。于是发出通知，德国炮兵营集中攻击这片坟地。事后查明，这里的确是法军的一个高级指挥部，掩蔽部内的人员几乎全部丧生。

1.2.4　灵感思维

灵感思维，又称顿悟，是人们借助于直觉启示对问题得到突如其来的领悟或理解的一种思维形式。灵感通常是在创造活动达到高潮时出现的，或者是由某种偶然因素触发的，在科学技术史上这类事例很多。灵感思维是创造性思维能力、创造性想象能力和记忆能力的融合。灵感思维的产生特点、诱发灵感的基本形式与方法如表 34-1-15 所示。

1.2.5　逆向思维

逆向思维，指思维主体沿事物的相反方向，用反向探求的方式进行思考的思维方法。发电机与电动机的发明，就是逆向思维的成功范例。

表 34-1-15　　　　　　　　　灵感思维的产生特点、诱发灵感的基本形式与方法

灵感思维的产生特点	灵感的产生				
	引发的随机性	出现的瞬时性	目标的专一性	结果的新颖性	内容的模糊性

诱发灵感的基本形式	基本形式	定　义	举　例
	联想式	指思维主体在久思不得结果的情况下，因为某一偶然事件的刺激顿时产生各种联想，从而使问题迎刃而解	美国工程师杜里埃偶然看到妻子向头上喷洒香水，顿时便从这个简单的化妆品容器的结构联想到油的汽化而突发灵感，从而试制成功了内燃机的汽化器
	触发式	指思维主体在受到某种刺激、特别是与别人展开讨论或争论并受到别人或自己提出想法的激励时直接迸发出灵感的一种诱发灵感的形式	木匠祖师鲁班发明新式柱子就是由于受夫人装扮的触发而生。有一次鲁班主持建造一座厅堂，一时疏忽，把一批珍贵的香樟木柱截短了，他妻子取笑他不动脑筋，说："你看，我长得不高，我在鞋底垫上一块木头，头上插玉簪、珠花，不就显得高了吗？"鲁班依照妻子的提示，发明了一种新式的柱子，柱脚下垫起圆形的白柱石，柱子上端镶接着一个雕花篮、乌首的柱头，由此解决了难题
	自生式	指灵感诱发形式的产生不需要借助外界"触媒"的刺激，而是通过头脑中内在的省悟和内部"思想的闪光"	爱因斯坦从 1895 年起就开始思考"如果我以光速追踪一条光线，我会看到什么？"这个问题。1905 年的一天早晨，他起床时突然想到：对于一个观察者来说以光速追踪一条光线是同时的两个事件，而对于别的观察者来说就不一定是同时的。他很快地意识到这是个突破口，并牢牢地抓住了这一"思想闪光"，之后仅用了五六个星期的时间便写成了提出狭义相对论的著名论文

促使灵感产生的方法	1）必须进行长期的预备性劳动。对问题的解决抱着深厚的兴趣，对问题和有关数据进行长时间的、反复的探索，这是捕获灵感的最基本的条件 2）必须把全部的注意力集中在问题上，直至对问题达到沉迷的程度。对问题的痴迷是捕获灵感的重要条件之一 3）必须摆脱习惯思维的束缚。与他人交换意见，参加问题讨论，特别是听取和分析不同意见，有助于打破习惯思维的束缚，激发灵感的产生 4）应充分利用原型启发。从其他事物引起联想，找到解决问题的途径，称为启发。起着启发作用的事物，称为原型。日常用品、自然现象、机器、示意图、口头提问、文字描述都可能对发明创造有启发作用 5）要保持乐观而镇定的心情。心胸开阔，有助于灵感的产生；焦虑不安、悲观失望、情绪波动有碍于创造活动的进行，灵感也难以产生 6）"日有所思，夜有所梦"，梦中产生灵感。经调查，有 70% 的科学家和发明家在梦中得到过启示，解决了一些白天未能解决的难题 7）博学多识，文理兼通，有助于灵感的产生。著名科学家李政道说："科学与艺术是山脚下分手，在山顶上重逢。"近年来，"科学发展艺术化，艺术发展科学化"已成为人们所关注和感兴趣的一个命题，科学的准确性、发展性，艺术的完美性、简单性，正是科学与艺术互相结合的磁性轨道

逆向思维一般类型如表 34-1-16 所示。

表 34-1-16　　　　逆向思维的四种类型

类型	内涵	实例
功能反转	指从已有事物的相反功能去设想和寻求解决问题的新途径	如德国某造纸厂，一位工人因疏忽少放了一种胶料，制成大量不合格纸张。肇事工人慌乱中把墨水洒在桌上，随即用那种纸来擦，结果墨水被吸得干干净净，于是他将这批纸当作吸墨纸全部卖了出去
结构反转	指从已有事物的相反结构形式去设想和寻求解决问题新途径	如第二次世界大战后，飞机设计师们把飞机的机翼由"平直机翼"改为"后掠机翼"，使飞机的飞行速度由"亚声速"提高到"超声速"
因果反转	指从已有事物的因果关系，变因为果去发现新的现象和规律，寻找解决问题的新途径	如爱迪生发现送话器听筒音膜有规律地振动进而发明留声机
状态反转	指根据事物的某一属性（如正与负、动与静、进与退、作用与反作用）的反转来认识事物和引发创造的方法	如金属材料加工设备中，钻床打孔时刀具转动，被加工材料固定不动。而加工直径大、精度高的孔，刀具不动，被加工材料转动

逆向思维实际上是注意力的转移，很多情况下，一种思路无法解决的问题，用另一种相反的思路却能迎刃而解。因此，从事创新活动时，应该经常"反过来想想"。

1.2.6　演绎思维

演绎思维，指思维从若干已知命题出发，按照命题之间的逻辑联系，推导出新命题的思维方法。演绎思维法既可作为探求新知识的工具，以便从已有的认识推出新的认识，又可作为论证的手段，以便能藉以证明某个命题或反驳某个命题。

对于某个这个问题，思维主体从两方面进行思考：一是从原因到结果；二是从结果到原因。例如，有一个工厂的存煤发生自燃，引起火灾。首先应思考煤为什么会自燃呢？煤是由有机物组成的。燃烧时要有温度和氧气，如果煤缓慢氧化、积累热量、温度升高，温度达到一定限度时就会自燃。于是可以从产生自燃的因果关系出发来考虑预防措施，如表 34-1-17 所示。

为了正确运用这种思维方法，有必要认识和掌握它具有的特点，如表 34-1-18 所示。

表 34-1-17　　　　预防煤发生自燃的措施

序号	措施
1	煤应分开储存，每堆不宜过大
2	严格区分煤种存放，根据不同产地、煤种，分别采取措施
3	压实煤堆，在煤堆中部设置通风洞，防止温度升高
4	清除煤堆中诸如草包、草席、油棉纱等易燃杂物
5	加强对煤堆温度的检查
6	堆放时间不宜过久

表 34-1-18　　　　演绎思维的特点

特点	定义	举例
方向性	方向性是演绎思维最显著的特点，指从普遍到特殊的思维方向	氟利昂制冷剂的发明，美国人米奇利认为：凡是无毒的、稳定的、挥发性的化合物，都可以当作制冷剂。于是，他通过对照元素周期表中可以生成稳定性、挥发性的化合物发现，在已用作制冷剂的化合物中，没有氟化物。他首先合成二氟二氯甲烷，沸点是 −20℃。经过对老鼠的毒性试验，证明它是无毒、稳定、挥发性很强的制冷剂，于是从 1931 年开始大量生产氟利昂制冷剂
因果性	运用演绎思维的前提，指解决问题与结论之间具有因果关系	地质学家运用演绎思维发现"铜草"。在勘探时发现，凡含铜元素丰富的植物均生长得郁郁葱葱；反之，若铜含量不足则植物则生长不良，叶子枯萎，花朵憔悴。于是，地质学家把那些含铜丰富、生长得郁郁葱葱的植物称作"铜草"，它是铜矿的"指示剂"
有效性	指运用演绎思维所得出的结论是一种必然无误的断定	在数学考试中解数学问题时，通过各种推理和运算，形成唯一一个（或多个）正确的解，正好说明了演绎思维方法推理的有效性

1.3　典型创新技法

创新技法主要研究在发明创造过程中分析解决问题，形成新设想、产生新方案的规律、途径、手段和方法，目的在于拓展创造性思维的深度和广度，提高创造活动的成效，缩短创造探索过程。一个人仅有优秀的创新思维而没有正确的创新方法不可能实现创新，掌握创新技法对培养和提高人们的创新能力具有重要作用。

人们在创新活动的实践中总结了数百种创新方法，不同的方法适合不同领域的创新，适合解决问题的不同环节，反过来讲，同一个创新也可以采用多种创新方法。常用的创新技法如表 34-1-19 所示。

表 34-1-19　　　　　常用的创新技法

序号	方 法	内　涵
1	头脑风暴法	指采用会议的形式,引导每个参加会议的人围绕某个中心议题,广开思路,激发灵感,毫无顾忌地发表独立见解,并在短时间内从与会者中获得大量的观点的方法
2	检核表法	指根据需要解决的问题,或需要发明创造、技术革新的对象,找出有关因素,列出一张思考表,然后逐个地去思考、研究,深入挖掘,由此激发创造性思维,使创造过程更为系统,从而获得解决问题的方法或发明创造的新设想,实现发明创造的目标的方法
3	列举法	指以列举的方式把问题展开,用强制性的分析寻找创造发明的目标和途径的一种发明创造技法
4	模拟技法	指把自己要发明创造的对象和别的事物进行比较,找出两个事物的类似之处,加以吸收和利用的方法
5	联想法	指通过一些技巧,或者激发自由联想,或者产生强制联想,从而解决问题的方法
6	组合法	指将两种或两种以上的技术思想、物质产品的一部分或整体进行适当的组合变化,形成新的技术思想、设计出新的产品的发明创造技法
7	模仿法	指以某一模仿原型为参照,在此基础之上加以变化产生新事物的方法
8	移植法	指将某一领域已见成效的发明原理、方法、结构、材料等,部分或全部引进到其他领域,或者在同一领域、同一行业中,把某一产品的原理、构造、材料、加工工艺和试验研究方法,引用到新的发明创造或革新项目上,从而获得新成果的发明创造方法
9	逆向发明法	指运用逆向思维进行发明创造的技术方法
10	形态分析法	指将研究对象视为一个系统,将其分成若干结构上或功能上专有的形态特征,即将系统分成人们藉以解决问题和实现基本目的的参数和特性,然后加以重新排列与组合,从而产生新的观念和创意的方法
11	信息交合论	指从多角度探讨思维方法,从各个学科、各个行业中汲取营养指导发明创造的一种方法
12	分解法	指利用分解技巧,将一个事物分解为多个事物进而实现创造发明的技法
13	分析信息法	指从分析信息中寻找发明创造的课题,可采取找空白和找联系的方法
14	综摄法	指不同性格、不同专业的人员组成精干的创新小组,针对某一问题,用分析的方法深入了解问题,查明问题的各个方面和主要细节,即变陌生为熟悉;通过自由的亲身模拟、比喻和象征模拟等综合模拟,进行创造性思考,重新理解问题,阐明新观点等,即变熟悉为陌生,最终达到解决问题的方法
15	德尔菲法	指根据经过调查得到的情况,凭借专家的知识和经验,直接或经过简单的推算,对研究对象进行综合分析研究,寻求其特性和发展规律,并进行预测的一种方法
16	六顶思考帽法	指使用六顶思考帽代表 6 种思维角色分类,有效地支持和鼓励个人行为在团体讨论中充分发挥的方法
17	创造需求法	指寻求人们想要得到的东西,并给予他们、满足他们的一种创新技法
18	替代法	指用一种成分代替另一种成分、用一种材料代替另一种材料、用一种方法代替另一种方法,即寻找替代物来解决发明创造问题的方法
19	溯源发明法	指沿着现有的发明创造,追根溯源,一直找到创造源,从创造源出发,再进行新的发明创造的一种技法
20	卡片分析法	指通过将所得到的记录有关信息或设想的卡片,进行分析,进行整理排列,以寻找各部分之间的有机联系,从整体上把握事物,最后形成比较系统的新设想的方法
21	感官补偿法	指假设人在感知觉部分丧失或全部丧失的基础上,通过设计功能和尺寸的调整来对其活动的需求进行补偿的方法
22	专利发明法	指通过查阅、分析、研究专利文献,激发发明创造的新设想,在已有的发明专利的基础上创造出新的发明成果的方法
23	等值变换法	指从现有事物的特性中,寻找能够与其他事物特性相结合、相转换的方法
24	变换合成法	指把已有的产品或设备进行功能分解,对各部件进行功能分析,看能否进行改进创新,或用其他物质代替,或选取更好的部件,然后进行合成,创造出性能更好的产品或设备的方法
25	捕捉机遇法	指在创造创新的过程中,抓住偶然的机遇深入进行研究而取得成果的方法
26	废物利用法	指利用所谓的"废物"作为发明创造的选题方向并进行钻研,最终形成研究成果的方法
27	省略法	指尽可能地省去一些材料、成分、结构和功能等,以此来诱发创造性设想的方法
28	开孔拉槽法	指在某一物品上通过钻孔眼或拉槽,使这一物品成为有创意的新物品的方法
29	开源节流法	指创新创造过程中,为了有效地利用资源和开发新的资源而采取的措施,并最终实现创新的方法
30	控制条件法	指通过控制各种条件,来达到发明创造的目的的方法

1.3.1 头脑风暴法

头脑风暴法，指采用会议的形式，引导每个参加会议的人围绕某个中心议题，广开思路，激发灵感，毫无顾忌地发表独立见解，并在短时间内从与会者中获得大量的观点的方法。

头脑风暴法是一种集体发明创造的技法，又称为集思广益法、集体思考法、互激设想法、智力激励法、头脑震荡法等。头脑风暴法是创造学奠基人奥斯本于 1936 年前后创立的，随着这种创造技法在其他国家的推广应用，又衍生出默写式、卡片式、攻关式等一系列方法。

（1）头脑风暴法的程序

头脑风暴的方法尽管名目不同，形式多样，但都是有领导、有组织、有规则地进行集体思考、集体设想，是特殊形式的会议。头脑风暴法的全过程可分为以下三个步骤。

准备阶段，指根据要解决的问题，确定设想的议题，确定参加互激设想的人员，确定举行头脑风暴活动的地点和日期。对较为重大或复杂的课题，可分解为若干个专门议题。

会议阶段，指召集参加集体思考的人员召开会议。奥斯本把这种特殊的会议称为"闪电构思会议"。奥斯本"闪电构思会议"的组织方法如图 34-1-10 所示。

图 34-1-10 "闪电构思会议"的组织方法

为了使会议的参加者畅所欲言，有 9 条规定，如表 34-1-20 所示。

优化阶段，就是对"闪电构思会议"所产生的所有设想，分门别类进行研究、评价和选择，从众多的设想中提取有价值的创造性设想。

（2）头脑风暴法的变式（表 34-1-21）

（3）头脑风暴法的应用

要使头脑风暴法发挥最大功效，要清楚它的适用范围。即头脑风暴法要解决的问题必须是开放性的。凡是各种认知型、单纯技艺型、汇总型、评价性的问题，均不需要用头脑风暴法来解决。只有转化角度、改变问题，才可以使用头脑风暴法。问题的类型可以包括表 34-1-22 所列的几种。

表 34-1-20　　参与会议的 9 条规定

序号	规　定
1	会上绝对不允许批评或指责别人提出的设想，对提出的设想当场不做任何评价
2	提倡任意自由思考，扩散思维，设想越新奇越新颖越多越好
3	自我控制，节约时间，不说废话
4	不允许集体提出意见，也就是说不允许用集体提出的意见来阻碍个人的创造思维
5	参加会议的人员身份一律平等，都是参加创造活动的人员
6	会上不允许私下交谈，以免干扰他人的思维活动
7	发表的意见应针对目标，并让参加活动的人员都知道
8	注意力集中，用他人的设想来刺激自己产生的设想，鼓励巧妙地利用并改善他人的设想，或者综合他人的设想提出新的设想
9	参加会议的人员提出的所有设想，不加选择全部记录下来

表 34-1-21　　头脑风暴法的变式

种类	说　明
默写式头脑风暴法	德国的创造学家荷立根据德意志民族习惯于沉思的性格进行改良创造出的方法。默写式头脑风暴法规定：每次会议由 6 人参加，每人在 5min 内提出 3 个设想，所以又称为"635 法"
CBS 式头脑风暴法	日本创造开发研究所所长高桥诚根把奥斯本头脑风暴法改良成 CBS 式。具体做法是：会议大约举行 1h，最初 10min 为"独奏"阶段，到会者各自在每张卡片写一个设想，接下来的 30min，到会者有序轮流发表见解，每次宣读一张卡片。余下的 20min，到会者互相交流和探讨各自提出的设想
NBS 的头脑风暴法	日本广播公司提出 NBS 的头脑风暴法。具体做法是：会议开始后，各人出示自己的卡片，依次做出说明。待到会者发言完毕，将所有卡片集中起来，按内容进行分类，进行讨论，挑选出可供实施的设想
三菱式的头脑风暴法（MBS）	日本三菱树脂公司创造出三菱式头脑风暴法，又称 MBS 法。具体做法是：由参加会议的人各自在纸上填写设想，时间为 10min；各人轮流发表自己设想，每人限 1 到 5 个，将设想写成正式提案；由会议主持者将各人的提案用图解的方式写在黑板上，让到会者进一步讨论，以便获得最佳方案
戈登-李特变式	戈登-李特变式也称教诲式头脑风暴法。在戈登-李特变式中，小组的组织者所发挥的作用更大了。具体做法是：组织者以抽象的形式引入问题的有关信息，并要求小组成员寻找解决抽象问题的办法；在观念形成过程中，组织者逐步引入一些关键信息，直到问题比较具体为止；组织者揭示最初的问题；小组以提示问题前的想法为参考，激发对解决初始问题有帮助的创意
触发器变式	触发器变式与经典头脑风暴法相比变化不大，它更多地把个人思考与小组思考结合起来进行。操作过程如下：把整个小组进行划分；各小组的代表向全体成员宣布他们的想法；由书记员将这些想法记录在黑板或白板上；各小组对所产生的想法分别进行讨论，记在自己的记录册上；重复上述过程，直到再也提不出新的想法

表 34-1-22　头脑风暴法应用的主要问题类型

类　型	实　例
关于产品和市场的创意	新的消费观念、未来市场方案的观念
管理问题	拓展业务面、改善职业结构
规划问题	对可能增加的困难性的预期
新技术的商业化	开发一项可以获得专利权的新技术
改善流程	对生产流程进行价值分析
故障检修	追寻不可预期的机器故障的潜在原因

[例2]　美国北方冬天寒冷，大雪纷飞的日子，电线上积满冰雪，大跨度的电线经常被冰雪压断。很多人试图解决这个问题，都未获成功。后来，他们组织有关人员召开智力激励会，专门研究解决这个难题。会上，大家从不同的专业技术角度，提出了各种设想。有人提出，带上几把大扫帚，乘坐直升机把电线上的雪扫下来。坐飞机扫雪，真是个滑稽的设想。可正是这个令人发笑的设想，立即激发专家们放弃了原来的所有设想，而决定采用直升机除雪。每当大雪过后，出动直升机沿积雪严重的电线附近飞行，依靠高速旋转的螺旋桨即可将电线上的积雪迅速扇落，一个久悬未决的问题，终于在互激设想中获得了解决的妙法。

1.3.2　列举法

列举法，指以列举的方式把问题展开，用强制性的分析寻找创造发明的目标和途径的一种发明创造技法。

列举创新法在创意生成的各种方法中属于较为直接的方法，它按照所列举对象的不同可以分为特性列举法、缺点列举法、希望点列举法和列举配对法。

（1）特性列举法

特性列举法又分克拉福德特性列举法和形态分析法两种。

克拉福德特性列举法是由美国内布拉斯加大学教授、创造学家克拉福德研究总结出来的一种创造技法。通过对研究对象进行分析，逐一列出其特性，并以此为起点探讨对研究对象进行改进的方法。

运用克拉福德特性列举法的一般过程如表34-1-23所示。

通过特性的列举人们会发现，看似满意的物品实际上存在大量可供改进的地方，这也为人们改进工作提供了思路。

形态分析法是另一种图解的特性列举法，是由在美国任教的瑞士天文学家 F.茨维克创造的技法，又称"形态矩阵法"、"形态综合法"或"棋盘格法"。根据系统分解和组合的情况，把需要解决的问题分解成各个独立的要素，然后用图解法将要素进行排列组合。通常此技法应用步骤如表34-1-24、表34-1-25及图34-1-11所示。

表 34-1-23　　　克拉福德特性列举法

序号	过　程	实　例
1	选择一个明确的需要进行创新的问题，进而列举出发明或革新对象的属性。一般可分为 3 个方面 名词属性:性质、材料、整体、部分、制造方法等 形容词属性:颜色、形状、大小等 动词属性:有关机能和作用的性质,特别是那些使事物具有存在意义的功能	按照特性列举法将水壶的属性分别列出 名词属性——整体:水壶 部分:壶口、壶柄、壶盖、壶身、壶底、气孔 材料:铝、铁皮、铜皮、搪瓷等 制造方法:冲压、焊接 形容词属性——颜色:黄色、白色、灰色 体重:轻、重 形状:方、圆、椭圆、大小、高低等 动词属性——装水、烧水、倒水、保温等
2	从所列举的各个特性出发，通过提问的方式来诱发创新思想(这时亦可参考使用奥斯本的检核表法)	通过名词属性可提出:壶口是否太长？除上述材料以外是否还有更廉价的材料 通过形容词属性可提出:如怎样使造型更美观，怎样使壶的体重变轻，在什么情况下，多大型号的壶烧水最合适等 通过动词属性可提出，怎样倒水更方便，怎样烧水节省能源等

表 34-1-24　　　形态分析法应用步骤

序号	应用步骤	实　例
1	明确用此技法所要解决的问题（发明、设计）	要设计制造一种物品的新型包装
2	将要解决的问题按重要功能等方面列出有关的独立因素	经分析，这种新型包装的独立因素为:材料、形态、色彩
3	详细列出各独立因素所含的要素	列出明细表，如表 34-1-25，并进行图解，如图 34-1-11 所示
4	将各要素排列组合成创造性设想	此例可获 216 个组合方案。从中选出切实可行的方案再行细化。如方案很多，可用计算机分析

应该注意，列举的方案并不是越多、越复杂就越好。

（2）缺点列举法

缺点列举法，指通过对事物的分析，着重找出它的缺点和不足，然后再根据主次和因果，采取改进措施，从而在原有基础上创造出新的成果。

表 34-1-25　　　　要素明细表

形 状	材 料	色 彩
方形	金属	红色
圆形	塑料	蓝色
三角形	木材	黄色
菱形	陶瓷	绿色
多边形	玻璃	黑色
不规则形	纸	白色

表 34-1-26　　　　缺点列举法的步骤

序号	步 骤
1	确定某一改革、革新的对象
2	尽量列举这一对象事物的缺点和不足（可用智力激励法，也可进行广泛的调查研究、对比分析和征求意见）
3	将众多的缺点加以归类整理
4	针对每一缺点进行分析，改进或采用缺点逆用法发明出新的产品

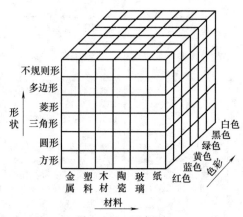

图 34-1-11　要素图解

事物的缺陷按其形成的原因来分，有造就性缺陷和转化性缺陷；按事物缺陷的属性来分，有功能性缺陷、原理性缺陷、结构性缺陷、造型性缺陷、材料性缺陷、制造工艺性缺陷、使用维修性缺陷等。

人造事物的缺点大致分两类：一类是事物于孕育和形成过程中造成的缺点，称为"造就性缺点"，如工程设计中指导思想上或计算上的失误，铸件的砂眼、裂纹等，造就性缺点是显露的，易于较快被人们发现；另一类缺点是事物形成后，随着时间的推移、环境条件的改变，原来的优点失去了积极作用或转化为消极作用而转变的缺点，如以往的一些企业管理方法在今天已失去其进步作用，再如风箱是宋代的发明，风箱作为鼓风设备，风力大、效率高，可是随着冶铁技术的发展，风箱的缺点又恰恰是风力小、效率低。

无论是显露的造就性缺点，还是潜伏的转化性缺点，抓住它们就找到了改变或者提高原有事物的着手点。大家都知道被面怕烟头烧，德国一家公司抓住这一缺点，集中力量竭力研究，使用称为"特力维拉"或"达努非"的特种纤维制成了不怕火烧的被面，上市后，颇受消费者欢迎。

运用缺点列举法并没有严格的程序，一般可按表 34-1-26 所示的步骤进行。

缺点列举法简单易行且容易收到效果，很受大中小学生和一线设计工作人员的欢迎。据了解，中国在工厂企业中普及创造学最容易出成果的创造技法就是缺点列举法。

（3）希望点列举法

希望点列举法，指发明创造者从个人愿望或广泛收集到的社会需求出发，提出并确定发明创造项目的一种技法。列举希望搞发明，可使产品达到标新立异的目的。古往今来，世间许多东西都是根据人们的希望创造出来的。人们希望日行千里，就发明了汽车、火车；人们希望冬暖夏凉，就发明了空调；人们希望快速通信，就发明了电报、电话、传真机。

希望点列举法的实施步骤如图 34-1-12 所示。

图 34-1-12　希望点列举法的实施步骤

希望点列举法是开发新产品的有效手段。例如，大家希望自行车不用经常打气，有人便以这一希望立题，发明了每隔半年才充一次气的储气气嘴，又发明了不漏气的新式轮胎。现在轮胎爆裂经常造成事故，司机们都希望发明一种不爆裂的轮胎或自行补漏的轮胎。

（4）列举配对法

列举配对法利用列举法务求全面的特征，同时又吸取了组合法易于产生新颖想法的优点，更容易产生独特的创意。其具体过程如表 34-1-27 所示。

1.3.3　信息交合法

信息交合法，指从多角度探讨思维方法，从各个学科、各个行业中汲取营养指导发明创造的一种方法。信息交合论是华夏研究院的思维技能研究所所长许国泰教授，经八年验证，于 1986 年首创的一种复杂组合方法。信息交合论，俗称"魔球"理论。信息交合法的公理和定理如下。

表 34-1-27 列举配对法的具体过程

列举配对法过程	实 例
列举,即把某一范围内的所有物品都列举出来	列举所有的家具用品:床、桌子、沙发、台灯、茶几、电视机、电视机柜、椅子
配对,即把其中任意的物品进行两两组合	床和桌子、床和沙发、床和台灯、床和衣架……桌子和沙发、桌子和台灯、桌子和衣架、桌子和茶几
筛选方案	对产生的组合进行分析,筛选出实用、新颖的方案,并将它们付诸实施

公理1:不同信息的交合可产生新信息。

公理2:不同联系的交合可产生新联系。

两个公理说明,世界是相互联系的,而信息则是联系的印记。在联系的相互作用中,不断地产生着新信息、新联系。

信息交合法的定理如下。

定理1:心理世界的构像即人脑中的映像,由信息和联系组成。

定理2:新信息、新联系在相互作用中产生。

定理3:具体的信息和联系均有一定的时空限制性。

三个定理分别展示了信息交合法的规则和范畴。定理1表明:不同信息、相同联系可以产生构像;相同信息,不同联系可以产生构像;不同信息不同联系也可以产生构像。人的思维活动,正是上述"构像"(信息的输入—输出—创造—结果)的一个统一运动过程。定理2则表明:没有相互作用就不能产生新信息、新联系。定理3则告诉我们,任何事物均有一定的条件限制。

信息交合法的操作步骤:①明确问题(画中心圆);②分析要素(确定坐标轴数);③形态分析(在轴上点点);④信息交合(选点连接)。

运用信息交合法可分四步进行,如表34-1-28所示。

在此基础上仍可进行交合,又可产生无数新信息、新联系,其实这些都是新型设计与新产品。看上去还是原来的笔,但体内的"机关"、功能增加了,它的用途也就更加广泛。

信息交合法在实施中有三个规律,如图34-1-13所示。

1.3.4 联想法

联想法,指通过一些技巧,或者激发自由联想,

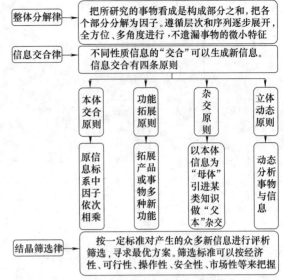

图 34-1-13 信息交合法实施规律

表 34-1-28 信息交合法步骤

序号	步骤	步 骤	实 例
1	定中心	确定所研究的信息及联系的上下维序的时间点和空间点,也就是零坐标	如研究"笔"的革新,就以笔为中心(如图34-1-14所示)
2	画标线	用向量标串起信息序列。根据"中心"的需要画几条坐标线	如研究"笔",则在笔的中心点画出时间(过去、现在、未来)、空间(结构、种类、功能等)坐标线若干
3	注标点	在信息标上注明有关信息点	如在"种类"标在线注明钢、毛、铅等,意即钢笔、毛笔
4	相交合	以一标在线的信息为母本,以另一标在线的信息为父本,相交合后可产生新信息	以"钢笔"为母本,以"音乐"为本,交合后可产生"钢笔式定音器";"钢笔"与"电子表"交合可产生"钢笔式电子表",与"历史"交合可产生带有历史图表或十二生肖的钢笔;与"数学"交合可产生"九九歌"钢笔;与温度计交合则产生"钢笔式温度计",与指南针交合可产生"旅游笔"。如果将笔帽与笔尾延伸,即可制造一种带温度计、药盒、针灸用针的"保健笔"

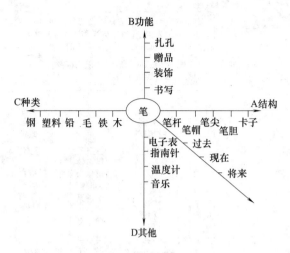

图 34-1-14　信息交合法示意

或者产生强制联想,从而解决问题的方法。联想分为自由联想和强制联想。自由联想就是不受拘束地随意联想;强制联想则是有意识地限制联想的主题和方向。

(1) 图片联想法

图片联想法,指在解决问题时利用与所解决问题本无关的图片,产生强制联想,从而启发思维的方法。

图片联想法的特点是:不用概念作刺激物进行联想或模拟,而是用图片作为刺激物,发挥人的视觉想象力,在图片和需要解决的问题之间产生联想,进行模拟,以获得创造性的设想。

图片联想法的功能:第一,视觉刺激更直接、生动,使人比较容易地直接从形象思维进入问题,更符合人类思维的过程和状态;第二,图片给予的视觉刺激有利于打破概念束缚,利用视觉形象做刺激物则可以更远地离开要介绍的事物概念,通过看图片并理解这些图片,不再去想那些困扰心头的问题。

在集体讨论时,也可以使用图片联想法。其使用程序如表 34-1-29 所示。

表 34-1-29　　　图片联想法的使用程序

序号	使用程序
1	确定要解决的问题,并给小组成员看一张图片
2	每个成员都用一两个句子描述他所看到的东西(远离要解决的问题)。小组成员努力把图片中的种种元素或结构与所要考虑的问题联系起来,并越来越详细地分析首先获得的印象,逐步完善自己的设想
3	当小组成员不再有设想时,看下一张图片,重复上面的过程

使用图片联想法时,挑选图片很重要,最好是与解决的问题相距很远又具有幽默感的问题。例如,用图片联想法解决"如何改善新建住宅小区的集中供热系统的安装,又不降低舒适度"的问题,如图 34-1-15 所示。

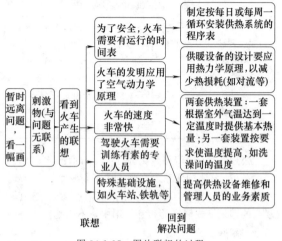

图 34-1-15　图片联想的过程

(2) 焦点法

焦点法是美国 C. H. 赫瓦德总结提出的一种创造技法。焦点法,指将要解决的问题作为焦点,随便选择一个事物做刺激物,通过刺激物和焦点之间的强制联想获得新设想、新方案的方法。焦点法也是一种强制联想法。

焦点法的操作程序如图 34-1-16 所示,以发明新式手提包为例。

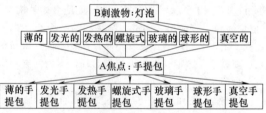

图 34-1-16　利用焦点法发明新式手提包

第一,确定发明目标 A,如要发明手提包。

第二,随意挑选与手提包风马牛不相及的事物 B 做刺激物,如挑选灯泡。

第三,列举事物 B,如灯泡的一切属性。

第四,以 A 为焦点,强制性地把 B 的所有属性与 A 联系起来产生强制联想。

通过新奇、有效的强制联想,就得到了一系列有关手提包的设想:发光手提包、发热手提包、电动手提包、插座式手提包、螺旋式手提包、真空手提包等,有的可能很荒唐,有的则有一定价值。

(3) 自由联想法

自由联想法,指对事物的不受限制的联想而进行发明创造的方法，没有什么规则，任思维自由驰骋，任意想象。这种方法有一定的局限性，于是人们联想到用数学二元直角坐标系，进而创造了二元坐标联想的技法。二元坐标联想法的步骤如下，如图 34-1-17 所示。

图 34-1-17　二元坐标联想法的步骤

举例说明各个步骤，如图 34-1-18 所示。

二元坐标联想法简捷而不单调，富有思想性和娱乐性，而且不受任何限制，只要有纸和笔，随时随地都可进行。

（4）相似联想法

相似联想创造技法，指在广泛联想的基础上，按照技术创造提出的要求，寻求与这一要求差异度最小的事物，并利用该事物于发明创造之中。根据事物的不同构成和不同属性，相似联想可分为表 34-1-30 所示的四种。

1.3.5　形态分析法

形态分析法，指将研究对象视为一个系统，将其分成若干结构上或功能上专有的形态特征，即将系统分成人们藉以解决问题和实现基本目的的参数和特性，然后加以重新排列与组合，从而产生新的观念和创意的方法。

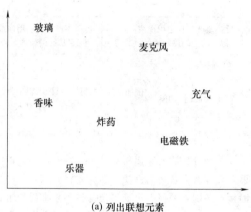

(a) 列出联想元素

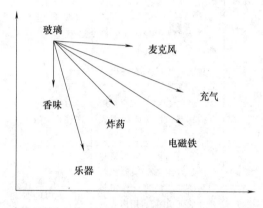

(b) 编制联想图

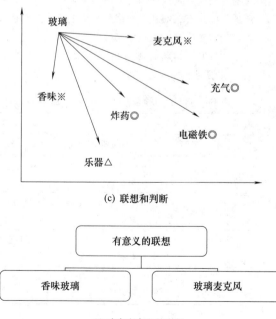

(c) 联想和判断

(d) 确定有意义的联想

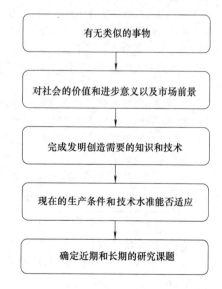

(e) 可行性分析

图 34-1-18　二元坐标联想法的实例

第34篇

表 34-1-30　　相似联想的种类

种类	内　　涵	实　　例
原理相似	对自然界客观存在着的和人们已经创造出来的事物，从机理或原理上进行对照分析，可以发现许多不同类属、不同领域、不同功能甚至不同时代的事物，具有十分相似的原理	怀炉、发热护膝、自热坐垫、自热罐头等，都是利用金属氧化放热的相似原理发明的
结构相似	结构是利用原理达到发明创造目的的具体物质形式。原理存在于结构之中，结构保证原理的实现。结构相似法以各层次上的结构要求、结构功能和结构关系作为结构相似的结构指向	玩具汽车的动力、冲床飞轮、发动机调速器，它们结构全然不同但都利用惯性原理
功能相似	其指导思想是，在提出功能并形成课题后，不急于考虑原理和结构问题，而直接寻找具有相似功能的现成事物	事物的功能还具有多样性、主次性和明暗性
声音相似	声音对人体产生的精神作用是声音的软功能，声音对物质产生的物理作用是声音的硬功能，利用声音的软功能和硬功能进行发明创造也是很有潜力可挖的	软功能如音乐，硬功能如超声波按摩器等

形态分析法是一种系统化构思和程序化解题的发明创造技法，它力求获取一切可能性的组合方法，其核心是根据研究对象系统分解与层次组合的情况，把所需解决的问题首先分解成若干个彼此独立的要素，然后用网络图解的方式进行排列组合，以产生解决问题的系统方案或创造设想。形态分析法由美国加利福尼亚工学院教授 F. 兹维基和美籍瑞士矿物学家 P. 里哥尼联合创建，该法广泛用于自然科学、社会科学以及技术预测、方案决策等领域，是发明创造领域最为常用和最为有效的技法之一。

应用形态分析法的基本途径如表 34-1-31 所示。

表 34-1-31　　应用形态分析法的基本途径

序号	基　本　途　径
1	先将研究问题分解为若干相互独立的基本因素
2	找出实现每个因素要求的所有可能的技术形态
3	然后加以系统综合，得到多种可行解
4	最后，经筛选确定最佳方案

形态分析法中，因素与形态是两个非常重要的基本概念，如图 34-1-19 所示。

图 34-1-19　因素与形态

以某工业产品为例，如图 34-1-20 所示。

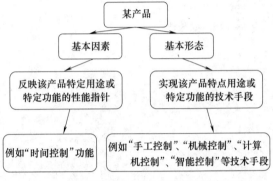

图 34-1-20　以某工业产品为例理解因素和形态

形态分析法的突出特点在于：其一，其所得总构思方案具有全解系的性质，即只要将研究对象的全部因素及各因素的所有可能形态都排列出来后，组合的方案将包罗万象；其二，其所得总构思方案具有程序化的性质，并且这些构思方案的产生，主要依靠人们所进行的认真、细致、严密的分析工作，而不是依靠人们的直觉、灵感或想象所致。

兹维基教授将形态分析法的运用程序分为如表 34-1-32 所示的五个步骤。

表 34-1-32　　形态分析法的运用程序

序号	程　　序	说　　明
1	明确问题	确定预测对象
2	要素分析	将对象分解为若干相对独立的元素
3	形态分析	列出每一元素可能包含的所有要素
4	形态组合	列表，编制形态矩阵，对元素、要素进行排列组合
5	评价选择最合理的具体方案	从各种组合中进行分析，选出最佳方案

比如，为了要开发某种新的运输系统，应用形态分析法的操作步骤如表 34-1-33 所示。

表 34-1-33   形态分析法的操作步骤

序号	操作步骤
1	明确研究对象。把一种物品从某一位置搬运到另一位置，考虑选择何种运输工具
2	组成因素分析。通过分析，可以提出装载形式、运输方式、动力系统三种要素
3	详细列出各个独立要素所包含的几个形态。如装载形式有车辆式、输送带式、容器式等；输送方式有水、油、空气等；动力来源有压缩空气、蒸汽、电动机等。列出明细表 34-1-34 并进行图解
4	形态组合。根据组合方法，总共可得到 300 多种组合方案，如采用容器为装载方式，轨道作输送方式，压缩空气动力；吊包装作为装载形式，滑面输送方式，电磁力动力；采用容器作装载形式，水作输送方式，内燃机作动力源等
5	然后，从中筛选出切实可行的方案

表 34-1-34   解决运输工具的三大独立要素

装载形式	输送方式	动力来源
1. 车辆式	1. 水	1. 压缩空气
2. 输送带式	2. 油	2. 蒸汽
3. 容器式	3. 空气	3. 电动机
4. 吊包式	4. 轨道	4. 电磁力
5. 其他	5. 滚轴	5. 电池
	6. 滑面	6. 内燃机
	7. 管道	7. 原子能
	8. 其他	8. 其他

关于形态分析法的程序，有两点需要说明：第一，上述几个步骤不是一成不变的，有经验的专家，可以省去其中一些步骤，而把主要精力放在组合设想的最佳化研究上；第二，对于复杂的技术课题，可以分层次、多级运用形态分析法，从而找到各种最具体的解题方案。因为任何一个技术系统、一种技术手段，都可以看成是由多种子系统组成的多层次的系列。按照上述步骤为某一因素寻找具体形态时，很可能发现该因素仍是一个子技术手段的集合体，还可再加以细分。这样就可以在更精细的层次上，进行更广泛的形态分析和组合，获得更多的具体方案。

1.3.6 移植法

移植法，指将某一领域已见成效的发明原理、方法、结构、材料等，部分或全部引进到其他领域，或者在同一领域、同一行业中，把某一产品的原理、构造、材料、加工工艺和试验研究方法，引用到新的发明创造或革新项目上，从而获得新成果的发明创造方法。

钢筋混凝土的发明，是移植了制作花盆的技法。陶制花盆易碎，木制花盆又怕水，法国一名花匠蒙尼亚于 1868 年试验用水泥来制作花盆，他先用铁丝制成花盆的骨架，然后在花盆骨架外面抹上水泥，这样硬结以后就成了美丽坚固的形状各异的花盆。此时，俄国的别列柳布斯基教授正在从事着建筑方面的研究。为了建造高楼大厦，他正在寻找价廉物美的新材料。当他听说蒙尼亚发明了铁丝水泥花盆时，大感兴趣，认为完全可以应用于建筑业。经过进一步的试验研究，别列柳布斯基用钢筋代替了铁丝，用石块代替了沙子，大幅度提高了材料的强度和抗冲击能力。1891 年，钢筋混凝土正式诞生了，它的发明成功，在现代建筑史上开创了一个新纪元。

移植是科学研究中最有效、最简便的方法，也是应用研究中运用最多的方法。移植技法的实质是借用已有的技术成果，进行新目的下的再创造。创造者要敢于跳出自己所在领域和知识圈，善于吸收和借用其他学科领域的新技术、新方法、新产品。

移植技法有五种基本类型，如表 34-1-35 所示。

表 34-1-35   移植技法的基本类型

移植技法	内涵	实例
外形移植	将某事物的外形应用到新的发明和设计中	鲁班根据蔓草叶边缘的小尖齿，发明了锯
原理移植	将某事物的基本原理向另一事物转移的方法，通常是科技原理在不同领域的外延或类推，从而创造出新的使用功能或价值	根据香水喷雾器的雾化原理，研制出油漆喷枪、喷射注油壶、汽化器等
方法移植	以各种科学技术方法作为移植对象，能在更多的领域中发挥作用	对铝合金的热处理就是移植了钢铁热处理的方法
结构移植	把某产物的结构全部或局部移植到另一产物上，使后者在结构上产生新的意义	包起帆把圆珠笔的结构原理移植到设计抓斗上
材料移植	变革原有产物的材料，或是增添了其他物质	用纸代替或部分代替制造各种不生锈的可盛装固体、液体的精美容器

1.3.7 组合法

组合法，指将两种或两种以上的技术思想、物质产品的一部分或整体进行适当的组合变化，形成新的技术思想、设计出新的产品的发明创造技法。爱因斯坦曾说："我认为，一个为了更经济地满足人类的需要而找出已知装备的新的组合的人就是发明家。"

组合发明创造是无穷的，但组合的方法主要有同类组合、异类组合、主体附加、重组组合四种。

（1）同类组合

同类组合，指若干相同事物的组合。组合后的事物在基本原理或基本结构上没有根本性的变化，往往具有组合的对称性和一致性趋向。但通过数量的增加能够弥补原有事物的性能缺陷，从而产生新的功能和内涵。

同类组合有两种组合办法，如表 34-1-36 所示。

表 34-1-36　　同类组合的方法

方　法	内　涵	实　例
"搭积木"式组合法	把若干个同一类事物组合在一起	鸡尾酒、组合家具
非系列产品集约化组合法	通过媒介物的设计，将并不相关的各种产品汇集一处	文具盒、工具盒

在非系列产品的集约化组合设计中必须注意的是，集约不能理解为简单的"拼接"，以至于多种用途的制品还不如单一用途的制品好用。这一设计法特别强调协调性和合理性。

同类组合发明创造技法独特而不深奥，思考的关键问题是首先要探讨一下，究竟哪些事物需要自组，而且能实现自组。主要考虑图 34-1-21 所示的几个方面。

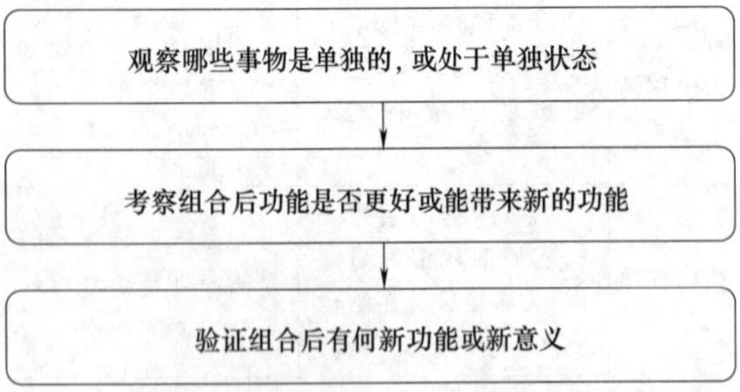

> 观察哪些事物是单独的，或处于单独状态
>
> 考察组合后功能是否更好或能带来新的功能
>
> 验证组合后有何新功能或新意义

图 34-1-21　同类组合的思考方向

（2）主体附加

主体附加就是在原有的技术思想或物质产品上补充新内容、新附件，从而产生新的功能。组合主体不变或变化微小；附加只是主体的补充，附件可以是已有技术、产品，也可以是新的设计或装置，附加物为主体服务。

主体附加的类型如表 34-1-37 所示：

表 34-1-37　　主体附加类型

附加类型	实　　例
附加功能或形式	自鸣式水壶
附加其他产品	"哨鞋"（童鞋上加上气哨）
附加材料、技术	各种合金

［例 3］　从汽车的诞生和发展，可以看出主体附加法的作用和广泛的应用。1885 年德国人卡尔·奔驰研制出世界上第一辆以汽油为动力的汽车（如图 34-1-22 所示），奔驰发明的汽车前轮小、后轮大，发动机置于后轿上方，动力通过链条和齿轮驱动后轮前进。

图 34-1-22　早期的汽车没有车棚，
像高级的无篷马车

1908 年 10 月 1 日，福特 T 形车诞生了（如图 34-1-23）。它有四个轮子车身犹如 T 字形，前面窄后面宽，有两排座位，两个前灯、方向盘、刹车装置，不过它没有车盖子，后排座位有一卷篷帆，需要时可以拉上去遮风挡雨。

图 34-1-23　福特制造的 T 形车附加了漂亮的车篷

后来人们以汽车为主体，逐渐增加了车篷以遮挡风雨；增加了转向灯、刹车灯、安全气囊；增加了前风挡玻璃雨刷以便利雨天行驶；附加了车速表、里程表、转速表等各种仪表；附加了收音机、录放机及CD；附加了空调、电话。

现在汽车已发展为一个庞大的家族，除了小汽车，还有起重运输车、冷藏车、槽罐车、集装箱运输车、垃圾车、洒水车、道路清扫车、除雪车、公路清障车、高空作业车、电视转播车、救护车、警车、消防车等，总之，根据人们的不同需要，就可以在汽车上附加所需要的相应的设备。

主体附加是一种创造性较弱的组合，其思维要领及运用步骤如表34-1-38所示。

表34-1-38 主体附加的运用步骤

序号	步 骤
1	有目的、有选择地确定一个主体
2	运用缺点列举法，全面分析主体的缺点
3	运用希望点列举法，对主体提出种种希望
4	在不变或略变主体的前提下，通过增加附属物克服或弥补主体的缺陷
5	通过增加附属物，实现对主体寄托的希望
6	利用主体或借助主体的某种功能，附加一种别的东西使其发挥作用

（3）异类组合

异类组合，指两种或两种以上不同领域的技术思想、不同功能的物质产品的组合。组合对象间一般没有主次关系，组合对象广泛，组合过程中能形成技术杂交和功能渗透，从而引起显著的整体变化，异中求同，创造性强。

异类组合的运用步骤，如表34-1-39所示。

表34-1-39 异类组合的运用步骤

序号	步 骤
1	首先要确定一个基础组合元素
2	根据发明创造的目的进行联想和扩散思维，以确定其他组合元素
3	把组合元素的各个部分、各个方面和各种要素联系起来加以考虑，这些要素没有主辅之分

异类组合发明创造的思想方法：一是从某一事物的功能或原理、结构、材料、方法等出发，联想到许多事物上；二是将各种事物的功能或原理、材料、方法等，联想到一个拟定的创造目标上。

异类组合法需要有一条引导组合设计的主线，使组合创新更具有说服力和开发价值，如表34-1-40所示。

表34-1-40 异类组合的主线

主 线	实 例
人的使用方式	如U盘小刀，PDA键盘保护套，带麦克风的耳机
人的精神审美诉求	如饰品化的手机、MP3、数码相机等
原来产品适用范围的大幅度拓展	如冷暖空调，录放机

（4）重组组合

重组组合，指将原组合按事物的不同层次分解后又以新的构思重新组合起来的发明方法。例如，将飞机机首的螺旋桨的安装角度变换90°便成为直升机；将水平的喷气飞机变换90°对着地面喷气而成为垂直起落的飞机等。

重组组合的基本步骤如表34-1-41所示。

表34-1-41 重组组合的基本步骤

步骤	方 法
1	解剖事物的组成部分，分析事物的组合层次
2	弄清每一层次的功能和该层次的组成部分的独立功能
3	弄清每一层次上组成部分间的联系
4	弄清各层次间的组合关系
5	分析哪些组合层次和组合部分存在欠妥之处
6	从中确定重组的层次的部分
7	提出重组方案，进行可行性研究
8	进行重组试验

（5）组合技法的一般规律

在组合发明创造的过程中，不论是提出组合问题，还是确定组合类型，一般从如表34-1-42所示几个方面入手。

表34-1-42 组合技法的一般规律

序号	一般规律	实 例
1	把不同的功能组合在一起而产生新的功能	如台灯与闹钟组合成定时台灯；奶瓶与温度计组合成知温奶瓶等
2	把两种不同功能的东西组合在一起增加使用的方便性	如收音机与录音机组合成收录机
3	把小东西放进大东西里，不增加其体积	如圆珠笔放进拉杆式教鞭里形成两用教鞭
4	利用词组的组合产生新产品	如手帕与系列词组组合：香水帕（注入高级香水）、棋盘帕（印制棋盘，方便娱乐）等

1.3.8 检核表法

检核表法，又称检查提问法、设问求解法、分项检查法、对照表法，指根据需要解决的问题，或需要发明创造、技术革新的对象，找出有关因素，列出一张思考表，然后逐个地去思考、研究，深入挖掘，由此激发创造性思维，使创造过程更为系统，从而获得解决问题的方法或发明创造的新设想，实现发明创造的目标的方法。

目前，创造学家们已创造出多种各具特色的检核表，如思路提示十二个检核表、设问检核表等，其中最著名、最受欢迎，既容易学会又能广泛应用的，首推奥斯本检核表，如表 34-1-43 所示。

表 34-1-43　奥斯本检核表

项目	检核内容	实例
用途	现有的发明有无其他用途？稍改变后有无其他用途	将洗衣机用于洗红薯，海尔集团稍加改进后发明了新的洗涤设备
引申	现有的发明能否引入其他的创造性设想？能否从别处得到启发和借鉴？现有发明能否引入到其他的创造性设想之中	运用激光技术治疗眼病和肿瘤
改变	现有的发明能否做某些改变？如改变一下形状、颜色、音响、味道、型号、运动形式，或改变一下意义，改变一下会怎样	将卧式彩电改为立式或悬挂式
扩放	现有的发明能否扩大使用范围、延长使用寿命、添加一些功能，提高价值	可定时的电风扇、带夜光的手表
缩略	现有的发明是否可以缩小或增大体积、减轻重量、降低高度、压缩、分割、化小，略去某些零件、去掉某些工序	保温瓶缩小体积后成为保温杯
替代	现有的发明有无代用品，包括材料、制造工序、方法等的代用	门窗的材料由合成材料代替铝合金材料、由铝合金材料代替钢结构材料、由钢结构材料代替木质材料
调整	现有的发明能否更换一下型号、顺序	将大型客船内部重新装修，改造为水上旅馆
颠倒	现有的发明能否颠倒过来使用？如上与下、左与右、正与反、前与后、里与外等	根据吹风机的原理，改变风的方向，制成吸尘器
组合	现有的一些发明是否可以组合在一起	带随时测体温、血压装置的手表

应用奥斯本检核表进行玻璃杯的改进，如表 34-1-44所示。

表 34-1-44　奥斯本检核表法应用案例：
玻璃杯的改进

检核项目	发散性设想	初选方案
能否它用	做灯罩、可食用、当量具、做装饰、当火罐、做乐器、做模具、当圆规等	装饰品
能否借用	自热杯、磁疗杯、保温杯、电热杯、防爆杯、音乐杯等	自热磁疗杯
能否变化	塔形杯、动物杯、防溢杯、自洁杯、香味杯、密码杯、幻影杯等	香味幻影杯
能否扩大	不倒杯、防碎杯、消防杯、报警杯、过滤杯、多层杯等	多层杯
能否缩小	微型杯、超薄型杯、可伸缩杯、扁平杯、轻型杯、勺形杯等	伸缩杯
能否代用	纸杯、一次性杯、竹木制杯、塑料杯、不锈钢杯、可食质杯等	可食质杯
能否调整	系列装饰杯、系列高脚杯、系列牙杯、口杯、酒杯、咖啡杯等	系列高脚杯
能否颠倒	透明-不透明、彩色-非彩色、雕花-非雕花、有嘴-无嘴等	彩雕杯
能否组合	与温度计组合、与香料组合、与中草药组合、与加热器组合等	与加热器组合

为推动我国的发明创造活动，结合我国的实际情况，上海的创造学研究者们将奥斯本检核表改造提炼为"思路提示十二个一检核表"，又称"思路提示法"。该检核表已在世界各国广泛传播使用。由于这一技法最早是在上海和田路小学试验的，所以又称为"和田技法"。该学校推广应用此技法，极大地促进了小学生的发明创造活动，从而使许多小学生发明了令人耳目一新的产品。思路提示检核表的检核内容如表34-1-45所示。

5W2H法，指用5个以W开头的英语单词和两个以H开头的英语单词进行设问，发现解决问题的线索，寻找发明思路，进行设计构思，从而做出新的发明项目。5W2H法主要用于技术创新、事物处理、公共关系策划、营销策划、广告创新和社会活动的组织与管理等方面，是具有很强的适用性和普遍性的一种创新活动检核表。

表 34-1-45　　　思路提示检核表

主题	检 核 内 容
加一加	可在这件东西上添加些什么东西吗？需要加上更多时间和次数吗？把它加高一些、加厚一些行不行？把这样东西跟其他东西组合在一起，会有什么结果
减一减	可在这件东西上减去些什么东西吗？可以减少些时间或次数吗？把它降低一点、减轻一点行不行？可省略、取消什么吗
扩一扩	使这件东西放大、扩展会怎样
缩一缩	使这件东西压缩、缩小会怎样
变一变	改变一下形状、颜色、音响、味道、气味会怎样？改变一下次序会怎样
改一改	这件东西还存在什么缺点？还有什么不足之处需要加以改进？它在使用时是否给人带来一些不方便的麻烦？有解决这些问题的方法吗
联一联	某个事物的结果，跟它的起因有什么联系？能从中找到解决问题的办法吗？把某些东西或事情联系起来，能帮助我们达到什么目的吗
学一学	有什么事物可以让自己模仿、学习一下吗？模仿它的形状、结构、功能会有什么结果？学习它的原理、技术又会有什么结果
代一代	什么东西能代替另一样东西吗？如果用别的材料、零件、方法等，代替另一种材料、零件、方法行不行
搬一搬	把这件东西搬到别的地方，还能有别的用处吗？这个想法、道理、技术搬别的地方，也能用得上吗
反一反	如果把一件东西、一个事物的正反、上下、左右、前后、横竖、里外颠倒一下，会有什么结果
定一定	为了解决某个问题或改进某件东西，为了提高学习、工作效率和防止可能发生的事故或疏漏，需要规定些什么吗

图 34-1-24　5W2H 的内容

5W2H 的总框架如图 34-1-24 所示。在实际应用中，可以根据需要解决的问题，从这 7 个方面进行思考，设计问题，然后逐项检核，达到解决问题、实现创新的目的。5W2H 就是对任何任务和问题都可以问一下：为什么（Why），是什么（What），何时（When），何地（Where），何人（Who），怎样（How），多少（How much）。

5W2H 法用于检验新产品时的过程如下。

（1）检查原产品的合理性

① 为什么（Why）。为什么采用这个技术参数？为什么不能有响声？为什么停用？为什么变成红色？为什么要做成这个形状？为什么采用机器代替人力？为什么产品的制造要经过这么多环节？为什么非做不可？

② 是什么（What）。条件是什么？哪一部分工作要做？目的是什么？重点是什么？与什么有关系？功能是什么？规范是什么？工作对象是什么？

③ 何时（When）。何时要完成？何时安装？何时销售？何时是最佳营业时间？何时工作人员容易疲劳？何时产量最高？何时完成最合宜？需要几天才算合理？

④ 何地（Where）。何地最适宜某物生长？何处生产最经济？从何处买？还有什么地方可以作为销售点？安装在什么地方最合适？何地有资源？

⑤ 何人（Who）。谁来办最佳？谁会生产？谁是顾客？谁是潜在用户？谁能看到和听到这些信息？谁的影响面大？谁会支持？谁被忽略了？谁是决策人？谁会受益？

⑥ 怎样（How）。怎样做最省力？怎样做最快？怎样做效率最高？怎样改进？怎样得到？怎样避免失败？怎样求发展？怎样增加销路？怎样扩大知名度？怎样让产品人人都喜欢？怎样达到效率？怎样才能使产品更加美观大方？怎样使产品用起来方便？

⑦ 多少（How much）。功能指针达到多少？销售多少？成本多少？输出功率多少？效率多高？尺寸多少？重量多少？安全性如何？售价如何？活动费有多少？

（2）找出主要优缺点设计新产品

如果现行的做法或产品经过 7 个问题的审核已无懈可击，便可认为这一做法或产品可取。如果这 7 个问题中有一个答复不能令人满意，则表示这方面有改进余地。如果哪方面的答复有独创的优点，则可以扩大产品这方面的功能。

根据以上介绍的三个检核表，如果能够留心去对现有事物进行认真"检核"，是不难有所发现、有所发明、有所创新的。

1.3.9　模拟法

模拟技法，指把自己要发明创造的对象和别的事物进行比较，找出两个事物的类似之处，加以吸收和利用的方法。比较的两个事物，可以是同类，也可以不是同类，甚至差别很大，通过比较，从异中求同，或从同中求异；两个事物相隔越远、差别越大，越容易产生发明创造的新设想。模拟技法的过程及具体操作如表 34-1-46 所示。

表 34-1-46　　　　　　　　　　　　　　　模拟技法的过程及具体操作

模拟技法的过程	①正确选择模拟对象 ②将两者进行分析比较,从中找出共同属性 ③在以上基础上,进行模拟联想推理,找出解决问题的方法	
模拟种类	定　义	举　例
直接模拟　拟人模拟	将发明创造或革新对象"拟人化"的方法;即模仿人的各种特征,进行发明创造	模仿人体手臂动作设计的挖土机和机械手
直接模拟	从自然界或已有的成果中寻找与发明革新对象相类似的现象和事物并从中获得启示	设计坦克的控制系统,可能它同履带式拖拉机直接模拟
象征模拟	用一种具体事物来表示某种抽象概念或思想感情的表现手法	历史上许多著名的建筑就在于它们格调迥异,且有各自的象征
因果模拟	两个事物的某些属性之间,可能存在同一种因果关系。可以根据一个事物的因果关系,推断另一个事物的因果关系	由合金钢的冶炼推断出冶炼铝合金的可能性
对称模拟	许多事物都具有对称性,可根据对称模拟的关系发明创造出新的东西	由电荷正负的对称性,英国物理学家狄拉克提出存在正电子
综合模拟	事物众多属性之间的关系虽然十分复杂,但是可以综合它们相似的特征进行模拟	宇航员乘航天飞机进入太空之前,要进行长时间的模拟太空失重状态下的训练,以适应太空的工作和生活
	定　义	操作步骤
亲身模拟	亲身模拟,又称拟人模拟,即把自身与问题的要素等同起来,从而帮助我们得出更富创意的设想。在这个过程中,人们将自己的感情投射到对象身上,把自己变成对象,体验一下作为它会如何,有什么感觉。这是一种新的心理体验,使个人不再按照原本分析要素的方法来考虑问题 运用亲身模拟,最简单的做法就是问"假如我是它,我会⋯⋯",这是一种移情,又叫拟人化。即把要解决的问题、面对的事物人格化,使无生命的东西有了生命	①把自己比做要解决的问题(移情),或让无生命的对象变成有生命、有意识(拟人化)的对象 ②变换角度后,你就是它,它就是你,会产生新的感觉和看法 ③根据上述感受提出新的解决办法 ④恢复到原来的状态,评价设想的可行性
幻想模拟	幻想模拟法,指将幻想中的事物与要解决的问题进行模拟,由此产生新的思考问题的角度。例如,要设计能自动驾驶的汽车,人们想到神话中用咒语启动地毯的故事,由此启发人们运用声电变换装置实现汽车的自动驾驶	①根据要解决的问题,想一想有什么幻想故事和大胆的传说 ②这个故事和传说中使用了什么新奇的想法 ③根据上述想法受到的启发提出新的解决办法 ④评价设想的可行性
符号模拟法	符号模拟法就是通过逆向思考、浓缩矛盾等技巧,在抽象的语言(符号)与具体的事物之间反复建立新联系,从而从原有的观点中超脱出来,得到丰富、新颖的主意的方法 符号模拟运用了两面性思维:对立事物的结合预示着矛盾,而且是自相矛盾。在科学研究中,碰到这种矛盾对立的现象时却往往预示将会有新的突破	①从具体到抽象,把要解决的具体问题用抽象的概念表达 ②找到它的反义词,把两者联系在一起就构成了矛盾短语 ③从抽象到具体 ④通过大量列举,发现有价值的对象,分析其原理 ⑤借助其原理,产生直接模拟,形成新的解题方案。整个过程是以符号(主要是语言符号)为中介的模拟

在创造中，如果有意识地运用这种矛盾词语组合的"符号模拟"方法，一定会开阔思路，独辟蹊径。

1.3.10　模仿法

模仿法，指以某一模仿原型为参照，在此基础之上加以变化产生新事物的方法。

模仿法在模仿对象上可分为生物性模仿和非生物性模仿两类。在模仿方法上还可分为形状模仿、内容模仿、结构模仿、功能模仿、规则模仿、方法模仿、思想模仿等多种。运用原理规律或优秀的案例方法去解决问题，也是一种模仿，而且是高层次的模仿。

形状模仿的基本步骤是：调查和熟悉人们对各种事物的态度；研究该事物的实在形状及其对人们心理的作用；如何在另外的事物上再现这种形状，满足人们的精神需要。功能模仿主要解决两方面的问题：一是从发现事物的物理功能开始，进行模仿创造；二是在发明创造中碰到了问题，需要通过功能模仿解决。

模仿技法的步骤通常如图 34-1-25 所示。

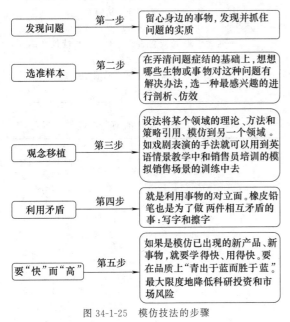

图 34-1-25　模仿技法的步骤

1.3.11　逆向发明法

逆向发明法，指运用逆向思维进行发明创造的技法。很多事物顺着一个固定的方向或者采取一种成规的模式发展到一定的阶段，就会不可避免地出现阻碍事物继续发展的各种障碍，如果排除障碍得不偿失或事倍功半，则应及早弃旧图新，寻求新的突破方向和方法。此时，不妨试用逆向思维投石问路。

运用逆向发明法时，可从如表 34-1-47 所示四个方面进行尝试。

表 34-1-47　　　逆向发明法的尝试方向

逆向方法	内　涵	实　例
原理逆向	尝试着将某种技术原理、自然现象、物理变化、化学变化等进行"反向"，以寻求新的原理的方法	发电机与电动机、电风扇与风力发电机等
方向逆向	将某事物的构成顺序、排列位置、安装方向、输送方向、操纵方向、放置方向以及处理问题的方法等，反转过来思考，设想新的利用或寻求解决问题的办法	把电风扇的安装方向倒过来，正面朝外，就成了排风扇
参数逆向	对现有产品进行结构参数或性能参数的逆向思考，如增大减小、伸长缩短、加厚变薄等	将暖水瓶变小为保温杯
特性逆向	特性是事物所具有的性质和特点，特性逆向就是用相反的特性代替原来的特性	

1.3.12　分解法

分解法，指利用分解技巧，将一个事物分解为多个事物进而实现创造发明的技法。例如，一件衣服，把它的大半个袖子截下来，就是套袖，剩下的部分就成为短袖衫；从肩部截下来，剩下的部分就成为坎肩；再截大一点，就成为背心了（如图 34-1-26）。当然，这只是创造思想，要获得实用的产品还需要进一步加工。

图 34-1-26　服装款式的变换利用了分解技法

从某种目的出发，将一个整体分成若干部分或者分出某个部分就是分解。分解创造有两种情况，如图34-1-27 所示。

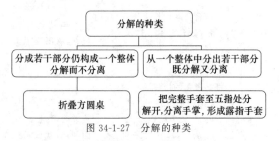

图 34-1-27　分解的种类

分解发明，按事物分解前后功能或用途的变化，可分为表 34-1-48 所示三种。

表 34-1-48　　分解发明的种类

分解种类	内　涵	实　例
原功能分解	将产品或事物分解改进后，形成的新事物与原事物的功能与用途相同	把广告灯箱进行分解，推出了可以组装的灯箱，给生产和运输带来了方便
变功能分解	将产品或事物分解改进后，形成新事物与原事物的功能与用途不同	把橡胶手套的食指部分分解出来，就成为一种新产品——橡胶指套，戴着它翻揭纸张，得心应手
创功能分解	将某个整体分成若干部分或分出某一部分，作为一个新整体时，产生了新的功能	活字印刷术的发明，就是对古老的雕版印刷分解发明的硕果

运用分解法，首先确定分解对象。分解的对象与组合对象不同，创造发明分解的对象只是一个事物，经过分解创新，该事物的局部结构或局部功能产生相互独立的变化或者脱离整体的变化。

1.3.13　分析信息法

分析信息法，指从分析信息中寻找发明创造的课题，可采取找空白和找联系的方法。如表 34-1-49 所示。

随着发明创造活动的深入，专利检索法、情报分析法等应运而生，其实质都是对信息进行搜集—选择—跟踪—研究—利用的过程，都是企求从信息中选择发明创造的新课题和寻求解决既定课题的技术方法这样两个目的。

从信息分析中寻求解决问题的途径。发明创造的课题一经确定，发明创造活动就从做什么转到怎么做，一般会出现两种情况，如表 34-1-50 所示。

表 34-1-49　　找空白和找联系的方法

	定　义	方　法
找空白	所谓空白，指的是有待于创造的事物	①时刻留心来自各方面的信息 ②大量积累和记忆自己发明创造范围内的事物的特征 ③按功能、原理和结构划分事物 ④设想新功能、新原理和新结构的同类事物 ⑤分析确定出有填补意义和填补可能的空白
找联系	所谓找联系，就是在信息之间寻求相互间在方法或技术上的结合，使其中一事物的原理或结构在另一事物上开花结果	①选择一方。某事物的创新思想，某种产品的设计理念，以及具体原理、结构、材料、制造工艺、处理问题的方法等 ②选择另一方。分析创新思想、设计思想、原理、结构等，还可以用于哪些事物，并在其中延展同样的功能 ③考虑双方的特点，研究两者能否结合的实际可能性和结合的技术关键 ④通过结合，使双方开花结果，诞生新的事物

表 34-1-50　　解决问题的两种途径

序号	内　容	实　例
1	某种相同的发明思想或发明方法，被具有不同知识、不同经验、不同职业的人分别想到或采用时，会创造出一些用途不同而创造思想相同的新事物	音乐茶杯、音乐伞、音乐热水瓶、音乐门铃、音乐奶瓶、音乐贺年卡、音乐垃圾箱等，就是不同发明者的共同创造思想
2	将不同的创新思想或发明方法用在同类事物上，会创造出新的种类	将竹子、铜、玻璃等不同的材料，将保温、变色、电热等不同的技术，应用于"杯"；尽管"杯"是同类事物，其创新思想或发明方法是截然不同的

1.3.14　综摄法

综摄法，指不同性格、不同专业的人员组成精干的创新小组，针对某一问题，用分析的方法深入了解问题，查明问题的各个方面和主要细节，即变陌生为熟悉；通过自由的亲身模拟、比喻和象征模拟等综合模拟，进行创造性思考，重新理解问题，阐明新观点等，即变熟悉为陌生，最终达到解决问题的方法。

综摄法就是把表面上看起来不同而实际上有联系的要素综合起来。综摄法是一种集体创造技法，一般由主持人、该问题的专家以及各种专业领域的成员共同实施。应用该方法需要有丰富的经验，因此必须对应用综摄法的人员进行培训。

综摄法是建立在以下五个基本假定之上的：

① 每个人都存在潜在的创造力；

② 通过特定人的创造现象可以描述出共同的心理过程；

③ 在创造过程中，感情的非理性因素比理性因素更为重要；

④ 创造中的心理过程能用适当的方法加以训练和控制；

⑤ 集体的创造过程可以模拟个人的创造过程。

综摄法是采取自由运用比喻和模拟方式进行非正式交换意见和创造性思考，从而促使萌发各种设想的一种集体创造技法。

综摄一词在希腊语中是"把表面上看来不同而实际上有联系的要素结合起来。"这种联系的基础是模拟。综摄法的创始人威廉·戈登认为，这个技法有两个重要的思考出发点，如表 34-1-51 所示。

综摄法在新产品开发、现有产品改进设计以及广告创意、解决某些社会经济问题等方面已得到广泛应用，被实践证明是一种行之有效的方法。

综摄法有两项基本原则，如表 34-1-52 所示。

综摄法的实施程序要经过，如表 34-1-53 所示的几个阶段。

人们在使用综摄法时应按上述十个步骤工作，当然也不一定要完全照搬。运用这种方法时要注意两点：要界定并分析问题；利用操作技巧来使熟悉者陌生化。

表 34-1-51　　综摄法运用过程

序号	内　涵	过　程
一是变陌生为熟悉	把自己接触到的新事物用自己和别人都熟悉的事物去思考和描述	如计算机领域"病毒"等就是利用人们较熟悉的语言，描述计算机很专业的事物或现象
二是变熟悉为陌生	对已有的、熟悉的事物，运用新知识或从新的角度来观察、分析和处理，得出新东西	如拉杆天线原是收音机用的，可以把它用作相机支架、伞把、鱼竿、教鞭等

表 34-1-52　　综摄法的基本原则及应用实例

基本原则	内涵	应用实例
同质异化	对现有的各种发明，积极运用新的知识或从新的角度来加以观察、分析和处理，从而产生创造性成果	例如电子计时笔。电子表主要用于计时；笔用于书写。这两者从表面看好像毫无关系，但实质上有一种潜在的联系。因为用笔书写时，往往会想到写了多少时间了，写到什么时候为止，或者是从什么时候开始写的等。因此制作者就把这两者的长处综合在一起，将电子表装在笔杆中，电子计时笔就诞生了
异质同化	在创造发明不熟悉的新东西的时候，可以借用现有的熟悉的知识来进行分析研究，启发出新设想来	例如脱粒机。发明以前，谁也没见过这种机械，于是要通过当时既有的知识或熟悉的事物来进行创造。脱粒机的作用是将稻草和稻谷分开，分开的方法有：用手分开，用木片把稻谷从稻草上刮下来等。后有人发现用雨伞尖顶冲撞稻穗可以把稻谷从稻禾上分开，根据这个发现，制成了这种带尖刺的滚桶状脱粒机

表 34-1-53　　　　　　　　　　综摄法实施程序

程　序	内　容
确定综摄法小组的构成	小组成员以 5～8 名为宜。其中 1 名担任主持人，与讨论问题有关的专家 1 名，再加上各种科学领域的专业人员 4～6 名
提出问题	会议应该解决的问题，一般由主持人向小组成员宣读。主持人应该和专家一起预先对问题进行详细分析
专家分析问题	由专家对该问题进行解释，以使成员们能理解。主要目的是使陌生者熟悉
净化问题	消除前两步中所隐含的僵化和肤浅的地方，进一步弄清问题
理解问题	从选择问题的某一部分来分析入手。每位成员应尽可能利用荒诞模拟或胡思乱想法来描述他所看到的问题，然后由主持人记录下各种观点

续表

程　序	内　容
模拟的设想	小组成员使用切身模拟、象征模拟等技巧，获得一系列设想，这一阶段是综摄法的关键，主持人记录每位成员的设想，并写在纸上以便查看，从而再激发设想
模拟的选择	从各位成员提出的模拟之中，选出可以用于实现解决问题的目标的模拟。主持人依据与问题的相关性，以及小组成员对该模拟的兴趣及有关这方面的知识进行筛选
模拟的研究	结合解决问题的目标，对选出的模拟进行研究
适应目标	使用前面步骤中所得到的各种启示，与在现实中能使用的设想结合起来。在这方面经常使用强制性联想
编制解决问题的方案	最后一步要制订解决问题的方案。为了制订完整的解决方案，在这个阶段要尽可能地发挥专家的作用

在使用综摄法时还要注意表 34-1-54 所示的 5 点。

表 34-1-54　　使用综摄法的注意事项

序号	注意事项
1	专家或问题拥有者在描述问题情况时不应该描述每一个复杂的细节，只需对问题本身及其背景作简短说明
2	在确定问题的目标阶段，人们应尽量从各种不同的角度来审视问题情境。专家应使用"如何做""我希望"这类陈述
3	专家应对小组对问题的再界定做出反思，并从中选择 2~3 个最能反映问题情境的定义
4	使用综摄法时应不拒绝那些不完善的想法，而是应仔细研究这些想法，并尽力将其转为更加切合实际的解决办法
5	在综摄法应用过程中，假如开发出的设想不够，工作组人员就应暂时转移"阵地"，从而触发更多的新方案

1.3.15　德尔菲法

德尔菲法，又称专家调查法，指根据经过调查得到的情况，凭借专家的知识和经验，直接或经过简单的推算，对研究对象进行综合分析研究，寻求其特性和发展规律，并进行预测的一种方法。

德尔菲法的特点，如表 34-1-55 所示。

德尔菲法有广泛的用途，但是，由于专家评价的最后结果是建立在统计分析的基础上，所以具有一定的不稳定性。不同专家，其直观评价意见和协调情况不可能完全一样，而且交换信件费时间，不能面对面讨论，所提问题很难提得很明确而不需要进一步解释，最后得出的一致意见具有一定程度的强制性，这是德尔菲法的主要不足之处。若与其他调查方法配合使用，就能取得更好的效果。

德尔菲法的应用条件、用途和工作步骤如表 34-1-56 所示。

表 34-1-55　　德尔菲法的特点

特点	说　明
函询	用通信方式反复征求专家意见
多向性	调查对象分布于不同的专业领域，在同一个问题上能了解到各方面专家的意见
匿名性	德尔菲法采用匿名征询的方式征求专家意见，可以不受任何干扰独立地对调查表所提问题发表自己的意见
回馈性	由于专家意见往往比较分散，且不能相互启发，共同提高。经典的德尔菲要进行 4 轮的征询专家意见。组织者对每一轮的专家意见（包括有关专家提供的论证依据和资料）进行汇总整理和统计分析，并在下一轮征询中将这些材料匿名回馈给每位受邀专家，以便专家们在预测时参考
统计性	采用统计方法对专家意见进行处理，其结果往往以概率的形式出现。为了便于对专家意见进行统计处理，调查表设计时一般采用表格化、符号化、数字化的设计方法

从上述工作程序可以看出，德尔菲法能否取得理想的结果，关键在于调查对象的人选及其对所调查问题掌握的资料和熟悉的程度，调查主持人的水平和经验也是一个很重要的因素。

1.3.16　六顶思考帽法

六顶思考帽法，指使用六顶思考帽代表六种思维角色分类，有效地支持和鼓励个人行为在团体讨论中充分发挥的方法。

六顶思考帽法是爱德华·德·博诺博士开发的一种思维训练模式，它提供了"平行思维"的工具，避免将时间浪费在互相争执上。六顶思考帽法强调的是"能够成为什么"，而非"本身是什么"，是寻求一条向前发展的路，而不是争论谁对谁错。运用博诺的六顶思考帽法将会使混乱的思考变得更清晰，使团体中无意义的争论变成集思广益的创造，使每个人变得富有创造性。

表 34-1-56   **德菲法的应用条件、用途和工作步骤**

应用条件	①咨询主题应明确,使熟悉该专题的专家能清晰地理解问题的性质、内容和范围	
	②要找到一批经验丰富而又熟悉该专题的专家,特别是这些专家中具有代表性的人物	
用途	①对达到某一目标的条件、途径、手段以及它们的相对重要程度做出估计	
	②对未来事件实现的时间做出概率估计	
	③对某一方案(技术、产品等)在总体方案(技术、产品等)中所占的最佳比重做出概率估计	
	④对研究对象的动向和在未来某个时间所能达到的状况、性能等做出估计	
	⑤对某一方案(技术、产品等)做出评价,或对若干个备选方案(技术、产品等)评价出相对名次,选出最优者	
工作步骤	①确定主持人,组织专门小组	为后续工作做准备
	②拟定调查提纲	所提问题要明确具体,选择得当,数量不宜过多,并提供必要的背景材料
	③选择调查对象	所选的专家要有广泛的代表性,要熟悉业务,有一定的声誉和较强的判断洞察能力。选定的专家人数一般以 10～50 人为宜
	④轮番征询意见	征询意见通常要经过 3 轮:第一轮是提出问题,要求专家们在规定的时间内把调查表格填完寄回;第二轮是修改问题,请专家们根据整理的不同意见修改自己所提的问题,即让调查对象了解其他见解后,再一次征求他本人的意见;第三轮是最后判定。把专家们最后重新考虑的意见收集上来,加以整理。有时根据实际需要,还可进行更多几轮的征询活动
	⑤整理调查结果,提出调查报告	对征询所得的意见进行统计处理,一般可采用中位数法,把处于中位数的专家意见作为调查结论,并进行文字归纳,写成报告

在多数团队中,团队成员被迫接受团队既定的思维模式,限制了个人和团队的配合度,不能有效解决某些问题。运用六项思考帽模型,团队成员不再局限于某单一思维模式,而且思考帽代表的是角色分类,是一种思考要求,而不是代表扮演者本人。六项思考帽代表的六种思维角色几乎涵盖了思维的整个过程,既可以有效地支持个人的行为也可以支持团体讨论中的互相激发,如表 34-1-57 所示。

表 34-1-57   **六项思考帽**

蓝色思考帽	一顶控制思维过程的帽子,就像是乐队中的指挥一样来组织思维
白色思考帽	收集已知的或者是需要的信息,仅仅是中立和客观的事实和数据
黄色思考帽	代表的是乐观、探究价值和利益,帮助人们发现机会
黑色思考帽	探索事物的真实性、适应性、合法性,运用负面的分析,帮助人们控制风险
绿色思考帽	象征创新和改变,寻找更多的可选方案和可能性,从而获得具有创造力的构想
红色思考帽	为情绪和感情的表白提供机会,这是一个直觉和预感的判断

六项思考的帽法是一种简单、有效的平行思考程序。一个典型的六项思考帽团队在实际中的应用步骤

如图 34-1-28 所示。

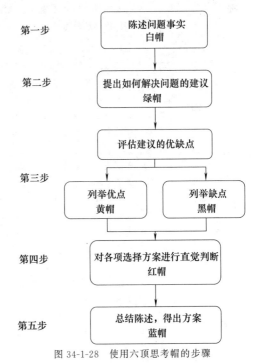

图 34-1-28   使用六项思考帽的步骤

使用六项思考帽法应注意的几个问题,如表 34-1-58所示。

表 34-1-58 使用六顶思考帽应注意的问题

问 题	说 明
控制与应用	掌握独立和系统地使用帽子工具以及帽子的序列与组织方法
使用的时机	理解何时使用帽子,从个人使用开始,分别在会议、报告、备忘录、谈话与演讲发言中有效地应用六顶思考帽
时间的管理	掌握在规定的时间内高效地运用六顶思考帽的思维方法,从而整合两个团队所有参与者的潜能

1.3.17 创造需求法

创造需求法,指寻求人们想要得到的东西,并给予他们、满足他们的一种创新技法。创造需求的关键,就是要将大家内心模糊的希望和能消除不满的东西具体化。具体方法以及实例如表 34-1-59 所示。

表 34-1-59 创造需求法的具体方法及实例

种类	定 义	实 例
观察生活法	只要留心自己和别人在日常生活中的不便、不满和希望,就会发现创新的机会	如英国有位叫曼尼的女士,她的长筒丝袜总是往下掉,上街上班,丝袜掉下来是很尴尬的事情。询问了许多女同事,她们都有同感。面对大家的需求,她灵机一动,开了一间专售不易滑落的袜子店,大受女顾客的青睐。现在,曼尼设在美、日、法三国的"袜子店"已多达120 多家
顺应潮流法	指顺着消费者追求流行的心理来把握创新机遇的技巧。观察社会,适应社会需求,碰到什么问题就研究什么问题,就能推出自己顺应潮流的产品来	住高楼大厦的人越来越多了,擦玻璃确有不少困难,一不小心就会发生伤亡事故。为解决这一问题,日本制造了一种安全玻璃擦拭器。这种擦拭器能在室内将玻璃擦拭干净。既安全,又省时。它由两块嵌有磁铁含有洗洁剂的泡沫塑料擦板组成。当两块擦板隔着玻璃互相吸引后,只要移动里面的擦板,外边的玻璃也就随之擦干净了
艺术升格法	对一些市场饱和的日用消费品进行艺术嫁接之类的深加工,以此提高产品的档次、形象和身价,以求在更高层次的消费领域里拓展新的市场的方法称艺术升格法	如海湾战争结束后,现代战争中的科学技术令世界震惊。某企业根据海湾战争中大出风头的爱国者导弹外形,设计了 1‰比例的爱国者导弹型台灯,上面还插着几支导弹型的圆珠笔,产品在香港礼品博览会上引来了无数的订单
引申需求链条法	一种新产品诞生后,就有可能带动若干相关或类似产品的出现。这种现象叫做"不尽的链条",它表明产品需求具有延伸性。找出某一产品的延伸性需求来进行创新活动,就是引申需求链条法	有一位在一家工厂门口摆摊卖香烟的老人,在摊前摆个打气筒,并挂出"免费为自行车打气服务"的招牌。这就吸引了不少男士,方便后不免要帮衬帮衬。老人家告诉家人:"自从备了打气筒,每天营业额增加了一倍以上。"
预测需求法	即是指通过预测未来市场需求并积极提前准备,在需求到来时能满足需求的创新技法。明天的需求,潜伏在人们的心底里,不显山不露水,它在等待时间的推移,市场的变化。可以用调查研究的方法,对各种各样的信息进行分析与预测,预见未来	如在 20 世纪 80 年代初,18 英寸彩电在我国城市成为抢手货,14 英寸彩电滞销。国内众多彩电厂家都转向生产 18 英寸彩电,致使 14 英寸彩管大量积压。这时长虹公司却独具慧眼,看到国家当时已提高了皮棉收购价,其他农副产品的收购价也势必会逐步提高,认定 14 英寸彩电将在农村大有市场。他们果断地买回大批 14 英寸彩管,继续生产这种规格的彩电,结果正如事前所料,他们的产品在农村的销售市场不断拓宽,经营规模迅速扩大

1.3.18 替代法

替代法，指用一种成分代替另一种成分、用一种材料代替另一种材料、用一种方法代替另一种方法，即寻找替代物来解决发明创造问题的方法。例如，制造塑料往往用石油做原料。有人考虑到淀粉是天然高分子化合物，其化学结构与聚乙烯等合成的高分子化合物的结构很相似，天然淀粉便成了代替石油制造塑料的好原料。

以改进一件家家户户必备的生活用品——切菜板为例，说明替代法的工作步骤，如图 34-1-29 所示。

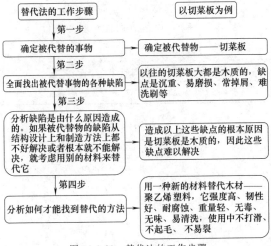

图 34-1-29 替代法的工作步骤

替代法在运用中有表 34-1-60 所示的特点。

表 34-1-60 　替代法的运用特点

特　点	说　明
应用领域广泛	在科技、生产、管理、教育、艺术、军事等学科中，对事物进行各种定性、定量、定型分析和测算时使用
成果一般是产生解决问题的新方法	比如，检验产品的新方法、统计计算的新方法、度量的新方法、模拟的新方法等
关键是寻找可以代替的事物	相互代替的事物及其等值关系和实施代替的具体方法构成了解决问题的途径
换元素事物之间客观上存在着某方面的等值关系	某些事物的某种功能，或成分、条件、状态，在另外一个不同的事物上也能够或多或少地表现出来，即说明它们在某方面存在等值关系，称这两事物之间有可换元素

1.3.19 溯源发明法

溯源发明法，指沿着现有的发明创造，追根溯源，一直找到创造源，从创造源出发，再进行新的发明创造的一种技法。

以洗衣机为例，应用溯源发明法产生概念设计，如图 34-1-30 所示。

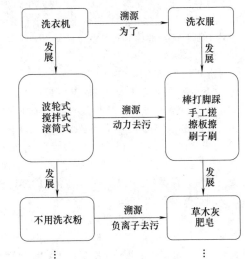

图 34-1-30 　应用溯源发明法设计的洗衣机

溯源发明法的基本步骤，如表 34-1-61 所示。

表 34-1-61 　溯源发明法的基本步骤

序号	基本步骤
1	要溯源，克服习惯思维和思维定式，溯到创造源
2	立足创造源，多方发现和捕捉为达功能目的的信息，使新的方法和形式不断涌现
3	分析新方法和形式的可行性，如与旧事物相比，是否更有创造性、进步性和实用性
4	优选出最佳方案，展开设计和试验工作

应用溯源发明法，人们创造了冷冻技术保鲜食品，保鲜食品即为创造源，从这一源头出发，人们又发明了微波灭菌法、静电保存食品法等，其效果都比冷藏食品好。

1.3.20 卡片分析法

卡片分析法，指通过将所得到的记录有关信息或设想的卡片，进行分析，整理排列，以寻找各部分之间的有机联系，从整体上把握事物，最后形成比较系统的新设想的方法。

卡片分析法作为分析整理资料获得启发的有效途径，可用于解决问题的各个阶段中。实验证明，一般人当同时思维操作的信息元素超过 10 个时，要在脑内同时操作加工这些信息显得很困难。而通过卡片，把各种信息或设想转移到脑外,变成能稳定地呈现在眼前的外存信息,这样既可把在头脑中借助记忆进行的思维操作转为脑外处理卡片,来减轻思维负担,又可使注意力集中,从而提高了思维效率。

卡片分析法的基础是要有卡片。卡片大小自便,扑克牌大小也可,稍大也可,能在上面记录信息即可。卡片上面所记录的内容可从表 34-1-62 所列各方面参考。

卡片分析法具有以下一些特点。

① 这是一种在比较分类的基础上进行创新的方法,比较和分类是运用此法时要做的基本工作,然而,真正有创意的工作在于对各类数据的综合。

② 运用这种方法时,不只是对卡片的理性分析和综合,还需要综合地发挥运用者的各种心理因素,如感受、感情、直观、意志等,因为对卡片的分析整理直接受到这些因素的影响;

③ 此法借助于卡片分析事理发现其内在联系,具有直观、方便、灵活的特点。既可单人应用,也可集体进行,应用范围广,几乎适用于各领域的创造性活动。

表 34-1-62　　　卡片记录的内容和特点

序号	内　　容
1	突然涌现的想法
2	由谈话、读书、观察等产生的设想或注意到的问题
3	图书、杂志、人名、地址、电话号码
4	被记述或证实的信息
5	从智力激励法等创造性开发会议中产生的新设想
6	有关行动计划的基本设想
7	使数据系统化的各种形式
8	发现资料存在的场所、收集的来源以及技法
9	数据的种类
10	意想不到的偶然事件
11	从大脑中一闪即过的有创意的新设想

第 2 章　创新设计理论和方法

创新的原理，指人类在征服自然、改造自然的过程中所遵循的客观规律，是人类获得所有的人工制造物时所遵循的发明创新原理。

考察从古至今的发明创新案例，从原始社会到现代社会，从最简单的石斧，到复杂的宇航器，所有的人工制造物，无一例外都遵循了创新的规律。而且，相同的发明创新问题以及为了解决这些问题所使用的创新原理，在不同的时期、不同的领域中反复出现，也就是说，解决问题（即实现创新）的方法是有规律、有方法可学的。既然是符合客观规律的方法学，那么这个方法学就必然会具有普适意义，必然会在所有的发明创新过程中得到实际的应用和体现。

只要了解了事物的规律，掌握办事的方法，很多事情都会迎刃而解。如果人们掌握了创新的规律，以创新的方法学作为指导，创新也就是一件人人可学习、可掌握、可做到的事情。

2.1　本体论

2.1.1　本体论概述

本体论（ontology）作为一个哲学名词，来源于古希腊哲学的概念，被解释为"关于存在的学说、言论"。哲学上的 Ontology 旨在解决这样的问题——对某一定义的知识进行统一的概念化，主要是从自然内部、从客体与客体之间的联系中去寻找万物的本质，力图摆脱人在自然、客体中的作用和影响，努力构建一个客观世界的本体。

20 世纪 80 年代末 90 年代初，随着人工智能的发展，本体论被人工智能界赋予了新的定义。在人工智能领域，本体论是研究客观事物间相互联系的学科，本体是共享概念模型的明确的形式化规范说明。

为满足：①领域知识的表达、共享、重用，②术语标准化（实施并行工程、异地协同设计制造与产品全生命期管理），③异构数据集成（虚拟企业或供应链内部异构信息系统之间的互操作和集成）的需求，随着人工智能和知识工程的发展，本体论（Ontology）成为知识工程和知识管理领域研究的热点。例如：美国斯坦福大学计算机系的知识系统实验室（Knowledge Systems Laboratory）的 R. Fikes 教

授和 T. Gruber 等从 20 世纪 90 年代初开始进行名为 "How Things Work" 的研究计划，主要目的是研究面向科学工程的基于工程本体（engineering ontology）的"共享的可重用知识库（shared reusable knowledge bases）"。该研究大大推动了知识工程中本体论的研究，较早地提出借用哲学概念本体（ontology）来描述特定领域相关基本术语以及术语之间的关系（概念模型），并以此作为知识获取和表达，从而建立共享知识库的基本单元。其目标是捕获相关领域的知识，提供对该领域知识的共同理解，确定该领域内共同认可的词汇，并从不同层次的形式化模式上给出这些词汇（术语）和词汇之间相互关系的明确定义。而大规模的模型共享、系统集成、知识获取和重用依赖于领域的知识结构分析。

从本体论的观点来看，世间万物皆有联系——这种联系近似于一个复杂的网状结构。本体论承接了所有研究领域学科的知识总和，客观地描述了既有的"世界"（自然成果＋人类成果）的关系，并能指导人类去开发和认识未知的世界。

对本体概念的认识，可归纳为表 34-2-1 所列的六点。

表 34-2-1　　对本体概念的认识

序号	对本体的认识
1	本体是对某一领域概念化的表达
2	概念是现实对象在某一或某些属性空间上的投影
3	投影规则可能非常复杂，可能涉及多次投影或其他转换
4	对同一领域的概念化有某些共同点，但概念化可能有所差异
5	任意本体均不可能包括现实对象的全部属性，只能限定到所研究的领域范围内
6	一个本体的声明转换到另一本体的声明不一定可逆

2.1.2　本体论开发步骤

本体开发是必然有设计原理的设计活动，这些原理会在很大程度上影响最终的本体，即任何本体都不能脱离假定和/或设计师的立场。这些立场主要包括牛

顿世界观和三维建模，即认为世界是由有绝对时间的三维欧氏空间构成，并且对象和过程同等重要的存在。

通常，本体开发方法学应该包括下面所述的三层准则。

① 顶层：此层是最粗粒度级别的准则，指定与传统的软件开发过程相符的整个建立过程，原因是已实现的本体是种计算机程序。

② 中间层：这层是普通的约束和指南，规定主要的步骤及其次序。

③ 底层：该层是最细粒度级别的准则。

尽管有些本体开发方法学侧重于论述中间层的主题，但是很多现有的方法学主要集中于顶层。实际上，开发好的本体更重要的应该是在准则模型的中间层与底层，原因是这两层直接影响着已开发本体的品质。本体开发通常采用迭代步骤，即最初定义本体原型，接着修改并细化进化的本体，随后填充细节。实际上，本体的开发步骤可以简单概括为：定义本体的类；在分类学（父类—子类）层次上安排类；定义类的属性并描述这些属性的允许值；填充属性值形成实例。本体论具体开发步骤如表34-2-2所示。

表 34-2-2　　　　　　　　　　本体论开发步骤

序号			步　骤
1	确定本体的领域和范围	需求细化	需求细化(分解)过程必须满足何种标准？会产生多余的需求吗？需求是客户的清晰表述吗
		需求追溯能力	需求还能分解吗？需求的来源是什么？谁记录需求？需求在特定的设计团队内适用吗
		需求满足	需求能够满足吗？两个或多个需求间互相冲突吗？更高抽象级别的需求怎样满足评估
		文档生成	需求属于哪类文档？哪些是与需求文档中的段落相符的需求？不属于客户报告的需求有哪些(商业机密)
		升级	这是需求的最新版吗？需求的旧版本有哪些？为什么还要改变需求？变化对需求文档的一致性和完整性有影响吗
2	考虑现有本体的复用		为特定的领域或工作来细化和扩展现有的资源。如果系统需要与其他特定的本体知识库或受控词汇的应用交互，则系统需求可能会是复用现有的本体知识库
3	枚举本体的重要术语		列举出所有的术语(声明或解释)。得到术语的全面列表是重要的，不必担心概念的重叠、概念的特性、概念间的关系，以及概念是类还是属性等
4	定义类和类层次	确保类层次的正确性	类及其名称：类表示领域的概念，而非单词表示这些概念。若选择不同的术语学，则类名可以改变，但是术语本身表示世界的客观实体
			is-a 关系：恰当使用 is-a 和 kind-of 等类间的关系。is-a 关系指类 A 是 B 的子类，前提是 B 的每个实例也是 A 的实例。类的子类表示的概念是 kind-of 父类表示的概念
			层次关系的传递性：若 B 是 A 的子类，且 C 是 B 的子类，则 C 是 A 的子类
			避免类循环：避免类层次中的循环。在类层次中，类 A 有子类 B，同时 B 是 A 的父类，则类 A 和 B 是等价的，即 A 的所有实例是 B 的实例，且 B 的所有实例也是 A 的实例
			类层次的进化：随着领域的发展，需要维护类层次的一致性
		分析类层次中的兄弟关系	类层次中的兄弟关系(sibling)：在类层次中，兄弟关系是同一类的直接子类，并在同一抽象级别上
			直接子类的个数：没有严格规定类具有的直接子类的数目，父类通常应只有 2～12 个直接子类，过少过多都不合适
		多重继承关系	很多知识表示系统在类层次中允许多重继承(multiple inheritance)：一个类可以是几个类的子类，则子类的实例是其所有父类的实例，子类将继承所有父类的属性和关系约束

序号		步　骤	
4	定义类和类层次	引入新类的时机	不应为每个额外的限制都生成类的子类。在定义类层次时,目标是确保生成类的组织中在有用的新类和产生过多的类之间达到平衡
		新类或特性值	当对领域建模时,依赖于领域和任务的范围,经常需要确定是否把特殊的差别建模为特性值或一组新类
		类或实例	依据本体的潜在应用来确定特殊的概念是本体中的类还是单个实例。判断结束和单个实例开始依赖于表示中最低的粒度级,而粒度级又由本体的潜在应用来确定
		限定范围	下列规则有助于判断本体定义何时才能完善:确保不包括类具有的所有特性,仅在本体中表述类的最突出的特性;同样,不增添所有术语间全部的关系
		不相关子类	很多系统允许明确指定某些子类不相交(disjoint),如果类没有任何共同的实例,则它们不相交。此外,指定类是不相交的使系统能更好地验证本体
5	定义类的特性	固有的特性	例如圆柱的半径和高度
		外在的属性	例如螺栓的设计者
		局部	若对象是结构化的,物理和抽象的部分
		其他个体间的关系	类的个体成员和其他条目之间的关系
6	定义属性的约束	属性基数	基数定义属性有多少值
		属性值类型	值类型约束描述何种类型的值能够填充属性,下面列出属性的最普通的值类型:String、Number(Float 与 Integer)、Boolean(yes 或 no)、Enumerated(Symbol)、Instance
		属性的领域和范围	判断属性的 domain 和 range 的基本规则是:当定义属性的 domain 或 range 时,发现最通用的类作为其领域或范围;另一方面,不把 domain 和 range 定义的过分通用,即属性应能描述其 domain 中所有的类,属性应能填充其 range 中所有类的实例。同时不应指定属性的 range 是 THING(本体中最通用的类)
		逆属性	属性值可能会依赖于另一属性的值,称为逆关系(inverse relation),因此在两个方向保存此信息是冗余的。通过使用逆属性,知识表示系统能够自动填充另一逆关系的值,从而确保知识基的一致性
		默认值	很多基于框架的系统允许定义属性的默认值(default value)。如果类的多数实例的特定属性值都相同,则可把该值定义成默认值。接着,当类的每个新实例包含这个属性时,系统自动填充默认值,还能把此值改成约束允许的其他值
7	生成实例		定义类的单个实例首先要选择类,接着生成这些类的单个实例,最后填充属性值

总之,本体是领域的术语及其关系的清晰的形式化规范,即对研究领域的概念、每个概念的不同特性和属性,以及属性的约束进行明确的形式化描述。本体和类的一组实例构成了知识基。

对于任意领域而言都没有唯一正确的本体论开发过程,原因是最合适的开发过程都是与具体的实际应用相互关联的。本体设计是个创造性的过程,且不同设计者开发的本体是不同的。本体的潜在用途和设计者的理解力,以及领域的视角都会影响本体的设计抉择。空谈不如实践,评价所建本体的质量仅需把其放于具体的应用环境中。

2.1.3　本体论工程方法

基于从开发 Enterprise Ontology 本体和 TOVE 项目本体中获得的经验,Uschold 和 Gruninger 在 1995 年第一次提出方法学概述,并随后对其进行了改进。在 1996 年举行的第 12 届欧洲 AI 会议上,Bernaras 等人提出在电子网络中建立本体的方法,并把其作为 Esprit KACTUS 项目的一部分;同年还出现并在以后得以扩展的 METHONTOLOGY 方法学。1997 年,Swartout 提出了基于 SENSUS 本体来建立本体论的方法。本体论的工程方法如表 34-2-3 所示。

表 34-2-3 本体论的工程方法

方　法	内　　涵	过　　程
骨架法	Uschold 和 King 等人基于从开发企业建模过程的 Enterprise Ontology 本体的经验中得出的骨架法,该方法使用 middle-out 开发方式提供本体开发的指导方针,还是与商业和企业有关的术语及其定义的集合。Enterprise Ontology 本体是英国 Edinburgh 大学 AI 应用研究所的 Enterprise 项目组开发,合作伙伴有 IBM、Logica UK 有限公司和 Unilever 公司等	①确定本体应用的目的和范围:根据研究的领域或任务,建立相应的领域本体或过程本体。研究的领域越大,所建的本体也会越大 ②本体分析:定义本体所有术语的意思及其之间的关系,该步骤需要领域专家的参与。对该领域了解越多,所建本体越完善 ③本体表示:一般用语义模型来表示本体 ④本体评估:建立本体的评估标准是清晰性、一致性、完善性和可扩展性。清晰性就是本体中的术语应无歧义;一致性指的是术语之间逻辑关系上应一致;完善性是指本体中的概念及其关系应是完整的;可扩展性指的是本体应能够可扩展以便适应将来的发展需要。符合评估标准则继续下一步,否则转到第②步 ⑤本体的建立:以文档形式保存所建立的本体
评估法	Gruninger 和 Fox 等人基于在商业过程和活动建模领域内开发 TOVE 项目本体的经验总结出评估法(又称 TOVE 法),主要目的是通过本体来建立指定知识的逻辑模型。TOVE 项目本体由加拿大 Toronto 大学企业集成实验室建立,该项目本体使用一阶逻辑来构造形式化的集成模型。TOVE 项目本体主要包含有企业设计本体、项目本体、调度本体和服务本体	①设计动机:定义直接可行的应用和所有解决方案,提供潜在的对象和关系的非形式化的语义表示 ②非形式化的能力问题:把能力问题作为约束条件,包括能解决什么问题及怎样解决。问题用术语来表示,答案用公理和形式化定义进行描述 ③术语的规范化:从非形式化的能力问题中提取出非形式化的术语,并用形式化语言进行定义 ④形式化的能力问题:一旦能力问题脱离非形式化,且本体术语已定义,则能力问题自然就变为形式化 ⑤形式化公理:术语定义应遵循一阶谓词逻辑表示的公理,其中包括语义或解释的定义。与第④步有反复的交互过程 ⑥完备性:说明问题的解决方案必须是完善的
Bernaras 法	Bernaras 等人开发的欧洲 Esprit KACTUS 项目的主要目标之一是调查在复杂技术系统的生命周期过程中用非形式化概念建模语言(Conceptual Modeling Language,CML)描述的知识复用的灵活性,以及本体在其中的支撑作用。该方法由应用来控制本体的开发,因此每个应用都有相应的表示其所需知识的本体,这些本体既能复用其他的本体,又能集成到项目以后的本体应用中	①应用说明:提供应用的环境和应用模型所需的构件 ②相关本体论范畴的初步设计,搜索已存在的本体论,进行提炼与扩充 ③本体构造:采用最小关联规则,确保模型既相互依赖,又尽可能一致,从而达到最大程度上的同构
METHON TOLOGY 法	由西班牙 Madrid 理工大学 AI 实验室开发,METHONTOLOGY 法的框架使能构造知识级的本体,主要包括辨识本体开发过程、基于进化原型的生命周期以及执行每个活动的特殊技术	①项目管理阶段:系统规划包括任务的进度安排情况、需要的资源,以及怎样保证质量等问题 ②开发阶段:规范说明、概念化、形式化、执行和实现 ③维护阶段:知识获取、系统集成、评估、文档说明与配置管理

续表

方　法	内　　涵	过　　程
SENSUS 法	SENSUS 法是由美国 Southern California 大学信息科学研究所（Information Sciences Institute，ISI）的自然语言团队为研发机器翻译器提供无限概念结构所开发的方法，主要用于自然语言处理，通过提取和合并不同电子知识源的信息而得到其内容，其中共有 50000 多个电子类知识的概念	①定义一套"种子"术语 ②手工把种子术语与 SENSUS 术语相互链接 ③找出种子术语到 SENSUS 根的路径上包含的所有概念 ④增加与领域相关但没有出现的概念 ⑤用启发式思维找出特定领域的全部术语。如果子树内的多个结点都相关，那么子树内的其余结点也可能相关，基于这样的理念，对于有很多路径穿越的结点，有时要增加其下的整个子树

目前 METHONTOLOGY 法已经在很多领域得到广泛的应用。例如，Onto Agent 是基于本体的 WWW 主体，把参考本体作为知识源进行一定约束条件的本体检索描述；化学 OntoAgent 是基于本体的 WWW 化学教学主体，允许学生学习化学课程并自测在该领域的技能；Onto generation 使用领域本体和语言本体产生西班牙语的文本描述，以便解答学生在化学领域的查询。

2.2　公理性设计

2.2.1　公理性概述

美国麻省理工学院公理化设计创始人苏教授（Suh）认为："现行设计技术与实践缺乏创新是最重要的问题"，它涉及以下事实。

① 设计中经常出现原则性差错。

② 缺乏现代设计理论与方法学的指导，使许多设计从概念阶段开始就存在致命的弱点，导致设计方案存在缺陷，从而使开发计划推迟或失败。

③ 长期沿用经验的设计技术和方法，缺乏严密的科学理论指导，极大地限制了自主创新能力和实际设计水平的提高。

④ 多数高等学校和企业不能培养出具有系统创新思维能力、掌握现代科学设计方法和工具的人才。

对产品设计的过程、规律、工具进行研究一直是产品设计方法学的主要内容。多年来，为改变传统设计过程以经验为基础进行演绎、归纳的现状，设计界一直在探索以科学原理为基础的设计理论，以求提高设计效率。20 世纪90 年代初，在美国自然科学基金会（NSF）的支持下，美国麻省理工学院苏教授及其领导的研究小组于 1990 年建立了公理化设计理论（axiomatic design theory，ADT）。

公理化设计主要概念有域、映射、分解、层次和设计公理。

2.2.2　设计域、设计方程和设计矩阵

ADT 是将设计流程描述成由用户、功能、物理和过程四个域组成，形成一条往复迭代、螺旋上升的链条，如图 34-2-1 所示。用户域（customer needs，CNs）表示用户的需求；功能域（functional requirements，FRs）表示产品所要实现的一系列功能；物理域（design parameters，DPs）表示满足功能需求的设计参数；过程域（process variables，PVs）是设计过程中工序和工艺的变量集合。ADT 描述的产品设计过程就是以用户需求为驱动，由功能域、物理域、过程域的反复迭代和映射的过程，并为是否可接受的、最佳的设计提供分析与判断的准则。表 34-2-4 显示了 ADT 各设计域的基本特征。

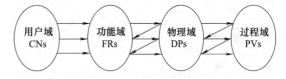

图 34-2-1　ADT 设计流程

在域之间映射生成设计方程和设计矩阵。设计方程是模拟一个给出的设计目标（什么）和设计过程（如何），用数学形式来表达一个设计过程中域与域之间的变换。设计矩阵描述域的特征向量之间的关系，形成设计功能分析基础，以此来确认是否是可接受的设计。

2.2.3　分解、反复迭代与曲折映射

每一个域均能按顺序分解。要分解 FR 和 DP 特征向量并在这些域之间反复迭代，也就是多次反复地从"什么"域出发进至"如何"域。但是，在最高层次上，从功能域映射到物理域就停止了，必须要曲折映射到下一个功能域并产生下一层的 FR1 和 FR2，然后再进至物理域并产生 DP1 和 DP2。这样的分解过程将继续下去（反复迭代），直至所有分支都到达最终状态，FR 达到满足而不再有进一步分解为止。从功能域到物理域的曲折分解及层次信息结构如图 34-2-2（a）、（b）所示。

表 34-2-4　　　　　　　　　　　　　ADT 各设计域的基本特征

设计范围	需求域（CNs）	功能域（FRs）	物理域（DPs）	过程域（PVs）
制造	顾客期望的属性	规定功能的要求	满足 FRs 的 DPs	可控 DPs 的 PVs
材料	要求的性能	要求的特性	材料的显微结构	处理与工艺过程
软件	期望的属性	编程输出的要求	输入变量、算法、模块域编码	子程序/机器码/模块与编译程序
组织	顾客/员工满意、受益者满意	组织的功能、需求/要求	程序、活动与行政或计划	资源支持下的实施程序
系统	总系统要求	系统功能的要求	组成子系统与要素	人与资金等资源
商务	投资回报率 ROI	商务的目标要求	商务系统的结构	人与资金等资源

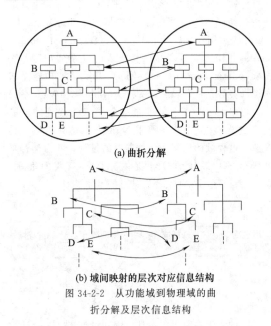

(a) 曲折分解

(b) 域间映射的层次对应信息结构

图 34-2-2　从功能域到物理域的曲折分解及层次信息结构

2.2.4　设计公理

在 ADT 中，提出了两个基本设计公理：独立公理和信息公理，作为对设计方案的分析和评价准则。

（1）公理一（独立公理）

功能需求 FRs 必须始终保持独立性。当 FRs 为一组时，FRs 必须满足独立需求的最小集合。当有两个或更多 FRs 时，必须满足 FRs 中的某一个而不影响其他的 FRs，意味着必须选择一组正确的 DPs 去满足 FRs 和保持它们的独立性。

[例 1]　考虑一个盛饮料的铝饮料罐，这个罐需要满足多少 FRs？它具有多少物理部件？DPs 是什么？这里有多少 DPs？

解：罐头有 12 个 FRs，可以列举的 FRs 有：承受轴向和径向的压力；抵抗当罐头从某个高度摔下时的中等冲击；允许彼此层层相摞；提供容易取得罐中饮料的途径；用最少的铝；在表面上可印刷等。然

而，这 12 个 FRs 不是由 12 个物理部件来满足的，因为铝罐头仅由三个部件组成：罐头、盖子和开片。为满足独立公理要求，对应 12 个 FRs 就必须至少有 12 个 DPs。DPs 是在哪里呢？大多数 DPs 与罐头的几何尺寸相关：罐体的厚度，罐头底部的曲率，罐头在顶部减小直径以减少用于制造顶盖的材料，开片在几何上的弧形以增加刚度，盖子上压出的形状以便于钩住开片等。

在麻省理工学院进修了公理设计课程之后，工程师对罐头设计改进，铝罐现在有 12 个 DPs 集成在 3 个物理部件中。

FR 和 DP 的映射关系可表示为

$$\{FR\} = [A]\{DP\} \tag{34-2-1}$$

$[A]$ 称为设计矩阵，按如下表达形式

$$[\boldsymbol{A}] = \begin{bmatrix} A_{11} & A_{12} & A_{13} \\ A_{21} & A_{22} & A_{23} \\ A_{31} & A_{32} & A_{33} \end{bmatrix} \tag{34-2-2}$$

其中　$A_{ij} = \dfrac{\partial FR_i}{\partial DP_j}$　$FR_i = \sum\limits_{j=1}^{3} A_{ij} DP_j$

对于一个线性的设计，A_{ij} 是常数；对于非线性设计，A_{ij} 是 DPs 的函数。设计矩阵有两种特殊形式：对角矩阵和三角矩阵。在对角矩阵中，除 $i = j$ 以外，所有的 $A_{ij} = 0$。当 A 为对角阵时，称为非耦合设计，是理想设计；当 A 为三角阵时，称为解耦设计。若 A 为其他一般形式时，则是耦合设计，即设计矩阵既不是三角形式，也不是对角形式。非耦合设计满足功能独立性公理，是可以接受的最佳设计；解耦设计也满足独立性公理，也是可接受的设计，但必须予以解耦。耦合设计不能满足独立性公理，必须予以修改或重新设计。

① 在耦合设计（coupled design）中的设计矩阵，如

$$[\boldsymbol{A}] = \begin{bmatrix} A_{11} & 0 & A_{13} \\ A_{21} & 0 & 0 \\ 0 & A_{32} & A_{33} \end{bmatrix} \tag{34-2-3}$$

耦合设计出现后，即可以用代数方法对其进行处理。存在简单的算法来改变设计参数的顺序，从而使设计结构矩阵成为下三角矩阵，使设计解耦；或者使耦合的设计参数尽可能地集中，这样设计参数就可能按照它们之间的耦合关系分类，并将设计结构矩阵分解为更小的矩阵，称为设计结构矩阵的分割。对于不能通过代数解耦或集中的耦合设计参数，就只有通过暂时去掉某些耦合关系来达到设计结构矩阵的分解，这一过程称为分裂。实现矩阵分裂后，各子阵中的设计参数之间的相互关系十分密切，在产品开发过程中可以把它们作为一个单独的部分进行处理，这一过程称为设计参数的聚类。对于仍然十分复杂的子矩阵，可以重复这一过程，进行进一步的分解。这样就自下而上地进行了产品概念的分解，最终实现解耦。

② 非耦合设计（uncoupled design）中的设计矩阵为对角形式，如

$$[A] = \begin{bmatrix} A_{11} & 0 & 0 \\ 0 & A_{22} & 0 \\ 0 & 0 & 0 \end{bmatrix} \qquad (34\text{-}2\text{-}4)$$

③ 解耦设计（decoupled dsign）中的设计矩阵为三角形式，如

$$[A] = \begin{bmatrix} A_{11} & 0 & 0 \\ A_{21} & A_{22} & 0 \\ A_{31} & A_{32} & A_{33} \end{bmatrix} \qquad (34\text{-}2\text{-}5)$$

这一公理也可表述为：

① 一个可接受的设计总是保持 FRs 的独立；

② 在有两个或更多 FRs 时，应选择以满足其中某一个 FRs 所对应的合理的 DPs，而不会影响其他 FRs；

③ 一个非耦合的设计是可以接受的设计；

④ 在两个或更多的可接受的设计中，具有更高功能独立性的设计是最优的设计。

（2）公理二（信息公理）

信息公理指设计信息量最少，意味着在对多个非耦合设计方案进行分析和评价时，在满足独立公理的前提下，其信息量最小的设计为最优设计。

① 信息公理为设计的选择提供了定量的分析和评价方法，使选择最佳设计成为可能。在 ADT 中，每个功能需求 FR_i 被看作是一个随机变量。

② 在两个可以接受的设计中，信息量最少的设计为最优设计。

③ 用户满意度最高或用户抱怨最低的设计是最优设计。

[例 2]　把棒料切到某个长度。假设需要把棒料 A 切到长度 (1 ± 0.000001)m 和 B 切到 (1 ± 0.1)m，哪一个成功的概率较高？如果棒料的名义长度不是 1m 而是 30m，成功的概率将如何变换？

解：答案取决于做这件事所用的切割装备。然而，大多数有一定实际经验的工程师将会说：那个要求切割到 $1\mu m$ 以内精度会比较困难，因为成功概率是公差除以名义长度的函数，即

$$P = f\left(\frac{公差}{名义长度}\right) \qquad (34\text{-}2\text{-}6)$$

在已知名义长度和公差之后，能够在已知比例的基础上估计成功概率。虽然不知道函数 f 是什么，但是在没有更好的参照物时，仍然可以把它近似为一个线性函数。与较小公差相联系的成功概率与较大公差的成功概率相比，前者则显然要复杂得多。因此，成功概率低的事总要比成功概率高的事做起来复杂。

当棒料的名义长度较长时，把它切到公差之内更加困难，因为在名义长度变大时产生误差概率增加了。也就是保持一个固定公差的总长度要影响成功概率，当名义长度增加时，达到目标更为困难。

公理设计方法注重产品概念开发的逻辑化和形象化表述，从而增加了产品概念开发过程的可靠性，但是降低了其在产品开发过程中应用时的操作性。公理设计方法苛刻地要求概念之间相互独立，而企业经常在产品开发过程中出现的功能要求耦合的情况，公理设计方法就无能为力。

2.3　领先用户法

2.3.1　领先用户法的基本要素

美国麻省理工学院斯隆管理学院的冯·希普尔教授将领先用户（lead user）从普通用户中分离出来，提出了领先用户的概念，强调了领先用户在早期创新过程中的作用，并使得企业能够通过领先用户法，改善创新产品和服务的商品化过程。这一独特创新方法的发现，对企业新产品和新服务的开发等一系列活动产生了重要影响。

领先用户法主要包含有四个基本的要素：领先用户的确认、信息的搜集、产品概念的开发与测试和组织的保证，如图 34-2-3 所示。这四个要素相互作用、相互依存，确保技术与市场的紧密结合，从而使领先用户法能获得较一般市场研究方法无法比拟的效果。

① 领先用户的确认。实践证明，领先用户的确认是领先用户法的关键，往往是一个较为漫长的过程，需要经过多次反复和筛选。

② 信息的搜集。要用一切办法搜集领先用户对市场走向的感悟，从领先用户的创意中获得启示。项

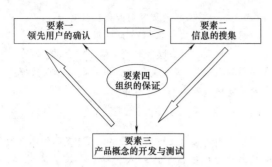

图 34-2-3　领先用户法的基本要素

目组通过文献搜索，采访高级专家，分析所得数据，锁定关键需求，经多次提炼，将关键信息或数据进行整理、归纳和分析。

③ 产品概念的开发与测试。同领先用户一道开展新产品概念开发，并适时召开发展新概念的工作会议，将新产品开发的创意提交领先用户（有时为其他专家）进行审议；与领先用户共同进行创意的筛选、新产品的研制和试用，从而提高新产品开发的质量。

④ 组织的保证。灵活、高效的组织形式，技术主管和市场主管的密切配合，是领先用户法成功实施的组织保证。

2.3.2　领先用户法的操作流程

领先用户法的操作流程如图 34-2-4 所示。一个拥有技术和营销人员的核心项目小组在技术和营销部门的支持下，开展对领先用户的访问并开展一系列的分析活动，以促使新产品/服务概念设计的完成。项目组在具体实施时，可按以下四个阶段进行。

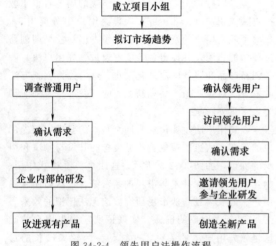

图 34-2-4　领先用户法操作流程

第一阶段：制订项目计划、重点与范围。

第二阶段：识别需求，弄清关键的趋势和顾客的需求。

第三阶段：产生初始概念，从领先用户那里获得需求及解决方案的信息。

第四阶段：会同领先用户发展新概念，产生产品创新方案。

美国洛克希德公司，在计算机辅助设计领域与麦克唐纳-道格拉斯公司差距很大，该公司决定让用户参与其计算机辅助设计大部分产品开发工作，其特点不是保持对计算机辅助设计系统的专有权，而是将其出售。三年之内，它们设法使 250 个商业用户成为其"免费研制中心"，由于采纳了来自 250 个领先用户的创意和新概念，仅仅几年内，这个很晚才进入市场的公司其计算机辅助设计系统就超过了麦克唐纳-道格拉斯公司。

2.3.3　领先用户法的使用条件

经大量实践表明，必须注意以下三个特定的适用条件。

① 管理层的支持。管理层的支持是使项目获得成功的有力保证。

② 高技能、跨学科的项目小组。该小组应该包括技术专家、营销专家和管理者，还应该将行业创新领域内有创意且掌握专业和各种创新理论和方法、特别是 TRIZ 理论方法的优秀人员组织到领先用户项目小组中来。

③ 对领先用户市场研究法的理解。由于领先用户法过于注重用户需求，使其对突破性创新的作用不很敏感，因此，在实际应用中，领先用户法一般不适用于突破性创新以及流程型创新。领先用户方法比较适用于产品连续创新，因而比大学的教授和工程师更能找出产品改良之处。

在知识经济时代，技术的转化和市场营销方面的创新已经成为企业取得市场竞争优势的源泉，因此，结合企业实际情况，应用领先用户方法，我国的企业将能够更加高效和成功地进行产品创新和服务创新，发展企业的核心能力，获得长远的竞争优势。

2.4　模糊前端法

一般来说，新产品由研究到上市的过程可分成三个阶段：模糊前端（fuzzy front end，FFE）阶段、新产品开发阶段以及商业化阶段。美国学者柯恩对模糊前端的定义是：产品创新过程中，在正式的和结构化的新产品开发阶段之前开展的活动。

面对企业在众多的机会选择当中，企业产品创新的关键是模糊性最高的前端活动。这就引发了关于模糊前端（FFE）法的研究。

多数企业对于新产品开发模糊前端阶段并没有实

现有效管理。因此，模糊前端的研究是一个亟待解决的问题。

2.4.1　模糊前端的活动要素

（1）通用术语界定

在柯恩的新概念开发（new concept development，NCD）模型中，首先对新产品开发模糊前端的一些通用术语进行了界定。

① 创意：一个新产品、新服务或者是预想的解决方案的最简单的描述。

② 机会：为了获取竞争优势，企业或者是个人对商业或者是技术需要的认识。

③ 概念：具有一种确定的形式特征，其技术能使顾客完全满意。

（2）NCD 模型

NCD 模型如图 34-2-5 所示，由机会识别、机会分析、创意生成、创意评估以及生成产品概念等五个基本活动要素组成，其具体含义如下。

① 靶心是模型的引擎，包含了企业领导的关注、文化氛围及经营战略，它们是企业实现五个要素控制的驱动力。

② 内部轮辐域是模糊前端的五个可控基本活动要素。内部轮辐域中的箭头表示 5 个基本因素活动的反复过程。

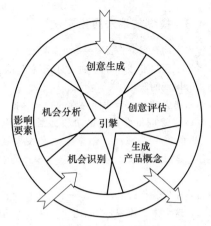

图 34-2-5　NCD 模型

③ 内部轮辐域外围是影响因素，包括企业能力、外部环境、开放式的内外技术背景等，这些影响因素是企业从技术创新战略通向商业化的全部创新过程。

④ 指向模型的箭头表示起点，即项目从机会识别或创意生成开始；离开箭头表示如何从生成产品概念阶段进入到产品开发阶段或技术阶段流程。

2.4.2　FFE 法操作流程

按照柯恩提出的 NCD 模型，FFE 法有表 34-2-5 所示几个阶段。

表 34-2-5　　FFE 法操作流程

程　序	操　作　流　程	使用的具体方法
机会识别	机会识别往往先于创意的生成。识别哪些是企业可以去追求的机会，通过识别最终确定资源投向	人类学方法（了解顾客的根本需要）、领先用户法、TRIZ 理论
机会分析	机会分析的重点是要判断该机会的吸引力、未来可能发展的规模、与商业战略及企业文化的融合程度以及企业抵御风险的程度等	TRIZ 理论、情境分析
创意生成	新的创意也可以在任何正式的流程以外产生，如一个意外的实验结果，一个供应商提供了一种新的材料，或者是一个使用者提出了一个不寻常的要求	阶段门法、TRIZ 理论
创意评估	在模糊前端活动中，由于受信息不全面和不同理解限制而使决策变得困难。因此，需要特别为 FFE 设计更好的、过程更加灵活的选择模型，以便市场和技术的风险、投资额、竞争状况、组织能力、独特的优势以及投资回报率等都可以得到考虑	顾客趋势分析、竞争能力分析、市场研究、情境分析、路径图、TRIZ 理论
生成产品概念	这个阶段包括基于市场潜能、顾客需求、投资要求、竞争者分析、未知的技术以及总体的项目风险估计的一个商业案例的发展	竞争能力分析、市场研究、情境分析、领先用户法、TRIZ 理论

第 34 篇

2.4.3 模糊前端法应用实例

由技术驱动开发新产品——3M 易贴便条。

斯潘塞·西尔弗发明了一种"不寻常"的胶水，这就是机会识别的阶段了。

当西尔弗尝试为这个非同寻常的胶水寻找一个商机的时候，这就是机会分析的阶段。西尔弗拜访了 3M 公司里的每一个部门，创意生成和发展随之出现，在创意选择的阶段，易贴便条被选择作为继续发展的创意。

最后，在生成概念阶段中，一个完整的生产流程开发出来，这个生产流程是用来生产一种可以很好黏附在纸上但不会粘牢的 3M 易贴便条。

2.5 质量功能展开和田口方法

2.5.1 质量功能展开

质量功能展开（quality function deployment，QFD）是由曾任教于东京理工大学的水野滋博士提出，经美国麻省理工学院的豪泽和克劳辛教授潜心研究后，于 1966 年由水野滋博士正式命名，作为一种新产品开发的新理念和新方法而被企业所采用。

QFD 是通过一定的市场调查方法了解顾客需求，将顾客需求分解到产品开发的各个阶段和各职能部门，对产品质量问题及产品开发过程系统化地达成共识：做什么，什么样的方法最好，技术条件如何制订才算合理，对员工与资源有什么要求，等等。通过协调各部门的工作以保证最终产品质量，使设计和制造的产品能真正地满足顾客的需求。

QFD 把客户的要求转换成产品相应的技术要求，将顾客需求转化为产品功能，将产品的使用性能和产品制造时的技术条件联系起来，深入到产品开发和设计领域，将设计和制造过程全面整合。因此，QFD 既是一个技术问题又是一个管理问题。

（1）QFD 的基本原理

QFD 的基本原理可以通过"质量屋"予以清楚地表达，图 34-2-6 是质量屋的原理图。图中的"左墙"是一个顾客的世界，列出用户主要、次要及更次要等各种"什么"的需求及其重要度；"右墙"是用户评估榜，显示与其他竞争对手的比较；"楼板"列出"如何"满足用户需求技术特性的设计要求；"房间"列出质量需求与质量特征的相关关系矩阵；"地基部分"列出"有多少"质量设计技术竞争性指标及其重要度；"屋顶"列出质量特征相关关系矩阵。

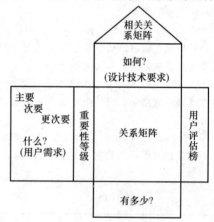

图 34-2-6 质量屋

（2）建立 QFD 矩阵步骤

以汽车车门设计为例，将建立 QFD 矩阵的步骤介绍于表 34-2-6 所示中。

表 34-2-6　　　　　　　　建立 QFD 矩阵的步骤

序号	步骤	具体方法	汽车车门设计实例
1	确定需求	按主要、次要和更次要的顺序确定用户需求"什么"的清单	根据用户要求如图 34-2-7 所示，列出汽车门需求"什么"的清单，并相应绘制质量屋，如图 34-2-8 所示
2	自我评分	每一个"什么"内容的重要性可以通过评分的方法（例如 1～5，其中 5 为最重要的）来确定。在确定这些重要性的分数时必须非常谨慎，因为用户的反映不一定能准确地反映它们真正认为的重要性	对图 34-2-8 中的每一个"什么"都要标出对用户的重要性评分等级，例如从车外关门的容易程度定义为重要性等级 5
3	用户评分	对于每一个"什么"应该从竞争需要和现有设计两个方面得到用户的评分，重点是找出和量化那些竞争者的设计已经超过我们当前水平的重要方面的"什么"，以便设计修改关注于这些方面。对现有产品被认可的"什么"也应当找出来，这些内容可在今后的设计中予以保留	在图 34-2-8 中对应每一个"什么"将两个竞争对手的产品和我们现行设计产品对比，并标出它们的等级（1～5 级，5 级为最好）

续表

序号	步　骤	具　体　方　法	汽车车门设计实例
4	确定设计要求	收集所有的设计要求,这些设计要求对于获得以"市场驱动"的"什么"是必需的。设计小组在矩阵的顶部横向列出会影响一个或多个用户有关特性的设计要求"如何"。每一项设计要求都应当是可以测量的,并将直接影响用户的感受	项目小组负责收集为满足市场对汽车门所要求的"什么",从而提出满足需求的设计目标("如何")。例如,"关门所需的力量"是一项"如何",它针对的是"容易从车外关门"的"什么"。箭头表明力量越小越好
5	量化矩阵	利用每一个"如何"相当于得到每一个"什么"的重要性,可以量化矩阵中每个单元的强度。描述这些关系的符号有以下几种:"⊙"表示很重要或很强的相互关系;"○"表示存在一定的重要性或一定的相互关系;"△"表示重要性较低或关系度较小;无标志则表示不重要或无关系。这些符号稍后又由加权的数值(如 9,3,1 和 0 值)来代替,给出计算或技术重要性时所需要的关系值。用这些符号来区分与这些关系和加权有关的重要性程度,从这种显而易见的表达方式中可以很容易地确定在哪里需要配置关键资源	标明了满足用户需求"什么"与"如何"的关系。例如,本身重要性很强的用⊙来对应用户的"什么",即"容易从车外关门","如何"是"关门的扭矩"
6	确定目标值	经过对竞争对手的产品和现有产品设计所进行的技术试验,在质量屋的底部对应于每一个"如何"的下方加上目标值	标明对用户需求和现有产品的目标值(即竞争性调查)
7	计算	每一个设计要求的技术重要性可用下述公式来确定。对于给定的影响关系矩阵的 n 个"什么",对每一个"如何"进行两种计算。确定技术重要性的绝对值的公式是 $$绝对值 = \sum_{i=1}^{n} 关系值 \times 客户重要性数值$$ 为了得到一个相对的技术重要性,将由这个等式得到的结果按大小排列起来,1 对应为最高值	在"有多少"的区域内确定设计要求的技术重要性的绝对值。例如,门的密封技术重要性绝对值(图 34-2-8 倒数第二行)是 5(9)+2(3)+2(9)+2(9)+1(3)=90(图 34-2-8 数第七列)。由于它是表示的那些数字中的最高值,它则代表最高的等级;所以,用"1"的相对等级来表示它是满足用户需求方面最重要的一项"如何"
8	确定技术难度	每个"如何"设计要求的技术难度也要标在图上,这样就会使人们的注意力集中到那些可能难以达到的、重要的"如何"上	确定技术难度要求。例如,防水性的技术难度被评定为最难以解决的特性,评定为 5 级
9	设立相关关系矩阵	设立相关关系矩阵的目的是确定"如何"之间的技术上的相互关系,这些关系由下述的符号表示;"●"是高的正相关性;"+"是正相关性;"ө"是高的不相关性;"—"是不相关性;"空白"是无相关性(图34-2-8)	建立相关关系矩阵来确定"如何"项目之间在技术上的相互关系。例如,"ө"符号表示在"关门扭矩"和"平地的关门力量"之间存在着很强的负相关关系。用户想要的是能从车外容易地关门,也能在坡地上开门的特性(这就是说,两个截然相反的设计要求)
10	确定新目标值	新的目标值一般是用户评分等级和相关矩阵中的信息确定的。趋势图是确定关键目标值的有用工具	由于用户对汽车门"容易从车外关门"的"什么"等级评价得较低,那么目标值就设定为比竞争对手的数值更好的参数。在确定目标以解决相关关系矩阵内的关系与相对重要性等级矛盾时,有时也许需要权衡利弊,做出合理的选择
11	确定关键要素	选择需要集中力量的区域,找出矩阵中需要解决的关键因素。技术重要性和技术难度两部分对于如何确定这些因素是十分有用的	一些重要的项目可以转移到另一个质量屋进行详细的产品设计。例如,尽可能减少关门扭矩的设计要求是一项重要的目标,它可以转化为另一个矩阵中的"什么",在这个矩阵中进行的是零件的特性设计,如防水封条或铰链的特性设计

第34篇

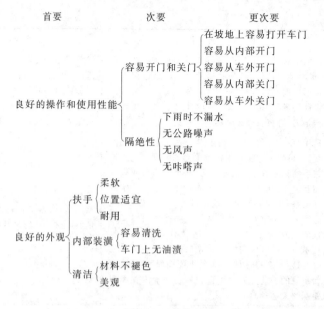

图 34-2-7　汽车门实例中的"什么"清单

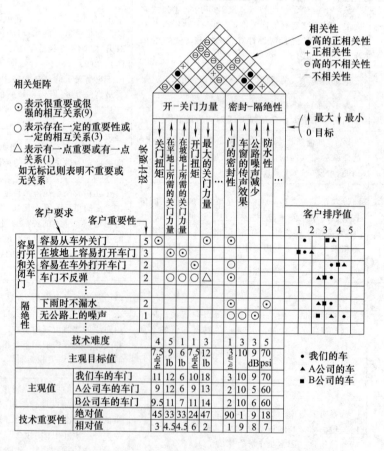

图 34-2-8　汽车门设计（QFD）

上述的步骤是根据汽车门的改进设计事例建立的QFD矩阵，对于其他的矩阵来说，基本的程序都是一样的。在使用这个程序时，为了更准确地找出某个具体情况中需要重点强调的内容，有些公式、加权、具体参数和步骤的顺序可能会有所改变。

2.5.2　田口方法

田口法又称三段设计法，是由日本质量工程专家田口玄一创立的，连同他在 20 世纪 80 年代后期提出的质量工程学，被许多国家采用，曾获得 "20 世纪最伟大的工程贡献之一" 的殊荣。

田口玄一提出的三段设计法是概念设计、参数设计与公差设计三者的组合集成，是被实践证明了的优秀设计方法。其第一阶段的设计是将具有竞争性的技术用于生产产品的过程，第二阶段的参数设计是该设计方法中最精彩的阶段，第三阶段的设计是正交设计法的运用。在 20 世纪 90 年代中后期，由于 TRIZ 和公理化设计（AD）的兴起，促使其进行了革新。AD 使田口法革新了产品或系统设计所依据的原理，促使

其系统化、公理化；TRIZ 使田口法革新了在处理设计中遇到的求解方法与依据。

（1）田口方法的实施程序

三段设计法的目的在于使产品获得稳健性即 "鲁棒性"，它按照表 34-2-7 所示步骤实施。

（2）三段设计法与质量工程

所谓质量工程，指的是关于改进产品与过程质量的工程学。田口玄一认为，质量工程是从工程的观点研究和控制质量，它所建立的质量控制概念包括：

① 应该从工程的观点研究和控制质量；

② 质量的评价应该同经济性挂钩，把质量与成本特别是产品使用的成本联系起来；

③ 质量的控制应该贯穿全过程；

④ 应该在实施前就利用质量损失函数预报质量的损失；

⑤ 应用三段设计法可保证产品对内外干扰的稳健性。

三段设计法在质量工程中的应用可参见表 34-2-8。

表 34-2-7　　　　　　　　　　　田口方法的实施程序

序号	程　序	实　施　方　法
1	概念设计	第一阶段的设计是传统的整套设计，包括原材料的选择、零部件与加工装配系统的选用和设计。田口法的宗旨是为降低成本，并能生产出高质量的产品，其内容从需求分析到概念设计、详细设计与原型设计、制作、试验、检验与分析等一系列设计试验工作
2	参数设计	这一阶段的设计输入是概念设计的结果，要求在概念设计后紧跟着进行参数设计。这一阶段的主要任务是选取使不可控的 "噪声" 因素（如环节温度的变化）对产品的功能特征与特性影响最小的可控设计参数 参数设计选择最优值的方法是利用正交试验设计方法离线完成的，它所获得的最终结果是产品、零部件与元器件参数取值的最优组合，使各种 "噪声" 对产品工作性能的影响降低到最低程度，从而保证产品的性能质量尽可能地接近目标值。参数设计是利用误差模拟 "噪声" 的干扰，通过正交试验法安排试验方案，用产品的输出特性的信息 "性噪比"（S/N）作为评价指标，再根据试验结果的分析选取最优的设计参数组合，以获取 "噪声" 影响最小的产品输出的参数值 参数设计最成功的例子是利用电气元件的非线性输出特性，在正交试验指导下选取参数值波动幅值（分散范围）不变（以保持成本不变）的分布中心值，以大大地减少产品特性波动的最优参数范围。因此，参数设计是依赖正交试验及其试验结果的评价完成
3	公差设计	公差就是设计参数的允许波动范围。公差设计的任务是确定产品关键零部件或元器件的公差值，以及能够保证性能特征与特性的最经济的公差，即利用协调质量要求与成本的方法设计公差的变动范围。公差设计时应融入六西格玛的管理理念

表 34-2-8　　　　　　　　　　三段设计法在质量工程中的应用

质量控制活动	产品开发与制造阶段	产品质量形成阶段	外部噪声	内部噪声	公差（容差）
离线控制	产品设计	概念设计	☆	☆	☆
		参数设计	☆	☆	☆
		公差设计	○	☆	☆

续表

质量控制活动	产品开发与制造阶段	产品质量形成阶段	外部噪声	内部噪声	公差(容差)
离线控制	过程设计	概念设计	△	△	☆
		参数设计	△	△	☆
		公差设计	△	△	☆
在线控制	生产工程	过程控制	△	△	☆
		反馈	△	△	☆
		检测与试验	△	△	☆

注：噪声表示变动或干扰。"☆"表示在产品的寿命期内是可控的；"○"表示在产品的寿命期内是不可能完全可控的；"△"表示在产品的寿命期内是不可控的。

2.6　发明问题解决理论

TRIZ（theory of inventive problem solving）是创新的理论。经过 50 多年的发展，TRIZ 已经成为技术问题或发明问题解决的强有力方法学，应用该方法已解决了俄罗斯、美国、日本等许多国家企业成千上万的新产品开发中的难题。

2.6.1　TRIZ 的内涵

国际著名的 TRIZ 专家，Savransky 博士给出了 TRIZ 的如下定义：TRIZ 是基于知识的、面向人的解决发明问题的系统化方法学。

1946 年，以苏联海军专利部 G. S. Altshuller 为首的专家开始对数以百万计的专利文献加以研究。经过 50 多年的搜集整理、归纳提炼、发现技术系统的开发创新是有规律可循的，并在此基础上建立了一整套体系化的，实用的解决发明创造问题的方法，在当时该理论对其他国家是保密的。苏联解体后，从事 TRIZ 方法研究的人员移居到美国等西方国家，特别是在美国还成立了 TRIZ 研究小组等机构，并在密歇根州继续进行研究。TRIZ 方法传入美国后，很快受到学术界和企业界的关注，得到了广泛深入的应用和发展，并对世界产品开发领域产生了重要的影响。TRIZ 的来源及内容见图 34-2-9。

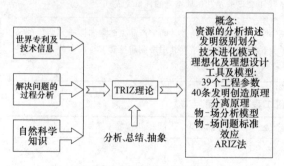

图 34-2-9　TRIZ 的来源及内容

在利用 TRIZ 解决问题的过程中，研究人员首先将待解决的技术问题或技术冲突表达成为 TRIZ 问题，然后利用 TRIZ 中的工具，如发明创造原理、标准解等，求出该 TRIZ 问题的普适解或模拟解，最后再应用普适解的方法解决特殊问题或冲突。

TRIZ 几乎可以被用在产品全生命周期的各个阶段，它与开发高质量产品、获得高效益、扩大市场、产品创新、产品失效分析、保护自主知识产权以及研发下一代产品等都有十分密切的联系。

2.6.2　TRIZ 解决创新问题的一般方法

TRIZ 解决发明创造问题的一般方法是：首先将要解决的特殊问题加以定义、明确；然后，根据 TRIZ 理论提供的方法，将需解决的特殊问题转化为类似的标准问题，而针对类似的标准问题已总结、归纳出类似的标准解决方法；最后，依据类似的标准解决方法就可以解决用户需要解决的特殊问题了。当然，某些特殊问题也可以利用头脑风暴法直接解决，但难度很大。TRIZ 解决发明创造问题的一般方法可用图 34-2-10 表示。图中的 39 个工程参数和 40 个解决发明创造的原理将在本书以后的章节中详细介绍。

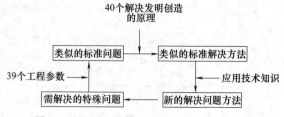

图 34-2-10　TRIZ 解决发明创造问题的一般方法

例如：解决一元二次方程的基本方法如图 34-2-11 所示。

同理，如需设计一台旋转式切削机器。该机器需要具备低转速（100r/min）、高动力以取代一般高转速（3600r/min）的 AC 电动机。具体的分析解决该问题的框图如图 34-2-12 所示。

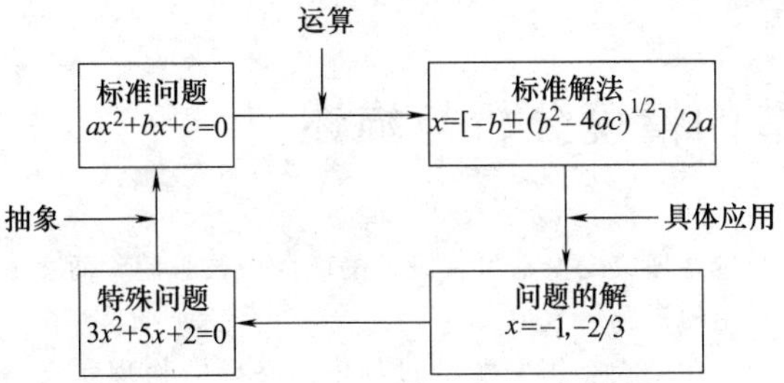

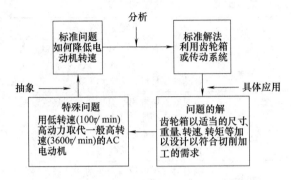

图 34-2-11　解决一元二次方程的基本方法

图 34-2-12　设计低转速、高动力机器分析框图

2.6.3　TRIZ 理论的应用

TRIZ 理论广泛应用于工程技术领域，其应用范围越来越广。目前已逐步向自然科学、社会科学、管理科学、生物科学、信息科学等领域渗透和扩展。已经陆续总结出 40 条发明创造原理在工业、建筑、微电子、化学、生物学、社会学、医疗、食品、商业、教育应用的实例，用于指导解决各领域遇到的问题。

TRIZ 理论目前及今后的发展趋势主要集中在 TRIZ 本身的完善和进一步拓展研究两个方向。具体体现在以下五个方面。

① TRIZ 理论是前人知识的总结，如何把它进一步完善，使其逐步从"婴儿期"向"成长期"、"成熟期"进化成为各界关注的焦点和研究的主要内容之一。

② 如何合理有效地推广应用 TRIZ 理论解决技术冲突和矛盾，使其受益面更广。

③ TRIZ 理论的进一步软件化，并且开发出有针对性的、适合特殊领域、满足特殊用途的系列化软件系统。

④ 进一步拓展 TRIZ 理论的内涵，尤其是把信息技术、生命技术、社会科学等方面的原理和方法纳入 TRIZ 理论中。

⑤ 将 TRIZ 理论与其他一些新技术有机集成，从而发挥更大的作用。

TRIZ 理论主要是解决设计中如何做的问题（How），对设计中做什么的问题（What）未能给出合适的方法。大量的工程实例表明，TRIZ 的出发点是借助于经验发现设计中的冲突，冲突发现的过程也是通过对问题的定性描述来完成的。其他的设计理论，特别是 QFD（即质量功能展开）恰恰能解决做什么的问题。所以，将两者有机地结合，发挥各自的优势，将更有助于产品创新。TRIZ 与 QFD 都未给出具体的参数设计方法，稳健设计则特别适合于详细设计阶段的参数设计。将 QFD、TRIZ 和稳健设计集成，能形成从产品定义、概念设计到详细设计的强有力支持工具。因此，三者的有机集成已成为设计领域的重要研究方向。

第3章   发明创造的情境分析与描述

创新设计过程从揭示和分析发明情境开始。发明情境，指任何一种工程情境，它突出某种不能令人满意的特点。"工程情境"一词在这里是广义的，泛指技术情境、生产情境、研究情境、生活情境、军事情境，各种资源等。

3.1   发明创造资源的分析与描述

设计中的可用系统资源对创新设计起重要的作用，问题的解越接近理想解（IFR），系统资源越重要。任何系统，只要还没达到理想解，就应该具有系统资源。对系统资源进行必要的详细分析、深刻理解对设计人员而言是十分必要的。

系统资源可分为内部资源与外部资源。内部资源是在冲突发生的时间、区域内存在的资源。外部资源是在冲突发生的时间、区域外部存在的资源。内部资源和外部资源又可分为直接利用资源、导出资源及差动资源三类。

3.1.1   直接利用资源

直接利用资源，指在当前存在状态下可被应用的资源。如物质、场（能量）、空间和时间资源等都是可被多数系统直接利用的资源，如表 34-3-1 所示。

表 34-3-1   直接利用的资源

直接利用的资源	实　例
物质资源	木材可用作燃料
能量资源	汽车发动机既驱动后轮或前轮，又驱动液压泵，使液压系统工作
场资源	地球上的重力场及电磁场
信息资源	汽车运行时所排废气中的油或其他颗粒，表明发动机的性能信息
空间资源	仓库中多层货价中的高层货架
时间资源	双向打印机
功能资源	人站在椅子上更换屋顶的灯泡时，椅子的高度是一种辅助功能的利用

3.1.2   导出资源

导出资源，指通过某种变换，使不能利用的资源成为可利用的资源。原材料、废弃物、空气、水等，经过处理或变换都可在设计的产品中被采用，而变成有用的资源。

在变成有用资源的过程中，必要的物理状态变化，或化学反应是需要的。如表 34-3-2 所示。

表 34-3-2   导出资源的种类

导出资源	内涵及实例
导出物质资源	物质或原材料变换或施加作用所得到的物质。如毛坯是通过铸造得到的材料，相对于铸造的原材料已是导出资源
导出能量资源	通过对直接应用能量资源的变换或改变其作用强度、方向及其他特性所得到的能量资源。如变压器将高压变为低压，这种低电压的电能成为导出资源
导出场资源	通过对直接应用场资源的变换或改变其作用的强度、方向及其他特性所得到的场资源
导出的信息资源	通过变换设计不相关的信息，使之与设计相关。如地球表面电磁场的微小变化可用于发现矿藏
导出空间资源	由于几何形状或效应的变化所得到的额外空间。双面磁盘比单面磁盘存储信息的容量更大
导出时间资源	由于加速、减速或中断所获得的时间间隔。被压缩的数据在较短时间内可传递完毕
导出功能资源	经过合理变化后，系统完成辅助功能的能力。锻模适当修改后，锻件本身可以带有企业商标

3.1.3   差动资源

差动资源，指通常情况下，当物质或场具有不同的特性时，可形成的某种技术特征的资源。差动资源一般分为差动物质资源和差动场资源。

（1）差动物质资源

差动物质资源具有结构各向异性。各向异性，指物质在不同的方向上物理性能不同。这种特性有时是设计中实现某种功能必需的，如表 34-3-3 所示。

例如，合金碎片的混合物可通过逐步加热到不同合金的居里点，然后用磁性分拣的方法将不同的合金分开。

表 34-3-3　差动物质资源的种类

差动物质资源	实　例
光学特性	金刚石只有沿对称面做出的小平面才能显示出其亮度
电特性	石英板只有当其晶体沿某一方向被切断时才具有电致伸缩的性能
声学特性	零件由于其内部结构不同,表现出不同的声学特性,使超声探伤成为可能
机械性能	劈木材时一般是沿最省力的方向劈
化学性能	晶体的腐蚀往往在有缺陷的点处首先发生
几何性能	只有球形表面符合要求的药丸才能通过药机的分检装置
不同的材料特性	不同的材料特性可在设计中用于实现有用功能

（2）差动场资源

利用场在系统中的不均匀,可以在设计中实现某些新的功能,表 34-3-4 中列举了几个简单的实例。

表 34-3-4　差动场资源的运用实例

运用差动场资源	实　例
梯度的利用	利用烟筒,地球表面一定高度产生高空中的压力差使炉子中的空气流动
空气不均匀性的利用	为了改善工作条件,工作地点应处于声场强度低的位置
场的值与标准值的偏差	病人的脉搏与正常人不同,医生通过对这种不同的分析为病人看病

在设计中认真分析各种系统资源将有助于开阔设计者的眼界,使其能跳出问题本身,这对设计者解决问题特别重要。

3.2　发明创造的理想化描述

3.2.1　发明创造的理想化概述

3.2.1.1　理想化

把所研究的对象理想化是一种最基本的自然科学方法。理想化,指对客观世界中所存在物质的一种抽象化,这种抽象的客观世界既不存在,又不能通过试验证明。理想化的物体是真实物体存在的一种极限状态,对于某些研究有很重要的作用。

在 TRIZ 中,理想化的应用包括:理想系统,理想过程,理想物质,理想资源和理想机器等。理想化的描述如表 34-3-5 所示。

表 34-3-5　理想化的描述

理想化描述	内　涵
理想机器	没有质量,没有体积,但能完成所需要的工作
理想方法	不消耗能量和时间,但通过自身调节,能够获得所需的效应
理想过程	只有过程的结果,而无过程本身,突然就获得了结果
理想物质	没有物质,功能得以实现

因为技术系统是功能的实现,同一功能存在多种技术实现形式,任何系统在完成所需的功能时,会产生有害功能。为了对正反两方面作用进行评价,采用如下的公式:

理想化＝有用功能之和/(有害功能之和＋成本)

理想化与有用功能成正比,与有害功能成反比。经常把有用功能之和用效益代替,把有害功能分解为代价和危害。代价包括所有形式的浪费,污染,系统所占用的时间,所发出的噪声,所消耗的能量等。因此,系统理想化与其效益之和成正比,与所有代价及所有危害之和成反比。当改变系统结构时,如果公式中的分子相对增加,分母相对减小,系统的理想化就提高,产品的竞争能力将提高。

增加理想化有表 34-3-6 所示四种方法。

表 34-3-6　增加理想化的方法

增加理想化	内　涵
分子增加的速度高于分母增加的速度	即有用功能和有害功能都增加,而有用功能增加的快一些
分子增加,分母减少	即有用功能增加,有害功能减少
分子不变,分母减少	即有用功能不变,而有害功能减少
分子增加,分母不变	即有用功能增加,有害功能不变

3.2.1.2　理想化设计

现实设计和理想设计之间的差距理论上应该可以减少到零。理想系统可以实现人们理想中的某种功

第
34
篇

能，而实际上该系统并不存在。所以，这个理想的模型理所应当成为人们追求的目标。理想设计打破了很多传统的认为最有效的系统。

一个主要的，有用的功能，可以用一个并不存在的系统来实现，这种思维方式可以使创新设计在短时间内完成。

设计在月球车上使用的探照灯的研究人员遇到一个棘手的问题，他们想为灯找一个灯罩，这样可以防止灯丝承受冲击和防止被氧化。通过采用其他特殊装置才最终解决了这个问题。然而，当一位科学家看到这个设计时，他感到很惊讶。因为在月球上根本没有什么氧气。月球的真空性就是一种最有效资源，它可以消除灯罩的必要性。从而可见，这种功能的实现并不需要一定的系统。

理想设计可以使设计者的思维跳出问题的传统解决方法，在更广泛的空间里寻找最优方案。

[例1] 理想的容器就是没有体积的容器。

在实验过程中，需要将待试验物放入一个盛满酸的容器里。在预定的时间后，打开容器。酸对待试验物的作用可以被测量出来。但是，酸会腐蚀器壁，容器壁上应该涂一层玻璃或者一些其他的抗酸材料。但是，这样的设计将使试验费用猛增。理想设计是将待试验物暴露在酸中，而不需要容器。转化后的问题就是找到一种方法可以保持酸和待试验物接触，而不需要容器。一切可利用的资源就是待试验物、空气、重力、支持力等。解决方案是显而易见的。可以将容器设计在待试验物上，这样就不用顾虑酸腐蚀容器壁。这里的容器就是一种理想设计（图34-3-1）。

图 34-3-1 理想的没有体积的容器

在去金星的太空方案确定以后，一位很有影响力的科学家想把自己重10kg的试验装备放置在太空船中。但是，他却被告知已经太晚了，因为太空船所承受的每克质量都已计算安排好了。经过研究和分析，这位科学家发现太空船上的压舱物为16kg，而压舱物只起到配重的作用，随后这位科学家用他的试验设备替换重10kg的压舱物，实现了预期的要求。在这里，压舱物是一种未被利用的资源。通过上述的替换方式，使问题得到了圆满的解决。该方案既没有改变原计划，又满足了科学家的要求。

3.2.2 利用理想化思想实现发明创造

3.2.2.1 提高理想化程度的八种方法

[例2] 手机无线充电家具

手机充电是一件现代人尤为关注的问题，充电器、充电线、充电宝都是现代人出门的必备品。在家里，越来越多的电器占据电源，充电器和充电线也会困扰人们的生活，使桌面混乱，影响桌面的整洁，甚至影响使用者的工作效率。另外，手机充电线头的插入与拔出的动作也会对于接头产生磨损。所以，产品开发人员一直致力于更加合理更加"理想"的充电方式。

苹果手机已经支持无线充电。无独有偶，全球家居领导品牌 IKEA 也推出了可以和无线充电板配套使用的 HOMESMART 系列家具，如台灯、桌子、床头柜等。人们以后再选购手机时，无线充电不会再被视为可有可无的功能了。HOMESMART 有两种类型，一种是内嵌式的台灯，平台上有个十字形感应区，只要把支持无线充电技术的手机放上去就会自动充电，相当方便；另一种则是无线充电板，可单独使用，也可塞进特别设计的家具中（如图 34-3-2 所示）。

图 34-3-2 无线充电板和无线充电台灯

有效地增加系统理想化程度的方法，建议采用以下几种（图 34-3-3）。

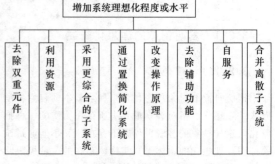

图 34-3-3 增加系统理想化程度的八种方法

增加系统理想化程度或水平

去除双重元件 | 利用资源 | 采用更综合的子系统 | 通过置换简化系统 | 改变操作原理 | 去除辅助功能 | 自服务 | 合并离散子系统

（1）去除双重元件

如果系统包含双重元件（子系统），那么考虑将其用一个综合的元件取代。这种系统就会得到简化。

[例3]　线框腕表：Wire Watch

手表是人们的日常用品，常规的手表表盘通过轴与表带连接，进而实现手表适应并围绕手腕的作用。也就是说，与表盘连接的轴以及表带，这个双重元件实现的是一个功能，因此，可以将两者合并，生成更简洁的新设计。

来自设计师陶英（音）的一款很有线条的创意，线框腕表（Wire Watch），又细又薄的腕带采用记忆金属制作，可以弯曲贴合手腕曲线，也可以展开以平放。这款简约却不简单的设计，是2014年红点设计奖（Red dot Award）的获奖作品，如图34-3-4。

（2）利用资源

资源就是物质、场（能量）、场特性、功能特性和存在于系统或系统环境中的其他属性，这些资源对某一个系统的改进会很有用。

物质资源、场资源、空间资源和时间资源对大多数系统而言都是有用资源，如表34-3-7所示。

（3）采用更综合的子系统

使用更综合的子系统和元件重新设计或重建系统。这样系统的维护和制造费用就会节省很多。

图34-3-4　线框腕表：Wire Watch

[例4]　不倒翁拐杖

人年纪一大就难免会需要拐杖，拄着到处走，方便。可拐杖有个问题，要是不小心或者没注意，它掉地上了，可就成了大麻烦。

毕竟，使用拐杖的老年人不能像年轻小伙子那样一弯腰就把拐杖拾起来了。设计师Cheng-Tsung Feng和Yu-Ting Cheng带来的不倒翁拐杖（Balance Stick），这个拐杖继承了更综合更完善的子系统。将解决这个麻烦：简单地说，它头轻脚重，松开手也能保持直立，让老年朋友们再不需要既费力也危险地弯腰捡拐杖了（图34-3-5）。

表34-3-7　　　　　　　　　　　　　　　　　　　　利用资源的种类

利用资源	内　　涵	实　　例
物质资源	物质资源包括组成系统和系统环境的所有资源，那么任何一个没有达到理想化的系统都应该有可利用的物质资源	为防止系统零件（如轴承）过热，需把一个含有热电偶的温度控制装置安装在最容易产生热量的地方。通过应用金属环和主体之间的热电偶关系可以防止过度发热。如果热电偶检测到的温度高于一定的数值，则这些相关部件的相互关系就会被自动切断
导出资源	导出资源是经过某种转化后才可以利用的资源。原材料、产品、废弃物和其他系统元件，包括水、空气等，它们都是不能在存在状态可以直接利用的资源，一般都要经过某种变化才能成为可利用资源	为了节约洗涤剂，在清洗之前，餐具常常要浸泡在碳酸氢钠溶液里，这样餐具上残余的脂肪就会和重碳酸盐发生反应，生成脂肪酸盐，也就是洗涤剂。这样，餐具上就最大限度节省洗涤剂
变形态物质	通过改变现存系统的某些元件来寻找克服障碍的方法。通过改变系统中的某一个元件从而获得空间、时间或某种有用的物质，或者通过改变某一个物质消除一种负面效应。比如，可以通过升华、蒸发、烘干、研磨、熔化或者溶解的方法改变物体状态，从而可以使切割过程简单化	投向运动目标的圆盘是用黏土做成的，称为黏土鸽子。当黏土鸽子被用于双向飞碟射击时，地面就丢满了黏土碎片。用冰做的圆盘价格便宜一些，而且，落到地面的碎片就会融化消失。用肥料做的圆盘还可以肥沃土地
时间资源	时间资源包括动作开始的时间间隔、结束后的时间间隔、工艺循环过程的时间间隔，这些时间部分或全部都是没用的。有效利用时间资源有以下几种方法：改变物体的预备布置时间；有效利用暂停时间段；使用并行操作；除去无价值的动作	在农业中，每当要开始一行新的犁沟，犁就必须再沿原路返回去，这样才能保证翻出的土壤倒在犁沟的同一边，可是，这样就做了无用功而且浪费时间。事实上用一个有左右刃片的犁就可以解决这个问题，节省时间。在完成每行耕种后，操作者操作控制按钮切换刀片，然后就可以继续工作，而不必沿原路返回

第34篇

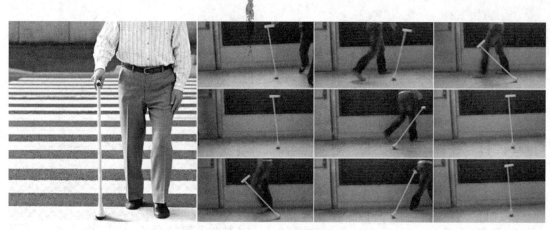

图 34-3-5　不倒翁拐杖

（4）替换零件、部件或者整个系统

考虑用一个模型或复制品。

考虑用一个简单的复制品替换一个复杂的零件（或一部分）。

考虑（暂时或长久）用一个物体的复制品。

考虑用一个与实物一样大或与实物成比例的物体代替功能性不强的元件。特别，应考虑应用仿制品。

［例5］　模拟着陆轮胎的牵引力。

下雨天，飞机在着陆过程中其轮胎上的牵引力是一个不确定的数值。为了得到着陆轮胎牵引力的即时数值，用测试车上的一个车轮模仿飞机着陆轮的运动，测试轮的速度是着陆轮速度的90%。当测试车通过飞机跑道时，传感器就会从测试轮上采集数据，转换信号。然后，测试结果就会通过无线电装置传送给正在着陆的飞机。目前许多飞机场都采用这种测控系统。

（5）改变操作原理

为了简化系统或操作过程，考虑改变最基本的操作原理。

［例6］　水井灯：Well，摇动辘轳就能调节亮度。

灯具的亮度调节，是灯具在实现基本的照明更能之后的辅助功能。一般的白炽灯的亮度调节是通过控制电流的方式实现的，对于产品设计师来说，有没有其他更直接和简单的方式呢？

这款新式灯的外观看起来就是一个水井造型，在灯部上端也就是"井沿"部分设有真正浅色枫木的辘轳架，并附带黄铜摇把，造型有趣的灯泡则通过编织电缆拴挂在辘轳架上。灯体的水井由精致的捷克玻璃打造，上半部为透明，下半部则渐变为深色或磨砂，当灯泡悬垂灯底，磨砂玻璃或颜色会模糊光线降低亮度，当需要调节灯光亮度的时候，只需动手摇动把手，灯泡便会像小水桶般在玻璃水井中升至透明灯体处，投射满室光辉，如图 34-3-6。

图 34-3-6　摇动辘轳就能调节亮度的水井灯：Well

（6）去除辅助功能

辅助功能支持或辅助主要功能的实现。很多时候辅助功能可以被去除（以及和这些辅助功能相关的元件/部件），同时又不影响主要功能的实现。为了去除辅助功能，有以下几种建议，如表 34-3-8 所示。

表 34-3-8　　　　　　　　　　　　　　去除辅助功能的方法

功能	内　　涵	实　　例
去除校正功能	考虑系统的校正功能（操作）；这些功能唯一的目的就是克服一些系统固有的缺陷（有害动作）。考虑系统可在没有消除缺陷的情况下实现满意操作	传统金属颜料在使用过程中，有可能从溶剂里释放出一种有害物。静电场可以用来将粉末状的金属染料涂在物体表面。达到一定烘干温度后金属粉末就会熔化，在物体表面形成均匀的颜料涂层，整个过程中没有用到有害性的溶解剂

续表

功能	内　涵	实　例
去除预备操作（功能）	考虑系统的每个预备操作（功能）的必要性。在没有任何预备操作的情况下，系统的原始功能是否还能实现	金属元件表面加工的喷丸硬化法是用高速冰球束（附有冰层的钢球）直接冲击刚体表面。为了得到持续的冰球束，将事先制成的钢球射入具有一定低温（零度以下）的容器中，从容器外喷入的水滴迅速包围在钢球外面，形成附有冰层的钢球——冰球束，这样就使得冰球束在喷丸过程中既具有一定的强度又可以用冰冷却被处理材料的表面
去除防护功能	考虑系统的防护功能（操作）。有没有办法消除有害动作，或者减少或消除有害功能造成的损失	执行月球计划时需要一个电灯，但是电灯的玻璃外壳很难承受在月球上受到的各种外力的作用，总是破碎。最后的决定方案是可以使用裸露的电灯丝。因为月球上没有空气，不用担心灯丝会被氧化
去除外壳功能	系统元件常常安装在一个外壳里。考虑系统是否需要这个外壳	自动步枪每发射一枚子弹，就会从枪膛里出来一颗铜质空弹壳，非常浪费。德国最近生产的 C114.7 型的自动步枪使用的就是无壳子弹

（7）自服务

测试系统的自服务。为了达到这个目的，考虑一下以牺牲主要操作而实现辅助操作，或者同时实现主要功能。可将辅助功能的实现转移到主要元件上。

[例 7]　带刀的黄油盒（图 34-3-7）

在涂抹黄油的时候，首先要撕开黄油的包装，进而用其他餐具，例如刀子来涂抹黄油。这个过程中，需要两步操作，并且，很有可能在撕开包装的时候，使用者手边没有合适的餐具，特别是如果在野外野餐，或者是赶着吃完早餐去上班的时候。

"BUTTER! BETTER!" 是一个包装巧思，将黄油盒的密封盖，做成了一把刀的模样。一次性的包装设计，使得你即便无法安坐在桌前享用早餐的悠闲过程，也可以在匆忙的路途中藉由 "BUTTER! BETTER!" 来完成它。刀尖的部分，可以完全彻底地触到每个角落的黄油并搅动它。同时，也省却了必须要使用其他餐具辅助来涂抹黄油的麻烦。

（8）合并离散的子系统

将完成相同功能的子系统合并。对这些即将合并的子系统而言，预先使它们的主要功能相协调。

图 34-3-7　带刀的黄油盒

[例 8]　将收音机和电视机组装。

当电视-收音机刚走出市场时，其中的电视机、收音机、留声机和磁带录音机都分别有各自的扩音器。后来，一种独立的扩音器就被用到所有这些元件上。普通的扩音器，普通的控制器也被用在后来的设计中。

3.2.2.2　实现理想化的步骤

实现理想化的步骤如表 34-3-9 所示。

表 34-3-9　　　　　　　　　　实现理想化的步骤

序号	步　骤	内　容
1	描述需要改进的系统性能	熔炉里的温度很高，为了防止炉壁温度过高，需要用水来降温。降温系统所需的水是用管子抽出来的。如果管子出现裂缝，水就会漏出来，这样可能使熔炉发生爆炸事故
2	描述理想的性能	当出现裂缝时，水要保持在管子里。描述的更准确一些就是，水不离开管子
3	能想出怎样的方法实现理想性能	换句话说，就是有没有一个现成的方法来实现这种功能 如果回答是肯定的，那么就是说已经有了新的方法，不过，务必证明一下 如果回答是否定的，那么，应该考虑一下怎么更有效地利用资源 如果回答是肯定的，但是这种方法还有一些其他的冲突和矛盾，那么应该去解决该矛盾 如果有一个障碍物阻止理想实现，那么描述该物体并分析清楚为什么它是一种障碍 "管子里的压力大于管外的压力"

续表

序号	步　　骤	内　　容
4	做出什么样的改动才能克服这个障碍	管子里的压力应该比管外压力小。因此,应该有一个真空抽水泵 这样,这个问题就得到了最终的解决

3.3　发明创造的情境分析与描述

下面以下述情境为例进行情境分析与描述。

[例 9]　为了制作预应力钢筋混凝土,需要拉伸钢筋（钢条）,然后在拉伸状态把钢筋固定在模型里并注入水泥。在水泥硬化后,把钢筋两头松开,钢筋缩短并使水泥收缩,从而提高了钢筋混凝土的强度。

利用液压千斤顶拉伸钢筋,既麻烦,又不可靠。建议采用电热拉伸法即把钢筋通电加热,使其延长,并在这种状态下把它固定好。如果利用普通钢丝作钢筋,一切都好办。把钢条加热到 400℃ 就能得到一定的延伸长度,但是利用能承受更大力的钢丝作钢筋更有利。如果温度加热到 700℃ 时,就能把钢丝拉伸到理论的计算值。但钢丝加温到 400℃ 以上时就会丧失高强度的力学性能,即使短时间加热也不行。而用昂贵的耐热钢丝作钢筋经济上又是一种浪费。

问题的情境就是如此。有很多问题与制作钢筋混凝土有关,在情境中只突出一点:拉伸钢丝作钢筋。当然,为了解决这一课题需要采取某些措施,然而,在情境内并没指出对原技术系统需要改变些什么。例如,可否回到利用液压千斤顶上,把它加以改进呢?可否改进耐热钢丝制作工艺,降低其成本呢?可否另找原则上新的钢筋拉伸方法呢?

情境对这些问题都没给出答案。因此同一情境可产生不同的解决发明方法。

对发明家而言,特别重要的是善于把情境变成最小化问题和最大化问题。

最小化问题可按下面方法从情境中得到:即在原系统中减去缺点或在原系统中加入所需要的优点（新的性质）。也就是说,最小化问题是通过对原技术系统的改变并加以最大限制（要求）而从情境中得到。相反,最大化问题则通过彻底取消限制（要求）而得到的,即允许用原理上新的系统取代原系统。如当提出改进船的风帆时,这是最小化问题。如果问题是这样提出的:"应该找到在某些指标上、原理上不同的运输工具代替帆船",这就是最大化问题。

不要认为把原问题变成最小化问题,就能使课题在低水平上解决。最小化问题也可能在第四种水平上解决。另一方面,把原问题变成最大化问题,也不一定就在第五种水平上解决。不改进钢筋拉伸电热法,

而改善液压千斤顶,也只能得到第一种水平或第二种水平的发明。

究竟要把该情境变成哪种问题,是最小化问题还是最大化问题,这是发明战略问题。显然,在任何情况下还是从最小化问题开始为宜,因为解决最小化问题能取得积极结果,同时并不要求系统本身有什么实质性变化,从而易于实现和获得经济效益。解决和实现最大化问题可能需要付出毕生代价,有时在当时的科学知识水平上根本实现不了。因此,也像所有问题一样,解决发明问题应该指出"给定的条件"和"应得的结果"。

上述问题可表述如下:在制作预应力钢筋混凝土时,用电热法拉伸钢丝。但加热到计算值（700℃）时,钢筋丧失力学性能,怎样消除这一缺点?

这里有关原技术系统的说明,即是"给定的条件",而指出必须保留一切,仅消除现有的缺点（最小化问题）则属于"应得结果"。"给定的条件"可能包含多余的信息,不包含完全必要的信息。"应得结果"一般以管理矛盾和技术矛盾的形式表述,但不精确、不完整,有时甚至不正确。因此,解决问题应从建立问题模式开始,它能言简意赅、准确无误地反映问题的本质:技术矛盾和要素（原技术系统的各部分）以及它们之间的矛盾造成的技术矛盾。

本实例的模式是:给定热场和金属丝。如加热到 700℃,金属丝得到需要的延长量,但丧失强度。

可见,从问题过渡到问题模式时,首先,专门术语"电热法""钢筋"等被排除了;其次,系统中所有多余要素也要被删去。例如在模式中再没提到"制作钢筋混凝土"的字样,因为问题的实质不在于怎样拉伸钢丝,为什么要拉伸,这都无关紧要。比如说,把拉伸的钢丝用作玻璃梁的钢筋,那有什么不可呢。模式中也没提到用电流加热钢丝。

如果说明把钢丝放在炉子里或用红外线加热,也与本例无补。问题模式中只保留了足可表述技术矛盾所必要的要素。

每一技术矛盾均可用两种方式表述:"如果改善 A,B 则恶化"和"如果改善 B,A 则恶化"。在建立问题模式时,在其表述中应以改善（保持、加强等）基本生产作用（性能）为准。以两种表述为例:一种表述是:"如果把钢丝加热到 700℃,钢丝就能得到必要的延长量,但丧失强度";另一种表述是:"如果

不把钢丝加热到 700℃，钢丝能保持强度，但不能得到必要的延长量"。在这两种表述中应采取第一种表述，因为这种表述能保障基本生产作用：即使钢丝延长。这就是为什么问题模式采取了"热场—钢丝"这种表述方式。

在从问题情境过渡到问题进而过渡到问题模式的过程中，方案选择的自由度（即选择方案的余地）随之大大减少了，而问题的提法的异常性增加了。

这里先从问题情境开始说起。问题情境可提供很多可能的解决办法，例如：如果采取改善液压千斤顶的办法呢？如果创造气动千斤顶呢？如果做一个由重物来拉伸钢丝的引力千斤顶呢？如果允许加热丧失强度，然后再设法恢复呢？⋯⋯在从问题情境过渡到问题的过程中，很多这类可能的解决办法都被筛选掉了，只保留了电热法，它有很多优点，只需要排除它的唯一缺点。

下一步还要继续缩小选择的余地：就采用 700℃温度，其他所有折中方案都排除，就用这种温度！尽管这么高的温度与钢丝天然特性相左，但不至于使它损坏⋯⋯这时问题越来越小了，而且变得"异常"了，"更荒唐"了，"反自然"了，然而，这只不过意味着已经抛弃了大量平庸的方案，进入了有力解决方案的神奇领域。这时需要利用物场-分析术语："物质"、"场"、"作用"建立问题模式。这就使人们在解决问题之前立刻想象出物-场形式的答案。事实上，在模式中给定热场和物质，也就是给定了一个完整的物场。显然，在答案中"必须引进第二种物质"。建立问题模式有一定规则。例如，在一对矛盾的要素中有一个要素一定是制品，第二个要素多半是工具。如果把制品（钢丝）从问题模式中去掉，就会又回到原问题情境中习惯性想法中，即："如何设法代替钢筋水泥的钢筋？不拉伸吗？"

对问题进行分析是相当困难的，更不用说对问题情境进行分类了。因为问题的实质往往被随心所欲的表达方式掩盖了。而问题模式就容易分类，而且分类明确。原技术系统的物场分类就是这种分类的基础。利用这种分类方法立即就能把问题分成三种类型：第一种类型是给定一个要素；第二种类型是给定两个要素；第三种类型是给定三个以上的要素。每种类型又可根据问题中给定任何要素（物质、场），它们之间的关系以及可否改变分成各子问题。

本例中给定两个要素——热场和物质，所以该问题属于第二种类型。场与物质是由两个相关的作用联系在一起的，即是说如果加热钢丝，它就延长。一个作用是有利的，另一个作用是有害的。可以通过增加另一个物质（加热 700℃ 但力学性能不变的金属材料）来实现原物质的延长。

再比如，汽车的保有量越来越大，在日常的路面行驶中，大货车那硕大的车身，会遮挡后车的视线，从而在试图超车或者正常跟车时就发生危险。三星公司想到了一个办法，把大货车变透明：给大货车的尾部装上显示器，并且在车头装上摄像头，这样车前的情况就能实时地显示在后面的显示屏上，提升了路面的行车安全性（图 34-3-8）。

图 34-3-8　三星安全货车：透明的货车 Safety Truck

3.3.1　发电的理想方法

1996 年瑞典进行了一个研究项目，该项目证明了如何在被认为是有害功能，经过转化变为有用资源。瑞典皇家技术学院的研究人员研究开发了一种在远离公共电力系统的偏远山村，利用替代的方法发电。其理想设计就是在偏远山村不利用、或少利用资源而产生需要的电能。

应用类推法，我们马上就会想到下面的一些方法。电动机与发电机的主要区别是它们的输入和输出正好相反。发电机把能量转化为电能，而电动机却把电能转化为其他能量。测试系统的存在主要是因为产生物理特性的微小变化。能否寻找一种物理现象，它可以产生电，从而为研究项目提供一种新的能产生电的原理。

可以在有描述物理效应的资料中发现，测量温度有许多方法。其中 Seebeck 现象只是众多方法之一。基于 Seebeck 效应的热-电发电非常吸引人。该项目的主管 Anders Killander 恰恰在本项目中应用了 TRIZ 理论解决遇到的问题。

1821 年，T. J. Seebeck 发现：当温度有差异时，两种不同质的金属导体形成的闭环系统内有电流产生。电磁力产生的电流与两个金属的温差成正比。比例系数称为热电常数，它主要与金属的接触面积的类型有关，见图 34-3-9 的上部分。对热电偶，其热电常数为 $10\sim50\mu V/K$；而对半导体型热电偶，其热电常数比较大，为 $0.1\mu V/K$。

Seebeck 效应经常被用来测量温度，广泛应用在

第
34
篇

仪器设备上，直接将热能转化为电能。对金属热电偶，其转换效率约为 0.1%；而半导体型热电偶，其转换效率为 15% 或更高。为了产生电能，一个没有移动部件的装置被放在木材加热炉上。木材加热炉的上面有类似于鳍状物金属罩，它被冷却以提供温度差（图 34-3-9 的下部分）。基于 Seebeck 效应的、为偏远山村的用户提供电能的最新设计产品已经开发出来了，而且，在经济上用户能负担得起。目前，这套发电系统价格为 150 美元。

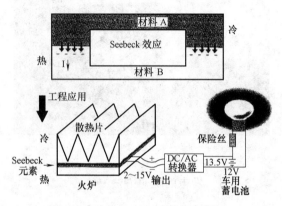

图 34-3-9　应用 Seebeck 效应为偏远
山村的住户提供有限的电能

3.3.2　汽车驾驶杆的抖振分析

小轿车通常由四缸发动机来驱动，这种发动机有很强的二阶振动。在发动机低速运转的情况下（空挡状态），这种振动的频率较低，无法通过发动机底座加以隔离，而且某些小轿车还会产生结构的共振，影响了驾驶的舒适度，使部件的故障率及相应的保修费用提高。

某汽车公司对此进行了调查，发现由于驾驶杆的固有频率接近于发动机空挡时的二阶谐振频率，导致

驾驶杆在空挡状态下剧烈振动，即使安装了减振器，其振动情况仍使驾驶员操作时不舒适。另外，驾驶杆的抖振也和发动机的负载有关，发动机还兼有驱动液压系统，为车上的用电附件（电机、空调等）供能等任务，这些负载越高，抖振现象越厉害。公司成立了攻关组，成员包括制造这些附件及传动设备的高级工程师及车身与底盘的工程师。攻关组将这些普通小轿车与高档车作了比较，发现普通轿车电机与空调的效率比高档轿车低很多，其驱动液压系统所需牵引扭矩在空挡状态比高档轿车大很多，车身硬度及车身与驾驶杆的固有频率则比高档轿车低很多，这些都是造成抖振的重要原因。攻关组各自回到相应的部门，有针对性地开发好的系统结构，为此还造出一个加强的车身样品，并进行了测试，结果表明抖振得到了明显的改善。但这些办法工作量太大，花费太多，一时之间无法投入应用。上面的过程是一个常规的解决问题方式，也是典型的问题最大化的情况。

TRIZ 专家参与攻关后，经过对问题背景知识的了解，提出两点建议。

① 如果试图不大幅度改动系统而使问题得以解决，建议按最小化的问题处理，以便争取简化系统。

② 尽量使用已有的系统资源。

随后，大家把注意力集中到不更改引起抖振的系统（车身和有关的附件等）而降低驾驶杆的振动程度上，针对抖振本身来解决问题。在驾驶杆减振上，发现增加减振器惯性块的重量可改善减振能力，为了尽量使用已有的系统资源，大家对车内可用作惯性块的大块物体作了统计，前提是不影响它们的主要功能。这些物体有散热器、电瓶、空气袋、备用轮胎等。通过分析，把车前部防撞用的空气袋兼作惯性块集成到驾驶杆的减振器上，解决了抖振问题。结果表明，采用该方法后方向盘的抖振比高档轿车还要小。

第4章　技术系统进化理论分析

技术预测（technology forecasting），指通过分析创新设计中技术进化过程自身的规律与模式，对技术发展方向的预测。预测未来技术进化的过程，快速开发新一代产品，迎接未来产品竞争的挑战，对任何制造企业竞争力的提高都起着重要的作用。企业在新产品的开发决策过程中，都需要准确地预测当前产品的技术水平及新一代产品的可能进化方向。

技术预测的研究起始于半个世纪以前，最初应用于军工产品，即对武器及部件的性能进行技术预测，后来也应用于民用产品。在长期的研究过程中，理论界提出了多种技术预测的方法，但是，其中最有效的是 TRIZ 的技术系统进化（technology system forecasting）理论。

TRIZ 中的技术系统进化理论是由 Altshuller 等人在通过对世界专利的分析和研究的基础上，发现并确认了技术系统在结构上进化的趋势，即技术系统进化模式，以及技术系统进化路线；同时还发现，在一个工程领域中总结出的进化模式及进化路线可在另一工程领域实现，即技术进化模式与进化路线具有可传递性。该理论不仅能预测技术的发展，而且还能展现预测结果实现的产品的可能状态，对于产品创新具有指导作用。目前该理论有几种表现形式：技术进化理论，技术进化引导理论，直接进化理论等。下面主要介绍直接进化理论方法。

技术进化的过程不是随机的，历史数据表明，技术的性能随时间变化的规律呈 S 曲线，但进化过程是靠设计者推动的，当前的产品如果没有设计者引进新的技术，它将停留在当前的水平上，新技术的引入使其不断沿着某些方向进化。如图 34-4-1 分别给出了 S 曲线和分段 S 曲线，可以看出两个 S 曲线明显地趋近于一条直线，该直线是由技术的自然属性所决定的性能极限。沿横坐标可以将产品或技术分为新发明、技术改进和技术成熟三个阶段或婴儿期、成长期、成熟期和退出期四个阶段。

在发明阶段，一项新的物理的、化学的、生物的发现，被设计人员转换为产品。不同的设计人员对同一原理的实现是不同的，已设计出的产品还要不断进行改善。因此，随着时间的推移，产品的性能会不断提高。

此时，很多企业已经认识到，基于该发现的产品有很好的市场潜发力，应该大力开发，因此，将投入很多的人力、物力和财力，用于新产品的开发，新产品的性能参数会快速增长，这就是技术改进阶段。

随着产品进入成熟阶段，所推出的新产品性能参数只有少量的增长，继续投入进一步完善已有技术所产生的效益减少，企业应研究新的核心技术以在适当的时间替代已有的核心技术。

对于企业 R&D（research and development）决策，具有指导意义的是曲线上的拐点。第一个拐点之后，企业应从原理实现的研究转入商品化开发，否则，该企业会被恰当转入商品化的企业甩在后面。当出现第二个拐点后，产品的技术已经进入成熟期，企业因生产该类产品获取了丰厚的利润，同时要继续研究优于该产品核心技术的更高一级的核心技术，以便将来在适当的机会转入下一轮的竞争。

一代产品的发明要依据某一项核心技术，然后经过不断完善使该技术逐渐成熟。在这期间，企业要有大量的投入，但如果技术已经成熟，推进技术更加成熟的投入不会取得明显的收益。此时，企业应转入研究，选择替代技术或新的核心技术。

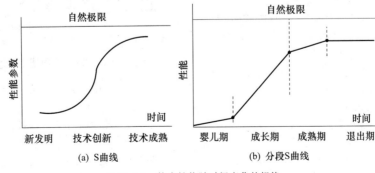

(a) S曲线　　　　　　　　(b) 分段S曲线

图 34-4-1　技术性能随时间变化的规律

4.1 技术进化过程实例分析

（1）潜艇实例分析

公元前 332 年，亚历山大大帝命令其部下建造一只防水的玻璃桶，然后自己进到桶里，让部下们把桶放到海水下面，他记录了所见到的各种生物。亚历山大是早期进行水下探索的人之一。

1624 年，德雷贝尔建了一个能在水中被驱动的防水舱，他让 12 人进入船体，并划六支桨推动这个装置。

1776 年，布什内尔建造了一潜水器，用来攻击停在美国纽约港的英国军舰。这是第一艘参加战斗的潜水器。该潜水器像一只大木桶，里面有一张条凳，像自行车脚蹬似的东西驱动船体。该潜水器还配有罗盘、深度尺、驾驶装置、可变压舱、防水船体配件和一只锚。

19 世纪末，现代潜艇之父霍兰主持建造了"霍兰"号潜艇。该潜艇在水下使用电动机，在水面巡航时使用蒸汽机，是第一艘能够下沉、潜行、上浮并发射鱼雷的潜艇。该潜艇没有潜望镜，艇员们要从平板玻璃向外观察。为了监测氧气含量，艇员们常把老鼠装在笼子里带上潜艇，如果老鼠死亡或接近死亡，说明氧气不足了，应赶快返航。1900 年，美国海军购买了"霍兰"号潜艇，并且又订购了几艘同样的潜艇。

又经过了半个世纪，全世界第一艘核动力潜艇"鹦鹉螺"号诞生了，与柴油机驱动的潜艇不同，该潜艇可在水下连续航行几个星期。1954 年，该潜艇在水下穿越了北极。

从产品的观点看，亚历山大大帝玻璃桶只是对海洋水下的初步探索，其核心技术是构造一个不漏水的水下空间。

1624 年的防水舱及 1776 年的潜水器其核心技术都是采用人工产生的动力驱动，潜水器中的罗盘等是对防水舱的不断改进。

"霍兰"号潜艇的核心技术是采用机械驱动——电动机或蒸汽机驱动，能真正装备海军，因此是现代潜艇。

"鹦鹉螺"号潜艇的核心技术是采用了核动力驱动，可在水下航行更长的时间。

（2）自行车实例分析

自行车是 1817 年发明的。称为"木房子"的第一辆自行车由机架及木制的轮子组成，没有手把，骑车人的脚是驱动动力。从工程的观点看，该车不舒适、不能转向等。

1861 年，基于"木房子"的新一代自行车设计成功，该车是现在所说的"早期脚踏车"，但"木房子"的缺点依然存在。

1870 年，被称为"Ariel"的自行车设计成功，该车前轮安装在一个垂直的轴上，使转向成为可能，但依然不安全、不舒适、驱动困难。

1879 年，脚蹬驱动、链轮及链条传动的自行车设计成功，该类车的速度可以达到很高，但该类自行车没有车闸，因此高速骑车时很危险。

1888 年，车闸设计成功，前轮直径已变大，但零部件材料不过关，影响了自行车的速度。

20 世纪，各种新材料用于自行车零件。

在自行车进化的过程中，全世界申请了相关专利 1 万件。

4.2 技术系统进化模式

4.2.1 技术系统进化模式概述

历史数据分析表明，技术进化过程有其自身的规律与模式，是可以预测的。与西方传统预测理论不同处在于，通过对世界专利库的分析，TRIZ 研究人员发现并确认了技术从结构上的进化模式与进化路线。这些模式能引导设计人员尽快发现新的核心技术。充分理解以下十一条进化模式，将会使今天设计明天的产品变为可能。如图 34-4-2 所示为十一种技术系统的进化模式。

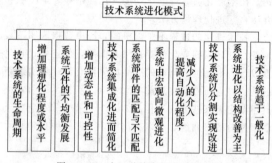

图 34-4-2 十一种技术系统进化模式

4.2.2 技术系统各进化模式分析

（1）进化模式 1：技术系统的生命周期为出生、成长、成熟、退出

这种进化模式是最一般的进化模式，因为，这种进化模式从一个宏观层次上描述了所有系统的进化。其中最常用的是 S 曲线，用来描述系统性能随时间的变化。对许多应用实例而言，S 曲线都有一个周期性

的生命:出生、成长、成熟和退出。考虑到原有技术系统与新技术系统的交替,可用六个阶段描述:孕育期、出生期、幼年期、成长期、成熟期、退出期。所谓孕育期就是以产生一个系统概念为起点,以该概念已经足够成熟(外界条件已经具备)并可以向世人公布为终点的这个时间段,也就是说系统还没有出现,但是出现的重要条件已经发现。出生期标志着这种系统概念已经有了清晰明确的定义,而且还实现了某些功能。如果没有进一步的研究,这种初步的构想就不会有更进一步的发展,不会成为一个"成熟"的技术系统。理论上认为并行设计可以有效地减少发展所需要的时间。最长的时间间隔就是产生系统概念与将系统概念转化为实际工程之间的时间段。研究组织可以花费 15 或者 20 年(孕育期)的时间去研究一个系统概念直到真正的发展研究开始。一旦面向发展的研究开始,就会用到 S 曲线。

假设在图 34-4-3 的 S 曲线中,横坐标表示时间,纵坐标表示速度,给定这些参数后,该曲线就可以用来描述飞机发展进化过程的六个阶段,如表 34-4-1 所示。

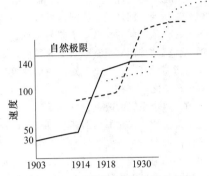

图 34-4-3 飞机进化的分阶段 S 曲线

表 34-4-1 进化过程的六个阶段

序号	阶段	内　涵	实　例
1	孕育期	一个新的系统概念一直处于酝酿阶段,直到这种系统概念可以达到实际可行的水平	几个世纪以来,人们一直致力于设计一个重于空气的飞行器
2	出生期	当外界具备两个条件时,以这种新的系统概念为核心的技术系统就会诞生。其中既存在对系统功能的需求,也存在实现系统功能的相关技术的需求	和人类飞行密切相关的空气动力学和机械结构学直到 18 世纪后期才逐渐发展起来。自从 Otto Lilientha 在 1848 年发明了滑翔机,Etienne Lenoir 在 1859 年发明了汽油发动机以后,人们有了可利用的有关飞行器的相关技术。仅仅因为当滑翔机的"升力"突然消失(即风速下降)时,滑翔机就不能很好地解决安全问题,所以,莱特兄弟在 1903 年想出一种新的办法:把一个独立的动力系统带到飞行器上——这样一项新的技术就诞生了
3	幼年期	每一种崭新的系统都是作为一种高科技创新的成果而出现,但是,这个崭新的系统结构比较简单,系统整体效率比较低,可靠性不高,而且还有很多没有解决的问题。处于这个阶段的系统,发展缓慢。许多设计问题和难题都是必须要解决的	莱特兄弟的第一次飞行时速就达到了 48km/h。紧接着飞机的发展就很慢。人力和财力资源仍然很有限,飞机被认为是一种不切实际的新奇的事物。直到 1913 年,经历漫长的 10 年发展后,飞机的速度才仅仅达到 80km/h
4	成长期	当整个社会意识到该系统的价值时,这一阶段就开始了。在这一阶段,很多问题都已经被解决;系统的工作效率和功能都得到明显的提高和改进,而且还产生了一个新的市场。随着系统利润的不断增加,人们就会无意识地在这个新产品或者新工艺方面投入大量的财力和物力,这就加速了系统的发展,改善了系统的工作性能,进而,就会再次吸引更多投资。这种良性的"反馈"式循环一旦建立,将会加速系统的进一步改进	在 1914 年,发生了两件刺激飞机快速发展的重大事件。第一件事就是第一次世界大战,由于战争的需要,飞机被认为具有潜在的用途。第二件事就是逐渐增长的经济资源和人力资源,使飞机设计越来越成为可能,飞机已经不再只是昂贵的玩具。在更好的经济资源的帮助下,从 1914 年到 1918 年短短四年时间,飞机的速度从 80km/h 增加到 160km/h
5	成熟期	当最初的系统构想已经达到自然极限时,系统的改进就变得很慢了,即使投入更多的财力和人力,得到的改进仍旧很少,因为标准的概念、形状、材料已经确定。通过系统最优化和折中可以实现一些小的改进	飞机的发展速度几乎保持在一个水平状态
6	退出期	技术系统已经达到其自然极限,没有什么改进的必要。系统已经不再需要,因为系统所提供的功能已经易于实现。结束这种下滑现象的唯一办法是发展一种新的系统概念,有可能是一种新的技术	下一代飞机(用新的 S 曲线描述)是以空气动力学开始,有金属框架的单翼飞机。当然这种飞机也有其功能极限。第三条 S 曲线是以喷气式飞机开始的。对在世界经济激烈竞争中幸存的企业而言,新的设计思想,新的 S 曲线是很重要的

（2）进化模式 2：增加理想化水平

增加理想化水平的方法详见第 3 章 3.2.2.1。

（3）进化模式 3：系统元件的不均衡发展

系统的每一个组成元件和每个子系统都有自身的 S 曲线。不同的系统元件/子系统一般都是沿着自身的进化模式来演变。同样的，不同的系统元件达到自身固有的自然极限所需的次数是不同的。首先达到自然极限的元件就"抑制"了整个系统的发展，它将成为设计中最薄弱的环节。一个不发达的部件也是设计中最薄弱的环节之一。在这些处于薄弱环节的元件得到改进之前，整个系统的改进也将会受到限制。技术系统进化中常见的错误是非薄弱环节引起了设计人员的特别关注。如在飞机的发展过程中，由于心理上的惯性作用，人们总是把注意力集中在发动机的改进上，总是试图开发出更好的发动机，但对飞机影响最大的是其空气动力学系统，因此设计人员在发动机上的努力对提高飞机性能的作用影响不大。

（4）进化模式 4：增加系统的动态性和可控性

在系统的进化过程中，技术系统总是通过增加动态化和可控性而不断地得到进化。也就是说，系统会增加本身灵活性和可变性以适应不断变化的环境和满足多重需求。

增加系统动态性和可控性最困难的是如何找到问题的突破口。在最初的链条驱动自行车（单速）上，链条从脚蹬链轮传到后面的飞轮。链轮传动比的增加表明了自行车进化路线是从静态的到动态的，从固定的到流动的或者从自由度为零到自由度无限大。如果能正确理解目前产品在进化路线上所处位置，那么顺应顾客的需要，沿着进化路线进一步发展，就可以聪明地指引未来的发展。因此，通过调整后面链轮的内部传动比就可以实现自行车的三级变速。五级变速自行车前边有一个齿轮，后边有五个嵌套式齿轮。一个脱轨器可以实现后边 5 个齿轮之间相互位置的变换。可以预测，脱轨器也可以安装在前轮。更多的齿轮安装在前轮和后轮，比如，前轮有 3 个齿轮，后轮有 6 个齿轮，这就初步建立 18 级变速自行车的大体框架。很明显，以后的自行车将会实现齿轮之间的自动切换，而且还能实现更多的传动比。理想的设计是实现无穷传动比，可以连续的变换，以适应任何一种地形。

这个设计过程开始是一个静态系统，逐渐向一个机械层次上的柔性系统进化，最终是一个微观层次上的柔性系统。

1）增加系统的动态性　如何增加系统的动态性？如何增加系统本身灵活性和可变性以适应不断变化的环境，满足多重需求？有以下 5 种建议，可以帮助人们快速有效地增加系统的动态性（图 34-4-4）。

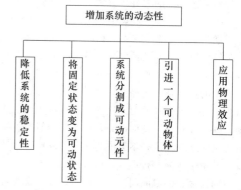

图 34-4-4　增加系统的动态性的几种方法

① 降低系统稳定性。为了增加系统的动态性，尽力降低系统稳定性。

[例 1]　用来装音乐的袋子 co-Mobile 扬声器（图 34-4-5）

通常的音响是固定在家里或者办公室的某个位置，为人们播放音乐。如果想要在移动中享受音乐，只有耳机这一个选择。为了能够在移动中享受音响播放音乐的高品质，可以降低系统的稳定性，以增加动态性。

例如，你甚至无法分辨出这款产品是音箱还是购物袋？日本设计师 Yoshihiko Satoh 设计的这款 co-Mobile 扬声器，将音箱掏出一个小巧的储物空间，再加上购物袋的提手设计，让平时死气沉沉的音箱也生动了起来。可以把 MP3 播放器与之连接然后放进袋子里，接下来就可以提着袋子悠闲地欣赏音乐了。音箱内置有充电电池，售价 335 美元。

图 34-4-5　用来装音乐的袋子 co-Mobile 扬声器

② 固定状态变为可动状态。为了增加系统的动态性，应该尽力将系统的固定元件更换为可动元件。

[例2]　未来海洋渔场，可在水中自由移动（图34-4-6）。

现在的海鱼养殖技术，一般都是在海边圈起一块区域，进行海鱼的养殖。但是，这种人工养殖的海鱼与天然的海鱼无论在肉质还是风味上都有很大的差别。如果养殖技术能实现人工养殖却像天然海鱼一样自由地享受海洋的资源呢？是不是能提升人工养殖海鱼的风味和营养情况？

图 34-4-6　可在水中自由移动的未来海洋渔场

在这张画家创作的想象图中，一组名为"海洋之球"（Oceansphere）的养鱼笼以半潜姿态悬浮在开放海域。"海洋之球"由铝和凯夫拉纤维制成，直径为162 英尺（约合 49 米），可解开系绳并释放到海床。"海洋之球"安装的一个系统能够将海洋热能转化成电，帮助其实现自行发电。投入使用之后，"海洋之球"将成为自给自足程度很高的养鱼笼。自给自足是实现遥远开放海域养殖业具有商业可行性的一个关键要素。据制造商夏威夷海洋技术公司透露，可以在不到 0.5 平方英里（约合 1.25 平方公里）的区域内安放 12 个"海洋之球"，其海产品设计总产量可达到2.4 万吨。"海洋之球"在设计上能够经受住世界上一些最恶劣的海洋环境考验。图中的"海洋之球"被

系在一般控制船上，船上工作人员利用软管为笼内鱼群提供食物。专家们表示，在未来，可自行发电的养鱼场将在开放性海域自由漂泊。它们利用模拟野生鱼群移动的水流前进，可饲养数量更多同时健康程度更高的鱼群。

③ 分割成可动元件。通过将系统分割成相互可动的零部件，这样就可以增加系统的自由度。

[例3]　迪拜可旋转风能摩天楼（图34-4-7）。

通常我们居住的摩天大楼，由于成本和建筑水平限制等原因，只能够看到一角天空和一处风景，能否通过分割的方法，实现居住视角的变化呢？

在迪拜这个技术革新和可持续发展实验"重地"，经常能发现一些非常有趣的事情，风能利用自然也不例外。在设计上，这个外表漂亮但又有些怪异的塔状建筑的楼层可自行随风改变形状，可谓是建筑家族中的"变形金刚"。在风的作用下，建筑内部视野始终处于旋转状态，从外部看，整座建筑的外表经常上演变形奇观。

图 34-4-7　迪拜可旋转风能摩天楼

④ 引进一个可动物体。通过将一个可动物体引入系统来增加系统的内部动态。

[例4]　带"鳞片"的太阳能豪华车（图34-4-8）。

汽车的外观设计是很多潮流人士热衷的，但是一般的车身外壳都是固定不变的，而这款宝马 Lovos（BMW Lovos）概念车同许多概念车一样外形怪异，但是有一点它明显区别于其他概念车：它带有鳞片。事实上，这是太阳能鳞片。太阳能鳞片一方面可以获得能量，另一方面可以增大空气阻力，是一种空气刹车装置。这一概念车是由德国普福茨海姆大学毕业生安·伏施纳设计的。或许这一概念车并不是最实用或者说最现实的概念车，但无疑它有着非常独特的外观。

图 34-4-8　带"鳞片"的太阳能豪华车

⑤ 应用物理效应。系统的内部动力可以通过物理效应得到提高。比如：通过物体状态的改变。当然，这种物体应该能在一个很大的范围内可以很容易地改变本身的特性。

[例 5]　可飞行的风能发电机（图 34-4-9）。

地球上空急流风的百分之一便可为整个星球供电，但问题是如何"收割"这个巨大的未被利用的自然资源。目前已有几种解决之道浮出水面，但关键是哪一种设计能够容易而安全地飘浮在空中并实现效率最大化。利用风力使风能发电机御风飞行，减少了能量流失，增加了资源利用的灵活性。

图 34-4-9　可飞行的风能发电机

2）增加系统的可控性　以下介绍的方法可以帮助人们更有效地增加系统的可控性（图 34-4-10）。

① 引入控制场。

应用一个控制场（力、效应或动作）可以更有效地控制一个系统或过程。例如，如果 S2 控制 S1，如果在中间加一个控制场会有效地增强 S2 对 S1 的控制。

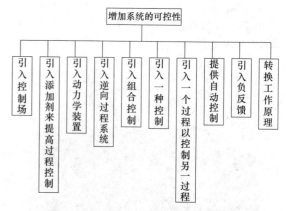

图 34-4-10　增加系统可控性的 10 种途径

[例 6]　新发明有望让盲人用舌头看世界（图 34-4-11）。

据英国媒体报道，美国科学家研制出一种突破性电子装置将可以让盲人用舌头"看世界"。这种电子装置名为"BrainPort"。其外形像一副太阳镜，经由细细的电线同一个"棒棒糖"式的塑料装置连接，通过微型摄像机拍摄图像，然后将图像信息转换为舌头可感觉到的电脉冲。实验表明，电脉冲信号不断刺激舌头表面的神经，并将这种刺激传输到大脑。大脑接下来再将这些刺痛感转化为图像。据使用过这套装置的人介绍，经过不到 20h 的培训，他们可以辨别装置发过来的图像信息，甚至能解读电脉冲信号。科学家还做了一个形象的比喻，说学用舌头感觉图像信息就如学骑自行车。视力保健和研究公司"灯塔国际"（Lighthouse International）一直在测试 BrainPort。据该公司研发主任威廉姆·赛普尔（William Seiple）介绍，人们能在使用 15min 后开始通过 BrainPort 解读脉冲信息。赛普尔博士正每周一次训练四名患者掌握 BrainPort 的使用方法。他说，这些患者已学会如何快速掌握使用诀窍，阅读文字和数字。他们还可以在不必胡乱摸索的情况下，找到杯叉在餐桌上的位置。赛普尔博士："刚一开始，这套装置的功能就令我倍感惊讶。一名盲人患者在有生以来第一次'看'到字母时，情不自禁地抽泣起来。"不过，使用者必须学会上下左右活动头部，以感觉图像、物体和周围环境——就像正常人活动眼睛一样。通过这种方法，阿诺德森已让 20 位盲人实验参与者不同程度地掌握了 BrainPort 使用方法。

图 34-4-11　新发明让盲人用舌头看世界

② 加入添加剂来提高过程控制。加入某些附加成分或物质可以更有效地控制系统或过程：被增加的成分或物质与已存在的场（力、效应或动作）相对应；被增加的成分或物质自身产生附加的控制场。

[例 7]　锂电池工作原理（图 34-4-12）。

锂电池电解液，是锂离子电池中是作为带动锂离子流动的载体，对锂电池的运行和安全性具有举足轻重的作用。锂离子电池的工作原理，也就是其充放电的过程，就是锂离子在正负极之间的穿梭，而电解液正是锂离子流动的介质。锂电池具有能量密度高、循环寿命长、自放电率小、无记忆效应和绿色环保等突出优势。随着技术的不断进步，锂电池已经在消费电子产品中得到广泛的应用，未来将在新能源交通工具及储能等领域大显身手。

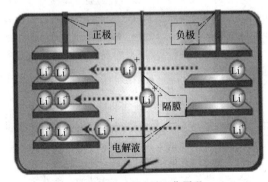

图 34-4-12　锂电池工作原理

③ 引入动力学装置。可以通过引入有动态特性的装置来更有效地控制系统。

[例 8]　喜欢被折腾的灯（图 34-4-13）。

和往常安安静静的灯具相比，这是一款不安分的壁灯。不管是捶、搓、扯、掐，越是用力折腾它的表面，它就越亮。要想它灭，那你就"安抚安抚"它。或许是一个拿来发泄情绪的好方法。由韩国设计师 Ji Young Shon 设计。

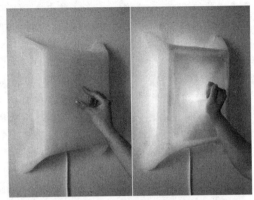

图 34-4-13　喜欢被折腾的灯

④ 引入逆向过程系统。可以使用一个控制良好的逆向过程来控制整个工作过程。

[例 9]　最一目了然的时钟：QlockTwo（图 34-4-14）。

有时候大脑短路，看着表盘的指针还真一下子读不出时间来。现在有一款用文字来表达的时钟 QlockTwo，可以用德语，西班牙语，意大利语，荷兰语和法语来阐述当前的时间。它会告诉你"这是九点钟"或是"现在是五点过两分"，是不是一目了然呢？文字每五分钟更新，而之中的四分钟则由时钟四个角落的小白点来表示。目前还没有中文的版本。

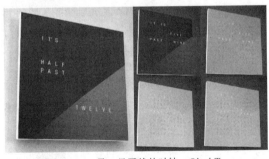

图 34-4-14　最一目了然的时钟：QlockTwo

⑤ 引入组合控制。通过一种或几种材料/元件，或一种/几种场（力、效应或动作）来引入组合控制。

[例 10]　用人脑意念操纵机器人（图 34-4-15）。

日本本田汽车公司日前开发出一种新技术，可以将大脑思维与机器人相连接，也许将来有一天，像打开汽车行李箱，或控制室内空调这样的举动，都可以由机器人来替我们完成。本田公司开发出一种在一个人想象四个简单动作时（如移动右手、移动左手、跑步和吃饭），可阅读头皮上电流模式以及

第 34 篇

大脑血流变化的技术。本田成功分析了此类思维模式，然后通过无线方式把信息传输给人形机器人阿西莫（Asimo）。在本田公司东京总部播放的一段录像中，测试者头戴头盔，静静地坐在椅子上，脑海中想象着移动右手——安装在头盔上的电极会接收到这一想法。几秒钟后，阿西莫对大脑信号作出回应，真的举起了右臂。本田公司表示，他们并不准备在公众面前现场演示，因为测试者的思想可能会因受外部影响而分心。另一个问题是，每个人大脑构造不同，所以，科研人员需要在实验前两到三个小时研究测试者的大脑构造，才能让这项技术发挥作用。本田公司在机器人技术领域在全球都处于领先地位。该公司承认，这项技术尚处于基础研究阶段，目前不能进行实际应用。本田研发部门——日本本田汽车研究中心负责人新井康久（Yasuhisa Arai）表示："今天我只是向大家谈一谈这项技术的前景。要将其变成实际应用，还有很长的路要走。"日本拥有世界上领先的机器人技术，政府也在大力倡导发展机器人技术，作为推动国家经济增长的长久之路。世界各地的科研人员都在进行针对大脑的研究，不过本田表示，该公司的研究是在不伤及使用者的情况下，找到阅读大脑模式方法的最先进研究之一，比如将传感器嵌入皮肤。本田已将机器人技术看作是提升公司形象的重要产品，经常让阿西莫在各种活动上亮相，在公众面前表演走路，在电视广告上与机器人聊天。据本田介绍，大脑阅读技术面临的挑战之一是，如何使阅读仪器更小，以便随身携带。至于轿车将来有一天是否不用方向盘而靠人的思维自动驾驶，新井康久并没有排除这种可能性。他说："我们的产品就是让人去使用的。深入了解人的行为对我们至关重要。我们认为，让机器自动操作是我们研究的终极目标。"

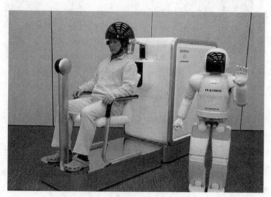

图 34-4-15 用人脑意念操纵机器人

⑥ 引入一种控制。考虑用一些组件或部件来替代可控性差的系统，最终会有一个部件或组件得到很好的控制。

［例11］ 英国研制出世界首款手指可独立运动的仿生手（图 34-4-16）。

在德国举行的医疗用品博览会上，专注于仿生产品研究的英国触摸仿生公司推出世界首款手指可独立运动的仿生手。这款名为"ProDigits"的新产品能够让失去部分或整只手掌的病人拥有像正常人一样灵活抓握的双手。"ProDigits"通过识别分析使用者手掌剩余部分的肌肉群信号来工作，每根手指都有和人类手指一样的关节，能够作为一个独立的功能单元灵活运动。另外，触摸仿生公司还研制出了仿真度非常高的硅胶仿生皮肤。该公司因其科研创新方面的突出贡献被授予英国"企业女王奖"。

图 34-4-16 世界首款手指可独立运动的仿生手

⑦ 改变一个主要过程以控制另一个过程。有可能通过改变主要系统或过程使它能控制另一个系统或过程。

［例12］ 放大无线电信号。

最初的无线电接收装置采用电磁信号能量，以产生耳机里的声音。因此，最强的传导物也只能在很短的距离内接收到信号。

现在的无线电设备可以实现远距离接收信号。放大电路可以从传导物里仅吸收少量的能量来控制无线电接收装置本身的能源供给。

⑧ 提供自控制。调整系统或过程以适应变化的操作环境。

［例13］ 用气体来增加浇铸压力。

浇铸过程中，需要比较高的浇铸压力，这样才能有效消除铸成件多孔，疏松等缺陷。那么怎样才能通过经济的方法来提供必要的压力？

模型里可以充满一种特殊的材料，这种材料接触到熔融金属就会蒸发。以这种方式产生的气体可以在模型里产生很高的压力。

⑨ 引入负反馈。通过反馈可能获得自控制。

［例14］ 更好的静脉导管（图 34-4-17）。

过去30年来，用于把药物和液体滴入病人身体的静脉导管设计一直没有多大变化。拜尔森发现，

40％的医务人员第一次进行静脉注射时都会遭遇失败。将针刺入皮肤，盲目地向前推进，常会令静脉阻塞，影响长达数周。病人淤伤，医生精疲力竭，医院每周还得耗费数千美元支付多余的针头和劳动。人们曾试图将超声或红外线技术应用于静脉导管，但两者都十分昂贵，需要专门培训。相比之下，拜尔森发明的 VascularPathways 十分实用。不管采用什么针头，使用 VascularPathways 的医务人员只要一看到有血通过针管回流，就知道已经找到静脉，然后就可以推动一个滑杆，将一条导引线从针内安全推出。在导管顺着导引线接进来之前，导引线卷成一个圆圆的花形，以防导管尖端伤到静脉壁。最后，针和导引线抽走，留下导管就位。

图 34-4-17　更好的静脉导管

⑩ 转换工作原理。通过转换工作原理，引入另一种自动控制元件。

[例 15] 科学家成功遥控昆虫飞行（图 34-4-18）。

美国加州大学伯克利分校的开发人员对"机械甲虫"的测试取得了成功。科学家通过笔记本电脑，遥控甲虫在房间到处"飞行"。它一度被拴在透明塑料板上，微小的肢体随操作人员的操纵杆不断颤动。开发人员迈克尔·马哈尔比兹（Michel Maharbiz）和佐藤隆（Hirotaka Sato）在接受《神经科学前沿》杂志采访时说："我们通过一个安装有无线电的可植入微型神经刺激系统，演示了对昆虫自由飞行的遥控。"据英国谢菲尔德大学机器人技术和人工智能学教授诺埃尔·萨基（Noel Sharkey）介绍，尽管控制诸如蟑螂等昆虫的尝试并不是什么新鲜事，但这却是研究人员首次成功遥控飞行昆虫。据悉，开发人员在甲虫处于蛹期生长阶段时向其植入了电极。

图 34-4-18　科学家成功遥控昆虫飞行

（5）进化模式 5：通过集成以增加系统的功能，然后再逐渐简化系统

技术系统总是首先趋向于结构复杂化（增加系统元件的数量，提高系统功能），然后逐渐精简（可以用一个结构稍微简单的系统实现同样的功能或者实现更好的功能）。把一个系统转换为双系统或多系统就可以实现这些。

比如，双体船；组合音响将 AM/FM 收音机、磁带机、VCD 机和喇叭集成为一个多系统，用户可以根据需要来选择需要的功能。

如果设计人员能熟练掌握如何建立双系统、多系统，则将会实现很多创新性的设计。

1）建立一个双系统　快速建立一个双系统，建议有以下几种方法（图 34-4-19）。

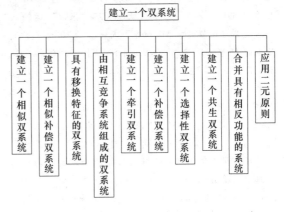

图 34-4-19　建立一个双系统

① 建立一个相似双系统。将两个相似的系统（或两个物体，两种过程）组合成一种新的系统。组合成的新系统能实现一种新的功能。

[例 16] 让厨房之旅事半功倍的切菜神器（图 34-4-20）。

Zon 其实就个刀具套装，它包括一个刀鞘和四把刀子。烹饪时，你可以随意抽出一把刀来慢工出细活，也可以把四把刀组合固定后组团切，瞬间手起刀落，切菜的速度提升了四倍。

图 34-4-20　让厨房之旅事半功倍的切菜神器

[例 17]　双体船（图 34-4-21）。

人们一般把由两个单船体横向固联在一起而构成的船称为双体船。双体船结构方面具有以下特点：一是具有两个相互平行的船体，其上部用强力构架联成一个整体；二是两片体各设有主机和推进器，航行时同时运转。高速双体船之所以受到美军青睐，在于其拥有四大超级性能。一是速度快。该双体船依据流体动力学原理设计，最大特点是有超常的高速度，最高航速约 50 节，能以现有后勤支援舰 4 倍的速度将部队送进战区。二是多功能。高速双体船是现代海军武器史上用途最多的船只，可作为特种部队的海上基地和运输工具、水雷战舰、水下扫雷艇的母船、反潜战舰、将伤员运往医疗船的急救转运站，还可用于海上缉毒、打击海盗、搜寻回收阶段落水的航天吊舱等各种使命。三是超大的运输能力。高速双体船载重量达到 700t，几乎相当于自身重量，美最大的 C-5 "银河" 运输机一次也不过运载两辆 M1 坦克，而一艘约 100m 长的高速双体船却可运输 10 余辆。HSV-X1 一次能够运送 360 名官兵和重达 800t 的各种车辆和装备，此外还能搭载 1 架直升机。HSV-X2 最引人瞩目之处就是其能搭载 2 架直升机的飞行甲板，可停 MH-60S、CH-46 "海王"、UH-1 和 AH-1 "眼镜蛇" 等各种武装直升机，因此被很多军事专家称作 "迷你航母"。四是吃水浅。目前用于货物运输的滚装船或两栖运输舰的吃水深度至少要 6m，而这种高速双体船的吃水深度只有 3m 多，这使其对港口规模的要求显著降低，从而使美军在全世界能利用的港口数量增加 5 倍。

图 34-4-21　美国双体船概念设计

② 建立一个相似 "补偿" 双系统。将两个相似的系统、物体、过程组合成一个新的系统。这样就可能消除原始单一系统所固有的不足之处。

[例 18]　中国除雾无人机测试成功，可有效消除雾霾（图 34-4-22）。

在对抗长期逗留不去的雾霾的激战中，中国又有了一个新办法——一种新型无人机从城市上空喷洒用于除雾的化学物质。中国政府在中国航空工业集团公司（AVIC）的协助下，最近在中国湖北省的一个机场成功测试了这种无人机。这种名叫 Parafoil 的飞机被安装在一个滑翔伞上，它能携带 700kg 用来清除雾霾的化学物质，其载重量是普通飞机的 3 倍，这些化合物可以喷洒在方圆 5km 范围内。据说这种柔翼无人机（UAV）的成本比目前用来清除雾霾的固定翼无人机少 90%。它的工作原理是向空中喷洒化学催化剂，与雾霾里的粒子发生反应，凝结污染物，并令其降落在地面上。北京的雾霾天气被科学家比喻成是 "核冬天的影响"，这种无人机的设计目的正是用来解决中国首都目前面临的污染问题。

图 34-4-22　除雾霾无人机测试成功

③ 一个具有移换特征的双系统。如果两个系统分别具有不同（包括相反）的渴望功能，那么两者的组合就可以成为一种新的系统。当渴望功能以这种方式组合时，一种具有新功能的系统就会产生。

[例 19]　为插座增加 USB 输出的扩展外壳（图 34-4-23）。

这款外壳可以用来替换墙上那些预埋好的插座的外壳，然后为其增加一个 USB 输出口。不占空间，其走线也都位于插座内部，不会使地板上出现多余的电线。

图 34-4-23　为插座增加 USB 输出的扩展外壳

④ 相互竞争系统组成的双系统。将面向同一设计目的、应用不同操作原理的两个系统组合成一个系统，这样就可以得到两个系统共同的渴望功能或消除它们各自的不足之处。

[例 20]　把画笔藏起来的儿童凳（图 34-4-24）。

有哪个孩子不爱画画呢？Martin Jakobsen 推出的名为 Phant 的凳子，就是专门为爱画画的孩子设计的。这款椴木的凳子，表面有很多细长的凹槽，孩子们画画用的画笔可以完全藏身于凳面之中。设计师称，虽然这是个外形很简单的凳子，但它却可以有很多故事。凹槽象征着铭刻在心中的童年岁月，带给孩子回忆的乐趣。凳面凹槽并非规矩排列，也有助于孩子天性的发挥。

图 34-4-24　把画笔藏起来的儿童凳

⑤ 建立一个"牵引"双系统。如果有一个很陈旧的系统，已经没有用却仍然还存在。同时还有一个很有前途的新型系统，但是它的特性仍然没有超过旧系统。则可以将这两种系统组合成一种新系统。这个新系统可以延迟旧系统的生命。而且，新系统从最开始就不断完善旧系统，这样就使得新系统经历进化、修改、调整等。这样可以有效节省时间、能源等。

[例 21]　自带读卡器的 USB 连接线（图 34-4-25）。

Brando 推出了一款自带多种存储卡（包括 SD 卡、MMC 卡和记忆棒等）读卡器的 USB 连接线：一头是标准 USB 口，另一头是 mini-USB 口，中间连着一个读卡器。在没有插入存储卡的时候，这根 USB 连接线可以帮助你连接 PC 和 mini-USB 设备，比如手机等，既可以用作传输通道，同时也可以帮手机充电；而一旦插入了存储卡，PC 和手机的数据传输会自动中断，改为浏览和传输存储卡中的数据。

图 34-4-25　自带读卡器的 USB 连接线

⑥ 建立一个"补偿"双系统。如果目前的系统在实现渴望功能的同时还有很严重的缺陷，那么找到一个具有相反缺陷的竞争系统，将这两个系统组合成一个新系统。这样两个原始系统的缺陷就会相互抵消，同时合并共同的渴望功能。

[例 22]　自储能的水龙头（图 34-4-26）。

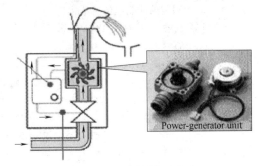

Power-generator unit

图 34-4-26　自储能的水龙头

在这个设计中，将传统耗电供电系统更换成可充电系统。设计一具微型水力发电机，当水龙头给水时，水流会通过发电机叶使其发电并回充到储电装置，这样，可使感应与给水所需的电能连续，使组成物体的不同部分完成不同的功能。

⑦ 建立一个选择性双系统。如果两个系统都是为实现同一个功能而设计的，其中一个很昂贵（或结构很复杂），但实现的功能很好，另一个很便宜（制造和操作都很简单），但是实现的功能不太理想，在这种情况下，可以把这两个系统组合起来。这样所得的系统就会继承原来两个系统的各自优点：结构简单，性能好。

[例23]　延时神器（图34-4-27）。

通常情况下，碱性电池不耐用，用一段时间电压就会下降，而据说大多数需要电池的设备，其实在电池的电压降低到 1.3V 以下之后，就默认为这电池已经没电。电气工程博士 Bob Roohparvar，带来能让碱性电池延长寿命 8 倍的 Batteriser 延时电池盖，其内置微电路，于是，当将这个像铁皮一样的家伙套在 5 号碱性电池外时，它就可以将电池的电压提升并稳定在 1.5V，从而完全利用电池的能量。

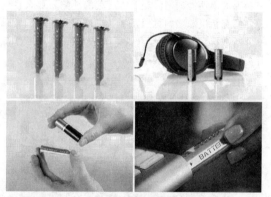

图 34-4-27　延时神器

⑧ 建立一个"共生"双系统。找一个能为目前系统提供资源（比如信息、能量、物质、空间）的第二个系统，将两个系统组合成一个新系统，这样会使系统的主要功能和辅助功能操作简单化。

[例24]　小空间大方便的现代化办公桌椅：SixE（图34-4-28）。

这张由 pearsonlloyd 设计的现代化办公桌椅 SixE，也就是一把凳子的大小，却能提供出几乎完美的办公环境，不管是手机、平板还是笔记本电脑，都能找到自己的位置，即使没有通常的办公桌，也能舒服地办公。SixE 的设计结合了时下办公用具的更新，考虑周到：台面配有文件、笔记本电脑和其他电子设备的储物间，而桌面上的缝，可以让平板和手机随心插，横竖都行；桌下那个可以旋转的圆环可以放水杯；椅背处设有挂钩，用来挂包。当不想看到恼人的工作的时候，那么便可将桌子旋转到椅背后面。

图 34-4-28　现代化办公桌椅：SixE

[例25]　Tipi 模块化收纳系统（图32-4-29）。

从印第安人易于携带的圆锥帐篷 Tipi 中获得灵感，设计团队 JOYNOUT 创建了同名的 Tipi 模块化收纳系统。锥形结构允许收纳架可以简单地组合，这一设计充分吸收了游牧人帐篷的要素"易用性"，让使用者可以轻松地将其转移、变化、拆卸和重组。而根据个人所需，它同时拥有开放式衣柜、书柜、杂物架、花盆架、甚至是写字台的功能。

图 34-4-29　Tipi 模块化收纳系统

⑨ 合并具有相反功能的系统。把两个具有相反功能的系统组合起来，这样新系统实现的功能就能得到更准确的控制。

[例26]　反重力跑步机（图34-4-30）。

据国外媒体报道，在马戏团和太空探索计划采用的一些技术的帮助下，越来越多的健身爱好者开始体验所谓的反重力健身，让这种健身方式成为一种新时尚。反重力健身能够减少过度使用的关节承受的重量，允许肥胖人群在无需面临较高受伤风险的情况下进行健身，燃烧身体的脂肪。美国全国连锁健身俱乐部 Equinox 曼哈顿分店经理史蒂芬-科索拉克为健身迷准备了一种名为"Alter-G"的反重力跑步机。目前，包括马拉松运动员和病态肥胖在内的很多客人都曾体验这种另类跑步机。科索拉克表示 Alter-G 采用了美国宇航局研发的技术，利用气压平缓地举起使用者。他说："如果能够通过改变重力效应减轻人的体重，我们便可让大量不同人群受益。"借助于反重力跑步机，马拉松运动员可以训练速度和耐力，同时减少受伤风险；老年人可以在减轻关节承受压力的情况下进行健身；肥胖人群也可以更轻松地减轻体重。科索拉克说："在反重力跑步机上，肥胖客人可以体验到他们的目标体重，也就是让他们体验体重减少20lb、30lb 或者 40lb（约合 9kg、14kg 和 18kg）后的感觉。"实际上，瑜伽中也有反重力健身法，练习者使用吊床将身体悬挂起来，而后在瑜伽教练的指导下进行类似马戏团那样的练习。马修斯说："进行这种练习需要拥有足够的空间。集体练习时，会有 30 到40 个人头朝下悬在房间中，因此必须确保安全。"

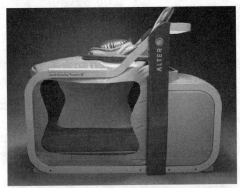

图 34-4-30　反重力跑步机

⑩ 应用"二元"原则。当一种材料即将失去它的有用性或要产生有害功能时，就可以将材料分成比较牢固或有害效应弱的元件，这些元件可以独立地储藏或运输，当需要的时候再重新组合。

[例 27]　水充电器（图 34-4-31）。

这是瑞典 myFC 公司发明的一种超级实用的新型充电器，可以为手机、相机等电子产品充电。而它所需仅仅是一勺子水，便可以产生维持 10h 手机使用电量。该产品可以和任何使用 USB 接口的设备兼容，并且对水要求很低，咸水、泥坑里的水均可。该产品基本上就是一个燃料电池，它工作的时候，首先得插入一块被称为燃料电池包（Fuel Pack）的东西，作为某种催化剂，然后加入水才能开始工作，并产生电力。

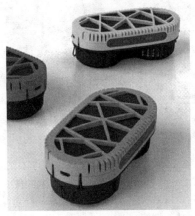

图 34-4-31　水充电器

2）建立一个多系统　建立一个多系统和建立双系统一样重要，而且，在很多情况下，建立一个多系统可以更好地实现系统的功能。作为一个设计人员，不仅要有效地建立一个双系统，更要掌握如何建立一个多系统，图 34-4-32 描述了建立一个多系统的方法。

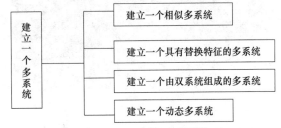

图 34-4-32　建立一个多系统

① 建立一个相似多系统。将几个（超过两个）相似物体或过程组合成一个新系统。这种新的多系统可能会使原始物体或过程所具有的功能更强，也可能产生一种新的功能（可能与原始功能相反）。

[例 28]　模块化多功能空间站帐篷：Pod Tents（图 34-4-33）。

就单个帐篷而言，其实和普通的帐篷没有太大的区别，除了一点，每个 Pod Tents 都带有 3 个"接口"，通过这些"接口"，帐篷与帐篷可以连接起来，变成一大片的星形结构帐篷区，而且帐篷与帐篷之间还有单独的、可以封闭的"连接走廊"，两个"接口"通过拉链连接在一起，就变成了"走廊"，而这"走廊"的两端，就是各自帐篷的拉链门，随时可以拉上，以获得相对的私密性。单个的 Pod Tents 有若干种大小，最大的可容纳8人，最小的可容纳4人，所以特别适合大队人马出动之用，将之连成片区之后，可以做到功能分区，一些帐篷用来住人，另外一些帐篷可以用来堆物，而且可以在帐篷内做到互通。

图 34-4-33　模块化多功能空间站帐篷：Pod Tents

② 建立一个具有替换特征的多系统。将几个（至少两个）具有相似特征的不同系统组合成一个系统。在这个多系统里，一个子系统总是补充或延伸另一个子系统的功能。

[例29]　为分享而生的耳机插头（图 34-4-34）。

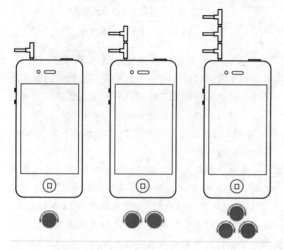

图 34-4-34　为分享而生的耳机插头

来自设计师 Daishao Yun 等人的创意，为分享而生的耳机插头（Easy Share），每一个插头，都自带一个耳机插孔，于是，如果所有的插头都是如此结构的话，那么，一个音源，比如说一个手机，其音乐将可以无限地分享下去。

③ 建立一个由双系统组成的多系统。将两个或多个双系统组合成一个多系统，其中每个双系统都是由两个相似系统（或具有不同特性的系统、相互竞争的系统、可选择的系统等）组成。

[例30]　制作一个微丝电容器。

在直径为 $50 \sim 100 \mu m$ 的电线上涂上一层玻璃后就得到了所谓的微丝。如果将成千上万的这种微丝段捆扎在一起，那么就可以形成一个具有高电压的电容器。问题是只有将细小的微丝头连接起来才能成为一个电容器。

为了实现这个目的，我们可以将很长的铜微丝和很长的镍微丝一起缠绕在短且粗的线轴上。将缠好的线切断，这样就露出了金属丝端部的切面。一端浸入一种可以溶解铜但不能溶解镍的反应物里，剩余的镍丝头焊接在一起形成了一个电容器。然后将另一端浸入一种可以溶解镍但不能溶解铜的反应物里，剩余的铜丝就会焊接起来，这样一个电容器就制成了。

④ 建立一个动态多系统。考虑如何建立一个动态多系统？也就是说这个系统是由相互独立的分散物体组成。

[例31]　世界上最轻的金属（图 34-4-35）。

该项技术是美国波音公司的一个新科技，世界上最轻的金属，把它放在手上，你吹口气就能让它飞起

图 34-4-35　世界上最轻的金属

来，但是如果用它包裹鸡蛋，却能让鸡蛋从 25 楼摔下而不破。当然，与其说它是最轻的金属，不如说它是最轻的金属结构。研究人员把这种金属结构称为微晶格金属，这是一种三维开放蜂窝聚合物结构，这个结构中 99.99％ 都是空气，就像骨头，表面是坚硬的结构，但如果你把骨头从中间切开，就会发现中间其实是空的，内部是一些蜂窝状的结构。波音的这个金属也是这样，只是尺寸要微小得多，每一根这样的骨头，其管状壁的厚度只有 100nm，只有人类头发的 1/1000。这样的结构带来两个好处，首先就是轻，从图 34-4-36 可以看到，它甚至能飘在蒲公英上面；其次就是可压缩性，该金属看上去就像一个弹簧床垫，可以压扁，然后一松手时又能恢复原状，所以用它来包裹鸡蛋，能让鸡蛋从 25 楼摔下而不破。

（6）进化模式 6：系统元件匹配和不匹配的交替出现

这种进化模式可以被称为行军冲突。通过应用时间分离原理就可以解决这种冲突。在行军过程中，一致和谐的步伐会产生强烈的振动效应。不幸的是，这种强烈的振动效应会毁坏一座桥。因此，当通过一座桥时，一般的做法是让每个人都以自己正常的脚步和速度前进，这样就可以避免产生共振。

有时候制造一个不对称的系统会提高系统的功能。

具有 6 个切削刃的切削工具，如果其切削刃角度并不是精确的 60°，比如分别是 60.5°、59°、61°、62°、58°、59.5°，则这样的一种切削工具将会更有效。因为这样就会产生 6 种不同的频率，避免加强振动。

在这种进化模式中，为了改善系统功能，消除系统负面效应，系统元件可以匹配，也可以不匹配。一个典型的进化序列（如表 34-4-2）可以用来阐明汽车悬架系统的发展。

表 34-4-2　　汽车悬架进化序列

进化序列	实　例
不匹配元件	拖拉机的车轮在前边，履带在后边
匹配元件	一辆车上安装四个相同的车轮
匹配不当元件	赛车前边的轮子小，后边的轮子大
动态的匹配和不匹配	豪华轿车的两个前轮可以灵活转动

［例 32］　早期的轿车采用板簧吸收振动，这种结构是从当时的马车上借用的。随着轿车的进化，板簧和轿车的其他部件已经不匹配，后来就研制出了轿车的专用减振器。

（7）进化模式 7：由宏观系统向微观系统进化

技术系统总是趋向于从宏观系统向微观系统进化。在这个演变过程中，不同类型的场可以用来获得更好的系统功能，实现更好的系统控制。从宏观系统向微观系统进化有图 34-4-36 所示的 7 阶段。

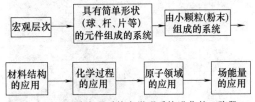

图 34-4-36　从宏观系统向微观系统进化的 7 阶段

烹饪用灶具的进化过程可以用表 34-4-3 所列 4 个阶段进行描述。

表 34-4-3　烹饪用灶具的进化过程

序号	进化过程
1	浇注而成的大铁炉子，以木材为燃料
2	较小的炉子和烤箱，以天然气为燃料
3	电热炉子和烤箱
4	微波炉

表 34-4-4 所列 7 个阶段可以阐明房屋建筑行业的演变过程。

表 34-4-4　房屋建筑行业的演变过程

序号	演变过程
1	宏观层次——许多原木
2	基本外形——许多木板
3	小的片状结构——片状薄木板
4	材料结构——木头屑
5	化学——回收利用塑料板和塑料件
6	原子——空气支持的圆顶屋
7	能量场——运用磁场排列铁粒子以形成墙

碳元素能够组成很多物质，包括钻石、巴克球、纳米管、碳纤维均已展示了碳作为"第六元素"的力量和荣耀。现在，石墨烯（Graphene）正在以另一种有用而独特的方式延续碳的神奇。石墨烯是由单层碳原子构成的二维晶体，也是目前世界上最薄的材料——几片放在一起的直径只有一个原子大，令其看上去是透明的。有一天，石墨烯可能会在大多数电脑应用中取代硅芯片和铜连接器（copper connector），但其真正的潜力在于基于量子的电子设备，这种设备将来会使我们的电脑看上去就像是原始的蒸汽动力工具（图 34-4-37）。

所谓的"巴基球"是由 60 到 100 个碳原子构成的球形笼状中空结构分子，其结构与网格球顶类似，硬度则超过钻石。之所以被称为"巴基球"是为了纪念已故建筑界幻想家巴克明斯特·富勒

第
34
篇

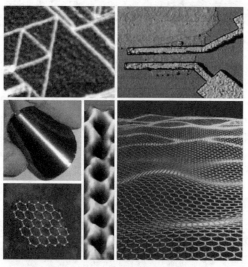

图 34-4-37　石墨烯

（Buckminster Fuller）。现在，科学家已能够将其他原子嵌入巴基球，使其成为更为强大的"载运者"。随着研究的进一步深入，直接将纳米强效药送入体内肿瘤将成为一种可能（图 34-4-38）。

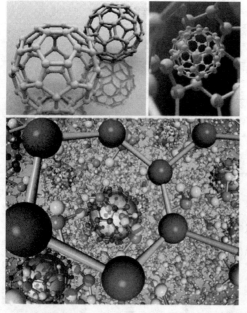

图 34-4-38　巴基球

当功能设计从宏观层次向微观层次演化时，系统体积的大小没有必要减小。随着实现功能的每个子系统变小，更多的功能被集成起来。能实现更多功能的新的系统可能会比任何一个子系统都要大。比如，比起原始的点阵打印机，激光打印机就有更多的点距，这是因为后者合并了一些附加功能。

（8）进化模式 8：提高系统的自动化程度，减少人的介入

不断的改进系统，目的是希望系统能代替人类完成那些单调乏味的工作，而人类去完成更多的脑力工作。

［例 33］　一百年以前，洗衣服就是一件纯粹的体力活，同时还要用到洗衣盆和搓衣板。最初的洗衣机可以减少所需的体力，但是，操作需要很长的时间。全自动洗衣机不仅减少了操作所需的时间还减少了操作所需的体力。

（9）进化模式 9：系统的分割

八种进化模式导致产品不同的进化路线。通常，一个系统从其原始状态开始沿着模式 1 和模式 2 进化，当达到一定水平后将会沿着其余六种模式进化。每种模式都存在多条进化路线，按 Zusman 的介绍，直接进化理论已经确定了 400 多条进化路线。每条进化路线都是从结构进化的特点描述产品核心技术所处的状态序列。

在进化过程中，技术系统总是通过各种形式的分割实现改进。一个已分割的系统会具有更高的可调性、灵活性、有效性。分割可以在元件之间建立新的相互关系，因此，新的系统资源可以得到改进。

以下几种建议可以帮助人们快速实现更有效的系统分割（图 34-4-39）。

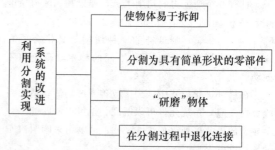

图 34-4-39　分割的几种方法

① 使物体易于拆卸。尽量使物体易于拆卸。如果可能的话，使用现存的标准件装配整个零部件。

［例 34］　模块化手机（图 34-4-40）。

对比起别的模块化手机，PuzzlePhone 的设计可行性非常高，就分为了三部分。Brain（大脑）：CPU，GPU，RAM，ROM 还有主摄像头都在这个模块上，用户可以根据自己的需要自由选择，更新换代会比较快；Spine（脊柱）：几乎就是整个手机的骨架，屏幕和一些耐用的元器件整合在该模块，更新频率较慢；Heart（心脏）：简单地说就是一大块电池加上部分电子元件，用户可随时更换；（算是一个可更换电池设计）。

图 34-4-40　模块化手机

② 分割为具有简单形状的零部件。考虑将物体分割为具有简单几何形状（比如板、线、球）的元件。

[例35]　逐层堆积而成的绕线组铁芯可以减少损失。

早期的发动机工作效率很低。发电机绕线组的实铁芯产生的涡电流使得铁芯发热，从而浪费了很多能量。

爱因斯坦建议的解决方法至今还在广泛应用中。发电机绕线组的铁芯是由层层钢板叠和起来的，每个钢板都涂上了绝缘漆以防止钢板之间涡电流的传递。

③ "研磨"物体。考虑将一个物体裂解（比如研磨、磨削）成具有高度分散性的元件，比如，粉末、浮质、乳化或悬浮物质。

[例36]　快速充电的量子电池（图 34-4-41）。

智能终端随着性能越来越强都面临着续航不足的严重问题。现有的锂电池技术恐怕已经很难有所突破，容量越来越大带来了体积增加同时安全系数降低，也不环保。最近研究人员开发了一种量子电池技

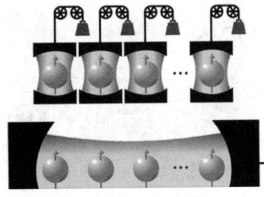

图 34-4-41　快速充电的量子电池

术，可以取代锂电池。多量子比特相互纠缠而产生的"量子加速"可以加速充电过程，用量子电池充电比传统电池更快。量子电池内的量子比特可以为离子、中性原子、光子等多种形态，充电表示将量子比特由

低能态变成高能态，而放电则相反。

④ 在分割的过程中退化连接。分割可以发生在表 34-4-5 所示发展进程中。

表 34-4-5　　　分割出现的情况

序号	分割出现的情况
1	建立内部的局部障碍物（比如隔离物、栅格、过滤器）
2	建立完全障碍物
3	局部分离已分割的物体零部件，保持相互之间的刚性或动态连接
4	将一个物体分割成两个相互独立的零部件，它们之间是刚性或动态的连接
5	将系统已分割元件之间的机械连接转换为一种场连接
6	调整物体或系统分割元件之间的相互关系，以与先前的方法和策略保持相一致
7	通过分割完成元件的分离（比如创建一个"零连接"系统）

[例37]　萌萌的插线板（图 34-4-42）。

随着《变形金刚》的风靡全球，各种电子设备似乎也感受到了火种源的强大能量，变得不安分了起来。就如 Movable Power，明明就只是个插线板，但是突然也能变形了。Movable Power 的结构其实非常简单，就是将若干个单头插座通过一个可活动的"8"字形连接板连接在一起，现在，它们可以任意扭动弯曲，既能收拢在一起，也能顺着墙角或者家具蜿蜒，最大限度地利用空间。而且，虽然图中所示是 6 个单头插座的组合，但是结构决定了它理论上是能够无限增加个数的，这无疑大大地扩展了 Movable Power 可能的使用范围，比如说，可以用它环绕电脑机箱一圈，以应付越来越多的外设。

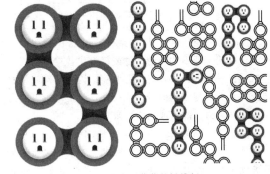

图 34-4-42　萌萌的插线板

[例38]　带 USB 充电口的全能电源转接头（图 34-4-43）

每次踏出国门前，除了查找攻略置换钱币与前往国提前接轨外，准备适应该国的电源转换头也是

非常重要的一步。现在数码设备很多，为了避免出门忘带电源转换头，人们十分需要一个万能电源插头。如果一个电源转换头，还能自带几个 USB 接口就更方便了。

图 34-4-43　带 USB 充电口的全能电源转接头

（10）进化模式 10：系统进化从改善物质的结构入手

在进化过程中，技术系统总是通过材料（物质）结构的发展来改进系统。结果，结构就会变得更加一致。

以下几种建议可以帮助人们更有效地改进物体结构，如图 34-4-44 所示。

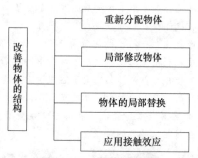

图 34-4-44　改善物体结构

① 重新分配物体。增加系统或过程有效性的一种方法是用一种不均匀的元件或材料代替均匀的元件或材料。另一种方法是将具有混乱结构的元件或材料转变为具有清楚结构的元件或材料。清楚结构可以通过应用场（力、效应或动作）来获得。

［例 39］　可以分解的汽车（图 34-4-45）。

这款车给人的第一感觉是科幻、未来。它的最大的特点是，后面的两个轮子可以变成两台独立的摩托车。

② 局部修改物体。通过局部修改，可以使一种材料或部件变得更加不均匀。

［例 40］　金属卷轴的离心浇铸法。

在金属卷轴的制造过程中，有必要使金属卷轴的

图 34-4-45　可以分解的汽车

表面尽可能坚硬，而轴芯部分必须保持一定的韧性。

为了满足这种要求，卷轴可以应用离心浇铸法来加工：在旋转的铸型里注入含有高浓度铬的熔钢，这样就能生成卷轴高强度的表层。当卷轴的表面变硬后，在铸型里注入一种韧性金属，形成卷轴的轴芯。

③ 物体的局部替换。通过以下方法可以使材料更加不均匀：用一种"虚空"代替材料的一部分；或者引入附加材料层。

［例 41］　双头图钉（图 34-4-46）。

图 34-4-46　双头图钉

原来的图钉揉碎了重塑，平面拉出一点便于捏握，钉子增加一枚便于摁压，同时将钉子材质改为硬质弹簧钢，硬度提升了 42%……无论钉贴什么内容，只需捏住图钉单手摁下，双钉均分手指力量更易插

入，而且只需一枚图钉，任意角度张贴内容。

④ 应用接触效应。为了增强含有不均匀物体的系统或过程的操作效率，可以通过在不同范围内产生效应的接触获得。

[例42]　U 形的输液袋。

U 形输液袋（Nu-Drip）：将输液袋更改成了颈枕一般的 U 字型造型，好处在于，仍然可以像通常的输液袋一样挂在杆子上，但在需要移动的时候，把它直接往脖子上一套就能出发，再不需要像以前一样必须要拉根担架才行。

（11）进化模式11：系统元件的一般化处理

在进化过程中，技术系统总是趋向于具备更强的通用性和多功能性，这样就能提供便利和满足多种需求。这条进化模式已经被"增加系统动态性"所完善，因为更强的普遍性需要更强的灵活性和"可调整性"。

以下几种建议可以帮助人们以更有效的方法去增加元件的通用性（图 34-4-47）。

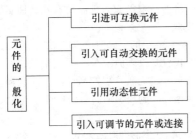

图 34-4-47　增加元件通用性的方法

① 引进可互换元件。通过使用可相互调整的元件使系统具备更强的通用性。

[例43]　一款可伸缩茶几：Sinan Table（图 34-4-48）

来自纽约设计师 Ian Stell 的创意，Sinan Table 是一款可伸缩茶几——必须指出，这不是一款简洁的作品，但却因为这种复杂，带来了一种让人着迷的力量：茶几采用了某种复杂的铰链结构，让它就像是某种可伸缩的自动门一样，却又更加安静和顺滑……

图 34-4-48　一款可伸缩茶几：Sinan Table

② 引入可自动交换元件。装配系统或过程需要的元件，然后，规划元件工作的先后顺序。

[例44]　程序化元件。

在人工操作六角车床上，每个转头都包括一种不同的工具，操作者旋转转头以使用第一个工具，然后是另一个。

在一个自动化机械车间，工具的交替使用已经程序化，这个程序是控制整个车间操作的主要组成部分。

③ 引用动态性元件。使系统或过程具有使自身元件在形状/特性方面程序性改变的能力。

[例45]　钢筋水泥中的天空之城（图 34-4-49）。

阿根廷女设计师 Aldana Ferrer Garcia 将居室的窗户进行改造推出的 More Sky 计划，相比现有推拉窗，可推拉放大出一大块延展空间。当你躺在这样的空间里观景，徒增了一种私密感和与自然拥抱的力量。设计方案提供了三种延展方式：上推、下推与平转。

图 34-4-49　钢筋水泥中的天空之城

④ 引入可调节的元件或连接。考虑一下引入可调整元件或连接可能性的大小。

[例46]　用滑动轴承连接的双体船。

所谓的双体船就是有两个船体（一个相似双系统），稳定性很高。把两个船体紧紧地绑在一起，就会限制双体船的操作灵活性。事实上，我们可以用滑动联轴器连接这两个船体，当需要增加可操作性时，滑动联轴器就可以适当地调整两船体之间的距离以增加可操作性。

进化路线指出了产品结构进化的状态序列，其实质是产品如何从一种核心技术移动到另一种核心技术，新旧核心技术所完成的基本功能相同，但是新技术的性能极限提高，或成本降低。即产品沿进化路线进化的过程是新旧核心技术更替的过程。基于当前产品核心技术所处的状态，按照进化路线，通过设计，可使其移动到新的状态。核心技术通过产品的特定结构实现，产品进化过程实质上就是产品结构的进化过程。因此，TRIZ 中的进化理论是预测产品结构进化的理论。

第34篇

应用进化模式与进化路线的过程为：根据已有产品的结构特点选择一种或几种进化模式，然后从每种模式中选择一种或几种进化路线，从进化路线中确定新的核心技术可能的结构状态。

4.3　技术成熟度预测方法

知道自己产品技术成熟度是一个企业制定正确决策的关键。但事实上，很多企业的决策并不科学。Ellen Domb 认为："人们往往基于他们的情绪与状态来对其产品技术成熟度作出预测，假如人们处于兴奋状态，则常把他们的产品技术置于'成长期'，如果他们受到了挫折，则可能认为其产品技术处于退出期"。因此，需要一种系统化的技术成熟度预测方法。

Altshulletr 通过研究发现：任何系统或产品都按生物进化的模式进化，同一代产品进化分为婴儿期、成长期、成熟期、退出期四个阶段，这四个阶段可用简化后的分段性 S 曲线表示。其优越性就是曲线中的拐点，容易确定［图 34-4-1（b）］。

确定产品在 S 曲线上的位置是 TRIZ 技术进化理论研究的重要内容，称为产品技术成熟度预测。预测结果可为企业 R&D 决策指明方向：处于婴儿期及成长期的产品应对其结构、参数等进行优化，使其尽快成熟，为企业带来利润；处于成熟期与退出期的产品，企业在赚取利润的同时，应开发新的核心技术并替代已有的技术，以便推出新一代的产品，使企业在未来的市场竞争中取胜。

TRIZ 技术进化理论采用时间与产品性能、时间与产品利润、时间与产品专利数、时间与专利级别四组曲线综合评价产品在图 34-4-51 中所处的位置，从而为产品的 R&D 决策提供依据。各曲线的形状如图

34-4-51 所示。收集当前产品的相关数据建立这四种曲线，所建立曲线形状与这四种曲线的形状比较，就可以确定产品的技术成熟度。

当一条新的自然规律被科学家揭示后，设计人员依据该规律提出产品实现的工作原理，并使之实现。这种实现是一种级别较高的发明，该发明所依据的工作原理是这一代产品的核心技术。一代产品可由多种系列产品构成，虽然产品还要不断完善，不断推陈出新，但作为同一代产品的核心技术是不变的。

一代产品的第一个专利是一高级别的专利，如图 34-4-50 中的"时间-专利级别曲线"所示。后续的专利级别逐渐降低。但当产品由婴儿期向成长期过渡时，有一些高级别的专利出现，正是这些专利的出现，推动产品从婴儿期过渡到成长期。

图 34-4-50 中的"时间-专利数"曲线表示专利数随时间的变化，开始时，专利数较少，在性能曲线的第三个拐点处出现最大值。在此之前，很多企业都为此产品的不断改进而投入，但此时产品已经到了退出期，企业进一步增加投入已经没有什么回报。因此，专利数降低。

图 34-4-50 中的"时间-利润"曲线表示：开始阶段，企业仅仅是投入而没有赢利。到成长期，产品虽然还有待进一步完善，但产品已经出现利润，然后，利润逐年增加，到成熟期的某一时间达到最大后开始逐渐降低。

图 34-4-50 中的"时间-性能"曲线表明，随时间的延续，产品性能不断增加，但到了退出期后，其性能很难再有所增加。

如果能收集到产品的有关数据，绘出上述四条曲线，通过曲线的形状，可以判断出产品在分段 S 曲线上所处的位置。从而，对其技术成熟度进行预测。

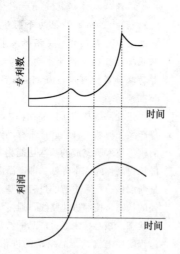
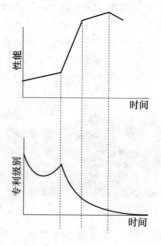

图 34-4-50　技术成熟度预测曲线

4.4 工程实例分析

4.4.1 系统技术成熟度实例分析

（1）工程实例 1：滚筒型纺纱机械技术成熟度预测分析

纺织机械是一种典型的机械系统。企业的 R&D 部门需要制订长期的新产品开发策略。纺织机械很复杂，在其能被销售之前，需要很长的开发时间，因此，需要确定预算及开发方向。错误的方向不仅导致短期效益的损失，更重要的是与竞争者的技术产生巨大的差距，这对任何企业的发展都是致命的。下面简单分析滚筒型纺纱机的技术成熟度。

首先，从专利库中查出与该机器相关的 238 件专利，对每件专利进行详细的分析并确定其发明的级别。专利按 10 年分为一组，其性能确定为转子的速度，该速度相对于纤维长度与滚筒直径之比有一理论极限：效益不易获得，但可用所售出的全部设备台数近似估计。

图 34-4-51 是时间与专利数的关系曲线。时间从 1940 年开始。图 34-4-52 是时间与专利级别关系曲线。图 34-4-53 是时间与性能关系曲线。图 34-4-54 是时间与机器在世界市场上售出的台数关系曲线。图 34-4-55 是各种曲线的汇总。由汇总图可以看出：到 1996 年，产品的技术已经处于成熟期。

图 34-4-55 的预测结果表明，被预测的产品技术已经处于成熟期，企业虽然可以继续生产该产品并获得利润，但必须进行产品创新，寻找新的核心技术替代已经采用的技术，以使企业在未来的竞争中取胜。为了寻找新的核心技术，可按 11 种进化模式去探索，现以其中的一种模式来说明。

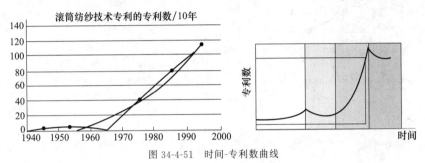

图 34-4-51　时间-专利数曲线

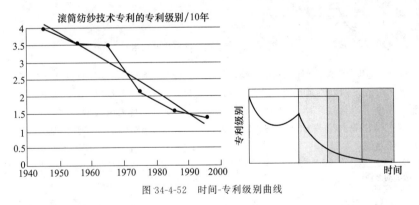

图 34-4-52　时间-专利级别曲线

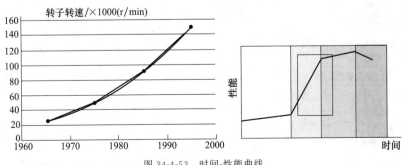

图 34-4-53　时间-性能曲线

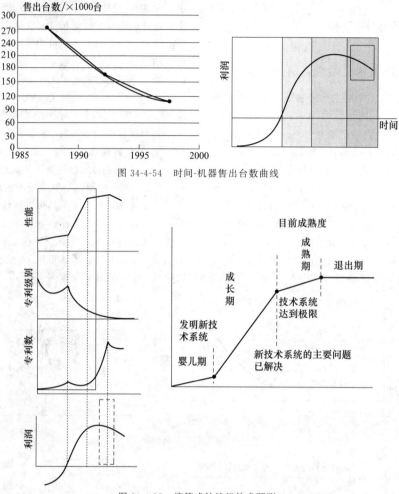

图 34-4-54　时间-机器售出台数曲线

图 34-4-55　滚筒式纺纱机技术预测

假定按进化模式4，即增加动态性及可控性确定寻找新的替代技术的可能方向。模式4可分为五条路线：使物体的部分零件可以运动，增加自由度个数，变成柔性系统，变成微小物体和变成场。图 34-4-56 是增加动态性的进化路线。

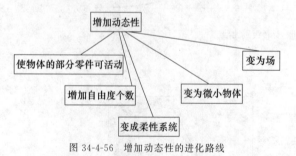

图 34-4-56　增加动态性的进化路线

按第一条路线，滚筒式纺纱机的核心部件是纱箱与滚筒，后者已是活动的零件，因此，按该路线的进化已经完成。

第二条路线应增加自由度的个数。前者的平动是可以增加的一个自由度，该自由度可以在机器纺纱过程中或调整时采用。

第三条路线为使系统的某一部分变为柔性体。用柔性材料制造的滚子还不存在。

第四条路线是使滚子变为微小物体，这似乎不能实现。

第五条路线是采用场。静电纺纱技术已经进行过研究，前景并不乐观。早期的涡流纺纱机采用气体抽纱，纱线质量并不理想，新兴的纺纱机采用空气射流技术，纱线质量提高。从上面的分析可以看出：采用第五条路线，研究当前已有技术，可能获得本产品新的核心技术——气流纺纱。

（2）工程实例2：超声波焊接技术成熟度预测分析

超声波焊接技术可以实现不同工件（热塑性塑料或金属）的焊接，和传统的焊接技术相比，超声波焊接更快、更安全。高频电能被转换为高频机械能，这种高频机械能同时直接作用在即将被焊接的工件上。实际上，这种高频机械能是一种往复循环的纵向运动，其循环次数为每秒 1500 次。在强制力的作用下，高频机械能通过电极尖端被传递到工件上，这样就在两工件的接触面上产生了大量的摩擦热，进而两工件就在理想的位置熔接。停止压力和振动后，工件就会凝结在一起，成为一个焊接件。很多因素都有利于形成一个完好的焊缝，但是正确权衡振动的振幅、时间、压力三者之间的对比关系仍然很有必要。该项焊接技术已经广泛应用于许多焊接行业。下面简单分析超声波焊接技术成熟度。

通过确定目前技术系统在图 34-4-50 四条曲线上的位置进而预测该技术系统在其 S 曲线上的位置。

收集数据建立四条曲线中的三条，预测超声波焊接技术的成熟度。

1) 专利数 搜集世界领域内的相关发明专利，这些专利范围为：超声波焊接技术及其外围技术设备，超声波焊接的相关技术（如超声波焊和，超声波结合，超声波连接）。收集整理数据绘制时间-专利数曲线（图 34-4-57）。

从图 34-4-57 中可以清楚地看到：该领域的专利数随时间有逐渐下降的趋势，直到 20 世纪 90 年代才有了上升的趋势。

2) 专利级别 对专利进行分析，确定每项专利的级别，这里的专利分为 5 个等级，从第一级（最低级别）一直到第五级（最高级）。超声波焊接技术的最初专利级别很高，因为这种焊接技术在当时的焊接领域内是一种全新的设计。随着时间的推移，专利级别逐渐降低。目前超声波焊接技术的专利级别在第一级和第二级之间徘徊。通过分析所收集到的数据，描绘出时间-专利级别曲线。如图 34-4-58 所示。

3) 利润 由于缺少相关的数据，所以要准确地描绘出利润-时间曲线似乎是不可能的，所以，可以这样假想：超声波焊接技术的专利数（与用在时间-专利数曲线上的专利不同，这里指改善超声波焊接技术所获专利）与利润成比例。如图 34-4-59 所示，从 20 世纪 90 年代一直到现在，利润有明显的上升趋势。

4) 数据分析 将所描绘的图形与标准的技术成熟度预测曲线相对比，就可以确定当前超声波技术在其 S 曲线上的位置。

5) 专利数曲线 技术成熟度预测曲线上有两处和实绘图相符合，通过进一步的分析发现第一处比第二处更符合一些，如图 34-4-57 所示。

6) 专利级别曲线 技术成熟度预测曲线上有两处和实绘图相符合。然而，第二处更符合一些，因为第一处的曲线达到一定水平时开始有回升的趋势，而实绘图仍然保持下降趋势，如图 34-4-58 所示。

7) 利润曲线 在这组对比中，预测曲线和实绘曲线之间的关系很明确，如图 34-4-59 所示。

通过对上面 3 条实绘曲线的分析，可以看出超声波焊接技术在实绘曲线的相同位置和标准成熟度预测曲线有着相似的进化趋势，可以推出性能曲线上与标准曲线相似的位置，进而，在 S 曲线上的位置也就可以外推出来了，如图 34-4-60 所示。

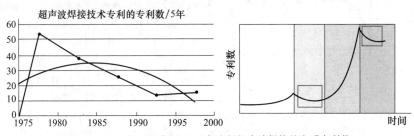

图 34-4-57 从 1976 年至 1998 年之间超声波焊接的发明专利数

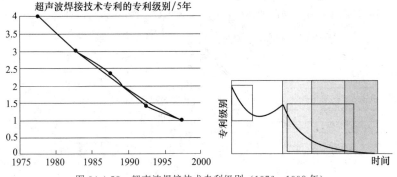

图 34-4-58 超声波焊接技术专利级别（1976～1998 年）

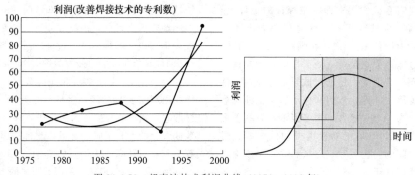

图 34-4-59　超声波技术利润曲线（1976～1998 年）

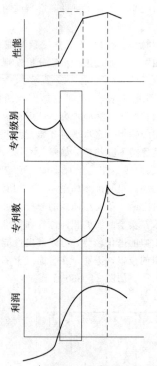

图 34-4-60　超声波技术成熟度预测分析

很多切实可行的应用实例。为了获取大量的利润，已经投入了大量的资源，以促进其成熟。当然和很多技术系统一样，当其进入成熟期后，不可避免地要经历一个衰落阶段，那个时刻，焊接领域的任何一种突破都有可能发生，一条新的 S 曲线就会开始。

（3）工程实例 3：DVD 技术成熟度预测分析

DVD（数字化视频光盘）技术是一种新的集成光盘技术。对于提高电子产品，计算机产品的功能有着不可忽视的作用。DVD 技术将逐渐替代大量的相互独立的技术。比如 DVD-ROM 替代了 CD-ROM，DVD-Audio 替代了 CDs，DVD-V 替代了 CDs，除此之外，还有两项新的 DVD 技术已经问世。下面就以DVD 技术为例，对其进行技术成熟度预测分析。

1）专利数　可以从美国专利商标局（USPTO——U. S. Patent and Trademark Office）获得 DVD 技术的相关专利。根据这些基本的数据，以年为单位，作出时间-专利数曲线图。如图 34-4-61 所示。

2）专利级别　对所收集专利进行了详尽的分析，以年为单位，做出了时间-专利级别曲线，如图 34-4-62 所示。

3）性能　用 DVD 的存储容量来描述其性能。对一种新版本的 DVD，其存储容量可以从 4.7GB 增长到 17GB。时间-存储容量曲线如图 34-4-63 所示。

4）利润　DVD 的销量可以用来估算 DVD 技术所创造的利润。其销售量可以从有关部门获取。以年为单位，时间与销售量曲线如图 34-4-64 所示。

通过一系列的分析表明，超声波技术在 1998 年时预测即将进入或者正在进入成熟期。目前，对该项技术已经提出了更多的要求，而且这种趋势很有可能继续下去。超声波焊接技术是一种多功能的技术，有

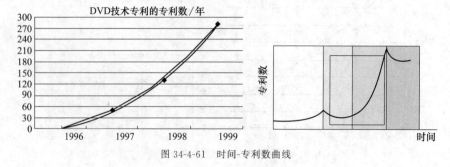

图 34-4-61　时间-专利数曲线

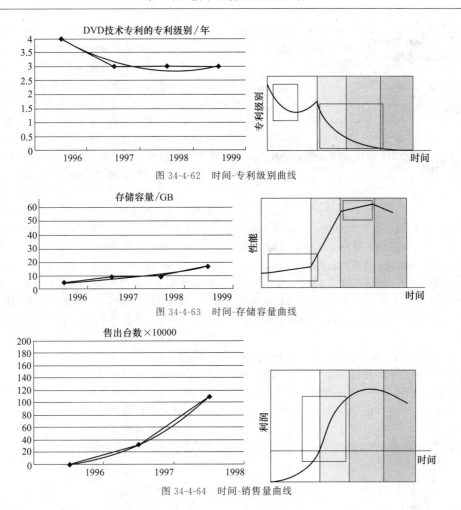

图 34-4-62　时间-专利级别曲线

图 34-4-63　时间-存储容量曲线

图 34-4-64　时间-销售量曲线

通过以上的分析，可以看出 DVD 技术在 1998 年正处于成长发展阶段，表明该项技术还没有像光盘技术和激光影碟技术一样进入退出期，作为相关企业应该投入大量资源，促进其快速发展，给企业创造大量的利润。

4.4.2　技术进化模式的典型实例分析

（1）工程实例 1：可变焦镜头系统的进化

在实际生活中经常可以见到传统的可变焦镜头系统，它是一种具有光学结构的多元件系统，调节元件之间的轴向距离就可以实现焦距的改变。

另一种可变焦镜头系统利用了一对光学反射透镜，这种反射透镜有着特殊成形的表面结构，可以选择性限定界限，实现透镜焦距的改变。

所有传统可变焦透镜系统都有相同的缺点：透镜系统质量大、体积大、价格昂贵、制造费时（研磨，抛光）。

从 TRIZ 的观点（增加系统灵活性的进化路线）考虑，消除上述缺点很简单：可以用柔韧材料制成的元件组成的系统来替代由玻璃元件（透镜、镜子）组成的刚性镜头系统。

按"增加系统灵活性"的进化路线，镜头系统（表 34-4-6）可以沿着图 34-4-65 所示阶段进化。

表 34-4-6　镜头系统的进化过程

序号	镜头系统
1	单镜头
2	可调双镜头系统
3	可调多镜头系统
4	弹性连续可调镜头系统
5	液体连续可调镜头系统
6	气体连续可调镜头系统
7	场控连续可调镜头系统

通过对专利数据和企业 R&D 决策进行详尽的分析，很大程度上肯定了这种进化趋势。1～3 阶段描述的是传统的镜头系统。4～6 阶段性对应的是连续可调镜头系统，可以在最近的许多专利和出版物中发现。第 7 阶段的连续可调镜头系统还没有真正发展起来。

第 34 篇

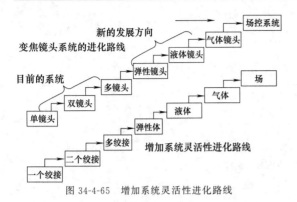

图 34-4-65　增加系统灵活性进化路线

1) 弹性连续可调镜头系统分析　该类型可变焦镜头系统包括一个透镜元件，这种类型透镜元件由一种透明均匀的弹性材料制成，当透镜处于松弛状态或即将处于松弛状态时，就会自动成形以实现预定的焦距。

有办法可以沿着光轴方向或光轴垂直方向来支持镜头元件，这样就可以应用镜头外围设备附近的径向张应力。

如图 34-4-66 所示，镜头系统包括 4 个主要的零部件，一个整体的框架，弹性光学元件 1，两个部件组成的可调夹具 5，一个圆形玻璃框 8，一个圆柱形管状元件 9。光学元件 1 是一种三件结构，包括一个中心镜头元件 2，一个圆形柔韧薄膜 3 和一个圆形超环体 4。在管状元件 9 的外表面有两个凹槽 11

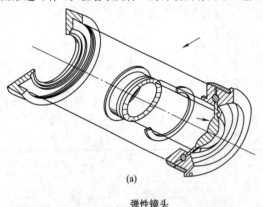

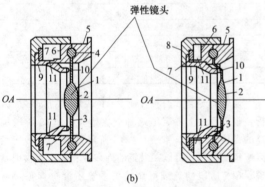

图 34-4-66　典型的连续可调镜头系统的结构简图

[图 34-4-66 (b) 所示]，凹槽里相对应的有一对舌状物 7，可以在凹槽沿着光轴 OA 方向，从夹具的前端面 6 开始滑动。当圆形玻璃框 8 以光轴 OA 为轴反向旋转，就会使管状元件 9 沿轴向移动，逐渐靠近弹性体，这时管状元件 9 的前部结构，包括滚子 10，就会和柔性薄膜 3 接触。随着滚筒元件 9 沿光轴 OA 逐渐向着光学元件移动，它的前部结构就会在柔性元件 3 上施加一种力的作用，该力方向与光轴 OA 方向平行，同时这种压力将均匀地作用于镜头元件 2 的外围，改变了镜头元件 2 形状，从而镜头元件的焦距也得到适当的改变 [图 34-4-66 (b) 所示]。因此，通过旋转玻璃框 8，可以实现镜头元件 2 形状连续的改变，即焦距的连续改变。

2) 典型的液体连续可调镜头系统　在一个典型的液体镜头系统 (如图 34-4-67 中)，一个形状和体积可变的空腔里充满了一种光学清晰液体，通过调整空腔的体积，作用在液体上的压力就会得到相应的调整。空腔的两端用弹性光学清晰薄膜封闭。这种薄膜可以随着作用于液体上压力的连续改变而连续弯曲变形，从而实现连续的曲率变化。

一对轴向可调望远镜的套筒就可以形成一个小空间。小空间的两端用一对相对而言很薄的弹性光学透镜封闭。这种光学透镜由柔韧材料制成。这个透镜随着作用于液体上压力的变化而相应的改变本身的曲率。

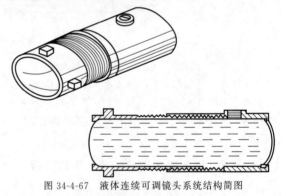

图 34-4-67　液体连续可调镜头系统结构简图

3) 典型的气体连续可调镜头系统　在这个系统中，气体压力的改变和镜头放大倍数的改变是相对应的。改变作用于高折射系数气体的压力可以导致气体镜头系统焦距的改变。图 34-4-68 是对气体变焦透镜 1 示意性的描述。镜头 1 由一个第一位镜头组 2 (A、B) 和一个第二位的镜头组 (C、D) 组成，空穴 3 将不同的新月形元件 B、C 分开，空穴里充满了具有高折射系数的气体。和空穴 3 连接的是一个活塞/圆筒装配件 4。活塞 5 在圆筒 6 里可以来回往复运动，这样空穴里的气体压力就会发生变化，从而改变了镜头的焦距。

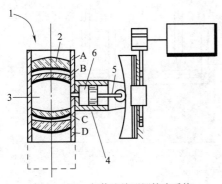

图 34-4-68　气体连续可调镜头系统

4）非传统液体/气体连续可调镜头系统设计问题　近年来，对望远镜、投影仪、空间摄像系统、卫星摄像系统、太阳能摄像系统的需求越来越大。所谓的太阳能摄像系统就是由液体、气体镜头组成的镜头系统。尽管这种镜头系统有很多潜在的用途。但是仍然有以下两个设计限制：一方面是由于外界环境或机构的振动使得液体或气体产生波纹，从而影响了精度；另一方面为了适应高速摄影的需要，连续可调系统必须具有快速适应性。为此，透明塑料薄膜要有一定的刚度，而这种材料在高速变化时产生有害的像差。

以上这两个问题到目前为止还没有解决。

5）用 TRIZ 理论解决非传统连续可调镜头系统的设计问题　从 TRIZ 的观点来看，连续可调系统更进一步的发展应该沿着增加系统灵活性的方向，建议采用表 34-4-7 所示几种改进设计方案。

表 34-4-7　　改进设计方案

序号	改 进 方 案
1	利用电场或磁场的变化控制液体镜头的特性,如图 34-4-69 所示
2	用对电场或磁场敏感的光学清晰液体代替传统固体镜头,如图 34-4-70 所示
3	利用具有非线性机械及光学特性的材料

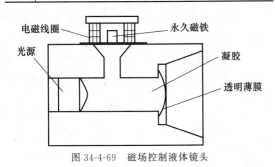

图 34-4-69　磁场控制液体镜头

（2）工程实例 2：快速原型技术的进化发展

1）基本情况介绍　提高企业在未来市场中的竞争力是技术预测的主要目标。企业需要预知新的技术

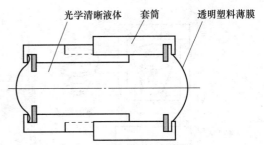

图 34-4-70　光学清晰液体代替传统固体镜头

领域，预测全球技术的发展趋势，这样才可以避免落后于新技术或竞争对手。

德国 Brandenburg 应用科学大学技术与创新管理研究课题，对 TRIZ 理论技术预测的方法进行研究。第一阶段，对 TRIZ，尤其是它在支持技术预测的能力方面进行研究。第二阶段研究它在某种技术上的实用性。首先，它可以获得快速成型这种技术的大量知识，所以选择了 TRIZ。其次，收集实验数据，通过讨论和应用 TRIZ 限定了解决问题的方法。专家检测和咨询，访问国家商品交易"欧洲模型 2002"、专利调查、评定、文学和网络研究都是主要的信息来源。

对那些把重点放在通过革新产品来提高竞争优势的企业来说，产品的发展过程是重要的。一个至关重要的因素是产品投向市场的时间，可以通过减少产品研发时间周期来实现；另一个重要的因素是加强共享数据库的数据转换，从而可完成一个集成的产品发展过程。因此，模型和原型都需要完全地集成在发展过程的每一个阶段，成型过程要求支持近似的数据结构，维护数据的适用性。

快速原型是一个有生产力的产品工艺，通过制造不同的层并把它们拟合在一起，就可以生成一个物理的三维原型，如图 34-4-71 所示。

这个工艺全部以数字显示为基础。目前，有不同的方法，并且每种方法都利用不同的材料如低树脂、金属或陶瓷，根据不同的应用领域，选择在模型设想与功能性成型之间的合适的方法，快速工具、快速制造和快速修理的方法。

为了支持快速产品开发，快速成型的益处是可快速获得数据库，连续的最新数据和直接处理三维数据。快速成型是计算机集成制造工艺的一个基本功能。

2）TRIZ　作为 TRIZ 在技术预测中的一个程序，选择由 Ellen Domb 研制的六步方法论，见图 34-4-72 所示。从四种基本的工具组即类比、想象、系统化和认知中选择所用的工具。这些步骤包括战术上的和战略上的 TRIZ 的应用。本例中应用后者。战略上的 TRIZ 应该有解决问题的一部分，如本例中发展下一代新技术。

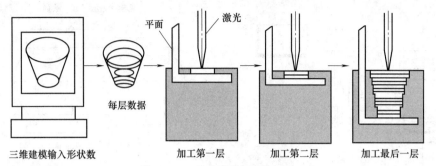

图 34-4-71 快速原型技术的应用

3）案例分析

① 建立理想化的最终结果 Altshuller 把 IFR（ideal final result）定义为 IFR 是一个幻想，无法实现，但允许人们铺建解决问题之路。案例最初的研究理想方程，被用作对系统各基础部分及它们的功能总体概括的预览分析。然后，实物模型帮助找出理想化的最终结果，如图 34-4-73 所示。

图 34-4-72 TRIZ 在快速原型中的应用步骤

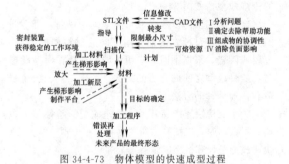

图 34-4-73 物体模型的快速成型过程

理想化等于所有有用的功能除以所有有害功能加成本，对 RP 有用功能包括大量材料的使用、时间的节约、自动化过程和复杂几何模型的构建，有害功能包括准备工作的耗时性、有限的解决方法、对模型支持结构的需要、精确度问题、低劣的物理性能、落后的结尾阶段、信息丢失和材料收缩。成本因素有高成本的材料、机器设备等。

技术实物模型的制作过程使用了区分步骤和帮助功能的排除，包括基本部件、部件功能、可能发生的损害，如图 34-4-74 所示。

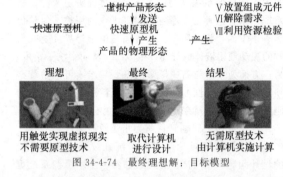

图 34-4-74 最终理想解：目标模型

通过以下步骤定义三种可能实现理想化的最终结果：替代功能部件和排除要求，代替基本实际描述可以产生可能的帮助、模型或者可能的直接的原型设计；替换机器本身可以导致与实际情况的结合，而不是制作原型；排除需要可以产生计算机推理计算。

理想化的最终结果有利于获得对技术的客观理解，有利于构想重要的问题和分析许多不同技术演化方向。

② 分析系统的历史 在意识到技术生命周期的存在性和有利于理解什么时候技术处在成熟期的方面，S 曲线是个有力的工具。与其他 S 曲线不同，TRIZ 生成的 S 曲线与标准评价曲线有联系，每一条标准曲线有其特定的形状，通过根据数据建立的曲线与标准曲线相比较，便可以预测技术成熟度。建立 S 曲线需要从网络以及专利研究得到产品技术的相关信息。下面的图形都有相应的标准评价曲线与之对应。

专利数目是以每年呈报的专利为基础的，通过专利库（例如 www.depatisnet.de）来获取数据。最初的专利从 1982 年开始，直到 1999 年达到最高点之前，专利数量一直稳步增长，如图 34-4-75 所示。可以看到，从 1999 年之后，专利数量开始下降。

建立时间-利润率曲线的数据不易收集，快速原型是一种在全世界范围内使用的技术，因而各企业内部数据都是保密的。作为估计数字，用每年的营业额来代替技术利润，可以从公司每年的报表（1991～2002）以及从合伙人的国际工业报表中获得。图 34-4-76 显示了在 1993 年明显的增长。

从工作指示器方面来看，速度、力量、精确度作为最具代表性的因素，从专家检测和评定不同的指示器，可以选择精确度（层厚度）作为性能指标，通过应用网络检索，从而进入厚度和精确度的条目来获得数据。选择和利用一年中相关数据建立图形，精确度

越高，厚度层越少。为使数据与 TRIZ 基本曲线具有可比性，颠倒了一下数字，如图 34-4-77。

根据知识的来源及所产生的影响，Altshuller 把发明分为 5 个级别。为了按年份把不同发明等级联系起来（图 34-4-78），需要考虑不同的可能性，如专利的引用，或者说相关的关键发明专利的研究。

通过建立四种曲线，可以确定技术在 S 曲线上所处的位置，如图 34-4-79 所示。其所处的位置显示了快速原型技术处在成长阶段。处于这个阶段，技术具有较大潜力，应大力开发。

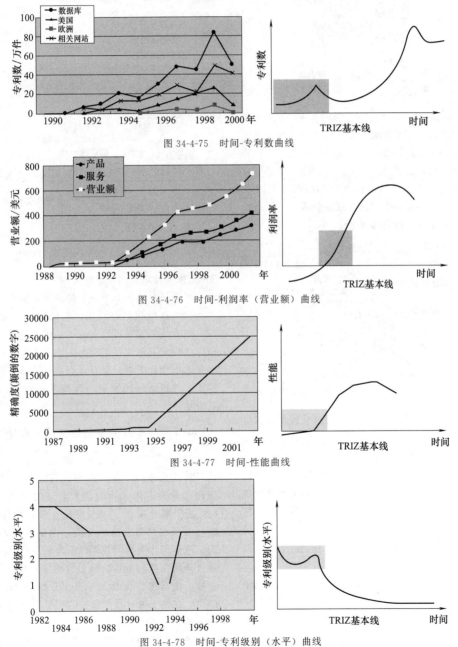

图 34-4-75　时间-专利数曲线

图 34-4-76　时间-利润率（营业额）曲线

图 34-4-77　时间-性能曲线

图 34-4-78　时间-专利级别（水平）曲线

第34篇

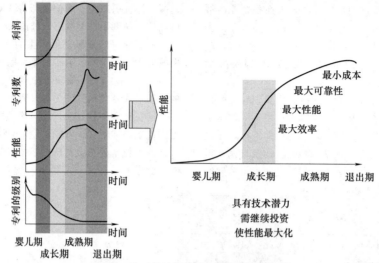

图 34-4-79　快速原型技术成熟度预测曲线

③ 技术进化模式、定义及选择　一旦预测出技术所处的阶段，就需要探索它的演化方向。按进化模式 7 即由宏观系统向微观系统进化可以确定其最合理的技术演化方向，如图 34-4-80 所示。处于早期研究水平的适当技术，如 LCVD-激光化学沉积或 HIS-全息干涉凝固，它们进一步完善了该进化模式，同时在时间轴上代表了 RP 的成熟或老化。

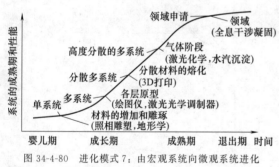

图 34-4-80　进化模式 7：由宏观系统向微观系统进化

另外，也可按进化模式 5 即通过集成以增加系统功能。由于 3D 打印机的出现代替了复杂的激光扫描仪，显示了向简单化发展的趋势。

④ 解决问题　在进化模式确定之后，RP 必须跨越的主要障碍是生成层状的原型。这个任务可以被理解为开发合成 3D 加工过程。这种陈述阐明了似乎已解决的问题。利用因果关系图来把一个主要问题分解成许多子问题，以便易于分析和解决（如图 34-4-81 所示）。

到此，战略上的 TRIZ 工作已完成。下一步属于战术上的 TRIZ，目的在于解决问题和选择实施的发展方向。

⑤ 结论　结论可分成两部分，关于快速原型和

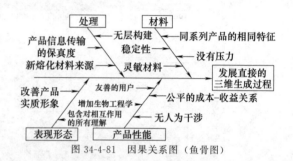

图 34-4-81　因果关系图（鱼骨图）

TRIZ 作为技术预测方法的反映。

尽管是总结，但每一步都提供了重要的思想。

根据理想化最终结果，包括更多交流的真实情况。新方法的发展可以支持产品研发过程。无物理模型方法将来有望实现。S 曲线上的位置显示了快速原型技术仍然处于增长状态，而且可以具有很高的投资潜能。寻找下一代快速原型技术，如 LCVD 或 HIS 新方法等。

4.4.3　车轮的发明及其技术进化过程分析

我们不知道是谁发明了第一个车轮，但是能够比较可信地重现车轮的发明过程。当古时候的人们拖运沉重的物体（例如：长毛象的尸体或大石块）时，某个圆的东西，如一块石头或一段光滑的原木碰巧被压在被搬运物的下面，由于该圆形物体的作用，拖运工作突然间变得轻松起来。人们注意到这点并且开始在拖运重物的路上放很多这样的圆形物体，这样，拖运工作变得简单多了，如图 34-4-82 所示。但是，在路上放置很多这样的辊子是一件令人伤脑筋的事情。

事实上，如果重物下面的辊子能够旋转不就更好

图 34-4-82　原始的搬运工具

了吗！事实说明，将辊子的中部磨薄，再将其通过原始式的轴承绑在一个用于支承重物的平台上，一辆手推车就出现了，如图 34-4-83 所示。这就构成了由元件间的相互联系形成的工程系统。

图 34-4-83　演变后的搬运工具

　　然而，这种手推车只能笔直地走，转弯却非常困难，因此也就不能够完全地适应工作环境的需要。如果有一个轴，情况就会好一些。但是在那种情况下又会产生新的问题，即在转弯时，外侧的车轮移动的距离要比内侧的车轮移动的距离长。

　　这就要求车轮必须是动态化的，它们必须与车轴分离并且安置在车轴的两边。这样在转弯时就没有东西阻止，两个轮子的行程不同了，单轴双轮的手推车比较容易控制，如图 34-4-84 所示。

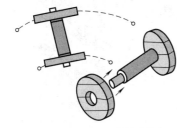

图 34-4-84　单轴双轮的手推车

　　"动态化"原理意味着增加一个物体的运动自由度并改变它的一些参数。

　　车闸就是车轮的动态化设计，这听起来似乎是荒谬的。一片普通的木板通过杠杆的作用压在车轮上就

形成了一个高精度、有效、灵敏的机构。但此刻一个带有车闸的动态性的轮子（可以从静止到自由转动）对人们来说是非常重要的，如图 34-4-85 所示。

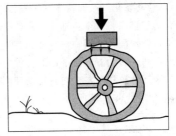

图 34-4-85　车闸的分析

　　到那时为止，很多动物（如马、母牛、骆驼）已经被人工驯养了，人们可以利用牲畜来拉车。为了获得比较好的可控性，必须增加动态性。因此，人们又改良了车轮和一些其他元件的灵活性，并利用一个垂直的铰接点将一根转轴和两个轮子固定在一个平板上，再在转轴上绑一根木杆，拉车的牲畜就拴在这根木杆上，如图 34-4-86。事实证明，这种设计的效果还不错。

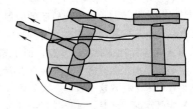

图 34-4-86　传动轴分析

　　直到机动车辆发明后这种由牲畜拉的车才逐渐消失。由于加在控制机构之上的载荷太重了，"火车"或者说是它的驾驶员就不能够很好地控制前部的转轴。

　　这样，一种更加奇特的结构"马拉的蒸汽机车"出现了，如图 34-4-87 所示。当然，马是拉不动这么沉重的车辆的，这种车辆的后轮是由蒸汽机驱动的。那么，马又起到了什么作用呢？它担负着带动车辆前轮转动的任务。

图 34-4-87　马拉的蒸汽机车

因为木杆不易被安置在机车内部，所以用木杆掌舵的方法在很多时候就显得非常不方便。转弯的时候，木杆所需的空间往往已经被机车的其他部分所占用了，这样，"动态化"原理就再一次被派上了用场。用一个垂直的铰接点将每个转轴配件和轮子固定在机车的车体上，转轴配件间用一根拉杆相互连接。这样就有足够的空间来转动方向盘了，而且设置一个专门的齿条机构来控制拉杆向左或向右运动使得内外的车轮同步转动，如图 34-4-88 所示。

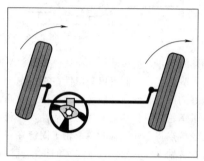

图 34-4-88　控制拉杆使车轮同步转动

下一步就是沿着转轴作动态化调整了。实践证明，必须巧妙地安装控制轮才能使轮胎的磨损量达到最佳状态并且比较容易控制该汽车。这些控制轮必须在上部稍稍分离然后向前聚合在一点，即车轮内向。车轮的位置必须根据轮胎样式、路面情况、驾驶方式等事先调整好，为了达到这个目的，人们将机身上的半轴装置制成可动的。但是，这仅仅是一种阶梯式的动态，只能在调整的时候移动车轮吊架，在操作时，它就被很可靠地固定住了，如图 34-4-89 所示。

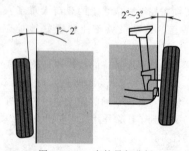

图 34-4-89　车轮吊架分析

这种安装可控轮的方法至今仍被广泛地使用着，同时，"动态化"发明原理也仍然发挥着作用。

例如，为什么不使后车轮同前轮一样可动呢？这样的一种控制方案根本就不用包括可控轮，只要将前后转轴都严格地固定在由前后两部分组成的车体之上，车体的中部由一个垂直的铰点连接在一起，如图 34-4-90 所示。在液压缸的帮助下这种机车很容易转弯，而且，在转弯的时候，车体看起来像是断裂了一样。

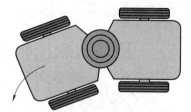

图 34-4-90　铰点连接前后轴

这种方案在载重拖拉机的设计中被广泛采用。低压胎拖拉机、坦克和小型六轮越野车也经常采用这种方案来实现转弯，如图 34-4-91 所示，在这种情况，两侧的轮胎用来刹车，其余的轮胎则在发动机的控制下转动。用这种方式，车辆能在任意一点转弯。但是由于控制系统中可以动的配件减少了，这种方式在转轴方向上的动态性有所退步。除此之外，这种车辆在两个转弯之间行驶直线路程时有些笨拙。

图 34-4-91　越野车

就一辆汽车来说，通过增强其前轮或后轮可控性都可以改善它的可控制轮的动态性。如要转弯，它们就要向相反的方向进行偏转。安装有这种轮胎的汽车可控制性非常高。

如果在转弯时，后轮既可以和前轮向相反的方向进行偏转又可以和前轮同方向偏转，机车转弯时的可控制性就会增强。在后一种情况下，机车可以向一个方向转，这样，要泊车就非常容易了，如图 34-4-92 所示。

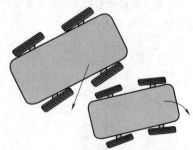

图 34-4-92　现代汽车的控制性更高

现在，车轮已经变得很复杂了。如果工作情况允许，它们今后还可能会变得简单起来。例如，用四个能向任何方向转动的球状推进器来代替它们。理论上，根本就不应该存在车轮，车辆应该能够像直升机和气垫船一样按照驾驶者的意愿向任何方向移动。

第5章　技术冲突及其解决原理

产品是多种功能的复合体，为了实现这些功能，产品要由具有相互关系的多个零部件组成。为了提高产品的市场竞争力，需要不断根据市场的潜在需求对产品进行改进设计。当改变某个零部件的设计，即提高产品某方面的性能时，可能会影响到与这些被改进零部件相关联的零部件，结果可能使产品或系统的另一些方面的性能受到影响。如果这些影响是负面影响，则设计出现了冲突。

　　[例1]　飞机设计中如果使其垂直稳定器的面积加大一倍，将减少飞机振动幅值的 50%，但这将导致飞机对阵风和阵雨的敏感，同时又增加了飞机的重量。

　　[例2]　为了加快重型运输机装卸货物的速度，飞机上需要有移动式起重机，但起重机本身具有一定的质量，增加了飞机的额外负载。

　　冲突普遍存在于各种产品的设计中。按传统设计中的折中法，冲突并没有彻底解决，而是在冲突双方取得折中方案，或称降低冲突的程度。TRIZ 理论认为，产品创新的标志是解决或移走设计中的冲突，而产生新的有竞争力的解。发明问题的核心是发现冲突并解决冲突，未克服冲突的设计并不是创新设计。产品进化过程就是不断地解决产品所存在的冲突的过程，一个冲突解决后，产品进化过程处于停顿状态；之后的另一个冲突解决后，产品移到一个新的状态。设计人员在设计过程中不断地发现并解决冲突，是推动设计向理想化方向进化的动力。

　　(1) 冲突通常的分类

　　如图 34-5-1 所示，冲突分为两个层次，第一个层次分为三种冲突：自然冲突、社会冲突及工程冲突，该三类冲突中的每一类又可细分为若干类。在图

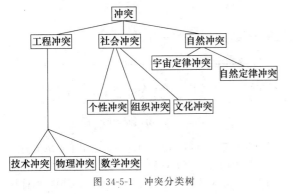

图 34-5-1　冲突分类树

34-5-1 中冲突解决的程度自底向上，自左向右，解决越来越困难。即技术冲突最容易解决，自然冲突最不容易解决。

　　自然冲突分为自然定律冲突及宇宙定律冲突。自然定律冲突是指由于自然定律所限制的不可能的解。如就目前人类对自然的认识，温度不可能低于华氏零度以下，速度不可能超过光速，如果设计中要求温度低于华氏温度的零度或速度超过光速，则设计中出现了自然定律冲突，不可能有解。随着人类对自然认识程度的不断深化，今后也许上述冲突会被解决。宇宙定律冲突是指由于地球本身的条件限制所引起的冲突，如由于地球引力的存在，一座桥梁所能承受的物体质量不能是无限的。

　　社会冲突分为个性、组织及文化冲突。如只熟悉绘图，而不具备创新知识的设计人员从事产品创新就出现了个性冲突；一个企业中部门与部门之间的不协调造成组织冲突；对改革与创新的偏见就是文化冲突。

　　工程冲突分为技术冲突、物理冲突及数学冲突三类。其主要内容正是解决发明创造问题的理论 (TRIZ) 研究的重点。

　　(2) 基于 TRIZ 的冲突分类

　　TRIZ 理论将冲突分为三类，即管理冲突 (administrative contradictions)、物理冲突 (physical contradictions) 及技术冲突 (technical contradictions)。

　　管理冲突是指为了避免某些现象或希望取得某些结果，需要做一些事情，但不知道如何去做。如希望提高产品质量，降低原材料的成本，但不知道方法。管理冲突本身具有暂时性，而无启发价值。因此，不能表现出问题的解的可能方向，不属于 TRIZ 的研究内容。

　　物理冲突、技术冲突是 TRIZ 的主要研究内容，下面将主要论述这两种冲突。

5.1　物理冲突及解决原理

5.1.1　物理冲突的概念及类型

　　物理冲突是指为了实现某种功能，一个子系统或元件应具有一种特性，但同时出现了与该特性相反的特性。

第
34
篇

物理冲突是 TRIZ 需要研究解决的关键问题之一。当对一个子系统具有相反的要求时就出现了物理冲突。例如：为了容易起飞，飞机的机翼应有较大的面积，但为了高速飞行，机翼又应有较小的面积，这种要求机翼具有大的面积与小的面积的情况，对于机翼的设计就是物理冲突，解决该冲突是机翼设计的关键。

物理冲突出现有两种情况：①一个子系统中有害功能降低的同时导致该子系统中有用功能的降低；②一个子系统中有用功能加强的同时导致该子系统中有害功能的加强。

上述的描述方法是最一般的方法，其他 TRIZ 研究人员对此给了更为详细的描述，下面分别介绍 Savransky 描述方法及 Teminko 描述方法。

Savransky 在 1982 年提出了如表 34-5-1 所示物理冲突描述方法。

表 34-5-1 Savransky 物理冲突描述方法

序号	描述物理冲突
1	子系统 A 必须存在，A 又不能存在
2	关键子系统 A 具有性能 B，同时应具有性能—B，B 与—B 是相反的性能
3	A 必须处于状态 C 及状态—C，C 与—C 是不同的状态
4	A 不能随时间变化，A 要随时间变化

1988 年，Teminko 提出了物理冲突的描述方法，如表 34-5-2 所示。

表 34-5-2 Teminko 物理冲突的描述方法

序号	描述物理冲突
1	实现关键功能，子系统要具有一定有用功能（useful function，UF），为了避免出现有害功能（harmful function，HF），子系统又不能具有上述有用功能
2	关键子系统特性必须是一大值以能取得有用功能 UF，但又必须是一小值以避免出现有害功能 HF
3	子系统必须出现以取得一有用功能，但又不能出现以避免出现有害功能

物理冲突的表达方式较多，设计者可以根据特定的问题，采用容易理解的表达方法描述即可。

5.1.2 物理冲突的解决原理

物理冲突的解决方法一直是 TRIZ 研究的重要内容，Altshuller 在 20 世纪 70 年代提出了 11 种解决方法，20 世纪 80 年代 Glazunov 提出了 30 种方法，20 世纪 90 年代 Savransky 提出了 14 种方法。下面主要介绍 Altshuller 提出的 11 种方法，如表 34-5-3 所示。

表 34-5-3 11 种解决物理冲突的方法

方　法	实　例
冲突特性的空间分离	如在采矿的过程中为了遏制粉尘，需要微小水滴，但微小水滴产生雾，影响工作。建议在微小水滴周围混有锥形大水滴
冲突特性的时间分离	根据焊缝宽度的不同，改变电极的宽度
不同系统或元件与一超系统相连	传送带上的钢板首尾相连，以使钢板端部保持温度
将系统改为反系统，或将系统与反系统相结合	为防止伤口流血，在伤口处缠上绷带
系统作为一个整体具有特性 B，其子系统具有特性—B	链条与链轮组成的传动系统是柔性的，但是每一个链节是刚性的
微观操作为核心的系统	微波炉可代替电炉等加热食物
系统中一部分物质的状态交替变化	运输时氧气处于液态，使用时处于气态
由于工作条件变化使系统从一种状态向另一种状态过渡	如形状记忆合金管接头，在低温下管接头很容易安装，在常温下不会松开
利用状态变化所伴随的现象	一种输送冷冻物品的装置的支撑部件是冰棒制成的，在冷冻物品融化过程中，能最大限度地减少摩擦力
用两相的物质代替单相的物质	抛光液由一种液体与一种粒子混合组成
通过物理作用及化学反应使物质从一种状态过渡到另一种状态	为了增加木材的可塑性，木材被注入含有盐的氨水，由于摩擦这种木材会分解

5.1.3 分离原理及实例分析

现代 TRIZ 理论在总结物理冲突解决的各种研究方法的基础上，提出了采用如下的分离原理解决物理冲突的方法，分离原理包括 4 种方法，如图 34-5-2 所示。

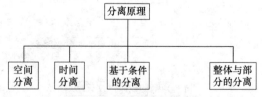

图 34-5-2 分离原理的组成

通过采用内部资源，物理冲突已用于解决不同工程领域中的很多技术问题。所谓的内部资源是在特定的条件下，系统内部能发现及可利用的资源，如材料及能量。假如关键子系统是物质，则几何或化学原理的应用是有效的；如关键子系统是场，则物理原理的应用是有效的。有时从物质到场，或从场到物质的传递是解决问题的有效方法。

5.1.3.1　空间分离原理

空间分离原理，指将冲突双方在不同的空间上分离，以降低解决问题的难度。当关键子系统冲突双方在某一空间只出现一方时，空间分离是可能的。应用该原理时，首先应回答如下的问题：

是否冲突一方在整个空间中"正向"或"负向"变化？

在空间中的某一处，冲突的一方是否可以不按一个方向变化？

如果冲突的一方可不按一个方向变化，利用空间分离原理解决冲突是可能的。

[例3]　自行车采用链轮与链条传动是一个采用空间分离原理的典型例子。在链轮与链条发明之前，自行车存在两个物理冲突，其一为了高速行走需要一个直径大的车轮，而为了乘坐舒适，需要一个小的车轮，车轮既要大又要小形成物理冲突；其二骑车人既要快蹬脚蹬，以提高速度，又要慢蹬以感觉舒适。链条、链轮及飞轮的发明解决了这两组物理冲突。首先，链条在空间上将链轮的运动传给飞轮，飞轮驱动自行车后轮旋转；其次链轮直径大于飞轮，链轮以较慢的速度旋转导致飞轮以较快的速度旋转。因此，骑车人可以以较慢的速度蹬踏脚蹬，自行车后轮将以较快的速度旋转，自行车车轮直径也可以较小。

[例4]　如何缓解道路交通堵塞问题。

随着人口增加以及城市规模的不断扩大，道路交通拥堵问题日益严峻。解决道路的交通拥堵问题，可将道路定义为系统，其上行驶的车辆等为子系统，其他与道路相关的资源则为超系统。首先进行因果分析（图34-5-3），可确定其中的技术矛盾，对于既定系统——道路来说，其子系统车辆只能越来越多，除了限号等国家的限行举措外，车辆必然越来越多。所以只能从道路系统自身状况入手。扩展道路的面积，将改善"静止物体的面积"，从而缓解交通压力，但是将恶化了"可操作性"，路的面积不可能无限增大。进而，将技术矛盾转化为物理矛盾（图34-5-4），实际上是车辆在道路上行驶，都要在平面上占据一定的面积；而车辆不行驶时，进入停车场后，不占据道路的位置，物理矛盾由此可以提取出来。

5.1.3.2　时间分离原理

时间分离原理，指将冲突双方在不同的时间段上

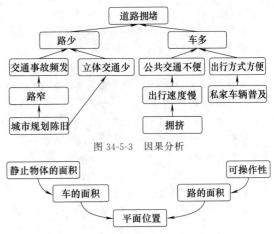

图 34-5-3　因果分析

图 34-5-4　由技术矛盾转化为物理矛盾

分离，以降低解决问题的难度。当关键子系统冲突双方在某一时间段上只出现一方时，时间分离是可能的。应用该原理时，首先应回答如下问题：

是否冲突一方在整个时间段中"正向"或"负向"变化？

在时间段中冲突的一方是否可不按一个方向变化？

如果冲突的一方可不按一个方向变化，利用时间分离原理是可能的。

[例5]　一加工中心用快速夹紧机构在机床上加工一批零件时，夹紧机构首先在一个较大的行程内作适应性调整，加工每一个零件时要在短行程内快速夹紧与快速松开以提高工作效率。同一子系统既要求快速又要求慢速，出现了物理冲突。

因为在较大的行程内适应性调整与在之后的短行程快速夹紧与松开发生在不同的时间段，可直接应用时间分离原理来解决冲突。

[例6]　折叠式自行车在行走时体积较大，在储存时因已折叠体积变小。行走与储存发生在不同的时间段，因此采用了时间分离原理。

飞机机翼在起飞、降落与在某一高度正常飞行时几何形状发生变化，这种变化亦采用了时间分离原理。

5.1.3.3　基于条件的分离

基于条件的分离原理，指将冲突双方在不同的条件下分离，以降低解决问题的难度。当关键子系统的冲突双方在某一条件下只出现一方时，基于条件分离是可能的。应用该原理时，首先应回答如下问题：

是否冲突一方在所有的条件下都要求"正向"或"负向"变化？

在某些条件下，冲突的一方是否可不按一个方向

第34篇

变化?

如果冲突的一方可不按一个方向变化,利用基于条件的分离原理是可能的。

[例7] 在水与跳水运动员所组成的系统中,水既是硬物质,又是软物质。这主要取决于运动员入水时的相对速度和相对角度。相对速度高,入水角度小,水是硬物质,反之是软物质。

[例8] 水射流既是硬物质,又是软物质,取决于水射流的速度。

[例9] 对输水管路而言,冬季如果水结冰,管路将被冻裂。采用弹塑性好的材料制造的管路可解决该问题。

5.1.3.4 总体与部分的分离

总体与部分的分离原理,指将冲突双方在不同的层次上分离,以降低解决问题的难度。当冲突双方在关键子系统的层次上只出现一方,而该方在子系统、系统或超系统层次上不出现时,总体与部分的分离是可能的。

[例10] 自行车链条微观层面上是刚性的,宏观层面上是柔性。

[例11] 自动装配生产线与零部件供应的批量化之间存在着冲突。自动生产线要求零部件连续供应,但零部件从自身的加工车间或供应商运到装配车间时要求批量运输。专用转换装置接受批量零部件,但却连续地将零部件输送给自动装配生产线。

5.1.3.5 实例分析

采用时间分离原理的还有起落架的设计。在起降过程中要求飞机有起落架,支持飞机在地面的滑行过程;在飞行中则要求不要有起落架,以免增加飞行阻力。为此设计了可收放的起落架,在起降时伸出机体外,飞行时则收回起落架舱中。

为了使煎锅很好地加热食品,要求煎锅是热的良导体,而为了避免从火上取下煎锅时烫手,又要求煎锅是热的不良导体。为了解决这一矛盾,设计了带手柄的煎锅,把对导热的不同要求分隔在锅的不同空间。这是空间分离原理的体现。

某塑料管加工工艺中,使用旋转刀具把塑料管从要求的长度尺寸处切开。为了加快工艺流程,塑料管不断向前运动,刀具则保持随动并完成切割过程。由于管和刀具之间难以精确同步,造成塑料管的被切割部位出现毛刺。管子切割系统面临的物理矛盾是:必须运动,以加快工艺流程;必须静止,以保证切割精度。为了解决这一问题,采用了空间分离原理的思路,将塑料管被切割部位暂时固定,保证切割精度,管的其余部分则继续前进,因被切割部位不能移动而

弯成弧形,切割完成后解除固定。在实际应用中,为了引导管的移动,还安装了导稳滚轮,保证切割过程的稳定性。

5.2 技术冲突及解决原理

5.2.1 技术冲突的概念及工程实例

技术冲突,指一个作用同时导致有用及有害两种结果,也可指有用作用的引入或有害效应的消除导致一个或几个子系统或系统变坏。技术冲突常表现为一个系统中两个子系统之间的冲突。技术冲突可以用以下几种情况加以描述。

① 一个子系统中引入一种有用功能后,导致另一个子系统产生一种有害功能,或加强了已存在的一种有害功能。

② 一有害功能导致另一个子系统有用功能的变化。

③ 有用功能的加强或有害功能的减少使另一个子系统或系统变得更加复杂。

[例12] 波音公司改进波音-737的设计时,需要将使用中的发动机改为功率更大的发动机。发动机功率越大,它工作时需要的空气就越多,发动机机罩的直径就必须增大。而发动机机罩的增大,机罩离地面的距离就会减少,但该距离的减少是设计所不允许的。

上述的改进设计中已出现了一个技术冲突,即希望发动机吸入更多的空气,但是又不希望发动机机罩与地面的距离减少。

[例13] 目前自行车车闸总成的设计很容易受到天气的影响,下雨天,瓦圈表面与闸皮之间的摩擦因数降低,减少了摩擦力,降低了骑车人的安全性。其中,一种改进设计是应用可更换闸皮,即有两类闸皮,好天气用一类,雨天换为另一类。

因此,设计中的技术冲突就是将闸皮设计成可更换型,增加了骑车人的安全性,但必须备有待更换的闸皮,使操作更复杂了。

[例14] 实际使用中希望斜拉桥所能承受的物体重量越大越好,但重量太大将有可能超过桥的强度所允许的范围,也将降低了桥的安全性。因此,存在强度和重量之间的技术冲突。

5.2.2 技术冲突的一般化处理

通过对250万件专利的详细研究,TRIZ理论提出用39个通用工程参数描述冲突。实际应用中,首先要把组成冲突的双方内部性能用该39个工程参数

中的某 2 个来表示。目的是把实际工程设计中的冲突转化为一般的或标准的技术冲突。

5.2.2.1　通用工程参数

39 个通用工程参数中常用到运动物体（moving objects）与静止物体（stationary objects）两个术语，分别介绍如下。

运动物体，指自身或借助于外力可在一定的空间内运动的物体。

静止物体，指自身或借助与外力都不能使其在空间内运动的物体。

表 34-5-4 是 39 个通用工程参数的汇总。

表 34-5-4　　　　39 个通用工程参数的汇总

序号	名　称	意　义
1	运动物体的重量	在重力场中运动物体所受到的重力。如运动物体作用于其支撑或悬挂装置上的力
2	静止物体的重量	在重力场中静止物体所受到的重力。如静止物体作用于其支撑或悬挂装置上的力
3	运动物体的长度	运动物体的任意线性尺寸，不一定是最长的，都认为是其长度
4	静止物体的长度	静止物体的任意线性尺寸，不一定是最长的，都认为是其长度
5	运动物体的面积	运动物体内部或外部所具有的表面或部分表面的面积
6	静止物体的面积	静止物体内部或外部所具有的表面或部分表面的面积
7	运动物体的体积	运动物体所占的空间体积
8	静止物体的体积	静止物体所占的空间体积
9	速度	物体的运动速度、过程或活动与时间之比
10	力	力是两个系统之间的相互作用。对于牛顿力学，力等于质量与加速度之积，在 TRIZ 中，力是试图改变物质状态的任何作用
11	应力或压力	单位面积上的力
12	形状	物体外部轮廓，或系统的外貌
13	结构的稳定性	系统的完整性及系统组成部分之间的关系。磨损、化学分解及拆卸都降低稳定性
14	强度	强度是指物体抵抗外力作用使之变化的能力
15	运动物体作用的时间	物体完成规定动作的时间、服务期。两次误动作之间的时间也是作用时间的一种
16	静止物体作用的时间	度量
17	温度	物体或系统所处的热状态，包括其他热参数，如影响改变温度变化速度的热容量
18	光照度	单位面积上的光通量，系统的光照特性，如亮度、光线质量
19	运动物体的能量	能量是物体做功的一种度量。在经典力学中，能量等于力与距离的乘积。能量也包括电能、热能及核能等
20	静止物体的能量	能量是物体做功的一种度量。在经典力学中，能量等于力与距离的乘积。能量也包括电能、热能及核能等
21	功率	单位时间内所做的功，即利用能量的速度
22	能量损失	做无用功的能量。为了减少能量损失，需要不同的技术来改善能量的利用
23	物质损失	部分或全部，永久或临时的材料、部件或子系统等物质的损失
24	信息损失	部分或全部，永久或临时的数据损失
25	时间损失	时间是指一项活动所延续的时间间隔。改进时间的损失指减少一项活动所花费的时间
26	物质或事物的数量	材料、部件及子系统等的数量，它们可以被部分或全部、临时或永久的被改变
27	可靠性	系统在规定的方法及状态下完成规定功能的能力
28	测试精度	系统特征的实测值与实际值之间的误差。减少误差将提高测试精度
29	制造精度	系统或物质的实际性能与所需性能之间的误差
30	物体外部有害因素作用的敏感性	物体对受外部或环境中的有害因素作用的敏感程度
31	物体产生的有害因素	有害因素将降低物体或系统的效应，或完成功能的质量。这些有害因素是由物体或系统操作的一部分而产生的
32	可制造性	物体或系统制造过程中简单、方便的程度
33	可操作性	要完成操作应需要较少的操作者，较少的步骤以及使用尽可能简单的工具。一个操作的产出要尽可能多
34	可维修性	对于系统可能出现失误所进行的维修要时间短、方便和简单
35	适应性及多用性	物体和系统响应外部变化的能力，或应用于不同条件下的能力
36	装置的复杂性	系统中元件数目及多样性，如果用户也是系统中的元素将增加系统的复杂性。掌握系统的难易程度是其复杂性的一种度量
37	监控与测试的困难程度	如果一个系统复杂、成本高，需要较长的时间建造及使用，或部件与部件之间关系复杂，都使得系统的监控与测试困难。测试精度高，增加了测试的成本，也是测试难度的一种标志
38	自动化程度	系统或物体在无人操作的情况下完成任务的能力。自动化程度的最低级别是完全人工操作的。最高级别是机器能自动感知所需的操作、自动编程和对操作自动监控。中等级别的需要人工编程、人工观察正在进行的操作、改变正在进行的操作及重新编程
39	生产率	单位时间内所完成的功能或操作数

为了应用方便，上述 39 个通用工程参数可分为如下三类。

① 通用物理及几何参数：1~12，17~18，21。

② 通用技术负向参数：15~16，19~20，22~26，30~31。

③ 通用技术正向参数：13~14，27~29，32~39。

负向参数（negative parameters）是指这些参数变大时，使系统或子系统的性能变差。如子系统为完成特定的功能所消耗的能量（19~20）越大，则设计越不合理。

正向参数（positive parameters）是指这些参数变大时，使子系统或子系统的性能变好。如子系统可制造性（32）指标越高，子系统制造成本就越低。

5.2.2.2　应用实例

[例 15]　很多铸件或管状结构是通过法兰连接的，为了机器或设备维护，法兰连接处常常还要被拆开。有些连接处还要承受高温、高压，并要求密封良好。有的重要法兰需要很多个螺栓连接，如一些汽轮透平机械的法兰需要 100 多个螺栓。但为了减轻重量、减少安装时间或维护时间、减少拆卸的时间，则希望螺栓数越少越好。传统的设计方法是在螺栓数目与密封性之间取得折中方案。

分析可发现本例存在的技术冲突是：

① 如果密封性良好，则操作时间变长且结构的质量增加；

② 如果质量轻，则密封性变差；

③ 如果操作时间短，则密封性变差。

按 39 个通用工程参数描述如下。

希望改进的特性：

① 静止物体的质量；

② 可操作性；

③ 装置的复杂性；

三种特性改善将导致如下特性的降低：

① 结构的稳定性；

② 可靠性。

5.2.2.3　技术冲突与物理冲突

技术冲突总是涉及两个基本参数 A 与 B，当 A 得到改善时，B 变得更差。物理冲突仅涉及系统中的一个子系统或部件，而对该系统或部件提出了相反的要求。往往技术冲突内隐含着物理冲突，有时物理冲突的解比技术冲突更容易获得。

[例 16]　用化学的方法为金属表面镀层的过程如下：金属制品放置于充满金属盐溶液的池子中，溶液中含有镍等金属元素。在化学反应过程中，溶液中的金属元素凝结到金属制品表面形成镀层。温度越高，镀层形成的速度越快，但温度高有用的元素沉淀到池子底部与池壁的速度也越快。温度低又大大降低生产率。

该问题的技术冲突可描述为：两个通用工程参数即生产率（A）与材料浪费（B）之间的冲突。如加热溶液使生产率（A）提高，同时材料浪费（B）增加。

为了将该问题转化为物理冲突，选温度作为另一参数（C）。物理冲突可描述为：溶液温度（C）增加，生产率（A）提高，材料浪费（B）增加；反之，生产率（A）降低，材料（B）浪费减少；溶液温度既应该高，以提高生产率，又应该低，以减少材料消耗。

[例 17]　波音公司改进波音-737 设计的过程中，出现的一个技术冲突为：既希望发动机吸入更多的空气，但又不希望发动机机罩与地面的距离减小。

现将该技术冲突转变为物理冲突：发动机机罩的直径应该加大，以吸入更多的空气，但机罩直径又不能加大，以不使路面与机罩之间的距离减小。

5.2.3　技术冲突的解决原理

5.2.3.1　概述

在技术创新的历史中，人类已完成了很多产品的设计，一些设计人员或发明家已经积累了很多发明创造的经验。进入 21 世纪，设计创新已逐渐成为企业市场竞争的焦点。为了指导技术创新，一些研究人员开始总结前人发明创造的经验。这种经验的总结分为以下两类：适应于本领域的经验（第一类经验）和适应于不同领域的通用经验（第二类经验）。

第一类经验主要由本领域的专家、研究人员本身总结，或与这些人员讨论并整理总结出来的。这些经验对指导本领域的产品创新有一定的参考意义，但对其他领域的创新意义不大。

第二类经验由专门研究人员对不同领域的已有创新成果进行分析、总结，得到具有普遍意义的规律，这些规律对指导不同领域的产品创新都有重要的参考价值。

TRIZ 的技术冲突解决原理属于第二类经验，这些原理是在分析世界大量专利的基础上提出的。通过对专利的分析，TRIZ 研究人员发现，在以往不同领域的发明中所用到的规则（原理）并不多，不同时代的发明，不同领域的发明，这些规则（原理）反复被采用。每条规则（原理）并不限定于某一领域，它融合了物理的、化学的、几何学的和各工程领域的原理，适用于不同的领域的发明创造。

表 34-5-5   **40 条发明创造原理**

序号	原理名称	序号	原理名称	序号	原理名称	序号	原理名称
1	分割	11	预补偿	21	紧急行动	31	多孔材料
2	分离	12	等势性	22	变有害为有益	32	改变颜色
3	局部质量	13	反向	23	反馈	33	同质性
4	不对称	14	曲面化	24	中介物	34	抛弃与修复
5	合并	15	动态化	25	自服务	35	参数变化
6	多用性	16	未达到或超过的作用	26	复制	36	状态变化
7	嵌套	17	维数变化	27	低成本、不耐用的物体替代贵重、耐用物体	37	热膨胀
8	质量补偿	18	振动	28	机械系统的替代	38	加速强氧化
9	预加反作用	19	周期性作用	29	气动与液压结构	39	惰性环境
10	预操作	20	有效作用的连续性	30	柔性壳体或薄膜	40	复合材料

5.2.3.2 40 条发明创造原理

在对世界专利进行分析研究的基础上，TRIZ 理论提出了 40 条发明创造原理，见表 34-5-5。实践证明，这些原理对于指导设计人员的发明创造、创新具有非常重要的作用。下面将对各条发明创造原理进行详细介绍。

（1）分割原理

① 将一个物体分成相互独立的部分。如用多台个人计算机代替一台大型计算机完成相同的功能；用一辆卡车加拖车代替一辆载量大的卡车；在工厂规划时，将办公设备和用于生产的设备分开设计。

② 使物体分成容易组装及拆卸的部分。如组合夹具是由多个零件拼装而成的；花园中浇花用的软管系统，可根据需要通过快速接头连成所需的长度；食品袋上特制的小口以方便打开；将集成电路和无源元件组装成多芯片模型。

③ 增加物体相互独立部分的程度。如百叶窗代替整体窗帘；用粉状焊接材料代替焊条改善焊接结果；将两层的酸乳酪改制成三层的酸乳酪。

[例 18] 模块化插座设计（图 34-5-5）。

说到插座，每个人都可能会有的。需求有两个，一个是插孔要够多，二个是插孔要能根据自己的需求进行组合，有些人需要三孔多的，有些人需要两孔多的，还有些人需要有 USB 接口。Casitoo 组合式模块化插座能让用户根据喜好或需要选择功能自己组装。这款插座至少能提供下面的这些模块，包括两孔插座、三孔插座、USB 充电口、蓝牙音箱、无线充电模块和有线网卡模块。而所有的模块中，一个叫做智能模块的最吸引用户注意，这个模块能提供远程管理功能，比如说，使用者希望自己家的台灯能在进屋前自动打开，那么，他可以将台灯插在这插座上，然后把这插座与智能模块相连，然后就能通过互联网在手机上进行开关操作了。

（2）分离（抽离）原理

① 将一个物体中的"干扰"部分分离出去如在飞机场环境中，为了驱赶各种鸟，采用播放刺激鸟类的声音是一种方便的方法，这种特殊的声音使鸟与机场分离；将产生噪声的空气压缩机放于室外；利用狗吠声而不用真正的狗作警报；在办公大楼中用玻璃隔离噪声。

② 将物体中的关键部分挑选或分离出来离子培植中的离子分离；晶片工厂中存储铜的区域与其他区域隔离。

[例 19] 在利用风能方面的一个最大缺陷就是很多能量都被移动组件间的摩擦消耗。利用磁铁系统

图 34-5-5 采用"分割原理"的模块化插座设计

减少摩擦力同时让涡轮机的旋转零件处于悬浮状态，这种设计不仅提高能效，同时还要比传统的风电厂占据更少空间，图 34-5-6。由于这种特殊的移动方式，磁悬浮风轮机也可以在风速极低情况下旋转并发电，与风电厂的传统涡轮形成鲜明对比。

图 34-5-6　使用"分离原理"设计磁悬浮风轮机

（3）局部质量原理

① 将物体或环境的均匀结构变成不均匀结构。如用变化中的压力、温度或密度代替定常的压力、温度或密度；饼干和蛋糕上的糖衣。

② 使组成物体的不同部分完成不同的功能。如午餐盒被分成放热食、冷食及液体的空间，每个空间功能不同；烤箱中有不同的温度挡，不同的食物可以选择不同的温度来加热。

③ 使组成物体的每一部分都最大限度地发挥作用。如带有橡皮的铅笔，带有起钉器的榔头。瑞士军刀（带多种常用工具，如尖刀、剪刀等）；电视电话集电话、上网、电视功能于一体。

［例 20］ 为了减少煤矿装卸机中的粉尘，安装洒水的锥形容器。喷出的水滴越小，消除粉尘的效果就越明显，但是微小的水滴妨碍了正常的工作。解决方案就是产生一层大颗粒水滴，使其环绕在微小锥形水滴附近。

［例 21］ 多用免触摸水龙头（图 34-5-7），Miscea 制造的多用免触摸水龙头（Miscea Touchless Faucet）造型很别致。它没有开关，出水口的旁边只有一个高科技感十足的感应盘。感应盘被划分成了几个区域，上面分别标着 soap（洗手液）、disinfect（消毒液）和 water（水），以及"＋"和"－"控制区。感应盘的中间是一个液晶显示屏。

首先，感应盘是免触摸的。也就是说，使用者把手指悬在相应区域的上方一定时间就能启动相应的功能；其次，它可以按照需求喷出洗手液、消毒液和水三种液体。这意味着对手的清洁工作将变得异常简单：先让它喷出洗手液或消毒液，然后再喷出普通水冲洗，搞定。最后，它还能调节水的温度。"＋"和

"－"两个区域就是温度控制区，调节的效果可以即时地显示在感应盘中间的液晶显示屏上。如果预定的 35℃ 太冷，把手指悬在"＋"控制区上，水温会自动增加。

图 34-5-7　将水龙头的清洗功能划分为多个感应区域

（4）不对称原理

1）将物体形状由对称变为不对称

如不对称搅拌容器，或对称搅拌容器中的不对称叶片；为增强混合功能，在对称的容器中用非对称的搅拌装置进行搅拌（水泥搅拌车，蛋糕搅拌机）；将 O 形圈的截面形状改为其他形状，以改善其密封性能；在圆柱形把手两端作一个平面用以将其与门、抽屉等固连；非圆形截面的烟囱可以减少风对其的拖曳力。

2）如果物体是不对称的，增加其不对称的程度

如为提高焊接强度，将焊点由原来的圆形改为椭圆形或不规则形状；用散光片聚光。

机械设计中经常采用对称性原理，对称是传统上很多零部件的实现形式。实际上，设计中的很多冲突都与对称有关，将对称变为不对称就能解决很多问题。

［例 22］ 轮胎一侧总比另一侧制造得牢固，这样就可以有效承受路缘的冲击。

［例 23］ 使用一个对称的漏斗卸载湿沙时，在漏斗口处湿沙很容易形成一种拱形体，造成不规则的流动。形状不对称的漏斗就不会存在这种拱形效应。

［例 24］ W. 布莱克是这把绿色椅子（图 34-5-8），就像右手诗人威廉·布莱克。白色的椅子被称为左侧歌德，就像左手诗人。这是荷兰设计团体 nieuweheren 的作品，将灯具与椅子集成一体，命名为 Thepoet。其中绿色款灯具位于椅子右侧，象征右手诗人威廉·布莱克，白色椅子则象征左手诗人歌德。Thepoet 的折叠特性使其在展开功能二者合一，折叠时又可作为落地灯且节省空间。

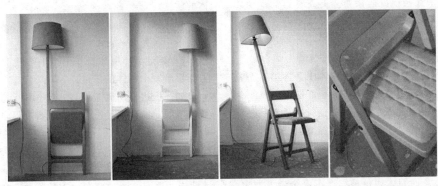

图 34-5-8　具有不对称结构的两色灯具椅

（5）合并原理

1）在空间上将相似的物体连接在一起，使其完成并行的操作

如网络中的个人计算机；并行计算机中的多个微处理器；安装在电路板两面的集成电路；通风系统中的多个轮叶；安装在电路板两侧的大量的电子芯片；超大规模集成芯片系统；双层/三层玻璃窗。

2）在时间上合并相似或相连的操作

如同时分析多个血液参数的医疗诊断仪；具有保护根部功能的草坪割草机。

[例25]　旋转开凿机的回转头上有一个特制的水蒸气喷嘴，用来除霜，软化冻结的土地。

[例26]　美国汽车制造商福特汽车公司日前成功开发出世界第一个充气式安全带，一旦发生车祸，它可以在40ms内做出反应，在撞车时会自动充气，福特公司会把这种安全带安装在车辆的后排位置。专家称，充气式安全带对防止儿童出现肋骨折断、内伤和瘀伤尤为有效。身体虚弱和年老的乘客同样会受益于这种安全带。此发明将传统的安全带和安全气囊合二为一：圆柱形气囊从搭扣伸出固定住肩膀，里面装入一个缝入安全带的气袋。90%以上接受过测试的志愿者表示，充气式安全带类似于传统安全带，但比传统安全带更舒适。一旦发生车祸，后排位置的乘客经常会骨折，但充气式安全带有助于降低乘客骨折的风险，因为相比传统前座安全带，前者气囊充气过程更轻柔、快速，如图34-5-9。

（6）多用性原理

使一个物体能完成多项功能，可以减少原设计中完成这些功能多个物体的数量。如装有牙膏的牙刷柄；能用作婴儿车的儿童安全座椅；用能够反复密封的食品盒作储藏罐；集成电路包装底层的多功能性。

[例27]　小型货车的座位通过调节可以实现多种功能：坐，躺，支撑货物。

[例28]　地铁楼梯成钢琴键盘，踩踏后可发出

图 34-5-9　世界第一个充气式安全带

音乐（图34-5-10）

图 34-5-10　踩踏阶梯可发出美妙音乐

为了改善人们的生活方式，德国大众公司推出一款音乐楼梯，并率先在瑞典首都斯德哥尔摩的地铁站试运行。大众公司希望通过音乐楼梯吸引上下班的人们更多的爬楼梯而不是乘电梯，从而加强锻炼。新颖的音乐楼梯设计成一个巨大的钢琴键盘，每走上一级阶梯就会产生一个乐符。自从推出音乐阶梯后，上下班时不少行人愿意选择爬楼梯，通过上下楼梯感受音乐带来的运动快感。调查发现，在试运行音乐楼梯的地铁站内，选择爬楼梯的人们比乘电梯的人们多了66%。一些人还把自己上下楼梯的视频上传到 You-

第34篇

Tube 上，展示自己创造的乐曲。大众公司的发言人说："娱乐可以让人改善行为方式，我们称其为快乐理念。"

（7）嵌套原理

1）将一个物体放在第二个物体中，将第二个物体放在第三个物体中，以此类推。如儿童玩具不倒翁；套装式油罐，内罐装黏度较高的油，外罐装黏度较低的油。嵌套量规、量具。俄罗斯套娃（里面还有许多玩具）。微型录音机（内置话筒和扬声器）。

2）使一个物体穿过另一个物体的空腔。如收音机伸缩式天线；伸缩式钓鱼竿；汽车安全带卷收器。伸缩教鞭。变焦透镜。飞机紧急升降梯，起落架。

[例29]　为了储藏，可以把一把椅子放在另一把椅子上面。

[例30]　笔筒里装有铅芯的自动铅笔。

[例31]　现实版钢铁战士。

两条银色的金属下肢托举着一套环形护腰，紧接着在下肢的膝关节和脚掌处安装着两副护膝和踏板（图34-5-11）。这套单兵负重辅助系统是根据昆虫外骨骼的仿生学原理研制而成的。未来战场上，士兵的携行装具越来越多、越来越重，可人体的体能和负重能力却是有限的。研发这套外骨骼系统，能使人体骨骼的承重减少50%以上，让普通士兵成为大力士。在战场上，一支行军时速20km，能够在夜间精确定位，负载100kg以上各种信息化装备的外骨骼机器人部队投入战斗，而对手是传统意义上的步兵，这将会获得怎样的战场优势？其实，外骨骼机器人技术在许多领域有着很好的应用前景：在民用领域，外骨骼机器人可以广泛应用于登山、旅游、消防、救灾等需要背负沉重的物资、装备而车辆又无法使用的情况；在医疗领域，外骨骼机器人可以用于辅助残疾人、老年人及下肢肌无力患者行走，也可以帮助他们进行强迫性康复运动等，具有很好的发展前景。

图 34-5-11　嵌套的外骨骼负重辅助系统

（8）质量补偿原理

1）用另一个能产生提升力的物体补偿第一个物体的质量。

如在圆木中注入发泡剂，使其更好地漂浮；用气球携带广告条幅。

2）通过与环境相互作用产生空气动力或液体动力补偿第一个物体的质量。

如飞机机翼的翼型使其上部空气压力减少，下部压力增加，以产生升力；船在航行过程中船身浮出水面，以减少阻力。

[例32]　背包式水上飞行器（图34-5-12）。

背上这款水上飞行器（JetLev-Flyer）就可以在水上自由飞行。类似背包的飞行器向下喷射出的两条水柱可以使人飞离水面约9m高，最快时速可达100km。黄色水管连接的一个貌似小船的漂浮设备为飞行器输送动力，可以连续全速飞行1h左右。不难看出，JetLev-Flyer 很好操控，能够前进、左右转、上升下降自如飞行。并且设计者声称这款飞行器的危险系数跟篮球运动差不多。

图 34-5-12　背包式水上飞行器

（9）预加反作用原理

1）预先施加反作用。

如缓冲器能吸收能量，减少冲击带来的负面影响；在做核试验之前，工作人员佩带防护装置，以免受射线损伤。

2）如果一物体处于或将处于受拉伸状态，预先增加压力。

如在浇混凝土之前，对钢筋进行预压处理。

[例33]　酸碱中和时预置缓冲期，以释放反应中的热量。

[例34]　加固轴是由很多管子做成的，这些管子之前都已经扭成一定角度。

[例35]　三点式安全带问世50年挽救百万生命（图34-5-13）。

尼尔斯·博林并不被很多人所熟知，但他的一项伟大发明却是我们再熟悉不过的了，它就是已经有着半个世纪历史的三点式安全带。三点式安全带的出现为驾乘者营造了一个更为安全的驾车乘车环境，无数人因此在车祸中幸免于难。在问世后的半个世纪时间里，三点式安全带已挽救了 100 万人的生命。当前，全球在公路上行驶的汽车总量已达到大约 6 亿辆，反应迟钝、酒后驾车以及粗心大意的驾驶者仍大有人在，基于这些事实，人们可能对这个数字感到有些吃惊，预想中的数字似乎应该远远超过 100 万。在汽车发展史上，安全带为提高驾车乘车安全系数所作出的贡献仍旧是最大的，虽然在"生命拯救者"的比赛成绩表中，它的排名要落后于青霉素或者消毒外科手术。安全带的基本功能是：防止驾驶员撞向方向盘或者后面的乘客将具有巨大的冲击力（相当于一头奔跑的大象具有的能量）转移给前面的人；防止驾驶员和乘客在发生事故时被抛出车外。由于使用安全带，碰撞导致的死亡和受伤风险至少降低了 50% 以上。时至今日，几乎可以在每一辆现代汽车上看到三点式安全带的身影。传统的三点式安全带（胸部以及大腿前部分别被两条带子固定）是沃尔沃公司在 50 年前发明的。

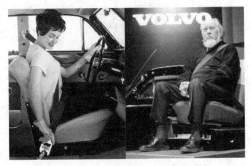

图 34-5-13　安全带和安全带的发明者

（10）预操作原理

1）在操作开始前，使物体局部或全部产生所需的变化。

如预先涂上胶的壁纸；在手术前为所有器械杀菌；不干胶粘贴；在将蔬菜运到食品制造厂前对其进行预处理（即切成薄片、切成方块等方法）；在印刷电路板中用预先制造的胶片连接各碎片。

2）预先对物体进行特殊安排，使其在时间上有准备，或已处于易操作的位置。

如柔性生产单元；灌装生产线中使所有瓶口朝一个方向，以增加灌装效率；厨师按照食谱中所写的详细顺序进行烹调；

[例 36]　装在瓶子里胶水用起来很不方便，因为很难做到涂层干净、均匀。相反的，如果我们预先把胶水挤在一个纸袋上，那么适量的胶水要涂的比较均匀、干净就是一件很容易的事。

[例 37]　再大的风也吹不掉的衣架（图 34-5-14）。衣架每家每户都有，但有个问题却一直没有解决，那就是如果把衣服晾在外面，遇到起风，通常的衣架很可能会被吹落，导致衣服掉到地上。现在，法国设计师 Serge Atallah 终于试图解决这个问题，这便是再大的风也无法吹落的 Push 衣架：线条非常简洁、流畅，而最大的改进是在衣架的挂钩部分，变成了一种别针般的结构，可以自动锁住，同时用手一握就能打开，也只有这种情况下才能将之从晾衣杆上面取下。好处是风再大也不会让衣架掉地上了，坏处是没法使用撑衣杆了，只适用于衣橱或者晾衣杆触手可及的晾晒场所。

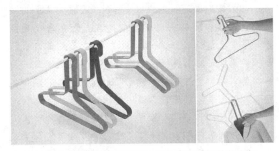

图 34-5-14　应用"预操作"原理实现吹不掉的衣架

（11）预补偿原理

采用预先准备好的应急措施补偿物体相对较低的可靠性。如飞机上的降落伞。胶卷底片上的磁性条可以弥补曝光度的不足。航天飞机的备用输氧装置。

[例 38]　商场中的商品印上磁条可以防止被窃。

[例 39]　应急手电（图 34-5-15）。

在 2011 年的日本大地震之后，日本的企业都铆足了劲去研发和生产那些能应急、能救命的产品，这款应急手电，就是这种背景下产生的最新成果。来自松下，这款应急手电最大的特点就是任何尺寸的干电池都可以用，不论是 1 号、2 号、5 号或者 7 号，只要能找到的干电池，都能塞进去，并且点亮它。而且，可以同时将这 4 种电池一起塞进去（这时，可以通过一个开关来选择使用其中某一粒电池），也可以只塞 1 粒哪怕是 7 号电池进去，它都能正常工作。采用 LED 光源，松下给出的数据是，如果同时塞了 4 种尺寸的电池各 1 粒（也就是说，里面有 4 节电池），那么最长可以连续工作 86 个小时。

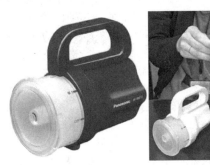

图 34-5-15　预先设计出适应各种型号的电池仓

（12）等势性原理

改变工作条件，使物体不需要被升级或降低。如与冲床工作台高度相同的工件输送带，将冲好的零件输送到另一工位。工厂中的自动送料小车。汽车制造厂的自动生产线和与之配套的工具。

[例40] 汽车底盘各部件上润滑油是工人站在长形地沟里涂上去的，这样就避免使用专用提升机构。

[例41] 自走式灭火器（图34-5-16）。

虽然每年都会有各种相关培训教会使用者如何使用放置在楼梯间的灭火器，但是，当紧急情况发生时，很少有人能保证自己冲过去扛起灭火器回来救火。毕竟灭火器本身很重，有些臂力不足的人万一拎不动怎么办？于是一款叫做 O-Extinguisher 的滚筒式灭火器诞生了，它用自己圆滚滚的轮子解决了体弱者的救命问题，它看起来长得有些像吸尘器，那些灭火用的干粉就装在它的滚筒里，喷射管做成了可伸缩设计，就缠绕在灭火器的滚轴上，遇到紧急情况时，可以拖着灭火器快速冲向事发现场，抽出喷射管就地灭火。由于滚轮式设计行动方便，也在另一个方面解决了普通干粉式灭火器的干粉容量问题，大滚轮里显然可以储存更多干粉，使 O-Extinguisher 在灭火时喷射时间更持久。

图 34-5-16 运用等势性原理设计的自走式灭火器

（13）反向原理

1）将一个问题说明中所规定的操作改为相反的操作。如为了拆卸处于紧配合的两个零件，采用冷却内部零件的方法，而不采用加热外部零件的方法。

2）使物体中的运动部分静止，静止部分运动。如使工件旋转，使刀具固定；扶梯运动，乘客相对扶梯静止；健身器材中的跑步机。

3）使一个物体的位置倒置。如将一个部件或机器总成翻转，以安装紧固件。从罐子中取出豆类时，将罐口朝下就可以将豆类倒出了。

[例42] 翻砂清洗零部件是通过振动零部件实现的，而不使用研磨剂。

[例43] 倒着罐装的啤酒（图34-5-17）。

这是款神奇的啤酒机，叫做 Bottoms UP Beer，能将啤酒从杯子的底部往上灌啤酒。杯子底部其实有个磁控阀门，啤酒倒着灌，不但激起的泡沫更少，而且一灌满还能自动停止，一丁点也不会溢出。

图 34-5-17 倒着灌装啤酒的啤酒机

（14）曲面化原理

1）将直线或平面部分用曲线或曲面代替，立方形用球形代替。如为了增加建筑结构的强度，采用拱形和圆弧形结构。

2）采用辊、球和螺旋。如斜齿轮提供均匀的承载能力；采用球为钢笔增加了墨水的均匀程度；千斤顶中螺旋机构可产生很大的升举力。

3）用旋转运动代替直线运动，采用离心力。如鼠标采用球形结构产生计算机屏幕内光标的运动；洗衣机采用旋转产生离心力的方法，去除湿衣服中的部分水分。在家具底部安装球形轮，以利移动。

[例44] 弧形的开关插座（图34-5-18）。

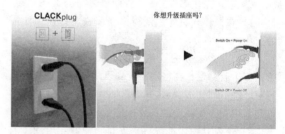

图 34-5-18 弧形的开关插座

众所周知，家里的电器即使是在待机状态下也是耗电的，所以不用时最好能将插头拔出来；如果出远门的话，为了不留安全隐患，更应该彻底关闭所有电源才是。但往往人们并没有这么做，因为很多插座设置在不易靠近的角落，插拔很费事，没有人想每天搬沙发、拖柜子、移冰箱。而且反复插拔容易导致插座松动坏死或者积累灰尘，弄不好一排插孔就只剩下一两个能正常使用了。这时人们往往需要的正是这款单手就能操作的开关插座（Clack Plug），它能轻易帮你解决以上困扰：设计概念就是将插座、插头与开关三合为一，当电器插上插座时，往上推插头就是开，往下扳插头就是关。如此一来，无论插座是设置在床下或是大家电背后等难以触摸到的地方，都可以轻轻松松就关闭电源，而且，把插头孔的位置做成了曲面化的形状，这样，便于插、拔的操作，更人性化。这款开关插座因此获得了2014年iF概念设计奖。

（15）动态化原理

1）使一个物体或其环境在操作的每一个阶段自动调整，以达到优化的性能。如可调整方向盘；可调整座椅；可调整反光镜；飞机中的自动导航系统。

2）把一个物体划分成具有相互关系的元件，元件之间可以改变相对位置。如计算机蝶形键盘；装卸货物的铲车，通过铰链连接两个半圆形铲斗，可以自由开闭，装卸货物时张开铲斗，移动时铲斗闭合。

3）如果一个物体是静止的，使之变为运动的或可改变的。如检测发动机用柔性光学内孔件检测仪。医疗检查中挠性肠镜的使用。

[例45]　手电筒的灯头和筒身之间有一个可伸缩的鹅颈管。

[例46]　运输船的圆柱形船身。为了减少船满载时的吃水深度，船身一般都是由可以打开铰接的半圆柱构成的。

[例47]　会跑的坦克音乐播放器（图34-5-19）。

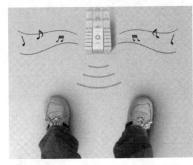

图34-5-19　会跑的坦克音乐播放器

Mintpass推出新作——一款坦克音乐播放器Mint Tank Music Player。不仅外表看上去十分时尚讨喜，还能靠着身上的坦克履带到处跑动，使用者可以通过蓝牙设备远程控制。其自带的两个扬声器也有不错的音质效果，如果碰到同伴，它们还能协同播放乐曲，想想那满屋跑的3D环绕效果还真是让人期待啊。

（16）未到达或超过的作用原理

如果100％达到所希望的效果是困难的，稍微未达到或稍微超过预期的效果将大大简化问题。

如缸筒外壁需要刷漆时，可将缸筒浸泡在盛漆的容器中完成，但取出缸筒后，其外壁粘漆太多，通过快速旋转可以甩掉多余的漆。

[例48]　为了从储藏箱里均匀的卸载金属粉末，送料斗里有一个特殊的内部漏斗，这个漏斗一直保持满溢状态，以提供差不多的持续压力。

[例49]　闪耀来复枪（图34-5-20）。

非致命武器是指为达到使人员或装备失去功能而专门设计的武器系统。目前，外国发展的用于反装备的非致命武器主要有超级润滑剂、材料脆化剂、超级腐蚀剂、超级粘胶以及动力系统熄火弹等。美军的武器研发部门推出了全新的致盲枪闪耀。闪耀是一把外形拉风的来复枪，采用具有高能量的激光，选择了最具刺激性的波段，通过发射激光使对方暂时失明。

图34-5-20　闪耀来复枪

（17）维数变化原理

1）将一维空间中运动或静止的物体变成二维空间中运动或静止的物体，在二维空间中的物体变成三维空间中的物体。如为了扫描一个物体，红外线计算机鼠标在三维空间运动，而不是在一个平面内运动；五轴机床的刀具可被定位到任意所需的位置上。

2）将物体用多层排列代替单层排列。如能装6个CD盘的音响不仅增加了连续放音乐的时间，也增加了选择性。印刷电路板的双层芯片。

主题公园中的职员们经常从游客们面前"消失"，他们通过一条地下隧道来到下一个工作地点，然后走出地面的隧道出口，出现在游客们的面前。

3）使物体倾斜或改变其方向。如自卸车。

4）使用给定表面的反面。如叠层集成电路。

[例50]　温室的北部安装了凹面反射镜，这样通过白天反射太阳光以改善北部的光照。

[例51]　堆叠式电动汽车（图34-5-21）。

麻省理工学院设计人员设计出一种堆叠式的轻型（450千克）电动汽车，可从路边的堆放架借出，就像机场的行李车一样，用完之后可将它还回城市内的任何一个堆放架。麻省理工学院将之称为"城市之车"（CityCar，泡状的双座小车，最高时速为88km），其原型只有2.5m长，折叠后尺寸更可缩小一半，从而便于进行堆叠。在一个传统的停车位中，可容纳4辆堆叠起来的汽车。预计这种车将很快出现在美国城市，目前通用公司正在制造原型车。

图34-5-21　堆叠式电动汽车

（18）振动原理

1）使物体处于振动状态。如电动雕刻刀具具有振动刀片；电动剃须刀。

2）如果振动存在，增加其频率，甚至可以增加到超声。如通过振动分选粉末；振动给料机。

3）使用共振频率。如利用超声共振消除胆结石或肾结石。

4）使用电振动代替机械振动。如石英晶体振动驱动高精度表。

5）使用超声波与电磁场耦合。如在高频炉中混合合金。

[例52]　当铸模被填充满时，使其振动，这样就可以改善流量，提高铸件的结构特性。

[例53]　可震动的方向盘（图34-5-22）

图34-5-22　可震动的方向盘

一种可震动的方向盘将能提醒分神的司机，使他们专心开车，从而减少交通事故。英国ARM公司设计了一种汽车驾驶室相机，可以观察司机的表情，以检测他们是否分神。这种相机位于汽车后视镜，会扫描司机的眼睛，并根据眨眼率来判断司机是否分神。如果认为司机分神，它就会震动方向盘、座位或者发出警报，通过这种技术让司机保持注意力。

（19）周期性作用原理

1）用周期性运动或脉动代替连续运动。如使报警器声音脉动变化，代替连续的报警声音；用鼓锤反复地敲击某物体。

2）对周期性的运动改变其运动频率。如通过调频传递信息；用频率调音代替摩尔电码。

3）在两个无脉动的运动之间增加脉动。如医用呼吸器系统中，每压迫胸部5次，呼吸1次。

[例54]　用扳钳通过振动的方法就可以拧开生锈的螺母，而不需要持续的力。

[例55]　报警灯总是一闪一闪，比起持续的发光，这样更能引起人们的注意。

[例56]　电波充电器（图34-5-23）。

来自设计师Dennis Siegel的创意，电波充电器（Electromagnetic Harvester）希望借助这个世界无所不在的"波"来获取电力，而且使用方法非常简单，理论上，把它放在任何地方它都能工作，只是，越靠近电磁源、电磁场的强度越强，效果就越好，比如说，可以靠近一台工作的咖啡机，或者跑出去站在电线的下面。根据设计师的描述，这台充电器一般都能在1天内充满一节充电电池——效率听上去是比较一般，但是，考虑到这个星球几乎任何地方都充斥着各种免费的电磁场，至少，将之用作野外的补充电力，还是非常合适的。据说将会推出两种频率版本，一种适用于100Hz以下的低频磁场，比如交流电场附近等，一种适用于高频磁场，从手机的GSM频段（900/1800MHz）到蓝牙和WLAN（2.4GHz）。

图34-5-23　电波充电器

（20）有效作用的连续性原理

1）不停顿地工作，物体的所有部件都应满负荷地工作。如当车辆停止运动时，飞轮或液压蓄能器储存能量，使发动机处于一个优化的工作点。

2）消除运动过程中的中间间歇。如针式打印机的双向打印。点阵打印机、菊花轮打印机、喷墨打印机。

3）用旋转运动代替往复运动。

[例 57]　具有切刃的钻床可以实现切割，颠倒方向。

[例 58]　持续飞行五年的无人机（图 34-5-24）。

美国极光飞行公司（Aurora Flight Sciences）正在进行的 Z-Wing 无人机项目，看上去就像是一架 UFO，在人类最先进科技的支持下，它能够在空中连续飞行 5 年，相当于一颗大气层内的同步卫星；配备 9 台电动螺旋桨发动机，采用 Z 形机翼，翼展达到夸张的 150m，表面布满太阳能电池。白天，独特的姿态控制系统让 Z-Wing 总是能将自身最多的太阳能电池同时对着日光，最大限度地储存电能。而到了夜间，它又会改变自己的 Z 形结构，拉伸为一条直线（以减少能耗），并保持在 18000～27000m 的高度巡航。目前，极光飞行的科学家们已经做出了完整的设计，预计 5 年内，这架能在天上连续飞行 43800h 的"神器"就能张开翅膀翱翔，并用于通信和环境监测等领域，比如对温室效应的研究，以及一些军事目的。

图 34-5-24　持续飞行五年的无人机

（21）紧急行为原理

以最快的速度完成有害的操作。如修理牙齿的钻头高速旋转，以防止牙组织升温。为避免塑料受热变形，高速切割塑料。

[例 59]　摩托车安全服（图 34-5-25）

骑摩托车是一件高危险性的事情，尽管可以戴上头盔，但是身体其他部位呢？加拿大设计师 Rejean Neron 带来的摩托车安全服（Safety Sphere），也许能解决这个问题：简单地说，这衣服可以近似地理解为一个穿在身上的安全气囊，每次，意外发生时，这衣服能在 1/500s 内膨胀成一个气球，将车手包在中间，减少伤害。

图 34-5-25　摩托车安全服

（22）变有害为有益原理

1）利用有害因素，特别是对环境有害的因素，获得有益的结果。如利用余热发电；利用秸秆作建材原料；回收物品二次利用，如再生纸。

2）通过与另一种有害因素结合消除一种有害因素。在腐蚀性溶液中加入缓冲性介质。潜水中使用氮氧混合气体，以避免单用氧气造成昏迷或中毒。

3）加大一种有害因素的程度使其不再有害。如森林灭火时用逆火灭火；"以毒攻毒"。

[例 60]　在寒冷的天气里运输沙砾时，沙砾很容易冻结，但过度冻结（使用液氮）可以使冰碴易碎，进而使沙砾变得更细。

[例 61]　使用高频电流加热金属时，只有外层金属变热，这个负面效应，可以应用于需要表面加热的情况。

[例 62]　吃垃圾就能发光的路灯（图 34-5-26）。

这是设计师 Haneum Lee 带来的吃垃圾就能发光照明的路灯，工作原理很简单，相当于是一个缩微版的沼气池：路灯下面是垃圾桶，将生活垃圾倒入后，它们将在这个特别的垃圾桶中被发酵，产生甲烷，然后甲烷被输送至路灯顶部，用于照明，而发酵之后的垃圾，还可以作为堆肥用于城市绿化。当然，尚不清楚这样的一盏路灯，每天需要吃进多少垃圾才能维持其运转——但是，如果技术上能够实现，让每一栋楼周边的路灯都能通过这栋楼产生的垃圾来自给自足，那无疑就太完美了。

（23）反馈原理

1）引入反馈以改善过程或动作。如音频电路中的自动音量控制；加工中心的自动检测装置；声控喷泉；自动导航系统。

图 34-5-26 吃垃圾就能发光的路灯

2) 如果反馈已经存在，改变反馈控制信号的大小或灵敏度。如飞机接近机场时，改变自动驾驶系统的灵敏度；自动调温器的负反馈装置；为使顾客满意，认真听取顾客的意见，改变商场管理模式。

[例63] 会"说话"的花盆（图 34-5-27）

会"说话"的花盆（Digital Pot），基本上可以将之理解为一个小型的遥感和化验设备。外观如白色花盆，但是正面却嵌着个大大 LED 显示器，背后还插着 USB 电缆。当然，对会"说话"的花盆（Digital Pot）来说，这是有必要的，它需要使用软件配合才能分析采集到的数据。基本上，所有种植者所关心的项目，比如说温度、湿度等参数，说话花盆都可以实时测定，并将结果通过浅显易懂的图标反馈到显示器：笑脸表示花草过得很舒服，苦瓜脸表示它们正在受罪，满格的温度计表示太热了，空白的温度计表示太冷了……

图 34-5-27 会"说话"的花盆

（24）中介物原理

1) 使用中介物传送某一物体或某一种中间物体。如机械传动中的惰轮；机加工中钻孔所用的钻孔导套。

2) 将一容易移动的物体与另一物体暂时结合。如机械手抓取重物并移动该重物到另一处；用托盘托住热茶壶；钳子、镊子帮助人手。

[例64] 当将电流应用于液态金属时，为了减少能量损耗，冷却电极的同时还采用具有低熔点的液态金属作为中介物。

[例65] 万能遥控器（图 34-5-28）。

由 NEEO 公司出品，号称万能遥控器，能操纵家里所有电器。该器由两部分组成：那个像圆形盘子的东西是连接电器设备所用，称之为主机；至于那个像早期直板手机的物件儿自然就是可操作的遥控器。此外，还有一个与之相关的软件 APP，在手机上可以下载使用。主机可支持低功耗蓝牙 4.0、Wi-Fi、基于 IPv6 协议的低功耗无线个人局域网以及 360°红外。它能够识别的设备超 3 万台，我国的海尔、海信，韩国 LG、三星，日本的夏普、索尼等都囊括在内。考虑到热衷复古风的人们，十年前的主流音视频设备，比如 DVD 播放器等，NEEO 也能全力配合。遥控器部分，屏幕像素比 IPAD 更清晰。内置传感器，可通过感知识别使用者的手掌，从而根据浏览喜好调动出日常播放列表。有些少儿不宜的东西，家长们也可以在遥控器上进行设置，从而禁止其浏览。遥控器与主机不可相距太远，50m 以内可用，只要在此范围内，一台主机可以同时支持 10 个遥控器工作。手机通过 APP 还可寻找 NEEO 遥控器。

图 34-5-28 万能遥控器

（25）自服务原理

1) 使一物体通过附加功能产生自己服务于自己的功能。冷饮吸管在二氧化碳产生的压力下工作。

2) 利用废物的材料、能量与物质。如钢厂余热发电装置；利用发电过程产生的热量取暖；用动物的粪便做肥料；用生活垃圾做化肥。

[例66] 为了减少进料机（传送研磨材料）的磨损，它的表面通常由一些研磨材料制成。

[例67] 电子焊枪杆一般需要使用一些特殊装置来改进，为了简化系统，我们可以直接使用由焊接电流控制的螺线管实现改进。

[例68] 自动泊车技术（图 34-5-29）。

自动泊车技术大部分用于顺列式驻车情况。常见的自动泊车系统的基本原理是基于车辆的四距离传感器的，低速开过有空缺车位的一排停车位，传感器扫描到有空缺的车位足够放下这辆车的话，人工就可以启动自动泊车程序。车辆将回波的距离数据发送给中央计算机并由中央计算机控制车辆的转向机构，但是仍然需要人工来控制油门，因此并不是全自动的，但这种设备的确使顺列式驻车更加容易，尽管驾驶员仍然必须踩着制动踏板控制车速（汽车的怠速足以将车驶入停车位，无需踩加速踏板），有些车辆现在已经可以实现全自动的自动泊车，但是只限于横列和纵列的标准车位，这些车辆可以由人下车来操作，按动按钮车辆就可以实现完全自动的泊车入位。

图 34-5-29　自动泊车技术

（26）复制原理

1）用简单、低廉的复制品代替复杂的、昂贵的、易碎的或不易操作的物体。如通过虚拟现实技术可以对未来的复杂系统进行研究；通过对模型的实验代替对真实系统的实验；网络旅游既安全又经济；看电视直播，而不到现场。

2）用光学拷贝或图像代替物体本身，可以放大或缩小图像。如通过看一名教授的讲座录像可代替亲自听他的讲座；用卫星相片代替实地考察；由图片测量实物尺寸；用 B 超观察胚胎的生长。

3）如果已使用了可见光拷贝，那么可用红外线或紫外线代替。如利用红外线成像探测热源。

［例 69］　我们可以通过测量物体的影子来推测物体的实际高度。

［例 70］　新型床垫模拟子宫感觉令婴儿迅速入睡（图 34-5-30）

这项发明由多个充气垫组成，可放在现有床垫的下面，在实验中可令婴儿入睡所用时间减少 90%。充气垫中先是轻轻注满空气，然后再放气，模拟一种上下起伏摇摆的运动。一个可爱的绵羊玩具挂在床头

一侧，发出类似母亲心跳的声音，此外还伴随着其他各种声音，如真空吸尘器和竖琴音乐。科学家很久以前便知道，真空吸尘器的噪声可以帮助舒缓婴儿情绪，令其安静下来，因为它听上去类似于子宫发出的嗖嗖声或噪声。同时，多项研究表明，竖琴音乐也可起到抚慰的作用，让人放松心情。充气垫的活动还有助于让婴儿平躺睡眠，这是医疗机构推荐的 6 个月以下婴儿最安全的睡姿。

图 34-5-30　新型床垫模拟子宫感觉令婴儿迅速入睡

（27）低成本、不耐用的物体代替昂贵、耐用的物体原理

用一些低成本物体代替昂贵物体，用一些不耐用物体代替耐用物体，有关特性作折中处理。如一次性的纸杯子；一次性的餐具、一次性尿布、一次性拖鞋等。

［例 71］　纸板音箱（图 34-5-31）。

无印良品制造了一种新型纸板音箱，它由一些电子元件构成，携带时可以将其展开放入一个塑料袋中，使用时将它折叠起来即可。

图 34-5-31　纸板音箱

（28）机械系统的替代原理

第34篇

1）用视觉、听觉、嗅觉系统代替部分机械系统。如在天然气中混入难闻的气体代替机械或传感器来警告人们天然气的泄漏；用声音栅栏代替实物栅栏（如光电传感器控制小动物进出房间）。

2）用电场、磁场及电磁场完成物体间的相互作用。如要混合两种粉末，使其中一种带正电荷，另一种带负电荷。

3）将固定场变为移动场，将静态场变为动态场，将随机场变为确定场。早期的通信系统用全方位检测，现在用定点雷达预测，可以获得更加详细的信息。

4）将铁磁粒子用于场的作用之中。

[例72]　为了将金属覆盖层和热塑性材料粘在一起，无需使用机械设备，可以通过施加磁场产生应力来实现该过程。

[例73]　刷牙不需要上牙膏了（图 34-5-32）。

由日本制造商 Shiken 赞助，由 Kunio Komiyama 博士和好友 Gerry Uswak 博士所研发的这只 Soladey-J3X：太阳能牙刷。其前身早在 15 年前就已问世，经过改良后，当光照射在牙刷手柄上时，会与 Soladey-J3X 中的二氧化钛发生化学作用，产生电子，电子与口中的酸性结合，能有效去除牙菌斑，也就是说，从此刷牙不必用牙膏了。

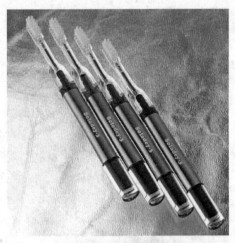

图 34-5-32　不用牙膏的牙刷

（29）气动与液压结构原理

物体的固体零部件可以用气动或液压零部件代替，将气体或液压用于膨胀或减振。如车辆减速时由液压系统储存能量，车辆运行时放出能量；气垫运动鞋，减少运动对足底的冲击；运输易损物品时，经常使用发泡材料保护。

[例74]　为了提高工厂大烟筒的稳定性，在烟筒的内壁装上带有喷嘴的螺旋管，当压缩空气通过

喷嘴时形成了空气壁，提高烟筒对气流的稳定性。

[例75]　为了运输易碎物品，经常要用到气泡封袋或泡沫材料。

[例76]　加压喷射瓶盖：Aquabot（图 34-5-33）

可以配合通常大小的水壶使用，将之替换原来的盖子即可。Aquabot 瓶盖上有一个圆形的把手，将之拉出就能变成一个"气枪"，来点活塞运动就能给水壶加压。然后，把手的旁边有个按钮，掀动按钮，另外一边的喷口就能喷水，而且粗细可调，可以是雾状的，当然也可以聚集成细流射出，最远能喷好几米。

图 34-5-33　加压喷射瓶盖：Aquabot

（30）柔性壳体或薄膜原理

1）用柔性壳体或薄膜代替传统结构。如用薄膜制造的充气结构作为网球场的冬季覆盖物。

2）使用柔性壳体或薄膜将物体与环境隔离。如在水库表面漂浮一种由双极性材料制造的薄膜，一面具有亲水性能，另一面具有疏水性能，以减少水的蒸发；用薄膜将水和油分别储藏；农业上使用塑料大棚种菜。

[例77]　为了防止植物叶面水分的蒸发，通常在植物的叶面上喷洒聚乙烯。由于聚乙烯薄膜的透氧性比水蒸气好，可以促进植物生长。

[例78]　充气旅行箱（图 34-5-34）

箱体由可充气的包装组成，拖杆就是打气装备，上下按压拖杆，行李箱体向内膨胀，充填内部空隙，即紧密包裹防止因行李过少内部散乱造成的磕碰，同时形成的空气包防护从外部完美保护行李。抵达后，将侧面的阀门打开，放掉气体就可以了。

（31）多孔材料原理

1）使物体多孔或通过插入、涂层等增加多孔元素。如在一结构上钻孔，以减轻质量。

2）如果物体已是多孔的，用这些孔引入有用的物质或功能。如利用一种多孔材料吸收接头上的焊料；利用多孔钯储藏液态氢；用海绵储存液态氮。

[例79]　为了实现更好的冷却效果，机器上的

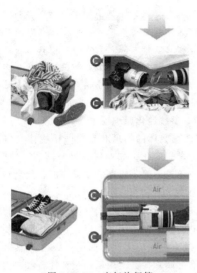

图 34-5-34　充气旅行箱

一些零部件内充满了一种已经浸透冷却液的多孔材料。在机器工作过程中，冷却液蒸发，可提供均匀冷却。

[例80]　沙滩专用簸箕（图 34-5-35）。

Beach Cleaner 是一把像筛子一样的簸箕，浑身上下有孔洞方便砂砾漏下，垃圾很轻松被留在簸箕内。

图 34-5-35　沙滩专用簸箕：Beach Cleaner

（32）改变颜色原理

1）改变物体或环境的颜色。如在洗相片的暗房中要采用安全的光线；在暗室中使用安全灯，做警戒色。

2）改变一个物体的透明度，或改变某一过程的可视性。在半导体制作过程中利用照相平板印刷术将透明的物质变为不透明的，使技术人员可以容易地控制制造过程；同样，在丝网印刷过程中，将不透明的原料变为透明的；透明的包装使用户能够看到里面的产品。

3）采用有颜色的添加物，使不易被观察到的物体或过程被观察到。如为了观察一个透明管路内的水是处于层流还是紊流，使带颜色的某种流体从入口流入。

4）如果已增加了颜色添加剂，则采用发光的轨迹。

[例81]　包扎伤口时，使用透明的绷带，就可以在不解绷带的情况下观察伤口的愈合情况。

[例82]　透光材料（图 34-5-36）。

这种可透光的混凝土由大量的光学纤维和精致混凝土组合而成。可做成预制砖或墙板的形式，离这种混凝土最近的物体可在墙板上显示出阴影。亮侧的阴影以鲜明的轮廓出现在暗侧上，颜色也保持不变。用透光混凝土做成的混凝土墙就好像是一幅银幕或一个扫描器。这种特殊效果使人觉得混凝土墙的厚度和重量都消失了。混凝土能够透光的原因是混凝土两个平面之间的纤维是以矩阵的方式平行放置的。另外，由于光纤占的体积很小，混凝土的力学性能基本不受影响，完全可以用来做建筑材料，因此承重结构也能采用这种混凝土。而这种透光混凝土具有不同的尺寸和绝热作用，并能做成不同的纹理和色彩，在灯光下达到其艺术效果。用透光混凝土可制成园林建筑制品、装饰板材、装饰砌块和曲面波浪型，为建筑师的艺术想象与创作提供了实现的可能性。

图 34-5-36　透光的混凝土

（33）同质性原理

采用相同或相似的物体制造与某物体相互作用的物体。如为了减少化学反应，盛放某物体的容器应用与该物体相同的材料制造；用金刚石切割钻石，切割产生的粉末可以回收。

[例83]　运输抛光粉的进料机的表面是由相同材料制成，这样可以持续的恢复进料机的表面。

[例84]　任何的空瓶子都是花洒（图 34-5-37）。

只需要简单地在空瓶子的口上加一个手柄，就成为花洒了。创意就是应该来自我们的日常生活，加入一点点的变化，然后给我们的生活带来乐趣。

图 34-5-37　任何的空瓶子都是花洒

（34）抛弃与修复原理

1）当一个物体完成了其功能或变得无用时，抛弃或修复该物体中的一个物体。如用可溶解的胶囊作为药粉的包装；可降解餐具；火箭助推器在完成其作用后立即分离。

2）立即修复一个物体中所损耗的部分。如割草机的自刃磨刀机；汽车发动机的自调节系统。

[例85]　手枪发射子弹后，弹壳会自动弹出。

[例86]　"喝"咖啡渣及茶叶渣的绿色环保打印机（图 34-5-38）。

图 34-5-38　"喝"咖啡渣及茶叶渣的绿色环保打印机

这款由韩国设计师 Jeon Hwan Ju 设计的茶叶/咖啡打印机，没有采用传统墨盒，而是利用咖啡渣或茶叶渣来制作墨水，只要将这些残渣放到配套的"墨盒"中即可，使用起来非常环保。而为了达到省电的目的，这款打印机的喷头并没有利用电力来驱动，需要用户手动将其左右摇晃，即可将设定的图像和文字打印到纸上。普通打印机墨盒中的散发出的细小物质很容易对人体健康造成威胁，由于这款打印机采用咖啡渣、茶叶渣这种天然材料作为打印耗材，因此，完全杜绝了传统的打印机的微粒污染的问题。由于没有采用电力驱动，用户需要手摇来完成打印，这样就不适合大量打印。

（35）参数变化原理

1）改变物体的物理状态，即让物体在气态、液态、固态之间变化。如使氧气处于液态，便于运输；制作夹心巧克力时，将夹心糖果冷冻，然后将其浸入热巧克力。

2）改变物体的浓度和黏度。如从使用的角度看，液态香皂的黏度高于固态香皂，且使用更方便。

3）改变物体的柔性。如用三级可调减振器代替轿车中不可调减振器。用工程塑料代替普通塑料，提高强度和耐久度。

4）改变温度。如使金属的温度升高到居里点以上，金属由铁磁体变为顺磁体；为了保护动物标本，需要将其降温；提高烹饪食品的温度（改变食品的色、香、味）。

[例87]　在液态情况下运输天然气可以减少体积和成本。

[例88]　可以穿五年的童鞋（图 34-5-39）。

这双可以通过变换鞋带扣位置、从而改变大小的凉鞋，鞋子上部为皮革，鞋底为类似轮胎的橡胶质地。总共有两种尺寸可选，其中小码可从幼儿园穿起，大码则可从小学开始。

图 34-5-39　可以穿五年的童鞋

（36）状态变化原理

在物质状态变化过程中实现某种效应。如利用水在结冰时体积膨胀的原理进行定向无声爆破。

[例89]　为了控制管子的膨胀程度，可以在管子里注入冷水然后冷却至冻结温度。

[例90]　公仔变色表示泡面可以吃（图 34-5-40）。

一碗泡面要怎样泡才能好吃？开水浸泡的时间是个重要因素，太短则面会太生，太长则面没嚼劲。对这个要素的把握，日本的设计师给出了自己的解决之道。Cupmen 看上去就像是一个弯着腰、张开双臂的小人，它有两个作用：首先，能用来压住杯面撕开的盖子。曾经泡过面的人就会知道，为了让面能够尽快泡好，撕开的盖子必须要找东西压住才行，否则热量散失太快，面泡出来会不好吃。以前，这个压盖子的东西，也许是手机，也许是一本书，而现在，可以让Cupmen 专门来干这事。Cupmen 使用了某种热感应材料制作，随着时间的推移，趴在泡面碗上的泡面仔会在热气的作用下越来越烫。而在受热之后，它会变白。于是，当它的上半身变成白色时，泡面就差不多了。目前，Cupmen 有蓝色、橙色和红色三种颜色。

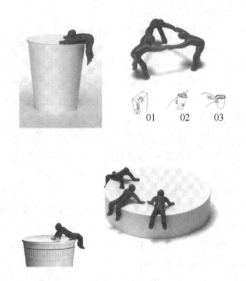

图 34-5-40 公仔变色表示泡面可以吃

（37）热膨胀原理

1）利用材料的热膨胀或热收缩性质。如装配过盈配合的两个零件时，将内部零件冷却，将外部零件加热，然后装配在一起并置于常温中。

2）使用具有不同热胀系数的材料。如双金属片传感器；热敏开关（两条粘在一起的金属片，由于两片金属的热胀系数不同，对温度的敏感程度也不一样，可实现温度控制）。

[例 91] 为了控制温室天窗的闭合，在天窗上连接了双金属板。当温度改变时双金属板就会相应的弯曲，这样就可以控制天窗的闭合。

[例 92] 可以贴在身上的温度计（图 34-5-41）

贴在生病的孩子腋下，在一天内随时记录温度变化，将数据通过蓝牙传送给父母的智能手机，并根据需要转发给儿科医生。TempTraq 的材料柔软安全，不含乳胶成分。测温时丝毫不会打扰生病的孩子，让其安心入睡。活动时也不用担心会掉落。方便贴合并

卸除。

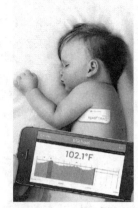

图 34-5-41 可以贴在身上的温度计

（38）加速强氧化原理

使氧化从一个级别转变到另一个级别，如从环境气体到充满氧气，从充满氧气到纯氧气，从纯氧到离子态氧。

为持久在水下呼吸，水中呼吸器中储存浓缩空气；用氧-乙炔气焰锯代替空气-乙炔气焰锯切割金属；用高压纯氧杀灭伤口细菌；为了获得更多的热量，焊枪里通入氧气，而不是用空气；在化学试验中使用离子态氧加速化学反应。

[例 93] 为了从喷火器里获得更多能量，原本供应的空气被纯氧所代替。

[例 94] 日本三菱电机开发新技术，借助羟自由基的强氧化力处理工厂废水（图 34-5-42）。

三菱电机开发出了一项新的水处理技术，可利用气液界面放电产生的羟自由基（·OH）来分解难以分解的物质。与现有的方法相比，新技术可高效分解过去使用氯气和臭氧难以分解的表面活性剂和二氧杂环己烷等物质。新技术可用于工业废水和污水的处理和再利用。采用新技术的处理装置的原理如图 34-5-42 所示，将反应器倾斜设置，使被处理水在湿润氧气中流过。倾斜面上配置了电极，可在被处理水的气液界面诱发脉冲电晕放电，从而产生羟自由基。羟自由基的氧化还原电位为 2.85eV，其氧化力高于氧化还原电位为 2.07eV 的臭氧。新技术借助羟自由基的强氧化力，将难分解物质分解成二氧化碳和水等。去除难分解性物质通常采用的两种方法是：①组合使用臭氧和紫外线（UV）照射的促氧化法；②让活性炭吸附并去除难分解性物质的活性炭处理法。但是，采用促氧化法时，更换和维护 UV 灯需要耗费成本，而且，为了降低产生臭氧时的氧气成本，需要提高臭氧浓度。而活性炭处理法虽然系统简单，

但活性炭的再生和更换也需要耗费成本。而新技术可以实现低成本。首先，通过反应器的模块化来简化装置构成，使装置成本比促氧化法更低。新技术可以高效生成羟自由基，分解效率达到促氧化法的两倍。而且，由于可以在湿润氧气中稳定放电，因此可以实现氧气的再利用、减少氧气使用量。不必像活性炭处理法一样要更换活性炭。三菱电机在日本山形大学理工学研究科南谷研究室的协助下开发出了这项新技术。计划作为工业废水的再利用装置，在 2018 年度内实现商用化。

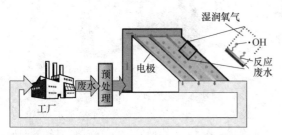

图 34-5-42　借助羟自由基的强氧化力处理工厂废水

（39）惰性环境原理

1）用惰性环境代替通常环境。如为了防止炽热灯丝的失效，让其置于氩气中。

2）让一个过程在真空中发生。

[例95]　在冶金生产中，往往使用从熔炉气体中分离出的一氧化碳在燃烧室中燃烧来加热水和金属。在给燃烧室供气之前，应先将灰尘过滤掉。如果过滤器被阻塞，就应该使用压缩空气将灰尘清除。然而，这样形成的一氧化碳和空气的混合物容易发生爆炸。建议使用惰性气体代替空气，保证过滤器的清洁和工作过程的安全。

[例96]　为了防止仓库内的棉花着火，在储存的时候添加惰性气体。

[例97]　帮忙打包并储存食物的纳米机器人。

帮忙打包并储存食物的 Nanopack 纳米机器人，它由 10^{100} 个能重组固态纳米机器人组成，只要将它放到需要打包和储存的食物上，它就会自动扩张开来，把食物聚拢在一起，并形成方形的固态——通过挤压食物，保留了食物原有的形式、质量，制造一个真空和零水分的口袋，以此来减少开支和浪费（图 34-5-43）。

（40）复合材料原理

将材质单一的材料改为复合材料。如玻璃纤维与木材相比较轻，其在形成不同形状时更容易控制；用碳纤维环氧树脂复合材料制成的高尔夫球棍更加轻便、结实；飞机上一些金属部件用工程塑料取代，使飞机更轻；一些门把手用环氧树脂制造，增强把手的

图 34-5-43　帮忙打包并储存食物的纳米机器人

使用强度；用玻璃纤维复合材料制成的冲浪板，更加易于控制运动方向，也更加易于制成各种形状。

[例98]　蘑菇墙板（图 34-5-44）。

艾本·巴耶尔和盖文·迈金泰尔准备用蘑菇建房。这两位年轻的企业家制造出一种成本很低但强度很高的生物材料，可以取代昂贵并有害于环境的聚苯乙烯泡沫材料和塑料，这两者是广泛使用的墙体隔热防火和包装材料，风力涡轮的叶片和汽车车体面板也常用到它们。在实验室内，两位发明者用水、过氧化氢、淀粉、再生纸和稻壳等农业废弃品做成模具，然后注入菌丝，它是蘑菇的根体，看上去就像一束白色的纤维。这些纤维消化养料，10～14 天后就会发育成一张紧密的网络，把模具变成结构坚固的生物复合板（一张一立方英寸的 Greensulate 板材内含有的菌丝连接起来长达八英里）。然后再用高温加以烘烤，阻止菌丝继续生长。两周之后，板材制作完成，可以用于建造墙体了。巴耶尔和麦金泰尔同是伦斯勒理工学院机械工程系学生。决定制造生物板材后，他们用保鲜盒种植各种蘑菇，做了许多样品，实验证明这种复合板具有非同寻常的特性：制作过程中无须加入热源或光照等能量，不需要昂贵的设备，在室温和黑暗环境中就可以生长；菌丝体将稻壳包围在紧密编织的网中，产生微小的绝缘气囊，一英寸厚的 Greensulate 隔热值高达 3，与一英寸厚的玻璃纤维隔热板相当，经得起 600℃ 的高温；可以根据需要设计其形状、强度和弹性，任何规格的 Greensulate 隔热板只需 5～14 天即可完成。与现有的化工产品相比，它减少了 80%～90% 的二氧化碳排放和 80%～84% 的能源需求，成本低但使用寿命长，废弃后可直接埋入土中分解成堆肥。2007 年，两人创立了 EcovativeDesign 公司，通过全国大学发明和创新者联盟（NCIIA）获得了 16000 美元的资金。一年后，现任首席运营官艾德·布卢卡和其他成员加入，大家共同合作，在阿姆斯特丹举行的"荷兰绿色创意挑战杯"比赛中获得 50 万欧元奖金。目前，这种蘑菇板材已经试用

于佛蒙特州一家学校的体育馆，两位发明者希望年底能够完成所有工业认证和测试，达到美国试验与材料协会（ASTM）的标准。

图 34-5-44　蘑菇墙板

上述这些原理都是通用发明创造原理，未针对具体领域，其表达方法是描述可能解的概念。如建议采用柔性方法，问题的解要涉及某种程度上改变已有系统的柔性或适应性，设计人员应根据该建议提出已有系统的改进方案，这样才有助于问题的迅速解决。还有一些原理范围很宽，应用面很广，既可应用于工程，又可用于管理、广告和市场等领域。

上述这些原理都是通用发明创造原理，未针对具体领域，其表达方法是描述可能解的概念。如建议采用柔性方法，问题的解要涉及某种程度上改变已有系统的柔性或适应性，设计人员应根据该建议提出已有系统的改进方案，这样才有助于问题的迅速解决。还有一些原理范围很宽，应用面很广，既可应用于工程，又可用于管理、广告和市场等领域。

5.3　利用冲突矩阵实现创新设计

5.3.1　冲突矩阵的简介

在设计过程中如何选用发明创造原理作为产生新概念的指导是一个具有现实意义的问题。通过多年的研究、分析和比较，Altshuller 提出了冲突矩阵。该矩阵将描述技术冲突的 39 个通用工程参数与 40 条发明创造原理建立了对应关系，很好地解决了设计过程中选择发明原理的难题。

冲突矩阵为 40 行 40 列的一个矩阵（见附录 1），图 34-5-45 为冲突矩阵简图。其中第一行或第一列为按顺序排列的 39 个描述冲突的通用工程参数序号。除了第一行与第一列外，其余 39 行 39 列形成一个矩阵，矩阵元素中或空或有几个数字，这些数字表示

40 条发明原理中被推荐采用的原理序号。矩阵中的列（行）所代表的工程参数是需改善的一方，行（列）所描述的工程参数为冲突中可能引起恶化的一方。

应用该矩阵的过程步骤是：首先在 39 个通用工程参数中，确定使产品某一方面质量提高及降低（恶化）的工程参数 A 及 B 的序号，然后将参数 A 及 B 的序号从第一行及第一列中选取对应的序号，最后在两序号对应行与列的交叉处确定一特定矩阵元素，该元素所给出的数字为推荐解决冲突可采用的发明原理序号。如：希望质量提高与降低的工程参数序号分别为 5 及 3，在矩阵中，第 3 列与第 5 行交叉处所对应的矩阵元素如图 34-5-45 所示，该矩阵元素中的数字分别为 14、15、18 及 4 号推荐的发明原理序号。

5.3.2　利用冲突矩阵创新

TRIZ 的冲突理论似乎是产品创新的灵丹妙药。实际上，在应用该理论之前的前处理与应用后的后处理仍然是很重要的。

当针对具体问题确认了一个技术冲突后，要用该问题所处的技术领域中的特定术语描述该冲突。然后，要将冲突的描述翻译成一般术语，由这些一般术语选择通用工程参数。由通用工程参数在冲突矩阵中选择可用的解决原理。一旦某一或某几个发明创造原理被选定后，必须根据特定的问题将发明创造原理转化并产生一个特定的解。对于复杂的问题一条原理是不够的，原理的作用是使原系统向着改进的方向发展。在改进过程中，对问题的深入思考、创造性和经验都是必需的。

可把应用技术冲突解决问题的步骤具体化为表 34-5-6 所示的 12 步。

通常所选定的发明原理多于 1 个，这说明前人已用这几个原理解决了一些类似的特定的技术冲突。这些原理仅仅表明解的可能方向，即应用这些原理过滤掉了很多不太可能的解的方向，尽可能将所选定的每条原理都用到待设计过程中去，不要拒绝采用推荐的任何原理。假如所用可能的解都不满足要求，则对冲突重新定义并求解。

[例 99]　开口扳手的设计。

扳手在外力的作用下拧紧或松开一个六角螺钉或螺母。由于螺钉或螺母的受力集中到两条棱边，容易产生变形，而使螺钉或螺母的拧紧或松开困难，如图 34-5-46 所示。

开口扳手已有多年的生产及应用历史，在产品进化曲线上应该处于成熟期或退出期，但对于传统产品很少有人去考虑设计中的不足并且改进设计。按照

第 34 篇

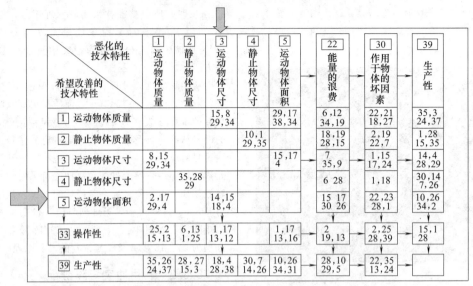

希望改善的技术特性 \ 恶化的技术特性	① 运动物体质量	② 静止物体质量	③ 运动物体尺寸	④ 静止物体尺寸	⑤ 运动物体面积	㉒ 能量的浪费	㉚ 作用于物体的坏因素	㊴ 生产性
① 运动物体质量			15,8 29,34		29,17 38,34	6,12 34,19	22,21 18,27	35,3 24,37
② 静止物体质量				10,1 29,35		18,19 28,15	2,19 22,7	1,28 15,35
③ 运动物体尺寸	8,15 29,34				15,17 4	7 35,9	1,15 17,24	14,4 28,29
④ 静止物体尺寸		35,28 29				6 28	1,18	30,14 7,26
⑤ 运动物体面积	2,17 29,4		14,15 18,4			15 17 30 26	22,23 28,1	10,26 34,2
㉝ 操作性	25,2 15,13	6,13 1,25	1,17 13,12		1,17 13,16	2 19,13	2,25 28,39	15,1 28
㊴ 生产性	35,26 24,37	28,27 15,3	18,4 28,38	30,7 14,26	10,26 34,31	28,10 29,5	22,35 13,24	

注：希望改善的技术特性和恶化的技术特性的项目均有相同的 39 项，具体项目见下面说明。
1—运动物体质量；2—静止物体质量；3—运动物体尺寸；4—静止物体尺寸；5—运动物体面积；
6—静止物体面积；7—运动物体体积；8—静止物体体积；9—速度；10—力；11—拉伸力、压力；
12—形状；13—物体的稳定性；14—强度；15—运动物体的耐久性；16—静止物体的耐久性；
17—温度；18—亮度；19—运动物体使用的能量；20—静止物体使用的能量；21—动力；
22—能量的浪费；23—物质的浪费；24—信息的浪费；25—时间的浪费；26—物质的量；
27—可靠性；28—测定精度；29—制造精度；30—作用于物体的坏因素；31—副作用；
32—制造性；33—操作性；34—修正性；35—适应性；36—装置的复杂程度；37—控制的复杂程度；
38—自动化水平；39—生产性

图 34-5-45　冲突矩阵简图

表 34-5-6　　解决问题的步骤

序号	步　骤
1	定义待设计系统的名称
2	确定待设计系统的主要功能
3	列出待设计系统的关键子系统、各种辅助功能
4	对待设计系统的操作进行描述
5	确定待设计系统应改善的特性、应该消除的特性
6	将涉及的参数要按通用的 39 个工程参数重新描述
7	对技术冲突进行描述；如果某一工程参数要得到改善，将导致哪些参数恶化
8	对技术冲突进行另一种描述；假如降低参数恶化的程度，要改善参数将被削弱，或另一恶化参数将被加强
9	在冲突矩阵中由冲突双方确定相应的矩阵元素
10	由上述元素确定可用发明原理
11	将所确定的原理应用于设计者的问题中
12	找到、评价并完善概念设计及后续的设计

TRIZ 理论，处于成熟期或退出期的改进设计，必须发现并解决深层次的冲突，提出更合理的设计概念。目前的扳手容易损坏螺钉或螺母的棱边，新的设计必须克服目前设计中的该缺点。下面应用冲突矩阵解决该问题。

首先从 39 个通用工程参数中选择能代表技术冲突的一对特性参数。

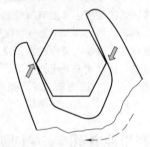

图 34-5-46　扳手在外力的作用下拧紧或
松开一个六角螺钉或螺母

① 质量提高的参数：物体产生的有害因素（31），减少对螺钉或螺母棱边磨损。

② 带来负面影响的参数：制造精度（29），新的改进可能使制造困难。

将上述的两个通用工程参数 31 和 29 代入冲突矩阵，可以得到如下 4 条推荐的发明原理，分别为：4 不对称，17 维数变化，34 抛弃与修复和 26 复制。

对 17 及 4 两条发明原理进行深入分析表明，如果扳手工作面能与螺母或螺钉的侧面接触，而不仅是与其棱边接触，问题就可解决。美国专利 US Patent 5406868 正是基于这两条原理设计出如图 34-5-47 所示的新型扳手。

图 34-5-47　美国专利扳手

5.4　工程实例分析

（1）背景分析

近年来，为了在正面碰撞事故中有效地保护坐在前排的乘员的安全，在汽车前部安装了空气袋，而为了防止侧向碰撞的危害，还有必要开发相应的侧向空气袋（side air bags，缩写为 SAB）。经过分析，大多数厂商都打算把袋子安装在座椅的蒙皮里面，这样的安排有明显的优点，但由此带来了一个技术难题：侧向碰撞发生时，空气袋必须从座椅内部穿出，冲破蒙皮，才能胀开，保护乘员安全；而平时，要求蒙皮有很好的强度，不得开裂。这是一对尖锐的矛盾，虽然已进行了多次尝试，仍未能解决。为运用 TRIZ 方法解决这一问题，福特公司成立了工程小组，快速有效地进行方案开发，以便在不远的将来将侧向空气袋投入使用（目前已投入使用）。

（2）对工程知识的了解

一开始，开发小组和福特有关供应商的专家共同分析了这方面以前的测试数据和以前采用过的方法，吸取经验，以免重蹈覆辙；采访有关专家，了解生产工艺，以期掌握文字资料以外的信息；与此同时，查阅有关专利，了解国内外在这方面的进展。

由于空气袋将安装在座椅内部，小组对座椅的结构进行了深入的研究。福特车上的座椅蒙皮材料为织物或皮革，小组总结了将这两种材料作蒙皮的使用方式。考虑到蒙皮接缝处可能是最薄弱部位，小组假定空气袋将突破该处穿出，为此总结了福特车上蒙皮的各种接缝方法。小组还总结了蒙皮与座椅的结合方式、空气袋胀开的方向等问题。这是为了使开发出的总体方案对福特车的各种座椅都普遍适用，它是解决这一技术问题的难点之一。

通过这样的一系列调查，积累了相关的工程知识。为此决定使用 TRIZ 方法以达到两个目的：

① 把一个特定的技术问题用一个一般的问题加以描述；

② 运用解决发明创造问题的原理达到这一目标。

侧向空气袋在座椅中的安装如图 34-5-48 所示。

（3）用 TRIZ 理论描述需解决的问题

目标中的第一条属于解决创造问题的一般问题的转化，它使工程人员免于把目光聚焦于狭小的区域，而可以注目于引发问题的深层原因，开发出超出常规的、创造性的解决方案。

可按解决创造性问题的一般模式分析系统的物理矛盾。本项目要解决的问题是：使侧向空气袋可以持续胀开（不被座椅蒙皮阻碍）。由于已假定空气袋从接缝处突出，因此，理想的方案是：接缝处严密地缝合在一起，但空气袋在胀开时不受任何阻碍。对应的物理矛盾是：接缝在平常使用时必须很强，但在侧向空气袋胀开时必须容易裂开。（实际上，多年来技术人员一直致力于对蒙皮、接缝等进行加强，使产品强度更高，以免蒙皮与接缝在日常使用中失效，所以这一物理矛盾是很突出的）。继续运行解决创造性问题的步骤，便可寻找相应的解决方案。本项目中，为了使解决方案更为广泛，将这一物理矛盾作为需要达到的技术目标。

（4）侧向空气袋的总体方案设计开发

根据全面分析，解决侧向空气袋持续胀开的问题可从以下四个方面着手：

① 将能量集中于接缝；

② 减小接缝强度；

③ 改善蒙皮的附着方式；

④ 新的接缝设计。

每个方面都可以分解出更详尽的努力方向，得出这些努力的子方向，形成树状图。问题的解决应从树的每一个分枝出发，分析可采用的设计方案。小组总结了技术人员以前为解决这个问题而选择的努力方向，发现他们受思维定式的制约，通常把注意力集中在：巧妙地设计空气袋的结构，包括增加新的结构，帮助空气袋在胀开时冲破接缝处。而这只是努力方向①"将能量集中于接缝"的子方向之一。对某些方向，如方向④，以前尚未考虑过。对所有这四个努力方向，都没有能全面考虑所有子方向。这不能不认为是常规方法没有取得成功的重要原因。

小组运用 TRIZ 方法，对每个子方向进行了探索。由于解决创造性问题的原理来自对世界范围内专利的总结，科学地概括了不同领域的发明创造的规律，因此小组通过对这些原理的应用，客观上等于借鉴了不同领域的先进经验，由此产生的总体方案思路极为开阔，而且发现，这些方案是很有创意的。

1）将能量集中于接缝　空气袋不能持续胀开的原因之一是覆盖在空气袋膨胀方向的座椅蒙皮绷得很紧，不易穿破，解决这一问题，即可达到技术目标。

① 在蒙皮上设计某种设施

第
34
篇

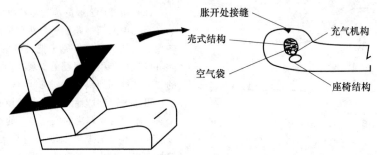

图 34-5-48　侧向空气袋在座椅中的安装

a. 刺绣。TRIZ 的发明原理之一是"使用已有资源"，考虑到福特某些车型的座椅上已运用了刺绣工艺，且这一工艺可用自动化方式完成，可在接缝处周围绣上"侧向空气袋"或"SAB"字样，削弱蒙皮在该区域的张力，同时也起到提醒乘员注意，以免空气袋冲出时伤到乘员的作用。从工艺上来说，该方案也是易行的。

b. 织物门。TRIZ 中有一个反向原理，通常要使接缝区最薄弱，人们会把着眼点放在缝合方式上，本方案则另辟蹊径，通过弱化接缝区的材料使接缝区最薄弱。方案为：在空气袋冲出区域的蒙皮上开孔，以两片织物固连在孔边缘的蒙皮上，就像闭合这个孔的两扇门一样，两片织物之间以接缝的形式连接，这样接缝区域就是最薄弱的。

c. 蒙皮内陷。方案之一是，在放置空气袋的区域，以织物作蒙皮，该区域蒙皮向内凹陷，把空气袋裹在里面，封口处用线缝合。这样，空气袋就不是被真正装在蒙皮内部，只是被蒙皮裹起来而已，自然容易突破封口线而向外胀开。

② 双空气袋设计　TRIZ 的发明原理之一是从单一系统向二元系统、多系统转化。这一转化通常会使系统获得新的属性。双空气袋设计就是如此，为问题的解决提供了新的途径。

a. 反向空气袋。两个空气袋并排，若把它们朝向将要突破的蒙皮的方向设为 X 方向，与 X 轴垂直的方向设为 Y 方向，则碰撞发生时，两个空气袋同时膨胀，在 Y 方向膨胀的空气袋有利于将蒙皮接缝处撕开，使 X 方向膨胀的空气袋顺利从撕开的接缝处胀出，保护乘员。

b. 撕开蒙皮接缝的空气袋和救护用空气袋。专门设计了一个小的空气袋，在碰撞发生时小空气袋先膨胀，撕开接缝，以便大空气袋（救护用空气袋）从接缝处胀开，保护乘员。具体方案有若干个。

③ 能量重定向　在空气袋与蒙皮接缝之间设计特定的机构，空气袋膨胀时作用在该机构上，使空气袋的膨胀力部分转化为机构对接缝的剪力，将接缝撕开，然后机构自身也为空气袋的膨胀让路。对此已有具体方案。

2）降低接缝强度

① 在空气袋胀开期间降低接缝强度

a. 使用塑料衬垫。通常，为了免于让顾客看到加在接缝处的泡沫垫，影响美观，会在接缝区加一块高强度合成织物作衬垫，客观上增加了接缝区强度。为此，可将这一衬垫材料换为塑料，方便空气袋胀开。

b. 接缝用线的选择。将细而强的线交叉织在接缝处，在空气袋胀开过程中，可将这些缝合线依次绷断，则空气袋可以顺利展开。

c. 高温下失效的线。希望蒙皮连接处的缝合线在平常使用时很强，在空气袋胀开时则很弱，甚至不存在。当把铝线或铜线作为缝合线的材料时，可满足这一要求。给这样的线一个瞬时大功率脉冲，可使其在 5s 内达到熔点熔化，从而使空气袋近于不受阻碍地顺利展开。

d. 化学作用下失效的线。这是上一思想的扩展，将细而导电的线作为加热元素，使邻近的纤维发生化学反应。现在已经有了反应时间足够快的纤维材料，可将其用在接缝处，使接缝处在空气袋胀开时强度急剧降低。

e. 新奇的线。技术上可选用延展性与速度相关的线，这种线在平常情况下是弹性的，在空气袋胀开时则是脆性的。

在车的平常使用中，对接缝线的加载较慢，因此线有良好的弹性，保证了蒙皮绷紧；而空气袋展开时，线的负载急速增加，变得易脆。

② 改变接缝方向　TRIZ 有一条将问题沿空间分离的原理。经观察发现了一个有趣的现象，即在汽车的日常使用中，座椅的侧面部分水平方向受力最大，垂直方向受力则较小；空气袋胀开时对接缝的作用力则不受方向限制。为此，可把接缝的开口由通常的沿垂直方向改为沿水平方向，这样接缝处的缝合就可以弱一些，方便空气袋穿出。

3）改善蒙皮附着方式

① 将蒙皮附着在座椅内部的泡沫上　如果空气袋在座椅蒙皮内部就胀大，将严重影响空气袋冲出蒙皮表面，这是空气袋系统最严重的失效模式，应考虑将蒙皮与座椅更紧密地结合在一起。以下方法可减小此类失效的概率。

a. 粉状胶：可用粉状胶粘合蒙皮和座椅内的泡沫。

b. 使用塑料粘带：用塑料粘带粘合蒙皮和座椅内的泡沫。

② 将蒙皮更好地附着在座椅结构上　在这方面也可开发出具体方案，使蒙皮与结构间结合更牢靠。

4）新的接缝设计

为解决空气袋顺利胀开的问题，主要着眼点之一是使接缝处能与空气袋的膨胀相一致地打开，使之打开的力应是可控的。小组从以下几个方向着手，提出了多个总体方案。

① 被动机械锁　将接缝处的连接由固定的线连接改为"夹子"连接，"夹子"的设计方案有多种，作用是：把接缝处的蒙皮拢在一起，以挤压力或扣合力加以约束。在汽车的正常使用中，这类机构可确保蒙皮应有的张力，发生碰撞时，则在空气袋的作用下打开，使蒙皮失去约束，不阻碍空气袋穿出。这也符合技术系统演化过程中"增加柔性"的规律。

② 主动机械锁　这一类方案利用了通过空间分离原理解决物理矛盾的思想，可表述为：接缝在张力下是强的，而在来自蒙皮内部的压力下则是弱的。通过巧妙地设计接缝机构，可使其在空气袋压力的触发下打开。

5）其他建议　为了解决本问题面临的物理矛盾，完成小组设定的技术目标，即使座椅蒙皮接缝既足够强又便于空气袋穿出，客观上不应把接缝处设计得过强。小组对此提出了两点建议。

① 调查及确定接缝线可容忍的强度上限，以免接缝线强度预留太多，不利于空气袋穿出。

② 优化和确定接缝处每英寸缝的针数，以免接缝处缝线的针数太多，不利于空气袋穿出。

从上面的分析可以看出，应用解决发明创造问题的理论可以产生许多新的概念或方案，技术人员接下来就可以依据这些新概念或方案进行具体的产品设计开发，最终解决实际问题。

第 6 章　技术系统物-场分析模型

物-场模型分析方法是 TRIZ 一个重要的解决发明创造问题的分析工具,用来分析和现存技术系统有关的模型性问题。系统的作用就是实现某种功能,理想的功能是场 Field（F）通过物质 Substance 2（S_2）作用于物质 Substance 1（S_1）并改变 S_1。其中,物质（S_1 和 S_2）的定义取决于每个具体的应用。每一种物质都可以是材料、工具、零件、人或者环境等等。S_1 是系统动作的接受者,S_2 通过某种形式作用在 S_1 上。一般的物质都应用在 TRIZ 理论中,所有的物质按其本身的复杂程度而属于不同的水平。当然,这里所谓的物质可以是一个独立的物体,也可以是一个复杂的系统。完成某种功能所需的方法或手段就是场。作用在物质上的能量或场主要有:

Me——机械能　Th——热能　Ch——化学能
E——电能　　　M——磁场　　G——重力场

与场有关的知识也常常被用在不同系统的三角组合关系中。

物-场分析方法产生于 1947～1977 年,现在已经有了 76 个标准解,这 76 个标准解是最初解决方案的浓缩精华,因此,物-场分析提供了一种方便快捷的方法。利用这种方法,可以在汲取基本知识的基础上萌发不同的想法。物-场分析方法最适合解决模式化问题,就像解决冲突有一个固定的模式一样。当然,比起其他 TRIZ 工具,物-场分析方法则需要更多的支持性知识。

对一个正在运转的技术系统而言,用两种物质和一种场进行描述是必要且足够的,如图 33-6-1。类似的三元造型可以在数学家的早期研究中找到。不论在三角学上,还是在工程领域内,这种三角关系都是最简单的。

图 34-6-1　物-场三角关系图

物-场模型的三元件之间的关系可以用以下 5 种不同的连接线表示:

应用

预期效应

不足渴望效应

有害效应

模型转换

物-场模型可以分为四类,如表 34-6-1 所示。

表 34-6-1　　物-场模型分类

序号	分类	内　　涵
1	不完整系统	组成系统的三元件中部分元件不存在,需要增加元件来实现有效完整功能,或者用一种新功能代替
2	有效完整系统	该系统中的三元件都存在,且都有效,能实现设计者追求的效应
3	非有效完整系统	系统中的三元件都存在,但设计者所追求的效应未能完全实现。如产生的力不够大,温度不够高等。为了实现预期的效应,需要改进系统
4	有害完整系统	系统中的三元件都存在,但产生与设计者追求的效应相冲突的效应。创新的过程中要消除有害效应

如果三元件中的任何一个元件不存在,则表明该模型需要完善,同时也就为发明创造、创新性思索指明了方向。

如果具备所需的三元件,则物-场模型分析就可以提供改进系统的方法,从而使系统更好地完成功能。

6.1　如何建立物-场分析模型

场本身就是某种形式的能量,所以,它可以给系统提供能量,促使系统发生反应,从而可以实现某种效应。这种效应可以作用在 S_1 上,或作用在场信息的输出物上。场是一个很广泛的概念,包括物理方面的场（即电磁场、重力场等）。其他的场应该包括热能、化学能、机械能、声场、光等。

两种物质就可以组成一个完整的系统、子系统或者一个独立的物体。一个完整的模型是两种物质和一种场的三元有机组合。创新问题被转化成这种模型,目的是为了阐明两种物质和场之间的相互关系。当然,复杂的系统可以相应用复杂的物-场模型进行描述。通常构造模型有以下四步。

第一步:识别元件。

场或者作用在两物体上，或者和物体 S_2 组合成一个系统。

第二步：构建模型。

完成以上两步后，就应该对系统的完整性、有效性进行评价。如果缺少组成系统的某元件，则要尽快确定它。

第三步：从 76 个标准解中选择一个最恰当的解。

第四步：进一步发展这个解（新概念），以支持获得的解决方案。

在第三步和第四步中，就要充分挖掘和利用其他知识性工具。

图 34-6-2 所示的流程图明确地指出了研究人员如何运用物-场模型实现创新。可以看出，分析性思维和知识性工具之间有一个固定的转化关系。

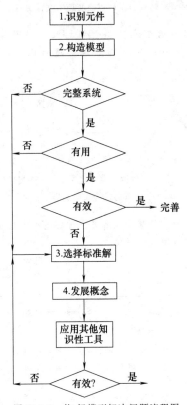

图 34-6-2　物-场模型解决问题流程图

这个循环过程不断地在第三步和第四步之间往复进行，直到建立一个完整的模型。第三步使研究人员的思维有了重大的突破。为了构造一个完整的系统，研究人员应该考虑多种选择方案。用铁锤打破岩石这个例子经常用来介绍物-场模型的分析方法。

［例1］下面应用物-场构造模型的四步骤来构造一个打破岩石的模型。

（1）识别元件

要实现的功能是打破岩石。

功能＝打破岩石

岩石＝S_1

该系统缺少工具和能源（场）。

工具＝S_2

能量＝F

（2）构造模型

非完整系统：岩石是 S_1。如果只有岩石，则要实现岩石破裂的功能是不可能的，这个模型是非完整的［图 34-6-3，模型（a）］。如果只有岩石和铁锤（S_2），该模型也是非完整的［图 34-6-3，模型（b）］。同样，如果只有某种能量（如重力场）和岩石这两种元件，那么该模型也是非完整的［图 34-6-3，模型（c）］。

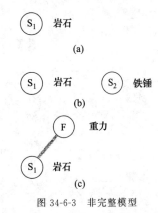

图 34-6-3　非完整模型

在这些非完整模型中，渴望效应都没有实现。完整的系统，在最后的时刻，都可能产生有用的渴望效应。一个完整的系统可以是一个充气铁锤，它可以把铁锤提供的机械力作用在岩石上。在图 34-6-3（b）的非完整模型中，铁锤可以应用机械能（F_{Me}）作用在岩石上，这样图 34-6-3（b）所示的模型就变成完全模型了，如图 34-6-4 所示。

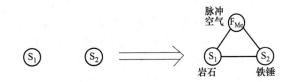

图 34-6-4　一个模型和某一元件的有机组合就可以实现预期功能

一旦一个完整的系统已经被定义，就要分析系统的性能。对一个完整系统性能的评价有三种可能的答案：有效完整系统、有害完整系统、无效完整系统。

有效完整系统：如果系统实现了渴望效应，那么分析是彻底的（图 34-6-5）。

图 34-6-5 一个完整的系统完成预期任务

完整系统没有实现渴望效应有两种情况：一是发生有害效应；二是所得结果是不充分的。

（3）从标准解中选择合理的解决方案

有害完整系统：在76个标准解中，有很多都可以用来消除有害效应（图34-6-6）。应用76个标准解决方案，可以有两种方法：引进另一种物质（图34-6-7），或者引进另一种场（图34-6-8）。考虑不同的场、不同的物质，我们就可以得到新的解决方案。

图 34-6-6 一个有害效应

图 34-6-7 引进另一种物质

图 34-6-8 引进另一种场

无效的完整系统：标准解决方案也可以用来解决无效功能（图34-6-9）。对于一种新的场和新的物质，应该尽量地考虑足够多的改进方案。通过改善或者增加模型的元件，可以有六种不同的方法改善系统功能。比如，改变物质（图34-6-10），或者将机械能变

图 34-6-9 应用一个标准解来改善无效功能

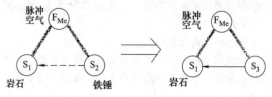

图 34-6-10 通过改变物质来改善功能

为不同的场、将物质变为不同物质的锤子（图34-6-11）。

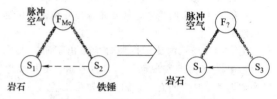

图 34-6-11 通过改变场来改善功能

可以在岩石和铁锤之间插入一个附加场（图34-6-12）。一种可以使岩石变脆的化学能将会很有效。

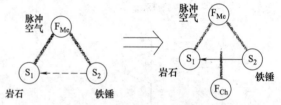

图 34-6-12 通过应用附加场改善系统

一种附加物质，或者另一种物质和场也可以附加在模型中（图34-6-13）。

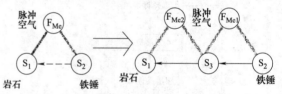

图 34-6-13 通过附加物质或附加
另一种场和物质来改善系统功能

每一种解决方案都可以产生几种新的发明创造思想。76个标准解决方案仅仅提供了一种系统化的方法，研究人员应该遵循这个主要的方向，熟练运用效应知识和知识性工具来发展这种观点，努力实现每个细节的创新。

（4）进一步发展这种概念，以支持所得解决方案

在第三步中，通过应用76个标准解决方案，已经有了解决问题的主要的方向，沿着这个方向，继续研究下去就可以找到解决创新问题的方案。

有害完整功能：如果例子中的有害功能是飞扬的

岩石碎片，则一顶金属帽子或者可以盖在岩石上的金属网都可以充当附加物质，用来消除有害效应（图34-6-8）。如果需要将一种场加入一个系统，那么研究人员应该考虑到所有可能的场。如果岩石里含有水分，就可以用冷冻的方法来实现岩石的破裂。冷冻过程中，岩石里的水分体积会膨胀，从而使岩石发生破裂。这种破裂会随着水分逐渐冷冻，体积逐渐地增大而逐渐破裂，所以就减少了炸裂时的碎片。这种效应也可以被认为是"最佳效果"，因为它还可以减少实现功能所需要的机械能。

无效完整系统：岩石的破裂没有实现或者实现的不太理想（图34-6-9）。

在图34-6-10中，改变物体（S_3）的一种可能就是将原始的铁锤头换成岩石锤头。在图34-6-11中，改变场的一种办法就是用燃气热能（F_{Th}）和水（S_3）产生水蒸气。这种快速变化的温度可以粉碎岩石。图34-6-12中的附加场可能是化学能（F_{Ch}），这样可以使岩石变得更脆一些。在图34-6-13中，为了加入一种物质和一种场，可以在铁锤和岩石之间放一把凿子。这样，就有两个三元件的系统。首先，空气压力（F_{Me1}）作用于铁锤（S_2）上，然后，铁锤又将能量传给凿子（S_3），凿子再使能量作用在岩石（S_1）上，实现渴望效应。

至于如何劈开石头，古老的英格兰人是在岩石上钻孔，冬天的时候再把水倒入岩石上的孔里。这个模型也有两个三元组合：首先，机械能用来在岩石上打洞，然后还要使水倒在岩石上的洞里，应用热能的变化——冷冻实现劈石功能。

6.2　利用物-场分析模型实现创新

物-场模型分析方法是 TRIZ 的一种分析工具，熟练地应用该工具，可以实现创新设计。

工业上常用电解法生产纯铜，在电解过程中，少量的电解液残留在纯铜的表面。但是，在储存过程中，电解质蒸发并产生氧化斑点。这些斑点造成了很大的经济损失，因为每片纯铜上都存在不同程度的缺陷。为了减少损失，在对纯铜进行储存前，每片纯铜都要清洗，但是，要彻底清除纯铜表面的电解质仍然很困难，因为纯铜表面的毛孔非常细小。那么，怎样才能改善清洗过程，使纯铜得到彻底的清洗呢？下面应用物-场模型分析方法来解决这个问题。

（1）识别元件

电解质＝S_1；水＝S_2；机械清洗过程＝F_{Me}。

（2）构造模型

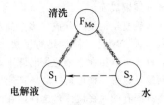

图 34-6-14　不能满足渴望效应的物-场模型

如图 34-6-14 为该系统的物-场模型，在现有的情况下，系统不能满足渴望效应的要求，因为纯铜表面由于有电解质的存在而变色。

（3）从76个标准解中选择合适的解

在 76 中标准解中发现，在模型中插入一种附加场以增加这种效应（清洗）是一种可行方案，如图34-6-15 所示。

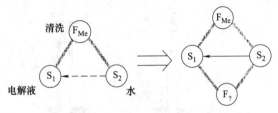

图 34-6-15　附加一种场以加强效应是一种可行方案

（4）进一步发展这种概念，以支持所得解决方案

事实上，还有几种场可以用来加强清洗的效应。例如，利用超声波；利用热水的热能；利用表面活性剂的化学特性；利用磁场磁化水，进而改善清洗过程。

考虑另一种标准解，从而再循环进行第三步中的过程。对在第三步中描述的每一种标准解，其相关的概念都应该在第四步中得到继续的发展，探求所有的可能性。对每一种情况都要想一想究竟是为什么。

（5）从标准解中选择另一个不同的解

插入物质 S_3 和另一种场 F_{Th}（图 34-6-16）。

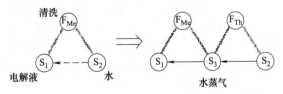

图 34-6-16　与标准解不同的另一种解决方法

（6）发展一种概念

F_{Th} 是热能，S_3 是水蒸气（图 34-6-16）。利用过热水蒸气（水在一定的压力下，温度可达 1000℃ 以上），水蒸气将被迫进入纯铜表面非常细小的毛孔中，

第34篇

使电解质离开纯铜表面。

把一个比较复杂的问题分成许多个简单易解的问题，这在技术领域中是一种常规的做法。物-场模型分析方法，首先可以用在复杂的大问题上，同时也可应用在小问题上。每一种可选择的场都能破坏岩石微粒之间的本身固有的内在惯性，这种内在的惯性阻碍了岩石的破裂。

灵活地运用物-场分析，把实际工作中需要解决的问题用物-场模型描述，明确物-场模型中三元件的相互关系，把需要解决的问题格式化，然后应用 76 个标准解就可以解决技术矛盾或技术冲突，从而实现发明创造、创新设计。

6.3　工程实例分析

[例2]　打桩。

在建造楼房时，为了建造牢固的地基，预先往地下打桩。桩的顶部在用锤子砸的过程中常被损坏，如图 34-6-17（a）所示，致使许多桩还未达到所需的深度，就得将桩的残留部分切除，再在其旁边打上附加桩。这样既降低了工作效率又提高了工程成本。打桩是利用撞击力将桩子打进地基。打桩的过程需要很多能量，其中有很大一部分能量浪费在毁坏桩本身，这已成为不可接受的缺陷。

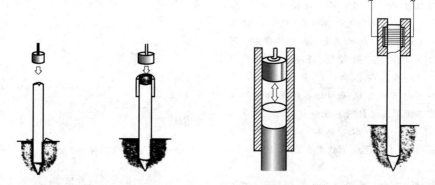

(a) 锤子-桩直接作用　(b) 锤子-桩通过中介(木垫)作用 (c) 锤子-桩通过中介(沙子)作用　(d) 靠电动移动的桩

图 34-6-17　打桩的各种方法示意图

为了消除桩子和锤子之间的有害作用。应用标准解 s1.2.1，在锤子和桩子之间引入中介物质，即在桩子承受锤子敲击的地方引入一块木垫，如图 34-6-17（b）所示，锤子直接敲击在木垫上，撞击力通过木垫传递到桩上，一旦木垫被砸坏了，可以更换一块新的木垫，显然这要比直接作用在桩上要好很多。但是，锤子对桩的伤害依然是存在的，因为在锤子的敲击下，锤子的撞击对桩的头部表面所承受的力的作用并不理想，桩顶部本身并不光滑平整，造成对木垫的不均衡挤压，木垫很快受损。任何微小的倾斜又会加速木垫的受损过程。在撞击力集中的地方，也就是应力较为集中的地方，也会导致桩的断裂。如何能保持锤子的撞击力始终沿着桩表面作用呢？

应用标准解 s2.2.2 分割物质，由宏观向微观控制水平转换来达到增强打桩效率。将沙子灌入套在柱子顶部的套筒里，如图 34-6-17（c）所示。由于经锤子敲击后的沙子微粒能动态填补桩顶部表面上所有不平整的部分，确保了撞击力在最大面积上予以分担。

以上的解决方案，总是局限在锤子和桩的作业区域内，实际上，最终的目标是将桩打入土壤，还可以

应用标准解 s2.4.2 和 s2.4.11，如图 34-6-17（d）所示。在制作桩时，预先注入铁磁性粉末。在打桩现场，将桩放入装有能产生电流脉冲的环形电磁感应器的圆筒内，产生的磁场与桩内的铁磁性部件、桩的钢筋相互作用，形成了类似直流电机结构，使桩产生向下移动的作用力。电流和脉冲形式的选择，可以用来控制桩不同的运动状态。

由此，沿着打桩方法的进化路径，如图 34-6-18 所示，获得了简单的、趋于理想解的打桩方法：沿着进化路径打桩方法的物-场模型，如图 34-6-19 所示。

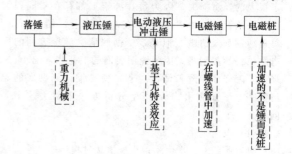

图 34-6-18　打桩方法的进化路径

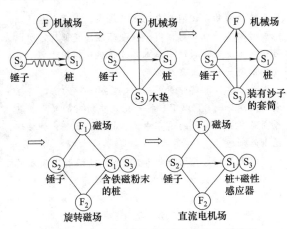

图 34-6-19　沿着进化路径打桩方法的物-场模型

[例3]　昆虫危害粮食的解决方案

昆虫是造成粮食损失的主要原因。据估计，已收获粮食总量的 25% 是由各种昆虫的危害而损失掉的，昆虫吃储存的粮食是其重要原因。应用 76 个标准解提出该问题的解决方案。

首先要确定问题所处的区域或范围，粮食与昆虫是所关心的范围。经分析可知，昆虫危害粮食的问题可以分解为三个关键问题。

问题 1：粮食已收获，但没有防护昆虫的措施；

问题 2：昆虫已在粮食中并吃粮食；

问题 3：昆虫已在粮食中存在了很长时间并产生了很多虫卵。

解决第 1 个问题的首要步骤是建立物-场模型，如图 34-6-20 所示。该模型中仅有粮食，因此其功能是不完整功能，问题解决的过程是完善此功能。

按照 76 个标准解的应用流程，第 1.1 类标准解可以用于解决该问题。很明显，需要增加保护装置使粮食免受昆虫侵蚀，如粮仓，图 34-6-21 是其原理图。

未被保护的粮食

图 34-6-20　未被保护的粮食

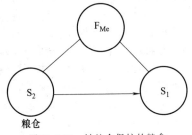

图 34-6-21　被粮仓保护的粮食

下一步是应用第 3 类标准解进一步改善系统。该类标准解中有各种系统传递的标准解如可以传递到一个双系统，该系统既可以保护粮食免受昆虫的侵害，又可以方便地导出粮食以便使用。目前的粮仓能保护粮食不受昆虫侵害，但导出粮食困难，应利用第 5 类标准解作进一步的改进。

根据标准解 5.1 加入物质，其中的 s5.1.1 是引入物质的间接方法，而 s5.1.1.1 是引入虚无物质，该标准解提示：应采用空间使导出粮食更为方便。如图 34-6-22、图 34-6-23 所示。

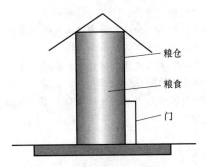

图 34-6-22　粮仓示意图

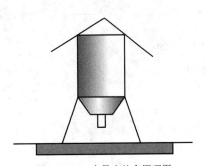

图 34-6-23　自导出粮仓原理图

第 2 个问题是在粮食入库之前，昆虫已在粮食中并吃粮食。该问题的物场模型如图 34-6-24 所示，该图表示存在一有害功能。

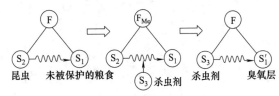

图 34-6-24　利用杀虫剂防止昆虫

按照 76 个标准解的应用流程可选标准解 s1.2.1，昆虫对粮食毫无用处，应通过引入新物质彻底除去。如果某种杀虫剂只杀昆虫，而对粮食及人无害则是一种选择。甲基溴化物（Methyl bromide）是一种可用的杀虫剂，但这种药剂对大气中的臭氧层有影响。如图 34-6-25 这种药剂的替代产品开发一直在进行。磷化氢（Phosphine）气体是一种具有上述功能的药剂，它能消灭部分粮食钻孔虫、大米象鼻虫和甲虫。

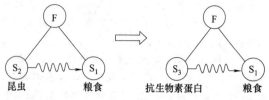

图 34-6-25　开发的玉米新品种防止昆虫

另一种标准解是 s1.2.2，通过改变 S_1 或 S_2 消除有害效应。如果一些昆虫不喜欢吃某种粮食，在该种粮食入库前可能没有这些昆虫。这是一种理想的解决方案。另一种方案是开发粮食的新品种，这些新品种通过干扰昆虫的新陈代谢杀死昆虫，如图 34-6-25 所示。也可引入芳香剂或干扰物质防止昆虫，如图 34-6-26 所示。

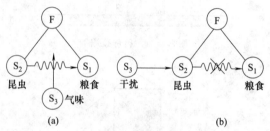

图 34-6-26　引入芳香剂或干扰物质防止昆虫

下一步是第 3 类标准解的应用。如标准解 s3.2.1 是指将系统传递到微观水平，包括场的利用。一些场可用于杀死某些昆虫，如强紫外线照射、热及超声的应用。如热场（55℃）可以代替甲基溴化物杀虫，如图 34-6-27 所示。

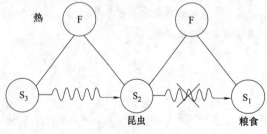

图 34-6-27　利用热场防止昆虫

下一步是判断上述的解是否可以接受。如果不能接受则需要重新定义问题，继续上述的过程；如果能接受，则应用第 5 类标准解使问题的解更接近理想状态。标准解 s5.1.1.1 建议采用虚无物质改善解，如采用真空是一种方法。真空可通过真空泵将仓库中的空气抽出而获得，以杀死昆虫。该方法用于各种仓库

杀死啮齿动物，但同时也能杀死昆虫。由于一些昆虫能长时期不呼吸及身体有一硬壳而能忍受低压，所以另一种方法是在仓库中压入二氧化碳气体用于驱赶氧气。以使一些昆虫窒息而死。

第 5 类标准解中的 s5.3.3 是另一种方法，将粮食的温度降到 0℃ 以下，将杀死几乎所有的昆虫。其原因是在温度降低的过程中，水的体积增加，将破坏昆虫的细胞。

以上是应用物场分析和 76 个标准解解决问题的多种方法，不同方法的实现还要考虑成本及具体场合。

[例 4]　过滤器清理问题。

为了清除燃气中的非磁性尘埃，使用多层金属网的过滤器。这些过滤器能令人满意地挡住尘埃，但也因此而难于清理。为了清理尘埃，必须经常关闭过滤器，长时间地向相反方向鼓风。如何解决经常关闭过滤器这个问题呢？

经过物-场分析，问题是这样解决的。利用铁磁颗粒替代过滤器的多层金属网，铁磁颗粒在铁磁两极之间形成多孔结构。借助于磁场接通与关闭来有效地控制过滤器。当捕捉尘埃时（接通时），过滤器孔变小；当进行清理尘埃时（关闭时），过滤器孔变大。

在该问题中，已经给出了一个完整的物-场系统：S_1（尘埃），S_2（多层金属网），F（由空气流形成的力场）。

解决方法如下：
① 把 S_2 碎化为铁磁颗粒（S_2'）；
② 场的作用不指向 S_1（制品），而指向（S_2'）；
③ 场本身不是机械场（F_{Me}），而是磁场（F_M）。
这一解决方法可用图 34-6-28 表示。

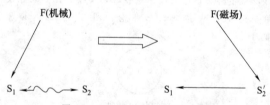

图 34-6-28　原物-场与新物-场模型

由此可见，物-场发展规则是一种有力的解决方案：S_2'（工具）分散程度增加，物-场有效性亦随之提高；场作用于 S_2'（工具）比作用于 S_1（制品）有效；在物-场中（电磁场、磁场）比非电场（机械场、热场等）有效。实际上，几乎不用证明，S_2' 颗粒越小，控制工具的灵活性越高。同样明显的是，改变工具（它取决于人）比改变制品（它往往是天然物）有利。

[例 5]　树皮和木片的分理问题。

把弯曲的树干和树枝砍成碎片，树皮和木片混在

一起。如果它们的密度及其他特性相差不大，怎样才能把树皮和木片分开呢？

解决这一问题，各国很多人申请了专利。发明家们都一味地试图利用树皮与木片在密度上的微小差别把两者分开，成功者少。他们做了几百次的实验，然而谁也没能克服心理障碍，走上原则上新的正确的解决途径。

分析本例问题可知，系统中只有两个物质，即树皮和木片，没有场，所以需要引进场，使物-场模型系统完整，如图 34-6-29 所示。

S_1(树皮或木片)
S_2(混合物)
F
S_1
(树皮或木片)
S_2
(混合物)

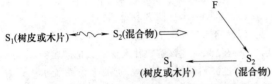

图 34-6-29　树皮和木片分开系统物-场模型的构建

这样就使广大的探求问题的范围大大缩小了。只需要研究几个解决方案就足够了。实质上，由于强作用场与弱作用场只能使本问题的解决复杂化，所以只剩下两个场即电磁场与引力场可供选择了。考虑到树皮和木片在密度上差别不大，所以亦可放弃引力场。这样只剩下电磁场了。但是因为磁场不作用于木片和树皮，所以必须进行“木片或树皮在电场中的行为表现”的实验。实验结果表明，在电场中树皮的微粒带负电，木片的微粒带正电。根据这一物理现象制造了分选机，把木片与树皮准确无误地分开，具体的物-场模型如图 34-6-30 所示。

F
S_1
(树皮或木片)
S_2
(混合物)
F(电场)
S_1
(树皮或木片)
S_2
(混合物)

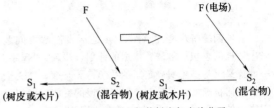

图 34-6-30　利用电场使树皮与木片分开

假如木片不带电，怎么办呢？在这种情况下，物-场构建规则亦有效。这时可以不考虑木片，可以认为该课题已给出一种可以分选的物质，只需要补充构建物-场模型就可以了，即给该系统增添一对“物与场”。比如在劈碎树干和树枝之前，往树皮上撒上铁磁性颗粒，在劈碎后利用磁场分选。这就不需要实验了，因为磁场显然能够把“带磁的”树皮分选出来。该物-场模型如图 34-6-31 所示。

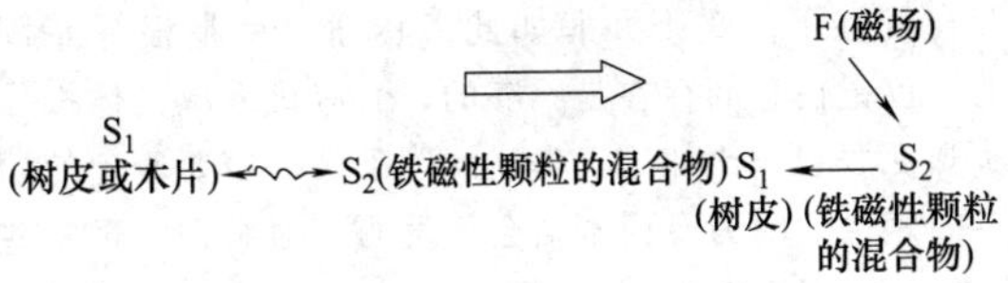

S_1
(树皮或木片)
S_2(铁磁性颗粒的混合物)
F(磁场)
S_1
(树皮)
S_2
(铁磁性颗粒的混合物)

图 34-6-31　“带磁的”树皮系统物-场模型

第 7 章　发明问题解决程序——ARIZ 法

发明问题解决程序（ARIZ）是指人们解决问题时应遵循的思想、方法，依据的计划、步骤。"程序"一词狭义上是指绝对确定了的数学运算步骤，广义上是指任何精确的行为计划，这里所说的发明问题解决程序中的"程序"，正是在广义上使用的。

从表面上看，解决发明问题的程序是按一定顺序对发明问题进行处理的计划。技术系统发展规律寓于程序结构本身或以一些具体操作步骤表现出来。发明家借助于这些操作步骤逐步地揭示物理矛盾，确定这些矛盾与技术系统哪一部分有关，然后利用操作步骤改变被确定的部分、排除物理矛盾。这样，困难的问题即可转化为容易的问题。

发明问题解决程序拥有克服心理惰性的特殊手段。有些人认为对付心理惰性并不难，只要记住它的存在就够了。实则并非如此。心理惰性是根深蒂固的。仅记住它的存在是不够的，而应该采取具体操作步骤克服它。比如说，表述问题条件一定要避免使用专门术语，因为专门术语会使发明家对事物囿于一些老的、一成不变的概念。

实质上，发明问题解决程序是一种组织人们思维的有效程序，它似乎能使一个人拥有所有（或很多）发明家的经验。而更重要的是，要善于运用这些经验。一般的发明家，甚至经验丰富的发明家在采取解决问题方案时往往都根据经验采用表面类似的方案，即他们在采取解决问题方案时首先想到所要解决的新问题与哪个已解决的老问题相似，以便采用类似的解决方案，而"程序的"发明家想的就很深，他们想的是这一新问题中有何种物理矛盾，不是根据新问题与老问题表面相似，而是根据新问题的物理矛盾和与表面毫无共同之点的老问题的物理矛盾深层相似关系选择解决新问题的方案。对旁观者来说，这好像是强大的直觉的闪现。

解决发明问题的信息库不断地充实与完善。一般地说，解决发明问题的程序发展很快，已修改数次，人们不断地改进程序，不让它过时。下面给出 ARIZ-77 具体步骤。

7.1　解决发明问题的程序

7.1.1　第一部分　选择问题

（1）确定解决问题的最终目的

① 应该改变物体的哪些特性？

② 在解决问题时物体的哪些特性明显地不能改变？

③ 如果问题得以解决，能降低哪些消耗？

④ 允许哪些耗损（大概估计）？

⑤ 应当改善哪些主要技术经济指标？

（2）试验一个迂回方法

假设问题在原则上不能解决，那么为了得到所要求的最终结果，应该解决什么样的其他问题？

① 过渡到包括该问题系统的上位系统水平，重新表述问题。

② 过渡到该问题系统所包括的下位系统水平，重新表述问题。

③ 用相反的作用（或性质）代替所要求的作用（或性质），在三个系统（上位系统、系统、下位系统）水平上重新表述问题。

（3）确定解决哪种问题比较适宜？是原问题还是某一迂回问题，进行选择

注意：在选择时应考虑到客观因素（该问题系统发展的潜力）与主观因素（取向哪种问题，是最小问题还是最大问题）。

（4）确定所需要的数量指标。

（5）增加所需要的数量指标，同时考虑实现这一发明的必要时间。

（6）明确这一发明的具体条件所引起的要求。

① 考虑实现这一发明的特殊性，特别是解决问题的复杂性程度。

② 考虑预计的应用规模。

（7）检查一下问题能否直接应用解决发明问题的标准解法来解决。如果解决，就转向步骤 7.1.5（1）。如不能解决，就转向步骤（8）。

（8）利用专利信息明确问题。

① 与该问题近似的问题的答案有哪些（根据专利文献资料）？

② 与问题类似、但属于先进技术部门的问题的答案有哪些？

③ 与该问题相反的问题的答案有哪些？

（9）应用 PBC 法（尺度-时间-价值操作法）

① 假定把物体的尺寸由给定的值变到 0，这时问题怎样解决？

② 假定把物体的尺寸由给定的值变到无穷大，

这时问题怎样解决?

③ 假定把过程的时间（或物体的运动速度）由给定的值变到 0，这时问题怎样解决?

④ 假定把过程的时间（或物体的运动速度）由给定的值变到无穷大，这时问题怎样解决?

⑤ 假定把物体或过程的价值（允许耗费）由给定的值变到 0，这时问题怎样解决?

⑥ 假定把物体或过程的价值（允许耗费）由给定的值变到无穷大，这时问题怎样解决?

7.1.2　第二部分　建立问题模型

（1）不用专门术语写出问题条件

[例 1]　用砂轮不能很好地加工有凹凸部分的复杂形状的制品，例如小勺，用别的加工方法代替研磨既不合适，又复杂。用冰磨砂轮加工又太昂贵。使用表面覆有磨料的弹性充气砂轮也不适用，磨损太快。怎么办?

[例 2]　无线电望远镜的天线架设在经常有雷雨的地方，为了避免雷击，必须设置避雷针（金属棒）。但避雷针阻挡电波通过，形成电阴影。在这种情况下，把避雷针安装在天线上，又不可能。怎么办?

（2）区分出并写出一对矛盾要素。如问题条件只给定一个要素，就转向步骤 7.1.4 （2）

规则 1：在矛盾要素对中一定要包括制品。

规则 2：矛盾要素对中的第二个要素，应是与制品相互作用的要素（工具或第二制品）。

规则 3：如果一个要素（工具）按问题条件有两种状态，应取能保障更好地实现主要生产过程（问题中指出的整个技术系统的基本功能）的那种状态。

规则 4：如果在问题中有若干个同类的相互作用要素时（A1、A2 … 与 B1、B2 …），可以只取一对（A1 与 B1）。

[例 1]　制品——小勺，与制品直接相互作用的工具是砂轮。

[例 2]　在问题中有两个制品——闪电与无线电波，一个工具——避雷针。在这种情况下，矛盾不在"避雷针-闪电"对和"避雷针-无线电波"对中，而在这两对中间。

为了把这样的问题变成有一个矛盾对的合乎规则的形式，应该选使工具具有使该技术系统完成基本生产作用所必要的性能，即应该采取没有避雷针、无线电波也能自由达到天线的办法。

这样，矛盾对是：不存在的避雷针与闪电（或者是不导电的避雷针与闪电）。

（3）写出矛盾对要素的两个相互作用（作用、性质）已有的与引进的；有益的与有害的。

[例 1]

a. 砂轮具有研磨能力。

b. 砂轮不具有适应曲面研磨的能力。

[例 2]

a. 不存在不造成电波干扰的避雷针。

b. 不存在不捕捉闪电的避雷针。

（4）指出矛盾对与技术矛盾，写出问题模式的标准表述。

[例 1]　给出砂轮与制品。砂轮具有研磨能力，但不适用于曲面的制品。

[例 2]　给出不存在的避雷针与闪电。这种避雷针不造成电波干扰，但不能捕捉闪电。

7.1.3　第三部分　分析问题模式

（1）从问题模式要素中选出易于改变的要素等。

规则 5：技术物体比天然物体易于改变。

规则 6：工具比制品易于改变。

规则 7：如果系统中无易于改变的要素，即应指出"外部介质"。

[例 1]　制品形状不能改变：平面勺不能盛液体。可以改变砂轮（保持它的研磨能力），问题条件是这样。

[例 2]　避雷针是"加工"（改变运动方向）闪电的工具，这时应该闪电是制品，类比：屋檐下的落水管与雨。闪电是天然物；避雷针是技术物体，因此应取避雷针为对象。

（2）写出理想最终结果（IFR）的标准表述。

要素 [是指在步骤 7.1.3 （1）中区分出的要素] 本身排除有害相互作用，保持完成的能力（是指完成有益相互作用的能力）。

规则 8：在理想最终结果（IFR）的表述中永远应该有"本身"一词。

[例 1]　砂轮本身适用于制品的曲面，保持研磨能力。

[例 2]　不存在的避雷针本身保障捕捉闪电，保持不造成电波干扰的能力。

（3）把要素 [是指在步骤 7.1.3 （2）中指出的要素] 中不符合理想最终结果（IFR）要求的两个相互作用的区域加以区分，在这个区域中是什么? 是物质还是场? 把这一区域画在示意图上，用颜色、线条等符号表示出来。

[例 1]　砂轮的外层（外环、轮缘）；物质（磨料、固体）。

[例 2]　不存在的避雷针所占的空间部分，电波自由通过的物质（空气柱）。

（4）对于区分出的具有矛盾相互作用（作用、性能）的要素区域的状态提出矛盾的物理要求并加以表述。

① 为了保障有益的相互作用或应保持的相互作用，必须保障物理状态是加热的、运动的、带电的等。

② 为了防止有害的相互作用或应引进的相互作用，必须防止物理状态是冷却的、不运动的、不带电的等。

规则 9：在步骤 7.1.3（1）和（2）中指出的物理状态应是相对立的状态。

[例 1]　步骤 7.1.3（4）中①，为了研磨，砂轮外层应是固体的（或者为了传递力，应是与砂轮中部呈刚性联系的）。

步骤 7.1.3（4）中的②，为了适用于制品曲面，砂轮外层不应是固体的（或者不应是与砂轮中部呈刚性联系的）。

[例 2]　步骤 7.1.3（4）中①，为了让电波通过，空气柱不应是导体（确切地说，不应有自由电荷）。

步骤 7.1.3（4）中的②，为了捕捉闪电，空气柱应是导体（确切地说，应有自由电荷）。

（5）写出物理矛盾的标准表述。

① 完全表述：为完成有益的相互作用，区分出的要素区域应该是步骤 7.1.3（4）中的①中所指出的状态，为了防止有害的相互作用，区分出的要素区域应该是步骤 7.1.3（4）的②中指出的状态。

② 简单表述，区分出的要素区域应该是与不应该是。

[例 1]　步骤 7.1.3（5）中的①，为了研磨制品，砂轮外层应该是固体的，为了适用于制品曲面，砂轮外层不应该是固体的。

步骤 7.1.3（5）中的②，砂轮外层应该是与不应该是固体的。

[例 2]　步骤 7.1.3（5）中的①，为了"捕捉"闪电，空气柱应该有自由电荷，为了阻挡电波，空气柱不应该有自由电荷。

步骤 7.1.3（5）中的②，空气柱应该与不应该有自由电荷。

7.1.4　第四部分　消除物理矛盾

（1）对区分出的要素区域进行简单的转换，即把矛盾的性质分开。

① 在空间上分开。

② 在时间上分开。

③ 利用过渡状态分开，使矛盾的性质同时共存或交替出现。

④ 通过改造结构分开，使所区分出的要素区域部分具有已有的件质，而使整个要素区域具有所要求的（矛盾的）性质。

如果得到物理答案（即揭示出必要的物理作用），即转向步骤 7.1.4（5），否则，转向步骤 7.1.4（2）。

[例 1]　标准的转换未给出例 33-7-1 的明确答案，显然在下面可以看到，答案近似步骤 7.1.4（1）中③与④。

[例 2]　可按步骤 7.1.4（1）中的②与③解决。

在产生闪电开始阶段，自由电荷自己出现在空气柱中：避雷针短时间内成为导体，然后自由电荷自己消失。

（2）利用典型问题模式表与物-场转换表，如果得到物理答案，即转向步骤 7.1.4（4），否则，转向步骤 7.1.4（3）。

[例 1]　属于物-场转换的第 4 类问题，按典型解法，应该把物质 S_2 变成物-场系统，引进场 F，添加物质 S_3，或者把物质 S_2 分成两个相互作用的部分。在步骤 7.1.3（3）开始形成把砂轮分开的想法。但是把砂轮简单地分开，砂轮的外部就会在离心力的作用下脱离。砂轮的中心部分应该牢牢地把住外部，同时亦应给它自由变化的可能性……进而按典型解法最好把物-场（由 S_2 得到的物-场）转换成铁磁物-场，即利用磁场与铁磁粉。（这就有可能把砂轮外部做成活动的、变化的、并保证对砂轮各部分之间所要求的联系）。

[例 2]　属于物-场转换的第 16 类问题（见附录 2），按照典型解法，物质 S_1 应有两重性，时而是物质 S_1，时而是物质 S_2。即空气柱在出现闪电时应该是导电的，然后回到不导电的状态。

（3）利用物理效应应用表（见附录 3），如果得到了物理答案，即转向步骤 7.1.4（5），否则，转向步骤 7.1.4（4）。

[例 1]　按表利用电磁场的办法以"场的"联系代替"物质的"联系。

[例 2]　按表在强电磁场（闪电）的作用下电离，在该场消失后中和（无线电波是弱场）。其他办法或与液体和固体有关，或要求加入添加剂，或不保障自控。

（4）利用消除技术矛盾的发明原理（见第 5 章）。如果在这以前得到了物理答案，即可利用该表验证答案。

[例 1]　按问题条件，应该改善砂轮适用于各种形状制品的能力（适应性）。已知的方法是利用一组不同的砂轮。缺点是更换与选用砂轮耗费时间（降低生产率）。按冲突矩阵表应是：35、28、35、28、6、37。这些发明原理是重复的，因而也是比较可能的发

明原理：发明原理 35 是改变聚集状态（砂轮外部是"假流态的"，由活动的微粒组成）；发明原理 28 是直接指出过滤到铁磁物-场，上面已经这样做了。

[例2] 按问题条件，应该消除闪电（有害的外部因素）的作用。已知的方法是安装普通的金属避雷针。缺点是出现电波干扰，即产生由避雷针本身造成的有害因素。第 19 个发明原理是：一个作用在另一作用间歇中完成。

（5）由物理答案过渡到技术答案；表述解决方法并给出实现这一方法的构造示意图。

[例1] 砂轮中心部分由磁体制成，砂轮外层由铁磁颗粒或由与铁磁体烧结在一起的磨料颗粒构成。这样的外层将顺应制品形状，同时亦能保持研磨所需要的刚性。

[例2] 为了在空气中出现自由电荷，需要降低压力。为了降低压力时保持住空气柱，需要有外壳。外壳应用电介质制成（否则，外壳本身也会产生电阴影）。

避雷针的特征是，为了具有无线电波穿透性能，避雷针应用电介质材料制成密封的管状，根据形成中的闪电的电场所引起的最小气体放电梯度的条件选择管内的空气压力。

7.1.5 第五部分 初步评价所得解决方案

（1）进行初步评价
验证问题：
① 所得解决方案能否保障完成理想最终结果（IFR）的主要要求（"要素本身……"）？
② 所得解决方案消除了什么样的物理矛盾？
③ 所得技术系统是否至少包括一个易于控制的要素？如果实现控制？
④ "单循环的"问题模式的解决方案在"多循环的"现实条件下是否适用？

如果得到解决方案连一个验证问题都不能满足，即应回到步骤 7.1.2（1）。

（2）根据专利资料验证所得解决方案是否新颖。
（3）在对所得设想进行技术分析时能否派生出某些问题？写出可能的派生问题——发明方面的、设计方面的、计算方面的、组织方面的。

7.1.6 第六部分 发展所得答案

（1）确定包括已变系统的上位系统应该怎样变化？
（2）验证已变系统有无新的用途。
（3）利用所得答案解决其他技术问题。
① 研究利用与所得答案相反的设想的可能性。

② 建立"部分配量-制品聚焦状态"表或"利用场-制品聚集状态"表，并根据这些表研究答案能否改动？

7.1.7 第七部分 分析解决进程

（1）比较实际解决进程与理论（按 ARIZ）解决进程。如果两者偏离，应该记录下来。
（2）比较所得答案与表中给定的答案（物-场转换表、物理效应表、基本技法表）。如果两者偏离，应该记录下来。

7.2 工程实例分析

为了进一步有效应用发明问题解决程序，提出了简化的 ARIZ 步骤，其流程如图 34-7-1。

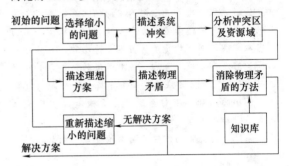

图 34-7-1 ARIZ 流程

按照 TRIZ 的基本观点，对同一问题的解决可能有多个不同的方案，方案的难易及可行性与对问题的描述方法息息相关。把实践中的矛盾描述为缩小的问题，将指引问题的解决者朝着理想最终结果的方向前进，从而找出既简便又有效的方法，以最小的代价使问题得到解决。发明问题解决程序就是为实现这一目的而开发的，它综合了 TRIZ 关于问题缩小化、理想产品以及冲突与矛盾等有关观点，是一个连续的逻辑流程。考虑到现实问题通常有复杂的表象，创造者不一定在第一次分析时就能对问题作出正确的描述，该流程是一个循环结构。根据流程图，首先，对问题的初始描述一般比较模糊，创造者通过对问题的深入理解，将矛盾集中到较小的层面，描述一个缩小的问题。然后，以此为着眼点分析隐藏在系统中的冲突，找出冲突发生的区域，明确区域中有哪些固有资源，建立一个对应的理想方案。TRIZ 认为，一般而言，为了找到理想的解决方案，可以在冲突区域发现互相矛盾的物理属性，即物理矛盾。为此，应分析系统面临的物理矛盾，找出矛盾所在的部件，作为问题解决的关键。最后，在知识库的支持下开发具体的设计方案。如前所述，通过在不同的时间、空间或不同的层次上分隔物理矛盾，可以使问题得到解决。为了使解决方案尽可能接近理想方案，在具体方案的策划上，要尽量利用系统已有的资源，少增加额外的资源，在对系统改动最小的情况下达到目标。

如果对一个缩小的问题作了全面的分析仍找不到解决方案，通常是因为对问题的初始描述或对缩小的问题的描述有误或不准确。因此，如果完整地进行了该流程而问题没有解决，建议回到分析的起点，进行更深入的调查研究，重新定义一个缩小的问题，再次按图 34-7-1 的流程寻找解决办法。

[例]　某纸厂用圆木作造纸原料。圆木卸在海边的传送带上，并运往砍削机进行加工。为了切削流程顺利完成，对圆木送到砍削机时的轴线方向作了规定。由于圆木卸下时杂乱地堆砌在传送带上，所以需要在传送过程中增加一个圆木定向的工序，要求使圆木轴线方向与传送带运动方向一致。这一操作如果由机器人完成，则结构复杂，占据大片面积，可靠性也不高。有没有简单、可靠、成本低廉的解决方案？对这一问题用 TRIZ 方法作了如下分析。

缩小的问题：不对系统作主要改动，实现圆木定向。

系统冲突：定向需要将圆木按要求方向加以排列的机构，但这使系统复杂化。

问题模式：应利用系统中已有的要素实现定向功能。

冲突区域及资源分析：冲突区域是传送带表面。系统在该区域的唯一资源是传送带。

理想最终结果：传送带自身实现圆木定向。

物理矛盾：为实现圆木定向，传送带表面的不同点应有不同的速度。为传送圆木，传送带表面应以同一速度运动。

消除物理矛盾：将互相矛盾的要求分隔在不同的层面上，整个传送带以生产所需的速度向前运动，它的部件则以不同的速度运动。

工程方案：将传送带设计成三个部分。中间的主体部分以生产速度运动，把圆木送往砍削机，两边的传送带则向相反的方向运动，通过摩擦力作用在圆木上，调整圆木的姿态，使其轴线方向与传送带运动方向一致，达到定向的目的，见图 34-7-2。

图 34-7-2　可使圆木定向的传送带

第 8 章　科学效应及其应用创新

8.1　科学效应概述

人类发明和正在应用的任何一个技术系统都必定依赖于人类已经发现或尚未被证明的科学原理，因此，最基础的科学效应和科学现象是人类创造发明的不竭源泉。阿基米德定律、超导现象、电磁感应、法拉第效应等都早已经成为我们日常生产和生活中各种工具和产品所采用的技术和理论。人类现有的工程技术产品和方法都是在漫长的文明发展过程中，以一定的科学效应为基础，一点一滴地积累起来的。效应是构建功能的基本单元；所有的功能都基于效应而存在；任何一个产品的功能，不管其结构有多复杂，经过不断分解，最终都可以分解成由某种效应实现的基本子功能。

阿奇舒勒发现并指出：那些不同凡响的发明专利通常都是利用了某种科学效应，或者是出人意料地将已知的效应用到以前没有使用过该效应的技术领域中。每一个效应都可能是一大批问题的解决方案，或者说用好一个效应可以获得几十项专利。研究人员已经总结了大概 10000 个效应，其中 4000 多个得到了有效的应用。研究表明，工程人员自己掌握并应用的效应是相当有限的。例如，发明家爱迪生的 1023 项专利里只用到了 23 个效应；飞机设计大师图波列夫的 1001 项专利里只用到了 35 个效应。科学效应的推广应用，对发明问题的解决具有超乎想象的、强有力的帮助。工程人员在创新的过程中，常常需要各个领域的知识来确定创新方案，科学效应的有效利用，提高创新设计的效率。但是，对于普通的技术人员而言，由于自身的精力与知识面的有限，认识并掌握各个工程领域的效应是相当困难的。深入研究效应在发明创造中的应用，有助于提高工程人员的创造能力。

8.1.1　科学现象、科学效应、科学原理

科学现象是一种客观存在。当自然界发生电闪雷鸣、森林失火、水面结冰等自然现象时，人类祖先就接触到了科学现象；当人类学会了钻木取火（摩擦）、磁石指南、杠杆撬石等技巧后，人类利用并掌握了科学现象；最终，逐步将其约定俗成为"科学现象"。在最近一百年科学迅猛发展的过程中，又从实验室里的伟大发现中，验证了很多自然界的科学现象，同时

发现了很多物理、化学效应，如放电、热辐射、元素放射性、居里点、感光材料、爆炸等，把"科学现象"进一步提升认识为"科学效应"。

科学效应以前并没有统一的命名。用"科学效应"可以搜索出一些真正与物理、化学有关的效应。同时伴随着"青蛙现象、鳄鱼法则、羊群效应、马太效应"等词条，说明编辑者对科学效应的认识还是比较模糊的，而在维基百科上没有"科学效应"词条。对"物理效应""化学效应"只有几行文字的解释。科学现象、科学效应和科学原理这三个相似的术语都在同时使用。在百度、谷歌、维基百科等各大网络搜索引擎或知识类网站上，关于这三个术语的内容比较零散，对某些效应的解释也不一致。

比如"效应"，在搜狗百科和百度百科给出了两种解释。①"效应，在有限环境下，一些因素和一些结果而构成的一种因果现象，多用于对一种自然现象和社会现象的描述，效应一词使用的范围较广，并不一定指严格的科学定理、定律中的因果关系。"例如温室效应、蝴蝶效应、毛毛虫效应、音叉效应、木桶效应、完形崩溃效应等。②"效应，是指由某种动因或原因所产生的一种特定的科学现象，通常以其发现者的名字来命名。如法拉第效应。"这句话把效应和科学现象等同了。以上结果说明，在国内科学效应还没有形成一个系统化的知识领域，人们对效应的认知还处于一个比较模糊、缺乏定义与归纳不系统的阶段。

关于科学原理的定义没有统一的说法，笔者在网络上搜索了"科学原理"，可以搜索出一些"政治科学原理""安全科学原理""治国科学原理""生活中的科学原理"等有关词条，但是没有专门对于"科学原理"进行定义的词条。笔者认为科学原理其实是科学现象和科学效应背后所蕴含的基本规则和道理。科学现象、科学效应就像一个事物的两种称谓，其中蕴含了科学原理。人们在自然现象和生活中所发现的科学因果现象往往称作"科学现象"，在基础科研中发现和提炼出来的科学因果现象往往称作"科学效应"。

科学效应是在科学理论的指导下，实施科学现象的技术结果，即在效应物质中，按照科学原理将输入量转化为输出量，并施加在作用对象上，以实现相应的功能。科学原理就是把输入量和输出量联系起来的各种定律，如摩擦效应包含了摩擦定律，杠杆效应包

含了杠杆定律,电解效应包含了库仑定律、电化学当量和质量守恒定律等。

科学效应包括了物理效应、化学效应、几何效应等多种效应。效应内部所遵循的数学、物理、化学方面的定理,属于科学原理。其相互关系如图 34-8-1 所示。

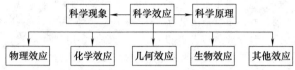

图 34-8-1 科学效应、科学现象及科学原理的关系

8.1.2 科学效应的作用

传统的科学效应多为按照其所属领域进行组织和划分,侧重于效应的内容、推导和属性的说明。由于发明者对自身领域之外的其他领域知识通常具有相当的局限性,造成了效应搜索的困难。TRIZ 理论中,按照"从技术目标到实现方法"的方式组织效果库,发明者可根据 TRIZ 的分析工具决定需要实现的"技术目标",然后选择需要的"实现方法",即相应的科学效应。TRIZ 的效应库的组织结构,便于发明者对效应的应用。TRIZ 理论基于对世界专利库的大量专利的分析,总结了大量的物理、化学和几何效应,每一个效应都可能用来解决某一类题目。

我们将两个对象之间的作用定义为"场",并用"场"这个概念来描述存在于这两个对象之间的能量流。如果从时间轴上对两个对象之间的作用进行分析,我们也可以将存在于两个对象之间的这种作用看作是两个技术过程之间的"纽带"。例如,压电打火机的点火过程,如图 34-8-2 所示。

图 34-8-2 压电打火机的点火过程

市场上出售的一次性压电打火机,是利用了压电陶瓷的压电效应制成的。只要用大拇指压一下打火机上的按钮,将压力施加到压电陶瓷上,压电陶瓷即产生高电压,形成火花放电,从而点燃可燃气体。

如果将手指压按钮的动作看出是一个技术过程,将气体燃烧看成是另一个技术过程。那么,将这两个技术过程连接起来的纽带就是压电效应。在这个技术系统中,压电陶瓷的功能就是利用压电效应将机械能转换成电能。

通常,我们可以将效应看作是两个技术过程之间的功能关系。就是说,如果将一个技术过程 A 中的变化看作是原因的话。那么,技术过程 A 的变化所导致的另一个技术过程 B 中的变化就是结果。将技术过程 A 和技术过程 B 连接到一起的这种功能关系被称为效应,如图 34-8-3 所示。

图 34-8-3 效应

除了某些简单的技术双系统以外,绝大多数技术系统往往都包含了多个效应,以实现技术系统的功能为最终目标,将一系列依次发生的效应组合起来,就构成了效应链,如图 34-8-4 所示。

图 34-8-4 效应链

随着人类社会的发展,现代科技的分工越来越细,从大学阶段开始,工程师们就分别接受不同专业领域的训练(如机械、电子、化工、土木、信息等)。一个领域的工程师往往不知道,也不会运用其他领域中解决问题的技巧或方法;同时,随着现代工程系统复杂程度的增加,一个技术领域中的产品往往包含了多个不同专业的知识。要想设计一个新产品或改进一个已有产品,就必须整合不同专业领域的知识才能解决问题。但是,绝大部分工程师都缺乏系统整合的训练。他们往往不知道,在其所面对的问题中,90%已经在其所不了解的其他领域被解决了。知识领域的限制,使他们无法运用其他技术领域的解题技巧和知识。因此,可以说工程师狭窄的知识领域,是创新的一大障碍。

在解决工程技术问题的过程中,各种各样的物理效应、化学效应或几何效应以及这些效应不为人知的某些方面,对于问题的求解往往具有不可估量的作用。一个普通的工程师通常知道大约 100 个效应和现象,但是科学文献中却记录了大约 10000 种效应(关于效应的数量,在不同的文献中,给出的数据并不相同。这主要是因为不同的人对效应进行分类时,所依据的"粒度"有所不同。因此,也有专家认为,到目前为止，人类已经发现了大约 5000 个不同的效应和现象。其中，有 400～500 个效应在工程实践中得到了广泛的应用）。每种效应都可能是求解某一类问题的关键。通常，在学校里，工科的学生们只学习到了效应本身，而并没有学过如何将这些效应应用到实际工作中。因此，当他们从学校毕业以后，在使用一些众所周知的效应（例如，热膨胀、共振）时都会出现问题，更不用说那些很少听说的效应了，另一方面，作为科学原理和效应的"发现者"，科学家们常常并不关心，也不知道该如何去应用他们所发现的效应。

8.1.3　科学效应的应用模式

科学效应是在科学理论的指导下，实施科学现象的技术结果即按照定律规定的原理将输入量转化为输出量，以实现相应的功能。

科学效应可以单个使用，也可以多个效应联合使用，多个效应联合使用组成"效应链"的方式称为科学效应的应用模式，具体来讲有以下五种。

（1）单一效应模式

由一个效应直接实现，即内部行为只包含一个子行为。同一效应可以实现不同的功能，常常可以用几种不同的效应来实现同一分功能，如可用杠杆效应、楔效应、电磁效应、液力效应等来产生力。

例如，杠杆效应可以改变力的大小或方向，浮力效应可以实现水陆两栖车等，基本流程如图 34-8-5 所示。

图 34-8-5　单一效应模式

（2）串联效应模式

由按顺序相继发生的多个效应共同实现。例如，在冠状动脉硬化的患者体内病灶处安装记忆合金支架，其相变点温度约为人体体温，因而在人体体内支架张开，疏通冠状动脉堵塞。此即为串联效应模式的典型应用，其中包含了热传导效应（人体向记忆合金支架）和形状记忆效应（记忆合金支架本身），其基本流程如图 34-8-6 所示。

图 34-8-6　串联效应模式

（3）并联效应模式

并联效应模式是由同时发生的多个效应共同实现，其基本流程如图 34-8-7 所示。

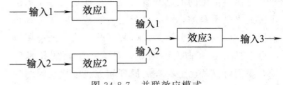

图 34-8-7　并联效应模式

（4）环形效应模式

环形效应模式由多个效应共同实现，后一效应的部分或全部输出通过一定的方式送回到前一效应的输入端，形成环状结构，其基本流程如图 34-8-8 所示。

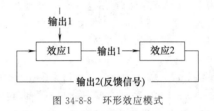

图 34-8-8　环形效应模式

（5）控制效应模式

由多个效应共同实现，其中一个或多个效应的输出流有其他效应的输出流控制，形成基本流程如图 34-8-9 所示，表示出用于控制所选效应内部参数的效应以及用于产生新的设计方案的不同现象之间的关系。这种效应模式建立在如下假设之上：如果一个效应有一输入量，那么其输出量可用其他参数来控制或调整。在方案实现过程中，效应内部有些技术参数需要控制。参数不同，效应的实现形式不同。例如形状记忆合金效应的控制参数——固体尺寸可用弹性-塑性形变效应控制以产生压力或拉力。一个效应中可能有多个参数需要控制，每个参数可能有多种控制方法。例如，固体的长度和固体的直径是决定形状记忆合金形状的两个参数。

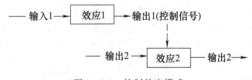

图 34-8-9　控制效应模式

需要注意，在科学效应的应用模式中包含了如下规则：首先，邻接效应的输入流与输出流必须相容，以保证效应连接的可行性；另外，虽然在理论上组成效应链的效应数流可以任意确定，但为使设计的系统简化，组成效应链的效应数量应该尽可能的少。

8.2　科学效应知识库

通过对 250 万专利的分析，阿奇舒勒指出：在工业和自然科学中的问题和解决方案是重复的、技术进化模式也是重复的，只有百分之一的解决方案是真正的发明，而其余部分只是以一种新的方式，来应用以前存在的知识和概念。因此，对于一个新的技术问题，我们可以从已经存在的原理和方法中找到问题的解决方案，可以将这些知识集中起来形成效应知识库。现在，研究人员已经总结了近万个效应基于物理、化学、几何学等领域的原理和数百万项发明专利的分析结果而构建的效应知识库，可以为技术创新提供丰富的方案来源。

为了帮助工程师们利用这些科学原理和效应来解决工程技术问题，阿奇舒勒提议建立一个科学效应数据库，后来，由 Y. V. Gorin, S. A. Denisov, Y. P. Salamatov, V, A. Michajiov, A Yu. Licbachev, L E. Vikentiev, V. A. Vla-sov, V. I. Efremov, M. F. Zaripov, V. N. Glazunov, V. Souchkov 和其他的 TRIZ 研究者共同开发了效应数据库。其目的就是为了将那些在工程技术领域中常常用到的功能和特性，与人类已经发现的科学原理或效应所能够提供的功能和特性对应起来，以方便工程师们进行检索。

8.2.1 效应知识库的由来

知识库（Knowledge Base）是知识工程中结构化、易操作、易利用、有组织的知识集群，是针对某一（或某些）问题求解的需要，采用某种（或若干）知识表示方式在计算机存储器中存储、组织、管理和使用互相联系的知识片集合。科学知识效应库是将物理效应、化学效应、生物效应和几何效应等集合起来组成的一个知识库，其为技术创新活动提供了丰富、便利的方案来源。

从目前掌握资料来看，系统的"科学效应"提炼、汇编工作，始于1968年苏联"合理化建议者协会中央理事会"的发明方法学公共实验室，由阿奇舒勒与他的学生等 TRIZ 专家、发明家的自发推动。自1971年起，在苏联的一些发明学校和阿奇舒勒等 TRIZ 专家所主持的发明进修班里，就已经用物理效应来解决发明问题。效应的研究历程大致如下：

• 1968年 分析了5000多个发明专利，开始专门研究物理效应；

• 1971年 编辑了第一版《物理效应指南》；

• 1973年 整理了300页记录"物理效应"的手稿；

• 1978年 编辑了第二版《效应指南》；

• 1979年 阿奇舒勒在其《创造是精确的科学（Creativity As Exact Science）》一书中所提出的 ARIZ-77 中，以功能编码表的形式给出了有30个功

能的包括99个物理效应的"效应指南"；

• 1981年 《物理效应》首次在技术与科学（Technologies and Science）杂志上发表。

• 1987年 《物理效应指南》首次通过《大胆的创新公式（Daring Formulas of Creativity）》一书，在卡累利阿共和国彼得罗扎沃茨克市发布；

• 1988年 《化学效应指南》首次通过《迷宫中的线索（A Thread in Laby-rinth）》一书，在卡累利阿共和国彼得罗扎沃茨克市发布；

• 1989年 《几何效应》首次通过《没有规则的游戏规则（Rules of a Game without Rules）》一书，在卡累利阿共和国彼得罗扎沃茨克市发布。

至此，物理效应、化学效应、几何效应已经形成了表格式的指南。更进一步地，汇总了这些指南的"效应知识库"也开始进入了人们的视野。效应知识库涵盖了物理、化学、几何、生物等多学科领域的效应知识，对发明问题的解决有着超乎想象的促进作用。

随着 CAI 软件技术的发展，有些国家已经建立了庞大的效应知识库，把过去只有专家、学者才能使用的高深技术和渊博知识资源变成大众易学好用的创新工具。有的 CAI 软件应用"本体论"来对自然科学及工程领域中事物之间纷繁复杂的关系进行全面的描述，借助于这些已有的关系去查询相关的效应知识和专利技术。在建库方法上，按照从技术需求论证到具体实现方案的原则建立效应知识库，其组织结构形式也比较适合发明者查询使用。发明者只要能确定需要实现的功能，给出规范化定义的功能语义检索式，就可以找到实现该功能的科学效应，从而能有效地克服发明者行业和领域知识不足的缺陷。

在国内，寻找、梳理、分析效应，建立效应知识库的工作，一直是一个短板，某些 CAI 软件的技术资料提及了效应数量，常用效应大约有1400，复合效应有数千个，也有一些学者对效应进行了总结汇总，如赵敏所著的《TRIZ 进阶与实战》中汇总了922个效应。

8.2.2 效应知识库的分类

效应知识库是从大量的专利分析中得出的很多抽象的功能模块和效应，其功能非常强大，要真正发挥效应知识库的作用，必须收集和总结大量的物理、化学、几何和生物效应，但是效应知识库包含的效应并非越多越好，如果不加选择的就将大量的效应添加到知识库中只能产生干扰信息，而不能提高效应知识库的利用效果。同时，效应知识库在设计时要按照一定的分类规则对入选的效应分类，效应知识库的分类方

法通常有以下四种。

① 按学科分类，分为物理效应、化学效应、几何效应和生物效应 4 大类。

② 按专利分类。

③ 按功能分类，比如物理效应与实现功能对照表；化学效应与实现功能对照表；几何效应与实现功能的效应知识库；固、液、气、场不同形态物质实现功能的效应知识库。

④ 按属性分类，比如改变属性的效应知识库；增加属性的效应知识库；减少属性的效应知识库；测量属性的效应知识库；稳定属性的效应知识库。

事实上，无论怎样的分类方法，最后的落脚点，总是实现效应与某个功能紧密相关。

（1）物理效应

物理效应是指物质的形态、大小、结构、性质（如高度、速度、温度、电磁性质）等的改变而没有新物质生成的现象，是物理变化的另一种说法。换句话说，物理效应是指可直接感知的物理事件或物理过程，而不同于物理本质，物理本质是对同类物理现象共同本质属性的抽象。例如，在工业革命的早期，人类就利用物理效应来实现各种功能，以增强对机器的自动控制。第一次工业革命时期的蒸汽机转速调节器，当蒸汽机转速增加时，离心力导致飞球升高带动气阀开口减小，蒸汽机转速随之降低；反之，蒸汽机转速降低时，飞球下降使得气阀开口变大、蒸汽机的转速便随之提升。依靠这样的机制，蒸汽机转速就能自动保持基本恒定。离心力这个物理效应在这里起到了关键作用。

物理效应举例：通过改变物体的温度来改变物体的尺寸，如图 34-8-10 所示。改变物体的温度是输入作用，改变物体的尺寸是输出作用，控制参数是温度，物体的热膨胀系数可作为所述效应的控制参数。物体的热膨胀系数广泛应用于工程领域，用来对物体尺寸做可逆和可控改变。热膨胀系数反映了构成物体的物质属性参数，其等于因温度发生 1℃ 改变后物体某一尺寸变化与最初尺寸之比。物体的热膨胀系数变化幅度较大，可从气体的大约 1/273 到特种合金的 0。

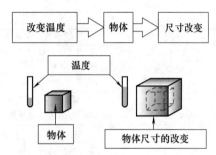

图 34-8-10 热膨胀效应改变物体尺寸

实现功能与物理效应的关系对照，参见表34-8-1。

表 34-8-1　　　　实现功能与物理效应的关系对照表

编码	实现功能	物理效应
1	测量温度	热膨胀和由此引起的固有振动频率的变化；热电现象；光谱辐射；物质光学性能及电磁性能的变化；超越居里点；霍普金森效应；巴克豪森效应；热辐射
2	降低温度	传导；对流；辐射；相变；焦耳-汤姆森效应；帕耳贴效应；磁热效应；热电效应
3	提高温度	传导；对流；辐射；电磁感应；热电介质；热电子；电子发射（放电）；材料吸收辐射；热电现象；物体的压缩；核反应（原子核反应）
4	稳定温度	相变（例如超越居里点）；热绝缘
5	探测物体的位置和位移（检测物体的工况和定位）	引入容易检测的标识——变换外场（发光体）或形成自场（铁磁体）；光的反射和辐射；光电效应；相变（再成型）；X 射线或放射性；放电；多普勒效应；干扰
6	控制物体位移	将物体连上有影响的铁或磁铁；用对带电或起电的物体有影响的磁场；液体或气体传递的压力；机械振动；惯性力；热膨胀；浮力；压电效应；马格纳斯效应
7	控制气体或液体的运动	毛细管现象；渗透；电渗透（电泳现象）；汤姆森效应；伯努利效应；各种波的运动；离心力（惯性力）；韦森堡效应；液体中充气；柯恩达效应
8	控制悬浮体（粉尘、烟、雾等）	起电；电场；磁场；光压力；冷凝；声波；亚声波
9	搅拌混合物，形成溶液	形成溶液；超高音频；气穴现象；扩散；电场；用铁-磁材料结合的磁场；电泳现象；共振
10	分解混合物	电和磁分离；在电场和磁场作用下改变液体的密度；离心力（惯性力）；相变；扩散；渗透
11	稳定物体位置	电场和磁场；利用在电场和磁场的作用下固化定位液态的物体；吸湿效应；往复运动；相变（再造型）；熔炼；扩散熔炼；相变

编码	实现功能	物理效应
12	产生/控制力,形成高压力	用铁-磁材料形成有感应的磁场;相变;热膨胀;离心力(惯性力);通过改变磁场中的磁性液体和导电液体的密度来改变流体静力;超越炸药;电液压效应;光液压效应;渗透;吸附;扩散;马格纳斯效应
13	控制摩擦力	约翰逊-拉别克效应;辐射效应;克拉格里斯基(Краглъский)现象;振动;利用铁磁粒产生磁场感应;相变;超流体;电渗透
14	分离物体	放电;电-水效应;共振;超高音频;气穴现象;感应辐射;相变热膨胀;爆炸;激光电离
15	积蓄机械能和热能	弹性形变;飞轮;相变;流体静压;热电现象
16	传递能量(机械能、热能、辐射能和电能)	形变;亚历山德罗夫效应;运动波,包括冲击波;导热性;对流;光反射(光导体);辐射感应;赛贝克效应;电磁感应;超导体;一种能量形式转换成另一种便于传输的能量形式;亚声波(亚音频);形状记忆效应
17	移动的物体和固定的物体之间的交互作用	利用电-磁场(运动的"物体"向着"场"的连接)由物质耦合向场耦合过渡;应用液体流和气体流;形状记忆效应
18	测量物体尺寸	测量固有振动频率;标记和读出磁性参数和电参数;全息摄影
19	改变物体尺寸	热膨胀;双金属结构;形变;磁电致伸缩(磁-反压电效应);压电效应;相变;形状记忆效应
20	检查表面状态和性质	放电;光反射;电子发射(电辐射);波纹效应;辐射;全息摄影
21	改变表面性质	摩擦力;吸附作用;扩散;包辛格效应;放电;机械振动和声振动;照射(反辐射);冷作硬化(凝固作用);热处理
22	检测体积容量的状态和特征	引入转换外部电场(发光体)或形成与研究物体的形状和特性有关的自场(铁磁体)的标识物;根据物体结构和特性的变化改变电阻率;光的吸收、反射和折射;电光学和磁光现象;偏振光(极化的光)X射线和辐射线;电顺磁共振和核磁共振;磁弹性效应;超越居里点;霍普金森效应和巴克豪森效应;测量物体固有振动频率;超声波(超高音频);亚声波(亚音频);穆斯堡尔(Mossbauer)效应;霍尔效应;全息术摄影;声发射(声辐射)
23	改变物体空间性质(密度和浓度)	在电场和磁场作用下改变液体性质(密度、黏度);引入铁磁颗粒和磁场效应;热效应;相变;电场作用下的电离效应;紫外线辐射;X射线辐射;放射性辐射;扩散;电场和磁场;包辛格效应;热电效应;热磁效应;磁光效应(永磁-光学效应);气穴现象;彩色照相效应;内光效应;液体"充气"(用气体、泡沫"替代"液体);高频辐射
24	构建结构,稳定物体结构	电波干涉(弹性波);衍射;驻波;波纹效应;电场和磁场;相变;机械振动和声振动;气穴现象
25	探测电场和磁场	渗透;物体带电(起电);放电;放电和压电效应;驻极体;电子发射;电光现象;霍普金森效应和巴克豪森效应;霍尔效应;核磁共振;流体磁现象和磁光现象;电致发光(电-发光);铁磁性(铁-磁)
26	产生辐射	光-声学效应;热膨胀;光-可范性效应(光-可塑性效应);放电
27	产生电磁辐射	约瑟夫森(Josephson)效应;感应辐射效应;隧道(tunnel)效应;发光;耿氏效应;契林柯夫效应;塞曼效应
28	控制电磁场	屏蔽,改变介质状态如提高或降低其导电性(例如增加或降低它在变化环境中的电导率);在电磁场相互作用下,改变与磁场相互作用物体的表面形状(利用场的相互作用,改变物体表面形状);引缩(pinch)效应
29	控制光	折射光和反射光;电现象和磁-光现象;弹性光;克尔效应和法拉第效应;耿氏效应;约瑟夫森(Franz-Keldysh)效应;光通量转换成电信号或反之;刺激辐射(受激辐射)
30	产生和加强化学变化	超声波(超高音频);亚声波;气穴现象;紫外线辐射;X射线辐射;放射性辐射;放电;形变;冲击波;催化;加热
31	分析物体成分	吸附;渗透;电场;辐射作用;物体辐射的分析(分析来自物体的辐射);光-声效应;穆斯堡尔(mossbauer)效应;电顺磁共振和核磁共振

　　(2) 化学效应　　　　　　　　　　　　　　化学效应与物理效应之间联系紧密,化学效应伴

随着物理效应，物理效应可以引起或加速化学变化，同时化学效应往往有能量的转换现象。化学效应举例，将催化剂放入各种化学成分（相互作用物质）的混合物中，可加速该混合物和成分之间的化学反应，如图 34-8-11 所示。放入催化剂为输入作用，加速化学反应为输出作用，控制参数为催化剂的类型、催化剂颗粒的尺寸和形状、混合物化学成分的类型以及温度。

实现功能与化学效应的关系对照表，参见表34-8-2。

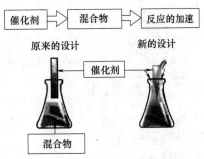

图 34-8-11　催化剂加速化学反应

表 34-8-2　　　　　　　**实现功能与化学效应的关系对照表**

编码	实现功能	化学效应
1	测量温度	热色反应；温度变化时化学平衡转变；化学发光
2	降低温度	吸热反应；物质溶解；气体分解
3	提高温度	放热反应；燃烧；高温自扩散合成物；使用强氧化剂；使用高热剂
4	稳定温度	使用金属化合物；采用泡沫聚合物绝缘
5	检测物体的工况和定位	使用燃料标记；化学发光；分解出气体的反应
6	控制物体位移	分解出气体的反应；燃烧；爆炸；应用表面活性物质；电解
7	控制气体或液体的运动	使用半渗透膜；输送反应；分解出气体的反应；爆炸；使用氢化物
8	控制悬浮体（粉尘、烟、雾等）	与气悬物粒子机械化学信号作用的物质雾化
9	搅拌混合物	由不发生化学作用的物质构成混合物；协同效应；溶解；输送反应；氧化-还原反应；气体化学结合；使用水合物、氢化物；应用络合铜
10	分解混合物	电解；输送反应；还原反应；分离化学结合气体；转变化学平衡；从氢化物和吸附剂中分离；使用络合铜；应用半渗透膜；将成分由一种状态向另一种状态转变（包括相变）
11	物体位置的稳定（物体定位）	聚合反应（使用胶、玻璃水、自凝固塑料）；使用凝胶体；应用表面活性物质；溶解黏合剂
12	感应力、控制力、形成高压力	爆炸；分解气体水合物；金属吸氢时发生膨胀；释放出气体的反应；聚合反应
13	改变摩擦力	由化合物还原金属；电解（释放气体）；使用表面活性物质和聚合涂层；氧化作用
14	分解物体	溶解；氧化-还原反应；燃烧；爆炸；光化学和电化学反应；输送反应；将物质分解成组分；氢化作用；转变混合物化学平衡
15	积蓄机械能和热能	放热和吸热反应；溶解；物质分解成组分（用于储存）；相变；电化学反应；机械化学效应
16	传输能量（机械能、热能、辐射能和电能）	放热和吸热反应；溶解；化学发光；输送反应；氢化物；电化学反应；能量由一种形式转换成另一种形式，再利用能量传递
17	可变的物体和不可变的物体之间相互形成作用	混合；输送反应；化学平衡转移；氢化转移；分子自聚集；化学发光；电解；自扩散高温聚合物
18	测量物体尺寸	与周围介质发生化学转移的速度和时间
19	改变物体尺寸和形式（形状）	输送反应；使用氢化物和水化物；溶解（包括在压缩空气中）；爆炸；氧化反应；燃烧；转变成化学关联形式；电解；使用弹性和塑性物质
20	控制物体表面形状和特性	原子团再化合发光；使用亲水和疏水物质；氧化-还原反应；应用光色、电色和热色原理
21	改变表面特性	输送反应；使用水合物和氢化物；应用光色物质；氧化-还原反应；应用表面活性物质；分子自聚集；电解；侵蚀；交换反应

第
34
篇

续表

编码	实现功能	化学效应
22	检测（控制）物体容量（空间）状态和性质（形状和特性）	使用色反应物质或者指示剂物质的化学反应；颜色测量化学反应；形成凝胶
23	改变物体容积性质（空间特性，密度和浓度）	引起物体的物质成分发生变化的反应（氧化反应、还原反应和交换反应）；输送反应；向化学关联形式转变；氢化作用；溶解；溶液稀释；燃烧；使用胶体
24	形成要求的、稳定的物体结构	电化学反应；输送反应；气体水合物；氢化物；分子自聚集；络合铜
25	显示电场和磁场	电解；电化学反应（包括电色反应）
26	显示辐射	光化学；热化学；射线化学反应（包括光色、热色和射线使颜色变化反应）
27	产生电磁辐射	燃烧反应；化学发光；激光器活性气体介质中的反应；发光；生物发光
28	控制电磁场	溶解形成电解液；由氧化物和盐生成金属；电解
29	控制光通量	光色反应；电化学反应；逆向电沉积反应；周期性反应；燃烧反应
30	激发和强化化学变化	催化剂；使用强氧化剂和还原剂；分子激活；反应产物分离；使用磁化水
31	物体成分分析	氧化反应；还原反应；使用显示剂
32	脱水	转变成水合状态；氢化作用；使用分子筛
33	改变相态	溶解；分解；气体活性结合；从溶液中分解；分离出气体的反应；使用胶体；燃烧
34	减缓和阻止化学变化	阻化剂；使用惰性气体；使用保护层物质；改变表面特性（见"21 改变表面特性"一项）

（3）几何效应

几何效应是指物体在空间的适应性，主要有双曲线、抛物线等。例如在火力发电厂的冷却塔塔身多为双曲线形无肋无梁柱薄壁空间结构，造型美观，如图 34-8-12 所示。由于单叶双曲线是一种直纹曲面，是完全可以通过直线的运动构造出来的一种曲面，双曲线形冷却塔接地面积少，采用薄壁结构，用相同的材料能够获得最大的容积和稳定结构，这样会减少风阻，水量损失小，冷却效果不受风力影响。

图 34-8-12 双曲线形的火力发电厂冷却塔

几何效应举例："改变旋转双曲线体底部的旋转角度，可以改变其最窄处的直径"，如图 34-8-13 所示。可将旋转双曲线体看作是由最初的圆柱形笼演变而来的，其垂直棒等距铰接到圆形底部上，当底部被转动时而形成双曲线体，双曲线体表面的线（棒状物）在空间相交。双曲线体底部旋转角度的改变为输入作用，双曲线体最窄处直径的改变为输出作用，控制参数为底部直径和两底部之间的距离。这一形状的功能，可用于夹持放置在双曲线体最窄处的工件。

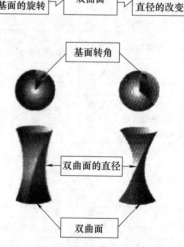

图 34-8-13 转动底部都可改变双曲线体的直径

实现功能与几何效应的对照关系对照，参见表 34-8-3。

表 34-8-3　实现功能与几何效应的对照关系对照表

编码	实 现 功 能	几 何 效 应
1	质量不改变情况下增大和减小物体的体积	将各部件紧密包装;凹凸面;单叶双曲线
2	质量不改变情况下增大或减小物体的面积或长度	多层装配;凹凸面;使用截面变化的形状;莫比乌斯环;使用相邻的表面积
3	由一种运动形式转变成另一种形式	"列罗"三角形;锥形捣实;曲柄连杆传动
4	集中能量流和粒子	抛物面;椭圆;摆线
5	强化进程	由线加工转变成面加工;莫比乌斯环;偏心率;凹凸面;螺旋;刷子
6	降低能量和物质损失	凹凸面;改变工作截面;莫比乌斯环
7	提高加工精度	刷子(梳子、刷子、毛笔、排针、绒毛);加工工具采用特殊形状和运动轨迹
8	提高可控性	刷子(梳子、刷子、毛笔、排针、绒毛);双曲线;螺旋线;三角形;使用形状变化物体;由平动向转动转换;偏移螺旋机构
9	降低可控性	偏心率;将圆周物体替换成多角形物体
10	提高使用寿命和可靠性	莫比乌斯环;改变接触面积;选择特殊形状
11	减小作用力	相似性原则;保角映像;双曲线;综合使用普通几何形状

（4）生物效应

生物效应是指某种外界因素（例如生物物质、化学药品、物理因素等）对生物体产生的影响，是对生物体所造成影响的外在表现所观察到的现象。例如，磁场大小适量对身体具有改善微循环、镇痛、镇静、消炎、消肿等生物效应，当磁场过量时，却会对身体产生损伤。借用某些生物效应的案例较为有趣。例如，在电视剧《大染坊》中，主人公陈寿亭把鱿鱼爪放入正在加热的染缸中。如果鱿鱼爪很快打卷了，就是到了最合适染布的水温，他就立即指挥工人把棉布放入染缸。在这里，鱿鱼爪的生物效应（遇热打卷）起到了传感器的作用。自 2013 年以来，英国警方使用蜜蜂作为传感器来缉毒获得了不错的效果。蜜蜂的嗅觉灵敏度高出缉毒犬百倍以上，其特点是闻到了毒品的味道就伸舌头，舌头可以被红外传感器探测到。于是，利用这个生物效应，人们把训练好的蜜蜂无损地固定在一个标准的塑料卡件内，每次以 6 个蜜蜂为一组，放在一个箱式探测器之内，然后用来检测行李。如果同时有 3 个蜜蜂伸出舌头，就说明行李中藏有毒品。这种技术明显地提高了检测成功率。

生物效应举例，如河蚌对环境中的有害杂质的浓度具有敏感性（属性），当水中有害杂质的浓度增加到一定限度时，河蚌就会合上其蚌壳。当有害物质的浓度降低后，蚌壳重新打开，如图 34-8-14 所示。可以采用这一生物效应来诊断危险化学品生产企业的废水处理设施。

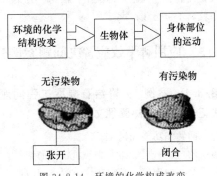

图 34-8-14　环境的化学构成改变导致生物体发生部位运动

8.2.3　应用效应解决问题的步骤

电灯泡厂的厂长将厂里的工程师召集起来开了个会，他让这些工程师们看一叠顾客的批评信，顾客对灯泡质量非常不满意。

（1）问题分析：工程师们觉得灯泡里的压力有些问题。压力有时比正常的高，有时比正常的低。

（2）确定功能：准确测量灯泡内部气体的压力。

（3）TRIZ 推荐的可以测量压力的物理效应和现象：机械振动、压电效应、驻极体、电晕放电、韦森堡效应等。

（4）效应取舍：经过对以上效应逐一分析，只有"电晕"的出现依赖于气体成分和导体周围的气压，所以电晕放电适合测量灯泡内部气体的压力。

（5）方案验证：如果灯泡灯口加上额定高电压，气体达到额定压力就会产生电晕放电。

（6）最终解决方案：用电晕放电效应测量灯泡内部气体的压力。

因此应用科学效应与知识库解决问题一般可以分为六个步骤：

（1）首先要对问题进行分析；

（2）确定所解决的问题要实现的功能；

（3）根据功能查找效应库，得到 TRIZ 所推荐的效应；

（4）筛选所推荐的效应，优选适合解决本问题的效应；

（5）把效应应用于功能实现，并验证方案的可行性；如果问题没能得到解决或功能无法实现，请重新分析问题或查找合适的效应；

（6）形成最终的解决方案。

应用科学效应和现象解决技术问题是再简单不过的事情了，这就像我们到超市买东西一样，选择好要买东西的种类，衡量一下几种同类产品的性价比，我们就可以做决定了。其实 TRIZ 提供的所有工具都一样，只要我们有"问题"的欲望，任何"方案"都很简单地就属于自己了。

8.3　应用科学效应解决问题案例分析

8.3.1　案例1：肾结石提取工程问题（形状记忆效应、热膨胀效应）

（1）问题和功能分析

传统的肾结石提取器无法破坏较大的结石，要实现对较大结石的破碎，必须在较小的空间内产生一个相对较大的力，如图 34-8-15 所示。

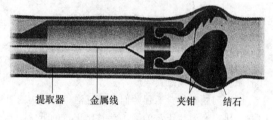

图 34-8-15　肾结石提取器

（2）确定需求的功能

需求的功能：产生力。

（3）查找效应

产生力：胡克效应、电场效应、磁场效应等。

产生形变：形状记忆效应、热膨胀效应等。

（4）利用效应

通过流体加热形状记忆合金使其产生形变，利用形状记忆合金的形变产生力，效应模式如图 34-8-16

所示。

图 34-8-16　肾结石提取器串联效应

（5）解决方案

先用拉力使形状记忆合金产生形变，然后用热水使形状记忆合金恢复初始状态，这样就能实现肾结石提取器在小空间内产生较大的力，如图 34-8-17 所示，其提取器的方案如图 34-8-18 所示。

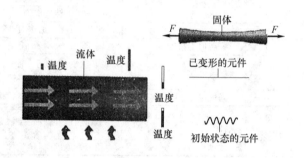

图 34-8-17　肾结石提取器产生力的原理

热水加热形状记忆合金线可改变其内部结构，使其进入超弹性状态。其结果是形状记忆合金线能产生很大的力，破碎肾结石

图 34-8-18　肾结石提取器的方案

8.3.2　案例2："自加热"握笔手套创新设计（帕尔贴效应）

（1）问题描述

写字在人们的日常生活中随处可见，但是在寒冷的环境里，书写时间长了手会变得僵硬，不方便写字。我们运用 TRIZ 理论的知识，对书写过程进行改进，增加中介物来使书写使用过程中产生一定的热量，这就解决了我们冬天写字手冷的问题。

（2）书写过程分析

① 物场分析　首先，根据上述 TRIZ 理论所提供的物场模型分析方法对书写过程进行物场分析，在冬天书写时，由于环境温度比较低，笔无法提供足够的热量保持书写的流畅，对此现象进行分析，

发现是不完整的物场模型，模型中存在两个物质：S2 是笔，S1 是手，但是缺少一个场，这个场是热场，再由不完整的物场模型解决对策，需要增加一个热场来构成一个完整的物场模型，如图 34-8-19 所示。

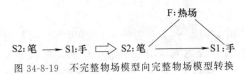

图 34-8-19　不完整物场模型向完整物场模型转换

由此，可以产生想法：需要一个热场来提供热量，可以通过电源供电，使电阻丝发热来给我们的手带来热量。即在笔上增加加热装置，使书写笔能够自己发热，给人手提供热量，但是笔的空间太小，实现起来比较困难。于是我们寻求在比较大的空间——人手的周围来解决问题，想到可以增加中介物——手套的方式来解决，但是手套还是不能提供足够的热量，我们就在手套中增加加热装置，但是使用传统的电阻丝来加热依然存在问题，如占用空间较大、供电问题、加热较慢等。

② 科学效应分析　有了上面的分析结果，我们再根据科学效应和现象对书写过程进行分析，分析过程如下。

a. 首先根据所要解决在天气寒冷的情况下手冷的问题，确定需要提高温度。

b. 根据 a. 中得到的"提高温度"功能，从《功能代码表》中确定与此功能相对应的代码，就是 F3：提高温度。

c. 接着根据 b. 中得到的代码 F3，从《科学效应和现象列表》中查找 TRIZ 所推荐的科学效应和现象。

d. 在 c. 中得到了很多种推荐的科学现象，通过分析这些现象，我们选择了 E67 帕尔帖效应；1834 年帕尔帖发现，当一块 N 型半导体（电子型）和一块 P 型半导体（空穴型）联结成一个电偶，并在串联的闭合回路中通以直流时，在其两端的结点将分别产生吸热和放热现象，人们称这一现象为帕尔帖效应。

e. 查找优先选出来的每个科学效应和现象的详细解释，并应用于问题的解决，形成解决方案。

由上面的分析，产生进一步的想法：可以使用半导体制冷片来进行加热，以给我们的手带来热量。

（3）创新设计

综合上面的分析，首先我们试图通过给笔增加加热装置来提高温度，随即我们发现笔的空间有限，提供的热量就有限，同时笔和人手的接触面积比较小，

热量传导到人手的就更小了，不能彻底解决问题。于是我们对问题进行深入研究，发现造成手冷的因素不仅仅是笔，还有环境，在书写过程中，人手大部分暴露在环境中，并且最主要的是手背的部分，故而，我们转入如何提高手背部分的温度问题，我们设想在手的有限的空间中增加一个能够自加热的"握笔手套"，使之能够提供热量。我们想到了电阻加热丝，但是没有足够的电源来提供能量，加热的速度也比较慢。所以要解决问题就需要找到一种热效率更高的器件来进行加热，于是我们利用 TRIZ 理论所提供的方法想到了车载冰箱所用的制冷器件——半导体制冷片。半导体制冷片，也叫热电制冷片，如图 34-8-20 所示，是一种热泵。利用半导体材料的帕尔贴效应，当直流电通过两种不同半导体材料串联成的电偶时，在电偶的两端即可分别吸收热量和放出热量，可以实现制冷的目的，同时也可以实现加热的目的。这样就可以实现提高温度的目的，同时也可以解决空间受限的问题。依据上面分析，我们只需对普通手套进行改进，添加电池、开关、温度控制装置、发热装置：半导体制冷片即可，模型如图 34-8-21 所示。

图 34-8-20　半导体制冷片

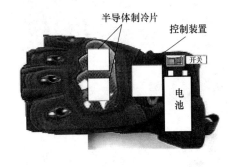

图 34-8-21　自加热握笔手套模型

（4）结论

使用 TRIZ 创新理论中的物场分析和科学效应，

对书写过程进行分析，得到了创新设计——自加热握笔手套，解决了在特殊的环境下，特别是在寒冷的环境里，书写时间长了手会变得僵硬，不方便写字的问题。但是现在的设计是在原有的手套中进行的，原有的手套存在着使书写不太方便的问题，我们进一步的解决思路就是如何将手套进行改进，使之不阻碍书写。

8.3.3　案例3：可测温儿童汤匙的设计 (热敏性物质)

（1）提出问题

一般成年人在给婴儿喂饭时，用勺子将食物盛起，吹一吹使食物冷却，然后用嘴尝尝，确认食物不烫以后，再喂给婴儿。实际上，成人的口中有很多细菌，这样不利于婴儿的成长，但如果不尝食物，一旦食物的温度过高就会烫着婴儿。

（2）分析问题

提出概念：通过分析，这个问题的关键是婴儿的喂养者，需要准确知道食物的温度而不能尝试食物。至此分别列出汤匙设计的主要问题和次要问题，如图34-8-22所示。

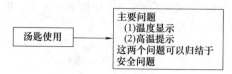

图 34-8-22　汤匙问题分析图

（3）查找一种效应解

在该问题中主要需要实现的功能是测量温度（F1），对应的效应有热膨胀（E75）、热双金属片（E76）、汤姆逊效应（E80）、热电现象（E71）、热电子发射（E72）、热辐射（E73）、电阻（E33）、热敏性物质（E74）、居里效应（E60）、巴克豪森效应（E3）、霍普金森效应（E55）等12个，详细研究每个效应的解释后选择：E74 热敏性物质——受热时就会发生明显状态变化的物质。由于热敏性物质可在很窄的温度范围内发生极速的变化，所以常用来显示温度。

（4）功能解

在汤匙头部预置感温材料（热敏性物质），汤匙末端安装小显示屏和发光管，既可以显示温度，在温度过高时又会发出高温提示。

第9章　创新方法与专利规避设计

20 世纪 80 年代以来，由于计算机技术的普及以及因特网的迅猛发展，人类进入了一个信息爆炸的新时代，专利文献成为信息社会中人们获取最新信息的主要手段之一。专利信息蕴含多项内容，包括专利文献中关于申请专利的发明创造的技术内容、专利保护的范围以及专利是否有效等。根据世界知识产权组织（WIPO）的调查，通过专利文献可以查到全世界每年 90%～95% 的发明成果，而其他技术文献只能记载 5%～10%，且同一发明成果出现在专利文献中的时间比出现在其他媒体上平均早 1～2 年。此外 WIPO 还指出在研究工作中查阅专利文献可以缩短发时间 60%，节省研究经费 40%。因此，查找、阅读与分析专利文献成为技术创新中极为重要的工作，如果能善于利用专利文献，透过创造性的思维并使用合适的创意方法，对专利信息进行分析、拆解，则将获得许多最新的技术信息和具有重要商业价值的竞争情报，既可预测产品技术进化、发展趋势，又可做识别竞争对手、规避专利设计之用。

9.1　概述

专利规避设计（Design Around）是一项源于美国的合法竞争行为（Legitimate Competitive Behavior），是以专利侵权的判定原则为依据，通过分析已有专利，使产品的技术方案借鉴现有专利技术，但不落入其专利保护范围的研发活动，是一种为避免侵害某一专利的申请专利范围（Glaims）所进行的一种持续性创新与设计活动，同时又是一种创新新产品的设计、决策过程，也称为专利规避。依据美国专利制度的精神，基本上是鼓励发明人进行规避设计，以开发出更好的产品，其价值在于专利规避的重点是改变产品，使产品更具竞争力；规避后的产品具有专利性，避免规避之后被其他人申请，同时也有可能产生出一个新的专利，因此也有人说这是从现有专利技术中产生新专利的方法；无论专利规避结果如何，都可以举证"非故意侵权"，可以避免恶意侵害。专利规避主要是针对竞争对手的专利壁垒，找出其在保护地域、保护内容等方面的漏洞，利用这些漏洞，实现在不侵犯专利权的前提下，"借用"该专利技术。因此，企业运用专利规避设计可以突破技术先进者的技术控制和市场垄断，可维持、提升市场竞争力和吸

引顾客，缩短产品研发和市场开发的时间，可使研发的成本和研发失败的风险大大降低。

总的来说，专利规避设计是一种合法的竞争手段，是技术追赶者积极可行的专利策略，本质上是一种研发活动。专利规避设计的成功标准下限是法律上不会被判定侵权，这也是法律层面最基本的要求，同时在技术方面又切实可行。上限是商业上不会丧失竞争优势，确保规避设计的成果具有商业竞争力、满足获利要求。不是为了规避而规避，而必须考虑避免成本过高而导致产品失去竞争力和利润空间的问题。

9.1.1　专利规避的基本策略

专利权是专利人利用其发明创造的独占权利，专利侵权是指未经专利权人许可，以生产经营为目的，实施了依法受保护的有效专利的违法行为。简单地说，就是当一个产品，只要是被一件专利的至少一个申请专利范围（Claims）请求项所涵盖时，即造成侵权事实。

专利规避的实施，主要通过规避设计进行。而规避设计的依据则是相应的专利分析。一方面，通过专利分析了解竞争者的专利布局，预测竞争者的产品研发方向，从中寻找自身可以发展的市场；另一方面，通过专利分析，对于专利技术方案进行详细解读，从中研究得到可以替代的方案。如图 34-9-1 所示，专利规避设计实施的策略主要有五类。

图 34-9-1　专利规避的实施策略

（1）借鉴专利文件中技术问题的规避设计，通过专利文件了解新产品的性能指标或技术方案解决的技术问题。

（2）借鉴专利文件中背景技术的规避设计，在此基础上创造出不侵犯该专利权的设计方案。

（3）借鉴专利文件中发明内容和具体实施方案的

规避设计，在此过程中，一方面寻找权利要求的概括、疏漏，找出可以实现发明目的，却从未在权利要求中加以概括、保护的实施案例或相应变形；另一方面可以通过应用发明内容中提到的技术原理、理论基础或发明思路，创造出不同于权利要求保护的技术方案。

（4）借鉴专利审查相关文件的规避设计，专利权人不得在诉讼中，对其答复审查意见过程中所做的限制性解释和放弃的部分反悔，而这些很有可能就是可以实现发明目的，但又排除在保护范围之外的技术方案。

（5）借鉴专利权利要求的规避设计，这种规避设计是采用与专利相近的技术方案，而缺省至少一个技术特征，或有至少一个必要技术特征与权利要求不同。这是最常见的规避设计，也是与专利保护范围最接近的规避设计。

例如，由甲研究所领衔研究，乙公司独家生产的恶性肿瘤固有荧光诊断仪，在获得中国专利权后，又先后获得了美国、日本的专利权。对此，美国和日本的企业作为后来者，采取了规避我国产品专利的办法，由美国公司提供相关技术，日本公司负责在我国产品尚未获得专利的加拿大生产同类型诊断仪，然后在我国产品尚未获得专利保护的其他国家销售，仍然可获得不菲的利润。

再比如，专利规避的另一种主要模式是"移花接木"，把非本领域的专利技术移植过来，完成改造开发。某企业开发新型空调压缩机，采用二氧化碳替代氟利昂，导致内部压力由2MPa猛增到12MPa，压缩机密封件必须寻找性能好的替代技术。企业研发人员主动出击，找到一种原用于高压水泵的密封技术专利，利用其原理，经过简单二次开发，转用到了压缩机上。由于并非照搬专利技术，且适用范围不同，成功实现专利规避，为企业节省了大笔开发或者购买专利的费用。

9.1.2　专利规避设计要注意的原则

如何去规避某个专利，需要先了解专利侵权判定法则。只有从本质上掌握了专利的侵权判定法则，才能知道专利的保护范围，才能分析归纳出专利规避设计的具体方法。因此对专利规避设计方法的研究首先从专利的侵权判定法则开始，对专利侵权法则进行详细的分析，掌握哪些行为会造成侵权，反之哪些行为可以利用该专利而不侵犯相应法则。对上述内容有一个深入理解后，在这个基础上就可以分析归纳出规避专利的具体方法。

专利规避设计以专利侵权的判定原则（全面覆盖原则、等同原则、禁止反悔原则等）为基础，严禁并防止专利侵权是极其重要的一点，对专利侵权的判断依据主要有以下几个原则。见表34-9-1。

表 34-9-1　　　　　　　　　　　专利侵权的判定原则

原　则	说　　　明
1. 全面覆盖原则	如果被控侵权物（欲设计的新产品或方法）的技术特征包含了专利权利要求中记载的全部必要技术特征，则落入专利的保护范围。例如，专利权利要求所记载的必要技术特征与被控侵权产品的特征完全相同。如图（a）（ⅰ）、（ⅱ）所示，即：假如专利权利要求所记载的必要技术特征为A、B、C，而被控侵权产品的特征也为A、B、C，二者的关系可以表示为：ABC＝ABC，那么我们就认为专利权的保护范围全面覆盖了被控侵权产品，或者说，被控侵权产品完全落入了专利权的保护范围，专利侵权成立。这种情形的专利侵权是标准的、不折不扣的专利侵权，有时也将其称为"字面侵权"。 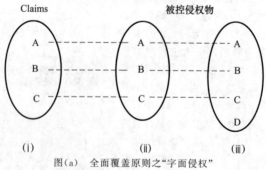 图（a）　全面覆盖原则之"字面侵权" 如果独立权利要求采用上位概念特征，而被控侵权物采用的是下位概念，则也构成侵权，即被控侵权物利用专利权利要求中的全部必要技术特征的基础上，增加了新的技术特征，也仍然落入专利权的保护范围。例如，被控侵权产品的特征多于专利权利要求所记载的必要技术特征，如图（a）（ⅰ）、（ⅲ）所示。被控侵权物对于在先专利技术而言是改进的技术方案，并且获得了专利权，则属于从属专利。假如专利权利要求所记载的必要技术特征为

续表

原　则	说　　　明
1. 全面覆盖原则	A、B、C，而被控侵权产品的技术特征为 A、B、C、D，二者的关系可以表示为：ABCD＞ABC，那么我们也认为专利侵权成立。此时，被控侵权产品和专利之间的关系很可能就是从属专利和基本专利之间的关系，从属专利权人未经基本专利权人许可，实施基本专利权人的基本专利，按照专利法的规定，也构成专利侵权。 　　专利权利要求所记载的必要技术特征多于被控侵权产品的特征。即：假如专利权利要求记载的必要技术特征为 A、B、C，而被控侵权产品的技术特征为 A、B，二者的关系可以表示为 ABC＜AB，我们一般认为专利侵权不成立，因此此时被控侵权产品缺少了专利权利要求记载的必要技术特征，没有落入专利的保护范围。只有在极其特殊的情况下，例如，被控侵权产品所缺少的技术特征恰恰被认定为专利权利要求中的非必要技术特征的情况下，通常所说的"多余指定"，才有可能认定专利侵权成立。如图(b)所示，专利权利要求 C 项为非必要技术特征。 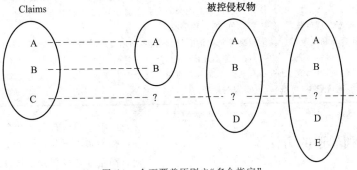 图(b)　全面覆盖原则之"多余指定" 　　全面覆盖原则主要用来判断侵害对象物中是否构成字面侵权，也就是说技术内容是否"完全相同"，此与"新颖性"是相互对应的
2. 等同原则	专利权的保护范围包括与该必要技术特征相等同特征所确定的范围。此处相等同特征是指以相同的手段、实现基本相同的功能、达到基本相同的效果，并且从属领域的普通技术人员无需创造性劳动就能联想的特征。例如专利权利要求所记载的必要技术特征与被控侵权产品的特征不完全相同。即：专利权利要求所记载的必要技术特征为 A、B、C，而被控侵权产品技术特征为 A′、B′、C′，那么此时可能出现两种情况，一种是 ABC 与 A′B′C′ 之间具有实质性的区别；另一种是 ABC 和 A′B′C′ 之间的区别是非实质性的，是等同物的替换。对于第一种情况，会认定被控侵权产品没有落入专利权的保护范围，专利侵权不成立；对于后一种情况，则认定被控侵权产品的技术特征是对专利权利要求所记载的必要技术特征的等同物替换，被控侵权产品仍落入专利权的保护范围，专利侵权成立，这就是专利侵权判定中常说的等同原则。 　　此处所谓等同原则是指技术特征等同而非整体方案相同。对于故意省略专利权利要求中个别必要技术特征，使其技术方案成为在性能和效果上均不如专利技术方案优越的变劣技术方案，而且这一变劣技术方案明显是由于省略该必要技术特征造成的，应当适用等同原则，认定构成侵犯专利权。 　　等同原则用于判断在功能(Function)、方法(Way)及效果(Result)是否达到"实质上相同"(Substantially the Same)或者所置换的技术是熟悉该行业者容易推知的或是显而易见的相等技术，此与"进步性"是相互对应的
3. 禁止反悔原则	在专利审批、撤销或无效程序中，专利权人为确定其专利具备新颖性和创造性，通过书面声明或者修改专利文件的方式，对专利权利要求的范围做了限制承诺或者部分地放弃了保护，并因此获得了专利权，而在专利侵权诉讼中，法院适用等同原则确定专利权的保护范围时，应当禁止专利权人将已被限制排除或者已经放弃的内容重新纳入专利权保护范围，这就是专利禁止反悔原则。 　　适用禁止反悔原则应当符合以下条件：①专利权人对技术特征所做的限制承诺或者放弃保护必须是明示的，而且已经被记录在专利文档中；②限制承诺或者放弃保护的技术内容，必须对专利权的授予或者维持专利权有效产生了实质性的作用

续表

原　则	说　　明
4. 多余指定原则	多余指定原则是指在专利侵权判定中,在解释专利独立权利要求和确定专利权保护范围时,将记载在专利独立权利要求中的明显附加技术特征(即多余特征)略去,仅以专利独立权利要求中的必要技术特征来确定专利权利保护范围,判定被控侵权物(产品或方法)是否覆盖专利权利保护范围的原则。 目前,很多跨国公司为了确保利益,加强了专利保护,通常把一项技术由多项专利从各个角度进行保护或者在某个技术链上的各个环节进行保护,形成"专利池"或者"专利阵",从而使竞争对手一不小心就可能碰触到"地雷",被迫支付大量的专利成本。 随着国内经济的发展,跨国公司在中国提交的专利申请越来越多,电子信息,医药,新能源等众多领域的国内企业,被国际巨头的专利层层包围,未来发展空间越来越受限制。尤其是对于国内企业来说,目前一些核心技术基本上掌握在各大跨国公司的手里,再加上庞大的专利布局,国内企业往往很难突围。如何在企业发展中避免专利陷阱? 专利规避就是实现"巧竞争"的一种手段。 因此,专利规避设计就是根据专利申请的权利内容,利用专利侵权鉴定的过程与内容为基础,比较或设计出所利用的技术不在其已存在的权力范围之内,但此技术内容与专利说明书撰写有相对应的关系。因此 TRIZ 理论本身就是通过研究、分析专利文件而提出来的创新设计方法,所以用 TRIZ 理论技术创新方法来进行专利规避设计是一项可思考、可选择、可实现的途径。

9.2　专利规避的方法

传统的专利规避方法,只是针对目标专利的权利要求内容做一些微调或改变,常用方法包括以下三种:

(1) 减少目标专利权利要求的至少一个以上的必要构成要件;

(2) 至少改变目标专利权利要求的一个必要构成要件;

(3) 在目标专利的权利要求中,以不同构成要件来置换某一必要构成要件。

而 TRIZ 理论的规避解决方案有可能完全避开原专利,产生一种新的解决问题的方法,其优势不言而喻。

9.2.1　专利规避流程

专利规避的主要流程如图 34-9-2 所示。

(1) 确定专利规避的对象

根据企业制定的产品研发规划,研发人员在研发新技术时,首先应分析相关的专利技术,了解其技术特征,防止侵害他人的专利。由于侵犯他人的专利可能导致企业要支付费用,易使企业受制于人,当研发人员了解新产品会侵害哪些专利后,应将需要规避的专利确定下来,研究如何避开这些专利,避免专利侵权。

专利规避是一门学问和技术,不应视为一种恶意的侵权行为。因为专利规避是一种突破专利申请范围的手段,以避免专利侵权。在研究突破专利申请范围的手段时,专利规避设计过程通常会产生新的技术,这种新的技术能够促进产业的发展,提升科技水平,因此专利规避设计被认为是一种促进产业发展的方

法,而新发明也有利于社会大众。再者,专利规避设计过程中所产生的新技术同时也可以拿来申请专利,使新产品享有专利权,是设计新产品的一种再创造过程,是对现有技术的一种改善行为。

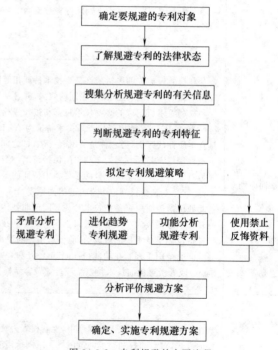

图 34-9-2　专利规避的主要流程

(2) 了解规避专利的法律状态

确定需要规避的专利后,不要急于去分析需要规避的专利技术特征,先要搞清楚该专利的法律状态,尤其是要关注其缴费状态。

此处的专利法律状态主要是指两个内容。第一,

专利保护的地域局限以及时间局限。我们通常过度地关注专利权的独占性，而相对地忽略专利权的局限性，专利的局限性表现在地域性和时间性上。地域性是指专利权只在专利申请并被授予专利权的国家或地区才有效。如一项专利虽然在美国、英国等多个国家获得专利授权，但并未在中国申请专利，因此该专利在中国不受专利保护。时间性是指专利权只在专利权处于有效状态的时间内有效。发明专利的保护期限为20年，实用新型和外观专利的保护期限为 10 年。由于一项专利在各国的申请日不同，其保护期限的届满日也不同。而且从事实上看，也并非所有专利都能保护至期限届满，部分专利会因申请人主动放弃等原因提前失去法律效力。第二，在目前市场竞争激烈的环境下，还会有一些专利被竞争对手通过专利宣告无效的程序使其无效，被宣告无效的专利被视为专利自始就不存在。

认识专利的局限性特点并利用之，可以为企业节省研发费用和时间成本，使企业在市场竞争中获益。

（3）搜集分析规避专利的有关信息

选择本领域专利数量较多、质量较高的数据库，以确定专利检索的范围。常用的专利数据库有：美国专利局 USPTO（http：//patft. uspto. gov）、欧洲专利局（http：//ep. espacenet. com）、德国专利商标局 GPTO（http：//depatisnet. dpma. de）、日本专利局 JPO（http：//www. jpo. go. jp）、韩国专利局 KIPO（http：//eng. kipris. or. kr）和中国国家知识产权局（http：//www. sipo. gov. cn）等。由于美国的科技实力雄厚，重要专利都会在美国进行申请，而且美国专利提供摘要的文本，便于搜索和统计，因此专利规避通常会使用美国专利局作为专利数据库。

如果仅仅做国内专利的规避，也可以使用市面上提供的商业专利检索系统（CNIPR、汤姆森路透、佰腾等专利信息软件系统），进行专利检索服务。分析和规避专利不能只看确定的申请题目，而是要分析其权利要求书，已经授权的专利要看授权的权利要求书，进行搜集、分析，想办法进行规避。没有授权的，要结合说明书和现有技术进行深入的分析，预测授权前景如何，会怎样授权，一般专利在申请时范围都较大，很难下手，所以要综合分析。

通过相关技术背景，利用关键词进行初步专利检索。从初步检索的专利中通过读标题、摘要、附图，筛选出与待解决问题相关的专利，查找关键词及国际分类号 IPC，为深度检索、分析做准备。

筛选上面查到的专利，对于重要专利进行解读。此处的解读并非通读整篇专利，而是有重点的读取相关信息。专利中核心技术通常在概要（Summary）中体现，概要叙述技术的顺序通常为：专利是做什么的，专利是怎么做的，专利的优点是什么。另外，从概要下的附图说明也可以看出技术重点在哪里。精读过程应该形成《专利详细记录》，用于记录相关重要专利数据、信息，以备后面的技术分析。具体格式可参照表 34-9-2，着重点放在了解专利中所保护的系统功能、组成及结构，为后续分析提供信息和资源。

表 34-9-2 专利阅读分析详细记录表

项目分类	详细信息
申请号，申请日期	US757854，19910911
专利号，公开日期	US5299914，19940405
申请/专利人（Assignee）	美国通用电气公司（General Electric Company）
发明/设计人	Schilling，Jan C
国际主分类号 IPC	F01D5/14
题目	涡扇发动机交错风扇叶片装配（Staggered fan blade assembly for a turbofan engine）
结构	交错风扇叶片装配（附图 1）
功能	抵抗外来物体对发动机造成的危害，增加涵道比
信息内容	
1. 专利做什么的	本发明主要介绍一种大涵道涡扇发动机叶片的交错装配方式（附图 2），降低了外来物体对发动机的损害，采用大尺寸叶片增加了飞机的涵道比。同时，大尺寸发动机叶片的钛合金材料应用以及叶片中空设计，减轻了叶片的重量。 创新原理：复合材料原理、叶片中空设计（矛盾：物体的体积——物体的重量）
2. 专利怎么做的	主要采用的方法：增加叶片长度、叶片设计为中空、叶片采用钛合金材料。叶片装配方式采用附图 2 所示的结构

续表

项目分类	详细信息
3. 专利优点	本发明的优点:增加了涵道比。降低了发动机重量。降低了外来物体(飞鸟、冰、冰雹等)对发动机的危害
附图(名称)	风扇叶片结构及其连接方式

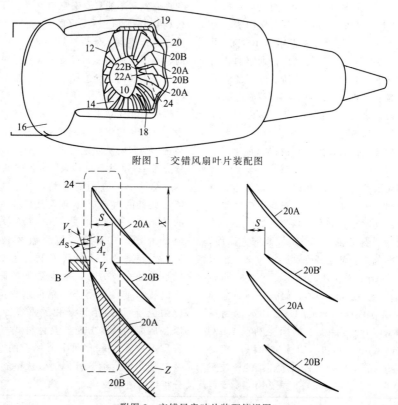

附图 1　交错风扇叶片装配图

附图 2　交错风扇叶片装配俯视图

附图解释	20A 为较为坚固的叶片,20B 为稍软一点的叶片。20A 与 20B 之间的距离为 S,这样的设计在风扇转动过程中即使飞鸟进入发动机也不会对发动机造成太大危害

　　注意,表格编号 No 可以按照其项目的编号编辑,例如,20130010-01,即为 2013 年第 10 个项目中的第一个分析汇总表格;表中内容的 1、2、3 即专利"做什么""怎么做""优点"主要在专利的"题目""摘要""附图说明"中查找;"怎么做"还可参考权利要求书的独立权利要求(比如第一个要求);对于表中内容"做什么"简要说明即可,"怎么做"可参考权利要求书整理,"优点"要详细列举。

　　搜集、分析的重点应放在解读独立项的构成、分清公知技术和专利特征上,在检索数据结果中确定用户需要特别关注的重点专利。还可以用同族数量、引证数量、专利类型、发明等级、说明书页数等信息来筛选重点专利。其中,根据 TRIZ 理论把发明定义为

五个等级,分别为最小型发明、小型发明、中型发明、大型发明和特大型发明,产品由低级向高级的方向发展,产品的第一个专利往往是一个高级别的专利,后续专利的级别逐渐降低。

　　(4) 判断规避专利的专利特征

　　理清专利中哪些是公知技术(Public Domain)与专利技术特征,对于专利中使用的公知技术不需要规避,主要的规避对象是专利的技术特征。

　　在专利申请人提交的权利要求书中,一般会说明专利的类型是发明或者实用新型,还会列出专利的技术特征,清楚和简要地表达请求保护的范围。在进行侵权判断时,主要对照权利要求书,因为发明或者实用新型专利权的保护范围以其权利要求书的内容为

准。在权利要求书中，独立权利要求书保护范围最广，其中每一个技术特征均应是必要技术特征。进行侵权判断，应把独立权利要求书中的全部必要技术特征作为一个整体来考虑，逐一进行对比。只有独立权利要求书中的各个必要技术特征全部被利用才构成侵权。如果拿侵权物的技术特征与专利物的技术特征相比，其必要技术特征有一项以上不相等，且不属于等同物代替，则不构成侵权，因为大量的改进性发明创造都是在现有产品或方法的基础上完成的，通过增加新的技术特征，或改变原有的技术特征使技术不断完善，从而推动各项目技术向前发展。如果认为侵权物与专利技术之间有一部分是相同的，即认定侵权将会限制技术的发展，而且不可能有新的技术出现。当然这里讲的技术特征不相等，必须是有本质的区别，有实质性的改进。

由于技术系统通常都具有很大的复杂性，组成构件数量非常多，阅读权利要求书时，主要是分析区别技术特征，弄清楚专利实际的保护范围。如一个人获得了一种自行车的专利，而实际上它的保护范围只是车把部分，只要避免使用相同的车把，就不构成侵权。

（5）拟定专利规避策略

通过对 TRIZ 理论的详细分析，主要介绍基于矛盾分析、技术系统进化法则、功能分析、物场分析和标准解等来规避专利的技术方法。根据具体情况（问题类型），选择一种规避方法：缺少必要的技术构成或一个以上的必要技术构成不相同。

（6）分析评价规避方案

任何专利规避设计的完成必须经过法律风险评估，以降低法律诉讼的风险。重要专利规避设计的法律风险评估可以请外部专利律师或司法鉴定所出具专利不侵权报告。在中国，有资质的知识产权司法鉴定所出具的技术方案虽不能等同于司法鉴定意见书，但可作为应对竞争对手以专利侵权进行威胁和讨论的一种有效手段。

（7）针对专利规避设计申请专利

对专利规避设计产生的技术方案与现有技术相比，判断是否存在差异。如果有差异并且具有商业价值，可以去申请专利，一则保护自己的知识产权，二则可以构建自己产品的专利篱笆，以防止他人规避或借用自己的专利技术。

专利总会有漏洞，不可能真正保护完善。如果只把自己研究的技术方案申请专利，其他人有可能为了规避专利侵权，另行研发一套不侵权但可以实现相同技术效果的技术方案，导致专利权不能起到保护作用。专利申请保护时必须考虑到使竞争对手无法规避，而不仅仅是指把自己研究出的最优技术方案申请专利。

9.2.2　基于 TRIZ 的专利规避方法

由于 TRIZ 理论是 Altshuller 组织骨干团队、历经多年从 250 万份专利中分析、归纳、整理、集成的有关解决发明问题的理论，同时在欧、美、日、韩等国家得以广泛应用、推广，取得了较好的经济效益和示范效应。众多研究者在 Altshuller 的基础上，结合现代科技水平的发展和进步，加大了研究力度、宽度、深度和范围，相关研究成果也在各国企业的技术创新中得以应用，并取得良好成果。在当今世界各国对知识产权保护力度日益增强的条件下，为了占领市场、独享市场、规避市场侵权风险，获得市场优先地位，专利规避显得尤为重要，TRIZ 理论的分析方法和部分工具在进行专利规避中发挥了独到的作用。

（1）利用矛盾分析方法规避专利

分析需规避专利，对比专利中的问题描述与解决方案，若专利技术解决了一个矛盾问题，可以用矛盾矩阵表和创新原理再次解决该矛盾问题，规避专利，将得到的解决方案申请专利。具体步骤如图 34-9-3 所示。

（2）用进化趋势规避专利

若需规避专利采用了技术系统进化路线中的某个方案，则可继续沿进化路线找方案。若需规避专利采用了进化路线的所有方案，则尝试用其他进化路线找方案。如图 34-9-4 所示，按照物体表面特性的进化路线，从拥有光滑平面的物体出发，其表面特性进化经历凹凸表面、微凹凸表面和有特殊特性的表面等几个阶段，其中每一个阶段的每个方案有着多种应用形式，可以设想物体表面大量的凹凸类型：纵向的、横向的，像沟槽一样的……当所要规避的专利表面采用微凸的表面特性时，规避此专利的表面特性可以采用具有特殊特性的表面，例如对于芯片散热器，其表面特性分别经历了平整的散热器、带有凸起的散热器、销钉式散热器和引入气体的散热器等，其专利规避时，遵循其进化趋势采用了相应的规避方法。

（3）功能分析规避专利

功能分析通常作为专利规避的初步分析，在此基础上分别通过裁剪（Trimming）法、物场分析与标准解和功能导向搜索等产生解决问题的方案并规避专利。

① 通过裁剪（Trimming）法规避专利　通过裁剪法规避专利是指通过消除专利独立权利要求的一个或以上的组件，将其功能转移至系统其他组件或超系统，从而绕开竞争专利保护的策略。为了实施这一策略需要使用的 TRIZ 理论工具有：功能分析、裁剪和因果分析。

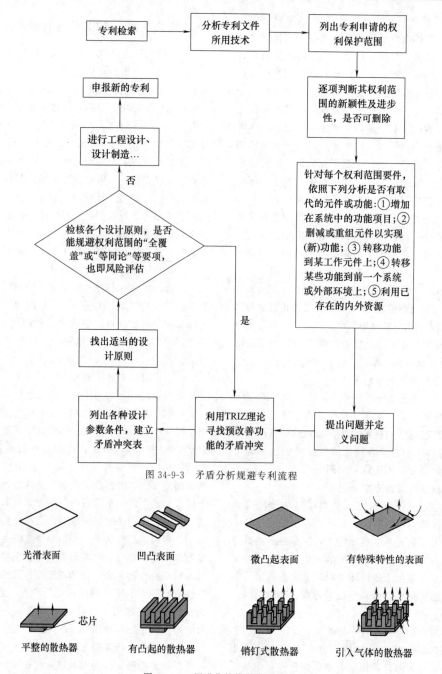

图 34-9-3　矛盾分析规避专利流程

光滑表面　　　凹凸表面　　　微凸起表面　　　有特殊特性的表面

芯片

平整的散热器　　　有凸起的散热器　　　销钉式散热器　　　引入气体的散热器

图 34-9-4　用进化趋势做专利规避

通过裁剪法规避专利的流程如图 34-9-5 所示。

例如，某公司开发的离子型牙刷申报了专利，如图 34-9-6 所示。

该专利的独立权利要求描述为：一种牙刷，包含有带刷毛的牙刷头，支撑刷头的手柄，手柄内含有一电池，刷头含有一个由手柄内的电池提供能量的电极，电极电离空气容易清除牙垢，其功能模型如图 34-9-7 所示。

裁剪组件时，除了考虑组件功能价值和成本的因素外，通常优先在距离主要核心功能的远处裁剪组件，通常此处的组件功能相对容易替代。这里牙刷的主要核心功能是疏松、破坏牙垢，故首先考虑裁减掉电池，这样也不需要手柄对电池的支撑功能，但如果牙刷要继续由电力驱动的话，需同时考虑其他组件如何保留实现动力功能，如图 34-9-8 所示。

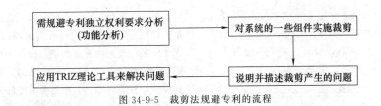

图 34-9-5　裁剪法规避专利的流程

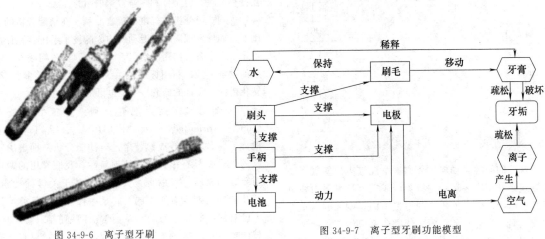

图 34-9-6　离子型牙刷

图 34-9-7　离子型牙刷功能模型

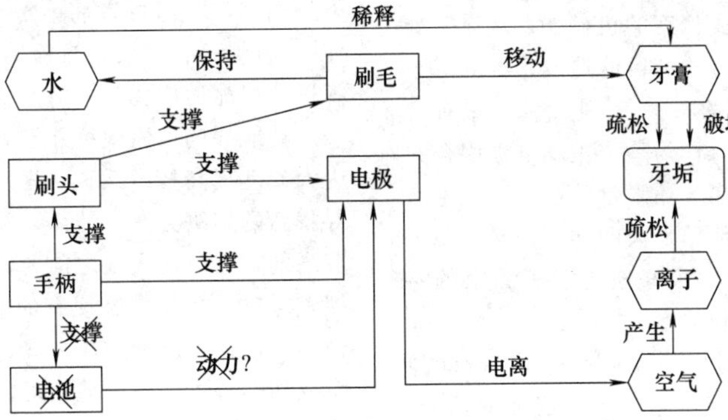

图 34-9-8　离子型牙刷裁剪一

在前面裁剪的基础上，考虑继续裁减组件——电极，由于电极是电离空气产生离子的主要组件，同时也与牙刷多个组件发生关联作用，若是裁剪掉电极，将会大大降低牙刷的成本，但是首要前提是不增加组件或增加一个成本低于裁剪掉的所有组件就能实现电离空气，使其产生离子作用的功能。如图 34-9-9 所示。

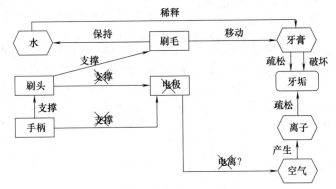

图 34-9-9　离子型牙刷裁剪二

从图34-9-9看出，既要发挥牙刷清洁牙齿牙垢的功能，还要能电离空气产生离子达到疏松牙垢的功能，从保留下来的组件来看，只有牙刷刷头能够完成此功能，如图34-9-10所示，但是否可行？

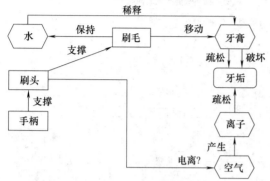

图34-9-10　离子型牙刷裁剪三

现在的问题是如何使牙刷刷头能够电离空气。一种方式是利用刷牙运动的机械能驱动，切割磁力线可以产生电能。但是使用者的习惯不同，刷牙的运动方式变化后，会存在使用不方便，还有可能造成能量不足以驱动电离空气。另一种方式是可以利用压电效应，采用手握持牙刷柄产生应变的机械能，从而转变成电能电离空气，但是此方法有可能造成系统的复杂性……最后规避专利的方案是，牙刷头表面覆有合金，当其接触牙膏和水时，作为一个主动电极耦合并产生电压，牙刷头本身电离牙垢附近的空气，产生离子以疏松牙垢，既实现了清洁牙齿的功能，又实现了电离空气产生离子的功能，很好地规避了原来的专利，同时也成功地申报了新的专利。

由此可以得出裁剪的过程：a. 是否可以删除掉组件或（辅助）功能；b. 是否可以删除必要的功能；c. 是否一些组件的功能或组件本身可以被替代；d. 是否有不需要的功能可以由其他功能排除；e. 是否有操作组件可以由其他组件替换；f. 是否有操作组件可以由已存资源所替代；g. 是否系统可以取代功能本身；h. 是否有大量可利用且能使用的资源。

专利规避设计是为规避专利保护范围来修改现有机构设计，在设计思路上侧重于如何利用不同的构造来实现相同的功能，避免触犯他人权利。功能裁剪过程中，根据功能之间的相互关系对功能所对应的实现组件进行重组，产生多种裁剪变体，每个裁剪变体都可以认为是一种新的设计模型，这种模型既实现了现有产品的功能优化，同时对产品的结构组件进行了重

构。另外，裁剪动作与组件规避原则作用是一致的，只是组件规避原则是针对侵权判定原则提出的规避策略，而功能裁剪是面向创新的概念设计分析，将组件规避原则与功能裁剪进行结合，对产品的功能和结构进行重新的设计，裁剪后得到的概念模型能够大大提高创新设计结果的可专利性，尤其能得到高级别的发明，几乎不存在侵权风险，也是专利规避常常采用的方法。

② 物-场分析与标准解规避专利　在功能分析的基础上，如果发现需规避专利所构成的技术系统存在作用不足、产生有害作用的情况，可以抽取出该问题部分系统的物场模型，利用标准解系统的解题思路将其消除，转化为详细设计的概念方案，也可形成新的专利。

③ 功能导向搜索规避专利　功能导向搜索（function oriented search，FOS）是一种基于对目前世界上已有成熟技术进行功能分析从而解决问题的工具，具有很强的开放创新性。我们常用的搜索引擎，如百度、谷歌等，大多都是基于关键词搜索。而功能导向搜索有所不同，它是一种基于对目前世界上已有成熟技术进行分析从而解决问题的工具。功能导向搜索将功能进行通用化处理，行为和对象双管齐下。例如，我们可以将水、油等物体通用化为"液体"，将焊接、铆接、螺栓等统统通用化为"连接"，将橙汁浓缩通用化为"将浆状物中的液体分离"等。

功能导向搜索改变了创新的模式。主要表现在，为大幅度提高技术系统、规避竞争对手的专利，必须寻找新的解决方案。然而，新的解决方案往往是不易实现的，在成功实施之前要解决很多问题。功能导向搜索通过寻找和借鉴现有的解决方案改变技术系统，而不是创造全新的解决方案，一旦在其他行业找到一个成功的解决方案，他就可以通过问题适应性地转化为我所用，这远比发明新的解决方案更容易，同时也能规避部分专利，产生新的专利。

功能导向搜索的流程如图34-9-11所示。功能导向搜索分为下面几步：a. 问题识别，就是列出你的问题并作简要描述，找到需要解决的关键问题，将问题定义得越明确越好，并阐明将要执行的具体功能，确定所需要的参数；b. 将功能一般化处理（通用化）；c. 识别领先领域，搜索其他相关或者不相关领域中执行类似功能的技术，结果通常不止一种；d. 根据项目中的具体要求，从这些技术中选择最合适的一种或者少数几种；e. 解决这种技术带来的二级问题，并分析判断能否实现专利规避。

图34-9-11　功能导向搜索流程

功能一般化处理是一个发散的思维过程，是指将技术系统的关键功能按照"动词＋名词"的方式做出一般化分析。功能一般化处理为了使分析者能够把握技术系统的关键功能，防止对实际问题的理解出现较大的局限性，禁止使用专业术语，方便进一步明确问题。该问题在本领域没有解决，需要到其他行业或领域去挖掘技术方案。例如，油画画面长时间放置、保管，会在画面上留下灰尘和其他一些难以清除的影响画质效果的污物，如何去除这些灰尘或污渍呢？即如何使灰尘或污渍与画面分离，通常的做法是使用鸡毛掸子等软物在机械力的作用下，去除或使其分离，但是有可能影响油画的色彩、完好和寿命。还有类似的问题，如牙齿上的牙垢如何去除（或与牙齿分离）？

识别领先领域，这是非常关键的一步。所谓领先领域就是条件严格、技术先进、相对成熟等要求较严格的领域，通常涉及医药、军事和航空航天等要求相对可靠、较为苛刻的领域。例如医药行业维系着人类的健康、安全和生命，不允许有任何闪失，并且可为人们研发新产品的时候提供无限的遐想和超前的技术优势空间。

大自然未经人工干预，物竞天择、自然而生，有着其自然的生存发展、进化规则和路径，例如，荷叶的基本化学成分是叶绿素、纤维素、淀粉等多糖类的碳水化合物，有丰富的羟基、氨基等极性基因，在自然环境中很容易吸附水分或污渍。如图 34-9-12 所示，通常接触角（Contactangle，又称湿润角）θ 表示某种液体对于某种材料或者表面的湿润性能，当接触角很小时，如水滴在玻璃基板上的情形，表示液体易湿润固体表面。如果接触角像水银液滴在玻璃基板上那么大，表示液体不易湿润此表面。因此我们考虑两种极端现象：当接触角为 0° 时，表示液体能完全湿润固体表面；当接触角为 180° 时，代表液体完全不能湿润固体表面。由于荷叶叶面具有极强疏水、不吸水的表面，洒落在叶面上的水会因表面张力的作用自动聚集成水珠，水与叶面的接触角会大于 150°，只要叶面稍微倾斜，水珠就会滚落，离开叶面，水珠的滚动把落在叶面上的尘土、污泥粘吸滚出叶面，使叶面始终保持干净，这就是著名的"荷叶自洁效应"。

如图 34-9-13 所示，在荷叶叶面上存在着非常复杂的多重纳米和微米级的超微结构，在超高分辨率显微镜下可以清晰地看到，荷叶表面上有许多微小的乳突，乳突的平均大小约为 $10\mu m$，平均间距约为 $12\mu m$。而每个乳突由许多直径为 200nm 左右的突起组成。在荷叶叶面上布满着一个挨一个隆起的"小山包"，它上面长满绒毛，在"山包"顶又长出一个馒头状的"碉堡"凸顶。因此在"山包"间的凹陷部分

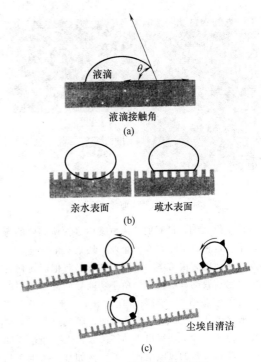

图 34-9-12　荷叶自洁效应原理

充满着空气，这样就紧贴叶面形成一层极薄、只有纳米级厚的空气层。这就使得在尺寸上远大于这种结构的灰尘、雨水等降落在叶面上后，隔着一层极薄的空气，只能同叶面上"山包"的凸顶形成很小的点接触。雨点在自身的表面张力作用下形成球状，水球在滚动中吸附灰尘，并滚出叶面，这就是"荷叶自洁效应"能自洁叶面的奥妙所在。具有自洁效应的表面超微纳米结构形貌，不仅存在于荷叶中，也普遍存在于自然界其他植物中，某些动物的皮毛中也存在这种结构。其实植物叶面的这种复杂的超微纳米结构，不仅有利于自洁，还有利于防止大量飘浮在大气中的各种有害细菌和真菌对植物的侵害。利用荷叶表面的自洁功能，可以提示和引导人们采取相类似的措施，开发表面自洁的材料来满足工程的要求。航空航天的成果集中了科学技术的众多新成就，其作用已远远超出科学技术领域，对政治、经济、军事以至于人类社会生活都产生了广泛而深远的影响，对技术创新工作也产生了巨大的推动、指导、引领和参考作用。所以识别领先领域也就是对一般化处理后确定的功能，在这些领先领域寻找解决问题的类似和先进技术方案。当然也可以反过来做，把这些领先领域中很好、很完备、很可靠和安全的技术，找出其可以应用的新领域。

为解决面临的工程问题，规避竞争对手的专利，我们需要一些新的解决方案。以前人们大多倾向于原创和新发明，但新发明往往不容易实现。功能导向搜

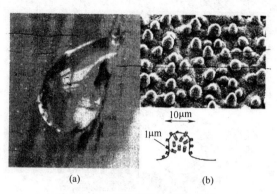

(a)　　　　　　　　　　(b)

图 34-9-13　荷叶表面与电镜扫描图

索可以帮助我们在已有的解决方案中寻找所需要的方案，不管这种方案是在其他企业，还是其他行业，一旦发现类似的解决方案，就会非常容易将他们转化为我们自己需要的解决方案。由于功能导向搜索使用的是现有的解决方案，与新发明相比，实现起来更容易，所要消耗的资源（人力、时间、研发经费等）也更少。由于这种方法得出来的解决方案大多经过验证证实，项目失败的风险也比较低。例如某公司生产儿童一次性尿布，尿布上打孔越多、越均匀，也即孔隙率越高，其吸水性和透气性就越好，公司为提高吸水性和透气性，遇到了在儿童一次性尿布上如何进行打孔的难题，如图 34-9-14 所示。

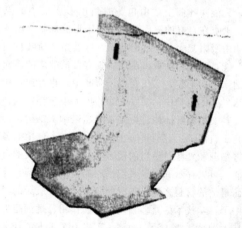

图 34-9-14　需提高孔隙率的一次性尿布

　　如果我们用一般的思路，搜索"如何在尿布上打孔"，所得到的答案往往让人沮丧，因为我们遇到的问题同样别人也遇到了，而且结果也是一样的，那就是都没有解决。如果我们将这个问题抽象出来，一般化为"如何在薄片上打孔"，我们就会找到很多已有的解决方案，比如用针扎孔、用激光打孔、用玻璃纤维扎起来形成孔等。

　　激光打孔是最早达到实用化的激光加工技术，也

是激光加工的主要应用领域之一。随着近代工业和科学技术的迅速发展，使用硬度大、熔点高的材料越来越多，而传统的加工方法已不能满足某些工艺要求。例如在高熔点金属钼板上加工微米量级孔径的孔；在硬质碳化钨上加工几十微米的小孔；在红、蓝宝石上加工几百微米的深孔以及金刚石拉丝模具、化学纤维的喷丝头等。这一类的加工任务用常规机械加工方法很困难，有时甚至是不可能的，而用激光打孔则不难实现。激光打孔时，激光束在空间和时间上高度集中，利用透镜聚焦，可以将光斑直径缩小到微米级，从而获得 $10^5 \sim 10^{15}$ W/cm^2 激光功率密度。如此高的功率密度几乎可以在任何材料上实行激光打孔，而且与其他方法如机械钻孔、电火花加工等常规打孔手段相比，具有以下显著的优点：激光打孔速度快，效率高，经济效益好，应用领域广，在工业生产上获得非常广泛的应用。激光可以在纺织面料、皮革制品、纸制品、金属制品、塑料制品上进行打孔切割等操作。应用领域包括制衣、制鞋、工艺品、礼品制作、机器设备、零件制作等。由于激光打孔是利用高能激光束对材料进行瞬时作用，作用时间只有 $10^{-5} \sim 10^{-3}$ s，因此激光打孔速度非常快。在不同的工件上激光打孔与电火花打孔及机械钻孔相比，效率提高 $10 \sim 1000$ 倍。研发人员研究发现，航空燃气涡轮上的叶片、喷管叶片以及燃烧室等部件在工作状态时需要被冷却，因此人们在这些部件的表面打上数以千计的孔，用来保证部件表面被一层薄薄的冷却空气覆盖。这层冷却空气不仅能够延长零件的使用寿命，还可以提高引擎的工作性能。一个典型的、较先进的引擎表面会有10万个这样的孔，随着打孔技术的发展，目前业界通常采用高峰值功率脉冲激光器来加工，且套孔（Trepanning）和脉冲钻孔（Percussion）技术已经得到了成功的应用。最后这家公司以航天飞机上的类似技术为解决方案，开发出了成本低、效率高而且均匀的儿童一次性尿布打孔技术，并成功地应用到相类似的产品生产上。

　　利用功能导向搜索时，还要注意发明等级概念的应用和导向，要想寻找到解决问题发明等级高的解决方案，往往也要注意搜索的方向和技巧。发明创造分为 5 个级别，1 级发明的问题及答案存在于某个专业领域中，只需要在该行业领域的一个具体的分支中进行查找即可以找到，例如马桶的问题在卫生洁具领域查找。2 级发明的问题和答案存在于某个行业领域内，可能需要跨越不同的专业领域，例如马桶的问题在流体力学领域内研究。3 级发明的问题和答案可能要在整个学科领域内查找，例如马桶的问题在整个机械领域内研究。4 级发明的问题和答案存在于该问题

起源的学科之外，比如马桶的问题要靠化学或者电子技术解决。5 级发明的问题和答案超出了现代科学的边界，现有的科学原理不能解决这些问题，这些问题需要新的科学发现。这 5 级发明的分布比例为 1 级 32％，2 级 45％，3 级 18％，4 级不足 4％，5 级不足 1％。绝大多数专利都是 1 级和 2 级发明，本领域的技术人员都有能力参照现有技术做出这些发明，这些发明都是可以获得专利权的，专利规避的重点应该在 3 级及其以上的专利上。可以申请专利的技术，并不需要多么高深。专利申请，不能从创新程度去考虑，而应该从市场垄断的角度去考虑。专利申请的意义不在于获得创新技术，技术只要产生就会起到作用，无论是否申请专利。专利申请的意义在于制止竞争对手使用类似技术。

当然，识别领先领域实际上就是一个问题收敛的过程，如果知道了问题是怎么产生的，也就可以利用小人法等研究方法找到如何将问题解决的方法。

9.3 专利规避案例

弧齿锥齿轮以其良好的动态性能，在机械行业中占有相当重要的地位，在航空、航海、矿山机械、工程机械、汽车和精密机床等行业应用广泛。如图 34-9-15 所示，弧齿锥齿轮铣齿机是采用端面盘铣刀或其他形状的刀具加工弧齿锥齿轮齿面的锥齿轮加工机床，也是现有机床中较为复杂的机床，用于加工模数≤15mm，直径≤800mm 的高精度弧齿锥齿轮及准双曲面齿轮的精加工设备，实现数控化可提高精度、质量、啮合性能和加工效率。

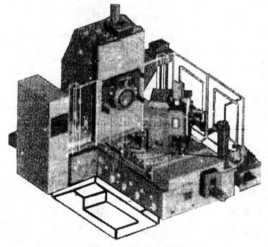

图 34-9-15 弧齿锥齿轮铣齿机

但是弧齿锥齿轮的设计加工相当复杂，而且当前拥有该技术的美国 Gleason 公司等搞技术垄断，促使

许多国家对该项技术进行研究和开发，因而对弧齿锥齿轮传动的设计、制造和检测技术的研究一直是齿轮制造中非常活跃的领域。美国 Gleason 公司已研制出格里森制六轴五联动的数控铣齿机，在国际上申请专利技术的同时，在我国重新申请了 35 项专利。这些专利主要是关于机床加工原理、刀具加工方法的发明专利，基本上垄断了所有弧齿锥齿轮的加工技术，并开始针对我国实行了全面的技术封锁，严重制约着我国制造业水平的提高。

天津精诚机床制造有限公司通过自主研发开发了中国第一台具有自主知识产权的四轴联动弧齿锥齿轮铣齿机，既规避了专利又成功地申请了专利保护。

9.3.1 弧齿锥齿轮铣齿机相关专利的检索与分析

通过网络进入美国专利数据库，以"铣齿机""弧齿锥齿轮"等关键词与它的 IPC 号"B23F9/"进行布尔搜索，检索、下载到 176 个相关专利，检索策略如表 34-9-3 所示。通过对其摘要进行逐一阅读并分析，筛选出 Gleason 齿制的原型专利 US4981402 作为规避目标专利。

表 34-9-3 专利检索背景表

搜索范围	检索内容
搜寻公司	Gleason 公司
搜寻国家	美国
搜寻年份	1985~2009
搜寻权位	Title-TTL，Abstract-ABST，Claims-ACLM，SPEC，IPC-ICL（B23F 9/）
搜寻语言	英文
数据库名称	USPTO（http://www.uspto.gov/patft/index.htm）
关键词	"gear milling machine""spiral bevel gears""spiral bevel gear""gleason spiral bevel gears"
检索语法	ICL/（B23F 9/$）AND［ABST/（"gear milling machine" OR "spiral bevel gears" OR "spiral bevel gear" OR "gleason spiral bevel gears"）OR ACLM/（"gear milling machine" OR "spiral bevel gears" OR "spiral bevel gear" OR "gleason spiral bevel gears"）OR TTL/（"gear milling machine" OR "spiral bevel gears" OR "spiral bevel gear" OR "gleason spiral bevel gears"）OR SPEC/（"gear milling machine" OR "spiral bevel gears" OR "spiral bevel gear" OR "gleason spiral bevel gears"）］

在明确规避设计对象之后，首先建立该专利的功能模型来描述产品、组件和超系统以及它们之间相互

关系；分析产品与所需性能水平之间的关系，定义每个功能为有用作用或有害作用。有用作用包括标准作用、不足作用和过度作用。不足作用、过度作用和有害作用均是现有产品中存在的问题和需要重新设计或改进的地方。

如图 34-9-16 所示，在专利 US4981402 中，可动坐标轴包括三个直线运动轴（X，Y，Z）和三个回转轴（T，W，P）。一种操作方法是利用计算机控制可动轴（X，Y，Z，T，W，P）对应建立通用斜齿轮和准双面齿轮加工机床及加工参量。它主要包括立柱 12、工作支架 14、刀具箱 18、刀架 22、刀轴 24、摇台 26、床鞍 28、工件箱 32、工件轴 36、三直线导轨（16，20，30）及弧形导轨 34，另外还有驱动六轴运动的伺服电动机等。

9.3.2　建立主要元件之间的关系

铣齿机的功能主要是实现刀具与工件之间的相互运动，将运动分解为六轴的组合联动来实现要求的齿形。所以定义第一对作用的功能类型为辅助作用，而第二对为基本作用（实现 Z 轴的进给运动）。依据专利说明书描述的技术实施方案建立各组件之间的关系，

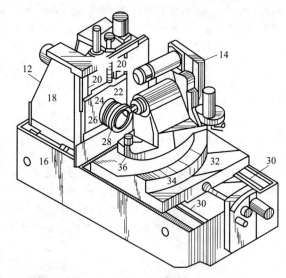

图 34-9-16　Gleason 六轴五联动铣齿机模型

如机身 10 对立柱 12 的关系表示为机身 10→支撑→立柱 12，而导轨 30 对床鞍 28 的关系为导轨 30→导向→床鞍 28。以此类推，建立如表 34-9-4 所示的主要元件之间的关系。

表 34-9-4　铣齿机组件的主要功能关系

组　件	作用	对象	功能类型	功能等级
机身 10	支撑	立柱 12	辅助功能	满足
	支撑	床鞍 28	辅助功能	满足
	支持	导轨 16	辅助功能	满足
	支持	导轨 30	辅助功能	满足
立柱 12	支撑	工作支架 14	辅助功能	满足
	支持	导轨 20	辅助功能	满足
床鞍 28	支持	弧形导轨 34	辅助功能	满足
	支撑	摇台 26	辅助功能	满足
导轨 16	导向	工作支架 14	辅助功能（X）	满足
导轨 30	导向	床鞍 28	辅助功能（Z）	满足
工作支架 14	支持	导轨 20	辅助功能	满足
导轨 20	导向	刀具箱 18	基本功能（Y）	满足
弧形导轨 34	导向	摇台 26	基本功能（P）	过度
摇台 26	支持	工件箱 32	辅助功能	满足
摇台 26	支撑	工作主轴台 38	辅助功能	满足
刀具箱 18	支撑	刀架 22	辅助功能	满足
工件箱 32	支撑	工件轴 36	辅助功能	满足
工作主轴台 38	支持	工作主轴台 38	辅助功能	满足
	支撑	工件轴 36	辅助功能	满足
	安装	工件毛坯	辅助功能	满足

续表

组　件	作用	对象	功能类型	功能等级
工件轴 36	旋转	工件毛坯	基本功能（W）	满足
刀架 22	支撑	刀轴 24	辅助功能	满足
	安装	铣刀盘	辅助功能	满足
刀轴 24	旋转	铣刀盘	基本功能（T）	过度

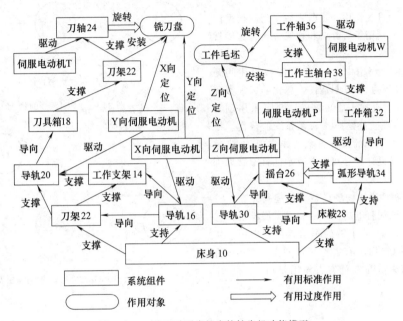

图 34-9-17　全驱动弧齿锥齿轮铣齿机功能模型

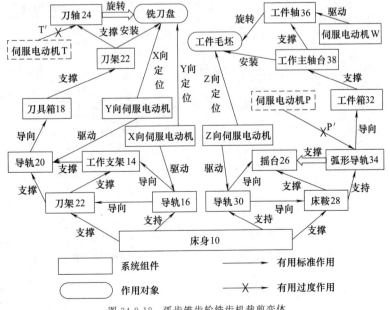

图 34-9-18　弧齿锥齿轮铣齿机裁剪变体

第 34 篇

从图 34-9-17 中可以看到对于刀具主轴的伺服驱动是过度的作用，采用选择法进行裁剪，并试想用现有技术实现其功能 T′（问题 1）；另外对于工件箱安装角的控制，伺服电动机 P 的作用也是过度的，采用删除法去掉，但出现的问题 2 是如何实现调整安装角（功能 P′）。因而得到裁剪变体，如图 34-9-18 所示。

9.3.3 　根据裁剪变体进行设计方案的细化

由于原作用为过度作用，裁剪之后得到的模型产生了两个问题。分别用矛盾分析和物场分析将它们转换为 TRIZ 理论问题。

（1）应用 TRIZ 理论中 39 个工程参数描述问题 1，需要改善的参数为 32 可制造性，恶化的工程参数为 38 自动化程度。查找矛盾矩阵的结果可采用创新原理为 1 分割、8 质量补偿、28 机械系统的替代。根据发明原理会引发不同的设计方案，如原理 28 机械系统的替代会引导设计者寻找已有成本低且不影响可靠性的资源。

（2）对于问题 2 应用物场模型来描述其冲突，S_0 表示成本，S_2 表示伺服电动机，S_1 表示弧形导轨，它们之间的场为 F_{EM}，S_2 对 S_1 的作用为过剩作用，从而导致 S_2 对 S_0 的作用为有害作用，如图 34-9-19 所示。因为对于第三物质 S_0 的有害作用是由于 F_{EM} 引

起的，所以首先要考虑与"场的改变"相联系的标准解。如 No.10，改变已有物质 S_2 去除有害作用，从而破坏原有的场 F_{EM}，引入一种新场 F_{Me}，得到图 34-9-20 所示新的物-场模型。

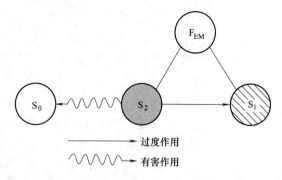

图 34-9-19 　问题 2 的物-场模型

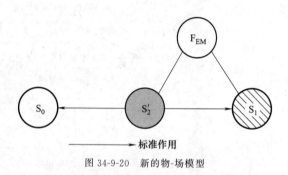

图 34-9-20 　新的物-场模型

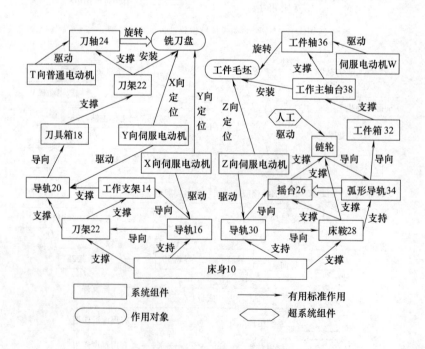

图 34-9-21 　全驱动弧齿锥齿轮铣齿机功能模型

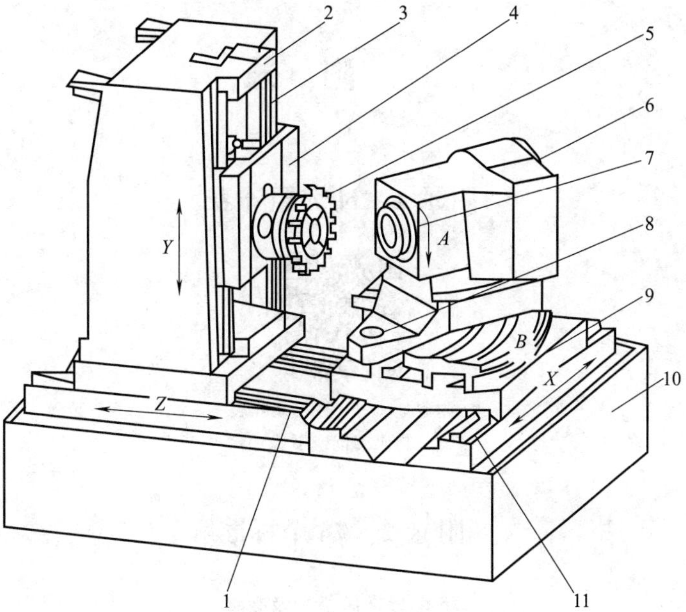

图 34-9-22　四轴四联动铣齿机

1—Z 轴直线导轨；2—立柱；3—Y 轴直线导轨；4—刀具箱；5—刀盘；
6—工件箱；7—工件主轴；8—回转轴；9—床鞍；10—床身；11—X 轴直线导轨

根据 TRIZ 理论的原理解进行弧齿锥齿轮铣齿机的技术方案设计。对于问题 1，将伺服电动机用普通的电动机替代实现其旋转运动，分齿运动可由工件的伺服运动 W 与 X、Y 轴的联动来完成，从而满足了刀具的加工运动要求，保证了加工精度且成本大大降低；对于问题 2，考虑在摇台 26 和床鞍 28 之间用链条啮合组件替代原伺服电动机来实现安装角的调节（功能 P′），这样得到的结果操作方便，成本大幅降低，能够满足客户的需求。因此得到新的功能模型如图 34-9-21 所示。天津精诚机床制造有限公司开发出了四轴联动的弧齿锥齿轮铣齿机设计方案，符合图 34-9-21 所示的最终技术方案，成功地规避了专利保护，该产品专利号为 CN200810054176.X，如图 34-9-22 所示。

该方案针对 Gleason 公司所设计的五轴联动铣齿机中分度调节这一过度功能，通过利用链轮链条传动进行手动调节来规避专利 US4981402 中的专利保护范围。确定了四轴联动的加工方式，并以此工作原理进行全新的弧齿锥齿轮铣齿机开发。此设计方案既吸取了原专利的技术优势，又针对其功能过度进行了改进，在不侵犯现有专利保护范围的前提下实现了弧齿锥齿轮加工，同时大大降低了铣齿机的成本。该方案是我国具有独立知识产权的弧齿锥齿轮铣齿机，打破了美国 Gleason 公司对我国机床技术所设置的技术壁垒和贸易垄断，赢得市场主动权。以此专利技术为基础，天津精诚机床制造有限公司开发了系列化弧齿锥齿轮加工设备，这些产品不仅填补国内空白，同时出口到伊朗、西班牙等国家，与美国 Gleason 公司展开了国际竞争。

第34篇

附　录

附录 1　冲突矩阵表

附表 34-1-1　冲突矩阵表

（扫码阅读或下载）

附录 2　76 个标准解

附表 34-2-1　　　　　　　　　　76 个标准解类别及数量

类　别	子系统个数	标准解个数
第一类：建立或完善物-场模型的标准解系统	2	13
第二类：强化物-场模型的标准解系统	4	23
第三类：向双、多、超级或微观级系统进化的标准解系统	2	6
第四类：测量与检测的标准解系统	5	17
第五类：应用标准解的策略与准则	5	17
合计		76

附表 34-2-2　　　　　　第一类：建立或完善物-场模型的标准解系统组成

子系统	标准解法
S1.1　建立物-场模型	S1.1.1　建立完整的物-场模型 S1.1.2　引入附加物 S_3 构建内部合成的物-场模型 S1.1.3　引入附加物 S_3 构建外部合成的物-场模型 S1.1.4　直接引入环境资源,构建外部物-场模型 S1.1.5　构建通过改变环境引入附加物的物-场模型 S1.1.6　最小作用场模式 S1.1.7　最大作用场模式 S1.1.8　选择性最大和最小作用场模式
S1.2　消除物-场模型的有害效应	S1.2.1　引入现成物质 S_3 S1.2.2　引入已有物质 S_1（或 S_2）的变异物 S1.2.3　在已有物质 S_1（或 S_2）内部（或外部）引入物质 S_3 S1.2.4　引入场 F_2 S1.2.5　采用退磁或引入一相反的磁场

附表 34-2-3　　　　　　第二类：强化物-场模型的标准解系统组成

S2.1　向复合物-场模型进化	S2.1.1　引入物质向串联式物-场模型进化 S2.1.2　引入场向并联式物-场模型进化
S2.2　加强物-场模型	S2.2.1　使用更易控制的场替代 S2.2.2　分割物质 S_2（或 S_1）结构,达到由宏观控制向微观控制进化 S2.2.3　改变物质 S_2（或 S_1）,使成为具有毛细管或多孔的结构 S2.2.4　增加系统的动态性 S2.2.5　构造异质场或持久场或可调节的立体结构场替代同质场或无结构的场 S2.2.6　构造异质物质或可调节空间结构的非单一物质替代同质物质或无组织物质
S2.3　利用频率协调强化物-场模型	S2.3.1　场 F 与物质 S_1 和 S_2 自然频率的协调 S2.3.2　合成物-场模型中场 F_1 和 F_2 自然频率的协调 S2.3.3　通过周期性作用来完成 2 个互不相容或 2 个独立的租用

S2.4 引入磁性添加物强化物-场模型	S2.4.1　应用固体铁磁物质,构建预-铁-场模型 S2.4.2　应用铁磁颗粒,构建铁-场模型 S2.4.3　利用磁性液体构建强化的铁-场模型
S2.4 引入磁性添加物强化物-场模型	S2.4.4　应用毛细管(或多孔)结构的铁-场模型 S2.4.5　构建内部的或外部的合成铁-场模型 S2.4.6　将铁磁粒子引入环境,通过磁场来改变环境,从而实现对系统的控制 S2.4.7　利用自然现象和效应 S2.4.8　将系统结构转化为柔性的、可变的(或可自适应的)来提高系统的动态性 S2.4.9　引入铁磁粒子,使用异质的或结构化的场代替同质的非结构化场 S2.4.10　协调系统元素的频率匹配来加强预-铁-场模型或铁-场模型 S2.4.11　引入电流,利用电磁场与电流效应,构建电-场模型 S2.4.12　对禁止使用磁性液体的场合,可用电流变流体来代替

附表 34-2-4　　　第三类:向双、多、超级或微观级系统进化的标准解系统组成

S3.1 向双系统或多系统进化	S3.1.1　系统进化 1a:创建双、多系统 S3.1.2　改进双、多系统间的链接 S3.1.3　系统进化 1b:加大元素间的差异性 S3.1.4　双、多系统的进化 S3.1.5　系统进化 1c:使系统部分与整体具有相反的特性
S3.2 向微观级系统进化	系统进化 2:向微观级系统进化

附表 34-2-5　　　第四类:测量与检测的标准解系统组成

S4.1 间接方法	S4.1.1　改变系统,使检测或测量不再需要 S4.1.2　应用复制品间接测量 S4.1.3　用 2 次检测来替代
S4.2 建立测量的物-场模型	S4.2.1　建立完成有效地测量物-场模型 S4.2.2　建立合成测量物-场模型 S4.2.3　检测或测量由于环境引入附加物后产生的变化 S4.2.4　检测或测量由于改变环境而产生的某种效应的变化
S4.3 加强测量物-场模型	S4.3.1　利用物理效应和现象 S4.3.2　测量系统整体或部分的固有振荡频率 S4.3.3　测量在与系统相联系的环境中引入物质的固有振荡频率
S4.4 向铁-场测量模型转化	S4.4.1　构建预-铁-场测量模型 S4.4.2　构建铁-场测量模型 S4.4.3　构建合成铁-场测量模型 S4.4.4　实现向铁-场测量模型转化 S4.4.5　应用于磁性有关的物理现象和效应
S4.5 测量系统的进化方向	S4.5.1　向双系统和多系统转化 S4.5.2　利用测量时间或空间的一阶或二阶导数来代替直接参数的测量

附表 34-2-6　　　第五类:应用标准解的策略与准则

S5.1 引入物质	S5.1.1　间接方法 S5.1.2　将物质分裂为更小的单元 S5.1.3　利用能"自消失"的添加物 S5.1.4　应用充气结构或泡沫等"虚无物质"的添加物
S5.2 引入场	S5.2.1　首先应用物质所含有的载体中已存在的场 S5.2.2　应用环境中已存在的场 S5.2.3　应用可以创造场的物质

续表

S5.3	相变	S5.3.1　相变 1：变换状态
		S5.3.2　相变 2：应用动态化变换的双特性物质
		S5.3.3　相变 3：利用相变过程中伴随的现象
		S5.3.4　相变 4：实现系统由单一特性向双特性的转换
		S5.3.5　应用物质在系统中相态的变换作用
S5.4	利用自然现象和物理现象	S5.4.1　应用由"自控制"实现相变的物质
		S5.4.2　加强输出场
S5.5	通过分解或结合获得物质粒子	S5.5.1　通过分解获得物质粒子
		S5.5.2　通过结合获得物质粒子
		S5.5.3　兼用 S5.5.1 和 S5.5.2 获得物质粒子

附录 3　解决发明问题的某些物理效应表

附表 34-3-1　　　　　　　　　　**解决发明问题的某些物理效应表**

序号	要求的作用、用途	物理现象、效应、因素、方法
1	测量温度	热膨胀及由其引起的固有振荡频率的变化；热电现象；辐射光谱物质的光、电、磁特性的变化；经过居里点的转变；霍普金斯及巴克豪森效应
2	降低温度	相变；焦耳-汤姆逊效应；兰卡效应；磁热效应；热电现象
3	提高温度	电磁感应；涡流；表面效应；电介质加热；电力加热；放电；物质吸收辐射；热电现象
4	稳定温度	相变（其中包括经过居里点的转变）
5	指示物体的位置和位移	引进可标记的物质，它能改造外界的场（如荧光粉）或形成自己的场（如铁磁体），因此易于发现；光的反射和发射；光效应；变形；伦琴及无线电辐射；发光；电场及磁场的变化；放电；多普勒效应
6	控制物体位移	磁场作用于物体和作用于与物体相结合的铁磁体；以电场作用于带电的物体；用液体和气体传递压力；机械振动；离心力；热膨胀；光压力
7	控制液体及气体的运动	毛细管现象；渗透压；汤姆斯效应；伯努利效应；波动；离心力；威辛别尔格效应
8	控制气性溶胶流（灰尘、烟、雾）	电离；电场及磁场；光压
9	搅拌混合物形成溶液	超声波；空隙现象；扩散；电场；与铁磁性物质相结合的磁场；电泳；溶解
10	分解混合物	电分离与磁分离；在电场和磁场作用下液体分选剂的视在密度发生变化；离心力；吸收；扩散；渗透压
11	稳定物体位置	电场及磁场；在电场和磁场中硬化的液体的固定；回转效应；反冲运动
12	力作用、力的调节形成很大压力	磁场通过铁磁物质起作用；热膨胀；离心力；改变磁性液体或等电液体在磁场中的视在密度使流体静压力变化；应用爆炸物；电水效应；光水效应；渗透压
13	改变摩擦	约翰逊-拉别克效应；辐射作用；克拉格尔斯基现象；振动
14	破坏物体	放电；电水效应；共振；超声波；汽蚀现象；感应辐射
15	蓄积机械能与热能	弹性变形；回转效应；相变
16	传递能量：机械能，热能，辐射能，电能	形变；振动；亚历山大罗夫效应；波动，包括冲击波；辐射；热传导；对流；光反射现象；感应辐射；电磁感应；超导现象
17	确定活动（变化）物体与固定（不变化）物体间的相互作用	利用电磁场（从"物质"的联系过渡到"场"的联系）
18	测量物体的尺寸	测量固有振动频率；标上磁或电的标记并读校
19	改变物体尺寸	热膨胀；形变；磁致与电致伸缩；压电效应
20	检查表面状态和性质	放电；光反射；电子发射；穆亚洛维效应；辐射
21	改变表面性质	摩擦；吸收；扩散；包辛海尔效应；发电；机械振动和声振动；紫外辐射
22	检查物体内状态和性质	引进标记物质，它改变外界的场（如荧光粉）或形成取决于被研究物质状态及性质的场（如铁磁体）；改变取决于物体结构及性质变化的比电阻；与光的相互作用；电光现象及磁光现象；偏振光；伦琴及无线电辐射；电子顺磁共振和核磁共振；磁弹性效应；经过居里点的转变；霍普金斯效应及巴克豪森效应；测量物体的固有振动频率；超声波；缪斯鲍艾尔效应；霍尔效应

序号	要求的作用、用途	物理现象、效应、因素、方法
23	改变物体空间性质	电场及磁场作用下改变液体性质(视在密度、黏度);引进铁磁性物质及磁场作用;热作用;相变;在电场作用下电离;紫外线;伦琴射线、无线电波辐射;扩散;电场及磁场;包辛海尔效应;热电;热磁及磁光效应;汽蚀现象;光电效应;内光电效应
24	形成要求的结构;稳定物体结构	波的干涉;驻波;穆亚洛维效应;电磁场;相变;机械振动和声振动;汽蚀现象
25	指示出电场和磁场	渗透压;物体电离;放电;压电及塞格涅特电效应;驻极体;电子发射;光电现象;霍普金斯效应及巴克豪森效应;霍尔效应;核磁共振;回转磁现象及磁光现象
26	指示出辐射	光声效应;热膨胀;光电效应;发光;照片底片效应
27	产生电磁辐射	约瑟夫逊效应;感应辐射现象;隧道效应;发光;汉思效应;切林柯夫效应
28	控制电磁场	屏蔽;改变介质状态,如其导电性的增加或减少;改变与场相互作用的物体的表面形状

附录4　科学效应总表

附表 34-4-1　　　　　　　　　　科学效应总表

效应名称	注解与说明
1. 3D Printing 三维打印(3D打印)	使用材料打印机依据电子文件创建三维物体的过程,与纸面上印刷图像相似。这个效应与分层激光烧结增材制造技术最密切相关,目标对象是由连续的材料层堆砌而成的
2. Ablation 烧蚀	烧蚀是指因为气化等其他腐蚀作用,导致某物体表面有物质脱落的现象。这种技术在航天器返程、冰川研究、医药研制和被动消防等领域中尤其重要。在航天器设计中,烧蚀用于冷却并保护可能被极端高温造成严重损害的机械部件和/或装载物
3. Abrasion 研磨	在擦除、刮除、磨掉等使表面发生脱落变形的处置过程中,可以有意识地使用一种研磨剂来控制这个处置过程
4. Absorption (Physical) 吸收(物理)	一种原子、分子或离子进入一些体相——即气体、液体或固体物质的物理或化学现象或过程。这是一个与吸附不同的过程,因为吸收过程中的分子融入新物质,而不是表面的吸附
5. Absorption (EM Radiation) 吸收(电磁辐射)	量子能量一般被物质的微电子所吸收,转换成另一种能量,例如热能
6. Absorption Spectroscopy 吸收光谱	通过与样品的作用,根据辐射的频率或者波长来测量辐射吸收比率的光谱技术
7. Absorptive Filter 吸收型过滤器	该过滤器在传送入射波的同时,能吸收其中某些波长的辐射波
8. Accelerometer 加速度测量仪	一个通过反作用力来测量加速度和重力加速度的仪器
9. Accumulator (energy) 储能器	用一些方式来储存能量的各种装置。诸如可充电的蓄电池或是液压式的储能器。可以是电的、流体的或是机械的。有时将一个小的连续的能源转换成一个短期能量激增的能源,或反之亦然。其他的例子包括电容器、蒸汽储能器、飞轮和水轮机发电站等
10. Acoustic Cavitation 声空化(声气蚀)	由气蚀引起的声场。通常存在于液体中的微观气泡由于所施加的声场的作用将被强制振荡。如果声波的强度足够高,气泡的体积将首先变大,然后迅速破裂引起高功率超声波。通常用微观真空气泡的惯性空化处理液体和泥浆表面
11. Acoustic Emission 声发射	材料中局域源快速释放能量产生瞬态弹性波的现象。声发射(AE)现象可能在材料开始崩塌时迅速发生。声发射常见的研究包括疲劳裂纹的复合材料的延伸,或纤维断裂。AE是关系到能量的不可逆释放,并且可以从源头开始研究。不涉及材料失效,但包括摩擦、气蚀和冲击影响
12. Acoustic Len 声透镜	一种机械装置,被用于扬声器的设计和超声成像,还被用于指示和修改声波,其方式与光透镜类似
13. Acoustic lubrication 声润滑	声音带来的振动造成滑动面(或一系列粒子之间)之间分离。这个频率的声波正好能带来最佳的振动,此时就会引起声波润滑效应。所需的声音的频率,随粒子的大小而变化(高频率将会对砂砾产生作用,低频率将会对岩石产生作用)

续表

效应名称	注解与说明
14. Acoustics 声学	声学是使用机构产生振动或机械波,并进行波的传播和接收
15. Acousto-optic Effect 声光效应	声光效应是光弹性学中的一种特殊情况,在这种情况下物质的介电常数会发生改变。这种改变源于声波引发的机械应变,而声波是由透明介质改变折射率引发的。这个过程中创造了一种衍射光栅,它的速度由声波在媒介中的传播决定。此过程中会使光形成非常显著的衍射图样
16. Activated Alumina 活性氧化铝	指进行过加工的氧化铝(三氧化二铝),加工后具有纳米多孔结构
17. Activated Carbon 活性炭	活性炭具备很多微孔,通过这种方式来增大炭的表面积,使它具备吸附功能或者能够进行化学反应。由于具备很多微孔,仅1g活性炭的表面积就超过500m^2。通过很大的表面积达到有效的激活水平,而进一步的化学处理常常能够提高其吸附性能
18. Added Mass 附加质量	或称虚拟质量。因为加速或减速的物体必须移动(或偏转),周围一些量的流体移动通过它,系统的惯性被添加
19. Adhesive 胶黏剂	胶黏剂是来源于天然的或是合成的化合物,可以将两个物体黏附或胶合在一起。现代的一些胶黏剂的吸附力非常强大,因此在现代建筑和工业中变得越来越重要
20. Adiabatic Cooling 绝热冷却	当物质自身的压力降低,并对周围环境做功时,便发生绝热冷却过程。绝热冷却不需要涉及流体
21. Adiabatic Heating 绝热升温	当周围物体做功导致气压上升时,绝热升温过程便出现,例如活塞运动。柴油机在压缩冲程时正是靠绝热升温原理来给燃烧室内的混合气体点火的
22. Adsorption 吸附作用	气体或液体的溶质在固体或液体(吸附剂)表面上积累,形成分子或原子(吸附质)薄膜的过程。大多数工业吸附剂分为三大类:①含氧化合物(硅胶和沸石);②碳基化合物(例如活性炭和石墨);③聚合物
23. Advection 平流	在化学和工程学中,平流是传送物质的一种手法。因为流体基本是以一种特有的方向运动的,因此平流又是流体的一种守恒属性。例如,河流中的淤泥或污染物的传送
24. Aeolipile 汽转球	有类似火箭的、一个气密室(一般是球体或圆柱体)喷气发动机,在同一个轴承上旋转。由于设计的喷嘴是弯曲或弧形的(叶端喷口),蒸汽垂直于轴承排出,依据火箭原理(牛顿第三定律),产生一种推力,使该装置得以发生自转
25. Aeration 曝气	曝气是指空气循环通过流体或物质,被混合或被溶解的这个过程,即在液体等物质中加入空气的过程。在这种情况下,总的比重是气体/液体混合的比重
26. Aerobic Digestion 好氧降解(好氧消化)	好氧消化是微生物在有氧的环境中进行生物降解的一系列过程
27. Aerodynamic Heating 气动加热	彗星、导弹或飞机等物体运动时周围的流体(如空气)在其周围通过从而产生的固体升温。这是一种强制对流传热模式,因为流场是由力作用而不是热功过程产生的
28. Aeroelastic Flutter 气动弹性颤振	颤振是一种自馈式的和潜在的破坏性振动,一个对象上的空气动力与其结构的固有振动结合产生快速的周期性运动。任何对象在强烈的液(气)流中,其结构的固有振动与空气动力之间出现正反馈的情况下,都可能发生颤振
29. Aerofoel 机翼	横截面为翼或者叶片(螺旋桨、旋转体或者涡轮机上面的)或者帆的形状。机翼形的物体在通过流体时,会受到一个垂直于运动方向的升力
30. Aerogels 气凝胶	气凝胶是密度为最低的多孔性固体制造材料,在这种凝胶中液体成分已被替换为气体,是一个非常低密度的热绝缘固体
31. Aerophonics 气动声学	利用圆柱形管中空气的振动产生的声音。典型的情况是音乐会上用的管乐器
32. Aerosol 气雾剂	由固体或液体小质点分散并悬浮在气体介质中形成的胶体分散体系,又称气体分散体系。天空中的云、雾、尘埃,工业上和运输业上用的锅炉和各种发动机里未燃尽的燃料所形成的烟,采矿、采石场磨材和粮食加工时所形成的固体粉尘,人造的掩蔽烟幕和毒烟等都是气溶胶的具体实例
33. Air Entrainment 夹带空气	在加工泡沫混凝土时故意混入的空气(或者在其他材料中)。该气泡是在具有流动性、不硬化的混凝土搅拌过程中引入的,且大多气泡都成为混凝土中的一部分。夹带空气的主要目的是为了提高硬化混凝土的耐久性,特别是在气候回暖冰融化时;次要目的是为了在塑性状态下提高混凝土的可加工性

续表

效应名称	注解与说明
34. Aggregated Diamond Nanorod 聚合钻石纳米棒	或简称 ADNR、超大钻石,在已知的材料中,钻石形的纳米晶体被认为是最硬的、最小可压缩的,作为不可压缩系数度量标准
35. Alternating Magnetic Field 交变磁场	在一定空间区域内连续分布的矢量场,磁铁周围的磁力线都是从 N 极出来进入 S 极,在磁体内部磁力线从 S 极到 N 极。每个矢量场(磁场)必须有 N、S 两极。交变磁场是 N、S 不断的交替变化。一般情况下只有通以交流电的电磁线圈才会产生交变磁场
36. Ampère's Circuital Law 安培环路定律	表征恒定磁场基本特征的定律,它描述磁场强度的环路积分特性
37. Ampère's Force Law 安培力定律	安培力定律描述了两个载流导线之间的吸引或排斥的力
38. Amphiphiles 两亲化合物	化学化合物同时具有亲水性和疏水性能。肥皂和洗涤剂是常见的两亲性物质
39. Anaerobic Digestion 厌氧降解	微生物在缺氧的条件下,分解可生物降解材料的一系列处理过程。被广泛地用于泥泞的污水和有机的污水(废物)处理
40. Angle of Repose 休止角	或保持静止的临界角,与斜面有关,指使斜面上物体处于即将滑动的临界状态的斜面倾角。当大量颗粒状物质倒在水平面上,该物质将形成圆锥形的堆,圆锥表面和水平面的内角就是休止角,休止角与该物质的密度、表面积、颗粒形状以及摩擦系数都有关系
41. Angular Momentum 角动量	角动量是动量的旋转对应。一个旋转的飞轮有角动量
42. Angular Momentum Conservation 角动量守恒	在一个密闭系统中角动量是恒定的。当溜冰的人在旋转时把他的胳膊和腿移近旋转的垂直轴时,他的角速度会加速,这种现象就可以用角动量守恒来解释。通过把身体的一部分移近轴心,减小了身体的惯性力矩。由于角动量是恒定的,所以溜冰者的角速度(旋转速度)就一定会增加
43. Anisotropy 各向异性	晶体结构中有方向性的属性,不同方向上的质点排列方式不同,沿不同轴测量时,一些材料的物理特性(吸光率、折射率、密度等)的差异。例如光通过偏光透镜的现象
44. Annealing 退火	退火是冶金和材料学中为改变材料性能,如强度和硬度的一种热处理方法。该方法的过程是:将它们加热到所要求的温度,并维持一个适当的温度,然后给以冷却。利用退火诱发可锻性、消除内应力、改善结构和提高冷加工性能
45. Anodising 阳极氧化	一种电解钝化过程,用于增加金属部件表面的自然氧化层的厚度。阳极氧化增强耐腐蚀性和耐磨损性,并为底层油漆和胶粘剂提供比裸金属更好的附着力。阳极氧化膜也可以用于一些美容效果,如可以吸收染料的厚的多孔涂层,或是增加反射光的干涉效应的薄的透明涂层
46. Antibubble 阻气泡	阻气泡是指气体的球面被薄层液体所包围,它与小液滴被薄层的气体所包围是相对立的。当液滴或流体缓动地进入同样的或另一种流体时,就会形成阻气泡。它们可以是通过液体的表面如水(即水珠),或是完全地直接潜入液体中。阻气泡与气泡相比,以不同的方式反射光,因为它们是水滴,光进入水滴后以同样的方式朝向光源反射产生“虹”,由于这种反射,阻气泡具有明亮的外观
47. Antifoam 消泡剂	稳定反泡液滴集合(反泡泡:由气体薄膜包围的液滴,与气泡相反,球形状的气泡周围包围的是液体薄膜)
48. Antifuse 防熔丝	一种电气元件,它执行与熔丝相反的功能。熔丝具有低电阻并且可以永久性地破坏导电路径(通常是当路径上的电流超过规定极限时),而反熔丝具有高电阻并且可以永久性地创建导电路径(典型的发生条件是当加在熔丝上的电压超过一定水平时)
49. Arc Evaporation 电弧蒸发	阴极的表面引人注目的低电压高电流,产生一个小的发射高能量高温汽化区(阴极辉点),阴极材料以较高的速度汽化喷射,留下一个坑斑点。阴极斑点在很短的时间内自我熄灭,汽化区重新在一个靠近前面的坑斑点的新区域产生。这种行为会导致明显的弧线运动
50. Arch 拱	拱是弯曲的结构,变所有的力为压应力,从而消除了拉伸应力,跨越了空间,同时支持重量
51. Archimedes' Principle (Buoyancy) 阿基米德原理(浮力)	物理学中力学的一条基本原理。浸在液体(或气体)里的物体受到向上的浮力作用,浮力的大小等于被该物体排开的液体的重力。其公式可记为 $F_浮 = G_排 = \rho_液 \cdot g \cdot V_排液$

续表

效应名称	注解与说明
52. Archimedes Screw 阿基米德螺旋	在圆筒内有一个旋转的螺杆形叶片结构装置。可用于输送液体、粉状或粒状形式的半流体固体，如煤炭和谷物
53. Argon Flash 氩气闪光	这是利用氩气或惰性气体的冲击波产生一种非常短暂的和非常明亮的闪烁光的一种方法。该装置由装满氩气的桶(容器)和装有一次性的固体炸药组成。爆炸产生的冲击波使气体加热到非常高的温度(超过 1040K)，于是气体发出强烈的可见闪烁和紫外线辐射。炸药量可以控制闪烁光的强度
54. Auger Effect 欧杰效应	以发现者法国人 Pierre Victor Auger 的名字命名的，是原子发射的一个电子导致另一个电子被发射出来的物理现象。当一个处于内层的电子被移除后，留下一个空位，高能级的电子就会填补这个空位，同时释放能量。通常能量以发射光子的形式释放，但也可以通过发射原子中的一个电子来释放。第二个被发射的电子叫作 Auger 电子。被发射时，Auger 电子的动能等于第一次电子跃迁的能量与欧杰电子的离子能之间的能差。这些能级的大小取决于原子类型和原子所处的化学环境。欧杰电子谱，是用 X 射线或高能电子束来产生欧杰电子，测量其强度和能量的关系而得到的谱线。其结果可以用来识别原子及其原子周围的环境。Auger 复合是半导体中一个类似的 Auger 现象：一个电子和空穴(电子空穴对)可以复合并通过在能带内发射电子来释放能量，从而增加能带的能量。其逆效应称作碰撞电离
55. Autofrettage 预应力处理	一种金属加工技术，加工过程中一个压力容器受到巨大压力引发内部部断裂破碎，并导致内部有压缩的残余应力。预应力处理的目的是增强最终产品的耐用度。这项技术通常用于制造高压泵缸，以及战舰、坦克炮筒和柴油发动机的燃油喷射系统
56. Auxetic Materials 拉胀材料	拉胀材料指一种拉伸时在所施力的垂直方向上变厚的材料，也就是说，这种材料有负的泊松比。这样的材料有特殊的力学性能，如高能量吸收性和抗断裂性。可以在诸如以下场合应用，如防弹衣、填充材料、护膝和护肘、强防振材料和海绵拖把等
57. Auxetic Structures 拉胀结构	当材料被拉伸时，垂直施加的力变得增强，即它们有一个相反的泊松比。它们可包括复合材料、楔形的砖块构件、微孔聚合物、拉胀泡沫材料和蜂窝状物
58. Auxetic Voids 拉胀空隙	拉胀空隙材料含有孔、气孔、空腔或其他空隙的拉胀或结构。与传统的材料或结构相比，拉胀空隙材料在被拉伸时反应不同。例如，拉胀材料中的气孔或拉胀材料蜂窝孔中的巢室在受拉伸时会在横向和延展方向同时打开
59. Avalanche Breakdown 电子雪崩击穿	电子雪崩击穿是发生在绝缘体和半导体(固体、液体和气体)材料中的现象，该现象将引起绝缘体和半导体中流过大电流。在该现象中，材料中的电场强度足够大，以加速自由电子，自由电子撞击原子，于释放更多自由电子，不断循环，这样，自由电子的数量很快达到一定水平，形成大电流
60. Axle 轴(中心轴)	中心轴为一个旋转的轮子或齿轮的中心线
61. Balance 秤	比较两个对象的重量(通常的质量)的仪器或方法
62. Ball 球(滚珠)	通常呈球形，但有时是卵形，有多种用途
63. Ball Bearing 滚珠轴承	一个环状轴承，包含大量的排成轨道的滚珠
64. Ballistic Pendulum 冲击摆	用于测量子弹的动量，它是可以计算的速度和动能的装置
65. Barkhausen Effect 巴克豪森效应	巴克豪森发现铁的磁化过程的不连续性，铁磁性物质在外场中磁化实质上是它的磁畴存在逐渐变化的过程，与外场同向磁畴不断扩大，不同向的磁畴逐渐减小。在磁化曲线的最陡区域，磁畴的移动会出现跃变，尤其是硬磁材料更是如此 　　当铁受到逐渐增强的磁场作用时，它的磁化强度不是连续平衡地而是以微小跳跃的方式增大。发生跳跃时，有噪声伴随着出现。如果通过扩音器把它们放大，就会听到一连串的"咔嗒"声，这就是"巴克豪森效应"。后来，人们认识到铁是一系列小区域组成的，而在每个小区域内，所有的微小原子磁体都是同向排列的，巴克豪森效应才最后得到说明 　　每个独立的小区域，都是一个很强的磁体，但由于各个磁畴的磁性彼此抵消，所以普通的铁显示不出磁性。但是当这些磁畴受到一个强磁场作用时，它们会同向排列起来，于是铁便成为磁体。在同向排列的过程中，相邻的两个磁畴彼此摩擦而发生振动，噪声就是这样产生的。只有所谓"铁磁物质"具有这种磁畴结构，即这些物质具有形成强磁体的能力，其中以铁表现得最为显著
66. Barnett Effect 巴涅特效应	当铁磁体绕轴自旋时，铁磁体磁化，出现平行于旋转轴的磁力线

续表

效应名称	注解与说明
67. Barus Effect 巴拉斯效应	即黏弹性效应。流体通过喷嘴挤出时,流体的直径变得比喷嘴大的现象
68. Basset Force 巴色特力(巴吉力)	伴随着在流体中运动物体相对速度(加速度)的变化,造成边界层滞后扩展的力
69. Battery (Electricity) 蓄电池(电)	两个或多个存储能被转化成电能的电化学电池的组合
70. Bauschinger Effect 包辛格效应	包辛格效应就是指原先经过变形,然后在反向加载时弹性极限或屈服强度降低的现象,特别是弹性极限在反向加载时几乎下降到零,这说明在反向加载时塑性变形立即开始了。包辛格效应在理论上和实际上都有其重要意义。在理论上由于它是金属变形时长程内应力的度量(长程内应力的大小可用X射线方法测量),可用来研究材料加工硬化的机制。工程应用上,材料加工成型时首先需要考虑包辛格效应,包辛格效应大的材料,内应力较大 包辛格效应分直接包辛格效应及包辛格逆效应。直接包辛格效应指拉伸后钢材纵向压缩屈服强度小于纵向拉伸屈服强度;包辛格逆效应在相反的方向产生相反的结果
71. Bernoulli Effect 伯努利效应	非黏滞不可压缩流体作稳恒流动时,流体中任何点处的压强、单位体积的势能及动能之和是守恒的,流体的速度增加的同时,流体压强或重力势能会减少
72. Betavoltaics 射线电池	实际上是蓄电池式的电流发生器。其使用的能源来自发射β粒子(电子)放射源。常用的能源是使用氢的同位素——氚。β电压使用非热的转换过程,这是与核动力源最大的不同。射线电池是特别适合作为长期工作低功率电器应用中的能量源
73. Binder 黏结剂	使两个或更多的混合物成分结合在一起的其他材料。它的两个主要属性是胶黏性和内聚力
74. Bi-Metallic Strip 双金属片	由两种不同的金属条带沿其整个长度连接。当钢带被加热或冷却时,由于两种金属条热膨胀的差异,导致金属条带弯曲
75. Bingham Plastic 宾汉姆塑料	一种黏塑性材料,在低受力作用下充当刚体性,但是在高受力作用下充当黏性流体。例如一般情况下牙膏是不会被挤出来的,只有在向管子施加一定的压力后,牙膏就像固态的堵塞物被推出,而它被挤出来之后牙膏口处的牙膏就变回一个固体塞
76. Bioluminescence 生物发光	指生物体发光或生物体提取物在实验室中发光的现象。它不依赖于有机体对光的吸收,而是一种特殊类型的化学发光,化学能转变为光能的效率几乎为100%,也是氧化发光的一种。生物发光的一般机制是:由细胞合成的化学物质,在一种特殊酶的作用下,使化学能转化为光能
77. Biot-Savart Effect 毕奥-萨伐尔效应	毕奥-萨伐尔效应(Biot-Savart Law)以方程描述,电流在其周围所产生的磁场。采用静磁近似,当电流缓慢地随时间而改变时(例如当载流导线缓慢地移动时),这定律成立,磁场与电流的大小、方向、距离有关。毕奥-萨伐尔效应适用于计算一个稳定电流所产生的磁场。这电流是连续流过一条导线的电荷,电流量不随时间而改变,电荷不会在任意位置累积或消失
78. Birefringence 双折射	光束入射到像方解石晶体或氮化硼等向异性的晶体,分解为两束光(普通光或者非常光)的效应。它们是振动方向互相垂直的线偏振光,光在非均质体中传播时,其传播速度和折射率值随振动方向不同而改变,其折射率值不止一个。双折射是否发生取决于光的偏振度。这种效应只在各向异性的材料中产生(定向依赖)
79. Blanching 酸洗	酸洗的目的是增白金属表面,通过各种手段,例如用酸浸泡或用锡涂覆。这个术语常用于硬币,在图像被印在硬币上之前,赋予表面亮泽和光彩
80. Blinovitch Limitation Effect Blinovitch 限制效应	一种虚构的物理时间行程意义的原理(和、像这样、不予认真对待)
81. Block and Tackle 滑轮组	用绳索或钢索穿过两个或更多个滑轮的系统。通常用它来提拉重物
82. Boiling 沸腾	相变的一种形式。通常当液体被加热到沸点温度时,液体的蒸气压与周围环境对液体施加的压力相等,液体就会快速汽化
83. Bolometer 测辐射热计	一种用于测量入射电磁辐射能量的装置。它包括一个吸收器,吸收器通过绝缘连杆连接到一个散热器(恒定温度的区域)。其结果是,被吸收体吸收的任何辐射都会使其温度高于该散热器的温度。能量被吸收得越多,温度就越高

效应名称	注解与说明
84. Bong Cooler 钟状冷却器	钟状冷却器借助于蒸发冷却,能使冷却水的温度降至环境温度以下
85. Boundary Layer 边界层	边界层是指最邻近边界表面的流体层。边界层效应出现在所有的变化过程,发生在流动型态的场效应区。边界层会影响周围的非黏性流动
86. Boundary Layer Suction 附面层吸	用一台气泵抽取机翼或进气口处提取边界层的技术。以此改善气流,降低气流阻力
87. Bourdon Spring 布尔登弹簧	一种螺旋盘管,由于压力变化从而使盘管交替出现伸展或压缩
88. Boyle's Law 波义耳定律	又称 Mariotte's Law:在定量定温下,理想气体的体积与气体的压强成反比。是由英国化学家波义耳(Boyle),在 1662 年根据实验结果提出的:"在密闭容器中的定量气体,在恒温下,气体的压强和体积成反比关系。"这是人类历史上第一个被发现的"定律"
89. Bragg Diffraction 布拉格衍射	布拉格衍射是三维周期性结构晶体中的原子,从不同的晶面反射的波之间的干扰的结果,该衍射类似于光栅衍射
90. Brayton Cycle 布雷顿循环	布雷顿热力循环,描述燃气涡轮发动机的工作原理,也是喷气发动机和其他发动机的基础
91. Brazil Nut Effect 巴西果效应	摇动含有不同大小颗粒的混合物,最终最大的颗粒将会上升到最上方,也称为麦片效应
92. Brazing 钎焊	填料金属或合金加热和熔化后,通过毛细作用焊接在两个或两个以上的部分之间的接合过程。薄薄的一层基体金属与熔融填充金属和焊剂相互作用,冷却后形成一个高强度的、密封的接头。根据定义,钎焊合金的熔点大致上比被接合材料的熔点低
93. Brewster's Angle 布儒斯特角	也就是偏振角,是特定的偏振光的入射角,完全地透过电介质表面,没有反射。当非偏振光在这个角度入射时,从表面反射的光会完全极化
94. Brillouin Scattering 布里渊散射	当介质(如空气、水或晶体)中的光随着时间相关性的光密度差异相互作用时,会发生布里渊散射,布里渊散射会改变光的能量(频率)和传播路径
95. Brinelling 布氏硬度试验	布氏硬度标尺装载在材料试验片上,通过硬度计压头的压入压痕比例来展示材料硬度的特性。适用于铸铁、非铁合金、各种退火及调质的钢材,不宜测定太硬、太小、太薄和表面不允许有较大压痕的试样或工件
96. Brinell Scale 布氏硬度标尺	布氏硬度标尺装载在材料试验片上,通过硬度计压头的压入压痕比例来展示材料硬度的特性
97. Brownian Motion 布朗运动	悬浮在液体或气体中的分子或颗粒的随机运动
98. Brownian Motor 布朗原动机	用激活热(化学反应)的方法,控制和用于在空间产生定向的运动,以及做机械功或电动功的一种纳米级或分子级组成的装置
99. Brush 刷	一种用猪鬃、线或者其他细丝制作的工具,用于清扫、修理的毛状物。利用液体可进行如刷上油漆、密封表面的缝隙、清理枪口以及其他类型的表面修整。一把带电刷给相对运动的对象之间提供导电,也可以为相对运动对象之间提供一个电气开关
100. Bubble 气泡	这是存在于另一种物质中的小球体,一般指在液体中的气体。由于马兰戈尼效应,泡沫可以保持完整无缺地到达浸入的液体表面上
101. Bubble Viscometer 气泡(泡沫)黏度计	用于快速确定已知的液体中气泡上升所需要的时间,如树脂和清漆的运动黏度。气泡上升所需要的时间与液体黏度成反比,气泡上升越快,黏度越低
102. Buckypaper 巴克纸	它是由许多碳纳米管集聚而成的一个薄片,是用仅有人的头发五万分之一重量的分子制造的。最初,它被作为一种处理碳纳米管的方法,但它现在也被几个研究小组研究和发展到其他应用中,有希望作为装甲车的装甲、个人盔甲和下一代电子显示设备
103. Calorimetry 量热仪	热量测量是热力学的一个分支,测量化学反应或物理变化释放出的热量的科学。并据热效应研究物理和化学变化的规律的学科。测量热效应所用的仪器统称为量热仪或热量计
104. Cam 凸轮	凸轮可以是一个简单的齿,用于提供运动的脉冲,突出部的旋转轮或轴撞击在其圆形路径的一个或多个点上的杠杆,例如蒸汽锤功率的脉冲,或推动偏心盘或其他形状,产生一个平滑的往复运动。这种装置可把圆形运动变为往复式运动(或振荡)

效应名称	注解与说明
105. Capacitance 电容效应	指装置或介质由于电势存储电荷。电荷存储设备最常见的形式是两板电容器。在输电线中因为传送地点的遥远,输电线的长度相当长,而输电线是并架、并行在一起的;此时这两根输电线就相当于电容器的两块导电电极,因此随着输电线的距离不断加长,在输电线的电容效应就越明显。一句话;电容效应就是指因输电线的距离遥远,导致输电线上的电容增大,从而影响输电线的传输效率。"电容效应"在学术文献中的解释 :抬高电容电压的这种现象称为电容效应。对于输电线路而言,除了线路感性阻抗外,线路对地的电容也不能忽略;对于电缆线路,除了对地电容还要考虑相间电容
106. Capillary Action 毛细作用	含有细微缝隙的物体与液体接触时,浸润的液体在缝隙里上升或渗入,不浸润的液体在缝隙里下降的现象,称为毛细现象。这是液体和物质间黏附分子作用力强(或弱)于液体内部分子间作用力的结果,在液体接触表面形成的凹(或凸)的液面。可引起液体的升高或降低(例如玻璃中的汞)
107. Capillary Condensation 毛细冷凝	通过该过程将蒸汽态从多分子层吸附到多孔介质中,使蒸汽态变为充满孔隙空间的冷凝液体。毛细管冷凝的独特性在于,在纯液体的饱和蒸汽压以下就能发生凝结。可以影响固体之间的接触以及改变宏观附着力和摩擦性能
108. Capillary Electrophoresis 毛细管电泳	一种根据它们的大小,在小的毛细管内部填充电解质来进行化学物质分离的技术
109. Capillary Evaporation 毛细管蒸发	液体在毛细管系统(例如一块多孔材料)内部的运输和随后在表面发生的蒸发。毛细蒸发器从热源吸收热量,尤其是在高热流条件下从热源吸收热量。毛细蒸发器包括一个具有多个肋的壳体,所述肋与现有的热源进行热交换
110. Capillary Porous Material 毛细多孔材料	通过毛细作用吸收或输送流体的一种多孔材料
111. Capillary Pressure 毛细管压力	毛细管中由弯曲液面上表面张力的合力形成的管内外两侧的压强差。是在毛(细)管中产生的液面上升或下降的曲面附加压力。该压力差与表面张力成正比,与界面的有效半径成反比
112. Capillary Wave Effect 毛细波效应	在两股流体之间移动的波。其动力受表面张力影响而不断变化。毛细波(表面张力波)通常被称为波纹(细浪),其波长通常小于几个厘米。在流体界面上的毛细波受表面张力和重力的影响外,还受流动惯性(惰性)的影响
113. Carbonitriding 碳氮共渗	碳氮共渗用于增加金属表面的硬度和弹性模量,在这个过程中,碳和氮原子以扩散进入金属原子的空隙金属,从而减少磨损。通常适用于廉价的、容易加工的低碳钢
114. Carburizing 渗碳	渗碳是一种热处理方法,在铁或钢被加热这过程中,分解的碳原子扩散进入金属空隙,铁或钢的外表面会比原来的材料具有较高的碳含量。当铁或钢通过淬火快速冷却,碳含量较高的外表面变硬,而核心保持柔软、强韧
115. Catalysis 催化作用	化学反应的速率通过催化剂的作用而增加。不同于其他参与化学反应的试剂,催化剂不会被消耗。通过降低反应的活化能,催化剂能显著提高反应速率。结果是产物的生成更迅速,反应也更快达到平衡状态
116. Carnot Cycle 卡诺循环	卡诺热机是一个特定的热力循环,是最有效的周期循环,可用于给定数量的热、冷能量转换工作
117. Casimir Effect 卡西米尔效应	由量子场产生的物理力。在真空中,间隔几个微米放两块不带负荷的金属板,板之间引起一个电磁场排斥力,自始至终出现卡西米尔的排斥力时,外部没有任何电磁场
118. Case Hardening 表面硬化	通过注入合金元素到低碳钢材料的表面,形成一层薄薄硬化的金属表面
119. Catapult Effect 弹射效应	一股电流穿过在磁场中两根松散连接起来的导线,由于在导线和磁场的自身作用下,使松散的导线发生弹射,水平地离开磁场
120. Cathodic Arc Deposition 阴极电弧沉积	阴极电弧沉积或 Arc-PVD 的物理气相沉积技术,在该技术中使用电弧气化阴极靶材料。气化的材料凝结在基片上,形成薄膜。该技术可用于沉积金属、陶瓷和复合薄膜。阴极电弧沉积广泛用于合成极其坚硬的膜,保护刀具的表面,并能显著延长它们的使用寿命。可以通过此技术,将氮化钛、氮化铝钛、氮化铬、氮化锆和 TiAlSiN 合成各种各样的薄而硬的膜和纳米复合涂料
121. Cathodoluminescence 阴极发光	物质表面在高能电子束的轰击下发光的现象称为阴极发光。不同种类的宝石或相同种类、不同成因的宝石矿物在电子束的轰击下会发出不同颜色及不同强度的光,并且排列式样有差别,由此可以研究宝石矿物的杂质特点、结构缺陷、生长环境及过程。阴极发光仪是检测和记录阴极发光现象的一种光学仪器,主要由电子枪、真空系统、控制系统、真空样品仓、显微镜及照相系统构成。宝石学中可利用该仪器区分天然与合成宝石

续表

效应名称	注解与说明
122. Cat Righting Reflex 猫正位反射	猫正位反射是猫与生俱来的能力,猫在弯曲和相对平动、旋转时肢体部分的组合,使它们自己调整到相对安全的着陆方向
123. Cavitation 空化、气穴	在流动的液体中,液体压力下降到低于蒸气压力的区域里有蒸气气泡形成的过程。通常分为两类反应。真空或气泡在液体中迅速崩解时会惯性(或瞬态)气蚀,产生冲击波。非惯性空穴作用是流体中的气泡,例如由于声场的能量输入,在大小或形状上产生强制振荡的过程
124. Centrifugal Force 离心力	离心力,指由于物体旋转而产生脱离旋转中心的力,也指在旋转物体中的一种惯性力,它使物体离开旋转轴径向向外的力,数值等于向心力但方向相反。当物体在做非直线运动时(非牛顿环境,例如圆周运动或转弯运动),因物体一定有本身的质量存在,质量造成的惯性会强迫物体继续朝着运动轨迹的切线方向(原来那一瞬间前进的直线方向)前进,而非顺着接下来转弯过去的方向走
125. Centrifugal Separation 离心分离、离心离析	利用在工业或实验室中装备的离心力来分离混合物的一种工艺过程。混合物中较致密的部分远离离心机的转轴,而混合物中较少致密的部分则向转轴迁移
126. Centrifuge 离心机	离心机是利用离心力,分离液体与固体颗粒或液体与液体的混合物中各组分的机械。主要用于将悬浮液中的固体颗粒与液体分开;或将乳浊液中两种密度不同,又互不相溶的液体分开(例如从牛奶中分离出奶油);它也可用于排除湿固体中的液体,例如用洗衣机甩干湿衣服
127. Centrifugal Governor 离心调速器	一种特殊类型的调速器,通过调节燃料量(或工作流体)控制发动机的转速,它采用比例控制的原则。不管负载或燃料供给条件,保持接近恒定的速度
128. Ceramic Foam 泡沫陶瓷	一种陶瓷制成的结实的泡沫,有着广泛的应用。如隔热系统,隔音系统,环境污染物的吸收,熔融金属合金的过滤,作为需要较大的内表面积的催化剂的基板。现在已经作为结实的轻型结构材料,专门用于支持反射望远镜的镜面
129. Chain 链	链是一系列连接的链路
130. Cheerio Effect 车仁奥效应	小的可润湿漂浮物体倾向相互吸引的一种现象,是表面张力与浮力共同作用的结果
131. Chemical Beam Epitaxy 化学束外延	化学束外延(CBE)是半导体晶片(基质)层系统中一类重要的沉积技术。这种外延生长是在超高真空系统中进行。此反应中,反应物处于活性气体的分子束形式,尤其常见的为氢化物或有机金属
132. Chemical Bonding 化学键	原子间以及分子间相互吸引的物理过程。该过程使得双原子、分子与多原子等化合物能稳定存在。一般情况下,化学键常由原子间共用电子对形成。分子、晶体和双原子气体分子和大多数我们周围的物质通过化学键结合在一起
133. Chemical Transport Reactions 化学品运输反应	一种用于非挥发性固体的纯化和结晶的方法,指非挥发性元素和化合物以及其挥发性衍生物之间的可逆转换。挥发性衍生物在密封的反应器内迁移,反应器通常是一个在管式炉中加热的真空玻璃管。管内不同位置保持不同的温度,挥发性衍生物恢复到原固体的中间物质会被释放
134. Chemical Vapour Deposition 化学气相沉积	反应物质在气态条件下发生化学反应,生成固态物质沉积在加热的固态基体表面,进而制得固体材料的工艺技术,用于生产高纯度、高性能的固体材料的化学过程。这种工艺常在半导体工业中用于生产薄膜。在典型的化学气相沉积工艺中,晶片(基质)被暴露在一种或多种挥发性前驱物中,通过反应和分解在基质的表面生成所需的沉淀。经常会同时生成挥发性副产物,被通过反应室的气体流除去
135. Chemiluminescence 化学发光	光的释放(发光),仅伴随少许的热量,是化学反应的结果。由于吸收化学能,使分子产生电子激发而发光的现象。化学反应放出的热量(即化学能)可转化为反应产物分子的电子激发能,当这种产物分子产生辐射跃迁或将能量转移给其他发光的分子,使分子再发生辐射跃迁时,便产生发光现象。但是多数的反应所发出的光是很微弱的,而且多在红外线范围,不容易被观测。产生化学发光的反应通常应满足以下条件:必须是放热反应,所放出的化学能足够使反应产物分子变成激发态分子;具备化学能转变为电子激发能的合适化学机制,这是化学发光最关键的一步;处于电子激发态的产物分子本身会发光或者将能量传递给其他会发光的分子
136. Chemisorption 化学吸附(吸收)	吸附的一种,指分子通过化学键的形成附着在物体表面,与产生物理吸附的范德华力相反。化学吸附则类似于化学键的力相互吸引,其吸附热较大。例如许多催化剂对气体的吸附(如镍对 H_2 的吸附)属于这一类。被吸附的气体往往在很高的温度下才能解脱,而且在形状上有变化。所以化学吸附大都是不可逆过程。同一物质,可能在低温下进行物理吸附,而在高温下为化学吸附,或者两者同时进行

续表

效应名称	注解与说明
137. Cherenkov Effect 切伦科夫效应	电磁辐射发射时的带电粒子(例如电子)穿过绝缘体的速度大于光在该介质中的传播速度
138. Cholesteric Liquid Crystal 胆甾相液晶	或称手性向列相液晶体。液晶具有螺旋结构(因此是手性型的)。带定向轴层面的排列方式随边界层变化。实际上,定向轴的变化往往是周期性的,随温度有各种各样的变化周期,并且,也可以被交界条件所影响 由于胆甾相液晶分子的排列方式会随着温度而变化,因此会反射不同波长的光,这种颜色随温度而变化的特性,常用于温度传感器上
139. Christiansen Effect 克里斯坦森效应	这是一种用于狭窄的带通或单色的滤光片,是填充了包括经粉碎的物质(例如玻璃)和液体(多半是有机的)的一种光电管
140. Chromatography 色谱法、色谱分析法	色谱法(又称层析法)是实验室用的一种分离和分析方法,在分析化学、有机化学、生物化学等领域有着非常广泛的应用。色谱法利用不同物质在不同相态的选择性分配,以流动相对固定相中的混合物进行洗脱,混合物中不同的物质会以不同的速度沿固定相移动,分离出需要被检测的分析物。色谱法可用于制备,也可以用于分析
141. Close Packing 晶粒致密堆积(密排)	原子和离子都具有一定的有效半径,因而可以看成是具有一定大小的球体。密堆积结构是指球体无限地、有规律地紧密排布。有两个简单的排布能达到最高的平均密度:面心立方(也称为立方密堆积)和六方密堆积。两者都基于每层的球体中心分布在等边三角形的顶点,不同之处在于各层之间的堆叠方式
142. Coacervate 凝聚层	来自周围液体分类的各种有机分子(特别是脂类分子)的微小球形液滴被疏水性的力吸附在一起
143. Coagulation 凝血	凝血是一个复杂的血液形成血块的过程,它是止血(停止损坏血管内的血液流失)的重要环节,其中血液形成凝块,血小板和纤维蛋白含有血块修复受损的血管壁,受损的血管壁停止出血
144. Coanda Effect 康恩达效应	流体有离开本来的流动方向,改为随着具有一定曲率的物体表面流动的倾向,康恩达效应同时也适用于粉状固体
145. Coatings 镀膜加工	在基片表面用液体、气体或固体盖上一层材料,如用浸渍、喷涂或旋涂等。应用镀膜加工的目的是提高疏松材料的表面性能,通常被称为基板,可以提高外观、黏合性、润湿性、耐腐蚀性、耐磨损性、耐擦伤性等
146. Coffee ring effect 咖啡环效应	是指当一滴咖啡或者茶滴落桌面时,其颗粒物质就会在桌面上留下一个被染色的环状物,而且环状物的颜色是不均匀的,边缘部分要比中间更深一些。宾夕法尼亚大学物理学家揭开了"咖啡环"效应,主要原因是液渍颗粒外形的影响以及流动方向的问题
147. Cohesion 凝聚	一种相互吸引的行为或属性,比如分子的相互吸引。这是由组成该物质的分子的结构和形状造成的物质的固有属性。当分子间相互靠近时,分子的形状和结构影响轨道电子,使得分子间产生电引力,此属性使物质保持宏观结构,比如一滴水
148. Coherent Light 相干光	相干光又叫同调光源,相干光应满足三个条件:频率相同;振动方向相同;相位差恒定。产生相干光的方法:①波阵面分割法把光源发出的同一波阵面上两点作为相干光源,产生干涉的方法,如杨氏双缝干涉实验;(2)振幅分割法——一束光线经过介质薄膜的反射与折射,形成的两束光线产生干涉的方法,如薄膜干涉、等厚干涉等;(3)采用激光光源,频率、相位、振动方向、传播方向都相同
149. Coilgun 线圈炮(感应线圈枪)	线圈炮为一种同步线性电动机,包括一个或多个电磁线圈,它可将磁弹加速到高速
150. Cold-forming 冷成形	一种在低于其再结晶温度的温度下加工金属成形的方法,通常在室温下进行。冷成形技术通常分为四大类:挤压、弯曲、拉伸和剪切
151. Colloid 胶体	是一种均匀混合物,在胶体中含有两种不同状态的物质,一种分散,另一种连续。胶体能发生散射光(丁达尔)现象,产生聚沉,具有电泳现象,渗析作用,吸附性等特性。如日常生活中可利用明矾形成的胶体净水
152. Colloidal Crystal 胶体晶体(胶质晶体)	它的长度可以形成在一个很长的范围(从几毫米到1cm)、颗粒高度有序的阵列中,而这类似于它们的原子或分子的同行。其中这种现象的最好的天然例子可以在珍贵的蛋白石(猫眼)上被发现,其美丽的纯光谱色区是二氧化硅(或硅石)的无定形胶体球紧密堆积的结果
153. Colloid Vibration Current 胶体振动电流	当超声波通过一个非均质的流体如分散体或乳化液时,产生的电信号

第34篇

效应名称	注解与说明
154. Comb 梳子	一个用来打理头发的齿状的装置,能够矫直并且清洁头发或者其他纤维。更多时候是一个有像梳子一样的排列的装置
155. Combustion 燃烧	燃烧是一系列复杂放热反应,燃料和氧化剂发生反应将放热或同时发光(产生火焰或辉光)。大气氧直接燃烧是一种自由基反应,因此当燃烧放出的热量达到自由基生成的高温时,可导致热失控
156. Composting 堆肥	好氧生物降解的有机物分解,产生堆肥。主要指兼性和专性好氧细菌、酵母菌和真菌的分解。一些较大的生物,如跳虫、蚂蚁、线虫和寡毛类环节蠕虫,堆肥在其初始和结束阶段有帮助
157. Compression 压缩	材料屈从于压缩应力,导致体积减小。与压缩力对应的是张力。简单来说,压缩力是一种推力
158. Composite Materials 复合材料	由两种或两种以上不同物化性质的材料构成,并在宏观上保持结构内材料的独立性的工程材料
159. Compton Scattering 康普顿散射	当它与物质相互作用时,X射线或伽马射线的光子的能量减少(增加波长)
160. Concentrated Photovoltaics 聚光光伏	聚光光伏系统是聚集阳光到小区域光伏材料上来发电。与传统常用平板系统不同,因为聚光提供许多小区域太阳能电池,所以发电所需太阳能平板系统面积更小,CPV系统往往更便宜
161. Condensation 冷凝(凝结)	物质从气相到液相的物理聚集状态的过程
162. Conduction (Electrical) 传导(电)	带电粒子通过传输介质(电导体)的运动。电荷的运动产生电流。电荷传输可能会导致电场的响应,或产生电荷密度梯度
163. Conduction (Thermal) 传导(热)	热传导,是热能从高温向低温部分转移的过程,是一个分子向另一个分子传递振动能的结果。它也可以被描述成:热能通过直接接触从一个物质向另一个物质传递
164. Conic Capillary Effect 圆锥毛细管效应	锥形毛细管使弯液面具有不同的曲率,这将导致液体向具有更大的曲率的弯液面的方向流动
165. Conservation of Momentum 动量守恒	在一个封闭的系统中(与外界没有任何物质交换,不发生作用,不受外力的系统),其总动量是守恒的(常数)
166. Convection 对流	对流是流体(液体和气体)热传递的主要方式。热对流指的是液体或气体由于本身的宏观运动而使较热部分和较冷部分之间通过循环流动的方式相互掺和,以达到温度趋于均匀的过程 对流可分自然对流和强迫对流两种。自然对流是由于流体温度不均匀,引起流体内部密度或压强变化而形成的自然流动,例如气压的变化、空气的流动、风的形成、地面空气受热上升、上下层空气产生循环对流等;而强制对流是因外力作用或与高温物体接触,受迫而流动,例如,由于人工的搅拌或机械力的作用(如鼓风机、水泵)等,完全受外界因素的促使而形成的对流
167. Converse Piezoelectric Effect 逆压电效应	当施加一个应力产生电力时,材料显示正向压电效应;当施加一个电场产生应力和/或应变时,材料显示逆压电效应。例如,锆酸盐钛酸盐晶体显示最大的形变大约是原有尺寸的0.1%
168. Cooling 冷却	降低温度的一种行为
169. Coprecipitation 共沉淀	一种沉淀物质从溶液中析出时,引起某些可溶性物质一起沉淀的现象
170. Corbino Effect 科宾诺效应	一个类似于霍尔效应的现象,出现在盘状的金属平面上,磁盘会产生一个"圆"的环形电流
171. Coriolis Force 科里奥利(科氏)力	也称作哥里奥利力,简称为科氏力,是对旋转体系中进行直线运动的质点由于惯性相对于旋转体系产生的直线运动的偏移的一种描述。科里奥利力来自于物体运动所具有的惯性。例如,地球表面上可自由移动的物体受科里奥利力,并在北半球向右侧偏离,在南半球向左侧偏移

续表

效应名称	注解与说明
172. Corona Discharge 电晕放电	电晕放电是气体介质在不均匀电场中的局部自持放电,是最常见的一种气体放电形式。在曲率半径很小的尖端电极附近,由于局部电场强度超过气体的电离场强,使气体发生电离和激励,因而出现电晕放电。发生电晕时在电极周围可以看到光亮,并伴有咝咝声。电晕放电可以是相对稳定的放电形式,也可以是不均匀电场间隙击穿过程中的早期发展阶段,但是不足以引起完整的电击穿或飞弧
173. Corrugation 波纹成形(起皱)	一个物体或表面形成平行的脊和槽的形状
174. Cotton-Mouton Effect 克顿-莫顿效应(双折射效应)	在物理光学中,克顿-莫顿效应是指液体在恒定的横向(与光波传播方向垂直的)磁场作用下,使光发生双折射的现象。所有物质在横向电磁场中都会发生折射率的改变,但液体的变化率最大
175. Couette Flow 库爱特气(液)流	在两个平行板面之间的空间内,一个相对于另一个运动的黏滞流体的层流。借助于作用在流体上黏滞阻力和施加在平行于板面上的压力梯度驱动流体流动 库爱特流动也被称为拖曳流动。在聚合物材料的加工程序中,由于加工成型方式不同,流体受到各种外力的作用,形成了相应的流动方式,拖曳流动就是其中的一种流动方式,它是一种剪切流动 在拖曳流动过程中,由于流体液层间黏性阻力以及和运动边界的摩擦力使得相邻液层间流体在移动方向上产生速度差,即形成一个速度梯度,靠近运动边界的流体运动速度快而远离运动边界,即靠近固定边界的流体运动速度慢
176. Coulomb Damping 库仑阻尼	库仑阻尼是一种能量会在其运动过程中损耗的机械阻尼,彼此压靠的两个表面的相对运动产生的摩擦是能量耗散源。在一般情况下,阻尼是能量从一个振动系统中的动能由摩擦转化为热的耗散。库仑阻尼是发生在机械运动中常见的阻尼机制
177. Coulomb's Law 库仑定律	静止点电荷相互作用的规律,在真空中两个静止点电荷之间的相互作用力与距离平方成反比,与电量乘积成正比,作用力的方向沿连线,同性相斥,异性相吸。数学表述为 $f = kq_1q_2/r^2$
178. Coulter Counter 库尔特计数器	一种用于计数和筛分颗粒和细胞的装置,比如测量细菌、原核细胞和组成空气的分子等物质的直径大小的分布情况。当含有细胞的流体通过小孔时,计数器将检测到小孔电导度的变化。细胞等非导电颗粒改变了导电通道的有效面积,从而改变了小孔的电导
179. Crankshaft 曲轴	曲轴是车轴、传动轴或在垂直于传动轴端部楔形臂的一个弯曲的部件。来自曲轴的运动可以被传递或被接受,一般是用于将活塞的直线往复运动转换为部件的旋转运动。反之亦然
180. Creaming 乳液分层	乳液的分散相在浮力的影响下的迁移。颗粒向上浮动或下沉,这取决于分散相的大小,分散相与连续相的相对密度大小以及连续相的黏性或触变大小。只要粒子之间保持分离,该过程就被称为乳液分层
181. Creep 蠕变	在应力影响下,固体材料缓慢永久性的移动或者变形的趋势称为蠕变。它的发生是低于材料屈服强度的应力长时间作用的结果。当材料长时间处于加热当中或者在熔点附近时,蠕变会更加剧烈。蠕变常常随着温度升高而加剧。这种变形的速率与材料性质、加载时间、加载温度和加载结构应力有关
182. Creeping Wave 蠕变波(爬行波)	蠕变波是当波前通过障碍物时,散开进入阴影区的波。蠕变波在电磁学或声学中,是围绕着如同球体的一个光滑实体阴影面衍射的波
183. Crevice Corrosion 缝隙间腐蚀	腐蚀发生在内部和外部的缝隙。如部件之间的缝隙或连接区、垫片或密封圈下、内部裂纹和接缝内。一般由缝隙中高浓度的杂质(如氯化物、酸或碱),或缝隙内外差别的电解质化学反应(如一个单一的金属部件被浸泡在两种不同的环境)引起
184. Crookes Radiometer 克鲁克斯辐射计	也称光磨机,是提供定量测试电辐射强度的一种装置。由一个含有部分真空的密闭的玻璃球管组成,内侧主轴上安装有一组叶片。当受到曝光时,叶片便旋转,光越强烈,旋转就越快
185. Cryogenics 低温学	在非常低的温度下(通常低于−150℃、−238°F 或 123 K)的材料的表现
186. Cryolysis 冻释	通过低温引起破坏(通常应用在医疗方面)
187. Cryptophanes 超分子	主要是对有机超分子化合物类合成分子封装和识别的研究。有机超分子化合物的一种潜在用途是为燃料电池汽车封装和储存氢气,也可以作为有机化学的反应容器用,如果用一般容器,运行反应将会是很困难的

第34篇

效应名称	注解与说明
188. Crystallisation 结晶	饱和溶液冷却后,溶质以晶体的形式析出的过程叫结晶
189. Curie Point（Ferromagnetic） 居里点(铁磁性)	居里点是指铁磁性物质失去铁磁特性能力的临界点温度。铁磁性物质在居里点出现"相变"时,释放热量形式的能量(或放热) 居里点也称居里温度或磁性转变点,是指磁性材料中自发磁化强度降到零时的温度,是铁磁性或亚铁磁性物质转变成顺磁性物质的临界点。低于居里点温度时该物质成为铁磁体,此时和材料有关的磁场很难改变。当温度高于居里点温度时,该物质成为顺磁体,磁体的磁场很容易随周围磁场的改变而改变。这时的磁敏感度约为 10^{-6}。居里点由物质的化学成分和晶体结构决定
190. Curie Point（Piezoelectric） 居里点(压电)	压电材料失去自发极化特性与压电特性时的温度值称为压电居里点
191. Curve of Constant Width 恒宽曲线	也称定宽曲线,指的是平面形状呈凹凸状的曲线,其宽度按两条清晰的平行线之间的垂直距离确定,恒定不变。每一条曲线与边界线至少有一个点交会,但不触及内部,与上述的曲线取向无关。例如滚轴就是个固定宽度的横截面
192. Cyanoacrylate 万能胶、氰基丙烯盐酸酯	氰基丙烯盐酸酯是以氰基丙烯酸盐为基的快速黏合剂,如甲基-2-氰基丙烯酸酯,乙基-2-氰基丙烯酸酯(通常出售的商品名有强力胶等),正丁基腈基丙烯酸酯(兽医使用和用于皮肤的胶水)
193. Cyclone Separation 旋风分离	不使用过滤器,通过旋涡分离的方法,从空气、气体或水流中去除颗粒,再用旋转效应和重力,分离混合物中的固体和液体
194. Cyclotron Radiation 回旋加速辐射	回旋加速器移动带电粒子,通过磁场偏转,发射的带电粒子发出电磁辐射。在磁场中运动的所有带电粒子均能产生回旋辐射
195. Damping 阻尼	阻尼的作用是降低系统振荡的振幅
196. Debye-Falkenhagen Effect 德拜-法尔肯哈根效应	当施加非常高频率的电压时,电解液的电导率增加
197. Decomposition（Biological） 腐烂、分解(生物)	死亡后生物体组织分解为更简单形式的物质
198. Deflagration 爆燃	爆燃是描述亚声速燃烧的技术术语,一般通过导热(燃烧着的热的材料加热下一层的冷材料,然后被点燃)来传播。日常生活中用到的大部分"火"来自于爆燃。爆炸是一种不同的爆燃,爆炸是超声速和通过冲击压缩传播的
199. Deformation 形变	由于对物质施加了某种力,可能是拉力、压缩力、剪力、弯曲力或扭矩力,导致物质在形状和尺寸上发生变化。这种变化通常在技术术语上称之为形变
200. De Laval Nozzle 德-拉瓦尔喷嘴	即渐缩渐扩喷管,一种中间凹陷、均衡非对称沙漏形状的管子。管子用于加速已被压缩且加热后的气体。管子能使气体的流动速度达到超音速,并且在气体扩展时,能处理废气流以使用于推动气流的热能最大限度地转化为定向的动能。管子常被用于一些蒸汽轮机、火箭发动机和超音速喷气发动机
201. Deliquescence 潮解性	潮解性物质(主要是盐)对于湿气有很强的亲和力,潮解性物质如果暴露于气体中,将会从大气中吸收水分,形成液态溶液
202. Dellinger Effect 德林格效应	由于太阳耀斑导致电离层(D区)电离作用的增加而产生的一种短波收音机的收音间断现象
203. Delta-E Effect 三角接地效应	磁化引起弹性材料的弹性模量发生改变。也可以反过来,弹性模量引起磁化的变化
204. Density Gradient 密度梯度	只针对流体而言,由于流体的密度差异会引发液体或气体的流动。在空气动力学中有一个名词叫水平气压梯度力,即单位水平距离内的气压差。同理:单位水平距离内的流体密度差异也可称之为密度梯度,并形成与之相应的密度梯度力。流体之间的密度差异越大,由密度差异产生的密度梯度力也越大
205. Deposition（Physical） 沉积(物理)	沉积是气体转化成固体的过程(又称凝华)。沉积的反面是升华。沉积的一个例子是在低于冰点的空气,水蒸气没有先成为液体,直接成为雪和霜以及冰。通过将气体以固体形式储存,物质可以比气体状态时更不易受破坏

效应名称	注解与说明
206. Depressurisation 减压(降压)	减少压力。快速减压可以用来建立压力差
207. Depth of Field 景深	在光学中,尤其是在电影和摄影中,景深是指在图像所呈现的场景中最近和最远物体间的距离
208. Desiccant Material 除湿材料	一种引起或保持其附近场合干燥状态(脱水)的吸湿性物质
209. Desorption 解吸	指一种物质从表面或通过表面分离的过程。这是吸着(即吸附和吸收)的逆过程。这发生在一个处于流体相(即流体、气体或液体溶液)和吸附表面(固体或分离的两种液体的边界)间平衡状态的系统中。当流体相中的物质的浓度(或压力)降低,一些吸附的物质脱离原表面
210. Diamagnetism 抗磁性	抗磁性是一些物质的原子中电子磁矩互相抵消,合磁矩为零。但是当受到外加磁场作用时,电子轨道运动会发生变化,而且在与外加磁场的相反方向产生很小的合磁矩。这样表示物质磁性的磁化率便为很小的负数(量)。磁化率是物质在外加磁场作用下的合磁矩(称为磁化强度)与磁场强度之比值,符号为 κ。尽管超导体显示出了很强的抗磁性,但是抗磁性通常在大多数材料中是一种非常弱的效应。一般抗磁(性)物质的磁化率约为负百万分之一
211. Diamond Anvil Cell 金刚石压砧	科学实验用的人造尖端设备。设备的构件允许压缩得很小(尺寸不足 1mm),最终的压力可以超过 300 万个大气压(300GPa)。该设备已被用于重现行星内部的巨大压力,创造在正常环境下不能观测到的物质和状态
212. Diamond-like Carbon 类金刚石结构碳	DLC 存在于 7 种不同的非晶性结构形式的碳材料中。所有这 7 种非晶结构都拥有大量 sp3 杂化的碳原子,具有天然钻石的一些独特特性,通常作为另一种材料的涂层用。类金刚石结构碳在任何已知的固体材料中,具有最低的摩擦系数、优良的硬度和耐磨性
213. Dielectric 电介质	一种不导电(或者弱导电)的物质(绝缘体)
214. Dichroic Filter 分色镜	分色镜是利用光的干涉原理制成的滤色镜。分色镜用于选择性地透过频率在某一小范围的有色光,而反射其他色光
215. Dielectric Heating 电介质加热	又称电子加热、射频加热、高频加热,是无线电波或微波电磁辐射使介电材料升温的现象,尤其是因电偶极跃迁引起的升温
216. Dielectric Mirror 介质镜(绝缘镜)	一种由多薄层介电材料组成的反射镜,通常被置于玻璃的衬底或其他光学材料上。通过仔细选择介电层的种类与厚度,便可设计出对不同波长的光具有特定反射率的光学涂层
217. Dielectric Permittivity 介电常数	在介质中形成电场时用于度量受到阻力大小的常数。换句话说,介电常数是用来度量电场是如何在电介质中发挥作用和受到影响的,它是由物质在电场中的极化能力强弱决定的,且能够减少物质内部的总电场。因此,介电常数与材料传输电场的能力相关
218. Diffraction 衍射	波在传播过程中经过障碍物边缘或孔隙时所发生的传播方向弯曲现象。当波在传播时,所在介质性能的改变也会引发非常相似的现象,例如光波折射率的变化或者是声阻抗的变化,这些同样也称为衍射效应
219. Diffraction Grating 衍射光栅	借助于一个有规则的光栅,将一束光分割成若干个向不同方向传播光的光学器件。这些光束传播的方向与光栅的间距和光的波长有关,光栅的作用就像是一个分散的部件,因此,常被用于单色仪和光谱仪上。实际应用的衍射光栅通常是在表面上带有沟槽或刻痕的平板
220. Diffusion 扩散(散射)	化学方面:物质分子从高浓度区域向低浓度区域转移,直到均匀分布的现象。扩散的速率与物质的浓度梯度成正比。物理方面:指一种物质的分子扩散到另一物质的分子中,最后均匀分布
221. Diffusion Barrier 扩散阻隔膜	一种薄层金属(通常为微米级厚度),通常放在另两种金属之间。这被作为屏障以保护其中任一种金属免受另一种的腐蚀
222. Diffusion Welding 扩散焊	使两种不同的金属能够结合在一起固态焊接过程。扩散是部件之间的原子由于浓度梯度而发生迁移。两种材料被紧压在一起,之后升高温度,通常达到熔点的 $50\% \sim 70\%$
223. Dilatant 膨化(剪切增稠)	(也称为剪切增稠)的黏度随剪切速率增稠的材料。这种剪切增稠流体,也称为 STF,是一个非牛顿流体的例子
224. Diode 二极管	一种允许电流通过一个方向(称为正向偏压条件)并阻碍电流从相反的方向通过(反向偏压条件)的器件。实际的二极管不具备那样完美的开关方向性,但是具有一种更加复杂的非线性电学特性,这个特性根据不同的二极管类型而不同。许多的使用是应用其整流的功能二极管还有很多其他的功能,它们不是为实现这个开关操作而设计的

续表

效应名称	注解与说明
225. Dispersion（of waves） 色散	在光学中,色散是一种现象,其波的相速度与波的频率有关。具有这种特性的介质被称为色散介质。色散最常用来叙述光波,但它能用于描述与介质之间发生相互作用或传播过程中通过非均匀几何形状物体的任何波
226. Displacement 排量	当一个物体被浸在流体中,将流体推出并占据它的位置时将产生排量。流体的排量体积与物体浸入的体积相等。当物体沉底或完全浸入时,流体的排量等于其总体积
227. Distillation 蒸馏	一种基于不同成分在沸腾液体中具有不同挥发性特点的分离混合物的方法。它利用混合液体或液-固体系中各组分沸点不同,使低沸点组分蒸发,再冷凝以分离整个组分的单元操作过程,是蒸发和冷凝两种单元操作的联合
228. Dopants 掺杂物	掺杂物,也被称为掺杂剂和涂料,是一种加入晶体与半导体晶格中的低浓度的杂质元素,用以改变半导体的光电特性。将掺杂剂引入半导体的过程称为掺杂
229. Doppler Effect 多普勒效应	是波源和观察者有相对运动时,观察者接收到波的频率与波源发出的频率并不相同的现象。远方疾驰而来的火车鸣笛声变得尖细(即频率变高、波长变短),而离我们而去的火车鸣笛声变得低沉(即频率变低、波长变长),这就是多普勒效应的现象
230. Dorn Effect 多恩效应	又名沉积电位,颗粒运动穿过水,引起电位差。颗粒运动通常由重力或离心分离引起,该运动破坏了颗粒平衡对称的双层结构,颗粒周围的黏性流带动扩散层的离子,使离子在表面电荷与电子扩散层之间发生微小位移,使颗粒产生偶极矩,产生电场
231. Drag 阻力	阻力(有时也被称为流体阻力)是阻碍物体在流体(气体、液体)中相对运动所产生与运动方向相反的力。最常见的阻力形式是摩擦力,平行于物体的表面;以及压力,垂直作用于物体的表面
232. Driven Harmonic Oscillation 受迫谐振	受迫谐振子是一种阻尼谐振子,该谐振子受到外部施加的作用力的影响较大
233. Dufour Effect 杜福尔效应	由浓度梯度引起的热量传递现象,它与热扩散现象正好相反。它是 1872 年由杜福尔(Dufour L.)发现的。与热扩散系数类似,当存在浓度梯度时,热通量也由两部分构成:一是傅里叶定律的贡献,正比于温度梯度;二是达福尔效应,正比于浓度梯度
234. Earthing 接地	导电体连接到地面或大地,为来自其他电压的电路测量提供一个电压基准点,或作为电路的公共回路,或直接连接大地的一个物理接线 将电路接地的原因: 当绝缘体损坏时,易与外界接触部件,会因为累积电荷而使得电位升高。为了安全的目的,主要电力设备必须连接到地面 保护电路的绝缘体,会因过量的电位而遭到损坏,所以必须限制电路与大地之间的电位升高 当处理易燃物或修理电子仪器时,静电很容易引燃易燃物或损坏电子仪器。因此,必须限制静电的增长 有些电报器材或电力传输电路会使用大地为导体,称为幻象电路(Phantom Loop)。可以省去安装另外一条导线为回程导体的费用 为了测量目的,将大地当作一个固定参考电位。根据这个参考电位,可以测量出其他电位。为了保持参考电位为零,一个电气接地系统应该拥有足够的电流载流能力 在电子电路理论里,接地通常被理想化为一个无穷电荷电源或电荷吸收槽,可以无限制地吸收电流,同时保持电位不变
235. Eccentric 偏心轮	一个旋转的物体(一般是环形的),它的中心与旋转轴不重合,偏心率用来描述轨道的形状,用焦点间距离除以长轴的长度可以算出偏心率。偏心率一般用 e 表示。它可以将旋转运动转换成直线的往复运动
236. Echo 回声波、反射波	一种声音的反射。回音到达听众比直接到达听众的声音要晚。典型例子是通过井的底部、建筑物或者一个封闭房间的墙壁产生的回音。回音是声源产生的单次反射。声音延迟的时间等于额外的距离除以声速
237. Eddy Currents 涡流	当块状金属置于变化的磁场中时,在变化磁场的激发下,块状金属中将产生感应电动势,从而在金属中引起感应电流。由于块状金属中电流形状如水中涡旋一样,因而得名涡电流,简称涡流
238. Eddy Current Damping 涡流阻尼	涡流的应用提供了一个阻尼效应

第 34 篇

续表

效应名称	注解与说明
239. Efflorescence 风化	含水的或者溶剂化的盐在空气中失去结晶水(或溶剂)的过程
240. Effusion 泄流	在化学中,泄流是指单个分子流过小孔而不与其他分子发生碰撞的过程。泄流发生的条件是小孔的直径远小于分子的平均自由程
241. Ekman layer 埃克曼层	在标准的边界层理论中,黏滞流体扩散效应通常是被传递的惯性所平衡。然而,当流体旋转时,控制平衡可以用扩散效应和科里奥利力之间的碰撞来替代,这就是所述的埃克曼层。埃克曼层除了在器壁层面实施零速度外,还可以控制大范围流体的属性。经搅拌后的一杯茶,如何从旋转到静止就是一个日常实践的经典实例
242. Elasticity 弹性	在外力的作用下,物体发生形变,当外力撤销后,就会恢复到原来状态的一种物理特性,其变形量被称为应变。线性弹性是弹性的规范特征,表示应力和应变之间的线性关系
243. Elastic Recovery 弹性恢复	指对某物除去作用力之后,该物体恢复到原来的形状
244. Electric Sonic Amplitude 电动声波振幅	电动声波振幅出现在振荡电场作用下的胶体、乳剂和其他非均质的流体中。这些场领域的粒子相对于液体运动,从而产生超声
245. Electret 驻极体	将电介质放在电场中就会被极化。许多电介质的极化是与外电场同时存在同时消失的。驻极体是一个带有准永久性电荷或偶极子极化的电介质材料。驻极体具有体电荷特性,即它的电荷不同于摩擦起电,既出现在驻极体表面,也存在于其内部。若把驻极体表面去除一层,新表面仍有电荷存在;若把它切成两半,就成为2块驻极体。这一点可与永久磁体相类比,因此驻极体又称永电体。驻极体的发现不是太晚,但至今对它的研究仍不够深入,它的生成理论也不完善,应用也只是刚开始。虽然如此,驻极体已逐渐显示出它作为一种电子材料的潜力
246. Electric Field 电场	电荷或随时间变化的磁场的存在使得周围空间存在电场(也可以等同于电通量密度)。电场能对电场内其他带电物体施加电场力
247. Electric Glow Discharge 电动辉光放电	电动辉光放电是指在低压下的气体(通常是氩气或其他惰性气体),被在100V至几kV下的电流通过而形成的一类等离子体。在很多产品中可以找到,例如:荧光灯和等离子屏幕电视等产品,以及在等离子物理和分析化学领域
248. Electric Magnet 电永磁	电永磁是一种可由电力控制的磁铁。它只需在充磁或退磁时需要电力,之后不需电力即可保持磁力。电永磁是由永久磁铁和电磁铁组合而成的
249. Electrical Accumulator 电能储存器	指一种储存电能的装置
250. Electrical Discharge Machining 电火花加工	也称为电火花腐蚀、燃烧、刻模或电线侵蚀,使用放电(火花)获得所需的形状的制造过程。通过由电解液和电压分离的两个电极之间放电,产生一系列的迅速反复的电流,将物质从工件上去除
251. Electrical Impedance Tomography 电阻抗层析成像	医学成像技术,意味着测量带电物体表面,人体部分的电导率或介电常数的成像。通常,把导电电极连接到物质的表层,并在所有的或部分的电极上施加交流电,从而测得其电势量。并且,该过程可以重复进行,且可以配置不同的电流
252. Electrical Resistance 电阻	物体对于电流通过的阻碍能力,根据欧姆定律,导体两端的电压(U)和通过导体的电流强度(I)成正比。由 U 与 I 的比值定义的$R=U/I$ 称为导体的电阻,其单位为欧姆,简称欧(Ω)。电阻的倒数 $G=I/U$ 称为电导,单位是西门子(S)
253. Electrical Resistivity Tomography 电阻率层析成像	医学成像技能,意味着测量带电物体表面,人体部分的电导率或介电常数等的电的测量推导出的成像。通常,把导电电极连接到物质的表层,并在所有的或部分的电极上施加少量的交流电,从而测得其电势量。并且,该过程可以重复使用,为许多不同的构造形式施加电流
254. Electro-Osmosis 电渗	电渗透也被称为电内渗现象。显示在施加电场的影响下,极性流体通过一层薄膜或其他能渗水结构物的移动现象。通常,沿着任意形状的表面变化,并且通过离子晶格和允许吸附水的非大孔的材料,后者有时被称之为"化学孔隙度"材料
255. Electro-Osmotic Flow 电渗流(电渗效应)	电渗流或电渗效应是指通过对毛细管、微通道或其他流体管道两端施加电压时造成的流体流动。电渗流是化学分离技法中的一个重要组成部分,特别是对小尺寸管道流体的流动(例如毛细管电泳)意义尤为重大。电渗流既可以在固有的未经过滤的水中,也可以在缓速溶液中出现

第34篇

效应名称	注解与说明
256. Electric Arc 电弧	电弧是一种气体放电现象,指电流通过某些绝缘介质(例如空气)所产生的瞬间火花。当用开关电器断开电流时,如果电路电压不低于 10～20V,电流不小于 80～100mA,电器的触头间便会产生电弧
257. Electrocaloric Effect 电热效应	在应用现场材料展示出可逆温度变化的现象,通常被认为是热电效应的物理反转。效应的根本原理并未被完全确定,但是同任何孤立的(绝热的)温度变化一样,电热效应源于电压提升或降低系统的熵。类同于磁致热效应
258. Electrochemilumines- cence 电致化学发光	电致化学发光是指溶液在电化学反应期间,产生发光的一种现象。在电致化学发光的过程中,电致化学产生的媒介物进行强烈的做功反应促使产生电子激发态,于是发光
259. Electrochromism 电致变色	是电光效应的一种类型。在物质中,随电场中的某些波长相应形成的吸收光束导致颜色的变色。即:在外加电场的作用下,当给荷载施加一个脉冲时,使有些化学类的物质显示了可逆变化的颜色的一种现象 由于颜色改变的持久稳固且仅在产生改变时需要能量,电致变色材料被用于控制允许穿透窗户("智能窗")的光和热的总量,也在汽车工业中应用于根据各种不同的照明条件下自动调整后视镜的深浅。紫罗碱和二氧化钛(TiO_2)一起被用于小型数字显示器的制造。它很有希望取代液晶显示器,因为紫罗碱(通常为深蓝)与明亮的钛白色有高对比度,因此提供了显示器的高可视性 电致变色智能玻璃在电场作用下具有光吸收透过的可调节性,可选择性地吸收或反射外界的热辐射和内部的热的扩散,减少办公大楼和民用住宅在夏季保持凉爽和冬季保持温暖而必须消耗的大量能源。同时起到改善自然光照程度、防窥的目的。解决现代不断恶化的城市光污染问题,是节能建筑材料的一个发展方向。目前,电致变色调光玻璃已经在一些高档轿车和飞机上得到应用
260. Electrochromism 电化学	电和化学反应相互作用可通过电池来完成,也可利用高压静电放电来实现(如氧通过无声放电管转变为臭氧),这会引起颜色的变化。二者统称电化学
261. Electrodeposition 电沉积	使用电流的方法,通过沉积金属的导电性物体的阳离子材料层不同的属性,以赋予所需的属性(例如:耐磨损和耐腐蚀保护,润滑性,美感等)。另一种是用电镀给尺寸较小的部分增加厚度
262. Electrodynamic Bear- ing 电动轴承	基于在一个旋转的导体上感应的涡流而产生非接触式电动悬浮的旋转轴的系统。当导电材料在磁场中运动时,在导体中产生的电流将阻碍磁场的变化(称为楞次定律)。电流产生的磁场方向与原磁场方向相反。因此导电材料可以作为磁镜
263. Electrohydrodynamics 电水动力学、电流体	粒子和流体的转换包括有下列各种不同的类型:机械、电泳、电动力、电介质电泳、电渗透以及电旋转。总的说来,是与电能转换成动力能有关的现象;反之亦然
264. Electrohydrodynamic Thruster 电流体动力推进器	高压直流电场(EHD)推进器基于离子流体推进作用,工作时没有运动部件,仅使用电能的推进装置。EHD 推进器有两个基本组成部分:一个离子发生器和离子加速器。EHD 推进器并不限于空气作为其主要推进的流体,其他流体(如油)也能很好地工作
265. Electrohydrogenesis 电致氢解	电解制氢或生物催化电解是用细菌分解有机物质产生氢气的特定名称
266. Electroluminescence 电致发光(场致发光)	电致发光,也称场致发光,是利用直流或交流电场能量来激发发光,在消费品生产中有时被称为冷光 电致发光与来自热辐射作用(灼热)、化学作用(化学发光)、声的作用(声致发光)、机械作用(机械致发光)的发光是不同的 电致发光实际上包括几种不同类型的电子过程。一种是物质中的电子从外电场吸收能量,与晶体相碰时使晶格离化,产生电子-空穴对,复合时产生辐射;也可以是外电场使发光中心激发,回到基态时发光,这种发光称为本征场致发光。还有一种类型是在半导体的 PN 结上加正向电压,P 区中的空穴和 N 区中的电子分别向对方区域注入后,成为少数载流子,复合时产生光辐射,称为载流子注入发光,亦称结型场致发光。用调制电磁辐射的场致发光称为光控场致发光。电致发光物料有:掺杂了铜和银的硫化锌、蓝色钻石(含硼)、砷化镓等 利用场致发光现象,可提供特殊照明,制造发光管,用来实现光放大和储存影像等。目前电致发光的研究方向主要为有机材料的应用,已有的应用为电致发光显示器(ELD)

续表

效应名称	注解与说明
267. Electrolysis 电解法	使用电流将靠化学键合的元素或化合物分离的方法称为电解,电解使得电流通过熔融状态或溶解于适当溶液中的离子性物质,从而在电极上发生化学反应。在电解槽中,直流电通过电极和电解质,在两者接触的界面上发生电化学反应,以制备所需产品的过程。电解池是由分别浸没在含有正、负离子的溶液中的阴、阳两个电极构成。电流流进负电极(阴极),溶液中带正电荷的正离子迁移到阴极,并与电子结合,变成中性的元素或分子;带负电荷的负离子迁移到另一电极(阳极),给出电子,变成中性元素或分子。广泛用于有色金属冶炼、氯碱和无机盐生产以及有机化学工业
268. Electrolyte 电解质(电解液)	电解质是指可以产生自由离子而导电的化合物。通常指在溶液中导电的物质,但熔融态及固态下导电的电解质也存在。电解质通常分为强电解质和弱电解质 强电解质指能完全或基本完全电离成为离子的化合物,通常包含三类物质:①强酸,如硫酸、硝酸、盐酸等;②强碱,如氢氧化钠、氢氧化钾;③大多数的盐,如氯化钠、氯化钾 弱电解质指能部分电离成为离子的化合物,通常包含四类物质:①弱酸,如醋酸、硅酸;②弱碱,如水合氨、氢氧化铜,但氢氧化镁为强电解质;③极少数盐:如醋酸铅、氯化亚汞、氯化汞;④水
269. Electromagnet 电磁铁	一种磁场由电流激发的磁铁。当电流中断时,磁场消失。电磁铁非常广泛用作电气设备,如电动机,发电机,继电器,扬声器,硬盘,MRI 设备,科学仪器,磁分离设备,以及作为工业起重电磁铁
270. Electromagnetic Induction 电磁感应	电磁感应现象是指放在变化磁通量中的导体,会产生感应电动势。此电动势称为感应电动势或感生电动势,若将此导体闭合成一回路,则该电动势会驱使电子流动,形成感应电流(感生电流),这一过程被称为电磁感应
271. Electromechanical Film 机电薄膜	是厚度与电压有关一层薄膜,它可以用于压力传感器、麦克风或扬声器。它也可以产生如同一个制动器的作用,将电能转换振动能
272. Electromethanogenesis 微生物电解池	一种由微生物直接通过捕获电子、还原二氧化碳转化产生甲烷的电燃料
273. Electron Beam 电子束	是在真空管中观察到的电子流,即真空的玻璃管,配备至少两种金属的电极(阴极或负极性电极、阳极或正极),向电极施加电压时可以观察到电子流。电子经过汇集成束,具有高能量密度。它是利用电子枪中阴极所产生的电子在阴阳极间的高压(25～300kV)加速电场作用下被加速至很高的速度(0.3～0.7 倍光速),经透镜会聚作用后,形成密集的高速电子流
274. Electron Impact Desorption 电子碰撞解吸、电脉冲解析	由于电子碰撞产生的解析引起吸附表面的断裂,表面上的分子也可能被电子碰撞化学性地转换成其他分子形式
275. Electro-Optic Effects 电光效应	材料在变化的电场中,光频率比缓慢地变化。这包含一系列不同的变化,可以细分为①吸收的变化(电吸收,弗朗兹-凯尔迪什效应,量子局限史塔克效应,电致变色效应);②折射率指数的变化(泡克耳斯效应、克尔效应、电致旋光效应)
276. Electroosmotic Pump 电渗泵	用于转移通道中、气体扩散层中或者质子交换膜上(位于质子交换膜燃料电池 EMA 的膜电极)形成的液态水。该泵用二氧化硅纳米球或亲水性多孔质玻璃制成。泵的形成机理与双电层以及施加于双电层的外电场有关
277. Electron Impact Desorption 电子碰撞解吸	电子碰撞引起吸附物表面断键,产生解吸(去吸附)作用。由于电子碰撞,表面上的分子也被化学地转化为其他分子
278. Electromethanogenesis 电产甲烷	以电为燃料,使二氧化碳直接生物转化产生甲烷的方式
279. Electrophoresis 电泳	在空间电场的作用下,分散粒子在流体中发生移动的现象 1809 年俄国物理学家 Рейсе 首次发现电泳现象。他在湿黏土中插上带玻璃管的正负两个电极,加电压后,发现正极玻璃管中原有的水层变浑浊,即带负电荷的黏土颗粒向正极移动,这就是电泳现象。影响电泳迁移的因素有以下四种: 1)电场强度:电场强度是指单位长度(m)的电位降,也称电势度 2)溶液的 pH 值:溶液的 pH 值决定被分离物质的解离程度和质点的带电性质及所带净电荷量 3)溶液的离子强度:电泳液中的离子浓度增加时会引起质点迁移率的降低 4)电渗:在电场作用下液体对于固体支持物的相对移动称为电渗

续表

效应名称	注解与说明
280. Electrophoretic Deposition 电泳沉积	工业生产过程中一个运用广泛的术语,其中包括电泳涂漆,阴极电泳,电泳涂覆,电泳涂装。在此过程中的一个主要特征是:在电场的影响下,悬浮在液体介质中的胶体粒子发生迁移(电泳),并放电沉积在电极上形成沉积层
281. Electroplating 电镀	指用电流从溶液中减少所需材料的阳离子,以及给一个导电物体覆上一层较薄的材料,例如金属。主要用于给缺乏所需性能(如耐磨性、防腐性、润滑性和美感度等)的材料表面沉积一层材料。另一种应用是用电镀给尺寸稍小的部分增加厚度
282. Electrorheological Effect 电流变效应	电流变(ER)流体是极细的非导电颗粒(直径可达 $50\mu m$)在绝缘流体中的悬浮液。电流变流体的表观黏度能够在电场的作用下产生高达 100000 倍的可逆变化。一个典型的电流变流体的黏度能够迅速地从液体级别迅速变成凝胶级别,响应的时间为毫秒级。电流变效应有时也被称为温斯洛效应
283. Electrostatic Deposition 静电沉积	用静电力将液体喷到基质表面。过去常用于实现表面涂层
284. Electrostatic Discharge 静电放电	在两个不同的电势的对象之间产生的突发性和瞬时放电
285. Electrostatic Induction 静电感应	在外电场的作用下,导体中电荷在导体中重新分布的现象。这个现象由英国科学家约翰·坎顿和瑞典科学家约翰·卡尔·维尔克分别在 1753 年和 1762 年发现。如橡胶棒 X 原已带有负电荷,可称为施感电荷,若将导体 D 接近带电体 X 时,由于同性电荷相斥、异性电荷相吸,于是 X 上的负电荷在 D 中所建立的电场将自由电子推斥至 D 的远棒一边,并把等量的正电荷遗留在 D 的近棒一边,直至 D 中电场强度为零。如果有一条接地引线接触到导体 D,则会有若干电子流向大地。导体 D 因失去电子而带正电荷,这种电荷称为感生电荷
286. Electrostatics 静电场	静电场是静止电荷产生的电场,又叫库仑场。基本特征是对置于场中的电荷有作用力
287. Electrostatic Len 静电透镜	一种用于聚焦或瞄准电子束的设备
288. Electrostatic Fluid Accelerator 静电流体加速器	静电流体加速器抽吸流体,例如空气,没有任何运动部件,通过使用电场来推进带电荷的空气分子。流体加速器过程的三个基本步骤:电离空气分子,利用这些离子在所需的方向推动更多的中性分子,然后再俘获和中和离子以消除任何净电荷
289. Electrostriction 电致伸缩	所有非导体或电介质都有的一种属性:能在电场的作用下改变形状。所有的电介质表现出一定的电致伸缩,但某些工程陶瓷,如弛豫铁电体,具有非常高的电致伸缩常数,其成分有铅镁铌酸盐(PMN)、铌酸铅镁-钛酸铅(PMN-PT)、锆钛酸铅镧(PLZT)
290. Electroviscous Effect 电黏滞效应	由于强静电场导致的液体的黏度变化
291. Electrowetting 电致润湿	或电毛细管效果,施加的电场引起的疏水性表面的润湿性改性。例如,改变疏水性表面的润湿性的过程
292. Ellipse 椭圆形	椭圆是平面上到两定点的距离之和为常值的点之轨迹,也可定义为到定点距离与到定直线间距离之比为一个小于1的常值的点之轨迹。它是圆锥曲线的一种,即圆锥与平面的截线。椭圆有一些光学性质:椭圆的面镜(以椭圆的长轴为轴,把椭圆转动 $180°$ 形成的立体图形,其内表面全部做成反射面,中空)可以将某个焦点发出的光线全部反射到另一个焦点处;椭圆的透镜(某些截面为椭圆)有汇聚光线的作用(也叫凸透镜),老花眼镜、放大镜和远视眼镜都是这种镜片
293. Emulsion 乳化液	乳化液是液体的混合物,其中一种液体(分散相)分散在另一种中(连续相),在浮力的影响下迁移。颗粒漂浮向上或下沉,取决于它们的尺寸大小、密度高低。只要颗粒保持分离,该过程被称为形成乳化液
294. Endothermic Reaction 吸热反应	这个概念经常用于化学、物理科学,如化学反应中热能(热)转换为化学键能量
295. Entrainment 夹带	一个流体的运动是由于另一个流体的运动
296. Entropic Explosion 熵爆炸	爆炸反应物发生大的体积变化,而不会释放出大量的热量

续表

效应名称	注解与说明
297. Enzyme 酶	酶在生物细胞中有足够的活性。酶的反应不同于大多数的催化剂，因为它们有高度的特异性。酶影响蛋白质产生的速率。几乎所有的生物化学反应需要有酶
298. Epicyclic Gearing 即行星齿轮传动装置	即行星齿轮系统，它由一个或多个外齿轮（或行星齿轮），一个旋转围绕中心（或太阳齿轮）构成。典型情况下，行星齿轮安装在一个可动臂或载体上（载体可相对太阳齿轮旋转）。周转轮系也可以合并使用啮合行星齿轮的外部环形齿轮或环形带
299. Epitaxy 外延	在原有单晶衬底（芯片）上长出新单晶膜的方法。外延膜可以从气体或液体的前体中生长，因为基板可作为晶种，沉积膜将呈现基板相同的晶格结构和取向
300. Ericsson Cycle 爱立信循环、埃里克森循环	理想的燃气轮机布雷顿循环的限定，采用多级中间冷却压缩和利用过热和再生的多级膨胀。布雷顿循环与爱立信循环相比较，布雷顿循环是绝热压缩和膨胀，爱立信循环是等温压缩和膨胀，因此，每个冲程能产生更多的净功。在爱立信循环中使用再生，通过减少所需的热输入，也就使效率得到提高
301. Erosion 侵蚀（风化）	侵蚀的过程是运动的固体（泥沙、土壤、岩石及其他颗粒）在自然环境中，通常由于风、水或冰下土壤和其他材料在蠕变力、重力的作用下，或由活的有机体生物（如穴居动物）产生的侵蚀
302. ESAVD (Electro static Spraying Auxiliary Vapor Deposition) 静电喷涂辅助气相沉积	静电喷涂辅助气相沉积是一种技术，化学前体在静电场作用下，向上对加热的基板喷洒，进行受控的化学反应，在衬底上沉积所需的涂层
303. Escapement 棘轮（擒纵装置）	一种将连续的旋转运动转化为摆动或往复运动的装置。通常组成一个钟表或手表计时器中的主要部件，一个摆锤或一个摆轮，就是擒纵装置
304. Espresso Crema Effect 咖啡克雷马效应	在材料学中，咖啡克雷马效应是变更表面材料的一个模拟模型。经历了某一变换过程，诸如风化作用可以影响接近物质表面的物理性质和化学成分，不影响介质下面的大部分；提高孔隙度可以提高光的折射度、反射度和散射度，从而使介质材料表面与介质的其他大部分相比，在亮度方面，增添了化学差异性
305. Ettingshausen Effect 厄廷好森效应	一种热电（或热磁）现象。当磁场存在时，该现象将影响导体中的电流，使导体上产生电势差。该现象一般既与磁场方向有关也与电流方向有关。此外，该现象使导体上产生温度梯度。该效应与能斯特效应相反
306. Evaporation 蒸发	物质从液相到气相（或简单的状态）的物理状态的变化
307. Expansion 膨胀	通常是指压强不变的情况下，大多数物质在温度升高时体积增大，温度降低时体积缩小。在相同条件下，气体膨胀最大，液体膨胀次之，固体膨胀最小。也有少数物质在一定的温度范围内，温度升高时，其体积反而减小 物体因温度改变而发生膨胀现象叫"热膨胀"。因为物体温度升高时，分子运动的平均动能增大，分子间的距离也增大，物体的体积随之而扩大；温度降低，物体冷却时分子的平均动能变小，使分子间距离缩短，于是物体的体积就要缩小。又由于固体、液体和气体分子运动的平均动能大小不同，因而从热膨胀的宏观现象来看亦有显著的区别
308. Exothermic Reaction 放热反应	化学上把有热量放出（反应前总能量大于反应后能量）的化学反应叫作放热反应
309. Explosion 爆炸	一个极端的方式突然增加的体积和释放的能量，通常用产生高温和释放膨胀的气体
310. Explosive Lens 爆炸透镜	几种爆炸药组成的一种装置。它们的成形是以改变通过冲击波的形状方式。概念上与光学上的一台光学透镜的效果相类似
311. Explosive Welding 爆炸焊接	一种固相焊接方法，利用炸药爆炸产生的冲击力造成工件迅速碰撞而实现焊接的方法。通常用于异种金属之间的焊接。如钛、铜、铝、钢等金属之间的焊接，可以获得强度很高的焊接接头。而这些化学成分和物理性能各异的金属材料的焊接，用其他焊接方法很难实现
312. Extrusion 挤压	一个用于创建具有固定横截面形状的物体的过程。通过制作所期望物体的模具将材料压或拉，得到期望的实物。该方法可以用来创建非常复杂的横截面

续表

效应名称	注解与说明
313. Fabry-Perot Interfero-meter 法布里-珀罗干涉仪	光谱分辨率极高的多光束干涉仪。由两个平行反射表面组成的系统,该系统可以使经过两个反射表面多次反射的光发生干涉,也被称为标准仪。由法国物理学家 C.法布里和 A.珀罗于 1897 年发明
314. Falling Sphere Visco-meter 落球黏度计	落球黏度计用于测量液体黏度。液体在一个垂直玻璃管中。已知大小和密度的球体通过液体下降,测量所花费的时间转换为液体黏度
315. Fan 风扇	机械旋转叶片式风扇是用来使气体(原则上应是一种流体)产生流动的一种装置,在设计中应用非常广泛。用来移动空气的风扇主要有以下三种类型:轴流式、离心式(又称径向式)和横流式(又称切向式)
316. Faraday Cage 法拉第笼(机壳体)	由导电材料网丝构成的、能阻挡外部静电场一种笼式机壳。如果导体足够厚,以及任何孔都明显地小于辐射波长的话,在很大程度上,它们的内部也能屏蔽来自外部的电磁辐射
317. Faraday Effect 法拉第效应(磁旋转)	也称磁致旋光,是在介电材料中,光和磁场的相互作用。偏振片的旋转与磁场在光束方向上的分量的强度成比例。在处于磁场中的均匀各向同性媒质内,线偏振光束沿在磁场方向传播时,振动面发生旋转的现象。1845 年 M.法拉第发现在强磁场中的玻璃产生这种效应,以后发现其他非旋光的固、液、气态物质都有这种效应。假设磁感应强度为 B,光在物质中经过的路径长度为 d,则振动面转动的角度为 $\phi=VBd$,其中 V 为费尔德常数
318. Farnsworth-Hirsch Fusor 法恩斯沃思-赫希费瑟装置	相对比较简单的、建立在约束惯性静电基础上的一种核聚变装置。该装置主体是一个内部呈真空状态的大球,四面布置上电极,在里面有一个带高压静电的金属网格组成的小球,将氘离子导入其中,在静电的约束下,离子碰撞,发生聚变反应。目前这种装置的输出功率远小于输入功率,还不能作为能源,但是可以用作实际的中子源
319. Fast Ion Conductor 快离子导体(固体电解质,超离子导体)	快离子导体导电的原因在于离子在晶格空隙(或空晶体位置)之间穿行。在导体的结构中,阴阳离子必须能自由运动,起到电荷载体的作用
320. Fatigue 疲劳	材料作为循环负载时发生的渐进的和局部的损坏。材料所受的最大应力值应小于极限拉伸应力值,而且有可能比材料的应力屈服极限值小
321. Feedback 反馈	一个环形的因果循环过程,系统的输出量按一定比例反馈到输入量,通常是用于控制系统的动态行为
322. Fermentation 发酵	在工业领域中,发酵是指对有机物的分解与重组成其他物质。复杂的有机化合物在微生物的作用下分解成比较简单的物质。其中固态发酵多指在没有或几乎没有自由水存在的情况下,在有一定湿度的水不溶性固态基质中,用一种或多种微生物发酵的一个生物反应过程。白酒和陈醋生产工艺就属于典型的固态发酵,将粮食中的糖转化成酒精,继而转化成醋
323. Ferrofluid 磁流体	磁流体又称磁性液体、铁磁流体或磁液,是由强磁性粒子、基液(也叫媒体)以及界面活性剂三者混合而成的一种稳定的胶状溶液。该液体呈静态时无磁性吸引力,当外加磁场作用时,才表现出磁性 为了使磁流体具有足够的电导率,需在高温和高速下,加上钾、铯等碱金属和加入微量碱金属的惰性气体(如氢、氩等)作为工质,以利用非平衡电离原理来提高电离度
324. Ferromagnetic Powder 铁磁性粉末	铁磁材料的粉末或细碎状的形式。铁磁材料(如铁)形成的永久磁铁与磁铁表现出强烈的相互作用。铁磁材料在高于其特性的温度(居里点)会失去以上铁磁特性
325. Ferromagnetism 铁磁性	物质中相邻原子或离子的磁矩由于它们的相互作用而在某些区域中大致按同一方向排列,当所施加的磁场强度增大时,这些区域的合磁矩定向排列程度会随之增加到某一极限值的现象
326. Filter(electronic) 过滤器(电子式)	电子过滤器是执行信号处理功能、以除去不需要的信号分量和/或加强需要的信号分量的电子电路。主要是通过移除不需要的频率以及/或者噪声来实现
327. Filter(optical) 过滤器(光)	光学过滤器选择性地透射具有某些特性的光,同时阻挡其余的光。光学过滤器一般有两类,最简单的是从物理上来吸收过滤器,而另外一类则是干涉滤光片或双色向滤光镜,这一类在结构上可能会相当复杂
328. Filter(physical) 过滤器(物理)	过滤是指分离悬浮在气体或液体中的固体物质颗粒的一种单元操作,用一种多孔的材料(过滤介质通常是一个膜或片状、袋状物)使悬浮液(滤浆)中的气体或液体通过,截留下来的固体颗粒(滤渣)存留在过滤介质上形成滤饼。过滤操作既可用于分离液体中的固体颗粒,也可用于分离气体中的粉尘(如袋式过滤器)

续表

效应名称	注解与说明
329. Fin 鳍状物（散热片）	鳍状物（散热片）是对象的平面延伸部分，通常用于增加表面积，提高刚度或用于获得与外部的相对移动的流体动力或气流散热作用
330. Flash Evaporation 闪蒸（急骤蒸发）	闪蒸发是一个饱和液体流通过一个节流阀或其他节流装置，经过压力降低时发生的局部汽化。如果节流阀或装置位于在压力容器中，使闪光的蒸发发生在容器内，容器通常称为作为闪蒸鼓
331. Flocculation 絮凝	在接触和黏附的过程中使液体中悬浮微粒集聚变大的簇状体
332. Flow Battery 液流电池	一种可充电电池，其中电解液含有一种或多种溶解的电活性物质，在电源电池/电抗器内流过这个过程中化学能被转换为电能。电池外部存储着额外的电解质，通常泵送通过反应器中的单元格。这个电池可以迅速地更换电解质（类似于可再填充的燃料箱），同时能回收使用过的材料加以充电
333. Flow Separation 流动分离（分流器）	实心物体通过流体（或静止的物体暴露在运动着的流体中，两者任其一），当边界层相对于逆压梯度行进足够远，使边界层的速度几乎下降到零时，将发生流动分离。流体与物体的表面脱离，取代呈现的是紊流和漩涡
334. Fluid Hammer 水锤、流体锤	当运动的流体被强迫截止或突然被强迫改变运动方向时，压力骤增（动量的变化）。管道系统末端的阀门突然关闭时常引起水锤作用，此时压力波动将沿着管道传播
335. Fluidisation 流体化	流体化过程与液化过程相似，是一个将颗粒状物质从静止的类似固态转换成类似液态状的过程。当流体（液体或气体）向上运动透过颗粒状物质的时候，流化过程就会出现，当流化的时候，固态小颗粒将产生与流体一样的运动
336. Fluid Spray 流体雾化	当流体被分散成一连串雾状液滴时被称之为雾化。使用雾化喷嘴主要为实现两大功能：为加强蒸发以加大流体的表面积；为使流体的分布遍及一个区域
337. Fluorescence 荧光	又称"萤光"，是指一种光致发光的冷发光现象。当某种常温物质经某种波长的入射光（通常是紫外线或 X 射线）照射，吸收光能后进入激发态，并且立即激发并发出一个更长波长（更少能量）的光子的现象。吸收和激发的光子的能量差最终转化为分子的转动、振动或者热能。有时候这个被吸收的光子是在紫外线范围内，激发出的光在可见光范围
338. Fluorographeme 氟化石墨烯	氟化石墨烯是完全氟化的石墨烯，基本上是特氟隆（聚四氟乙烯）在二维上的改型，具有类似的化学惰性和热稳定性等特性
339. Flywheel 飞轮	具有适当转动惯量、起储存和释放动能作用的转动构件。是发动机装在曲轴后端的较大的圆盘状零件，它具有较大的转动惯性
340. Foam 泡沫	使气泡分散在液体或固体中形成的物质。泡沫聚合物是气体分散于固体聚合物中所形成的聚合体。它的热传递作用主要是传导传递，不发生对流作用，辐射传递很小。它的热导率主要取决于气泡内部气体的热导率，在低温条件下，其热导率进一步降低，因此具有很好的保温隔热功能
341. Focusing 聚焦、对焦	一列波的波前（如辐射）成一个球形或圆柱形状聚集。聚焦在光学系统中使用，也可应用到任何辐射或波
342. Foil（fluid mechanics） 箔（流体力学）	在给定的条件范围内，为了最大化升力（垂直于流体流动方向的力）同时最小化拖拽力（流体流动方向的力）而设计的平面。箔被设计成可以在任何流体内操作，例如空气或者水
343. Folding 折叠	使板状材料或结构弯曲，通常沿一条直线将材料折成180°角
344. Force 力	力能使有质量的物体获得加速度。力既有大小和方向，即它是一个向量。一个具有恒定质量的物体的加速度与它所受合外力成正比，与其自身质量成反比（或在物体上所受外力等于其动量的变化率）。力可以使物体旋转或变形，或导致压力变化
345. Forced Convection 强制对流	在强制对流中，热量转移形成于其他力所导致的流体运动，比如风扇或水泵，而不是自然力量（浮力）引起的对流
346. Ford Viscosity Cup 福特黏度杯	一个简单的重力装置，该装置能使具有已知体积且流过杯顶部的小孔的液体随着时间而变化。在理想情况下，这个流动变化率与动力黏度（单位：厘泊和泊）成正比。动力黏度取决于排出液的比重。然而简单流杯的条件很少达到理想状态，所以不用于黏度的真实测量
347. Fractal Forms 分形	分形一般是可以被分成几部分粗糙或零碎的几何形状，其中每个基本上都是原来形状的缩小版，这种属性叫做自相似性。数学分形时基于迭代方程，即一种基于递归形式的反馈

续表

效应名称	注解与说明
348. Fractionation 分馏	分馏是根据特定的属性梯度差异的变化，将混合物（固体、液体、溶质、悬浮或同位素）定量分离的过程。在该过程中被划分、收集成较小属性差异的组合物
349. Fractoluminescence 断口发光	放射的光来自晶体的裂痕，而不是来自摩擦。晶体的合成取决于原子和分子，当晶体断裂时会发生电荷分离，使断裂晶体的一侧是正荷载，另一侧是负荷载。至于摩擦发光，如果电荷离析产生一个足够大的电势，可能会在间隙或接口间的气槽中发生放电
350. Fracture Mechanics 断裂力学	断裂力学是一种改善材料和部件的力学性能的重要工具。它将物理学中的压力和张力（特别是弹性力学和塑性力学）用于实际材料中发现微观晶体缺陷，以预测机身的宏观机械故障
351. Franz-Keldysh Effect 弗朗茨-凯尔迪什效应	当施加电场时，半导体光吸收会发生变化，用于制作电吸收调制器
352. Free Convection 自由对流	由于流体温度梯度发生的密度差，液体（或气体）的分子发生自然运动
353. Free Fall 自由落体	只在重力作用下或者重力是主导力量引发的物体的运动（至少在最开始）
354. Free Surface Effect 自由液面效应	使船会变得不稳定和倾覆的几种机制之一。它指的是液体和小型固体，如种子、砂石或粉碎的矿石的聚集物（可以像液体一样流动），响应海浪和风力引发的作用于船体的状况，在船的货舱、甲板或液体储罐中发生的姿势改变的倾向
355. Freeze Casting 冷冻铸造	或冷冻凝胶，制造复杂的陶瓷物质不需要高温烧结，用溶胶-凝胶的方法。一般将硅溶胶与填料粉末混合，利用润湿剂使填料分散在溶胶中，当振动模具时，使触变性的混合物液化，释放出被捕集到的空气，冻结模具使溶胶中的二氧化硅沉淀，制造的黏合填料的凝胶像是一个由绿色干燥熔炉形成的烧结物。通常冷冻铸造形成的物质的致密性比传统方法加工制造成的物质稍小
356. Freeze Drying 冷冻干燥	也称为冻干法，通过减少冷冻材料周围的压力，并增加足够的热量，以便使材料中的固相水直接升华为气体的脱水处理
357. Freezing 凝固（冻结）	当温度低于其凝固（冻结）点时液体变为固体的相变化。通俗地说用于描述水的凝固（冻结），但在学术上它适用于任何液体。所有除了液态氦以外的已知的液体，都将在当温度足够低时凝固（冻结）
358. Fresnel Diffraction 菲涅耳衍射	或称近场衍射，指的是当光波通过一个小孔后，在场的附近发生的衍射现象。观察其产生的衍射图的大小和形状，取决于小孔与投射物之间的距离。在衍射波的传播中，距离短就会出现菲涅耳衍射，当距离加大后，衍射波就成了平面型的，并且出现菲涅耳衍射
359. Fresnel Lens 菲涅耳透镜	相比传统的球面透镜，菲涅耳透镜通过将透镜划分为一系列理论上无数个同心圆纹路（即菲涅耳带）达到相同的光学效果，同时节省了材料的用量。其中的每个菲涅耳带的总厚度减小，打破了常规的连续表面透镜标准而变为有一系列相同曲率的不连续的表面。这将以降低成像质量为代价下减少镜片的厚度（重量和体积）
360. Friction 摩擦力	在流体与物体表面（空气与航空器或水与管道）和两个物体表面接触处产生的阻止相对运动的力
361. Friction Coefficient 摩擦系数	用于描述两物体之间摩擦力与压力之间的大小关系的无量纲标量值。摩擦系数取决于物体的材料。比如冰与钢接触处的摩擦系数较小，橡胶与路面接触处的摩擦系数较大
362. Friction Welding 摩擦焊接	通过一个运动工件与一个固定部件之间的机械摩擦产生热量的一种固态焊接过程。为了排气和塑性材料融合，施加一个横向力，称作"锻造力"。学术上，由于并没有融化出现，所以摩擦焊接不是一个传统意义上的焊接过程，而是一种锻造技术
363. Froth Floatation 泡沫浮选	泡沫浮选是选择性地分离亲水性的疏水性材料的方法。精细研磨的原料与水混合，以形成浆料。加入所需的矿物的疏水性的表面活性剂，浆料中有空气或氮气，形成气泡，疏水性粒子附着于气泡，气泡上升到浆料表面上，对泡沫可以选择性地分离，以便进一步精炼
364. Fuel Cell 燃料电池	将燃料具有的化学能直接变为电能的发电装置，是一种将存在于燃料与氧化剂中的化学能直接转化为电能的发电装置。燃料和空气分别送进燃料电池，产物流出，而电解质保留在内部，只要必要的物流保持下去，实际上燃料电池可以持续运作，电就被奇妙地生产出来。它从外表上看有正负极和电解质等，像一个蓄电池，但实质上它不能"储电"而是一个"发电厂"

续表

效应名称	注解与说明
365. Fullerenes 富勒烯	碳族,碳的同素异形体,分子完全由碳以空心球体、椭圆形、管状或平面的形式组成
366. Funnel 漏斗状物	漏斗是一个广口的,通常由圆锥形的漏嘴和一个细玻璃管组成,用于将液体或细粒物质引流到一个小口容器中。若不使用漏斗将会发生较大的溅出。漏斗效应是指当流体从管道截面积较大的地方运动到截面积较小的地方时,流体的速度会加大,类似水流过漏斗时的现象。对于定常流,其密度 ρ、速度 v 和管道截面积 S 的关系如下:$\rho_1 v_1 S_1 = \rho_2 v_2 S_2$,事实上,这也正是流体力学中连续性方程的体现
367. Fusible Alloy 易熔合金	易熔合金是一个能够熔化,即加热液化的合金。例如:伍德合金,菲尔德金属,铅铋锡易熔合金,镓铟锡合金,钠钾共晶合金等
368. Galvanlmeter 电流计、检流计	有限制电弧产生旋转偏移,用以应答电流通过感应线圈的一种模拟机电转换装置
369. Garshelis effect 伽世利斯效应	该效应的特征是:沿圆周方向磁化的磁致伸缩材料棒,随着施加的转矩而产生一个轴向的磁场
370. Gas Compressor 气体压缩机	气体压缩机是一种机械装置,由于气体是可压缩的,气体通过增加压力减少它的体积。压缩机同泵相似:增加了流体的压力,可以通过管道输送流体。对不可压缩液体,泵的主要作用是输送液体
371. Gear 齿轮	齿轮是旋转机器的一部分,它具有长牙或嵌齿,与其他带齿的部分啮合,以传递转矩。以串联方式工作的两个或更多的齿轮被称为传动装置,并且能够通过齿轮比产生机械优势,因此这也可以被认为是一个简单的机器。齿轮传动装置可以改变速度、振动幅度和动力的方向
372. Gecko-Foot Bristle Array 壁虎脚鬃刚毛阵列	壁虎脚趾可以抓着到各种表面上,而无需使用液体或通过表面张力。壁虎与接触面间的抓着力,由细碎分割的铲状镶刃刚毛(刚毛阵列)和表面之间的范德华吸附力构成
373. Gel 凝胶	凝胶是一种固态果冻状物质,性能可从软而低强度到硬而高强度。凝胶可定义为互相连接的系统,该系统在稳态时没有流动性。在重量上,凝胶主要是液体,但它们形成了空间网状的类似固体的结构。正是流体这样相互交联的特性导致了凝胶的结构特点(硬度)和黏性(黏着性)
374. Geometry 几何	以形状、大小和相对位置等具有空间属性的问题为研究对象的数学分支
375. Gettering 吸气、除气、吸杂	除去杂质的方法,在烧结过程中吸收或化合烧结气氛中对最终产品有害的物质的材料。也称为消气剂,是用来获得、维持真空以及纯化气体等,能有效地吸着某些(种)气体分子的制剂或装置的通称。有粉状、碟状、带状、管状、环状、杯状等多种形式。吸气起源于真空(vacuum)管,其中 Ti 的吸气剂用于微量残余气体。现在,吸杂在从硅集成电路去除不需要的残余元素(通常是金属)方面有重大作用
376. Gimbal 万向节	让一个物体绕单一的轴线旋转的枢轴。一组万向节(其中一个安装在另一个上使它们的转轴正交)可使无论其支撑轴怎样运动,安装在最内层的万向架保持不动
377. Glassy Carbon 玻璃碳	也称为非晶态碳,一种将玻璃和陶瓷的性能与石墨结合的非石墨化碳。这种材料最重要的性能是耐高温,耐强化学腐蚀,以及对气体和液体的抗渗性。玻璃碳在电化学中被广泛地当作电极材料使用,也被用作高温坩埚和一些假肢器官的部件
378. Goos-Hänchen Effect 古斯-汉欣效应	一种光现象,表现为线性极化光在全反射的过程中经历一小段平行于传播方向的位移。这是英伯特-费多罗夫效应(Imbert-Fedorov Effect)的线偏振模拟。这种现象会发生是因为有限大小的光束会沿着横向对平均传播方向的线进行干扰
379. Grain Boundary Strengthening 晶界强化	指一种通过改变平均晶粒大小来加强材料的方法。它基于晶界阻碍位错运动,且晶粒的位错数对位错移过晶界和在晶粒间传递的难易度有影响。改变晶粒大小可以影响位错运动和屈服强度
380. Graphene 石墨烯	指一种由碳原子以 sp2 杂化轨道密集地组成蜂巢状晶格的单原子厚度的平面薄膜。它可以看作是由碳原子和它们的键组成的原子级铁丝网。这个名字来源于石墨＋烯,石墨本身由许多堆叠的单层石墨组成。石墨烯有高强度,这与其他性能相结合可提供多种应用,例如显示屏。石墨烯也能抵抗强酸和碱金属的攻击

续表

效应名称	注解与说明
381. Gravitation （万有）引力	有质量的物体会相互吸引的自然现象。在日常生活中,引力被广泛认为是将重量赋予有质量物体的"中介"
382. Gravitational Convection (non heat) 重力对流(非热)	在重力场中不同的浮力造成对流可能是流体密度差异源头引发的,而不是由热产生的源头,例如可变的成分引发的。例如,由于盐水比淡水重,会产生干盐向下扩散浸入潮湿土壤的现象,干盐作为源头材料发生了扩散
383. Gravitational Redshift 引力红移	位于强引力场中的波源发出的光或其他形式的电磁波(可以说"离开"引力场)被弱引力场中的观察者接收时,具有比原来更长波长的现象。从光的波长来看,表现为光的频谱整体向红色端(能量和频率较低、波长较长)移动
384. Gravitational Lensing 引力透镜	当从一个非常遥远的、明亮的光源(如类星体)发出的光线在光源和观察者之间被一个质量巨大的物体(如星系)"弯曲"时,一个引力透镜就形成了。该过程被称为引力透镜效应,是爱因斯坦的广义相对论的预言之一
385. Groove 槽	槽是零件表面的一个长而窄的压痕,一般允许其他材料或零件遵循它的目的在凹槽内移动
386. Ground Effect 地面效应	飞机可能会受到多个地面的效果的影响,或者,由于飞行体的贴地飞行而产生的空气动力学效应
387. Guided Rotor Compressor 引导式转子压缩机	正位移旋转气体压缩机。压缩量由安装在偏心驱动轴处的旋转摆线转子决定
388. Gunn Effect 耿氏效应	也称为电子转移装置(TED),一种在高频电子中使用二极管的形式。与半导体的能带结构有关;砷化镓导带最低能谷 1 位于布里渊区中心,在布里渊区边界 L 处还有一个能谷 2,它比能谷 1 高出 0.29eV。当温度不太高时,电场不太强时,导带电子大部分位于能谷 1,能谷 1 曲率大,电子有效质量小。能谷 2 曲率小,电子有效质量大($m_1 = 0.067m_0$, $m_2 = 0.55m_0$)。由于能谷 2 有效质量大,所以能谷 2 的电子迁移率比能谷 1 的电子迁移率小,即 $u_2 < u_1$。当电场很弱时,电子位于能谷 1,平均漂移速度为 u_1E;当电场很强时,电子从电场获得较大的能量由能谷 1 跃迁到能谷 2,平均漂移速度为 u_2E。由于 $u_2 < u_1$,所以在速场特性上表现为不同的变化速率(实际上 u_1 和 u_2 是速场特性的两个斜率)。即低电场时 $dvd/dE = u_1$,高电场时 $dvd/dE = u_2$)。在迁移率由 u_1 向 u_2 变化的过程中经过一个负阻区。在负阻区,迁移率为负值。这一特性也称为负阻效应。其意义是随着电场强度增大而电流密度减小
389. Gyroscope 陀螺仪	基于角动量的原理的该装置是一个旋转的转轮或转盘,根据角动量的原理,其车轴自由采取任何方位,用于测量或维持取向。这种定向响应于一个给定的外部转矩与陀螺仪的高旋转速率的变化多少
390. Haidinger's Brush 海丁格电刷	一种内视现象。很多人能感受到光的偏振。人观察的视场的中心在蓝天的映衬面对远离太阳的同时,通过偏光太阳镜在视野中央可观察到黄色的单杠或领结形状的图像。该图像为蝴蝶结尾部,故名"刷"
391. Hall Effect 霍尔效应	是电磁效应的一种,这一现象是美国物理学家霍尔(A. H. Hall,1855—1938)于 1879 年在研究金属的导电机制时发现的。当电流垂直于外磁场通过导体时,在导体垂直于磁场和电流方向的两个端面之间会出现电势差,这一现象就是霍尔效应。这个电势差也被称为霍尔电势差
392. Halbach Array 哈尔巴赫阵列	一种特殊的永磁体的磁场单元的排列,能增强磁场一个方向上的场强,同时将另一方向的磁场降至接近零。它有许多应用,从平凡的冰箱磁铁、无刷交流电动机和磁耦合等工业应用,到扭摆磁铁粒子加速器和自由电子激光器等高科技的应用
393. Harmonic Oscillator 谐波振荡器	当偏离其平衡位置时会受到一个与位移成比例的回复力的系统。机械方面的例子包括翻车机(小角位移)和弹簧振子
394. Heating 加热	随着加热温度上升的行为
395. Heat Engine 热力发动机	利用热源和冷源之间的温度梯度差将热能转换成机械功的一个系统。热量从热源通过发动机转移到冷源,并在此过程中,通过利用工作物质(通常是气体或液体)的属性,将一些热量转换为功

效应名称	注解与说明
396. Heat Exchanger 换热器	也称为热交换器或热交换设备,用来使热量从热流体传递到冷流体,无论介质间是否有固体防护隔开(防止其混合或直接接触),以满足规定的工艺要求的装置
397. Heat Pipe 热管	封闭的管壳中充以工作介质并利用介质的相变吸热和放热进行热交换的高效换热元件。热管技术是 1963 年美国洛斯阿拉莫斯(Los Alamos)国家实验室的乔治·格罗佛(George Grover)发明的一种称为"热管"的传热元件,它充分利用了热传导原理与制冷介质的快速热传递性质,通过热管将发热物体的热量迅速传递到热源外,其导热能力超过任何已知金属的导热能力
398. Heat Sink 散热器	散热器是一个组件,利用热传导原理与制冷介质,如空气或液体,将组件内产生的热量迅速传递到热源外
399. Heat Treatment 热处理	指一种通过加热或冷却(通常达到极端温度)来改变材料的物理或化学性质的方法,从而实现所需的材料硬化或软化。热处理技术包括退火、表面硬化、沉淀强化、回火和淬火
400. Helix 螺旋	是一种特殊的空间曲线,即三维空间中的一条光滑的曲线。螺旋线上的任何点的切线与一条固定直线的角度为常数。是螺旋输送机的基本零件,由螺旋轴和焊接在轴上的螺旋叶片组成。根据功的原理,在动力 F 作用下将螺杆旋转一周,F 对螺旋做的功为 $F^2\pi L$。螺旋转一周,重物被举高一个螺距(即两螺纹间竖直距离),螺旋对重物做的功是 Gh。依据功的原理得 $F=(h/2\pi L)/G$。因为螺距 h 总比 $2\pi L$ 小得多,若在螺旋把手上施加一个很小的力,就能将重物举起。螺旋因摩擦力的缘故,效率很低。即使如此,其力比 G/F 仍很高,距离比由 $2\pi L/h$ 确定。螺旋的用途一般可分紧固、传力及传动三类
401. Heterodyne 外差	在无线电和信号处理领域中,外差是两个新频率的振动波形通过混合或相乘产生的。在信号的调制、解调以及将信息存储在一定频率范围内的波形中具有重要作用
402. Hinge 铰链	用来连接两个固体,并允许两者之间做转动的机械装置
403. Hole 孔	孔就是指一个实体上所缺失的、并且封闭的部分
404. Homodyne Detection 零差检测	指一种用于检测与一个基准频率非线性混合的频率的辐射的方法,其原理与外差检波相同
405. Hook 钩	持有弯曲钩以悬挂或拉东西的机械装置
406. Hooke's Law 胡克定律	胡克定律是力学基本定律之一。适用于一切固体材料的弹性定律,它指出:在弹性限度内,物体的形变跟引起形变的外力成正比。胡克定律的表达式为 $F=kx$ 或 $\Delta F=k\Delta x$,其中 k 是常数,是物体的胡克定律劲度(倔强)系数。在国际单位制中,F 的单位是牛,x 的单位是米,x 是形变量(弹性形变),k 的单位是牛每米。刚度系数在数值上等于弹簧伸长(或缩短)单位长度时的弹力。弹性定律是胡克最重要的发现之一,也是力学最重要基本定律之一。在现代,仍然是物理学的重要基本理论。胡克的弹性定律指出:弹簧在发生弹性形变时,弹簧的弹力 F 和弹簧的伸长量(或压缩量)x 成正比,即 $F=-kx$。k 是物质的弹性系数,它由材料的性质所决定,负号表示弹簧所产生的弹力与其伸长(或压缩)的方向相反
407. Hopkinson Effect 霍普金森效应	处于低强度磁场中的铁磁材料的磁导率是随温度变化的函数,可用来测量温度。温度最大值小于材料的居里点
408. Hot Chocolate Effect 热巧克力效应	将可溶性溶剂加入装有热液体的杯子中,轻敲杯壁可以听到声音频率上升。将巧克力粉加入一大杯热牛奶中搅拌,用勺子轻敲搅动中的牛奶杯底,可以观察到这个现象。轻敲杯子的声音频率会逐渐上升。随后的搅拌声音频率会降低音高。这是由于气泡密度对液体中声速的影响。注意听到的是液柱高度影响固定波长的频率
409. Hot Isostatic Pressing 热等静压、均衡的热冲压	在热等静压制造工艺中,可以减少金属陶瓷材料的孔隙率、提高机械性能。HIP 工艺是将制品放置到密闭的高压容器中,向制品施加各向同等的压力,同时施以高温
410. Hydrate 水合物	气体或挥发性液体与水相互作用过程中形成的固态结晶物质。化合物从其组成离子的水溶液中结晶出来时,所得到的晶体往往是水合物。在无机化学中,水合物含有束缚于金属中心的或与金属络合物结晶的水分子。在有机化学中,水合物是一种由水或它的元素添加到主体分子中形成的化合物。在无机化学中,水合物含有束缚于金属中心的或与金属络合物结晶的水分子。这类水合物也被认为含有"结晶水"或"化合水"
411. Hydraulic Accumulator 液压蓄能器	一种能量储存装置,一种压力储存器,在储存器中不可压缩的液压流体由外源在压力下保存。外源可以是,例如一根弹簧,一个举起的重物或压缩气体

第34篇

效应名称	注解与说明
412. Hydraulic Ram 液压缸	液压缸(活塞)的功能作为一个液压变压器,能源是循环水泵(油泵),以液体作为工作介质来传递动力,输出不同的液压头和流率的水(油)
413. Hydride Compressor 氢压缩机	氢压缩机工作原理是利用金属氢化物在低压状态时吸收氢气,在高压状态(通过外加热,比如热水床或电动线圈,升高温度)时解吸氢气的特性
414. Hydraulic Press 液压机	液压机是以液压传动。液压传动用液体的压力能来传递动力。一个完整的液压系统由五个部分组成,即能源装置、执行装置、控制调节装置、辅助装置、液体。液压由于其传动力量大,易于传递及配置,应用广泛。液压系统的执行元件液压缸和液压马达的作用是将液体的压力能转换为机械能,而获得需要的直线往复运动或回转运动
415. Hydraulic Jump 水跃	当液体以极高的速度排放到液体速度较低的区域时,液体表面将会显著上升(一个梯级或驻波)。液体速度突然减慢和液面的增高使流体的初始动能转换成势能,由于热湍流损失一些能量。在明渠中,这表现为急流迅速放缓同时水深增加
416. Hydrodynamic Cavitation 水力空化(气穴、气蚀)	声波在液体中传播,基于系统特定的几何形状(局部缩颈),在时空上产生低于静态压力的负压现象。在液体的负压区域,液体中的结构缺陷(空化核)会逐渐成长,形成肉眼可见的微米级的气泡,这就是声空化现象。微气核空化泡在声波的作用下振动,当声压达到一定值时空化泡将会长大和剧烈地崩溃,释放高能,产生剧烈的破坏作用
417. Hydrogel 水凝胶	水凝胶是一种亲水性(它们可以包含超过99.9%的水)聚合物链形成的网状结构物,呈胶态,其中的水起到分散质的作用。由于含有大量水分,水凝胶具有类似于天然组织的灵活性
418. Hydrogenation 氢化(加氢)	氢化是通过化学反应在物质中添加氢原子的过程。该过程可以用来增加或减少有机化合物的饱和度。通常,氢化过程会在分子中添加一对氢原子
419. Hydrolysis 水解	一种化学反应。在该化学反应过程中,一个或者多个水分子被分解成氢离子和氢氧根离子。这些离子可以参与进一步的反应
420. Hydrogen Peroxide 过氧化氢(双氧水)	过氧化氢溶液,化学式为 H_2O_2,其水溶液俗称双氧水,外观为无色透明液体,是一种强氧化剂,因此,作为消毒剂、氧化剂和防腐剂使用,并作为火箭助燃剂。过氧化氢的氧化能力十分强,被认为是高活性氧化物
421. Hydrometer 比重计	比重计是一种仪器,用于测量液体的比重或相对密度(该液体的密度比水的密度)
422. Hydrophile 亲水性	带有极性基团的分子,对水有大的亲和能力,可以吸引水分子,或溶解于水。这类分子形成的固体材料的表面,易被水所润湿。具有这种特性就是物质的亲水性。金属板材如铬、铝、锌及其生成的氢氧化物,以及具有毛细现象的物质都有良好的亲水效果。两个不相溶的相态(亲水性对疏水性)将会变化成使其界面的面积最小时的状态。此一效应可以在相分离的现象中被观察到
423. Hydrophob 疏水性	疏水性指的是一个分子(疏水物)与水互相排斥的物理性质。疏水性分子偏向于非极性,因此会溶解在中性和非极性溶液(如有机溶剂)中。水中的疏水性分子经常聚集形成胶团。疏水面上的水表现出高交汇角。疏水性分子包含烷烃、油、脂肪和多数含有油脂的物质
424. Hygrometer 湿度计	一种用于测量环境中水含量的仪器。湿度测量仪器通常是测量物体吸收水分后其温度、压强、质量或者其他机械电气量的变化
425. Hyperboloid 双曲面	双曲线绕其对称轴旋转而生成的曲面即为双曲面。双曲面是三维空间中的二次图形。双曲线绕其短半轴旋转可以得到单叶双曲面。双叶双曲面的轴为 AB,曲面上的点为 P,则 $AP-BP$ 为一常数,其中 AP 是 A 与 P 之间的距离,点 A 与 B 是双曲面的焦点。在现实中,许多发电厂的冷却塔结构是单叶双曲面形状。由于单叶双曲面是一种双重直纹曲面(Ruled Surface),它可以用直的钢梁建造,这样会减少风的阻力,同时也可以用最少的材料来维持结构的完整
426. Hysteresis 磁滞、滞后	磁滞现象在铁磁性材料中是被广泛认知的。当外加磁场施加于铁磁性物质时,其原子的偶极子按外加场自行排列。即使外加场被撤离,部分排列仍保持:此时,该材料被磁化。准确地说,具有滞后现象的系统具有路径独立性,或者"独立记忆率"
427. Imbert-Fedorov Effect 英伯特-费多罗夫效应	一种光学现象,当圆或椭圆偏振光完全在内部发生反射时,会产生小的偏移且会横向传播。这种效应是古斯-汉欣效应的圆极化模拟
428. Lewis 起重爪	一种用来从上方提升大型石块的起重装置。在石头中心的正上方,一个特别配置的槽或"装置",起重爪从石头的顶部的正上方插入。它应用杠杆原理操作,石头的重量作用在杠杆的长臂上,转换成在杠杆短臂上产生非常高的反应力和摩擦力,使槽的内侧与石头保持接触,防止石头下滑

效应名称	注解与说明
429. Impact Force 冲击力	在很短的时间内产生巨大的碰撞力。施加这样的力或加速度有时比长时间施加较小的力具有更大的影响
430. Impeller 叶轮	用于增加流体的压力和流量的一种旋转组件,是离心式泵的典型组件。将能量从驱动该泵的电动机传输到被加速流体,使其从旋转中心向外加速运动。流体的运动被泵壳所限制时,叶轮使流体获得的速度将转变成对泵壳的压力
431. Incandescence 炽热	炽热是由于热体的温度发射的光(可见的电磁辐射)产生的
432. Inclined Plane 斜面	一个平坦的表面上,但其端点在不同的高度(不是完全垂直的)所以是倾斜面。在斜面上移动一个对象的能源(是一个倾斜平面上的位置函数)是引力
433. Induction Heating 感应加热	通过电磁感应,导电物体(通常是金属)被加热的过程,例如通过电磁感应产生涡流,电阻产生焦耳热
434. Inductor 电感应器	一种无源电气元件,可以由通过它的电流产生的磁场中储存能量。一个电感器通常是把导线做成线圈状,依据安培定律,这些通电的导线环能够在圈内产生强大的磁场。因为线圈内的磁场的变化的,因此根据法拉第电磁感应定律会产生感应电场电压,同时也遵循楞次定律抵抗电压的改变
435. Inertia 惯性	惯性是任何有形物体反对运动状态改变的特性。惯性的大小和对象的质量成比例
436. Infrared Radiation 红外辐射	红外(IR)辐射是电磁辐射,其波长比可见光(400~700nm)长,但短于太阳辐射(3~300μm)和微波(约30000μm)。红外辐射跨越大约三个数量级(750nm 和 1000μm)
437. Injector 喷射器	喷射器使用缩扩喷嘴的文丘里效应,形成一个低压区吸入流体,并将流体的压力转换为速度能的类似于泵的设备。混合流体通过喷射器的喉部之后,扩散的速度降低,通过流体速度能量转换为流体压力从而再次压缩
438. Interference 干扰	两个或两个以上的波的叠加产生一个新的波。干扰通常是指彼此相关或相干波的相互作用,可能是因为它们从相同的源发出,或者是因为它们具有相同的或几乎相同的频率
439. Intumescent Materials 发泡(膨胀)材料	膨胀材料在受高温时可引发一种能促使材料膨胀的化学进程,从而体积增大、密度减小。膨胀材料通常用于被动消防
440. Invar 殷钢	殷钢是一种镍钢的高合金钢 FeNi36(64FeNi 美国),其特性是低的热膨胀系数
441. Inverse Compton Scattering 逆康普顿散射	当 x 射线或 γ 射线的光子与物质发生相互作用时,光子的能量会增加(波长减小)
442. Inverse Faraday Effect 逆法拉第效应	与法拉第效应相反,外部振荡电场引起静态磁化
443. Inverse Peltier Effect 逆珀耳帖效应	1834 年,法国科学家珀耳帖发现:当两种不同属性的金属材料或半导体材料互相紧密联结在一起的时候,在它们的两端通直流电后,只要变换直流电的方向,在它们的结头处,就会相应出现吸收或者放出热量的物理效应,于是起到制冷或制热的效果,这就叫作"珀耳帖效应"。珀耳帖冷却是运用"珀耳帖效应",即组合不同种类的两种金属,通电时一方发热而另一方吸收热量的方式。因此,应用珀耳帖效应制成的半导体制冷器,就能制造出不需要制冷剂、制冷速度快、无噪声、体积小、可靠性高的绿色电冰箱
444. Ion Beam 离子束	离子束是一种由离子组成的粒子射线。离子束受到外界的作用射向固体材料,并能停留在固体材料中,这一过程就叫作离子注入
445. Ion Exchange 离子交换	借助于固体离子交换剂中的离子与稀溶液中的离子进行交换,以达到提取或去除溶液中某些离子的目的,是一种属于电解质分离过程的单元操作。离子交换是可逆的等当量交换反应。目前,离子交换主要用于水处理(软化和纯化);溶液(如糖液)的精制和脱色;从矿物浸出液中提取铀和稀有金属;从发酵液中提取抗生素以及从工业废水中回收贵金属等
446. Ion Implantation 离子注入	当真空中有一束离子束射向一块固体材料时,离子束把固体材料的原子或分子撞出固体材料表面,这个现象叫作溅射;而当离子束射到固体材料时,从固体材料表面弹了回来,或者穿出固体材料而去,这些现象叫作散射;另外有一种现象是,离子束射到固体材料以后,受到固体材料的抵抗而速度慢慢减低下来,并最终停留在固体材料中,这一现象就叫作离子注入
447. Ion Repulsion 离子斥力(引力)	带相反电荷的离子间的吸引力或带有负电荷的离子之间的排斥力

效应名称	注解与说明
448. Ionisation (Ionization) 电离	原子是由带正电的原子核及其周围的带负电的电子所组成的。由于原子核的正电荷数与电子的负电荷数相等,所以原子是中性的。原子最外层的电子称为价电子。所谓电离,就是原子受到外界的作用,如被加速的电子或离子与原子碰撞时使原子中的外层电子特别是价电子摆脱原子核的束缚而脱离,原子成为带一个(或几个)正电荷的离子,这就是正离子。如果在碰撞中原子得到了电子,则其成为负离子
449. Isoelectric Focusing 等电子聚焦	也称为电子聚焦,一种利用分子间的电荷差异分离不同分子的技术。这是一种区带电泳法,通常在凝胶中进行,该方法利用了分子所带电荷量会随着周围环境的 pH 值的变化而变化的特点
450. Ion Wind 离子风	当电场强度(尤其是尖锐导体产生的强电场)超过电晕放电所需的起始电压时,在尖端处空气被电离,形成一个等离子体喷射现象,从而形成离子流。空气分子被电离后,与尖锐端具有相同极性的离子云受到排斥力的作用,同时由于极性相同的离子间相互排斥,离子云会发生扩散,形成电"风",并且发出嘶嘶声(压力变化造成)
451. Iridescence 彩虹色	彩虹色也称为虹彩,指某些物体表面属性导致视觉上的改变而出现颜色的改变。如果观测物体表面的角度改变,色彩也随之改变,这样一种光学现象就叫作虹彩现象,即彩虹色,是来自多层次的反射、半透明表面相位移和反射调节入射光的干扰引起的。彩虹色常见于肥皂泡、蝴蝶翅膀、贝壳等物体
452. Janka Hardness Test 詹卡硬度测试	詹卡硬度测试法用于测量木材的硬度。方法是用一个 11.28mm(0.444in)的钢球嵌入到钢球直径的一半处时,测其所需的力,这种方法会在木材表面留下一个面积为 $100mm^2$ 的压痕。它是测量木质耐压缩和耐损耗率的最好方法,也是检验木质造成锯子和钉子如何费力的指示器
453. Jet 喷射	一种连贯的流体流(例如气体或液体),从一些喷嘴或孔束射到周围的介质中
454. Jet Damping 射流阻尼	或推力阻尼,是火箭喷焰从火箭的横向角运动中消除能量的效应。如果火箭进行俯仰运动或偏移运动,那么必须在气体喷出排气管和喷嘴时进行横向加速。一旦排气离开喷嘴运载工具将失去这个横向动力,从而有助于抑制横向振动
455. Jet Erosion 射流冲蚀(侵蚀)	液体/气体的磨料物质的混合物,使用具有极高的速度和压力束射出混合物射流,使材料产生冲蚀
456. Johnsen-Rahbek Effect 约翰逊-拉别克效应	在经过金属表面和半导体材料表面间边界处加一电势(电压),此二表面间就会出现一吸引力,此力的大小和所加的电压与所包含材料的特性有关。1920 年,约翰逊和拉别克发现,抛光镜面的弱导电物质(玛瑙、石板等)的平板,会被一对连接着 220V 电源的、邻接的金属板稳固地固定。而在断电情况下,金属板可以很轻易地移开 对此现象的解释如下:金属和弱导电物质,两者是通过少数的几个点相互接触的,这就导致了过渡区中的大电阻系数、金属板间接触的弱导电物质与金属板自己本身的小电阻系数(由于大的横截面),所以在金属和物质间的如此狭小的一个转换空间内,存在着电场,将会发生巨大的压降,由于金属和物质之间的微小距离(大约 1mm),此空间就产生了很高的电位差
457. Josephson Effect 约瑟夫森效应	电流通过两个弱的耦合的超导体时,被一个非常薄的绝缘屏障分离的现象
458. Joule-Lenz Effect 焦耳-楞次效应	1840 年,焦耳把环形线圈放入装水的试管内,测量不同电流强度和电阻时的水温。通过这一实验,他发现:导体在一定时间内放出的热量与导体的电阻及电流强度的平方成正比。同年 12 月焦耳在英国皇家学会上宣读了关于电流生热的论文,提出电流通过导体产生热量的定律,由于不久之后,俄国物理学家楞茨也独立发现了同样的定律,该定律被称为焦耳-楞次定律
459. Joule-Thomson Effect 焦耳-汤姆逊效应	指气体通过多孔塞膨胀后所引起的温度变化现象。气体经过绝热节流膨胀过程后温度发生变化的现象,称为"焦耳-汤姆逊效应"。当气流达到稳定状态时,实验指出,对于一切临界温度不太低的气体(如氮、氧、空气等),经节流膨胀后温度都要降低;而对于临界温度很低的气体(如氢),经节流膨胀后温度反而会升高。在通常温度下,许多气体都可以通过节流膨胀使温度降低,冷却而成为液体。工业上就利用这种效应制备液化气体 正焦耳-汤姆逊效应:在焦耳-汤姆逊系数 $\alpha > 0$ 时,气体通过节流,凡膨胀后温度降低者,称为"正焦耳-汤姆逊效应",亦称制冷效应 负焦耳-汤姆逊效应:在焦耳-汤姆逊系数 $\alpha < 0$ 时,气体通过节流,凡膨胀后温度升高者,称为"负焦耳-汤姆逊效应"

续表

效应名称	注解与说明
460. Kalina Cycle 卡里纳循环（周期）	一种将热能转化为机械能的热力学循环，与散热片（或环境温度）相比，热源能在相对较低的温度下得到优化使用。该循环的工作流体由两种或两种以上液体构成的混合物（通常为水和氨），且系统不同部分，液体之间的混合比率不同，以此来提高热力可逆性和总体热力学效率。卡利纳循环具有多种形式的变体
461. Kármán Vortex Street 卡门涡街	在一定条件下，正常的层流流绕过某些物体时，物体两侧会周期性地形成旋转方向相反、排列规则的双列线涡，经过非线性作用后，形成卡门涡街。这解释了电话线或电源线发出的声音，以一定速度振动的汽车天线等现象
462. Kaye Effect 凯伊效应	合成液体的一种属性，常用在剪切变稀的液体中（液体在剪切应力情况下会变稀）。当把这种液体喷淋在表面时，表面突然喷出的液体与即将到来的下行的液体溶合。普通家用液体洗手液、洗发水、无滴漏油漆等都具体这种属性。然而，这种效果通常被人们所忽视，因为它持续时间很短，大约不会超过300ms
463. Kelvin-Helmholtz Instability 凯尔文-亥姆霍兹不稳定性	两种流体作平行相对运动，由于沿流速方向的小扰动，运动流体是不稳定的。比如风吹过水面时，产生的波就是在水面不稳定的表现。更普遍的是，云、海洋、土星环带和日冕都反映了这种不稳定
464. Kerr Effect 克尔效应	材料对电场的响应导致材料的折射率发生变化。克尔效应指与电场二次方成正比的电感应双折射现象。放在电场中的物质，由于其分子受到电力的作用而发生偏转，呈现各向异性，结果产生双折射，即沿两个不同方向物质，对光的折射能力有所不同。这一现象是1875年J.克尔发现的。后人称它为克尔电光效应，或简称克尔效应
465. Knoop Hardness Test 努氏硬度试验	努氏硬度测试是一种显微硬度测试，该机械硬度测试的测试对象是非常脆的材料与薄板，该测试只需要一个小压痕就可以达到目的。用一个已知的力将一个锥体金刚石压入被测材料的抛光表面，停留一段规定时间，然后用显微镜测量得到缩进量
466. Knot 绳结（结、节）	指一种结绳方法，用系结或交织来扣紧或固定活动的线性材料，如绳子
467. Knurling 滚花	一种制造工艺，通常在车床上进行，通过切削或滚压在金属表面产生有视觉吸引力的菱形（十字形）的花纹。有时，滚花图案是一系列直脊线或螺旋式的直脊线，而不是常见的十字纹
468. Lagrangian Point 拉格朗日点	拉格朗日点是指轨道结构上的五个位置，在这些点上仅受重力作用的一个小物体理论上可以与两个较大的物体保持相对静止（如卫星与地球和月球）。拉格朗日点上两个较大物体产生的万有引力的合力恰好提供了围绕它们旋转所需的向心力
469. Lamella 薄片（瓣）	一种鳍形结构：细片材料保持彼此相邻而且在两者之间存在流体的结构。它们出现在生物学和工程学中，如过滤器和热交换器。在骨骼的微观结构和珍珠层是材料科学意义上的薄片
470. Lamination 层压（叠片结构）	能将两层或多层结合成一个整体层叠的材料过程叫作层压
471. Laminar Flow 层流	层流是流体的一种流动状态。当流速很小时，流体分层流动，互不混合，称为层流，或称为片流。这种变化可以用雷诺数来量化。雷诺数较小时，黏滞力对流场的影响大于惯性力，流场中流速的扰动会因黏滞力而衰减，流体流动稳定，为层流。层流与紊流相反。通俗地说，层流是"平滑的"，而紊流是"粗糙的"
472. Laser 激光	激光是通过受激发射的光（电磁辐射）。准分子激光（Excimer laser）是指受到电子束激发的惰性气体和卤素气体结合的混合气体，使材料的分子向其基态跃迁，从而发射出所产生的激光
473. Laser Ablation 激光烧蚀	激光烧蚀是用激光束照射固体（或偶尔是液体）的表面以去除材料。在低激光通量作用下，该材料吸收激光能量被加热而蒸发或升华。一般，激光烧蚀法是指用脉冲激光去除材料。在高的激光通量作用下，该材料通常是转换成等离子体。如果激光的强度足够高，材料可能连续被激光束烧蚀
474. Laser Beam Welding 激光束焊接	通过使用激光连接多个金属件的焊接技术。激光是一个集中的热源，适用于窄处、深处焊接，同时焊接率很高。激光束焊接经常用于大批量生产中，如汽车行业

第34篇

续表

效应名称	注解与说明
475. Laser Doppler Velocimetry 激光多普勒测速仪	使用激光束的多普勒频移来测量透明或半透明液体的流动速度，即可反射且不透明的表面上的直线运动速度或振动运动速度。粒子（天然存在或合成）由流体携带，通过两个由单色激光束形成的干涉条纹，此时，反射光强度波动，波动的频率等于入射光与反射光之间的多普勒频移，且该频率正比于粒子的运动速度
476. Laser Doppler Vibrometry 激光多普勒振动计	一种非接触式的表面振动测量技术。激光束由LDV发出，指向被测物体表面。由于表面振动，激光束频率发生多普勒频移，从而得知表面振动的振幅和频率
477. Laser Peening 激光喷丸	或称为激光冲击强化（LSP），采用强大的激光硬化或喷丸金属的过程。激光喷丸可以使表面受到一层残余压应力，表面受力深度为常规喷丸硬化方法的4倍。所用涂料通常为油漆或黑色胶带，以吸收能量。短脉冲能量被聚焦，使涂料烧蚀爆炸，产生冲击波。随后激光束被重新定位，重复该过程，以形成被压缩且具有一定深度的微小凹痕阵列
478. Laser Surface Velocimeter 激光表面测速仪	一种非接触式光学传感器，采用激光多普勒原理，评估移动物体散射回来的激光，测量表面移动的速度和长度。它们被广泛用于工业生产过程的工艺和质量控制
479. Latent Heat 潜热	潜热是一种化学物质的状态变化（即固体、液体或气体），或相变过程中释放或吸收的热量
480. Leidenfrost Effect 莱顿弗罗斯特效应	液体在近距离接触温度远高于其沸点的强热源后，产生蒸汽绝缘层防止该液体猛烈沸腾的现象。这种情况常见于将水滴掠过一个非常热的金属表面
481. Lenard Effect 勒纳德效应	也称电力喷雾或瀑布效应，电荷随着水滴的空气动力的中断而分解
482. Length Contraction 长度收缩（尺缩效应）	当物体相对观测者以非零速度运动时，观测者测得的长度将比物体静止时的实际尺寸小的物理现象。尺缩效应只在物体运动速度接近光速时才能明显观察到；且尺缩方向与观察者运动方向平行
483. Len 透镜	拥有完美或近似轴对称属性的光学设备，用来传播或者折射光线，汇聚或发散光束
484. Lever 杠杆	刚性物体，选取合适的支点或枢轴点后可以放大机械力的作用，以施加到另一个物体上
485. Lewis 起重爪（吊楔）	一种用来从上方吊起大石块的起重装置。它被插入到一个专门的孔槽（在大石块质心上方）。它的操作是根据杠杆原理：石头的重量作用在可旋转的杠杆长臂上，在杠杆短臂与石块孔槽上产生一个非常高的反作用力和摩擦力，从而防止打滑
486. LIDAR 激光雷达	激光雷达是一种光学遥感技术装置，可通过测量分散光的性质来查找远距离目标的范围和其他信息。使用激光脉冲时，常用这种技术方法来确定目标或表面的距离。和使用无线电波的雷达技术相似，这种技术是分析脉冲发射和检测返回信号的时间差来决定目标的范围的
487. Light 光	人眼可见的波长从约380～400nm到约760～780nm的范围内的电磁辐射
488. Light Emitting Diode 发光二极管	发光二极管是一种固态半导体材料PN结发光二极管，只允许电流由单一方向流过。当LED电路被施加电流，由固体材料的PN结发出窄谱光和非相干光
489. Linear Motor 直线电机	本质上是一个通过其定子展开的多相交流（AC）电动机，这样，它不是产生旋转力矩，而是产生一个沿其长度方向的线性力
490. Liquid Crystals 液晶	物质展示出传统液体和固体之间的一种物质相态
491. Liquid-Liquid Extraction 液-液萃取	即液-液提取法，是一种分离过程，用于分离化合物，此方法基于化合物相对两种不可混溶的液体之间的溶解性，通常为水和有机溶剂。这种提取方法令物质能由一种溶液移至另一种溶液
492. Liquid Membrane 液膜	液膜是一种活性成分液态的膜，其活性成分是乳剂形式或支撑在一些装置的轴孔中
493. London Dispersion Force 伦敦色散力（散射力）	伦敦色散力是量子引起的瞬时偶极化的原子和分子间微弱的作用力，因此分子之间没有永久的多极矩

续表

效应名称	注解与说明
494. Lonsdaleite 蓝丝黛尔石	又称六角形钻石，是六角晶格碳的同素异晶体。在自然界中，它由撞击地球时的陨石中的石墨形成。六方碳可能比钻石硬58%
495. Loop Heat Pipe 回路热管	两相热交换装置。利用毛细管作用，将热从热源处转移到散热器或冷凝器中，与热管相似，但它具有可以长距离可靠地操作和克服重力的能力。设计规格可以有大功率大型管、小型管(微型环路热管)。广泛应用于地表面和空间技术中
496. Lorentz Force 洛仑兹力	电磁场对点电荷的作用力。载流导线被放置在磁场中时，形成电流的每个电荷在移动过程中都受到洛仑兹力，它们一起在导线上可以产生一个宏观力(有时称为拉普拉斯力)。洛仑兹力的公式是：$f=qvB\sin\theta$，式中 q、v 分别是点电荷的电量和速度；B 是点电荷所在处的磁感应强度；θ 是 v 和 B 的夹角。洛仑兹力的方向循右手螺旋定则垂直于 v 和 B 构成的平面，为由 v 转向 B 的右手螺旋的前进方向(若 q 为负电荷，则反向)。由于洛仑兹力始终垂直于电荷的运动方向，所以它对电荷不做功，不改变运动电荷的速率和动能，只能改变电荷的运动方向使之偏转
497. Lotus Leaf Effect 荷叶效应	是指荷叶表面具有超疏水性以及自洁的特性。荷叶的微观结构和表面化学特性意味着不会被水弄湿；水滴在叶片表面就如水银一般，并且可以带走污泥、小昆虫及污染物。然而，水滴在芋头叶子亦有相似的行为。一些纳米科学家正在开发一些方法，使涂料、屋瓦、纺织品和其他表面可保持干燥和干净，就如荷叶表面的方式相似。通常使用氟化物或硅处理表面可达此效果；利用葡萄糖和蔗糖化合成聚乙二醇亦可达到此效果。有自洁效应的新涂料，目前已被开发出来，甚至有自洁功能的玻璃板已经走上了市场，使用于温室的屋顶等
498. Lubrication 润滑	润滑是通过插入润滑剂，来减少两个紧密接触且发生相对移动的负载(产生压力)表面间的磨损的技术方法，插入的润滑剂可以是固体(如石墨)的固/液分散体、液体、液体分散液(润滑脂)或一些特殊气体
499. Luminescence 发光(发冷光)	发光是冷辐射体的一种形式，光的产生通常发生在低的温度下。它可以通过化学反应、电能、亚原子交换或晶体上的应力引起。区别于由高温引起的白热发光
500. Lyot Filter 莱奥特滤光器	是一种双折射光学过滤器，能产生发送波长的一个狭小通频带
501. Maggi-Righi-Leduc Effect 马吉-里齐-勒迪克效应	在磁场中放置一个导体时，导体的热传导率的变化
502. Maglev 磁悬浮	使用磁力产生悬浮，引导和驱动车辆(主要是火车)运行运输系统
503. Magnetic Circular Dichroism 磁圆二色性	指材料在强磁场作用下，电子跃迁到不同的激发态。这些激发态对左旋和右旋圆极化光吸收是不同的，使材料出现磁圆二色的性质。一般情况下的做法是：在一块大的电磁铁中，缠绕上一个圆形的二色测量计。磁性圆二色性是由于材料分子的螺旋结构造成左和右圆极化光的吸收不同，磁性圆二色性的仪器一般选在紫外段，而磁性圆二色性则选在近红外：300～2000nm区段 磁圆二色性是能用来观察电子的基态和激发态的电子结构的光学技术，也是吸收谱仪的一种强有力的补充手段。它可以观察到普通光吸收谱很难看到的电子跃迁；能研究顺磁性和系统中电子对称性等
504. Magnetic Field 磁场	在永磁体或电流周围所发生的力场，即凡是磁力所能作用的空间，或磁力作用的范围，叫作磁场；所以严格说来，磁场是没有一定界限的，只有强弱之分。与任何力场一样，磁场是能量的一种形式，它将一个物体的作用传递给另一个物体。磁场的存在表现在它的各个不同的作用中，最容易观察的是对场内所放置磁针的作用，力作用于磁针，使该针向一定方向旋转。自由旋转磁针在某一地方所处的方位表示磁场在该处的方向，即每一点的磁场方向都是朝着磁针的北极端所指的方向。如果我们想象有许许多多的小磁针，则这些小磁针将沿磁力线而排列，所谓的磁力线是在每一点上的方向都与此点的磁场方向相同。磁力线始于北极而终于南极，磁力线在磁极附近较密，故磁极附近的磁场最强。磁场的第2个作用便是对运动中的电荷所产生的力，此力始终与电荷的运动方向相垂直，与电荷的电量成正比
505. Magnetic Hysteresis 磁滞	磁滞现象在铁磁性材料中是被广泛认知的。当外加磁场施于铁磁性物质时，其原子的偶极子按照外加磁场自行排列。即使当外加磁场被去除时部分原子排列仍保持，发生滞后效应。磁滞损耗引起热效应。这个效应被应用到烹饪上，交变的磁场引起铁氧体直接发热，而不是通过一个外部的热源加热
506. Magnetic Pulse Welding 磁脉冲焊接	一种焊接工艺，使用磁力将两个工件连接并焊接在一起。这种焊接方法与爆炸焊接相似程度高

续表

效应名称	注解与说明
507. Magnetic Refrigeration 磁制冷	又称绝热去磁、磁热效应,绝热去磁是产生 1K 以下低温的一个有效方法,即磁冷却法,这是 1926 年德拜提出来的。在绝热过程中顺磁固体的温度随磁场的减小而下降。将顺磁体放在装有低压氢气的容器内,通过压氢气与液氢的接触而保持在 1K 左右的低温,加上磁场(量级为 10^6 A/m)使顺磁体磁化,磁化过程时放出的热量由液氢吸收,从而保证磁化过程是等温的。顺磁体磁化后,抽出低压氢气而使顺磁体绝热,然后准静态地使磁场减小到很小的值(一般为零)
508. Magnetic River 磁河	一层薄导电板覆盖在一个交流线性感应电动机上组成的电动磁悬浮装置,横向的磁力线(磁通)和几何结构使其具有提升力、稳定性和驱动力。磁悬浮是 5 轴稳定,而第 6 轴中性稳定,或者偏离之后可以以一沿电动机的方向加速,即可以制动沿着电动机任何方向的加速。在侧面,会呈现出"河岸"效应,即向一旁移动板(横盘)导其上升,进而它在重力作用下设法返回到中心线
509. Magnetic Saturation 磁饱和	某些磁性材料如铁、镍、钴和它们的合金,达到磁饱和状态后,即使增加外部磁场水平,材料的磁化不进一步增加,运用铁磁材料的这一特点,制造磁饱和铁芯变压器,用于弧焊,铁磁饱和变压器作为电压调节器来限制电流。当初级电流超过一定值时,铁芯进入其饱和区,限制二次电流的进一步增加
510. Magnetic Shape Memory 磁性形状记忆	磁性形状记忆合金(MSM,Magnetic Shape Memory),或铁磁性形状记忆合金(FSMA,Ferromagnetic Shape Memory Alloys),是一种在马氏体相变引起的外加磁场作用下形状和大小会表现出较大变化的铁磁材料
511. Magnetism 磁性	一种材料对其他材料施加吸引力或排斥力的现象。一些众所周知的材料,表现出易于检测的磁特性,称为磁铁,包括镍,铁、钴及它们的合金,然而,所有的材料在磁场中的都会受到或多或少的影响
512. Magnetocaloric Effect 磁致热效应	绝热过程中铁磁体或顺磁体的温度随磁场强度的改变而变化的现象。合适的材料置于变化的磁场中引起温度的可逆变化。也被称为绝热退磁。可用于达到极其低的温度(远低于 1K),也可以达到和普通冰箱一样的温度范围
513. Magnetoelastic Effects 磁致弹性效应	磁弹性效应包括磁致伸缩(或焦耳磁致伸缩),Δ-E 效应,威德曼效应,电磁容积效应,以及它们的逆效应:维拉利效应,Δ-E 效应,马泰乌奇效应和长冈本田效应等一系列效应。当弹性应力作用于铁磁材料时,铁磁体不但会产生弹性应变,还会产生磁致伸缩性质的应变,从而引起磁畴壁的位移,改变其自发磁化的方向
514. Magnetohydrodynamic 磁流体动力	磁场在移动的导电流体中产生感应电流,从而对导体产生力的作用也改变磁场本身
515. Magnetohydrodynamic Effect 磁流体(力学)效应	例如永磁磁性微粒(磁流体)通过界面活性剂高度分散于载液中而构成的稳定胶体状体系。它既有强磁性又有流动性,在重力、电动力作用下能长期稳定存在,不产生沉淀与分层。当置于磁场中时,流体的表观黏度将大大增加,直到成为黏弹性固体。在它的活性为"开"的状态时,流体的屈服应力可以通过改变磁场强度而非常精确地控制,因此,可以通过电磁铁控制流体传递力的能力,从而产生许多可能的建立在这种控制之上的应用
516. Magneto-Optic Effects 磁光效应	由磁场引起的物质光学特性发生改变的效应,电磁波传过已被准静态磁场改变了的一些介质的现象。包括法拉第效应和磁光克尔效应
517. Magneto-Optic Kerr Effect 磁光克尔效应	指与电场二次方成正比的电感应双折射现象。放在电场中的物质,由于其分子受到电力的作用而发生取向(偏转),呈现各向异性,结果产生双折射,即沿两个不同方向物质对光的折射能力有所不同。这一现象是 1875 年 J.克尔发现的。后人称它为克尔电光效应,或简称克尔效应
518. Magnetometer 磁力仪(磁强计)	用于测量磁场的强度和/或方向的仪器
519. Magnetoresistance 磁阻	威廉·汤姆逊(开尔文勋爵)在 1856 年首次发现,由于外加磁场引起物质电阻变化的效应。所谓磁阻效应,是指对通电的金属或半导体施加磁场作用时会引起电阻值的变化。其全称是磁致电阻变化效应
520. Magnetorheological Fluid 磁致变流体(液)	承载纳米级悬浮物颗粒的流体通常是一种油类。当经受磁场时,显示流体的黏度大大地提高,直到成为一个黏弹性固体。当流体的活性处于"开放"状态时,流体的屈服应力通过改变磁场强度得以非常精确地控制。因此,电磁可以用来控制流体的传送力
521. Magnetostriction 磁致伸缩	铁磁性材料的一种性质。磁化过程中铁磁材料能够改变形状和大小。由于所施加的磁场改变,材料的磁化强度发生变化,从而导致磁致伸缩应变,直到达到其饱和值。这种效应会导致易感铁磁芯摩擦产热

续表

效应名称	注解与说明
522. Magnetotellurics 大地电磁法	大地电磁法是电磁地球物理成像的方法,通过测量地球表面电场和磁场的自然变化形成地表下层的图像。探测深度从地下300m到10000m或更深(通过记录更高的频率或用更长周期的探测)
523. Magnetovolume Effect 磁致容积效应	磁弹性效应中的一种。铁磁物质(磁性材料)由于磁化强度的改变,其尺寸、体积发生变化,最明显的是在居里温度附近
524. Magnus Effect 马格努斯效应	指一种现象,一个在流体中转动的物体在其周围产生漩涡,并受到垂直于运动方向、背离旋转方向的力。总体表现类似气流中的机翼,其中气流不是由机翼运动产生,而是由机械旋转而产生的
525. Marangoni Effect 马朗格尼效应	或称吉布斯-马朗格尼效应(Gibbs-Marangoni effect)。由于表面张力的不同,物质在流体层上或在流体层中传递。最熟悉的实例是肥皂膜,马朗格尼效应使形成稳定的肥皂膜
526. Maser 微波激射器	指一种通过放大受激辐射产生相干电磁波的设备。激光器(镭射)是一种光学微波激射器,作为高精密频率标准,是原子钟的一种形式
527. Matteucci Effect 玛特尤茨效应	是逆磁致弹性效应中的一种。当磁致伸缩物质受到转矩时,产生螺旋形各向异性的磁化效应
528. Mechanical Accumulator 机械蓄能器	一种储存能量的机械装置。例子包括弹簧和液压蓄能器
529. Mechanical Advantage 机械优势(增益)	是通过使用工具、机械装置或机器系统来实现力的扩增的度量。理想情况下,设备保持了输入功率,简单地折代抵抗运动的力,并获得所需的输出力的放大。该模型的典范是杠杆定律。机器组件被设计成以这种方式来管理力和运动,称为机构。一个理想的机构传递功率,而不会对其进行增减。这意味着理想的机制不包括动力源,而且没有摩擦,刚体不发生变形或磨损。相对于该理想系统,一个实际系统的性能在效率因子的表示上要考虑到摩擦、变形和磨损
530. Mechanical Fastener 机械紧固件	机械紧固件是将两个或多个物体机械连接或粘贴组合在一起的设备
531. Mechanical Force 机械力	机械力是一种导致物体产生加速度的机械性的力
532. Mechanocaloric Effect 机械致热效应	指一种效应,由于氦Ⅱ的温度梯度总是伴随着相反的压力梯度而造成。例子是喷泉效应,当液氦在一个容器里加热时,一部分液氦通过小孔喷出
533. Mechanoluminescence 机械致发光、力致发光	指任何由固体上的机械运动造成的发光。它可以通过超声波或其他手段产生
534. Meissner Body 迈斯纳体	指宽度恒定的表面,由用弯曲的贴片替代鲁洛克斯四面体的三条边缘弧线构成,从而形成圆弧状旋转的表面。已有猜测(但尚未证实)迈斯纳体是宽度恒定的体积最小的三维形状
535. Melting 熔化	熔化是指物质由固态转变为液态的一个过程。固体物质的内部能量(通常是吸收的热量)增加,到一特定的温度(所谓的熔点),引起物质从固相到液相的转变
536. Memory Foam 记忆海绵	记忆海绵是黏弹性聚氨酯泡沫体,由聚氨酯与其他增加其黏度的化学品构成,在低温下黏弹性增加,能精密记忆本身的形状,在高温时黏弹性较低,对压力敏感,这使得它能够在几分钟内将自己塑造成模具的形状
537. Metal Foam 泡沫金属	一种由固体金属,通常是铝,组成的蜂窝状结构,含有大量的充气气孔。气孔可以被密封(即闭孔泡沫),或它们可以组成一个互联的网络(即开孔泡沫)
538. Metastability 亚稳态	亚稳态是描述了微妙的平衡状态的科学概念。一个系统处于亚稳态时,它处于平衡状态(不随时间变化),但易受轻微的交互作用陷入低能量状态。这类似于在一个小山谷的底部,而附近有一个更深的山谷
539. Meyer Hardness Test 迈耶硬度测试	迈耶硬度测试是一种很少使用的测试方法,它基于一种达到压痕的投影面积所需的平均压力。这是比基于压痕表面积的硬度测试方法更基础的一种硬度测量。该测试的原理是,测试材料达到压痕面积所需要的平均压力,即是该材料的测量硬度
540. Microbial Fuel Cell 微生物燃料电池	微生物燃料电池(MFC)或生物燃料电池是一种生物电化学系统,通过模仿自然界中已发现的细菌的相互作用来驱动电流
541. Microemulsion 微乳液	微乳液是油、水和表面活性剂形成的均一、稳定、各向同性的液体混合物,经常与助表面活性剂相结合。与普通乳液相比,微乳液形成于简单的成分混合且不需要普通乳液的形成时通常需要的高剪切条件。微乳液的两种基本类型是直接的(油分散在水中,O/W)和反转的(水分散在油中,W/O)

效应名称	注解与说明
542. Microelectromechanic-al System 微机电系统（MEMS）	MEMS 是非常小的、纳米尺度的机电系统,融入了纳米电机机械系统（NEMS）和纳米技术。微机电系统是由 $1\sim100\mu m$ 大小（即 $0.001\sim0.1mm$）的部件组成,且微机电系统器件的尺寸范围通常为 $20\mu m$（米的百万分之二十）到 1 毫米
543. Microsphere 微球体	微球体是一个术语,用于描述直径在微米范围（通常为 1 微米到 1 毫米）的小球形颗粒,在化妆品中,不透明的微球体用来掩盖皱纹和颜色
544. Microwave Radiation 微波辐射	微波是波长范围为 $1mm\sim1m$ 的电磁波,或等价的、频率为 $300MHz\sim300GHz$（$0.3THz$）的电磁波
545. Mineral Hydration 水合化	矿物的晶体结构加入结晶水的无机化学反应,通常会形成一种新的矿物,称为水合物。水合作用有两种主要方法,一种是氧化物转化成氢氧化物,例如氧化钙（CaO）转化为氢氧化钙$[Ca(OH)_2]$ 的转换,另一种是让水分子直接进入矿物的晶体结构,例如长石的黏土矿物的水合。水合是普通硅酸盐水泥提高强度的一种途径
546. Misznay-Schardin Effect 米斯奈-沙尔丁效应	广阔的平面板引爆的爆炸不像圆筒形装药引爆的爆炸,其特征是:爆炸扩展的冲击波直接远离垂直于爆炸的表面
547. Mixed Convection 混合对流	自由对流和强迫对流共同导致的液体或气体（或液体或气体所携带的颗粒）的运动
548. Möbius Strip 莫比乌斯带	只有一个表面和一个边缘组分的带,莫比乌斯带常被认为是无穷大符号的创意来源,因为如果某个人站在一个巨大的莫比乌斯带的表面上沿着他能看到的"路"一直走下去,他就永远不会停下来
549. Moiré Effect 莫尔效应	当两个网格在某个角度重叠时,或是当网格尺寸略有差异时产生的一种干涉图像
550. Molecular Sieve 分子筛	一种含精确的、统一尺寸微孔的材料,用于气体和液体的干燥、纯化、分离和回收。是天然或人工合成具网状结构的化学物质,如沸石等。当作为层析介质时,可按分子大小对混合物进行分级分离。分子筛吸湿能力极强（被广泛地用作干燥剂）,用于气体的纯化处理。其晶体结构中有规律而均匀的孔道,孔径为分子大小的数量级,它只允许直径比孔径小的分子进入,因此能将混合物中的分子按大小加以筛分
551. Montmorillonite 蒙脱石	蒙脱石是一个非常软的层状硅酸盐黏土,通常形成微小晶体,含水量是可变的,它吸收水分后体积会极大地膨胀
552. Nagaoka-Honda Effect 长冈本田效应	磁弹效应的一种。容积的变化会引起的磁性性能变化,与电磁容积效应相反
553. Nanocomposite 纳米复合材料	纳米（nm）表示 10^{-9} 米。纳米大小的东西用肉眼是看不到的。在纳米尺度下,物质中电子波性依据原子之间的相互作用将受到尺度大小的影响。在这个尺度时,物质会出现完全不同的性质,就好像生物进化一样,产生无穷的变化。即使不改变材料的成分,纳米材料的基本性质,诸如熔点、磁性、电学性能、力学性能和化学活性等都将与传统材料大不相同,呈现出用传统模式和理论无法解释的独特性能。纳米复合材料指一种多相固体材料,其中一个相有一维、二维或三维小于 100nm,或一种由不同相间有重复的纳米尺度的距离来组成材料的结构,可以包括多孔介质、胶体、凝胶和共聚物,但更多地用于指由块状基质和纳米级物质构成的固体组合
554. Nanofoam 纳米泡沫	一种纳米结构的多孔材料,包含大量直径小于 100nm 的孔。气凝胶是纳米泡沫的一个例子。纳米泡沫可以作为一种非常有效的绝热材料
555. Nanoindentation 纳米压痕技术	用于测量纳米级材料的硬度（或其他机械性能）的技术,具有精确的尖端形状、高空间的分辨率,在压痕过程中提供实时的荷载（进入表面）数据
556. Nanopore 纳米孔（纳米通道）	电绝缘薄膜中的小孔（通道）,可以作为单分子检测器。纳米孔是更小的粒子的库尔特计数器。它可以是双层的生物蛋白通道,也可以是固态薄膜中的细孔。检测原理是施加电压时,监测通过膜纳米孔的离子电流
557. Nanoporous Material 纳米多孔材料	纳米多孔材料是由常规的有机或无机的材料组成的,具有有规律的毛孔,孔直径大致在纳米范围内
558. Nano-Velcro 纳米魔术贴	一种铺满了端部带钩的碳纳米管,每个横截面只有百万分之一毫米直径,可重复使用
559. Nap 绒毛	使在一定品种的织物（如似天鹅绒的织物）或其他材料的表面上凸起细绒毛
560. Néel Temperature 尼尔温度	使反铁磁性材料变成顺磁性的温度。也就是说,热能大到足以破坏材料内的宏观磁序。尼尔温度类似于铁磁材料的居里温度

续表

效应名称	注解与说明
561. Negative Thermal Expansion 负热膨胀	物理化学的过程中多数材料加热时产生膨胀,有些材料加热时产生负热膨胀,两种类型材料混合可能会导致零膨胀复合材料的产生。这种不寻常的材料有一系列潜在的工程应用
562. Nernst Effect 能斯特效应	指霍尔效应伴生的副效应,在产生霍尔电压 V_h 的同时,还伴生有四种副效应,副效应产生的电压叠加在霍尔电压上,造成系统误差
563. Nesting 嵌套	一种机械元件的组合方式,例如一个或多个元件嵌入另一个内,或者将元件移入一个腔体内。可伸缩的天线就是嵌套的常见例子
564. Neutron Diffraction 中子衍射	一种用中子来确定材料的原子和/或磁性结构的方法。它可用于研究结晶固体、气体、液体或非晶态材料。待检验的样品放在热或冷中子束中,样品周围的布格衍射强度图案给出有关材料结构的信息
565. Newton's Rings 牛顿环	指由光在球面和相邻平面间反射所产生的干涉图案。当用单色光观察时,它表现为一系列同心的、明暗交替的、中心在两表面间的接触点上的环。当用白色光观察时,它形成彩虹色的同心环图案,因为不同波长的光在两表面间不同厚度的空气层处发生干涉
566. Nitriding 氮化、渗氮	在一定温度下一定介质中使氮原子渗入工件表层的化学热处理工艺,生成硬化的表层。主要用于对钢,但也对钛、铝和钼合金金属表面的硬化。经氮化处理的制品具有优异的耐磨性、耐疲劳性、耐蚀性及耐高温的特性
567. Non-Newtonian Fluids 非牛顿流体	指其流动性不能用一个恒定黏性值描述的流体。在非牛顿流体中,剪切力与应变率之间的关系是非线性的,甚至可以随时间变化的。因此,无法定义一个恒定的黏度系数
568. Nuclear Fission 核裂变	原子的原子核分裂成几部分(较轻的原核),往往产生自由中子和其他较小的核,最终还可能会产生光子(以 γ 射线的形式)。重元素的核裂变反应是放热反应,可以释放大量的能量,形式有电磁辐射和碎片的动能(裂变发生加热散装物料)
569. Nucleation 成核现象	成核,也称形核,是相变初始时的"孕育阶段"。天空中的云、雾、雨、燃烧生成的烟,冰箱中冰的结晶,汽水、啤酒的冒出的泡等的形成,均为成核现象。在饱和蒸汽中形成液滴也是通过成核作用。大多数成核过程是物理过程,而不是化学过程,但也有少数例外,比如电化学成核
570. Nuclear Fusion 核聚变	核子融合在一起,形成一个较重的原子核而产生能量的过程
571. Oblique Shock Wave 斜冲击波	斜冲击波像一个普通的波,它承载的能量可以通过介质(固体、液体、气体或等离子体)传播,如电磁波。斜冲击波的热力学特征在于介质的特性突然的不连续的变化,相关联的压力,温度和密度的迅速崛起。以比普通波更高的速度冲击穿过大多数的介质
572. Ohm's Law 欧姆定律	欧姆定律指出:通过两个点之间的电流与电位差或电压成正比,和它们之间的电阻成反比
573. Oloid Oloid 曲面	一种可展曲面。将两个半径相同的凸圆形状磁盘彼此垂直相交,两圆盘间距等于它们的半径,形成一个三维的立体。当滚动时,可展为球状体组件的整个表面
574. Onnes Effect 昂内斯效应	超流态液体跨过较高的障碍物的能力。昂内斯效应由支配重力和黏性力的毛细作用力实现
575. Optical Fibre 光纤	能沿其长度方向传播光的纤维(通常由玻璃或塑料制成的)
576. Optical Tweezers 光镊	利用聚焦的激光束提供吸引力或排斥力(通常为微牛顿力的数量级)的科学仪器。这取决于折射率与物理上保持或移动微观电介质物体位置的不匹配。光镊在研究各种生物系统方面卓有成效
577. Opto-hydraulic Effect 光电液压效应	光电液压效应指:当激光脉冲被液体吸收时,将产生高功率的声脉冲和高静压力,导致液体向激光束的方向喷射
578. Organic Light-emitting Diode 有机发光二极管	也称为发光聚合物(LEP)或有机电致发光(OEL),指一种发光二极管(LED),其发射的电致发光层由一层有机化合物组成。该层通常包含聚合物,允许相适应的有机化合物能够沉积。它们通过一个简单的"印刷"工艺以行和列的形式沉积在平面载体上。所产生的像素矩阵可以发射不同颜色的光
579. Origami 折纸	指一种传统的日本折纸艺术。这种艺术的目标是用几何折叠创造一个物体,且折叠方式尽量少用胶水或剪切纸张,并且只用一张纸。折纸只用较少的不同的折叠,但可以通过多种方式的组合实现复杂的设计

效应名称	注解与说明
580. Oscillator 振荡器、加速器	振荡器是用来产生重复电子信号(通常是正弦波或方波)的电子元件。其构成的电路叫振荡电路,能将直流电转换为具有一定频率交流电信号输出的电子电路或装置。主要有由电容器和电感器组成的 LC 回路,通过电场能和磁场能的相互转换产生自由振荡
581. Osmosis (液体)渗透	渗透作用指分离不同浓度的两种溶液的物理过程。该过程中没有能量的输入,溶剂移动通过半透膜(溶剂运动,而非溶质)。渗透作用释放能量,可对外做功。两种不同浓度的溶液隔以半透膜(允许溶剂分子通过,不允许溶质分子通过的膜),水分子或其他溶剂分子从低浓度的溶液通过半透膜进入高浓度溶液中的现象,或水分子从水势高的一方通过半透膜向水势低的一方移动的现象。植物细胞的液泡充满水溶液,将液泡膜、细胞质及细胞膜称为原生质层,则细胞与细胞之间,或细胞浸于溶液或水中,都会发生渗透作用。实际上,生物膜并非理想半透膜,它是选择透性膜,既允许水分子通过也允许某些溶质通过,但通常溶剂分子比溶质分子通过要多得多,因此可以发生渗透作用。植物细胞中有细胞壁,细胞壁有保护和支持作用,可以产生压力而逐渐使细胞内外水势相等,细胞停止渗透吸水,所以植物细胞放在水中一般不会破裂,动物细胞如红细胞放入水中则会因吸水而破裂
582. Osmotic Pressure 渗透压	将溶液和水置于 U 形管中,在 U 形管中间安置一个半透膜,以隔开水和溶液,可以见到水通过半透膜往溶液一端跑,假设在溶液端加压强,而此压强可刚好阻止水的渗透,则称此压强为渗透压,渗透压的大小和溶液的质量摩尔浓度、溶液温度和溶质解离度相关
583. Ostwald Ripening 奥斯特瓦尔德熟化	奥斯瓦尔德熟化(或奥氏熟化)是一种可在固溶体或液溶胶中观察到的现象,其描述了一种非均匀结构随时间所发生的变化:溶质中的较小型的结晶或溶胶颗粒溶解并再次沉积到较大型的结晶或溶胶颗粒上
584. Ouzo Effect 茴香烈酒效应(乌佐效应)	乌佐效应(也称悬乳效应或自发乳化)是当水被兑入某些茴香风味力娇酒或烈酒中时产生一种乳白色悬乳状的水包油型微颗粒的反应。乌佐酒、拉克酒、中东亚力酒和苦艾酒都会发生乌佐效应。当微乳液只有较少的混合且高度稳定时发生
585. Oxidation 氧化	一种涉及电子的损失或在氧化态下增加分子、原子或离子的化学反应
586. Ozone 臭氧	臭氧(O_3)是一个三原子分子,由三个氧原子组成。是一种比双原子同素异形体(O_2)不太稳定的三原子同素异形体的氧气。可利用臭氧的强氧化作用去除杂物,如用臭氧去除轮船底部的锈迹
587. Parachute 降落伞	拖放降落伞,通过产生拉拽,或冲压空气,或气动升力,以减缓物体通过大气降落的运动速度
588. Parallax 视差	沿着两条不同的视线观察到的物体明显的位移或视位的不同,可通过两条线之间全角或半角的倾斜测量。从不同位置观察,近的物体比远的物体有更大的视差,因此视差可用于确定距离
589. Parasitic Capacitance 寄生电容	电感、电阻、芯片引脚等在高频情况下表现出来的一种不可避免的电容特性,且通常是有害的。本来没有在那个地方设计电容,但由于布线之间总是有互容,互感就好像是寄生在布线之间的一样,所以叫寄生电容
590. Parylene 聚对二甲苯	聚对二甲苯是多种化学气相沉积的聚酯(对苯二甲)聚合物的商品名,用作防潮层和电绝缘体。主要有 Parylene N(聚对二甲苯)、Parylene C(聚一氯对二甲苯)和 Parylene D(聚二氯对二甲苯)三种。其中,聚对二甲苯最受欢迎,因为它兼具有阻隔性能、成本和其他制造的优势。主要用作薄膜和涂层,用于电子元器件的电绝缘介质、保护性涂料和包封材料等
591. Particle Image Velocimetry 粒子成像测速仪	指一种流动可视化的光学方法,用于获取流体中的瞬时速度测量值和相关的属性。流体中掺种足够小的示踪微粒,被假定为完全遵循流体动力学。夹带微粒的流体被照亮,使微粒可见。夹带颗粒的运动被用于计算正在研究的流动的速度和方向(速度场)
592. Pascal's Law 帕斯卡定律	或称为流体压力的传输原理,在密闭容器内,施加于静止液体上的压强将以等值同时传到各点,使得整个流体压力比(初始差异)保持相同
593. Peltier Effect 帕尔帖效应	又称为热电第二效应,是指当电流通过 A、B 两种金属组成的接触点时,除了因为电流流经电路而产生的焦耳热外,还会在接触点产生吸热或放热的效应,它是塞贝克效应的逆反应。即两种不同的金属构成闭合回路,当回路中存在直流电流时,两个接头之间将产生温差
594. Pendulum 摆锤	指从一个枢轴悬挂下来的重物,其可以自由摆动
595. Penning Effect 潘宁效应	由于少量的另一种惰性气体或其他杂质的存在,而产生的惰性气体电离电压的下降。在霓虹灯管中充入两种以上的混合气(混合气的混合比有很严格的要求),气体被击穿的电位明显低于单纯气体的击穿电位从而极大地降低了启动电压,这一现象就是潘宁效应

续表

效应名称	注解与说明
596. Peristaltic(Peristalsis) 蠕动	径向的对称收缩和肌肉放松在肌肉中的传播
597. Peristaltic Pump 蠕动泵	一种用于抽运各种液体的容积式正排量泵
598. Permeation (固体)渗透	渗透物(如液体、气体或蒸汽)穿过固体的过程。渗透总是通过三个步骤从高浓度向低浓度进行：①吸附(在界面处)；②扩散(通过固体)；③脱附(作为气体吸附离开固体)。被半透膜所隔开的两种液体,当处于相同的压强时,纯溶剂通过半透膜而进入溶液的现象称为渗透。渗透作用不仅发生在纯溶剂和溶液之间,而且还可以在同种不同浓度溶液之间发生。低浓度的溶液通过半透膜进入高浓度的溶液中。砂糖、食盐等结晶体之水溶液,易通过半透膜,而糊状、胶状等非结晶体则不能通过 渗透现象；在生物机体内发生的许多过程都与渗透作用有关,如各物浸于水中则膨胀；植物从其根部吸收养分；动物体内的养分透过薄膜而进入血液中等现象都是渗透作用产生的现象
599. Pervaporation 渗透汽化	一种分离液体混合物的方法,该方法先使混合物通过多孔或者非多孔的膜,然后使混合物部分汽化,因此得名。该方法被多种工业采用并应用于多种不同的工艺,包括纯化和分析,这主要取决于该方法的简单性和易于流程化操作的特点
600. Phase Change 相变	物质从一种相转变为另一种相的过程。物质系统中物理、化学性质完全相同,与其他部分具有明显分界面的均匀部分称为相。与固、液、气三态对应,物质有固相、液相、气相
601. Phase Modulation 调相	一种调制的形式,以载波的瞬时相位的变化表现信息。与调频不同,调相并不被广泛使用,因为它往往需要更复杂的接收设备,且易产生歧义问题,例如确定信号相位改变了$+180°$或$-180°$
602. Phononic Crystal 声子晶体	声子晶体是一种具有声子阻带的材料,防止所选取频率范围内的声子通过材料传播
603. Phosphorescence 磷光现象	一种特定类型与荧光相关的光致发光。不同于荧光,磷光材料并不立即重新释放它吸收的辐射,磷光是由温度达到某个临界点而引发的
604. Phosphor Thermometry 磷测温法	磷测温法是用光学测量表面温度的方法。该方法利用荧光体材料的发光。荧光粉是细白或柔和色的无机粉末,任何一种发光装置的刺激即发光。随温度的变化所发射的光的某些特性,包括亮度、色度和余晖持续时间。这一现象可用于温度测量
605. Photoacoustic Doppler Effect 光声多普勒效应	一种特定的多普勒效应,当强度调制的光波粒子以特定频率运动时,产生光声波现象。所观察到的频移可以用于检测受照的运动粒子的速度。一种潜在的生物医学应用是测量血流量
606. Photochromism 光致变色	光致变色是基于光照的颜色的可逆变化。光致变色是指一个化合物 A,在适当波长的光辐照下,可进行特定的化学反应或物理效应,获得产物 B,由于结构的改变导致其吸收光谱(颜色)发生明显的变化,而在另一波长的光照射或热的作用下,产物 B 又能恢复到原来的形式
607. Photoconductivity 光电导性	指一种光学和电学现象,材料由于吸收电磁辐射(如可见光、紫外光、红外光或 γ 射线)导电性变强。类似光纤的光信号导体,基本是用有机玻璃做光的传导介质,能有效地传播信号
608. Photoelasticity 光测弹性学	指一种通过由压力引起的双折射变化来确定材料中的应力分布的方法。光弹性是某些均质透明固体在应力作用下发生双折射的性质。光线通过各向同性的透明介质时,由于介质中的微粒或分子的作用,产生散射光。垂直于传播方向的散射光,是平面偏振光。它的光强度和入射光的性质、材料的散光性能以及观察方向有关。入射为自然光时,在传播轴的所有垂直方向的散射光的光强度相等。利用这种物理性质可以在偏振光镜下通过观测等色线和等倾线,定量研究应力的分布形式
609. Photoelectric Effect 光电效应	指电子从物质(金属和非金属固体,液体或气体)中被激发的现象,这是物质从短波(例如可见光或紫外线)的电磁辐射中吸收能量的结果。使物体内部的受束缚电子受到激发,从而使物体的导电性能改变,这就称为内光电效应。光导管(又称光敏电阻)就是利用内光电效应制成的半导体器件
610. Photogrammetry 摄影测量法	根据摄影影像来确定物体几何特性的一种通常做法
611. Photography 摄影	指一种从摄影图像确定物体的几何性质的做法。用对辐射敏感的介质(如照相胶片或电子图像传感器)记录图像的过程

续表

效应名称	注解与说明
612. Photoionisation 光致电离	电离作用,即物质中原子被电离,在粒子通过的路径上形成许多离子对。光致电离是物理过程,是指不带电的粒子在(激)光作用下,变成了带电的离子的过程
613. Photoluminescence 光致发光	一种发光方法,其中一种物质吸收光子(电磁辐射),然后重新辐射光子。量子力学说明可将物质激发到更高的能量状态,然后返回到更低的能量的状态,伴随着一个光子的发射。有多种形式的发光,并通过光(光子激发)区分 物体依赖外界光源的照射来获得能量,产生光子激发导致发光的现象,它大致经过吸收、能量传递及光发射三个主要阶段,光的吸收及发射都发生于能级之间的跃迁,都经过激发态。而能量传递则是由于激发态的运动。紫外辐射、可见光及红外辐射均可引起光致发光,如磷光与荧光
614. Photo-oxidation 光致氧化	在光照下进行的氧化反应,氧化促进辐射能量,如 UV 光或人造光。这个过程通常是聚合物的自然风化的最重要的组成部分
615. Photophoresis 光泳	悬浮在气体(气体溶胶)或者液体(凝胶)物质中的小颗粒在足够强度的光照下产生迁移。这种现象是指光照下流体介质中的粒子随温度的非均匀分布
616. Photon Sieve 光子筛	用光的衍射和干涉进行聚焦的一种装置。它包括布满有序小孔洞的平板材料,与菲涅尔波带片相似,但是光子筛片使光线聚集在更小的焦点
617. Photonic Crystal 光子晶体	光子晶体是纳米光学结构材料,特性是周期性的光学(纳米)结构,会影响电磁波的传播,可用于控制和操纵光线流
618. Photoplastic Effect 光塑性效应	在物理学中,塑性是指在应力超过一定限度的条件下,材料或物体不断裂而继续变形,在外力去掉后还能保持一部分残余变形,又称塑性。光塑性法是实验应力分析方法的一种。偏振光通过透明的弹塑性变形模型时,会产生双折射效应。用这种原理研究物体的塑性变形的实验分析方法,称为光塑性法。它可模拟原型结构或构件的塑性变形过程,并利用塑性变形时记录所得的应力图像,解决超过弹性极限时的应力分析问题。用光塑性法还可以研究塑性流动的一些物理现象,如流动和破坏的观察,研究残余应力、蠕变和松弛等问题光塑性法主要有两种:非晶态模型材料的光塑性法,凡是有明显塑性变形和双折射效应的透明塑料,都可选为光塑性模型材料。例如,硝化赛璐珞比较适用于模拟强化材料;聚碳酸酯适用于模拟理想塑性材料
619. Photopolymerisation 光致聚合	暴露在光或紫外线辐射下而导致的聚合。光化学反应是物质一般在可见光或紫外线的照射下而产生的化学反应,是由物质的分子吸收光子后所引发的反应。分子吸收光子后,内部的电子发生能级跃迁,形成不稳定的激发态,然后进一步发生离解或其他反应
620. Photosynthesis 光合作用	植物和其他生物捕获太阳能,转换为化学能,可用于为生物体的活动供能
621. Photovoltaic Effect 光生伏打效应 (光伏效应)	物质暴露在光线下产生电压(或相应的电流)的现象。虽然直接与光电效应相关,但这两个过程是不同的,应加以区别。光电效应中电子暴露于足够的能量辐射从物质表面喷射。光伏效应所产生的电子在不同频带(即从价导带)的材料间转移,从而在两个电极之间产生电压的积累。1839 年,法国物理学家 A.E.贝克勒耳意外地发现,用两片金属浸入溶液构成的伏打电池,受到阳光照射时会产生额外的伏打电势,他把这种现象称为光生伏打效应 1883 年,有人在半导体硒和金属接触处发现了固体光伏效应。后来就把能够产生光生伏打效应的器件称为光伏器件 由于半导体 PN 结器件在阳光下的光电转换效率最高,所以通常把这类光伏器件称为太阳能电池,也称光电池。太阳能电池又称光电池、光生伏打电池,是一种将光能直接转换成电能的半导体器件。现主要有硅、硫化镓太阳能电池
622. Physical Containment 物理控制(隔离)	指用某些物理介质部分或完整地包围、隔离物体或物质,通常目的是保护或限制物体运动
623. Physical Vapour Deposition 物理气相沉积	物理气相沉积是运用汽化形式的物质,通过冷凝沉积到不同物质的表面变成薄膜的方法
624. Physisorption 物理吸附	物理吸附是以分子间作用力相吸引的,吸附热少。如活性炭对许多气体的吸附属于这一类,被吸附的气体很容易解脱出来,而不发生性质上的变化。所以物理吸附是可逆过程。常见的吸附剂有活性炭、硅胶、活性氧化铝、硅藻土等。电解质溶液中生成的许多沉淀,如氢氧化铝、氢氧化铁、氯化银等也具有吸附能量,它们能吸附电解质溶液中的许多离子吸附性能的大小取决于吸附剂的性质、吸附剂表面的大小,吸附质的性质和浓度的大小,以及温度的高低等。由于吸附发生在物体的表面上,所以吸附剂的总面积愈大,吸附的能量愈强。活性炭具有巨大的表面积,所以吸附能力很强。一定的吸附剂,在吸附质的浓度和压强一定时,温度越高,吸附能力越弱。所以,低温对吸附作用有利。当温度一定时,吸附质的浓度或压强越大,吸附能力越强

续表

效应名称	注解与说明
625. Piezoelectric Accelerometer 压电加速计	指一种加速计，它利用某些材料的压电效应来测量机械变量中的动态变化（例如加速度、振动和机械冲击）
626. Piezoelectric Effect 压电效应	由物理学知，一些离子型晶体的电介质（特别是晶体、某些陶瓷、生物物质，如骨、DNA 和各种蛋白质、石英、酒石酸钾钠、钛酸钡等）不仅在电场力作用下，而且在机械力作用下，都会产生生极化现象。即： 1）在这些电介质的一定方向上施加机械力而产生变形时，就会引起它内部正负电荷中心相对转移而产生电的极化，从而导致其两个相对表面（极化面）上出现符号相反的束缚电荷 Q，且其电位移 D（在 MKS 单位制中即电荷密度 σ）与外应力张量 T 成正比。当外力消失，又恢复不带电原状；当外力变向，电荷极性随之而变，这种现象称为正压电效应，或简称压电效应 2）若对上述电介质施加电场作用时，同样会引起电介质内部正负电荷中心的相对位移而导致电介质产生变形，且其应变 S 与外电场强度 E 成正比。这种现象称为逆压电效应或称电致伸缩
627. Piezoluminescence 压致发光	通过对某些固体施加压力而产生发光
628. Piezomagnetism 压磁效应	一些反铁磁晶体中观察到的现象。它的特点是由一个线性系统的磁性极化和机械应变之间的耦合。压磁效应中，通过施加磁场施加物理压力，或物理变形很可能会引起自发磁化。压磁不同于相关磁致伸缩的属性 当铁磁材料受到机械力作用时，在它的内部产生应变，从而产生应力 σ，导致磁导率 μ 发生变化的现象称为压磁效应。磁材料被磁化时，如果受到限制而不能伸缩，内部会产生应力。同样在外部施加力也会产生应力。当铁磁材料因磁化而引起伸缩（不管何种原因）产生应力 σ 时，其内部必然存在磁弹性能量 E_σ，分析表明 E_σ 与 $\lambda_m \times \sigma$ 之积成正比，其中 λ_m 为磁致伸缩系数，并且还与磁化方向与应力方向之间的夹角有关。由于 E_σ 的存在，将使磁化方向改变，对于正磁致伸缩材料，如果存在拉应力，将使磁化方向转向拉应力方向，加强拉应力方向的磁化，从而使拉应力方向的磁导率 μ 增大。压应力将使磁化方向转向垂直于应力的方向，削弱压应力方向的磁化，从而使压应力方向的磁导率减小。对于负磁致伸缩材料，情况正好相反。这种被磁化的铁磁材料在应力影响下形成磁弹性性能，使磁化强度矢量重新取向，从而改变应力方向的磁导率的现象称为次弹效应或压磁效应
629. Piezoresistive Effect 压阻效应	压阻效应是由于施加的机械应力，而产生的半导体的电阻率的变化
630. Pin 销	一个使物体结合在一起的简单的机械装置
631. Plasma 等离子体	等离子体是指物质原子内的电子在高温下脱离原子核的吸引，使物质呈现为正、负带电粒子状态存在。等离子态是一种普遍存在的状态。宇宙中大部分发光的星球内部温度和压力都很高，这些星球内部的物质差不多都处于等离子态。只有那些昏暗的行星和分散的星际物质里才可以找到固态、液态和气态的物质。等离子体的用途非常广泛，从我们的日常生活到工业、农业、环保、军事、宇航、能源、天体等方面，它都有非常重要的应用价值
632. Plasma Enhanced Chemical Vapour Deposition 等离子体增强化学气相沉积	等离子体增强化学气相沉积法（PECVD）是在化学反应的过程中，使用反应气体的等离子体，增强从气体状态（蒸气）向固体状态在基板上沉积为薄膜的过程
633. Plasma Spray 等离子喷涂	等离子喷涂是使用等离子射流的热喷涂涂料的方法，涂料材料包括金属、陶瓷、聚合物和复合材料。可以使部件表面覆盖上从微米到几毫米厚的涂料材料
634. Plenoptic Camera 全光相机（光场相机）	使用微透镜阵列的一种能够捕获场景中 4D 光场信息的相机。这些光场信息可以被用于提高计算机的图形和视觉相关的问题的解决能力
635. Plasticity 塑性形变	施加于材料的力使其发生不可逆的形状变化。例如，一块金属或塑料等可塑性材料形状被弯曲或畸变成新的形状，内部本身会发生永久性的变化
636. Plastometer 塑性计	塑性计是用来测定塑性物料流动性的一种工具
637. Pleochroism 多色性	指一种光学现象，物质从不同角度看呈现出不同的颜色，尤其是在偏振光下
638. Pockels Effect 普克耳斯效应	一个不变或者一个变化的电场导致光学介质产生双折射效应。平面偏振光沿着处在外电场内的压电晶体的光轴传播时发生双折射，且两个主折射率之差与外电场强度成正比，这种电光效应即称为普克耳斯效应。可用于制造普克尔斯盒（一种压控波板）

第34篇

续表

效应名称	注解与说明
639. Poisson's Effect 泊松效应	泊松效应是指物体在一个方向上被压缩,它通常倾向于在垂直于压缩方向的两个方向上扩大
640. Polarisation 极化(偏振)	描述波的振幅的取向的特性。对于电磁波这样的横向波,它描述了垂直传输方向平面的振幅取向。振幅可能是取向一个方向的(线偏振),或者振动方向随着光的传播而发生旋转(圆偏振或者椭圆偏振)
641. Polytetrafluoroethyl-ene(PTFE) 聚四氟乙烯(PTFE)	是一种合成的含氟聚合物,使用了氟取代聚乙烯中所有氢原子的人工合成高分子材料。碳氟化合物不容易发生物理吸附,具有抗酸抗碱、抗各种有机溶剂的特点,几乎不溶于所有的溶剂。同时,聚四氟乙烯具有耐高温的特点,它的摩擦系数极低,所以可作润滑作用之余,也成为易洁镀和水管内层的理想涂料
642. Pool-Frenkel Effect 普尔-弗兰克效应	或称为弗兰克-普尔排放量,通过给予一个强电场的环境,使电绝缘体可以导电
643. Porosity 孔隙率	多孔的特性。即在一个固体物质内部有许多可以保存液体的孔或间隙。孔隙率指散粒状材料堆积体积中,颗粒之间的空隙体积占总体积的比例。材料孔隙率或密实度大小直接反映材料的密实程度。材料的孔隙率高,则表示密实程度小。孔隙率(Porosity)在多孔介质中的定义为:多孔介质内的微小空隙的总体积与该多孔介质的总体积的比值
644. Porosimetry 孔隙率计	用于确定材料多孔率的各种量化方面,如孔径、总的孔体积、表面积、体积和绝对密度的分析技术。该技术涉及使用高压,迫使非浸润液体(通常是汞)通过孔隙率计侵入某种材料,可以测量出孔的大小。检测材料内部空隙的无损检验方法,主要有软 X 射线法和超声 C 扫描法
645. Potential Well 势阱	某一有限范围内势能局部最小的区域。势阱中的势能无法转换为另一种形式的能量(如在重力势阱中重力势能无法转换为动能),因为势阱中局部势能最小值可能不能继续成为全局势能最小值,从而自然会倾向于保持熵
646. Prandtl-Glauert Singu-larity 普朗特-格劳尔奇点	也称为蒸汽锥、冲击领或休克蛋,在适当的大气条件下,由空气压力突然下降创建一个可见的凝聚云,例如通过飞机以超音速的情况下飞行
647. Precession 进动(旋进)	旋转物体的轴线方向的改变。有两种类型:无转矩进动和转矩进动。有关对象旋转的轴线与其稳定旋转轴线略有不同是会发生无转矩进动。转矩进动(陀螺进动)是其中一个旋转对象(例如,陀螺仪的一部分),当施加一个转矩时,它产生不稳定"摆动"
648. Precipitation 沉积(沉淀)	在溶液中生成固体或在化学反应期间内部生成固体沉积于另一种固体
649. Precipitation Harden-ing 沉淀硬化	也称为时效硬化,一种热处理技术,用于加强有延展性的材料,包括大多数铝、镁、镍和钛的结构合金,及一些不锈钢。它依赖于随温度变化的固体溶解度来析出杂质中的细颗粒,从而阻碍位错运动,或避免晶体晶格的缺陷
650. Preservative 防腐剂	指一种添加到如食物、药品、涂料、生物样本、木材等产品中的天然或合成的物质,用于防止由于微生物的生长或不良的化学变化引起的分解腐烂
651. Pressure Drop 压降	物体表面被施加力时,会产生压力的效应。压力被传递到固体边界或任意区段,和正常流体的任意部分之中。快速压降是施力或破坏拆分对象的一个有用的技术
652. Pressure Gradient 压力梯度	沿流体流动方向,单位路程长度上的压力变化。可用增量形式 $\Delta P/\Delta L$ 或微分形式 dP/dL 表示,式中 P 为压力;L 为距离。流体(气体或液体)内的压力梯度会导致从高压力区指向低压力区的净力(压力梯度力)
653. Pressure Increase 压力增加	当力施加在某一表面上时产生的效果,压力被传递到流体的固体边界或任意点的截面
654. Pressurization 加压(增压)	压力在给定情况和环境下的一种应用,更多的情况下是指将孤立或半孤立状态下的大气环境维持一定大气压力状态的过程
655. Pressure-Sensitive Paint 压敏涂料	PSP 测量技术是一种非接触式光学测量方法。它是利用光致发光材料的某些光物理特性来进行实验模型表面的压力测量,它在接近传统压力测量精度的前提下,获得测量表面全域的压力分布,且准备过程也相对简便,只需将 PSP 覆盖于模型测量面并开设必要的测压孔即可开展实验测量,时间和经济效益显著提高。PSP 测量技术的作用机理是基于光致发光的高分子氧猝灭效应。将一种含光致发光探针的压力敏感涂料喷涂到模型表面,在特定波长激发光的照射下,可发出荧光或磷光。由于其发光强度与风洞中气流马赫数即氧浓度成反比,使压力敏感涂料具有类似压力传感器的功能特点。使用高分辨率的科学级电荷耦合器件(Charge-Coupled Device,CCD)相机摄取表面光强图像,经计算机图像处理,即可得到模型表面气流流态及压力分布

续表

效应名称	注解与说明
656. Pressure Swing Adsorption 变压吸附	是一种技术,用来根据某类的分子特性和对吸附材料的亲和性,在压力下从气体混合物中分离某些气体。特殊的吸附材料(如沸石)被用作分子筛,在高压下优先吸附目标种类气体。然后调至低压以解吸附材料
657. Prism 棱镜	棱镜是一个透明的光学元件,平整、抛光的表面折射光。棱镜表面之间的精确角度依赖于应用程序。传统的几何形状是具有三角形底座和矩形侧面的三角形棱镜,通常说的"棱镜"就是指这种类型
658. Pseudoelasticity 伪弹性变形	或称为超弹性,对由晶体的马氏体和奥氏体间的相位变换引起的相对高压的弹性回应(暂时的)。这种性质在记忆合金中表现出来。超弹性合金属于记忆合金的大家族。与记忆合金不同的是,超弹性合金不需要温度变化来恢复其初始形状
659. Pseudo Stirling Cycle 伪斯特林循环	也称为绝热斯特林循环,是以一个绝热工作容积、等温加热器和冷却器构成的一个热动力循环。与具有一个等温工作容积的斯特林循环相比,工作流体不影响伪斯特林循环的最大热效率
660. Pulley 滑轮 Block and Tackle 滑轮组	指在其圆周上的两个法兰盘之间有凹槽的轮子。钢绳或传动带通常在凹槽内滑动。滑轮用来改变所施加的力的方向,传递回转运动,或实现运动的线性,或实现回转系统的机械优点
661. Pulsed Laser Deposition 脉冲激光沉积	一种薄膜的物理气相沉积技术。在该技术中,高功率脉冲激光束聚焦于真空室内来轰击目标混合物。蒸发的靶材料将在衬底上沉积成为薄膜,以取得所需的组合物
662. Pulsed Magnet 脉冲磁体	脉冲的磁铁可以远远超过常规磁铁产生的磁场强度,有两种类型:破坏性和非破坏性的
663. Pulse Tube Refrigerator 脉管制冷器	一种发展中的技术,与其他热声场领域的创新成果一起出现于20世纪80年代。与其他的制冷机(即斯特林深冷机和吉福德-麦克马洪冷却器)相比,此制冷机在低温中的部分没有运动的部件,致使该装置适用的范围非常广泛
664. Pump 泵(抽吸)	用于移动的流体(如液体、气体或浆体)的装置,接构造及对液体施压方式的不同,可分机械回转式、往复式和离心式
665. Purification 净化(提纯)	使某些东西变纯粹的过程,也就是清理外来元素
666. Pycnometer 比重计	也称比重瓶,通常是带有配合紧密的毛玻璃塞的一个烧瓶。塞子上有一根毛细管通过,以使设备中的气泡可以从这里逸出。通过一个与工作流体相适应的参照物,例如水或汞,使用分析天平,就可以精确地得到流体的密度值
667. Pyroelectric Effect 热释电效应	某些材料被加热或冷却时产生电势的能力。这种变化的温度的结果是正、负电荷通过迁移移动到相对的端部(即材料变得极化),因此建立了一个电势
668. Pyrolysis 热解(高温分解)	热解(高温分解)是有机材料的热化学分解,在没有氧存在和温度高于430℃(800°F)时导致热分解。热解通常会发生在一定压力下
669. Rack and Pinion 齿条和齿轮	齿条和齿轮是一对用于将旋转运动转换成线性运动的齿轮(反之亦然)。圆齿轮啮合在齿条上,齿轮的旋转运动将导致机架移动,直到其行程的极限
670. Radar 雷达	一种使用电磁波的物体检测系统,以确定范围、高度、方向、速度、移动和固定物体,如飞机、轮船、汽车、天气形成和地形
671. Radiation 辐射	辐射指能量以电磁波或粒子(如阿尔法粒子、贝塔粒子等)的形式向外辐射。自然界中的一切物体,只要温度在绝对温度零度以上,都以电磁波和粒子的形式时刻不停地向外传送热量,这种传送能量的方式被称为辐射。一般可依其能量的高低及电离物质的能力分类为电离辐射或非电离辐射
672. Radiation Pressure 辐射压力	辐射压力是电磁辐射对被照射的物体所施加的压力。对暴露于电磁辐射的任何表面,电磁辐射都施加压力。如果吸收,压力是功率通量密度除以光速。如果被完全反射,辐射压力增一倍
673. Radioactive Decay 放射性衰变	不稳定的原子核自发地通过发射电离的粒子和辐射失去能量
674. Radioluminescence 辐射发光	发光材料中产生电离辐射的现象,如β粒子的轰击。例如用在手表表盘和枪瞄准器的氚发光涂料

第34篇

效应名称	注解与说明
675. Railgun 电磁炮	电磁炮是一个纯粹的电子枪,使导电弹丸沿着一对金属导轨加速,采用直线电动机相同的原则加速弹丸
676. Rankine Cycle 兰金循环	兰金循环是一种将热转换成功的热力循环。热量从外部供给到闭合回路中,通常用水作为工作介质。这个循环约产生全世界使用的所有电力中的80%,包括几乎所有的太阳能、生物质能、煤炭和核电站
677. Ranque-Hilsch Effect 兰克-赫尔胥效应	兰克-赫尔胥涡流管(或涡管)是一种机械装置,气体从切线方向进入管子形成涡流而产生冷效应。它能将压缩的气体分离成冷暖两流,没有可动部件,加压的气体被注入涡流室,切向加速到高的旋转速度。由于上面管子端部的锥形喷嘴,只有外层的压缩气体能在此处逸出。剩余气体被强制输送回到外涡内直径减小的内涡
678. Rarefaction 稀疏(稀薄)	减少介质的密度,或与压缩意义相反。有多种诱发因素,如声波穿过气体,地球随海拔高度对大气引力的递减效应
679. Ratchet 棘轮	允许仅在一个方向的线性运动或旋转运动,同时能阻止相反方向运动的一种机械装置
680. Rayleigh-Bénard Convection 瑞利-贝纳德对流	从下方加热液体层,当对流发生时会产生宏观有序的格子结构,是分散固体在流体中的传播
681. Rayleigh Scattering 雷利散射	也称为受激辐射效应(Stimulated Radiation Effect)。由于场效应的作用,处于高能态的粒子受到感应而跃迁到低能态,同时发生光的辐射,这种辐射称为受激辐射。这种辐射又感应其他高能态的粒子发生同样的辐射,即产生受激辐射效应。受激辐射的特点是辐射光和感应它的光子同方向、同位相、同频率并且同偏振面
682. Rayleigh-Taylor Instability 雷利-泰勒不稳定性	在两种不同密度的流体中,当较轻的流体推动较重的流体时,导致这两种不同密度流体之间出现不稳定的界面
683. Reaction (Physics) 反作用(物理)	在经典力学中,牛顿第三定律指出,力总是成对出现的,被称为作用力和反作用力。这两个力大小相等方向相反。作用力和反作用力的任何一个动作可以被认为是作用力,在这种情况下,另一个(对应的)力就是反作用力
684. Reaction Wheel 反应轮、反作用轮	一种主要用于飞船改变其角动量的飞轮,而无需使用火箭燃料或其他反应设备。由于反作用轮只占飞船总质量的一小部分,其容易掌控的速度能提供非常精确的角度变化。因此,它保证了飞船在姿态上做出非常精确的调整的能力,出于这个原因,反作用轮也用于相机或望远镜瞄准航天器
685. Redox Reactions 氧化还原反应	氧化还原反应描述所有参与反应的原子的化合价(氧化态)改变的化学反应。这可以是一个简单的氧化还原过程,如碳的氧化得到二氧化碳(CO_2);或碳的还原得到糖类($C_6H_{12}O_6$)、甲烷(CH_4);或其他复杂的过程,例如人体中氢发生的一系列复杂的电子转移过程
686. Reduction 还原(减少)	分子、原子或离子在氧化态下发生的得到电子或化合价降低的一种化学反应
687. Redundancy 冗余	为达到提高系统可靠性的目的,通常在系统保险装置或失效保护方面的关键部件做好备份。在故障产生的条件下使用
688. Reflection 反射	波的反射:波由一种媒质到达与另一种媒质的分界面时,返回原媒质的现象。例如声波遇障碍物时的反射,它遵从反射定律。在同类媒质中,由于媒质不均匀亦会使波返回到原来密度的介质中,即产生反射 光的反射:光遇到物体或遇到不同介质的交界面(如从空气射入水中)时,光的一部分或全部被表面反射回去,这种现象叫作光的反射,依据反射面的平坦程度,有单向反射及漫反射之分。人能够看到物体正是由于物体能把光"反射"到人的眼睛里,没有光照明物体,人也就无法看到它
689. Refraction 折射	波在传播过程中,由一种媒质进入另一种媒质时,传播方向偏折的现象,称波的折射。在同类媒质中,由于媒质本身不均匀,亦会使波的传播方向改变,此种现象也是波的折射 绝对折射率:任何介质相对于真空的折射率,称为该介质的绝对折射率,简称折射率(Index of Refraction)。对于一般光学玻璃,可以近似地认为以空气的折射率来代替绝对折射率
690. Refractory Material 耐火材料	在高温下能保持其强度的一种材料(通常为非金属)。耐火材料通常被当作炉衬材料用于熔炉、窑炉、焚化炉及电抗器等。它们也会被用于制造坩埚

效应名称	注解与说明
691. Regelation 复冰现象	复冰现象指的是在受压的情况下熔化，一旦压力降低时，再一次冻结的现象。例如冰，在冻结时具有体积膨胀的特性，可以通过提高外部的压力降低它们的熔点。用手捧起一堆雪，使劲捏紧给雪施加压力，在加压的情况下，熔点降低使雪熔化，一旦松手后，因压力消失，熔化的雪又会再次凝结
692. Relay 继电器	一个电开关，通过此开关控制另外一个电路。传统的形式是通过磁体控制闭合、断开一个或者多个连接。因为一个继电器能控制一个比输入电路更高功率的输出电路，它可以从广义上被认为是电子放大器的一种形式
693. Resonance 共振（谐振）	共振是物理学上的一个运用频率非常高的专业术语。共振的定义是两个振动频率相同的物体，当一个发生振动时引起另一个物体振动的现象。共振在声学中亦称"共鸣"，它指的是物体因共振而发声的现象，如两个频率相同的音叉靠近，其中一个振动发声时，另一个也会发声。在电学中，振荡电路的共振现象称为"谐振"
694. Resonant-Macrosonic Synthesis 共振强声合成器	一种通过特殊形状的封闭腔共鸣产生非常强力的声驻波的技术
695. Reticulated Foam 网状泡沫	一种多孔、低密度的固体泡沫。网状泡沫是非常开放的泡沫，也就是它有极少的，如果有的话，完整的气孔或细胞窗口。与此相反，由肥皂泡沫形成的泡沫只由完整的（完全封闭的）气泡组成。在网状泡沫中只有线性边界处的气泡保持完整
696. Retroreflector 后向反射器	能够以最低的散射将光或其他辐射反射回其源头的装置或者平面
697. Reuleaux Triangle 鲁洛三角形	分别以等边三角形三个顶点为圆心，等边三角形边长为半径所作三段60度圆弧围成的曲边三角形。鲁洛三角形某条边上的任一点到该边相对顶点的距离相等
698. Reverberation 混响	特定空间内，原始声音消失后，声音的延续。混响是当声音在封闭空间内引发大量的增强声音的回声然后由于墙和空气的吸收声音慢慢衰退的现象。在声音源头停止但是回声继续，并伴随着振幅减小，直到再也听不到声音为止的过程中，这种现象非常显著
699. Reverse Diffusion 反向扩散	介质中粒子（原子或分子）向较低的浓度梯度区域运输的情况，与扩散过程中所观察到的相反。这种现象发生在相分离中
700. Reverse Osmosis 反向渗透	又称RO逆渗透或反渗透，是一种净化水的办法，将清水（低张溶液）和咸水（高张溶液）置于一管中，中间以一只允许水通过的半透膜分隔开来，可见到水从渗透压低（低张溶液）的地方流向渗透压高（高张溶液）的地方，这就是渗透。如果在高张溶液处施加力，则可见水由渗透压高的地方流向渗透压低的地方。逆渗透是"正渗透"的反向，通常比正渗透的自然过程要耗费更多的能量
701. Rheometer 流变仪	流变仪是用于测量液体、悬浮液或浆料，在施加剪切力之后变化的实验室设备。有些液体不能用单一黏度表示，因此需要更多的参数和测量方式，流变仪正是应用于此
702. Rheopecty 或 Rheopexy 触变性	或称振凝性，指某些非牛顿流体的一种少见的性质，表现为黏度依赖于时间的变化。液体经受剪切力的时间越长，黏度越高。振凝流体，如一些润滑剂，在摇动时变稠或凝结（相反的表现，流体经受剪切时间越长，黏度越低，这称为触变性，更常见）
703. Richtmyer-Meshkov Instability 瑞克迈耶-梅什科夫不稳定性	不同密度的流体突然加速时，它们之间的界面干扰造成了不稳定性。例如，通过一个冲击波的通道
704. Rifling 膛线（来复线）	膛线是火器枪口上的螺旋细槽，在子弹通过时，使子弹围绕其长轴旋转的过程。借此能够在回旋旋转上稳定子弹，提高子弹的空气动力学方面的稳定性和精度
705. Righi-Leduc Effect 里吉-勒杜克效应	沿导体的温度梯度垂直的方向上施加磁场，则导体在和原有温度梯度和磁场平面垂直的方向又形成一个新的温度梯度。产生这种效应的物理原因是导体的温度梯度的"热流"电子在磁场所产生的络仑兹力作用下，向垂直温度梯度和磁场合成的平面方向运动，冲击晶格点阵而形成的新的温度梯度。其原理和霍尔效应的原理相似，只不过霍尔效应产生的电场梯度是由于电流的电子受络仑兹力的作用，而里吉-勒杜克效应受络仑兹力作用的是"热流"电子。因此，里吉-勒杜克效应也可看成热霍尔效应
706. Rigid Origami 刚性折纸	刚性折纸是折纸的一个分支，它是注重研究通过铰链连接着硬片而形成折叠结构。它是折纸的数学研究的一部分，它可以被认为是一种类型的机械联动装置，并且具有很大的实用意义。没有要求起始结构为平板，例如购物袋与瓶底和安全气囊，都可以作为刚性折纸研究的一部分

效应名称	注解与说明
707. Rocket 火箭	通过使用推进剂形成高速推进喷射的喷气发动机。火箭启动发动机引擎,根据牛顿第三定律获得推力。因为它们不需要外部的物质用于形成喷气,火箭可以作为航天器的推进器,也可以用于地面设备,如导弹。虽然非燃烧形式也存在,但最常用的火箭发动机是内燃机
708. Roller 辊	绕其主轴旋转的圆筒形的机械装置,通常是一对辊子来压缩金属板,以此进行有效的工作
709. Rollin Film 罗林薄膜	罗林薄膜,以 Bernard V. Rollin 的名字命名,是氦的氦Ⅱ状态的 30nm 厚的液膜。它在跟以往薄膜面(波传播)一样,延伸表面时,会出现"爬行"的效果。氦Ⅱ可从任何非密闭容器中,通过表面不可思议地沿 10^{-7} 到 10^{-8} 米或更大的毛细管蒸发逸出
710. Rotational Viscometer 旋转黏度计	旋转黏度计的设计理念是:旋转一个在液体中物体所需要的转矩就是该液体黏度的代数化表现。它们在一个已知速度的流体中,测量旋转磁盘或锤所需的转矩
711. Rubber Band Thermo- dynamics 橡皮筋带热力学	拉伸橡皮筋带,会导致橡皮筋带释放热量。然后,已被伸长的橡皮筋带会吸收热量,使其周围的温度降低。加热使橡皮筋带收缩,冷却使橡皮筋带伸展
712. Ruled Surface 直纹曲面	规定一个面积 S,如果整个 S 面上的每个点是一直线的话,就称为直级曲面。最熟悉的例子就是圆柱形或圆锥形的平面和曲面。一个规定面,总是(至少是局部的)可以被说成是由一根直线运动过的线集。例如:保持直线一端是固定点,直线的另一段以一个圆形作运动,就形成了一个锥形体
713. Sagnac Effect 萨尼亚克效应	或称萨格奈克干扰,就是因受到旋转而诱发产生干扰的一种现象,是环干涉仪的基础。一束光线被分裂成两束光以跟踪一个轨迹沿两个相反的方向包围一个区域(通常使用的反光镜)。返回入口点的光允许离开该装备,这样就获得了一幅干扰图。干扰条纹带的方位取决于装备的角速度
714. Saltation (geology) 跃移(地质学)	是特定种类的颗粒物质被风或水等流体跳跃搬运的现象。这种现象发生于岩床表面松散的物质被流体移动离开表面,搬运一段距离以后再回到表面的状况。典型的例子就是鹅卵石被河水搬运、沙漠表面上的风沙、土壤被风吹离地表、甚至是北极或加拿大草原地区的雪被风吹离地表
715. Scanning Probe Microscopy 扫描探针显微镜	扫描探针显微镜是显微镜的一个分支,是用物理探针试样形成的平面成像。通过机械式的移动探针使光栅一行一行地扫描试样而获得平面影像,并记录所述探针表面相互作用位置处的函数。影像分辨率主要取决于探针的大小(通常在纳米的范围)
716. Scattering 散射	某些形式的辐射,例如光、声波或者移动的粒子在介质中传播时,由于局部的非均匀性,使其被迫偏离直线轨道的常见的物理过程。根据反射定律,包括有角度的反射辐射的偏离
717. Scintillation 闪烁	离子化过程引发的透明材质中光的闪现
718. Screw 螺纹	螺纹是表面具有斜面呈螺旋线形条纹的圆柱体或圆孔体。可以将旋转运动变为直线运动、将旋转力(转矩)变换为线性力,反之亦然。作用力可以被放大,施加较小的旋转力可以变换为较大的轴向力。螺距是两条邻近螺纹之间的轴向距离。螺距越小,则能越高,即输出力与输入力的比值越大
719. Second Sound 第二声音	第二声音是指热交换发生波浪状运动,而不是普通的机械扩散。热量会在普通声波下产生压力,所以有非常高的热导率,它被称为"第二声音",因为热量的波动是类似于声音在空气中的传播
720. Seebeck Effect 塞贝克效应	指温差直接变成电能的转换,是热电效应的一种(见帕尔贴效应和汤普森效应)。由于两种不同的金属或半导体间温差的存在而产生热电动势(电压)。如果它们形成一个完整的回路,这将在导体中引发一个连续的电流。利用塞贝克效应,可制成温差电偶(Thermocouple,即热电偶)来测量温度
721. Sedimentation 沉降(沉淀)	在外力(重力、离心力或电场力)的作用下造成溶液或悬浮物中粒子的运动。沉淀可能涉及各种大小的粒子,从灰尘和花粉颗粒,到单分子蛋白质和肽,到细胞悬浮液中的细胞
722. Segmentation 分割	将物体划分成多个部分。操作细则是:1)将物体分割成相互独立的部分;2)将一个物体分成可组合的几部分;3)提高物体的分割程度和分散程度
723. Segner Turbine Segner 森纳涡轮机	这是一种简单的水轮机,利用来自成形喷嘴喷射的水力的作用来驱动

续表

效应名称	注解与说明
724. Selective Laser Sintering 分层激光烧结	这是一种添加剂快速制造技术。用一种高功率的激光器(例如二氧化碳激光器),将塑料、金属的小颗粒或玻璃粉分层熔化烧结,创建三维物体
725. Semipermeable Membrane 半透膜	是一种对不同物质分子、粒子或离子透过具有选择性的薄膜。例如细胞膜、膀胱膜、羊皮纸以及人工制的薄膜等。透过的速率依赖于分子或溶质的压力、浓度、温度,以及各溶质的膜的渗透性
726. Senftleben-Beenakker Senftleben-Beenakker 效应	Senftleben-Beenakker效应依赖于磁场或电场对多原子气体的传输性质(如黏度和热导率)。Senftleben-Beenakker效应类似于多原子气体的中性粒子的热霍尔效应
727. Settling 沉淀	微粒通过该过程沉降到液体的底部,并形成沉淀物。粒子在力的作用下(无论是由于重力或离心运动)会朝着该力所指定的方向运动。重力沉降,这意味着该粒子将趋于下降到容器底部,在容器底部形成淤浆
728. Shadow 阴影	由于物质的阻挡,光源不能直接照射(或其他辐射)的区域。影子的横截面是阻碍光线(或其他辐射)的物质的二维轮廓或者反向投影
729. Shadowgraph 影像图、X 光摄影	一种揭示了透明介质,例如空气、水或玻璃中的非均匀性的光学方法。原则上,我们不能直接观察到温差、不同的气体或透明空气中的冲击波。然而,这些干扰使光线发生折射,这样它们就可以投射阴影。例如,热空气从火中升起,可以通过它的影子被均匀太阳光投射在附近表面观察到
730. Shaking 摇动	物体迅速从一侧到另一侧移动
731. Shaped Charge 聚能装药	聚能装药能够集中炸药的爆炸性能量。被应用于切割和塑造金属,启动核武器,穿透装甲,以及在石油和天然气行业的一些方面。一个典型的现代穿甲弹,能穿透的装甲钢厚度达到穿甲弹直径的 7 倍以上,甚至 10 倍以上也是可能的
732. Shape Memory Alloy 形状记忆合金	指具有一定形状的固体材料,在某种条件下经过一定的塑性变形后,加热到一定温度时,材料又完全恢复到变形前原来形状的现象,即它能记忆母相的形状。形状记忆效应可以分为三种:1)单程记忆效应;2)双程记忆效应;3)全程记忆效应
733. Shape Memory Polymer 形状记忆聚合物	高分子智能材料,能够在外部刺激,如温度变化下,从变形状态(临时的形状)回到它们原来的形状(永久的形状)。形状记忆聚合物可以记忆两种甚至三种形状,而且这些形状间的转变由温度、电场、磁场、光或溶液引起
734. Shear Thickening (or Dilitant) 剪切增稠(增强)	或称胀流性,指物体的一种性能,黏度随剪切力的增大而增加。这种剪切增稠流体,也被称作 STF,是非牛顿流体的一个例子
735. Shear Thinning (or Pseudoplasticy) 剪切稀化(或假塑性)	表示物质的一种属性:该物质的黏度随着剪切速率的增加而降低。有些复合的溶液例如番茄酱、鲜奶油、血液、油漆和指甲油等具有这种属性。它也是高分子溶液和聚合物熔体的共同性质
736. Shear Stress 剪应力	平行或切向施加在材料表面的应力,与垂直施加的普通应力不同
737. Shock Hardening 冲击硬化	用于强化金属和合金的一种方法:一个冲击波在材料的晶体结构中产生原子级的缺陷。如在冷加工中,这些缺陷干扰正常的加工过程,使材料更硬,但更脆
738. Shock Wave 冲击波	一种传播的干扰。像普通的波一样,它承载能量而且可以通过介质(固体、液体、气体或等离子体)传播或通过一个场(如电磁场)传播。其介质特性有突然而几乎不连续变化的特征。经过激波,气体的压强、密度、温度都会突然升高,大多数冲击波以比普通波更高的速度传播
739. Shore Durometer 邵氏硬度计	指一种硬度测量,通过测量由标准化压头在材料上产生压痕的深度来测量硬度
740. Shot Peening 喷丸硬化	一种用于产生压缩残余应力层和强化金属的机械性能的加工方法。它需要喷丸足够大的冲击力(圆形金属、玻璃或陶瓷颗粒)以产生塑性变形。它和喷砂类似,不同之处在于它运用了可塑性机理而不是磨损。在实际应用中,这意味着加工移除更少的材料,产生更少的灰尘。喷丸硬化是广泛采用的一种表面强化工艺,其设备简单、成本低廉、不受工件形状和位置限制,操作方便,但工作环境较差。喷丸广泛用于提高零件机械强度以及耐磨性、抗疲劳和耐腐蚀性等。还可用于表面消光、去氧化皮和消除铸、锻、焊件的残余应力等

效应名称	注解与说明
741. Shunt 分流器	分流器是电子学中允许电流在电路中某点进行分发的一种器件
742. Siemens Cycle 西门子循环(周期)	是用来冷却或液化气体的一种方法。经压缩后的气体温度升高(根据伽诺定律中压力与温度的关系)。随后,被压缩的气体通过一个热交换器,于是被冷却,让被压缩的气体再压缩,进一步冷却(再一次根据伽诺定律),最终,使气体(或液化的气体)在同样的压力下,获得比最初更低的温度
743. Sintering 烧结	烧结是使用材料的粉末,通过加热材料(低于其熔点),直到其颗粒彼此黏结(固态烧结)。传统上用于制造陶瓷物件,许多非金属物质,如玻璃,氧化铝,氧化锆,二氧化硅,氧化镁,石灰,氧化铍,三氧化二铁,及各种有机聚合物也可以烧结。大多数金属也可以烧结,尤其是在真空中纯金属表面不会受到污染
744. Skin Effect 集肤效应	集肤效应是指交变电流(AC)在导体表面附近的密度大于在其核心的密度。也就是说,电流趋向于在导体的"皮肤"流动。集肤效应导致导体的有效电阻随电流频率变化。产生集肤效应的原因主要是变化的电磁场在导体内部产生了涡旋电场,与原来的电流相抵消
745. Smoke 烟	烟是由材料经燃烧或热解时,急速的化学变化转化或分解放出的微粒,并由大量空气夹带的或以其他方式混入空气中的固体和液体颗粒、气体的物质。不同颜色的烟代表其含有不同的成分,燃烧测试法是实验室内经常使用的方法
746. SODAR 声雷达	用于声波探测和测距(Sonic Detection And Ranging),是一种气象仪器,也被称为风廓线雷达,它测量大气湍流声造成的声波散射。声雷达系统用于测量地面以上不同高度的风速,以及较低层大气的热力学结构。声雷达系统和雷达系统的原理是一样的,除了使用的是声波而不是无线电波
747. Sol 溶胶	溶胶是一种胶体悬浮液,在液体中的固体颗粒(1~500nm 大小)。实例包括血液、着色油墨和油漆
748. Solar Energy 太阳能	收集或利用来自太阳的能量
749. Soldering 焊接软、钎焊	焊接是通过加热或加压或两者并用,并且用或不用填充材料,使工件的材质(同种或异种)达到原子间的结键而形成永久性连接的工艺过程。钎焊是焊接的一种,是使用比工件熔点低的金属材料作钎料,将工件和钎料加热到高于钎料熔点、低于工件熔点的温度,利用液态钎料润湿工件,填充接口间隙并与工件实现原子间的相互扩散,从而实现焊接的方法。当焊剂熔点较低时,叫作软钎焊,如锡焊;当焊剂熔点较高时,叫作硬钎焊,如铜焊
750. Solenoid 螺线管	(电磁)螺线管是个三维线圈。在物理学里,术语螺线管指的是多重卷绕的导线,卷绕内部可以是空心的,或者有一个金属芯。当有电流通过导线时,螺线管内部会产生均匀磁场。螺线管是很重要的元件,很多物理实验的正确操作需要有均匀磁场。螺线管也可以用作电磁铁或电感器
751. Solid Solution Strengthening 固溶体强化	固溶体强化技术的工作原理是将一种合金元素的原子添加到另一合金晶格中,形成固溶体,使纯金属的强度提高
752. Soliton 光孤子	是一种自我增强的孤波(波束或脉冲波)。当它以恒定的速度移动时,其形状保持不变。孤子光波是由于在介质中非线性和色散效应被删除而发生的。术语"色散效应"指的是某些系统的波的速度随频率的变化而变化的属性。例如:在光纤中的光孤波
753. Solvation 溶剂化	俗称溶解,指溶剂的分子和溶质的分子或离子相吸引和结合的过程。随着离子溶入溶剂,离子散开并被溶剂分子包围。离子越大,溶剂分子越容易包围它并使它溶剂化
754. Sonar 声呐	声呐是一种利用水下声波在海底搜寻其他对象的机器。声呐可以通过发送声音和聆听的回声(主动声呐),或侦听由它试图找到的对象所发出的声音(被动声呐)
755. Sonic Anemometer 声波风速计	声波风速计利用了超声波,根据传感器之间音波脉冲的行程时间来测量风速。来自耦合传感器的测量可以是1维、2维或3维合并的流量流速的测量。声波风速计能够以优良的瞬时清晰度(20Hz 或者更高)进行测量,这使得它非常适合湍流的测量
756. sonic boom 声震	也叫作音爆或声爆。是飞机以超音速飞行时就会产生声震。飞机前的空气被压缩,产生冲击波。冲击波以锥形形状向飞机后方传播。观察者所听到的冲击波便是声震。声震与音障之间存在联系,飞机导致音障产生后被人察觉到的一种声音结果

续表

效应名称	注解与说明
757. Sonochemistry 声化学	声化学主要是指利用超声波加速化学反应，提高化学产率的一门新兴的交叉学科。声化学反应主要源于声空化——液体中气泡的形成、振荡、生长、收缩，直至崩溃，及其引发的物理、化学变化。声化学解释了如超声、声波降解法、声致发光和声波的空化等现象
758. Sonoluminescence 声致发光	1934 年，德国科隆大学两位科学家在一次实验中向水中射入超声波，用以研究军用声呐雷达，结果在水中产生了一种蓝色的跃动光斑，当声波穿过液体的时候，如果声音足够强，而且频率也合适，那么会产生一种"声空化"现象——在液体中会产生细小的气泡，气泡随即坍塌到一个非常小的体积，内部的温度超过 10 万摄氏度，在这一过程中会发出瞬间的闪光。这种现象被称为"声致发光"。科学家认为，如果产生的气泡越大，那么它坍塌后的温度就越高——甚至可能高达 1000 万摄氏度。这个温度足以引发核聚变反应。不过，核聚变是这个现象最惊悚的理论解释
759. Sonomicrometry 微声测法	一种根据听觉信号通过介质的速度来测量压电晶体之间的距离的技术。一单元的晶体可以产生一单元的声脉冲，它可以穿过晶体间的间隔并被其他晶体所探测到——此过程所用的时间被用来计算晶体间的距离
760. Sorption 吸附与吸收	Sorption 指同时发生吸收和吸附的动作，也就是气体或液体被结合到另一种不同状态的材料上，或者黏附到另一种分子的效应。吸收是一种状态的物质结合到另一种状态的物质（例如液体被固体吸收，或气体被液体吸收）。吸附是离子和分子在另一种分子表面上的物理附着或黏结
761. Sound 声音	声音是一种机械诊断波，也就是通过的固体、液体或气体的压力振荡，由听觉和足以听到的频率范围组成
762. sound barrier 音障	音障是一种物理现象，当物体（通常是航空器）的速度接近音速时，将会逐渐追上自己发出的声波。声波叠积的结果，会造成震波的产生，进而对飞行器的加速产生障碍，而这种因为音速造成提升速度的障碍称为音障。突破音障进入超音速后，从航空器最前端起会产生一股圆锥形的音锥（巨大的能量以冲击波的形式释放出来），在旁观者听来这股震波有如爆炸一般，称为声震
763. sound vibration 声振动	当低密度气体稳定地横向流过管束时，在与流动方向及管子轴线都垂直的方向上形成声学驻波。这种声学驻波在壳体内壁（即空腔）之间穿过管束来回反射，能量不能往外界传播，而流动场的漩涡脱落或冲击的能量却不断地输入。当声学驻波的频率与空腔的固有频率或漩涡脱落频率一致时，便激发起声学驻波的振动，从而产生强烈的噪声，同时，气体在壳侧的压力降也会有很大的增加
764. Spark Plasma Sinte-ring 放电等离子烧结	放电等离子烧结 SPS（现场辅助烧结技术 FAST，或脉冲电流烧结 PECS）的主要特点是：在试样导电的情况下，脉冲直流电不仅直接通过石墨模具，也通过粉末压块，因此，其内部产生的热量促进一个非常高的加热和冷却的速率（高达 1000K/min），烧结过程一般是非常快速的（在数分钟内）
765. Spanish Windlass 西班牙卷扬机	一种可以提供把两个物体拉拢在一起的拉力的简单器械。由传送物体的绳索的连续环圈和一个通过环圈正中间的梁栋（比如棍子）构成。梁栋围绕着环圈轴心的转动使环圈围绕自身旋转，这有效地缩短了绳索的长度，将物体拉到一处
766. Spatial Filter 空间滤波（光、色）器	一种光学装置，它使用傅里叶光学的原理来改变相干光或其他电磁辐射的光束的结构
767. Speed of Sound 声速	指单位时间内声波通过弹性介质传送的距离
768. Sphericon 扭曲双锥	具有一个面、两条边的三维实体。可以由一个有着 90 度顶点的双锥体演化而成，通过将双锥体沿着一个平面分开，将两半分别旋转 90°，并重新连接而形成。当在平坦的表面上滚动时，在它的表面上每个点都与滚动平面接触
769. Spheroid 球状体	一种将椭圆绕着其中一条轴线旋转一周得到的二次曲面，换句话来说，指拥有两个相同的半、直径的椭圆体。如果椭圆围绕着长轴旋转，会得到一个扁长（加长）的球体，其形状和橄榄球相似。如果椭圆围绕着短轴旋转，会得到一个扁平（变平）的球体，其形状和扁豆相似。如果椭圆本身是一个正圆，那么会得到一个球体
770. Spin Coating 旋涂	指将相同的溶液薄层涂在平整的基层板面上的过程。简单来说，过量的溶液被放置在基层板面上，之后，高速旋转使液体由于离心力被旋涂到基层板上

续表

效应名称	注解与说明
771. Spirit Level 水平仪	指用来指示一个平面是否水平的器材
772. Sponge 海绵	指包括多孔材料组成的工具或洁具
773. Spray 喷雾	当液体分散为一连串的小水珠(雾化),这被称为喷雾。喷嘴有两个基本的用途:增加液体的表面积以增强蒸发;把液体在整个区域内散布开来
774. Spring 弹簧	弹簧是一个通常由金属制成的(钢制居多)器件。该金属可以被压缩(挤压)。当压缩力被移除时,弹簧会返回到其原始长度。材质通常选用弹簧钢,它紧密地绕圈,有很多不同的用途与尺寸和类型的,例如一些弹簧已经被设计用于拉动,而不是推动;气弹簧经常被用来制作车辆后挡板
775. Sputtering 溅射	由于高能离子轰击使原子从固体靶材料溅出的过程。它通常用于薄膜沉积,以及蚀刻和分析技术
776. Static Friction 静摩擦	或称为静态阻力,静摩擦是指两个固体物质彼此压紧(但没有滑动)。为了克服静摩擦,需要有一个平行于接触表面的临界力。静摩擦力是一个临界值,不是一个连续的力
777. Stewart Platform 斯图尔特平台	一种并行机器人,包含了六个棱柱形作动器,通常是液压起重器。这些成对的作动器是机构的基础,穿过顶板上的三个上升点。顶板上的装置可以进行六个自由度的移动,在这其中可以使自由悬挂的物体移动
778. Stick-slip Phenomenon 黏滑现象	两个物体互相滑过时出现的自发的冲击运动
779. Stirling Cycle 斯特林循环	描述通用类斯特林装置的热力循环。该循环是可逆的:如果提供机械功率,它可以作为热泵加热或冷却,或低温冷却。该循环是一个封闭(流体永久包含于热力学系统内)可再生的(使用内部热交换器)气态流体的循环
780. Stirring 搅拌	流体中使用重复动作的搅动。其中重复动作的典型是旋转。搅拌的目的通常是混合或者阻止流体和一些固体的特定部分的连续接触
781. Stockbridge Damper 架空线减振器	一种用于压制由于风而绷紧的缆绳(比如空中的输电线)引起的振动的调频质量阻尼器。这个哑铃形状的设备包括一根短缆绳或者柔性杆在其两端的两个重物,重物的中心夹住主缆绳。减振器可以降低主缆绳中振动的能量使其达到一个可接受的水平
782. Stoddard Engine 斯托达德引擎	一种利用真空管和单相气态工作流体的外燃机(换言之,是一种"热空气发动机")。内部的工作流体原本是空气,不过在现代版本中,其他气体比如氦气和氢气也可以使用
783. Stokes Drift 斯托克斯漂移	一种特定的流体块的运动,由于波动导致的流体流动的运动
784. Stress Relaxation 应力松弛	一个弹性材料在恒定的应变和变形下应力随时间减小
785. Stroboscopic Effect 频闪效应	当连续的运动由一系列短暂或者瞬时的取样表示出来的一种直观现象。这样一种直观现象引起的视觉现象被称为频闪效应。正在观看移动物体的连续视线被一系列短暂而分离的取样所代替,而这个运动物体正处于运动速度和抽样接近的转动或其他周期运动时,此效应会发生
786. Sublimation 升华	聚集态(或单一状态)的物质,不通过中间的液相,直接从固相到气相的物理状态的变化
787. Sulphur-Microwave Lamp 微波硫灯	一种高效的全谱无电极照明方式,它的光由硫电离子在微波辐射刺激下产生
788. Suction 吸入	流体进入局部真空或低压区域,该区域与周围环境之间的压力梯度使物质向着低压区域推进
789. Sun and Planet Gear 太阳和行星齿轮	往复运动和旋转运动之间的转换方法
790. Superconductivity 超导电性	某些材料在特定温度以下发生电阻恰好为零的现象。类似铁磁性和原子谱线,超导是一种量子力学现象。这种现象被称为迈斯纳效应,指超导体过渡到超导状态时从内部会发出的任何较弱磁场

续表

效应名称	注解与说明
791. Super Black 超级黑	一种表面处理(建立在用针和酸类在金属板上蚀刻镍磷合金的基础上),能比传统不光滑的黑色涂料反射更少的光。传统黑色涂料能够反射 2.5％左右的入射光。超级黑则吸收了大概 99.6％的正射光。而对于其他入射的角度,超级黑甚至表现得更为有效
792. Supercavitation 超空化	指利用空化效应在液体中制造一个大型气泡,允许物体在完全被气泡包裹的情况下快速通过液体。这个空洞(气泡)减少了物体上的阻力而这使超空化成为一项有吸引力的技术;水中的阻力通常是空气中的 1000 倍左右
793. Supercooling 过冷	也称为低温冷却,指将液体或气体的温度降至其凝固(冻结)点以下,且不变成固体的过程。一种低于其标准凝固(冻结)点的液体会在晶种或周围可形成晶体结构的核存在的情况下结晶。若没有任何相关的核,液相可以保持不变,一路降至晶体发生均匀核化的温度
794. Superdiamagnetism 超抗磁性	超抗磁性是某些材料在低温环境下出现的一种现象。超抗磁性物质的磁导率完全不存在(即磁化率 $v=-1$),并且超抗磁性物质的内部磁场与外在环境隔离。超抗磁性是超导性的一种特征。超导体的磁悬浮作用亦是由于其超抗磁性排斥磁铁的磁场;由于磁通锁定作用,磁铁被固定于空中不会飘走
795. Superfluidity 超流体性	超流体性是物质的一种状态,其特点是:黏度完全消失,而热传导变得无限大。这种不寻常现象可以从典型的氦-4 或氦-3 流体中观察到。在表面相互作用克服摩擦的阶段(被称作为氦-4 温度和压力的"拉姆达点"),这些流体的黏度变为零。如果将超流体放置于环状的容器中,由于超流体完全缺乏黏性,没有摩擦力,它可以永无休止地流动。能以零阻力通过微管,甚至能从碗中向上"滴"出而逃逸
796. Superheating 过热	有时称为沸点的迟滞,或沸点延迟,指液体被加热到高于其沸点的温度而没有沸腾的现象。过热是通过加热一个干净的容器中的均质物质来达到的。免除成核位点,同时注意不要打扰液体
797. Superhydrophilicity 超亲水性	在光的照射下,水滴落到二氧化钛上没有接触角(角度接近零),被称为超亲水性效应。其用途例如:去雾玻璃、用水能够清除掉油污、汽车用的门镜、建筑用的涂料、自洁式玻璃等,污垢通过光ву分解的自洁特性的其他方面的应用,诸如将有机化合物吸附在表面上的应用
798. Supercritical Fluid 超临界流体	在接近温度和压力临界点时,例如液态氦在 $-271℃$ 以下时,它的内摩擦系数变为零,这时液态氦可以流过半径为十的负五次方厘米的小孔或毛细管,这种现象叫作超流现象(Superfluidity),这种液体叫作超流体(Superfluid),接近临界点时,压力或温度的轻微变化会导致密度较大的变化
799. Supercritical Drying 超临界干燥	通过变成气体的形式来去除液体,不跨越任何相边界而是通过超临界区域的一种工艺过程。此处的气体与液体之间的差别不再存在
800. Supercritical Fluid Extraction 超临界流体萃取(分离)	超临界流体萃取(SFE)是一种将超临界流体作为萃取剂,把一种成分(萃取物)从另一种成分(基质)中分离出来的技术。其起源于 20 世纪 40 年代,20 世纪 70 年代投入工业应用,并取得成功。使用这种技术时基质通常是固体,但也可以是液体。SFE 可以作为分析前的样品制备步骤,也可以用于更大的规模,从产品剥离不需要的物质(例如脱咖啡因)或收集所需产物(如精油)。二氧化碳(CO_2)是最常用的超临界流体
801. Superlubricity 超光滑	指摩擦消失或极其接近消失的运动规则。当两个结晶面在干燥的接触环境下互相滑过时,超光滑(也叫作结构性光滑)可能会发生。这种超低的摩擦力的状态也可能发生在当一个锋利的尖端滑过平面,而它施加的负载低于一定的界限的情况下。"超光滑的"界限取决于尖端和平面的相互作用以及相接触的材料的硬度
802. Superplasticity 超塑性	在材料科学,超塑性是指固体结晶物质变形远远超出了一般在拉伸变形期间的断裂点,通常拉伸变形约 200％。通常是在一半的绝对熔点温度时,即可获得这种状态。超塑性材料的例子是一些细粒的金属和陶瓷。其他非结晶性材料(非晶态)如石英玻璃("熔融玻璃")和聚合物也同样地变形,但称为超塑性,因为它们是不结晶的,它们的变形通常被描述为牛顿流动
803. Supersaturation 过饱和	指溶液已溶解了足够多的溶质(达到溶解度),以至于不能再溶解更多该溶质的状态。它也可以指达到蒸汽压的某种蒸汽继续被施加较大压力时的状况
804. Surface Acoustic Wave 表面声波	一种沿着具有弹性材料表面传播的声波,该声波的振幅随着衬底的深度呈指数衰减。这种波被用于 SAW 器件中,从而应用于电子电路

第 34 篇

续表

效应名称	注解与说明
805. Surface of Constant Width 宽度恒定的表面	凸形的,不考虑这两个平行平面的方向,其宽度,通过两个相对应的平行平面触摸它的边界之间的距离测量是相同的,恒定宽度的曲线三维类似物,两个相平行的切线之间距离是恒定宽度的二维形状。球体显然是固定宽度的表面,但还有其他的形状如迈斯纳体
806. Surface Tension 表面张力	表面张力是液体表面层由于分子引力不均衡而产生的沿表面作用于任一界线上的张力。在表面的水分子,因上层空间气相分子对它的吸引力小于内部液相分子对它的吸引力,所以该分子所受合力不等于零,其合力方向垂直指向液体内部,结果导致液体表面具有自动缩小的趋势,这种收缩力称为表面张力。表面张力是物质的特性,其大小与温度和界面两相物质的性质有关
807. Surfactant 表面活性剂	表面活性剂能更容易扩散而且降低两种液体之间的表面张力的润湿剂,并提高有机化合物的可溶性。表面活性剂范围十分广泛(阳离子、阴离子、非离子及两性),为具体应用提供多种功能,包括发泡效果、表面改性、清洁、乳液、流变学、环境和健康保护。表面活性剂在许多行业配方中被用作性能添加剂,如个人和家庭护理,以及无数的工业应用中:金属处理、工业清洗、石油开采、农药等
808. Suspension 悬浊液	指含能沉淀的固体颗粒的非均匀流体。颗粒通常大于 $1\mu m$。内相(固体)通过某些赋形剂或助悬剂进行机械搅动,分散在外相的各处(流体可能是液体或气体)
809. Swashplate 旋转斜盘	旋转斜盘是在机械工程发动机设计中替代曲轴的装置,可以用来将旋转轴式的运动转换成往复式运动,将往复运动转换成旋转运动
810. Synchrotron Radiation 同步辐射	电磁辐射时,带电粒子在坐标轴上沿径向加速的过程称为同步辐射发射。它产于使用弯曲磁铁,波荡和(或)扭摆磁铁同步加速器。它类似于回旋加速器辐射,除了同步加速器辐射是由通过磁场的带电粒子产生的相对加速度。同步辐射能人为地在同步加速器或储存环中实现,或者自然地在电子通过磁场时出现以这种方式产生的辐射,具有偏振特性,可以在整个电磁波谱频率范围产生
811. Syphon 虹吸管	通常是一个倒 U 形管,它允许液体不通过泵就能向上流动,穿越障碍物,然后再在一个比原始容器水面低的位置上流出。实际的虹吸管由于重力的作用,管的下游端的压力明显高于周围,因此液体从管中流出到大气中或到一个静水压力低于第一管的第二蓄水池
812. Temperature Gradient 温度梯度	温度梯度是温度随距离的变化。自然界中气温、水温或土壤温度随陆地高度或水域及土壤深度变化而出现的阶梯式递增或递减的现象
813. Tea Leaf Paradox 茶叶悖论	指一杯茶中的茶叶会在搅拌后迁移到茶杯中间和底部而不是在离心力的作用下分布在茶杯边缘
814. Tensarity 张力空气梁	使用充气的弹性构件横梁和/或通过抗拉的刚性构件的相互连接,有助于获得轻质机械工程基础结构的机械增益
815. Tensegrity 张拉整体	通过一个有限的压缩网络、压力所连接的刚性元件或弹性元件,使形成一个总体完整的结构富勒(Buckminster Fuller),创造了"Tensegrity(张拉整体)"这个词,它由"Tensional(张力的)"和"Integrity(整体)"两个词的英文缩写或组合而成。富勒把张拉整体结构比喻成:受压的孤岛分布于拉力的海洋之中。莫特罗对张拉整体结构作了更为确切的定义,他认为:张拉整体结构是一种稳定的自平衡结构体系,它由离散的受压构件包含于一组连续的受拉构件内部构成
816. Tension 张力	通过一根绳索、电缆、链条或在其他固体上施加的拉力。它与压力是相对立的
817. Terminal Velocity 终端速度	终端速度就是物体在下落运动时所能达到的最大速度。不同的物体下落速度不同
818. Tesla Turbine 特斯拉涡轮机	或称为边界层涡轮机、黏附型涡轮机、普朗特层涡轮机,是一种无叶片的离心式水流涡轮扩管装置。使用边界层效应,而不是像传统的涡轮机流体冲击在叶片上。它是由一组光滑的圆盘组成,喷嘴向圆盘的边缘施加流动的气体。由于黏滞性和气体表面层的吸附作用,使气体被拖曳在圆盘上。当气流放慢和圆盘的能量增加时,气流螺旋上升进入中心排气口。由于转子没有突出部分,所以该装置非常坚固
819. Tesla Valvular Conduit 特斯拉瓣膜管道	一种没有活动件的单向瓣膜,利用水道的几何学来改变液体的流向,目的为它自身以一个方向运动,另一个方面提供很小的阻力
820. Tessellation 曲面细分	也称"镶嵌化处理技术"。一个曲面的细分是一个平面图形的集合,由所有平面图形不重叠并且无间隙地结合形成

续表

效应名称	注解与说明
821. Theremin 塞里明(特雷门)	1928 年由苏联科学家 Leon Theremin 教授发明的特雷门琴,是一种不需要演奏者接触和对其进行控制的电子乐器。其原理是利用天线和演奏者的手构成电容器,天线接在一个带有放大电路和扬声器的 LC 回路上。通过天线感受手的位置变化来发出声响
822. Thermal Contraction 热收缩	物体响应温度变化或者在冷却时体积缩小的一种趋势
823. Thermal Energy Storage 蓄热	一类将能量储存在热库中供以后重复使用的技术
824. Thermal Expansion 热膨胀	指物质由于温度改变或被加热时有改变体积的趋势。实际应用中,有两种主要的热膨胀系数,分别是:线性热膨胀系数(Coefficient of Linear Thermal Expansion,简称 CLTE 线胀系数)和体积热膨胀系数
825. Thermal Hall Effect 热霍尔效应	热霍尔效应是霍尔效应的热模拟,在这实验中跨越固体而生是一个热场而不是磁场。当施加磁场时,生成正交梯度温度
826. Thermal Insulation 绝热	用于减少热传递的材料,或用于减少热传递的方法和过程
827. Thermal Radiation 热辐射	物体由于具有温度而从表面辐射电磁波的现象
828. Thermal Shock 热冲击(骤冷骤热)	指剧烈的温度变化导致的破裂。当热度变化率造成一个物体的各部分不同程度地膨胀时,就产生了热冲击。这种有区别的膨胀可以被理解为是由于压力或者拉力。在某个时间点,这种压力或者拉力,超出了材料本身的强度,使得材料产生了裂缝。如果不阻止裂缝的扩大,最终物体的结构会被破坏
829. Thermionic Emission 热离子(电子)发射	又称爱迪生效应,指热振动能导致的电子或离子的发射。与气体分子相似,金属内自由电子作无规则的热运动,其速率有一定的分布,在金属表面存在着阻碍电子逃脱出去的作用力,电子逸出需克服阻力做功,称为逸出功。一般当金属温度上升到 1000℃ 以上时,动能超过逸出功的电子数目极具增多,大量电子由金属中逸出,这就是热电子发射
830. Thermionic Energy Conversion 热离子能量转换	指由热电子发射产生的热能直接提供的电能
831. Thermistor 热敏电阻	也称为电热调节器。一种电阻器,与普通电阻器相比,其电阻随着温度变化而变化的幅度大得多
832. Thermoacoustic 热声学	指热动力学和声学现象的相互作用,比如说压力变化和温度变化的关系。变化的压力会产生变化的温度,反之亦然
833. Thermoacoustic Engine 热声(发动)机	指利用高振幅的声波来输送热量,或利用热能差来引起高振幅的声波的热声设备。可以分成驻波设备和行波设备。这两种设备又可以分为两个热力学等级,一个原动力(或者叫热发动机)和一个热力泵。原动力用热能制造动能,热力泵用动能制造或转移热能
834. Thermo-capillary Convection 热毛细对流	由于温度梯度引起的表面张力梯度,由于表面张力梯度而产生的物质转移,热毛细对流发生在两流体界面处
835. Thermochromic Paint 热致变色涂料	一种建立在变色色素基础上的涂料。它涉及了液晶或者隐色染料技术的应用。在吸收了一定量的光热后,色素的晶体或者分子结构可逆地改变了,这使得它开始吸收和放射一种不同于低温状态下吸收和放射的波长的光。热致变色涂料颜色的变化来指示涂装物温度的变化和分布情况
836. Thermochromism 热色现象	热色现象指某些物质在受热或受冷时所发生的颜色的变化。热色现象是几种着色异常现象中的一种。此现象的两种基本途径是使用液晶或隐色染料
837. Thermocouple 热电偶	两种不同金属构成的连接,根据温度差提供电压。热电偶是一种应用广泛的温度传感器,用来测量和控制温度,也可以将热能转换成电能
838. Thermography 热成像	热成像仪的辐射检测范围在红外电磁光谱区(约 $9000 \sim 14000$nm 或 $9 \sim 14 \mu$m),产生辐射图像(称为温谱图)
839. Thermoluminescence 热释光法	一种通过某些晶体材料发光的方式(如某些矿物质),该材料先前从电磁辐射或其他电离辐射中吸收的能量,在光加热该材料的过程中,被再次释放出去。这种现象与黑体辐射截然不同

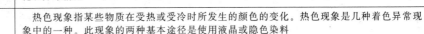

第34篇

续表

效应名称	注解与说明
840. Thermolysis 热(分)解(散热)	或称为热分解,由热所引起的热化学分解。该反应通常是吸热的,需要打破化学键使化合物发生分解。如果分解充分放热,则会创建正反馈回路产生热失控并可能导致爆炸
841. Thermomagnetic Convection 热磁对流	铁磁流体可用于传递热量,由于在这样的磁性流体内热量和质量的传输可通过外部磁场来控制。这种形式的热传递可以是在传统的对流未能提供足够的热量传递的情况下施用,例如,在精密微型器件或低重力条件下的情况下非常有用
842. Thermo-magnetic Motor 热磁电机	热磁电机的工作是通过把磁铁材料加热到居里点以上(这个过程它变为非磁性),然后将它冷却到低于该临界温度。现有的实验只能生产效率极其低下的原型电机
843. Thermomechanical Effect 热机械效应	超流体的性质中最壮观的成果之一被称为热机械或"喷泉效应"。如果毛细管被放置到超流氦浴中,然后加热,即使在上面照上光,超流氦也能通过管从顶部流动起来
844. Thermophoresis 热泳	也称为热扩散或索雷特效应,对多组分(或同位素)的颗粒混合物在温度梯度下的效应(即粒子从较热部分运动到较冷部,反之亦然)。粒子运动从热到冷时,被视为"正"分子运动,"负"时的情况正好相反。通常混合物中较重/大的组分表现出正效应,而更轻/小的组分表现出负效应
845. Thermo-resistive Effect 温阻效应、热敏电阻效应	金属和半导体的电阻随温度变化的现象
846. Thermosyphon 热虹吸管	一种基于自然对流的被动热交换的方法,它不需要机械泵就能完成液体循环。虹吸现象是液态分子间引力与位能差所造成的,即利用水柱压力差,使水上升后再流到低处,由于管口水面承受不同的大气压力,水会由压力大的一边流向压力小的一边,直到两边的大气压力相等,容器内的水面变成相同的高度,水就会停止流动
847. Thompson Effect 汤姆逊效应	1856年,汤姆逊发现第三热电现象:电流通过具有温度梯度的均匀导体时,导体将吸收或放出热量(这将取决于电流的方向),这就是汤姆逊效应。由汤姆逊效应产生的热流量,称为汤姆逊热。汤姆逊热是焦耳热之外的一种热。原理上,"逆汤姆逊效应"也是可能的:随着交替的温度梯度,导体中的电势差也会出现。但是,这种效应是否存在,还没有得到实验上的证实
848. Thin Films 薄膜	材料薄层的厚度范围从一个纳米级到几个微米级。电子半导体器件和光学涂层是从薄膜结构中受益的主要应用
849. Thoms Effect 托马斯效应	管道的中心为紊流核心,它包含了管道中的绝大部分流体;紧贴管壁的是层流底层;层流底层与紊流漩涡之间为缓冲区,层流的阻力要比紊流的阻力小 　　1948年,英国科学家B.Thoms发现,在液体中添加聚合物可以将管内流动从紊流转变成层流,从而大大降低输送管道的阻力,这就是摩擦减阻技术。然而,Thoms的发现真正得到重视是在1979年,美国大陆石油公司生产的减阻剂首次商业化应用于横贯阿拉斯加的原油管道,获得了令人吃惊的效果;在使用相同油泵的情况下,可以输送的原油量增加了50%以上。在取得巨大成功之后,减阻剂被应用于海上和陆上的数百条输油管道。这次应用的成功激发了学术界和工程界对该技术的研究热潮
850. Tidal Power 潮汐发电	将潮汐能转换成电能或其他有用形式的能
851. Time Dilation 时间膨胀	在相对论中,时间膨胀是指通过观察来测量在两个情况(彼此相对的运动或是位于不同的重力物质的运动)之间实际时间差。在广义相对论中,在引力场中拥有较低势能的时钟都走得较慢 　　在狭义相对论中,时间膨胀效应是相互性的;从任一个时钟观测,都是对方的时钟走慢了(假定两者相互的运动是等速均匀的,两者在观测对方时都没有加速度)。相反,引力时间膨胀却不是相互性的;塔顶的观测者觉得地面的时钟走慢了,而地面的观测者觉得塔顶的时钟走快了。引力时间膨胀效应对于每个观测者都是一样的,膨胀与引力场的强弱与观察者所处的位置都有关系
852. Time of Flight 飞行时间、行程时间	取对象、粒子或声音,测量它们的电磁波或其他波通过一段介质所用时间的方法。可以使用时间标准器(如一个原子钟)来测量的方法,如同测量速度或通过给定介质的路径长度的方法;或如同查明关于粒子或介质的组成或流速方法
853. Tomography 断层摄影技术	通过使用任何一种穿透波穿过部分或分层切片来成像的技术。该方法用于放射学、考古学、生物学、地球物理学、海洋学、材料科学、天体物理学和其他科学

效应名称	注解与说明
854. Torque 转矩（力矩）	是一种使物体绕轴或支点或中心点旋转的力的倾向。正如一个力理解为推或拉，转矩可以想象为扭或拧。转矩是旋转的力
855. Total Internal Reflection 全内反射	当一束光以比一个特定角度大的入射角照射到介质分界面上产生的光学现象。如果另一侧的折射率较低，没有光能够通过。这个关键角就是发生全内反射的入射角
856. Torque Oscillator 转矩振荡器	使振荡器移位或复位的是一个非线性的力矩（例如用弹簧悬挂物体）。平衡力弹簧是个很好的例子
857. Torsion Spring 转矩弹簧	一种可伸缩的弹性物体，当被旋转时储存机械能。它所产生的作用力（实际是转矩）与它旋转的圈数成正比。转矩弹簧通常是由金属或橡胶制成的线材、条板或带状物。更精致的转矩弹簧是用丝绸、玻璃或适应纤维制成的
858. Townsend Discharge 汤森放电	一种气体电离的过程，一个最初极少量的自由电子通过一个足够强的电场加速，穿过气体提升电传导产生并在雪崩倍增效应。当自由电荷数减少或电场变弱时，该现象不再产生
859. Transpiration 蒸腾	蒸腾作用是指水分从植物表面散失的现象。特别是在植物的叶片部分，但是在茎部、花和根部也都有。叶片表面遍布敞开的被称为聚合性的气孔，叶片通过气孔发生蒸腾，并由于气孔的敞开需要有关的"耗费"，让来自空气中的二氧化碳扩散进行光合作用。蒸发也冷却植物和实现使大量的矿物养分和水从根部流向芽部
860. Tribocorrosion 摩擦腐蚀	一种由于腐蚀和磨损的综合效应引起的材料的降解。摩擦腐蚀表示由摩擦学和腐蚀学结合的基本学科
861. Triboelectric Effect 摩擦电效应	摩擦起电效应，也就是通过摩擦的方式使得物体带上电荷。摩擦起电的步骤，是使用两种不同的绝缘体相互摩擦，使得它们的最外层电子得到足够的能量发生转移
862. Triboluminescence 摩擦发光	某些固体受机械摩擦、振动或应力时的发光现象。例如蔗糖、酒石酸等晶体受挤压、粉碎时发出闪光；合成的磷光体 CaPO·Dy 经划伤、磨损，可观察到很强的发光等
863. Tritium 氚	氚的放射性同位素。氚的原子核中包含一个质子和两个中子，而氘的核（迄今为止最丰富的氢同位素）包含一个质子和中子。氚 β 衰变后变为氦-3
864. Trompe 水风筒	一种以水为动力的气体压缩机，在电动压缩机未出现前经常被使用。一根垂直的管或轴连通一个分离腔，一根管子从分离腔引出，使得水能从低位流出，另一根管子向腔内引入，使得压缩空气可以根据需要来调节排出
865. Tuned Mass Damper 调谐阻尼器	为克服因谐振振动而产生激烈振动的一种稳定装置。利用相对较轻量级的调谐阻尼器来降低系统的振动，以致最坏的情况下振动也很少剧烈。大体上讲，对于一个实际系统，不是把主要的振动模式调到远离麻烦的干扰频率，就是对共振加一个阻尼。然而，直接的阻尼的方法是困难的，或是代价昂贵的
866. Turbine 涡轮机	从流体流中提取能量的旋转式发动机。最简单的涡轮机有一个可移动部件的转子组件，这是附加的叶片的轴。移动流体作用在叶片上或叶片的转动的相互作用，使它们旋转和传递到转子的能量。早期的涡轮机的例子是风车和水车
867. Turbulence 湍流	湍流一般相对"层流"而言。当流速增加到很大时，流线不再清楚可辨，流场中有许多小漩涡，称为湍流，又称为涡流、扰流或紊流。若雷诺数较大时，惯性力对流场的影响大于黏滞力，流体流动较不稳定，流速的微小变化容易形成、增强紊乱、不规则的湍流流场
868. Two-Phase Flow 两相流	通过弯月面将两相（气体和液体）分离的系统
869. Tyndall Effect 廷德尔氏效应	光通过有胶体颗粒或有颗粒的悬浮液中产生散射的现象
870. Ultrasonic Capillary Effect 超声波毛细管效应	由于高强度超声场造成的液体和其对于毛细管道渗透程度的异常快速增长。这是由毛细管入口处空泡的崩溃引起的。崩溃的气泡会产生一种液体的微喷，从而渗透进入毛细通道使毛细管液相柱的高度增加。这种增量总和增加是超声波作用下毛细管内的液体高度和速度上升的原因
871. Ultrasonic Vibration 超声波振动	在超声波频段的振动
872. Ultrasound 超声波	超声波是频率高于 20000Hz 的声波，它方向性好，穿透能力强，易于获得较集中的声能，在水中传播距离远，可用于测距、测速、清洗、焊接、碎石、杀菌消毒等。在医学、军事、工业、农业上有很多应用。超声波因其频率下限大约等于人的听觉上限而得名

第34篇

效应名称	注解与说明
873. U-Tube Viscometer U 形管式黏度计	在固定温度中垂直悬起的 U 形玻璃管。在 U 形管中的一个臂有精确的毛细管部分,上面有一个玻璃球。另一个球在另一臂的较低处。液体通过抽吸被抽入上部玻璃球,并能够流过毛细管进入下部玻璃球。液体通过上部玻璃球每一侧的标记(表示一个已知的体积)所耗费的时间与其运动黏度成正比
874. Vacuum 真空	一定量的基本没有物质的空间,因此它的气体压力远小于大气压。完美或理想的真空中没有任何粒子,但这在实践中是不可能实现的。物理学家经常讨论一些发生在完美真空中的完美的测试结果,他们简单的称呼完美真空为真空或者自由空间,并且使用术语局部真空来指代真实的真空。真空是一种不存在任何物质的空间状态,是一种物理现象。粗略地说,真空是指在一区域之内的气体压力远远小于大气压力。理想的真空不带任何粒子,声音因为没有介质而无法传递,但电磁波的传递却不受真空的影响。物理学家经常讨论理想的测试结果应出现在理想的真空中,他们简单称呼的"真空"或"自由空间",并用术语局部真空认为是真实的真空 目前在自然环境里,只有外太空堪称最接近真空的空间
875. Vacuum Distillation 真空蒸馏	真空蒸馏是一种使待分离液体上方压强小于其蒸汽压(通常比大气压还小)的蒸馏方法。这种方法适用于蒸汽压大于环境压力的液体
876. Vacuum Plasma Spraying 真空等离子喷涂	真空等离子喷涂是一种技术,用于蚀刻和表面改性,以创建具有高再现性的多孔层,以及对塑料、橡胶、天然纤维的清洗和表面工程。此表面工程可以提高物体的性能,如摩擦性、耐热性、表面导电性、润滑性、膜的黏合强度或介电常数等,也可以使材料亲水或疏水
877. Valve 阀门	一种通过开、关或者部分阻碍不同管道的方式控制流体(气体、液体、流态化固体或者浆体)流速的器件
878. van der Waals Force 范德华力	也叫作范德瓦尔斯力,分子间(或在同一分子之间的部分)由于共价键,或离子与离子或中性分子之间的静电力而产生的吸引力或排斥力的相互作用的总和。包括定向力、诱导力和伦敦色散力
879. Vapour Pressure 蒸汽压	蒸汽压也称作饱和蒸汽压,指的是这种物质的气相与其非气相达到平衡状态时的压强。任何物质(包括液态与固态)都有挥发成为气态的趋势,其气态也同样具有凝聚为液态或者凝华为固态的趋势。在给定的温度下,一种物质的气态与其凝聚态(固态或液态)之间会在某一个压强下存在动态平衡。此时单位时间内由气态转变为凝聚态的分子数与由凝聚态转变为气态的分子数相等。这个压强就是此物质在此温度下的饱和蒸汽压。蒸汽压与物质分子脱离液体或固体的趋势有关。对于液体,从蒸汽压高低可以看出蒸发速率的大小。具有较高蒸汽压的物质通常说其具有挥发性
880. Velcro 维克牢尼龙搭扣	织物钩环扣件的品牌名。它由两层组成:一侧是"钩",是一块织物覆盖的与小钩,一侧是"环",其上覆盖更小的"毛茸茸"环。当双方被压在一起,钩和环结合使物件结合在一起。当它们分开时,会发出特征性的"抓取"的声音
881. Velocity Ratio 速率比	在一台机器中,衡量由移动力点运动到负载点引起的位移的比值
882. Venturi Effect 文丘里效应	文丘里效应,也称文氏效应。这种现象以其发现者,意大利物理学家文丘里(Giovanni Battista Venturi)命名。这种效应是指在高速流动的气体附近会产生低压,从而产生吸附作用。利用这种效应可以制作出文氏管
883. Vibration 振动(振荡)	在一个平衡点附近的机械振荡。振荡是周期性的如钟摆的运动,或者是随机的如运动轮胎在砂石路上。
884. Vibrational Viscometer 振动式黏度计	让电谐振器浸在液体中振荡,测量待确定液体的黏度的仪器。该谐振器一般是转矩弹簧扭转或横向地振荡(作为悬臂梁或音叉)。黏度越高,施加于所述谐振器的阻尼越大
885. Vickers Hardness Test 维氏硬度试验	一种用于使用特殊形状的钻石硬度计压头来测量硬度的方法
886. Villari Effect 维拉利效应	或称为逆磁致伸缩效应,是一种材料的磁化率变化时,受到机械应力的作用结果。在铁磁质中磁化方向的改变会导致介质晶格间距的变化,因而使得铁磁质的长度和体积发生变化,即:磁致伸缩现象,也称为威德曼效应,其逆效应为维拉利效应
887. Viscoelasticity 黏弹性	物体发生变形时,表现出黏性和弹性的特性

续表

效应名称	注解与说明
888. Viscometer 黏度计	黏度计是测量流体黏度的物性分析仪器。根据液体不同的黏度与流动条件,使用相应的流变仪。黏度计只有在一种特定的流动条件下才能进行测量
889. Viscous Damping 黏滞阻尼	黏性流体通过小孔或其他限制(如润滑部件之间的间隙)形成的流路阻尼系统
890. Vitrification 玻璃化	指把物质转化成玻璃样无定形体(玻璃态)。通常,这通过玻璃转化时液体快速冷却来实现。某些化学反应也能引起玻璃化
891. Voigt Effect 沃伊特效应	一种磁光现象,浸渍在磁场的蒸汽单元垂直于光束方向定向通过时,光发生偏振方向发生旋转
892. Voitenko Compressor Voi-tenko Voitenko 压缩机	聚能装药,原本的目的是穿透厚钢甲,改造后用来完成加速冲击波的任务。和风洞有点类似
893. Vortex Generator 涡流发生器	由小叶片组成气动力面,可以产生涡流。涡流发生器可在许多设备中找到,但在飞机设计中最为常用。涡流发生器可以用于汽车外表面,车辆气流的分离是一个潜在的问题,而涡流发生器可以延迟气流分离
894. Walking 行走	行走被定义为"倒立摆"的步态。在这种步态中每一步,身体成弯曲状,跃过僵硬的肢体。无论肢体的数量是多少——甚至是有六条、八条或者更多肢体的节肢动物,都可以应用这个定义
895. Water Turbine 水轮机	也叫水流涡轮机,由水流提供动力的旋转引擎
896. Waveguide 波导	一种传导波的结构,例如电磁波或者声波。对于不同的波,波导的类型也不一样,例如电场波、光波、声波
897. Wave Power 波浪能	转移海洋表面波浪能量,并去获取这种能量做有用的事,例如用于发电、海水淡化或抽水(入水库)
898. Waveguide(optics) 波导(光学)	在光频使用的波导是典型的介质波导,其结构中的介电材料,具有高介电常数,因而有高折射率,四周材料则有较低的介电常数。该结构通过内部全反射引导光波。最常见的光导是光纤
899. Weak Point 弱点	开发利用系统或结构中天生的或特意引入的弱点。例如:电气熔丝或安全销
900. Wear 磨损	通过一个表面的运动来磨损另一个材料的表面
901. Weathering 风化	地面的岩石、土壤和矿物与该行星的大气直接接触发生分解。风化发生在原位,本体"没有移动",因此不应该与侵蚀相混淆,侵蚀涉及例如水、冰、风和重力这样的介质引起的岩石和矿物的运动
902. Wedge 楔	一个三角形状的工具,是复合式和便携式的斜面。它可以用来分离两个对象物体(或一个物体的各部分),举起一个物体,或支持平面上的一个物体。它将作用于广角端的力转换为垂直于倾斜面的力
903. Weightlessness 失重	或称零重力,是指远离的行星、星星或其他飞行在环路外侧的庞大的物体,在任何情况下承受相当小的或没有加速或没有重力作用。物体对支持物的力(或对悬挂物的拉力)小于物体所受重力的情况称为失重现象。遵循加速和重力作用的等效原理,在地球轨道外失重的物体,在自由落体中,也遭受失重
904. Weissenberg Effect 韦森堡效应	一个旋转杆被放置到液体聚合物的溶液中发生的现象。聚合物溶液或熔体中聚合物链沿快速旋转轴慢慢上爬,而不是被向外抛出
905. Welding 焊接	接合材料过程中,通常是金属或热塑性塑料,通过熔融工件后添加填充材料,以形成的熔融材料(熔池)冷却之后成为一个高强度的接口。有时通过其本身被热融合,以产生焊缝。与铜焊和锡焊不同,铜焊和锡焊会熔化工件之间的熔点低的材料,而不熔化工件本身
906. Wetting 润湿	指液体与固体表面保持接触的能力,产生两个分子被放到一起时分子间的相互作用。润湿的程度是由附着力和凝聚力之间平衡的力决定的。液体和固体之间的附着力会导致液滴在整个表面扩散。液体内的凝聚力导致液滴聚合,并避免表面接触

第34篇

续表

效应名称	注解与说明
907. Wheatstone Bridge 惠斯登电桥	通过平衡两条支腿的桥式电路来测量未知电阻的一种仪器，其中包括一条腿的未知电阻量。其操作与早期的电位计相似，不同的是电位计电路上使用的表是一个敏感的检流计。在许多情况下，测量未知电阻的意义是测量有关影响的一些物理现象，例如力、温度、压力等，通过惠斯登电桥可以间接地测得这些参数
908. Wheel 滚轮、车轮	一个圆形的装置能够绕其轴旋转，通常有利于移动，同时支持负载，或执行有用的工作
909. Wheel and Axle 轮轴	一个简单组成的车轮转动的轴的扭力倍增器（或车轴转动车轮）
910. Wiedemann Effect 威德曼效应	一种磁效应。磁性材料在施加螺旋磁场时产生的扭转
911. Wiegand Effect 韦根效应	经特殊加工的金属丝在磁场中移动产生的电脉冲。该金属丝有跟磁场的反应不同的两个磁性区域：外壳需要一个强大的磁场以扭转其磁极；而核心将在弱场条件下恢复原状。导线的极性转变非常迅速，产生强烈的短脉冲（波长 $10\mu m$ 以内），无需额外的外部电源
912. Wind 风	空气或其他气体组成的大气流动构成风
913. Wind Chill 风寒指数	风寒指数是指暴露于皮肤上明显感觉到的温度，是空气温度和风速的函数。由于风也会影响我们对冷的感觉，以致温度计的读数有些时候与人们对冷暖的感觉有明显的差别。风寒温度（通常俗称的寒风因素）总是会比空气温度低，但在较高的温度，风寒被认为是不太重要的
914. Wind Power 风力发电	风能向有用形式的能源的转换，如使用风力发电产生电力，用风力涡轮机产生机械动力，用风泵抽水或排水，用帆驱动船舶
915. Wing in Ground Effect 翼地效应	能在地球表面附近水平飞行的交通工具，因机翼和地表（地面效应）之间的气动干扰产生的高压空气缓冲而成为可能
916. X-Ray X射线	波长介于紫外线和 γ 射线间的电磁辐射。由德国物理学家 W.K.伦琴于 1895 年发现，故又称伦琴射线。波长小于 0.1Å 的称超硬 X 射线，在 0.1～1Å 范围内的称硬 X 射线，1～10Å 范围内的称软 X 射线 射线具有很强的穿透力，医学上常用作透视检查，工业中用来探伤。长期受 X 射线辐射对人体有伤害。X 射线可激发荧光、使气体电离、使感光乳胶感光，故 X 射线可用电离计、闪光计数器和感光乳胶片等检测。晶体的点阵结构对 X 射线可产生显著的衍射作用，X 射线衍射法已成为研究晶体结构、形貌和各种缺陷的作用手段
917. Yarkovsky Effect 雅可夫斯基效应	因热光子的各向异性发射产生的作用于太空中旋转体的力，带有冲量。它通常被认为与流星体或小行星（直径在约 10cm 到 10km 之间）有关，因为它的影响是这些太空物质里最为显著的
918. Zahn Cup 扎恩杯（察恩杯）	广泛用于涂料行业中作为测量黏度的装置。通常是用一个不锈钢杯，在杯的底部中央钻有一个微孔，在不锈钢杯内装满需要确定黏度的液体，然后让液体从微孔中逐渐向外流出，直至流尽。测量其所用的时间，经转换后，就得到该液体的运动黏度
919. Zeeman Effect 塞曼效应	原子的能级和光谱在静态磁场存在的情况下发生几种分裂的现象。人们把塞曼原来发现的现象称为正常塞曼效应，更为复杂的则称为反常塞曼效应。正常塞曼效应是自旋为零的原子能级和光谱线在磁场中的分裂，反常则是总自旋不为零的原子能级和光谱线在磁场中的分裂。塞曼效应有非常重要的应用，如核磁共振光谱、电子自旋共振谱、磁共振成像（MRI）和穆斯堡尔谱。它也可用于提高原子吸收光谱法的精度
920. Zeolite 沸石	通常作为商业吸附剂的多微孔铝硅酸盐矿物。在工业领域内，广泛地被用于为水的净化，作为催化剂，促进现代各种材料的制备和核材料再处理。沸石用作分子筛，可以吸取或过滤其他物质的分子。虽然沸石只是分子筛的一种，但是沸石在其中最具代表性
921. Zero Thermal Expansion 零热膨胀	指不随温度变化膨胀或收缩的材料、结构或系统
922. Zone Plate 波带片	一种用于聚焦电磁波（包括光）的装置，该设备采用衍射，而不是折射的方法。它由一组径向对称的半透明的环组成。入射波在波带片附近衍射可以被分隔，衍射后，波在某一焦点处发生干涉，并在焦点处显示出图像

参 考 文 献

[1] 张武城. 技术创新方法概论. 北京：科学出版社，2009.

[2] 檀润华. 创新设计——TRIZ 发明问题解决理论. 北京：机械工业出版社，2002.

[3] 张性原. 设计质量工程. 北京：航空工业出版社，1999.

[4] 尹成湖等. 创新的理性认识及实践. 北京：化学工业出版社，2005.

[5] 李祖扬，柳洲. 创新原理与方略. 天津：天津人民出版社，2007.

[6] 赵新军. 技术创新理论（TRIZ）及应用. 北京：化学工业出版社，2004.

[7] 赵敏，胡钰. 创新的方法. 北京：当代中国出版社，2008.

[8] 陶学忠. 创新创造能力训练. 北京：中国经济出版社，2005.

[9] 冯志勇，李文杰，李晓红. 本体论工程及其应用. 北京：清华大学出版社，2007.

[10] 檀润华等. 基于 QFD 及 TRIZ 的概念设计过程研究. 机械设计，2002，9：1-4.

[11] 檀润华等. 发明问题解决理论：TRIZ——技术冲突及解决原理. 机械设计，2001（专集）.

[12] 克里斯·弗里曼，罗克·苏特. 工业创新经济学. 北京：北京大学出版社，2004.

[13] Stoneman-P. Handbook of the Economics of Innovation and Technological Chang. Oxford：Blackwell，1995.

[14] Sternberg J R. The Nature of Creativity：Contemporary Psychological Perspectives. New York，1983.

[15] Amabile T M. The Social Psychiology of Creativity. New York，1983.

[16] [美] 奇凯岑特米哈依. 发现和发明的心理学. 夏镇平译本. 上海：上海译文出版社，2001.

[17] 罗玲玲主编. 创意思维训练. 北京：首都经济贸易大学出版社，2008.

[18] 黄志坚. 工程技术思维与创新. 北京：机械工业出版社，2006.

[19] 刘晓宏. 创新设计方法及应用. 北京：化学工业出版社，2006.

[20] Altshuller G S. Creativity as an Exact Science. Gorden and Breach Science Publishers Inc.，1984.

[21] Altshuller G S. The Innovation Algorithm，TRIZ，Systematic Innovation and Technical Creativity. Worcester：Technical Innovation Center，INC，1999.

[22] Semyon D Savransky. Engineering of Creativity. CRC Press，2000.

[23] John Terninko. Systematic Innovation. St，Lucie Press，1998.

[24] Geoff Tennant. Design for Six Sigma. Gower Publishing Limited，2002.

[25] Genichi Taguchi. Robust Engineering. McGraw-Hill，1999.

[26] Genichi Taguchi. The Mahalanobis-Taguchi System. New York，1996.

[27] Taguchi. System of experimental design：Engineering methods to optimize quality and minimize costs. White Plains，N. Y.：UNIPUB/Kraus International Publications，1987.

[28] 唐五湘. 创新论. 北京：高等教育出版社，1999.

[29] 夏国藩. 技术创新与技术转移. 北京：航空工业出版社，1993.

[30] 张性原等. 设计质量工程. 北京：航空工业出版社，1996.

[31] 黄纯颖等. 机械创新设计. 北京：高等教育出版社，2000.

[32] 阿里特舒列尔 Г С著. 创造是精确的科学. 魏相，徐明泽译. 广州：广东人民出版社，1987.

[33] Karl T Ulrich 著. 产品设计与开发. 杨德林译. 大连：东北财经大学出版社，2001.

[34] John Terninko. The QFD，TRIZ and Taguchi Method Connection. TRIZ Journal，1998.

[35] Michael Schlueter. QFD by TRIZ. The TRIZ Journal，2001.

[36] Domb E. 40 Inventive Principles With Examples. The TRIZ Journal，1997，（7）.

[37] John Terninko. The QFD，TRIZ and Taguchi Connection：Customer-Driven Robust Innovation. The Ninth Symposium on Quality Function Deployment，1997.

[38] Mann D L，Stratton R. Physical Contradictions and Evaporating Clouds. The TRIZ Journal，2000.

[39] Yoji Akao. QFD：Past，Present and Future. International Symposium on QFD'97，Linkoping，1997.

[40] Ellen Domb. Dialog on TRIZ and Quality Function Deployment. The TRIZ Journal，1998.

[41] Amir H M. Empowering Six Sigma Methodology via the Theory of Inventive Problem Solving（TRIZ）. The TRIZ Journal，2003.

[42] Timothy G Clapp. Design and analysis of a method for monitoring felled seat seam characteristics utilizing TRIZ Methods. The TRIZ Journal，1999.

[43] Darrell Mann. Case Studies In TRIZ：A Re-Usable，Self-Locking Nut. The TRIZ Journal，1999.

[44] Severine Gahide. Application of TRIZ to Technology Forecasting Case Study：Yarn Spinning Technology. The TRIZ Journal，2000.

[45] Nathan Gibson. The Determination of the Technological Maturity of Ultrasonic Welding. The TRIZ Journal，1999.

[46] Sanjana Vijayakumar. Maturity Mapping of DVD Technology. The TRIZ Journal，1999.

[47] Michael Slocum. Technology Maturity using S-curve Descriptors. The TRIZ Journal，1998.

[48] Victor R Fey. Guided Technology Evolution (TRIZ Technology Forecasting). The TRIZ Journal，1999.

[49] Jörg Stelzner. TRIZ on Rapid Prototyping——a case study for technology foresight. The TRIZ Journal，2003.

[50] 牛占文等. 发明创造的科学方法论——TRIZ，中国机械工程，1999，(1)：3-7.

[51] 科茨 V 等. 论技术预测的未来. 国外社会科学，2002，(2)：99-100.

[52] 赵长根. 德国的技术预测研究. 政策与管理，2001，(5)：16-17.

[53] 钟鸣. 日本的技术预测研究. 政策与管理，2001，(10)：26-27.

[54] 黄旗明等. 基于 AGENT 的协同 TRIZ 研究. 中国图像图形学报，2001，(5)：507-509.

[55] 马怀宇，孟明辰. 基于 TRIZ/QFD/FA 的产品概念设计过程模型. 清华大学学报：自然科学版，2001，(11)：56-59.

[56] 郑称德. TRIZ 的产生及其理论体系（Ⅰ）. 科技进步与对策，2002，(1)：112-114.

[57] 郑称德. TRIZ 的产生及其理论体系（Ⅱ）. 科技进步与对策，2002，(1)：88-90.

[58] Domb E. 40 Inventive Principles With Examples. The TRIZ Journal，July 1997.

[59] Miniature surface mount capacitor and method of making same：US Patent 6144547. 2000.

[60] Zhao Xinjun. Research on New Kind of Plough by Using TRIZ and Robust Design. TRIZ Journal June，2003，（6）：47-51.

[61] Zhao Xinjun. Develop New Kind of Plough by Using TRIZ and Robust Design. TRIZCON，2003，(3).

[62] Zhao Xinjun. Design Quality Control and Management：Integration of TRIZ and QFD. Proceeding of 2002 ICMSE，2002，(10).

[63] 赵新军. QFD 与 TRIZ 在产品设计过程中的集成. 疲劳与断裂工程设计，2002，(10).

[64] 赵新军. 产品研发过程中田口方法与 TRIZ 的比较. 机械设计与研究（专集），2002，(10).

[65] 赵新军. 基于 QFD、TRIZ 和田口方法的设计质量控制技术. 机械设计（专集），2002，(8).

[66] 林晓宁. 源头质量设计——质量功能展开应用评述. 依诺维特杯学术会议文献咨询网，2003，(5).

[67] 侯明曦. 产品技术预测方法的分析与研究. 依诺维特杯学术会议文献咨询网，2003，(5).

[68] 赵敏，张武成，王冠殊. TRIZ 进阶及实战：大道至简的发明方法 [M]. 北京：机械工业出版社，2015.

[69] 李海军，丁雪燕. 经典 TRIZ 通俗读本 [M]. 北京：中国科学技术出版社，2009.

[70] 姚威，朱凌，韩旭. 工程师创新手册：发明问题的系统化解决方案 [M]. 杭州：浙江大学出版社，2015.

[71] 曹国忠. 基于 TRIZ 的效应研究及其软件实现 [D]. 天津：河北工业大学，2003.

[72] 刘书凯. "自加热"握笔手套创新设计——TRIZ 理论应用案例 [J]. 家电科技，2012 (11)：30-31.

[73] 成思源，周金平，郭钟宁. 技术创新方法：TRIZ 理论及应用 [M]. 北京：清华大学出版社，2014.

[74] 邢清，张莉娟，朱爱斌，等. TRIZ 理论常用分析工具及应用 [J]. 中国科技信息，2009 (14)：62-64.

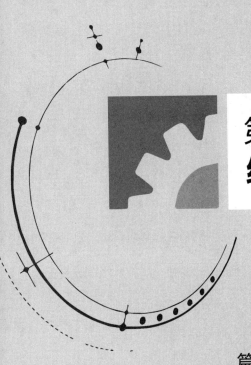

第 35 篇
绿色设计

篇主编：张秀芬

撰　　稿：张秀芬　蔚　刚

审　　稿：胡志勇

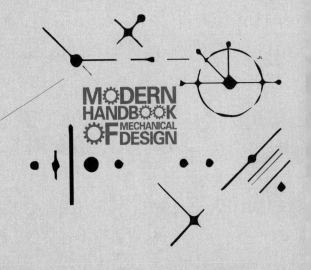

第 1 章　绿色设计涉及的基本问题

1.1　绿色产品与绿色设计的内涵

绿色产品（green product，GP），又称环境协调产品，是由政府部门、公共或民间团体依照一定的环保标准，向申请者颁发并印制在产品和包装上绿色标志的产品，用以向消费者证明该产品从研制、开发到生产、运输、销售、使用直到回收利用的整个过程都符合环境保护标准，对生态环境和人类健康均无损害。各国的绿色标志设计有所区别，典型的绿色标志如表 35-1-1 所示。

表 35-1-1　　　　　　　　　　　　　　　　　　　　　　典型绿色标志

绿色标志	名　　称	备　　注
	中国的绿色标志	环境标志的图形由中心的青山、绿水、太阳及周围的十个环组成。图形的中心表示人类赖以生存的环境，外围的十个环紧密结合，环环紧扣，表示公众参与，共同保护环境。整个标志寓意为"全民联合起来，共同保护人类赖以生存的环境"
	北欧"白天鹅"	北欧委员会以白天鹅为象征，上部有以瑞典语、挪威语、芬兰语表达的"环境标志"字样
	美国"绿色徽章"环保标签	"绿色徽章"组织是一个独立的非营利性组织，其主要任务包括美国国内环境标准的制定、产品标签以及公共教育。"绿色徽章"组织创建于 1989 年，是一个第三方团体机构，其宗旨是为创造一个清洁的世界而推动环保产品生产、消费及开发，美国国内外的公司均可申请该标签
	"能源之星"	"能源之星"计划于 1992 年由美国环保署（EPA）和美国能源部（DOE）所启动，目的是为了降低能源消耗及减少温室气体排放。该计划是自愿性质的。能源之星标准通常比美国联邦标准节能 20%～30%，目前已推广到电脑、电机、办公室设备、照明、家电、建筑等
	欧洲"欧盟之花"	欧盟环境标志自 1992 年 4 月开始正式公布实施，采用自愿参与方式，推行单一标志亦可减少消费者及行政管理者的困扰。各会员国设有一主管机关来管理、审查环境标志申请案。将同一类产品按照对环境的影响排名，只有排名在前 10%～20% 的产品才可申请到环境标志
	加拿大环境选择标志	该环境标志中一片枫叶代表加拿大的环境，由三只鸽子代表三个主要的环境保护参加者：政府、商业和工业
	日本的生态标志	该标志代表着人类用自己的双手保护地球的渴望。标志上部的日语意为"与地球亲密无间"，下半部分图案"e"代表"Environment"（环境）"Earth"（地球）"Ecology"（生态）
	韩国环境标签计划	韩国环境标签计划始于 1992 年，以 ISO 14024 生态标签和声明为基础，旨在鼓励企业和消费者加入与环境密切相关的生产和消费行列，以实现可持续的生产与消费
	德国"蓝天使"环境标志	"蓝天使"环境标志中的人形图案代表渴望高贵生活环境的人类和"为人类规划和保存适宜的居住环境"的环境政策的契合

表 35-1-2 **常见绿色产品类别**

类 型	举 例
可回收利用型	经过翻新的轮胎,可回收的玻璃容器,再生、可复用的运输周转箱(袋),用再生塑料和废橡胶生产的产品,用再生玻璃生产的建筑材料,可复用的磁带盒和可再装上的磁带盘,以及再生石制的建筑材料等
低毒低害型	非石棉垫衬、低污染油漆和涂料、锌空气电池、不含农药的室内驱虫剂、不含汞和镉的锂电池、低污染灭火剂等
低排放型	低排放的雾化燃烧炉、禁烧炉,低污染节约型燃气炉、凝汽式锅炉等
低噪声型	低噪声割草机、低噪声摩托车、低噪声建筑机械、低噪声混合粉碎机、低噪声低烟尘城市汽车等
节水型	节水型清洗槽、节水型水流控制器、节水型清洗机等
节能型	燃气多段锅炉、循环水锅炉、太阳能产品及机械表和高性能隔热玻璃等
可生物降解型	以土壤营养物和调节剂合成的混合肥料,易生物降解的润滑油、润滑脂等

绿色设计(green design,GD)也称生态设计(ecological design,ED)、环境设计(design for environment,DFE)、环境意识设计(environment conscious design,ECD)等,也有学者认为绿色设计是可持续设计的初级阶段,生态设计是可持续设计的第二阶段。产品绿色设计是一种基于产品整个生命周期,并以产品的环境资源属性为核心的现代设计理念和方法,在设计中,除考虑产品的功能、性能、寿命、成本等技术和经济属性外,还要重点考虑产品在生产、使用、废弃和回收的过程中对环境和资源的影响,以废弃物减量化、产品寿命延长化、产品易于装配和拆卸、节省能源为目的。

通过绿色设计可以设计出绿色产品。目前,并没有明确的绿色产品的定义。"绿色"是一个相对的概念,很难有一个严格的标准和范围界定,它的标准可以由社会习惯形成、社会团体制定或法律规定。本质上,绿色产品是指在其整个生命周期中,符合特定的环保要求,对生态环境无害或危害很小,资源利用率很高,能源消耗低的产品。常见的绿色产品类别如表 35-1-2 所示。绿色产品要对环境友好,具有宜人的使用方式,为人们的健康生活方式服务,倡导绿色消费文化。绿色产品在传统产品的基础上,使产品与环境(自然环境和社会环境)、产品与消费者的关系更加密切。

1.2 绿色设计的一般流程

产品典型的设计流程包括方案设计、技术设计、施工设计三个阶段,具体如图 35-1-1 所示。

确定设计要求是产品开发的第一阶段。对新产品的评估、决策不仅仅是企业领导的责任,设计人员必须积极研究社会、市场和客户需求,学习新技术,掌握产品生命周期的规律,预测新产品品种的结构、组成、功能、性能、产品的生命周期及市场占有率等;

结合新技术、新材料、新工艺,研究本企业的状况,细化设计任务,与有关人员一起研究,明确设计中的要求,其中需要向有关部门了解相关信息,如产品设计单位需要提供新技术(专利、新产品等)、新材料、新工艺、本厂产品、设计法规、设计工具等。

方案设计是设计中的主要阶段,决定了一个项目的投资成本、主要因素。方案设计涉及设计者的知识水平、经验、灵感、想象力等,是一个极富创造性的设计阶段。该阶段主要从分析需求出发,确定实现产品功能和性能所需要的总体对象(技术系统),决定技术系统,画功能结构图进行功能分析,实现产品的功能与性能到技术系统的映射,并对技术系统进行初步的评价与优化。

技术设计就是根据原理解答方案,按照设计要求确定产品的全部结构、选定材料、设计构形、定出主要参数,最后输出设计总图及部件总图。方案基本确定后,设计人员还应该根据设计经验估算成本。

施工设计旨在获得产品设计的全部技术资料,包括图样、设计计算说明书、使用手册、相关资料。重点是产品的结构设计(包括零部件的结构形状、装配关系、材料、技术要求等),该阶段必须充分考虑生产能力、生产设备、生产成本、生产周期、技术水平等,保证产品设计的可加工性、可装配性等。

绿色设计流程仍然遵循图 35-1-1 所示的产品设计流程。绿色设计是一种多学科交叉的设计方法,设计过程中,首先进行绿色设计需求分析,形成产品总体设计方案,然后运用生命周期设计、并行工程、模块化设计等方法对产品功能、材料选择、结构及包装进行详细设计,形成详细设计方案,通过生命周期分析评估产品设计方案的技术性能、环境性能、资源性能、能源性能及经济性,反馈评价结果,如果不满足设计需求,则需要进行设计改进,直到满足设计需求为止。具体流程如表 35-1-3 所示。

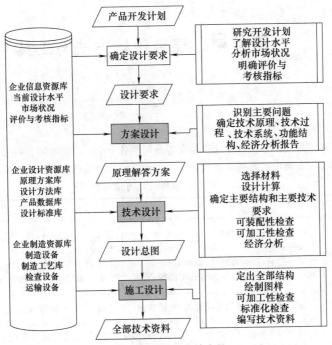

图 35-1-1 产品设计流程

表 35-1-3 绿色设计流程

阶段		任 务
产品规划	绿色设计准备阶段	企业决策层认可,确定产品目标,成立绿色设计小组,进行培训和辅导
	绿色需求分析	选择绿色设计对象及参照,进行产品综合分析,如市场资讯、产品信息、法律法规等
	初步确定绿色设计策略	应用生命周期流程法、绿色设计主体分类法、产品类别法等进行产品核查清单的建立,合理运用绿色设计工具,确定绿色设计策略
概念开发		根据设计需求,应用头脑风暴法,进行生命周期分析,形成可评估的目标,提出新的设计概念
系统设计		制定产品绿色设计方案
详细设计		从绿色材料选择、绿色结构设计、包装设计等方面开展产品绿色设计
测试与完善		对方案实施情况进行分析与评价,一般应用绿色设计评价工具和方法,如生命周期评价法,对产品的经济效益、环境效益、社会效益等进行评价分析,反馈改进意见,完善设计直至满意

第 2 章 绿色设计方法与工具

2.1 概述

产品绿色设计是一种系统性的方法，涉及产品全生命周期各个阶段，需要综合利用材料、结构、计算机等多学科领域知识，目前并没有通用成熟的绿色设计方法。常用的几种绿色设计方法详见表 35-2-1。

表 35-2-1　　常用的绿色设计方法

绿色设计方法	内　　容
生命周期设计方法	生命周期设计是面向产品全生命周期过程(需求分析、设计构思、产品设计、制造、使用以及废弃和回收)的设计。面向生命周期设计强调在产品概念设计阶段就充分考虑产品全生命周期对环境的影响，即提高能源、资源的利用率，减少不可再生资源的使用，减少制造过程中废气、废物和废液的排放，减少使用过程中能源、资源的使用，提高产品零部件的回收率和再利用率
并行设计	并行设计是一种先进设计技术，需要设计工程师、工艺工程师、销售人员、服务人员、操作人员、材料工程师、环境工程师、用户等在产品设计过程中进行并行协调、交叉作业，将产品生命周期全过程中的各类信息的获取、表达、表现和操作工具等集成于一体并组成统一的产品信息模型和产品数据管理系统。并行设计使得产品从概念形成到寿命终结后的回收处理形成一个闭环过程，满足了产品生命周期全过程的绿色要求
模块化设计	详见 2.2 节内容

2.2 模块化设计方法

2.2.1 绿色模块化设计步骤

模块是指具有独立功能和结构的要素，是具有有不同用途（或性能）和不同结构且能互换的基本结构单元，它可以是零件、组件、部件或系统，如机床卡具、联轴器等可以为模块。模块化设计方法是在综合考虑产品系统的基础上，把其中含有相同或相似功能的结构单元分离出来，用标准化规则进行统一、归类和简化，从而形成模块，并以通用单元的形式储存，通过各模块的不同组合、替换可以构成不同功能规格的产品的设计过程。模块化设计与产品标准化设计、系列化设计密切相关，即所谓的"三化"。"三化"互相影响、互相制约，通常合在一起作为评定产品质量优劣的重要指标。

1992 年，美国斯坦福大学的 Kosuke Ishii 教授提出了绿色模块化设计的基本思想：综合考虑产品零部件的材料、拆卸、维护、回收、能耗等因素，对产品结构进行模块化设计，以符合绿色设计的要求。绿色模块化设计的具体步骤详见表 35-2-2。不同的模块化设计方法，其模块划分方法、模块组合方法有所不同。

表 35-2-2　　绿色模块化设计步骤

步骤名称	内　　容
需求分析	分析、获取和处理用户需求或市场需求，如需求数量、价位、寿命、升级性、可行性等
参数定义	合理确定尺寸、运动及动力参数，完成从功能域到物理域再到模块域的映射
系列型谱制定	合理制定产品种类、规格型号等，模块化设计型谱见表 35-2-3
模块划分	根据一定的准则进行模块划分，将零件聚合到不同的模块，准则见表 35-2-4，常用方法见表 35-2-5
模块组合	不同的子模块组合成具有特定功能的模块或系统，具体方式见表 35-2-6
分析计算	分析校验产品的各种性能指标
模块组合评价	分析模块互换性、接口等是否符合要求

第35篇

表 35-2-3　　　　　　　　　　　　　　　　　　模块化设计型谱

名　　称	内　　容
横系列模块化设计	在基型产品的基础上,通过变更、增减某些可互换的特定模块而形成变型产品,特点是不改变基型产品的动力参数等主参数,仅仅改变某些功能、结构、布局、控制系统或操纵方式。例如,端面铣床的铣头,可以加装立铣头、卧铣头、转塔铣头等,形成立式铣床、卧式铣床或转塔铣床等
纵系列模块化设计	在某一规格的基型产品的基础上,对不同规格的产品进行模块化设计。特点是主参数不同(如功率),从而导致结构形式或尺寸的不同。例如不同功率的减速器
跨系列及全系列模块化设计	产品在横(纵)系列模块化的基础上兼顾部分纵(横)系统模块化的设计称为跨系列模块化设计。例如,德国沙曼机床厂生产的模块化镗铣床,除可发展横系列的数控及各型镗铣加工中心外,更换立柱、滑座及工作台,即可将镗铣床变为跨系列的落地镗床 产品在全部纵、横系列范围内的模块化设计则称为全系列模块化设计。全系列模块化设计实现难度较大。例如,德国某厂生产的工具铣,除可改变为立铣头、卧铣头、转塔铣头等形成横系列产品外,还可改变床身、横梁的高度和长度,得到三种纵系列的产品

表 35-2-4　　　　　　　　　　　　　　　　　　模块划分准则

准则	子　准　则	内　　容
零件合并准则	产品工作过程中,零件相互接触、无相对运动且有刚性连接 零件使用同种材料,或改进后使用同种材料 零件中没有标准件、通用件和外购外配件 零件合并后不会影响到产品的装配与拆卸性能	通过将某些零件合并为一个新的零件,可以将零件间的功能、信息和物质等交互作用转化为零件内部的交互作用,达到节约材料和便于废弃后的重用、回收与处理的目的
功能准则	结构交互准则 能量交互准则 物质交互准则 信号交互准则 作用力交互准则	初始设计所产生的零件主要考虑的是其功能的实现,为了从系统的角度全面考察、区分和识别零件间相互作用的种类和大小,准确地将其划分到不同的模块中,制定相应的功能准则非常必要。两零件间的这五种交互作用越大,它们划分在同一模块中的概率就越高
绿色准则	重用性准则 升级性准则 维护性准则 回收性准则 处理性准则	在模块划分中应尽可能考虑提高产品的可重用性、易升级性、易维护性、可回收性和易处理性,将性能相近的零件尽可能划分在一个模块中。这样有利于提高产品的资源和能源利用率、降低产品生命周期成本和环境污染程度

表 35-2-5　　　　　　　　　　　　　　　　　　模块划分方法

方　　法	原　　理
面向功能的模块划分	对产品基本组成单元进行定性或定量的相关性分析与计算,通过聚类划分模块,将产品的总功能分解为一系列子功能,并按照一定的相关性影响因素进行聚类分析
面向结构的模块划分	基本原理同上,直接针对产品结构布局和结构部件的组成及其之间的连接方式进行相关性分析,聚类划分模块。例如,基于原子理论的方法将零部件映射为原子核或电子,原子核为连接接口较多的零部件,将产品结构、装配约束、绿色约束等融入库仑力计算公式,根据同性相斥、异性相吸的原理,将不同零部件聚类为模块
面向结构和功能的模块划分方法	同时兼顾产品功能和结构等方面的影响,通过定性或定量分析零部件间的相似程度,进而聚类形成模块划分方案
面向生命周期的模块划分方法	考虑可回收、可重用、可升级、可拆卸、可再制造等目标,定性或定量交互分析产品的功能和结构间的相似程度,形成模块划分方案

表 35-2-6　　　　　　　　　　　　　　　　组合方式

组合方式	内　容
直接组合式	按模块化系统提供的组合方式,直接进行模块间的组合。对于属于同一模块化系统的产品系列型谱中的产品,一般可采用直接组合方式。这种组合最合理、最紧凑、最经济,是最理想的一种组合方式
集装式	把若干种不同规格的功能模块装入一定的结构模块中,再装入整机。这时一般需对结构模块作某些改进设计,改造或增加支撑不同模块的构件。也常采用集装方式形成规模不同的集成模块,以简化整机结构。这种集成模块的接口具有尺寸互换性,便于整机的组装
改装组合式	一些外购的模块,其机械结构及电气互连的接口结构与所要连接的模块不匹配,这时则会对该模块的接口进行改装,换用本机的结构模块或接口构件。例如,对外购的电源进行改装,然后作为一种专用模块参加整机组装
间接组合式	设计专用连接构件,按总体要求把各模块固定在相应的位置上。适用于两种情况:一是根据产品布局要求,不宜于采用直接组合方式的情况;二是采用不属于本模块系统的外购模块,不可能进行直接组合的情况
分立组合式	各个参加组合的模块,一般都是自成体系的独立产品/装置,分立组合就是将它们各自分立安置,不直接进行机械性的组装

模块化产品是由模块构成的组合式结构,其组合方式详见表 35-2-6。

通过接口设计将各主要功能模块组合起来形成模块化产品。其中,接口是模块间的结合部分,是模块内用于与外界环境(其他模块或自然物体)进行结合的特征集合。模块接口技术的研究主要包括两方面:一是接口本身的设计加工技术,包括接口的可靠性、可装配性和加工工艺等;二是接口的管理技术,包括标准化、编码、接口数据库管理和模块组合测试等。

模块化产品的接口设计除一些常规的要求外,应着重注意以下几个问题。

① 抑制或减少设计内部干扰。在将模块组装成一个产品时,应注意模块间各种功能的相互干扰。各自模块的性能一般都是好的,但有时在组装和连接后却会变坏,甚至无法正常工作。其主要原因是总体布局和布线不合理,形成设备内部的相互干扰。

干扰类型及防止方法主要有:运动零部件或操作的相互机械性干扰,可采用作图法进行干涉检验;发热部件所带来的温升,导致相邻构件的热膨胀,或对相邻电子元器件性能(尤其是热敏元件)的影响,这需要通过热设计进行温度控制;模块互连及布线所引起的相互间的各种性质的电磁干扰,这需要进行电磁兼容性(屏蔽、接地)设计和试验验证。

② 接口的可靠性。接口设计中应充分考虑和论证机械连接(固定连接、活动连接、可拆卸连接)和电气连接(固定连接和插接连接)的可靠性。接口系统的寿命应高于各模块的寿命。

③ 接口的工艺性和效率。针对不同的接口部件采用不同的接口结构,例如在电气连接中,分别选用锡焊、绕接、压接;采用高效的接口结构,如采用

卡、扣、嵌等结构进行连接,减少螺钉数量,用快锁连接代替螺钉连接等。充分考虑维修空间及维修的方便性和效率。另外,还应考虑提高接口的统一性,以提高接口工作效率,减少接口构件和材料的品种。

为了便于模块信息的描述,用一个具有充足信息的、易于计算机和人识别与处理的编号唯一地标识模块,并称之为模块编码。模块编码将产品各功能模块的从属关系、规格、属性参数等相关信息根据系统管理的需要加以组织,并予以定义、命名,确定其内容、范围、表示方法等,通过模块编码可以将产品各个模块的从属关系、规格、功能等信息表示为唯一的代码。常用的编码方法包括隶属制编码、事物分类编码。

为了便于模块编码的自动生成,应遵循以下原则:

① 唯一性原则:编码和模块对象必须一一对应。

② 完整性原则:模块编码尽量完整地表达模块相关信息,为模块选择、组合、制造提供管理服务。

③ 合理性原则:编码必须在准确科学地描述模块对象信息的同时遵循相关行业分类标准和产品划分标准,便于设计人员理解、识别和掌握。

④ 简洁性原则:码位在满足需要的前提下应尽可能最少。

⑤ 继承性原则:在满足模块化设计需要的前提下,使模块编码对产品编号、图纸编号等工厂标准改动最小。

通用性是用来评价产品模块化的一般手段,它是描述一个产品族中共享模块或部件通用程度的标准。通用程度可以从以下两个方面获得:

① 生产所有变型产品所需的部件数/生产线上的

所有部件数。此时最坏的情况是此值为 1，即所有变型产品都需要不同的部件。

② 产品变型数/所有部件数。此值越高说明通用程度越高。

2.2.2 基于原子理论的模块化设计方法

基于原子理论的模块化设计方法由台湾学者 Shana Smith 和 Chao－Ching Yen 提出，是一种计算简单、可操作性强的方法。该方法的基本思想是将产品中的模块映射为原子，具有较多接触关系的节点（零件或部件）映射为带正电荷的原子核，与原子核相邻节点映射为带负电荷的电子，通过计算零部件间的库仑力进行模块划分，并给出了模块合并方案，具体步骤详见表 35-2-7。

表 35-2-7　　　　　　　　　　基于原子理论的模块化设计步骤

参 数	内 容	示 例
库仑力	$F_{ij} = -(k_i k_j Q_i Q_j)/D_{ij}^2$ (35-2-1) 式中 Q_i, Q_j ——组件 i 和 j 的电荷 D_{ij} ——组件 i 与 j 间的距离 k_i, k_j ——组件 i 和 j 的常系数	(图示)
接触矩阵 T	$T = [T_{ij}]$ (35-2-2) $T_{ij} = \begin{cases} 0, \text{组件 } i \text{ 与 } j \text{ 不接触} \\ 1, \text{组件 } i \text{ 与 } j \text{ 接触} \\ 0, \text{其他} \end{cases}$	$T = \begin{bmatrix} 0 & 0 & 1 & 0 & 0 & 1 \\ 0 & 0 & 1 & 1 & 0 & 0 \\ 1 & 1 & 0 & 1 & 0 & 1 \\ 0 & 1 & 1 & 0 & 1 & 0 \\ 0 & 0 & 0 & 1 & 0 & 0 \\ 1 & 0 & 1 & 0 & 0 & 0 \end{bmatrix}$
总体接触矩阵 TT	$TT = [TT_i]$ (35-2-3) $TT_i = \sum_{j=1}^{n} T_{ij}$ (35-2-4) 式中 n ——产品的组件数	$TT = [2 \ 2 \ 4 \ 3 \ 1 \ 2]^T$
化合价矩阵 Q	用户设定原子核组件，令 $Q_i = TT_i$，其余取 -1	$Q = [-1 \ -1 \ +4 \ -1 \ -1 \ -1]^T$
距离矩阵 D	$D = [D_{ij}]$ (35-2-5) $D_{ij} = \begin{cases} 1, \text{组件 } i \text{ 与 } j \text{ 接触} \\ 2, \text{组件 } i \text{ 与 } j \text{ 不接触} \\ 0, \text{其他} \end{cases}$ 注：对于紧固件，仅仅考虑首次接触的零件 根据模块划分准则，设计绿色约束矩阵，例如回收约束矩阵 R 定义如下 $R = [R_{ij}]$ (35-2-6) $R_{ij} = \begin{cases} 1, \text{组件 } i \text{ 与 } j \text{ 回收决策一致} \\ 0, \text{组件间回收决策不一致} \\ 0, \text{其他} \end{cases}$ $D_{ij} = D_{ij} \otimes R_{ij}; \text{if} \begin{cases} D_{ij}R_{ij}=1, D_{ij}=1 \\ D_{ij}R_{ij} \neq 1, D_{ij}=2 \\ D_{ij}=0 \end{cases}$	假设 $1,2,3,6$ 必须回收，$4,5$ 不回收，则 $R = \begin{bmatrix} 0 & 1 & 1 & 0 & 0 & 1 \\ 1 & 0 & 1 & 0 & 0 & 1 \\ 1 & 1 & 0 & 0 & 0 & 1 \\ 0 & 0 & 0 & 0 & 1 & 0 \\ 0 & 0 & 0 & 1 & 0 & 0 \\ 1 & 1 & 1 & 0 & 0 & 0 \end{bmatrix}$ 距离矩阵 $\begin{bmatrix} 0 & 2 & 1 & 2 & 2 & 2 \\ 2 & 0 & 1 & 2 & 2 & 2 \\ 1 & 1 & 0 & 1 & 2 & 1 \\ 2 & 2 & 1 & 0 & 1 & 2 \\ 2 & 2 & 2 & 1 & 0 & 2 \\ 2 & 2 & 1 & 2 & 2 & 0 \end{bmatrix}$ $\otimes$ 回收约束矩阵 $\begin{bmatrix} 0 & 1 & 1 & 0 & 0 & 1 \\ 1 & 0 & 1 & 0 & 0 & 1 \\ 1 & 1 & 0 & 0 & 0 & 1 \\ 0 & 0 & 0 & 0 & 1 & 0 \\ 0 & 0 & 0 & 1 & 0 & 0 \\ 1 & 1 & 1 & 0 & 0 & 0 \end{bmatrix}$ $=$ 更新距离矩阵 $\begin{bmatrix} 0 & 2 & 1 & 2 & 2 & 2 \\ 2 & 0 & 1 & 2 & 2 & 2 \\ 1 & 1 & 0 & 2 & 2 & 1 \\ 2 & 2 & 2 & 0 & 1 & 2 \\ 2 & 2 & 2 & 1 & 0 & 2 \\ 2 & 2 & 1 & 2 & 2 & 0 \end{bmatrix}$
力矩阵 F	$F = [F_{ij}]$ (35-2-7)	$F = \begin{bmatrix} 0 & -0.25 & 4 & -0.25 & -0.25 & -0.25 \\ -0.25 & 0 & 4 & -0.25 & -0.25 & -0.25 \\ 4 & 4 & 0 & -0.25 & -0.25 & 4 \\ -0.25 & -0.25 & 1 & 0 & -1 & -0.25 \\ -0.25 & -0.25 & -0.25 & -1 & 0 & -0.25 \\ -0.25 & -0.25 & 4 & -0.25 & -0.25 & 0 \end{bmatrix}$

（续）

参　数	内　　容	示　　例
最大力矩阵 MF	$MF_i = \max(F_{ij})$	$\boldsymbol{MF}=[+4 \quad +4 \quad +4 \quad +1 \quad 0 \quad +4]$ 产品划分为 3 个模块：[1,2,3,6]、[4]、[5]
模块组合	原子中正电荷数与负电荷数的总和为 1，称为满载；反之，称为非满载。通过组合非满载模块以减少总模块数。例如，右图中两个非满载模块通过组合后形成一个新的满载模块	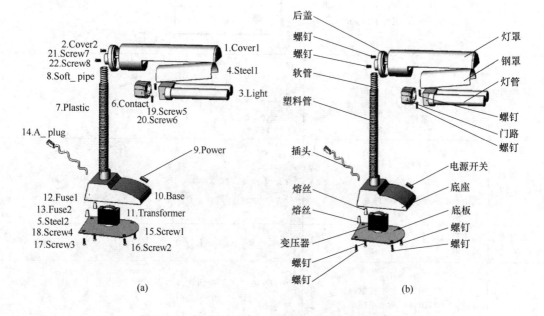

图 35-2-1　台灯爆炸图 [（a）为原图，（b）为注释过的图]

2.2.3 绿色模块化设计案例

图 35-2-1 所示为一台灯，下面以该产品为研究对象，应用 Simith 和 Yen 的基于原子理论的绿色模块化设计方法对其进行分析。

根据表 35-2-7 所示方法流程，获得台灯的接触矩阵 $\boldsymbol{T}$、总体接触矩阵 $\boldsymbol{TT}$ 和化合价矩阵 $\boldsymbol{Q}$，详见表 35-2-8。原子核数决定模块数，模块数过多过少都不合适，用户可以根据情况确定一个合理的模块数，本例中将接触数大于 3 的模块作为原子核，分别为 1，2，5，6，10，14 号零件，由此确定了模块数为 6。其余组件的化合价赋予-1。

本例子中含有 8 个紧固件（15～22 号零件），根据首次接触原则确定接触数，其余根据实际情况判定，获得的距离矩阵 $\boldsymbol{D}$ 见表 35-2-9。

根据化合价矩阵 $\boldsymbol{Q}$，零件 1，2，5，6，10，14 为原子核，化合价为接触总数，其余零件为电子，化合价为-1。将上述参数带入库仑力计算公式计算零件间的力矩阵，其中常数 k 一般取 1，对于零件 1 和 5 的化合价都为 5，因此，令 $k_1=1$，$k_5=2$。同理，令 $k_2=1$，$k_6=2$，$k_{14}=3$。其余零件的 k 值取 1。获得的力矩阵详见表 35-2-10。

根据力矩阵，获得最大力矩阵 $\boldsymbol{MF}=[5，4，8，5，6，8，9，9，9，9，12，12，12，12，6，6，6，6，6，8，8，4，4]^{\mathrm{T}}$。

由此获得模块划分结果，如图 35-2-2 所示。

表 35-2-8　　台灯的接触矩阵 T、总体接触矩阵 TT 及化合价矩阵 Q

零件序号	1	2	3	4	5	6	7	8	9	10	11	12	13	14	15	16	17	18	19	20	21	22	TT	Q
1	0	1	0	1	0	1	0	0	0	0	0	0	0	0	0	0	0	0	0	0	1	1	5	5
2	1	0	0	0	0	0	0	0	1	0	0	0	0	0	0	0	0	0	0	0	1	1	4	4
3	0	0	0	0	0	0	1	0	0	0	0	0	0	0	0	0	0	0	1	1	0	0	3	−1
4	1	0	0	0	0	0	0	0	0	0	0	0	0	0	0	0	0	0	0	0	0	0	1	−1
5	0	0	0	0	0	0	0	0	0	0	1	1	0	0	1	1	1	1	0	0	0	0	6	6
6	1	0	1	0	0	0	0	0	0	0	0	0	0	0	0	0	0	0	1	1	0	0	4	4
7	0	0	0	0	0	0	0	0	1	0	1	0	0	0	0	0	0	0	0	0	0	0	2	−1
8	0	1	0	0	0	0	1	0	0	0	1	0	0	0	0	0	0	0	0	0	0	0	3	−1
9	0	0	0	0	0	0	0	0	0	1	0	0	0	0	0	0	0	0	0	0	0	0	1	−1
10	0	0	0	0	0	1	0	1	1	0	0	0	0	1	1	1	1	1	0	0	0	0	9	9
11	0	0	0	0	1	0	0	0	0	0	0	0	0	1	0	0	0	0	0	0	0	0	2	−1
12	0	0	0	0	1	0	0	0	0	0	0	0	0	0	0	0	0	0	0	0	0	0	1	−1
13	0	0	0	0	0	0	0	0	0	0	0	0	0	1	0	0	0	0	0	0	0	0	1	−1
14	0	0	0	0	0	0	0	0	0	1	1	1	1	0	0	0	0	0	0	0	0	0	4	4
15	0	0	0	0	1	0	0	0	0	1	0	0	0	0	0	0	0	0	0	0	0	0	2	−1
16	0	0	0	0	1	0	0	0	0	1	0	0	0	0	0	0	0	0	0	0	0	0	2	−1
17	0	0	0	0	1	0	0	0	0	1	0	0	0	0	0	0	0	0	0	0	0	0	2	−1
18	0	0	0	0	1	0	0	0	0	1	0	0	0	0	0	0	0	0	0	0	0	0	2	−1
19	0	0	1	0	0	1	0	0	0	0	0	0	0	0	0	0	0	0	0	0	0	0	2	−1
20	0	0	1	0	0	1	0	0	0	0	0	0	0	0	0	0	0	0	0	0	0	0	2	−1
21	1	1	0	0	0	0	0	0	0	0	0	0	0	0	0	0	0	0	0	0	0	0	2	−1
22	1	1	0	0	0	0	0	0	0	0	0	0	0	0	0	0	0	0	0	0	0	0	2	−1

表 35-2-9　　台灯的距离矩阵 D

零件序号	1	2	3	4	5	6	7	8	9	10	11	12	13	14	15	16	17	18	19	20	21	22
1	0	1	2	1	2	1	2	2	2	2	2	2	2	2	2	2	2	2	2	2	2	2
2	1	0	2	2	2	2	2	1	2	2	2	2	2	2	2	2	2	2	2	2	1	1
3	2	2	0	2	2	1	2	2	2	2	2	2	2	2	2	2	2	2	2	2	2	2
4	1	2	2	0	2	2	2	2	2	2	2	2	2	2	2	2	2	2	2	2	2	2
5	2	2	2	2	0	2	2	1	1	2	2	2	1	1	1	1	1	2	2	2	2	2
6	1	2	1	2	2	0	2	2	2	2	2	2	2	2	2	2	2	1	1	2	2	2
7	2	2	2	2	2	2	0	1	2	1	1	2	2	2	2	2	2	2	2	2	2	2
8	2	1	2	2	2	2	1	0	2	1	2	2	2	2	2	2	2	2	2	2	2	2
9	2	2	2	2	2	2	2	2	0	1	2	2	2	2	2	2	2	2	2	2	2	2
10	2	2	2	2	1	2	1	1	1	0	2	2	2	1	1	1	1	1	2	2	2	2
11	2	2	2	2	1	2	2	2	2	2	0	2	2	1	2	2	2	2	2	2	2	2
12	2	2	2	2	2	2	2	2	2	2	2	0	2	1	2	2	2	2	2	2	2	2
13	2	2	2	2	2	2	2	2	2	2	2	2	0	1	2	2	2	2	2	2	2	2
14	2	2	2	2	2	2	2	2	2	1	1	1	1	0	2	2	2	2	2	2	2	2
15	2	2	2	2	1	2	2	2	2	1	2	2	2	2	0	2	2	2	2	2	2	2
16	2	2	2	2	1	2	2	2	2	1	2	2	2	2	2	0	2	2	2	2	2	2
17	2	2	2	2	1	2	2	2	2	1	2	2	2	2	2	2	0	2	2	2	2	2
18	2	2	2	2	1	2	2	2	2	1	2	2	2	2	2	2	2	0	2	2	2	2
19	2	2	2	2	2	1	2	2	2	2	2	2	2	2	2	2	2	2	0	2	2	2
20	2	2	2	2	2	1	2	2	2	2	2	2	2	2	2	2	2	2	2	0	2	2
21	2	1	2	2	2	2	2	2	2	2	2	2	2	2	2	2	2	2	2	2	0	2
22	2	1	2	2	2	2	2	2	2	2	2	2	2	2	2	2	2	2	2	2	2	0

第 35 篇

表 35-2-10　台灯的力矩阵

零件序号	1	2	3	4	5	6	7	8	9	10	11	12	13	14	15	16	17	18	19	20	21	22
1	1	-20	1.25	5	-7.5	-40	1.25	1.25	1.25	-11.3	1.25	1.25	1.25	-15	1.25	1.25	1.25	1.25	1.25	1.25	1.25	1.25
2	-20	1	1	1	-6	-8	1	4	1	-9	1	1	1	-12	1	1	1	1	1	1	4	4
3	1.25	1	1	-0.25	1.5	8	-0.25	1	-0.25	2.25	-0.25	-0.25	-0.25	3	-0.25	-0.25	-0.25	-0.25	-0.25	-0.25	-0.25	-0.25
4	5	1	-0.25	1.5	1	2	-0.25	-0.25	-0.25	2.25	-0.25	-0.25	-0.25	3	-0.25	-0.25	-0.25	-0.25	-0.25	-0.25	-0.25	-0.25
5	-7.5	-6	1.5	1	-12	-12	1.5	1.5	1.5	-54	6	6	1.5	-18	6	6	6	6	1.5	1.5	1.5	1.5
6	-40	-8	8	2	-12	1	2	2	2	-18	2	2	2	-24	2	2	2	2	8	8	2	2
7	1.25	1	-0.25	-0.25	1.5	2	1	-1	-0.25	9	-0.25	-0.25	-0.25	3	-0.25	-0.25	-0.25	-0.25	-0.25	-0.25	-0.25	-0.25
8	1.25	4	1	-0.25	1.5	2	-1	1	-0.25	9	-0.25	-0.25	-0.25	3	-0.25	-0.25	-0.25	-0.25	-0.25	-0.25	-0.25	-0.25
9	1.25	1	-0.25	-0.25	1.5	2	-0.25	-0.25	1	9	-0.25	1	-0.25	3	-0.25	-0.25	-0.25	-0.25	-0.25	-0.25	-0.25	-0.25
10	-11.3	-9	2.25	2.25	-54	-18	9	9	9	1	2.25	2.25	2.25	-108	2.25	2.25	2.25	2.25	2.25	2.25	2.25	2.25
11	1.25	1	-0.25	-0.25	6	2	-0.25	-0.25	-0.25	2.25	1	-0.25	-0.25	12	-0.25	-0.25	-0.25	-0.25	-0.25	-0.25	-0.25	-0.25
12	1.25	1	-0.25	-0.25	6	2	-0.25	-0.25	1	2.25	-0.25	1	-0.25	12	-0.25	-0.25	-0.25	-0.25	-0.25	-0.25	-0.25	-0.25
13	1.25	1	-0.25	-0.25	1.5	2	-0.25	-0.25	-0.25	2.25	-0.25	-0.25	12	12	-0.25	-0.25	-0.25	-0.25	-0.25	-0.25	-0.25	-0.25
14	-15	-12	3	3	-18	-24	3	3	3	-108	12	12	12	1	3	3	3	3	3	3	3	3
15	1.25	1	-0.25	-0.25	6	2	-0.25	-0.25	-0.25	2.25	-0.25	-0.25	-0.25	3	1	-0.25	-0.25	-0.25	-0.25	-0.25	-0.25	-0.25
16	1.25	1	-0.25	-0.25	6	2	-0.25	-0.25	-0.25	2.25	-0.25	-0.25	-0.25	3	-0.25	1	-0.25	-0.25	-0.25	-0.25	-0.25	-0.25
17	1.25	1	-0.25	-0.25	6	2	-0.25	-0.25	-0.25	2.25	-0.25	-0.25	-0.25	3	-0.25	-0.25	1	-0.25	-0.25	-0.25	-0.25	-0.25
18	1.25	1	-0.25	-0.25	6	2	-0.25	-0.25	-0.25	2.25	-0.25	-0.25	-0.25	3	-0.25	-0.25	-0.25	1	-0.25	-0.25	-0.25	-0.25
19	1.25	1	-0.25	-0.25	1.5	8	-0.25	-0.25	-0.25	2.25	-0.25	-0.25	-0.25	3	-0.25	-0.25	-0.25	-0.25	1	-0.25	-0.25	-0.25
20	1.25	1	-0.25	-0.25	1.5	8	-0.25	-0.25	-0.25	2.25	-0.25	-0.25	-0.25	3	-0.25	-0.25	-0.25	-0.25	-0.25	1	-0.25	-0.25
21	1.25	4	-0.25	-0.25	1.5	2	-0.25	-0.25	-0.25	2.25	-0.25	-0.25	-0.25	3	-0.25	-0.25	-0.25	-0.25	-0.25	-0.25	1	-0.25
22	1.25	4	-0.25	-0.25	1.5	2	-0.25	-0.25	-0.25	2.25	-0.25	-0.25	-0.25	3	-0.25	-0.25	-0.25	-0.25	-0.25	-0.25	-0.25	1

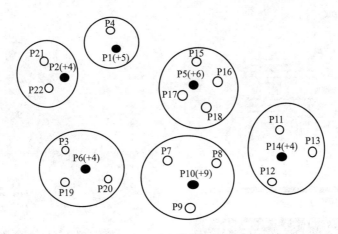

图 35-2-2　台灯模块划分结果

由图 35-2-2 可知，模块零件 5，6，14 为原子核聚类的模块，为满载；其余非满载，需要进行模块划分，划分结果如表 35-2-11 所示。

表 35-2-11　　台灯的模块划分结果

方案	结　　果	模块数
方案 1	【1，4】，【2，21，22】，【3，6，19，20】，【7，8，9，10】，【5，15，16，17，18】，【11，12，13，14】	6
方案 2（组合后）	【1，2，4，21，22】，【3，6，19，20】，【7，8，9，10】，【5，15，16，17，18】，【11，12，13，14】	5
方案 3（组合后）	【1，2，4，7，8，9，10，21，22】，【3，6，19，20】，【5，15，16，17，18】，【11，12，13，14】	4

针对上述模块划分方案 2，添加绿色约束，如令零件 3 必须被回收以缩短拆卸时间和降低难度。则更新距离矩阵后，获得最终模块划分结果，详见表35-2-12。

参考上述模块划分结果，设计者可以将若干零件合并为一个模块（零件），从而增加产品的互换性，减少拆卸时间。

表 35-2-12　　方案 2 的绿色模块划分结果

方案	结　　果
原始模块（方案 2）	【1，2，4，21，22】，【3，6，19，20】，【7，8，9，10】，【5，15，16，17，18】，【11，12，13，14】
绿色模块	【1，2，4，21，22】，【3】，【6，19，20】，【7，8，9，10】，【5，15，16，17，18】，【11，12，13，14】

2.3　典型的绿色设计工具

绿色设计方法和工具仍在不断地发展中，例如，材料-能源消耗和有毒物质排放（MET）矩阵考虑了2 个矩阵：①环境方面（材料周期、能耗、有毒物质排放）和三个生命周期阶段（生产、使用、处理）矩阵；②影响程度（低、中、高）和环境方面（材料周期、能耗、有毒物质排放）矩阵。十条黄金法则是一个将合理的环境需求集成到产品开发过程中的工具，通过总结归纳主要的设计准则获得十条规则，可用于改进产品的环境性能。表 35-2-13 列出了其中的一部分，以供设计人员进行参考。

图 35-2-3 所示为维也纳理工大学（Vienna University of Technology）开发的产品绿色设计软件工具 ECODESIGN，该工具分别从材料设计、使用过程、制造、运输、末端处理等全生命周期对产品绿色性能进行评估，并给出合适的策略来改善产品的绿色性能。

第 35 篇

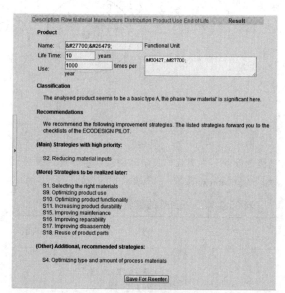

(a) 工具架构

(b) 绿色性能分析的数据输入界面

(c) 评价结果和反馈界面

图 35-2-3　某绿色设计软件工具

表 35-2-13　　　　　　　　　　　　　　绿色设计方法工具

方法名称	产品开发阶段	网络公开
累积能量需求	概念和系统设计	是
环境意识检查表	概念设计与详细设计	是
清洁技术替代评估	概念设计	是
环境设计协同工作台	详细设计	否
拆卸分析	概念和系统设计阶段	是
生态策略轮	概念设计	是
生态设计指南	产品规划与概念开发	是
EcoPaS	产品概念、系统、详细设计阶段	是
环境影响分析(EEA)	概念设计	是
环境目标配置(environment objectives deployment)	概念设计	否
环境准则(EPAss)	产品规划和概念设计阶段	是
环境意识产品评估矩阵	概念设计	是
功能分析	产品概念设计	是
环境质量屋(house of enviromental quality)	概念设计	是

续表

方法名称	产品开发阶段	网络公开
IdeMat	概念设计、系统设计、详细设计	是
生命周期评估(LCA)或简化的生命周期评估(SLCA)	产品规划、生产	是
生命周期设计策略轮(life-cycle design strategies wheel)	产品规划、概念开发	是
材料-能源-化学物质-其他物质(MECO)矩阵	概念设计、系统设计	是
材料-能源消耗-有毒物质排放(MET)矩阵	概念设计、系统设计	是
单位服务单元材料输入(MIPS)	概念设计、系统设计	是
产品理想树(PIT)	概念设计	是
面向环境的质量功能配置(QFDE)	产品规划、概念设计	是
十条黄金法则	概念设计、系统设计、详细设计	是
绿色设计中的 TRIZ 方法	概念设计、系统设计	是
工业产品环境设计(EDIP)	产品规划、生产	是
ECODESIGN	概念设计、系统设计、详细设计	是
环境意识产品/过程评价矩阵(ERP)	概念设计、系统设计	是

第 3 章　绿色材料选择设计

3.1　绿色材料

绿色材料（green materials，GM）是指在原料提取、产品制造使用、再循环利用以及废物处理等环节中与生态环境和谐共存并有利于人类健康的材料，它们要具备净化吸收功能和促进健康的功能。

绿色材料必须根据性能和环境协调性方面的指标体系进行评价，要求材料同时具有优良的使用性能和环境协调性。材料的环境协调性强调材料从设计、制造、使用到报废的全过程都要考虑到与环境的友好性。绿色材料的特征包括：①节约资源和能源；②减少环境负荷，即减少环境污染，避免温室效应、臭氧层破坏，等；③容易回收和循环再生利用。绿色材料的主要概念包括材料本身的先进性（优质、生产能耗低）、生产过程的安全性（低噪声、无污染）、材料使用的合理性（节省、可回收）、符合现代工学的要求等。由绿色材料的定义可知，绿色材料不仅要考虑其良好的环境属性，还应具有与传统材料一致的优秀的使用性和经济性等，而且绿色材料是相对具有较低环境负荷的材料。

绿色材料的性能由基本性能、环境适应性、舒适性组成，如表 35-3-1 所示。

常见的绿色材料分为环境相容性材料、可降解材料、可再循环利用材料、环境工程材料，具体如表 35-3-2 所示。

目前绿色材料的研究仅仅局限于材料的回收再利用工艺和技术、环境净化型材料、减少三废的技术和工艺、降低生态环境污染性的代替材料、可降解材料等方面。绝对绿色的材料很少存在，也很难达到生产这种绝对绿色材料的能力。材料的总的发展趋势为：金属材料、无机非金属材料与高分子材料间的相互替代、复合使用，材料不断更新，大力研制功能材料。如汽车金属类结构材料将有 10％～13％被新型的高分子材料替代，飞机金属类结构材料将有 80％被复合材料替代。

表 35-3-1　　　　　　　　　绿色材料的性能

属　性	描　述
环境适应性	无害化、回收再生性、易处理性、低制造能耗
基本性能	力学性能、物理性能、化学性能,例如强度(弹性模量、拉压强度、弯扭剪强度等)、疲劳特性、刚度、稳定性、平衡性、抗冲击性等
舒适性	色彩感、触觉、味觉、卫生性、防噪性

表 35-3-2　　　　　　　　　绿色材料分类

绿色材料	分　类	相　关　产　品
环境相容材料	纯天然材料	木材、竹材、石材
	仿生材料	人工骨、人工关节和脏器
	绿色包装材料	草编织袋
	生态建材	无毒装饰材料、环境相容性涂料
可降解材料		聚乳酸(PLA)、淀粉塑料、聚乙烯醇
可再循环材料		再生纸、再生塑料、再生金属、再循环利用混凝土
环境工程材料	环境修复材料	治理大气污染的吸附、吸收和催化转化材料;治理水污染的沉淀、中和、氧化还原材料
	环境净化材料	过滤、分离、消毒、杀菌材料,替代氟利昂的制冷剂材料
	环境替代材料	替代氟利昂的新型环保型制冷剂材料;工业和民用的无机磷化学品材料;用竹、木等天然材料替代那些环境负荷较大的结构材料等

3.2 绿色材料的选择

3.2.1 绿色材料选择原则

绿色设计中，材料的选择不仅要满足产品设计的一般原则，还应该考虑产品的绿色属性，具体选择原则可参考表 35-3-3。

表 35-3-3   绿色材料选择原则

原则	具 体 要 求	解 释
使用性原则	产品功能要求	所需材料要满足产品的功能和使用寿命要求
	产品结构要求	材料应符合产品结构要求
	使用安全要求	材料选择应充分考虑各种可预见性的危险
	工作环境适应性要求	符合产品工作环境的影响，如冲击和振动、温度和湿度、腐蚀性等
加工工艺性原则	零件的可加工性	所选材料必须具备易于加工制造的性能，如对于形状复杂的薄壁零件首先选用铸铁，需要进行焊接的零件选用焊接性能好的低碳钢，需要锻压和注塑成形的零件宜选用塑性较好的材料，需要热处理的零件选用加工热处理性能较好且能保证化学性能的合金钢或优质碳素钢材料
经济性原则	材料成本最低	材料选择要利于企业生产能力，降低生产成本。在满足产品的使用性、工艺性及其他特殊性能要求下，优先选用性价比高的材料
环境性原则	选择兼容性好的材料	兼容性好的材料便于一起回收，可减少零部件的拆卸工作量和成本。常用塑料材料的兼容性见表 35-3-4
	材料的种类最小化	减少材料种类，便于产品退役后的回收处理
	无毒无害原则	材料选择中必须考虑材料生产和使用过程中是否对人体和环境无毒无害。比如含铅、汞、六价铬等对人类危害的重金属材料是 RoHS 指令禁止使用的，所以在产品材料选择过程中应该尽量不选择这些禁止的材料
	低能耗原则	各种材料在提炼和加工过程中所需的能量相差极大，绿色设计中应该优先选择制造加工过程中能量消耗少的材料。常用材料的提炼加工能耗如表 35-3-5 所示
	所选材料应易于回收、再利用或降解，优先选择可再生材料	采用易于回收的材料，如塑料、铝等，不但可以节约资源，还可以减少不可回收资源造成的环境污染，材料的回收难易度如表 35-3-6 所示
	对材料进行必要的标识	有利于产品退役后的回收处理。常用塑料的回收标识如表 35-3-7 所示，其他材料的回收再利用标志如表 35-3-8 所示
	避免选用加涂层、镀层的原材料	带有涂层的材料回收困难，且涂层材料有毒，涂层工艺的环境影响性大

表 35-3-4   常用塑料材料的兼容性

	ABS	ASA	PA	PBT	PC	PE	PET	PMMA	POM	PP	PPO	PS	PVC	SAN	TPU	LLDPE
ABS	●	●	○	○	◎	⊙	○	◎	⊙	○	○	○	◎	●	●	○
ASA	●	●	○	○	◎	⊙	○	◎	⊙	○	○	○	◎	●	●	○
PA	○	○	●	○	○	⊙	○	○	○	○	○	○	○	⊙	●	○
PBT	○	○	○	●	◎	⊙	⊙	○	○	○	○	○	●	○	⊙	○
PC	◎	◎	○	●	◎	⊙	●	⊙	○	○	○	○	●	○	⊙	○

续表

	ABS	ASA	PA	PBT	PC	PE	PET	PMMA	POM	PP	PPO	PS	PVC	SAN	TPU	LLDPE
PE	⊙	⊙	⊙	⊙	⊙	●	○	○	○	●	○	○	○	○	⊙	○
PET	○	○	○	⊙	●	○	●	○	⊙	○	●	○	○	●	⊙	○
PMMA	◎	◎	○	○	◎	○	○	●	○	○	○	○	⊙	○	⊙	○
POM	⊙	⊙	⊙	⊙	○	○	○	○	●	○	○	○	⊙	○	⊙	—
PP	○	○	○	○	○	●	○	○	○	●	○	○	○	○	⊙	○
PPO	○	○	○	○	○	○	⊙	○	○	○	●	●	○	○	○	—
PS	○	○	○	○	○	○	○	○	○	○	●	●	○	○	○	○
PVC	◎	◎	○	○	○	○	○	○	⊙	○	⊙	○	●	●	●	○
SAN	●	●	⊙	●	●	○	○	○	○	○	○	○	●	●	○	○
TPU	●	●	●	⊙	⊙	⊙	⊙	⊙	⊙	○	○	○	●	●	●	○
LLDPE	○	○	○	○	○	○	○	—	—	○	○	○	○	○	○	●

注：●——优秀；◎——好；⊙——一般；○——不兼容。

表 35-3-5　　　　　　　　　　　常用材料提炼加工能耗　　　　　　　　　MJ·kg⁻¹

材料类型		能耗	材料类型		能耗	材料类型		能耗
金属材料	铁	23.4	塑胶材料	PC	118.7	其他材料	合成橡胶	70.0
	铜	90.1		PS	105.3		天然橡胶	60.0
	锌	61.0		ABS	90.3		木材	35.0
	铅	51.0		EPS	82.1		书纸	40.2
	锡	220.0		HDPE	79.9		包装纸	35.8
	铬	71.0		PP	77.2		平板玻璃	22.0
	钢	30.0		PET	76.2		硬纸板	12.5
	镍	167.0		PVC	70.5		瓦楞纸	24.7
	铝	198.2		LDPE	66.2		卫生纸	19.7
	镉	170.0					玻璃	9.9
	钴	1600.0						
	钒	700.0						
	钙	170.0						

表 35-3-6　　　　　　　　　　　常用材料回收难易度

回收性能好	贵金属	金、银、钯、铂
	非铁金属	锡、铜、铝合金
	铁金属	钢及合金
回收性能中等	非铁金属	黄铜、镍
	塑料	热塑性塑料
	非金属	木纤维制品、纸、玻璃
回收性能差	非铁金属	铅、锌
	塑料	热固性塑料
	非金属	陶瓷、橡胶
	其他	涂层、镀层、铆接材料、粘接材料、镶嵌材料等

表 35-3-7　　　　　　　　　　　　　　　　常用塑料的回收标识

回收标识	说　明	图　例
 1 PETE	"1 号"聚对苯二甲酸乙二醇脂(PET 或 PETE),常用于矿泉水瓶、碳酸汽水瓶等饮料瓶 　标识说明:耐热至 70℃易变形,只适合在短时间内装常温水或饮料,装高温液体或加热则易变形,有对人体有害的物质溶出,不能放在汽车内晒太阳;也不宜装酸碱性饮料或酒、油等,不适合循环使用	
 2 HDPE	"2 号"高密度聚乙烯(HDPE),常用于白色药瓶、清洁用品、沐浴产品 　标识说明:这些容器通常不好清洗,容易残留原有的内容物,变成细菌的温床,不适合用作水杯,最好不要循环使用	
 3 V	"3 号"聚氯乙烯(PVC,又称"V"),常用于塑料瓶、雨衣、建材、塑料膜、塑料盒等 　标识说明:可塑性优良,价钱便宜,故使用很普遍,只能耐热 81℃;高温时容易有不好的物质产生,甚至连制造的过程中都会释放,很少被用于食品包装;难清洗易残留,不要循环使用	
 4 LDPE	"4 号"低密度聚乙烯(LDPE),常用作保鲜膜、塑料膜 　标识说明:别包在食物表面进微波炉使用,LDPE 耐热性不强,合格的 PE 保鲜膜通常在温度超过 110℃时会出现热熔现象,会留下一些人体无法分解的塑料制剂,可能引起乳腺癌、新生儿先天缺陷等疾病	
 5 PP	"5 号"聚丙烯(PP),常用作微波炉餐盒、奶瓶餐盒、豆浆瓶、优酪乳瓶、果汁饮料瓶等 　标识说明:熔点高达 167℃,是唯一可放进微波炉的塑料盒,可在小心清洁后重复使用。需要注意,一些微波炉餐盒盒体以 5 号 PP 制造,但盒盖却以 1 号 PE 制造,故不能与盒体一并放进微波炉	
 6 PS	"6 号"聚苯乙烯(PS),常用于碗装泡面盒、快餐盒 　标识说明:该材料不能放进微波炉中,也不能用于装强酸(如柳橙汁)、强碱性物质,因为会分解出对人体不好的物质,容易致癌。因此,不要用它打包滚烫的食物,也别用微波炉煮碗装方便面	
 7 OTHER	"7 号"其他塑料(OTHER),常用于水壶、太空杯、水杯及奶瓶 　标识说明:目前奶瓶材质一般有 PC、PP 和 PES,后两种都不含双酚 A(BPA)。PP 材料耐酸碱的性能比 PC 高很多,PC 材料如存放于酸或碱性环境中会产生有害物质。这类容器如果有破损,应该停止使用,因为它们表面的细微坑纹容易隐藏细菌。百货公司常用这样材质的水杯当赠品,很容易释放出有毒的物质,对人体有害。使用时不要加热,不要在阳光下直晒	

表 35-3-8　　其他材料回收再利用标志

电池

＊8 铅	铅酸蓄电池
＊9 或 ＊19 碱	碱性蓄电池
＊10 NiCD	镍镉电池
＊11 NiMH	镍金属氢化物电池
＊12 Li	锂电池
＊13 SO(Z)	银氧化电池
＊14 CZ	锌碳电池

纸

＊20 CPAP(PCB)	卡纸
＊21 PAP	其他纸,混合纸(杂志、邮件等)
＊22 PAP	报纸
＊23 PBD(PPB)	纸板(贺卡、冷冻食品盒、书籍封面)

金属

＊40 FE	钢
＊41 ALU	铝

有机材料

＊50 FOR	木材
＊51 FOR	软木(瓶塞、席子、建材)
＊60 COT	棉
＊61 TEX	黄麻纤维
＊62－69 TEX	其他纺织品

玻璃

＊70 GLS	混合玻璃容器/多部件容器
＊71 GLS	透明玻璃
＊72 GLS	绿玻璃
＊73 GLS	深色玻璃
＊74 GLS	浅色玻璃
＊75 GLS	浅色含铅玻璃(电视机、高端电子显示器玻璃)
＊76 GLS	含铅玻璃(旧电视、烟灰缸、旧饮料瓶)
＊77 GLS	铜混合/铜背玻璃(电子、液晶显示屏、钟表、手表)
＊78 GLS	银混合/银背玻璃(镜子)
＊79 GLS	金混合/金背玻璃(计算机玻璃)

3.2.2　绿色材料的选择步骤

绿色产品设计的材料选择以材料为对象,以产品功能属性与环境属性为原则,综合考虑材料的基本性能、经济性能、环境性能,得到适于绿色产品设计的材料。

材料的基本性能包括材料的力学-物理性能、材料的热学特性和电气特性、使用性能要求、结构性能要求。材料的力学-物理性能是材料选择必须满足的首要条件,具体包括材料的强度、疲劳特性、刚度、稳定性、平衡性、抗冲击性等,根据经验公式及图表进行选择。材料的热学特性和电气特性主要包括热传导性、电阻率等。材料的使用性能要求,即产品使用状态下应该具有的功能、结构要求、安全性、抗腐蚀性等。

经济性能包括材料生产成本、报废后材料回收处理成本。

环境性能包括:①环境需求,如冲击与振动、温度与湿度、气候影响、噪声等;②环境保护因素,如有毒有害物质的排放、能源的消耗和回收性能等。

绿色设计中材料的选择是个递进的过程,具体步骤如下。

(1) 零件对材料的性能要求及失效分析

零件对材料的性能要求包括力学性能、物理性能、化学性能及工艺性能。首先分析零件工作条件,根据材料力学、弹性力学和实验应力分析方法计算零件的强度、刚度、稳定性,进而选择材料和尺寸。绿色设计中的零件失效形式分析主要是在设计和选材阶段预先对零件失效形式进行判断和预测,从材料和结构两方面保证零件的性能需求。

(2) 材料的筛选

确定了零件对材料性能的具体要求,进一步将性能要求进行分类后,即可进行材料筛选。筛选中,根据产品市场需求和企业现状,以材料的各项经济指标和环境指标为材料选择依据,以工程材料作为选择对象进行筛选。

(3) 对可供选择的材料进行评价

通过上一步获得材料选择集,材料选择集中的材料都能满足使用要求,但是各种材料的环境性能指标不同,所以该阶段的任务就是从材料选择集中选择最佳材料。

(4) 最佳材料确定

上步评价结果获得的最佳材料可能多于1种,所以产品设计人员可以利用经验判断和决定既满足性能需求又能满足环境性能需求的材料。

(5) 验证所选材料

为了避免零件在用户使用时发生早期失效而造成不必要的经济损失,一般成批大量生产的零件和重要零件需要在企业内先进行试生产,然后进行台架试验、模拟试验,最后再投放市场。

3.2.3　绿色材料选择方法

基于绿色材料选择原则进行选材是一种定性的方法，传统的材料选择方法为经验法和半经验法，定量的现代选材法包括价值分析法、目标函数法、三维分析法、基于环境意识的选材法、基于材料能量因素的材料选择图法等，具体详见表 35-3-9。

表 35-3-9　　　　　　　　　　　　**常用的绿色材料选择方法**

方　　法	内　　　　　　容
三维分析法	①根据客户需求,确定材料的全部性能要求,从材料库中选择出备选材料 ②根据产品需求和企业实际情况,明确经济性与环境性的重要程度,根据较重要的指标从备选材料集合中进一步选择材料,可以使用的方法包括层次分析法、模糊评价法、灰色系统分析法、集对理论等 ③进一步根据剩余指标进行材料选择
目标函数法	①根据产品功能要求,确定备选材料集 ②从材料手册或相关数据库获取备选材料集中材料的物理属性、经济性、环境性等评价指标的量化数值,其中材料环境属性的量化可采用 Eco-indicator99 法 ③建立材料选择的多目标优化决策模型,详见表 35-3-10,设定初值 ④采用神经网络、遗传算法、蚁群算法、PSSA、TOPSIS 等进行多目标优化问题的求解
价值分析法	①根据产品功能要求,确定备选材料 ②将材料基本属性、环境属性映射为功能,并确定重要度系数 ③计算各备选材料的成本系数 ④应用公式"价值＝功能/成本"进行备选材料综合性能的评估排序

表 35-3-10　　　　　　　　　　　　**材料选择的多目标优化决策模型**

属　　性	函　　　　数
物理性能	$$P_{\text{B}} = \min\left[\dfrac{1}{\sum_{i=1}^{n} W_i P_{i\text{M}}(x)}\right] \qquad (35\text{-}3\text{-}1)$$ $$P_{i\text{M}} \geqslant P_{i\text{D}}, \sum_{i=1}^{n} W_i = 1 \qquad (35\text{-}3\text{-}2)$$ 式中　n——材料物理性能数目,由产品设计确定 　　　$P_{i\text{M}}$——材料的第 i 项物理性能 　　　$P_{i\text{D}}$——材料的第 i 项设计最低物理性能 　　　W_i——材料的第 i 项物理性能权值
生命周期成本	$$\min C = \min_{x \in \Omega}(C_{\text{p}} + C_{\text{m}} + C_{\text{r}}) \qquad (35\text{-}3\text{-}3)$$ 材料直接成本　$$C_{\text{p}} = W_{\text{D}} C_{\text{p}}(x) \qquad (35\text{-}3\text{-}4)$$ 材料的加工制造成本　$$C_{\text{m}} = \sum_{i=1}^{m} W_{\text{D}} C_{i\text{M}}(x) \qquad (35\text{-}3\text{-}5)$$ 材料回收成本　$$C_{\text{r}} = W_{\text{D}} C_{\text{r}}(x) \qquad (35\text{-}3\text{-}6)$$ $$C_{\text{r}}(x) = C_{\text{lnc}}\mu_1 + C_{\text{ldf}}\mu_2 + C_{\text{mtr}}(1 - \mu_1 - \mu_2) \qquad (35\text{-}3\text{-}7)$$ 式中　W_{D}——产品的设计质量,kg 　　　$C_{\text{p}}(x)$——材料的单位质量直接成本,元/kg 　　　m——材料的加工制造工艺过程数目 　　　$C_{i\text{M}}(x)$——第 i 个工艺过程中的单位材料加工成本,元/kg 　　　$C_{\text{r}}(x)$——材料的单位质量回收成本,元/kg 　　　C_{lnc}——单位质量的焚烧回收成本,元/kg 　　　C_{ldf}——单位质量的填埋成本,元/kg 　　　C_{mtr}——单位质量的材料回收成本,元/kg 　　　μ_1, μ_2——焚烧回收与填埋的回收百分比
最小环境影响	$$\min E_i = \min_{x \in \Omega} W_{\text{D}} E_i(x) \qquad (35\text{-}3\text{-}8)$$ 式中　$E_i(x)$——材料的环境影响因数,表示单位材料的生命周期环境影响 　　　W_{D}——产品的设计质量,kg

3.3 绿色材料选择案例

3.3.1 FA206B 型梳棉机锡林绿色材料选择

梳棉机主要用于加工棉纤维和化学纤维，将棉或纤维卷或有棉箱供给的棉（纤维）层进行开松、梳理、除杂、混合并排除一些短绒和杂质后，集束成一定规格的棉条有规律地圈放在条筒内方便并条工序使用。FA206B 型梳棉机是传统梳棉机的改进，改进后结构的精度更高，不变形，稳定性好，运行速度可以变频调节。FA206B 型梳棉机的锡林两端轴承采用高精度的自动调心滚珠轴承支撑。根据改进后的锡林的转速和转动惯量重新布置了筋板的数目及厚度和高度，且包针布的两端不需要进行磨斜处理等。图 35-3-1 所示是梳棉机外观和锡林结构。

图 35-3-1 梳棉机外观和锡林结构

材料选择步骤如下。

步骤 1：根据梳棉机锡林的使用性能和工艺性等所必须满足的基本属性，取各基本属性指标的交集，从备选集 M1 中初选出符合条件的材料，构成备选集 M_2=｛45 钢、铸铁 HT200、木材、不锈钢｝。

步骤 2：判断经济性和环境性的重要程度，根据选材原则，结合梳棉机的市场要求，得出产品的环境性比经济性重要的判断结果。

步骤 3：选定四种环境属性，并对 M_2 材料集中的备选材料进行专家打分，如表 35-3-11 所示。

表 35-3-11 锡林备选材料的环境属性打分

材料名称	重用性	处理性	能耗性	污染性
45 钢	7	9	7	5
铸铁 HT200	8	10	7	6
木材	2	3	6	6
不锈钢	2	5	8	7

利用层次分析法得出四个环境属性的权重，如表 35-3-12 所示。

表 35-3-12 环境属性的权重

指标	重用性	处理性	能耗性	污染性	权重	一致性
重用性	1.0	1.0	0.55	1.5	0.22	
处理性	1.0	1.0	1.0	0.35	0.16	0.086
能耗性	2.0	1.0	1.0	1.5	0.30	
污染性	1.0	3.3	1.0	1.5	0.32	

一致性检验为 0.086，符合条件。

然后将备选集 M_2 中的四种材料逐一进行加权求和，乘以质量系数，得出材料 45 钢、铸铁 HT200、木材、不锈钢的环境性能指数分别为 7.9、6.6、4.8、5.8。从中可以看到，45 钢的环境性能指数最大，因此，备选材料集 M_3 包含 45 钢。

步骤 4：根据经济性指标，对备选材料集 M_3 进行经济性比较，获得经济性最好的材料；该案例中 M_3 只包含 45 钢一种材料，所以最佳材料为 45 钢。

实际市场上大部分梳棉机锡林都采用铸铁材料，而不是 45 钢，原因在于梳棉机生产厂商在进行梳棉机锡林材料选择时优先考虑了经济性能。

3.3.2 减速器高速轴的绿色材料选择

该减速器高速轴的工作载荷为中等，工作环境为常温。利用机械设计理论中经验性校核公式计算获得满足力学性能要求的材料集 M_1=｛45 钢、40Cr、42SiMn、20CrMnTi、QT600-3｝。由于轴的主要破坏形式为弯曲疲劳破坏，在力学性能因素集中，需要考虑弯曲疲劳极限 σ_{-1}；轴的材料多为钢材，需要考虑材料的塑性极限 σ_s；同时在实际工作中都希望零件具有一定的耐磨性和韧性，因此，需要考虑硬度 HRC 和冲击韧性 a_k 的影响；工艺性能因素集中需要考虑热处理变形及切削加工性要求；经济性因素集中需要考虑材料的成本、加工成本、回收处理成本；环境属性因素集中需要考虑回收再利用、能源消耗和环境污染的影响。

步骤 1：建立因素集。

U=｛U_1, U_2, U_3, U_4｝=｛力学性能，工艺性能，经济性能，环境属性｝

U_1=｛$u_{11}, u_{12}, u_{13}, u_{14}$｝=｛疲劳强度，塑性，耐磨性，韧性｝

U_2=｛u_{21}, u_{22}｝=｛热处理变形，切削加工性｝

U_3=｛u_{31}, u_{32}, u_{33}｝=｛材料成本，加工成本，回收处理成本｝

U_4=｛u_{41}, u_{42}, u_{43}｝=｛回收再利用，能源消耗，环境污染｝

步骤 2：一级模糊综合评判。

力学性能因素集中，由于轴的主要失效形式为弯曲疲劳破坏，因此弯曲疲劳极限的权重系数取大些，材料多为钢，塑性极限权重系数稍大些。由参考资料查得材料的性能指标，评价权重集为 $A_1 = \{0.5, 0.3, 0.1, 0.1\}$。

单因素评价矩阵为：

$$R_1 = \begin{bmatrix} 0.51 & 0.61 & 0.61 & 1 & 0.41 \\ 0.42 & 0.59 & 0.53 & 1 & 0.44 \\ 0.76 & 0.88 & 0.85 & 1 & 0.93 \\ 0.57 & 0.57 & 0.43 & 1 & 0 \end{bmatrix}$$

故 $B_1 = A_1 \cdot R_1 = \{0.514, 0.627, 0.592, 1.000, 0.430\}$

归一化处理后，$\widetilde{B_1} = \{0.163, 0.198, 0.187, 0.316, 0.136\}$

工艺性能因素集中，由于轴对切削性能要求较高，对热处理变形要求低，根据专家打分法获得工艺性能单因素评价矩阵。

评价权重集为：

$$A_2 = \{0.4, 0.6\}$$

单因素评价矩阵为：

$$R_2 = \begin{bmatrix} 0.6 & 0.6 & 0.6 & 0.2 & 0.6 \\ 0.8 & 0.6 & 0.6 & 0.2 & 0.8 \end{bmatrix}$$

故 $B_2 = A_2 \cdot R_2 = \{0.72, 0.60, 0.60, 0.20, 0.72\}$

经归一化处理，$\widetilde{B_2} = \{0.254, 0.211, 0.211, 0.070, 0.254\}$

经济性因素集中，根据专家打分法建立经济性单因素评价矩阵，评价权重集为 $A_3 = \{0.3, 0.4, 0.3\}$。

单因素评价矩阵为：

$$R_3 = \begin{bmatrix} 0.8 & 0.4 & 0.4 & 0.2 & 0.8 \\ 0.8 & 0.4 & 0.4 & 0.2 & 1 \\ 0.8 & 0.4 & 0.4 & 0.2 & 0.8 \end{bmatrix}$$

故 $B_3 = A_3 \cdot R_3 = \{0.8, 0.4, 0.46, 0.2, 0.88\}$

归一化处理后，$\widetilde{B_3} = \{0.292, 0.146, 0.168, 0.073, 0.321\}$

环境属性因素集中，根据专家打分法构建环境属性因素评价矩阵评价权重集为 $A_4 = \{0.2, 0.4, 0.4\}$。

单因素评价矩阵为：

$$R_4 = \begin{bmatrix} 0.8 & 0.4 & 0.4 & 0.2 & 0.8 \\ 0.8 & 0.2 & 0.4 & 0.2 & 1 \\ 0.8 & 0.4 & 0.6 & 0.4 & 0.8 \end{bmatrix}$$

故 $B_4 = A_4 \cdot R_4 = \{0.80, 0.32, 0.48, 0.28, 0.88\}$

归一化处理后，$\widetilde{B_4} = \{0.290, 0.116, 0.174, 0.101, 0.319\}$

步骤 3：二级模糊综合评价。

材料选择的原则是首先满足力学性能，再考虑工艺性能，最后兼顾经济性和环境属性，合理评价每种材料，选择最优材料方案。

二级模糊综合评价的权重集定义为 $A = \{0.4, 0.3, 0.15, 0.15\}$。

二级模糊综合评价矩阵为 $R = \begin{bmatrix} \widetilde{B_1} & \widetilde{B_2} & \widetilde{B_3} & \widetilde{B_4} \end{bmatrix}^{T}$。

评价结果为 $B = A \cdot R = \{0.2287, 0.1818, 0.1894, 0.1735, 0.2266\}$。

由结果可知 45 钢的综合性能指数 0.2287 最高，因此该案例中宜选择 45 钢。

3.3.3　洗碗机内胆材料选择

洗碗机是用来自动清洗碗、筷、盘、碟、刀、叉等餐具的设备，按结构可分为箱式和传送式两大类。便于减轻劳动强度，提高工作效率，并增进清洁卫生。图 35-3-2 所示是全自动洗碗机的结构和内胆外观。

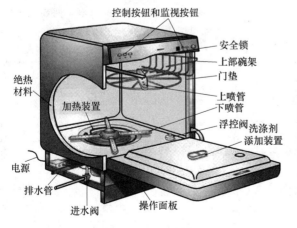

图 35-3-2　全自动洗碗机结构和内胆外观

表 35-3-13   材料性能指标之间的权重比较矩阵

材料性能指标	受力分析	跌落仿真	传热性能	材料成本	材料生产过程环境影响	材料加工过程环境影响
受力分析	1	3	1/5	1/3	1/4	5
跌落性能	1/3	1	1/7	1/5	1/6	3
传热性能	5	7	1	4	3	9
材料成本	3	5	1/4	1	1/3	6
材料生产过程环境影响	4	6	1/3	3	1	8
材料加工过程环境影响	1/5	1/3	1/9	1/6	1/8	1

洗碗机内胆常用的材料为 ABS、PP、PC、不锈钢。为了从该备选材料集中选择最佳材料,步骤如下:

步骤1:采用有限元分析软件 ANSYS 对上述材料的洗碗机内胆进行受力分析和跌落仿真。

受力分析结果表明,上述材料集均没有超出材料的屈服应力,满足受力要求,变形量方面的优先顺序为不锈钢>PC>PP>ABS。跌落仿真可以反映冲击载荷对不同材料内胆产生的影响。仿真结果表明,各种材料的最大应力小于屈服应力,没有发生塑性变形,各材料在冲击载荷下的性能优先级为 PP>ABS>PC>不锈钢。

步骤2:传热性能(热损失)比较。

洗碗机在工作过程中需要对洗涤水进行加热,洗涤水通过喷臂旋转并喷洒到餐具上,从而对餐具进行冲刷洗涤。洗碗机内胆的内壁受到喷臂喷出的洗涤水和餐具迸溅的水连续冲刷,而其下部处于洗涤热水的浸泡中,因此,洗碗机内胆可以看作处于一个恒温环境中。一次洗碗时间通常为 120min,洗碗机的内胆损失热量不可忽略。利用 ANSYS/Thermal 模块对不同材料的洗碗机内胆在单位时间内的换热量进行计算分析,设内部温度为 60℃,外壁温度为 25℃,根据各自材料的换热系数和内胆内表面积计算出不同材料单件内胆热损失率和每次洗完热损失。结果表明,4种材料的热损失从大到小依次为不锈钢>PC>ABS>PP。

步骤3:材料成本分析。

忽略加工成本,只考虑原材料成本。根据各种材料内胆的质量和当时价格估算原材料成本,结果表明各种材料成本由高到低依次为:不锈钢>PC>ABS>PP。

步骤4:环境性能分析。

采用环境影响评价软件 GaBi4 对洗碗机内胆各备选材料生产过程和材料加工过程的环境影响进行分析,评估标准采用 CML2001 方法体系,考虑了材料和能源的消耗、污染(温室效应、臭氧层耗竭、人类毒性、生态毒性、酸化等)和损害。结果表明,各种备选材料的生产过程的环境影响性能指数排序为不锈钢>PC>ABS>PP,材料加工过程的环境影响性能指数排序为 PC>ABS>PP>不锈钢。

步骤5:总体评价。

确定各指标的评价权重,从大到小排序为:传热性能>材料生产过程的环境影响>材料成本>力学性能>跌落性能>材料加工过程的环境影响。据此进行专家打分得出相对权重,如表 35-3-13 所示。

按照层次分析法中的一致性检验,得出一致性指数为 0.069<0.10,满足一致性要求。

进行综合评价,获得各种备选材料的综合评价优先级分别为 {不锈钢,ABS,PP,PC}={0.2257,1.1373,2.9130,0.5863}。根据性能指标综合评价结果,PP 材料的综合性能最佳,因此该案例应该选择 PP 材料为洗碗机内胆。

3.4 电冰箱壳体的多目标选材

某款电冰箱壳体材料设计要求选材具有一定硬度、强度,且质量轻、耐磨性好、价格低、环境属性好、能适应中批量生产。应用人工神经网络和遗传算法对问题进行多目标优化,具体步骤如下。

步骤1:根据功能设计及校核,确定的备选材料包括:不锈钢、铝、PP、玻璃钢、苯乙烯-丙烯腈共聚物(SA)、聚丙烯(PPE)等。

步骤2:从材料手册及相关数据库获得上述备选材料集合中各材料的基本属性数据,其中,PP 材料的基本属性数据详见表 35-3-14。

表 35-3-14   PP 材料的基本属性数据

项目	属性	属性值
物理属性	密度 $\rho/kg \cdot m^{-3}$	890~900
	弹性模量 E/MPa	896~1240
	切变模量 G/MPa	315~435
	泊松比 μ	0.41~0.42
	布氏硬度(HB)	62~90
	耐压强度 N/MPa	25~55
	疲劳极限 F/MPa	11~15
	最高工作温度 T/K	350~370
	热膨胀 $L/10^{-6}K^{-1}$	122~170
经济属性	原材料成本 $G/元 \cdot kg^{-1}$	11~14
环境属性	总计生态指数值/$Pt \cdot kg^{-1}$	146.5

步骤 3：依据表 35-3-10 所列公式计算各材料的属性值初始值。

材料的多目标优化决策模型为：$\min\limits_{x \in \Omega} (P_B, C, E_i)$。

将按表 35-3-10 所列公式计算出的各属性值代入下面的公式进行归一化处理。

$$x_n = \frac{I_n - I_{\min}}{I_{\max} - I_{\min}} \qquad (35\text{-}3\text{-}9)$$

式中　x_n——材料在第 n 个影响因素方面初始化后的值；

$I_{\min}$，$I_{\max}$——材料集合中的最小值与最大值。

步骤 4：根据上述决策目标，随机设定各节点的连接权值和阈值，应用人工神经网络模型进行编码，产生初始种群 $Q = \{q_1, q_2, \cdots, q_i, \cdots, q_n\}$，$q_i = \{W_i, V_i\}$ 为备选材料的属性指数，由权值向量和阈值向量组成，n 为种群规模。

步骤 5：根据随机产生的权值向量和阈值向量，通过网络结构计算出神经网络的实际输出值 Y，进一步获得网络的全局误差 $E = \dfrac{1}{2}\sum\limits_{i=1}^{n}(Y-T)^2$，并以此作为遗传算法的适应度，应用遗传算法进行方案寻优。

步骤 6：结果输出，图 35-3-3 为备选材料的选定度示意图。

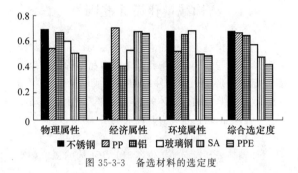

图 35-3-3　备选材料的选定度

可行解的优先顺序为：不锈钢＞PP＞铝＞玻璃钢＞SA＞PPE。

第4章　结构减量化设计

4.1　结构减量化设计准则

产品结构是工厂或企业进行产品设计、生产组织的重要依据与标准,一般意义上的产品结构是指由产品一系列图纸上的零部件明细表组成的一种树状结构,这种树状结构是立体的,它反映了企业的活动主线,通过产品结构这种直观的表现形式,可以实现企业的各个部门(如计划、设计、生产、材料、采购、质量和销售等)在同样数据基础上从不同的视角和空间看待产品。

结构设计包括功能结构设计和总体布置设计,是概念设计与详细设计间的桥梁,通过结构设计可以实现抽象功能需求,满足性能、成本等约束。结构设计的任务是选择与确定结构件的形状、相互位置、选择材料、分析计算、绘制图纸、对结构方案进行评价与修改,在结构设计方案解域中寻找最优化的结构方案。

结构设计是整个设计过程中的重要环节,结构方案决策对于产品全生命周期将产生重大影响。良好的结构设计是机械产品便于制造、装配、拆卸、回收再利用的基础,结构设计首先必须保证刚度、强度、稳定性,往往需要理论计算或实验。凡是符合绿色设计思想观念、可以提高产品绿色度的结构设计方案和技术均可以称为绿色结构设计。绿色结构设计是在满足上述基本要求的基础上使得产品的结构具有环保性,以标准化、系列化、通用化等为原则进行设计,目前的绿色结构设计大部分是在传统结构设计的基础上进行的改进。结构减量化设计就是实现绿色结构设计的方法之一。

为实现机电产品结构减量化,在设计时应遵循以下准则,详见表 35-4-1。

4.2　结构减量化设计方法

目前,实现减量化设计的途径主要有材料选择和结构优化两个方面,具体详见表 35-4-2。

表 35-4-1　　　　　　　　　　　　　　　　结构减量化设计准则

准　则	内　　容	举　　例
尽量使产品小型化	在不影响产品功能的情况下,尽量使产品小型化,以节省材料和能源,实现产品结构减量化	移动电话在 1989 年刚问世时产品质量为 303g,通过技术改进,如使用锂电池、外壳采用高强度铝、电路板采用小型化封装器件等使得移动电话质量降至 50g
简化产品结构	通过产品结构的简化有效地减少零件数等,以实现产品结构减量化	在汽车前端组件的设计中,减少了零件数量,通过生命周期分析,与以往零件相比,可使二氧化碳排放量削减到原来的 62%
合理设计截面形状	提高截面抗弯模量 W/截面积 A 的比值	W/A 可以衡量受弯构件截面的合理性和消耗材料的经济性。其比值越大,截面形状越合理。因此,在受弯构件的设计中工字钢、中空结构是较为常用的截面形状。如果存在双向受力(有侧向力)的情况,工字钢也会因翼缘窄、侧向刚度不够而增加支撑或加大型号,目前国外普遍采用 H 型钢替代工字钢
	合理设计材料抗拉、压强度不等的构件截面形状	对于脆性材料,如铸铁等,由于其抗压性能优于抗拉性能,因此在设计受弯构件时,应根据受力和变形情况,将材料特性和应力分布结合起来考虑。对于钢材,一般认为抗拉、抗压强度相等。但对于承受交变应力作用的构件,拉应力更易形成疲劳损坏

表 35-4-2　　　　　　　　　　　　　　　　减量化设计方法分类

方　法	原　　理	特　点
采用新型材料	采用新型轻量化材料,如铝合金、高强度钢、工程塑料、复合材料、镁合金、钛合金等代替常规材料实现产品的减量化,常见轻量化材料如表 35-4-3 所示,材料性能如表 35-4-4 所示	成本高、被动
结构合理优化	以结构布局、结构尺寸、结构外形等参数为设计变量,以结构的刚度、强度、应变能、质量等物理参数为约束条件或优化目标,将结构设计问题的物理模型转换为数学模型进行优化求解,按照设计变量和求解问题的不同分为尺寸优化、形状优化和拓扑优化。形状优化属于概念设计阶段,拓扑优化属于基本设计阶段,尺寸优化属于详细设计阶段。典型的结构优化设计方法如表 35-4-5 所示	过程复杂,成本低

表 35-4-3　　常见轻量化材料

材料名称	分　类		力 学 性 能
高强度钢	普通高强钢（HSS）	无间隙原子钢（IF）	屈服点范围为 180～260MPa 最大抗拉强度为 440MPa 性能高度稳定、性能参数分散度小、屈强比低、塑性应变比 r 值和应变硬化指数 n 值高
		冷轧各向同性钢	屈服点范围为 210～300MPa 最大抗拉强度为 440MPa 成形性和抗时效性较好，适于制造汽车外板
		烘烤硬化钢	屈服强度一般为 140～220MPa 最大抗拉强度为 500MPa
		高强度低合金钢	屈服点范围为 340～420MPa 最大抗拉强度为 620MPa 用于对强度和防撞要求较高的部件，但其成形度不高
	先进高强度钢（AHSS）	双相钢（DP）	强度为 500～1500MPa 先进高强度钢具有屈强比低、应变分布能力好、应变硬化特性高、力学性能分布均匀、回弹量波动小、碰撞吸能性较好和疲劳寿命较长的特点
		相变诱导塑性钢（TRIP）	
		马氏体钢（MS）	
		热成形钢（HF）	
陶瓷	特种陶瓷		其强度和硬度高，密度低，耐腐蚀、耐磨和耐热性好，抗拉和弯曲强度可与金属相比，但加工困难、质脆、成本高、可靠性差
	纳米陶瓷		纳米陶瓷较特种陶瓷强度、韧性和超塑性大为提高，加工和切削性优良，生产成本下降，且耐磨性、耐高温高压性、抗腐蚀性、气敏性优良
	陶瓷基复合材料		在陶瓷基体中加入强化材料构成的复合材料，具有较好的综合力学性能，主要用在耐磨、耐蚀、耐高温以及对强度、比强度有较为特殊要求的部件中
工程塑料	热塑性塑料		工程塑料具有柔韧性较好、耐磨、避振和抗冲击性好等优点，且复杂的制品可一次成型，生产效率高，成本较低，经济效益显著，如果以单位体积计算，生产塑料制件的费用仅为有色金属的 1/10。工程塑料对酸、碱、盐等化学物质的腐蚀均有抵抗能力，如硬聚氯乙烯可耐浓度达 90％的浓硫酸、各种浓度的盐酸和碱液
	热固性塑料		
	橡胶塑料		
纤维增强材料	玻璃纤维增强塑料（GFRP）	片状/块状模压复合塑料（SMC/BMC）	其与钢质零件相比，生产周期短，质量较轻，耐用性和隔热性好，但不可回收，污染环境，因此，一次性投资往往高于对应的钢质件
		玻璃纤维毡增强热塑性材料（GMT）	GMT 是一种以热塑性树脂为基体、以玻璃纤维毡为增强骨架的复合材料。GMT 主要用于生产电池托盘架、保险杠、座椅骨架、前端组件、仪表板、门模块、后举门、挡泥板、地板、隔声板、发动机罩、备胎箱、气瓶隔板、压缩机支架等。其具有轻质高强、耐腐蚀、易成型的特点，与 SMC 相比，韧性好、成型周期短、生产效率高、加工成本低且可回收利用
		树脂传递模塑材料（RTM）	其为在模具型腔中预先放置玻璃纤维增强材料，闭模锁紧后，注入树脂胶液浸透玻纤增强材料，固化得到的复合材料。其与 SMC 相比，模具成本降低，力学性能更好；方向性和局部性增强，污染小。其生产效率低于 SMC，一般情况下较适于制造多品种、小批量的产品
	碳纤维增强塑料（CFRP）		具有较好的强度和刚度、耐蠕变性能、耐腐蚀性能、耐磨性、导电性、X 射线穿透性、电磁屏蔽性等特点
	纤维增强金属（FRM）	铝基复合材料	具有比强度和比刚度高、耐磨性好、导热性好、热膨胀系数小等特性。在汽车上主要应用于汽车制动盘、制动鼓、制动钳、活塞、传动轴以及轮胎螺栓等。铝基复合材料应用于刹车轮，使质量减少了 30％～60％，导热性好，最高使用温度可达到 450℃
		镁基复合材料	

表 35-4-4 常用轻量化材料性能比较

材料	密度/g·cm⁻³	拉伸/弯曲强度/MPa	杨氏模量/MPa	硬度
铝合金	2.6~2.7	246	70500	106HB
镁合金	1.8	280	45000	84HB
钛合金	4.4	1000	108500	313HV
陶瓷	3.2	899	230000	1530HK
复合材料	1.8	240	51020	

表 35-4-5 典型结构优化设计方法

方法	解 释	备 注
尺寸优化与形状优化	尺寸优化指在给定结构的类型、材料、布局和形状的情况下,优化各个组成构件的截面尺寸,得到最轻或最经济的结构的方法 形状优化指通过修改结构轮廓几何形状来改善结构性能的方法	①构建优化模型 例如,某光滑弹性体结构(见下图)进行有限元网格离散化近似原结构,共包含102个三角形单元,68个节点 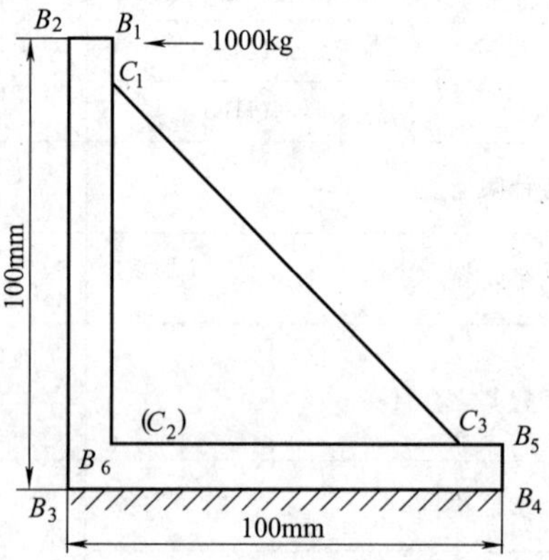 优化模型为: $$\min W = \gamma \sum_{i=1}^{N} V_i \qquad (35\text{-}4\text{-}1)$$ 约束: $$P_{max} \leqslant 1 \qquad (35\text{-}4\text{-}2)$$ $$P = [(\sigma_1-\sigma_2)^2+(\sigma_2-\sigma_3)^2+(\sigma_3-\sigma_1)^2]/(\sqrt{\sigma}\tau_{ys})^2 \qquad (35\text{-}4\text{-}3)$$ 式中 W——结构物体的质量 γ——材料的密度 N——单元个数 V_i——第 i 个单元的体积 P_{max}——最大当量应力和屈服应力的比值 $\sigma_1,\sigma_2,\sigma_3$——主应力 τ_{ys}——材料的剪切屈服应力 ②优化求解 以结构的整体应变能为评价形状减量化的一个重要指标,采用有限元法进行优化求解 常用的结构优化方法包括数学规划法,如可行性方向阀(MFD)、序列线性规划法、序列二次规划法、禁忌搜索法、遗传算法、模拟退火算法、蚁群优化算法、人工神经网络等 ③必要时进行灵敏度方向和误差计算

续表

方法	解　释	备　注
拓扑 优化	以结构材料最佳分布或结构的最佳传力途径为对象,具有更多设计自由度,能够获得更大的设计空间,是结构优化最具发展前景的方向之一	1904 年 Michell 准则的诞生是结构拓扑优化设计理论研究的一个里程碑。Michell 提出的桁架理论只能用于单工况并依赖于选择适当的应变场,直到 1964 年基结构法的提出才使得结构拓扑优化理论可以应用于工程实践,步骤如下 　①把给定的初始设计区域离散成足够多的单元,形成由这些单元构成的基结构 　②按照某种优化策略和准则从这个基结构中删除某些单元,用保留下来的单元描述结构 　采用基结构的拓扑优化方法主要有均匀化方法、变厚度法、变密度法、ICM 法和渐进结构优化方法(ESO),具体详见表 35-4-6 　发动机罩内板拓扑优化如下: 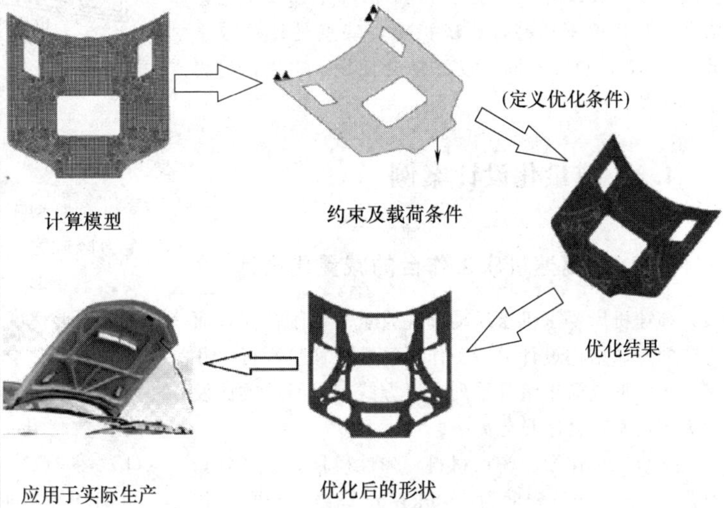 计算模型　　　约束及载荷条件　　(定义优化条件)　优化结果 应用于实际生产　　优化后的形状

表 35-4-6　　　　　　　　　　　　**常用拓扑优化方法**

名　称	说　明
均匀化方法	属材料描述方式,基本思想是在拓扑结构的材料中引入微结构,微结构的形式和尺寸参数决定了宏观材料在此点的弹性性质和密度。优化过程中以微结构的单胞尺寸作为拓扑设计变量,以单胞尺寸的消长实现微结构的增删,并产生由中间尺寸单胞构成的复合材料以拓展设计空间,实现结构拓扑优化模型与尺寸优化模型的统一和连续化
变厚度法	属几何描述方式,基本思想是以基结构中单元厚度为拓扑设计变量。将连续体拓扑优化问题转化为广义尺寸优化问题,通过删除厚度为尺寸下限的单元实现结构拓扑的变更。该方法简单,适用于平面结构(如膜、板、壳等),推广到三维问题有一定的难度
变密度法	以连续变量的密度函数形式显式地表达单元相对密度与材料弹性模量之间的关系,该方法基于材料的各向同性性,不需要引入微结构和附加的均匀化过程,它以每个单元的相对密度作为设计变量,人为假定相对密度和材料弹性模量间的某种对应关系,程序实现简单,计算效率高
ICM 法	以结构重量为目标,以应力、位移、频率等为约束的连续体结构拓扑优化法。基本思想是以一种独立于单元的具体物理参数变量(即拓扑变量)来表示单元的"有"与"无"。在求解模型的过程中,通过构造过滤函数和磨光函数,把 0～1 的离散变量映射到[0,1]上的连续变量,在求得连续变量解的基础上,将拓扑变量反演成离散变量,得到最优解
渐进结构优化方法(ESO)	通过将无效的或低效的材料一步步去掉,剩下的结构也将趋于优化。在优化迭代中,该方法采用固定的有限元网格,对存在的材料单元,其材料数编号为非零的数,而对不存在的材料单元,其材料数编号为零,当计算结构刚度矩阵等特性时,不计材料数为零的单元特性。通过这种零和非零模式实现结构的拓扑优化。特别是,该方法可采用已有的通用有限元分析软件,通过迭代过程在计算机上实现。算法通用性好,不仅可解决尺寸优化,还可同时实现形状与拓扑优化(主要包括应力、位移/刚度、频率或临界应力约束问题的优化),而且结构的单元数规模可成千上万

第
35
篇

常用于求解拓扑优化的优化算法包括：基于直觉的准则法（OC）、移动渐进线法（MMA）、SIMP法、序列线性规划法（SLP）等。OC 法是把数学中最优解应满足的 K-T 条件作为最优结构应满足的准则，用优化准则来更新设计变量和拉格朗日乘子。MMA 法是用一显式的线性凸函数来近似代替隐式的目标和约束函数，由事先确定的左、右渐进点和原函数在各点的导数符号来确定迭代准则即每一步的近似函数。如果左、右渐进点分别趋近负无穷大和正无穷大时，MMA 法就等同于用 SLP 法近似。其优点是该法是全局收敛的，并且对解的存在性有重要的理论依据，对初值不敏感，比较稳定，缺点是计算效率低。SIMP 法更多地同密度法结合使用，在优化过程中引入惩罚因子。

4.3　减量化设计案例

4.3.1　高速机床工作台的减量化设计

高速机床要求机床运动部件质量小、刚性高，而传统的机床结构设计中，工作台筋板往往呈平行、井字、米字形或简单组合排列布置方式，以经验类比设计为主，不符合减量化需求。

某机床工作台为铸铁材料，弹性模量为 207GPa，泊松比为 0.288，密度为 7800kg/m³。当工作台工作时，底部的 4 个滑块安装面固定不动，限制其全约束。初级安装面承受的电磁力为 16800N，方向垂直

向下。采用 20 节点的单元类型进行有限元分析，原型工作台质量为 252.441kg，最大变形区域位于初级安装面的中间及两端，最大变形为 4.396μm。该工作台底面筋板形式及静力学分析见图 35-4-1。

(a) 工作台底面筋板　　　(b) 工作台底面筋板静力学分析

图 35-4-1　工作台底面筋板形式及静力学分析

对原型工作台进行仿生设计，通过在约束区域与受力区域之间布置筋板、最大变形区域增加筋板密度、小变形区域减少材料、采用环形筋与对角筋相结合、变形梯度方向设置对角筋等方法形成 6 种轻量化结构方案，如图 35-4-2 所示。采用多层优化策略，即采用零阶优化与等步长搜索法相结合的方法进行结构参数优化。ANSYS 分析结果显示，如图 35-4-2（b）、（c）所示结构方案的变形分别减少了 20.95% 和 21.5%，即应在初级安装面两侧增加筋板。6 种结构方案的工作台质量均有所降低，其中图 35-4-2（d）所示方案的质量减少 4.59%，质量最小。

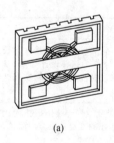
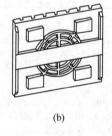
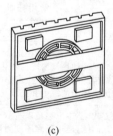
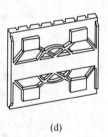

(a)　　　　　　　(b)　　　　　　　(c)　　　　　　　(d)

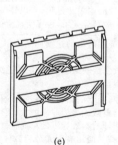
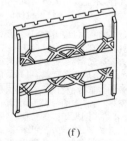

(e)　　　　　　　(f)

图 35-4-2　工作台底部筋板轻量化结构方案

4.3.2　曲轴的减量化设计

曲轴协同连杆将作用于活塞上的气体压力转化为旋转的动力，传递给底盘的传动机构、配气机构及其他辅助装置，是发动机中的重要零件。曲轴承受气体压力、惯性力、惯性力矩等交变负荷的冲击作用，曲轴必须满足刚度、强度、耐磨性、抗冲击等要求，因此，曲轴的减量化设计是一个多目标优化问题。

笔者对长安汽车动力研究院康黎云等 2016 年发表于《西南汽车信息》的《曲轴轻量化设计的要点及案例分析》进行整理，梳理出了曲轴减量化设计的方法和流程。

已知发动机的排量、功率或者转矩值、缸数等，先确定缸径 D 和冲程 S。现代发动机冲程缸径比选择范围在 1.1~1.2 之间。缸心距取决于缸体的加工制造水平，主流的发动机缸间壁厚控制在 7mm 左右。缸径及缸心距决定了曲轴的长度，缸径的大小决定了作用于活塞顶部的压力。

（1）曲轴减量化目标的确定

图 35-4-3 为曲轴结构图，由图可知，曲轴的结构主要由主轴颈、曲轴臂、连杆轴颈、飞轮组成，由此构成了曲轴减量化的目标。

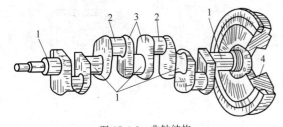

图 35-4-3　曲轴结构

1—主轴颈；2—连杆轴颈；3—曲轴臂；4—飞轮

（2）曲轴减量化设计方案

根据前述减量化设计准则，选择轻量化材料，通过结构优化，减小轴颈直径、曲轴臂宽度、曲轴臂厚度等。

采用轻量化材料将降低曲轴的扭转刚度，例如采用球墨铸铁材料，其弹性模量比钢低约 20%；小轴颈直径也会降低曲轴的扭转刚度。曲轴刚度低会增大前端带轮在中、高转速下的波动幅值，对飞轮端无影响。曲轴刚度不足将引起前端皮带轮的力矩波动峰值增加，从而增加曲轴中心螺栓的紧固风险；加大减振器的耗散功，导致减振器橡胶老化加剧。因此，只要刚度满足前端轮系、中心螺栓及橡胶的要求，对应的减量化设计方案就可行。

轴颈直径对摩擦损失影响较大，可以通过曲轴臂重量进行调整。

曲轴以承受弯曲作用为主，提高曲轴安全系数可以有效降低其弯曲应力。抗弯模量与曲轴臂厚度的平方成正比，与曲轴臂宽度成正比。例如，设曲轴臂尺寸为 70mm × 60mm × 20mm，70mm 为垂直高度，60mm 为宽度，20mm 为厚度，体积为 84000mm³，其抗弯模量 W 为 4000mm³；当厚度减少为 18mm，体积保持不变，宽度需要增加到 66.66mm，此时抗弯模量为 3600mm，抗弯能力下降 10%。反之，若增加厚度为 20mm，体积不变，抗弯能力提高 10%。因此，保持抗弯能力不变，可以通过减少更多的宽度实现减量化。

（3）减量化结果分析

图 35-4-4 所示为三款增压发动机的曲轴，分别命名为 A、B、C。表 35-4-7 为三款曲轴的主要参数对比表，由表可知，曲轴 A 的材料为密度相对较低的球铁材料，轴颈直径小，曲轴臂材料堆积部位设计讲究；曲轴 B 选择钢材及大的轴颈直径，保证了弯曲和扭转刚度，曲轴臂宽度小，使得整体质量比较低；曲轴 C 的材料为密度相对较低的球铁材料，其他没有减量化设计的特点。

图 35-4-4　曲轴结构对比

表 35-4-7　曲轴主要参数对比

基本参数	A	B	C
曲轴材料	球铁	钢	球铁
曲轴总长度/mm	326.4	415.85	490.6
曲轴总质量/kg	6.494	9.4	17.286
缸径/mm	71.9	74.5	87.5
缸心距/mm	78	82	94
冲程/mm	81.88	80	83.1
主轴颈直径/mm	44	48	52
连杆颈直径/mm	40	48	52
重叠度/mm	1.06	8	10.45
曲柄臂厚度（含凸台）/mm	19.25	19.9	24

第5章 可拆卸设计

5.1 可拆卸设计准则

拆卸是将产品系统分离为组件的过程。拆卸操作是拆卸过程里面的基本动作，拆卸工艺由拆卸操作组成。根据拆卸深度可以将拆卸工艺分为完全拆卸和选择性拆卸，其中完全拆卸是将产品分解为相应的零件，装配是完全拆卸的逆过程；而选择性拆卸是根据拆卸需求从产品中分离出目标组件的过程，拆卸深度与目标组件在产品中所处的位置有关，一般在维修维护、再制造中应用。根据拆卸操作的逻辑顺序可以将拆卸分为串行拆卸和并行拆卸，其中串行拆卸是传统研究中默认的拆卸方式，指每次只能拆卸一个零件；

而并行拆卸是多个操作者同时并行地执行不同的拆卸任务的拆卸方式，同时可以拆卸多个零件。

可拆卸设计指的是产品设计过程中将可拆卸性作为设计目标之一，使产品的结构不仅便于装配、拆卸和回收，而且也要便于制造和具有良好的经济性，以达到节约资源和能源、保护环境的目的。可拆卸设计是绿色设计中的重要内容。

拆卸工艺数据主要包括拆卸工具、拆卸时间、拆卸费用、拆卸可达性、拆卸能量、拆卸过程中有害成分的排放量、装配约束等，可拆卸设计需要综合考虑上述信息，即遵守一定的设计准则。可拆卸设计准则的具体内容详见表 35-5-1。

表 35-5-1　　　　可拆卸设计准则

设计准则	内 容		
	说　明	改进前	改进后
结构可达性准则	拆卸部位应可达，即拆卸过程中操作人员的身体的某一部位或借助工具能够接触到拆卸部位		
	拆卸工具可达，即应有足够的拆卸工具操作空间		
	视觉可达，即拆卸操作应全部可见		
结构易于拆卸	元器件和零部件结构设计中应该在零件表面预留可抓取和拆卸的结构 改进前，衬套难以拆卸，改进后增加了螺孔，便于拆卸		

续表

设计准则	内　容		
	说　明	改进前	改进后
多个零件尽可能设计成模块或装配单元	采用模块化设计将产品按照功能划分为若干个子模块，并统一模块之间的连接结构和尺寸，以便于拆装、回收等 改进前轴上齿轮大于轴承孔，需在箱内装配；改进后，轴上各零件可组装后再一起装入箱体内，便于拆装和更换	 大于箱体孔的齿轮需在箱体内安装 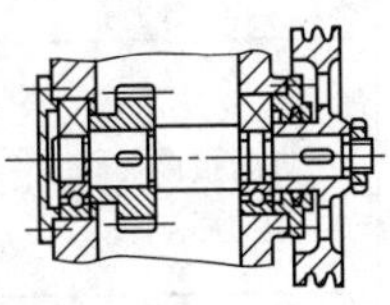	 箱体孔大于齿轮，可将齿轮和皮带轮作为一个装配单元 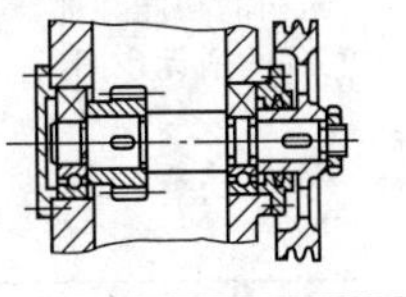
废液排放安全无污染	对于含有部分废液的废旧产品，应在设计时预留出排放点，便于这些废液安全无污染地排出后再进行拆卸		
采用快速装卸机构	可拆卸性要求在产品结构设计时改变传统的连接方式，代之以易于拆卸的连接方式。合理使用快速装卸和锁紧机构可以提高产品的可拆卸性 右图所示是一种快速装卸销，该快速装卸销的销体上铆接有止动块和便于装卸的拉环。当止动块和销体轴线一致时，销体可以插入或拆下，止动块与销体轴线垂直时为锁紧状态	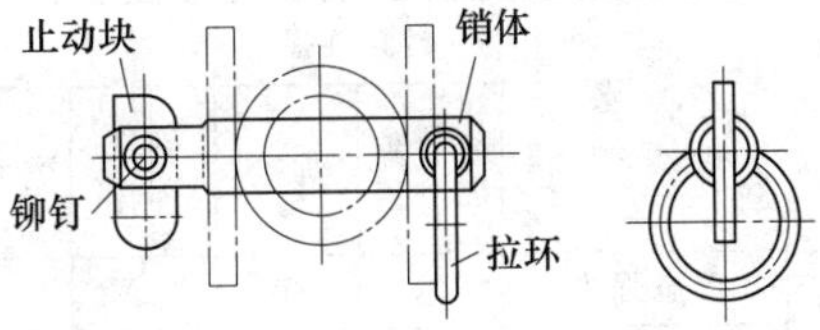	
紧固件标准化和紧固件种类最少化	产品设计中应尽量采用规格统一的、标准化的紧固件。改进前采用了不同规格的标准件，拆卸和安装过程中需要更换工具，改进后，采用统一规格的标准件简化了拆装过程		
零件数量和材料种类最少化	尽量减少产品中零件的数量和材料的种类。例如，右图中所示改进前的机架包含 4 种材料，66 个零件；改进后，只有 1 种材料，17 个零件，大大方便了后续的拆卸和回收过程		
连接结构易于拆卸准则	尽量采用可拆卸性好的连接结构，如螺纹连接、卡扣连接等，尽量避免使用焊接、粘接等。连接方式的分类见表 35-5-2，常用连接方式的拆卸性能见表 35-5-3		
结构可预测性准则	产品报废后会与原始状态产生较大的不同，为了减少产品报废后结构的不确定性，设计时应避免将易于老化或易腐蚀的材料与可回收材料的零件组合，采用防腐蚀连接等		
易于分离准则	表面最好采用一次加工而成，即避免二次电镀、涂覆、油漆等加工；此外，为了便于产品分离，采用模块化和标准化设计准则		

表 35-5-2　　　　　　　　　　　　连接方式的分类

分类标准	类　型	实　例
连接原理	刚性连接	铆接、销连接、键连接、锁连接等
	摩擦连接	磁性连接、魔术贴、螺栓连接、弹性卡扣连接、弹簧连接等
	材料连接（焊接、粘接）	利用电能的焊接（电弧焊、埋弧焊、气体保护焊、点焊、激光焊） 利用化学能的焊接（气焊、原子氢能焊、铸焊等） 利用机械能的焊接（锻焊、冷压焊、爆炸焊、摩擦焊等） 黏合剂粘接、溶剂粘接

续表

分类标准	类型	实例
结构的功能和部件的活动空间	静连接	不可拆卸固定连接:焊接、铆接、粘接等
		可拆卸固定连接:螺纹连接、销连接、弹性形变连接、锁扣连接、插接等
	动连接	柔性连接:弹簧连接、软轴连接
		移动连接:滑动连接(导轨和滑块)、滚动连接
		转动连接
是否可拆卸	可拆卸连接	螺栓连接、销连接、键连接等
	不可拆卸连接	铆接、焊接、粘接等

表 35-5-3　　　　　　　　　　　常用连接方式的拆卸性能

		材料连接		摩擦连接					刚性连接					
		塑料金属胶接	焊接	磁性连接	魔术贴	螺纹连接	塑料螺纹连接	弹簧连接	铆接	曲杆连接	四分之一圈锁紧扣	按钮旋转锁紧	按钮锁紧	锁连接
承载能力	静态强度	◎	●	◎	○	●	◎	◎	●	●	◎	●	◎	●
	疲劳强度	◎	●	◎	○	●	◎	○	●	●	◎	●	○	●
连接成本	连接	◎	◎	●	◎	◎	◎	●	●	●	●	●	●	●
	指导	○	○	●	◎	●	●	●	◎	◎	●	●	●	●
分离成本	非破坏性拆卸	○	○	●	●	●	◎	●	○	●	●	●	●	●
	破坏性拆卸	◎	○	●	●	●	●	●	●	●	●	●	●	●
回收性能	产品回收	○	○	◎	◎	◎	●	●	◎	○	●	●	●	●
	材料回收	◎	●	◎	◎	◎	●	●	●	●	●	●	●	●

注:●——好;◎——中;○——差。

5.2　基于准则的可拆卸设计方法

基于准则的可拆卸设计基本思想是将可拆卸设计准则融入产品设计过程中以提高产品的可拆卸性能。在设计新产品时,依据上述准则可以有效地提高产品的可拆卸性。例如,美国通用汽车公司应用上述设计准则,减少了 Buick Skylark 车型保险杠的零件数量与紧固件数量,如图 35-5-1 所示。

5.2.1　设计流程

可拆卸设计的关键技术包括拆卸设计建模、拆卸序列规划、可拆卸性评价等方面,可拆卸设计的流程详见表 35-5-4。

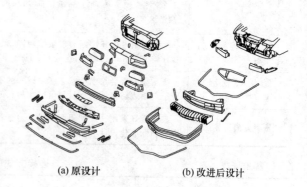

(a) 原设计　　　　　(b) 改进后设计

图 35-5-1　减少汽车保险杠零件及紧固件数量

表 35-5-4　　　　　　　　　　　可拆卸设计流程

设计阶段	内容	常用方法
可拆卸设计信息建模	用于描述产品连接、拆卸等相关信息的数据结构	有向图、无向图、AND/OR 图、Petri 网、拆卸树等及其派生模型(如拆卸混合图模型)。表 35-5-5 所示为拆卸混合图模型的详细定义

续表

设计阶段		内　容	常用方法
拆卸序列规划	串行拆卸序列规划	拆卸序列的好坏不仅可以缩减资源（如时间和成本）的消耗，而且可以提高拆卸的自动化程度以及回收的零部件（或材料）的质量。拆卸序列规划是根据产品结构、装配关系等信息，推理出满足一定约束条件的最优化拆卸顺序的过程	拆卸序列规划方法主要分为两类。一类是基于图搜索的拆卸序列生成方法，如组件－紧固件图法、AND/OR 图法、Petri 网法、拆卸树法、割集法等。这类方法通过产品中零部件之间的几何拓扑信息来得到产品的拆卸序列，适合不太复杂产品的拆卸序列规划。另外一类是智能搜索法，如遗传算法、蚁群算法、模拟退火法等。这类方法应用启发式规则迭代寻优，速度快，适用于复杂产品
	并行拆卸序列规划		
可拆卸性评价与反馈		可拆卸性指产品拆卸的难易程度。可拆卸性评价用来度量产品的可拆卸性能，通过可拆卸性评价获得产品可拆卸性能信息，通过迭代反馈不断改进设计方案以实现可拆卸设计	时间因子法、基于拆卸能和拆卸熵的量化评价法、多粒度评价法等
可拆卸结构改进		通过连接结构改进、结构优化等方法提高结构的可拆卸性	模块化设计、TRIZ 法、嵌入式设计等

表 35-5-5　　　　　　　　　　　　　　　　**拆卸混合图模型**

表示方法	内　容
图形	拆卸混合图模型可以定义为一个四元组 $G=(V, E_f, E_{fc}, E_c)$，其中，顶点 $V=(v_1, v_2, \cdots, v_n)$ 表示最小拆卸单元，如产品的零部件、子装配体等，n 为最小拆卸单元个数；顶点 v 的邻域，$\Gamma(v) \xrightarrow{\triangledown} \{u \in V(G) \mid u$ 与 v 相邻$\}$，在 v 的邻域里，比 v 拆卸优先级低的顶点构成其后继域 $\Gamma^+(v)$，其余顶点集合为 v 的前趋域 $\Gamma^-(v)$，且 $\Gamma(v) = \Gamma^+ + (v) \cup \Gamma^-(v)$；约束关系定义为图的有向边 $\langle v_1, v_2 \rangle$ 或者无向边 (v_1, v_2)，如果约束是通过紧固件或其他方法使得两个最小拆卸单元直接接触产生的，且存在强制的拆卸优先关系，则定义为强物理约束，记为 $E_{fc}=(e_{fc1}, e_{fc2}, \cdots, e_{fcm})$，用带箭头的实线表示；如果最小拆卸单元间虽直接接触，但没有强约束关系，则定义为物理约束，记为 $E_f=(e_{f1}, e_{f2}, \cdots, e_{fk})$，表示为实线段；如果虽不直接接触但存在约束优先关系，则定义空间约束，记为 $E_c=(e_{c1}, e_{c2}, \cdots, e_{ck})$，用虚箭头线表示 例如，下图中 A、B、C、D、E 分别表示产品的最小拆卸单元；连接及紧固件等作为约束，分为强物理约束、空间约束、物理约束三种。强物理约束是两节点接触且箭头节点拆卸优先级低于箭尾节点；物理约束是两节点接触且两节点拆卸优先级相同；空间约束是不接触但箭头节点拆卸优先级低于箭尾节点。例如，EA 为强物理约束，E 的拆卸顺序优先于 A 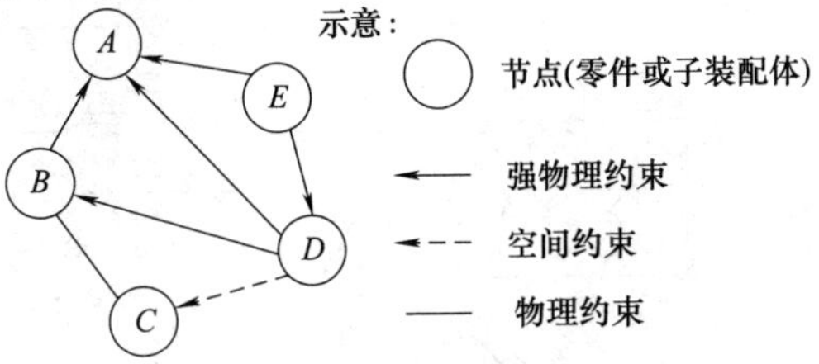 示意： ○ 节点(零件或子装配体) ⟶ 强物理约束 ⤍ 空间约束 — 物理约束
矩阵	$$M_g = \{R_{ij}\} = \begin{bmatrix} r_{0,0} & r_{0,1} & \cdots & r_{0,n-1} \\ r_{1,0} & r_{1,1} & \cdots & r_{1,n-1} \\ \vdots & \vdots & \ddots & \vdots \\ r_{n-1,0} & r_{n-1,1} & \cdots & r_{n-1,n-1} \end{bmatrix} \qquad (35\text{-}5\text{-}1)$$ 其中 $$r_{ij} = \begin{cases} 1, & \text{if}(i,j) \in E_f \text{ or} \langle j,i \rangle \in E_{fc}, \text{and } i \neq j \\ -1, & \text{if} \langle i,j \rangle \in E_c \text{ or} \langle i,j \rangle \in E_{fc} \\ 0, & \text{其他} \end{cases}$$ 对 M_g 进行分解得到邻接矩阵和拆卸约束矩阵 邻接矩阵 $$M_{link} = \{ml_{ij}\}_{n \times n} \qquad (35\text{-}5\text{-}2)$$

续表

表示方法	内　　容
矩阵	$ml_{ij} = \begin{cases} 1, (i,j) \in \boldsymbol{E}_{f} \text{ or} \langle i,j \rangle \in \boldsymbol{E}_{fc} \text{ or} \langle j,i \rangle \in \boldsymbol{E}_{fc} \\ 0, \text{其他} \end{cases}$ 拆卸约束矩阵 $\boldsymbol{M}_{cons} = \{mc_{ij}\}_{n \times n}$ $mc_{ij} = \begin{cases} -1, \langle i,j \rangle \in \boldsymbol{E}_{c} \text{ or} \langle i,j \rangle \in \boldsymbol{E}_{fc} \\ 0, \text{其他} \end{cases}$ (35-5-3) 假设产品由 N 个单元构成,则当最小拆卸单元 j 不受物理约束和空间约束时,满足拆卸可达性条件,可描述为 $$\sum_{i=0}^{N-1} mc_{ij} = 0$$ (35-5-4) $$\sum_{i=0}^{N-1} ml_{ij} \geqslant 1$$ (35-5-5) 在拆卸完一个单元后,需要对邻接矩阵和约束矩阵进行更新,将已拆卸的单元与其他单元的关联和约束关系置零,则可拆卸性约束条件为式(35-5-4)和式(35-5-5)的交集

5.2.2　可拆卸连接结构设计

可拆卸连接结构设计的目的是设计出拆卸性能好的连接结构,主要通过对传统连接结构的改进或创新设计完成。可拆卸连接结构设计应该满足以下准则:

① 拆卸操作易于开展;

② 连接结构工具可达、视觉可达;

③ 优先选用可拆卸连接,如卡扣、螺纹连接等,尽量避免使用焊接、铆接、粘接等不可拆卸连接;

④ 连接件数量和类型尽量少;

⑤ 拆卸过程产生的噪声、有害物质尽量少,消耗的能量尽可能地少。

常见的连接结构改进设计案例见表 35-5-6。

表 35-5-6　　常见连接结构改进设计案例

连接结构	改进前	改进后	说　明
键连接结构可拆卸设计	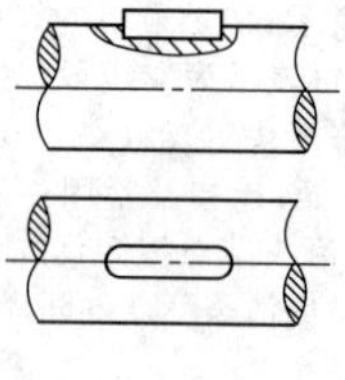	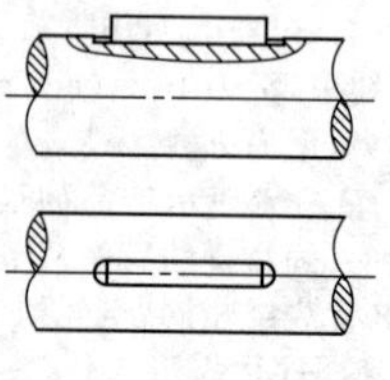	键连接结构应可拆卸性好、装拆工作量少。改进前的键与轴为配合关系,装拆工作量较大;而改进后的键槽大于键,装拆方便快捷
不合理的连同拆卸连接结构设计改进	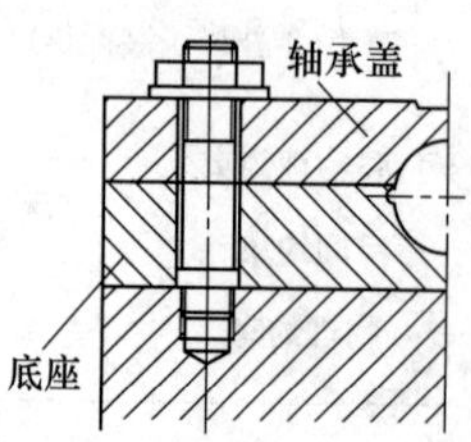	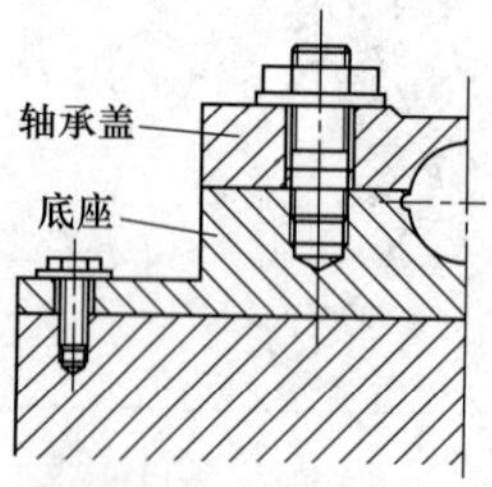	改进前,要拆卸轴承盖,底座同时也被拆卸下来,在调整轴承间隙时底座的位置也需要重新调整。改进后,轴承盖可单独拆卸,不影响底座,不足之处是紧固件个数增加
过盈连接可拆卸设计	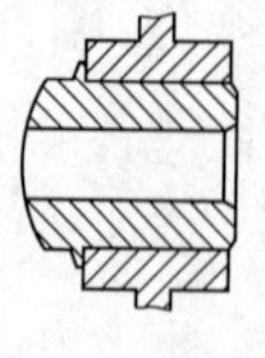	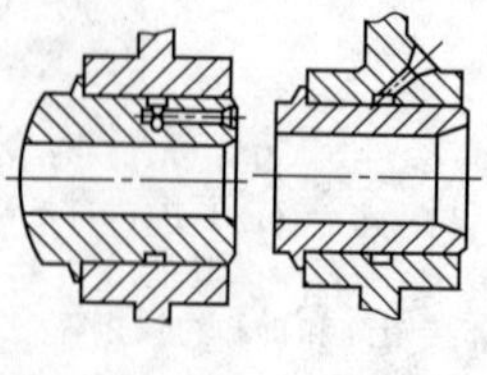	改进前的过盈配合结构难以拆卸,改进后增加了压力油注入孔,将压力高达 $150 \sim 200\text{MPa}$ 的液压油压入配合面,使被连接的轴和孔产生弹性变形,从而便于拆卸

续表

连接结构	改进前	改进后	说　明
紧固件装拆位置可达	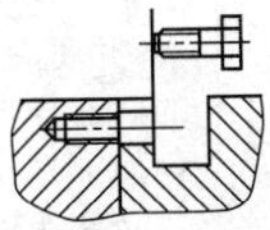	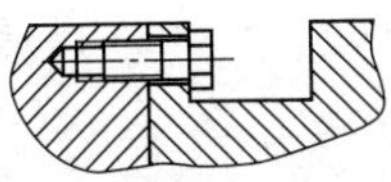	设计紧固件连接结构时,要保证紧固件在安装位置具有一定的操作空间。改进前螺钉难以拆卸,改进后增加了槽的长度,便于拆装
螺纹连接沉孔结构的改进设计	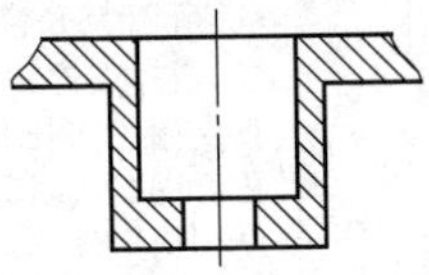	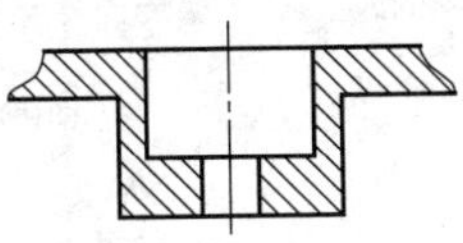	改进前,沉孔过深,拆卸时,视觉和操作空间可达性差;改进后,提高了拆卸性能的同时还可节省材料
电脑光驱连接结构的改进设计	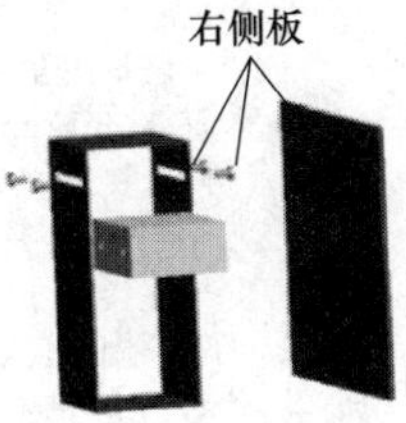 右侧板	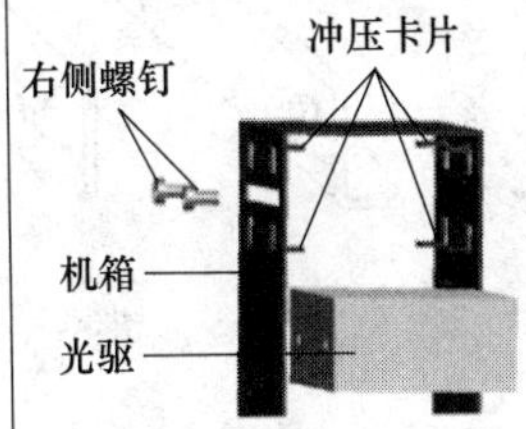 右侧螺钉　冲压卡片 机箱 光驱	改进前,光驱通过四个螺钉连接在机箱肋板的左右两侧,连接件数量较多,为了保护主板,右侧板一般不进行拆卸,右侧螺钉拆卸可达性差。改进后,在机箱右右两侧增加了用于支撑光驱的冲压卡片,只需左侧两个螺钉即可将光驱固定在机箱内
插销式快速连接结构	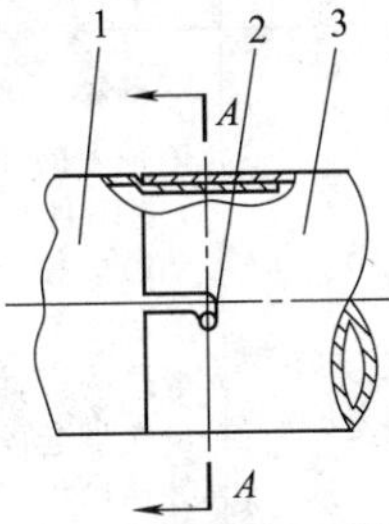 1　2　3 A A	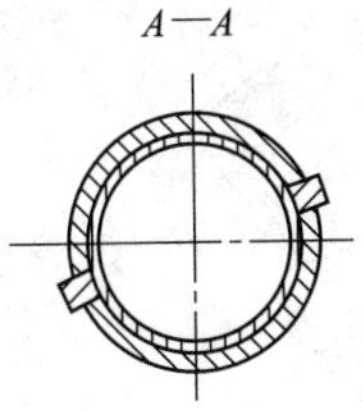 A—A	管接头 1 上固定两个销轴 2,在管接头 3 上开口,销轴插入缺口后旋转一角度,将两管接在一起,拆卸时,只需要反方向旋转一定角度即可
带光孔螺母的快速拆卸连接结构	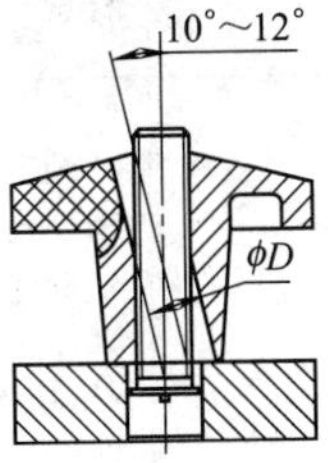 10°~12° ϕD 图(a)	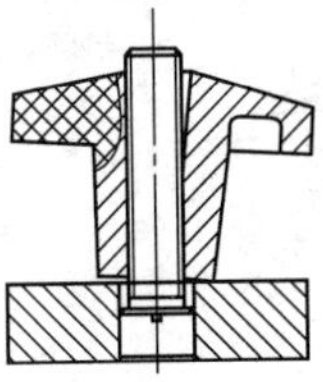 图(b)	在螺母螺孔 M 内斜钻一个直径略大于螺纹大径的光孔。螺母斜向套入螺杆后,将螺母摆正,螺母螺杆啮合,处于工作状态,如图(a)所示。图(b)所示为螺母装配或拆卸时的状态。该结构适用于轻型工作时的快速连接
弹性开口螺母的快速拆卸连接结构	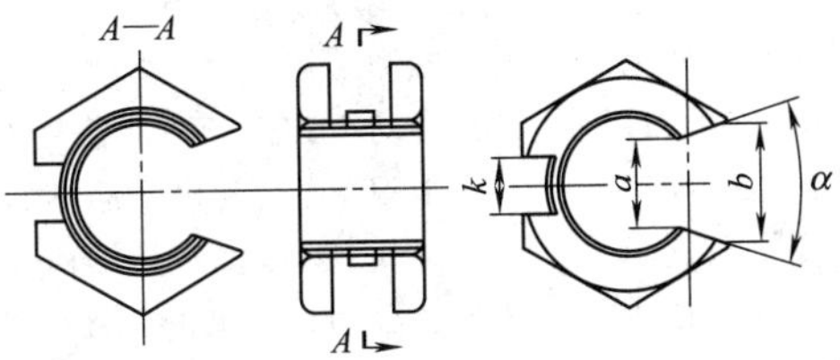 A—A A A	k　a　b　α	螺母上开有与螺母轴心线成 α 角的横向穿通螺纹的缺口,缺口内端宽度略大于螺纹内径,外端宽度略大于螺纹外径。缺口对面开一宽度为 k 的槽,使得螺母在安装时具有较好的弹性。槽的宽度和深度根据螺母两半弹性变形的条件而定。在螺母外表面设有环形槽,槽中设有弹性卡圈,弹性卡圈在螺母旋紧后装入,以增加螺母紧固后的刚度和防松。安装时将弹性开口螺母卡装到连接零件的螺杆上,并径向转动螺杆,使得螺母的两半先弹性松开,然后再与螺杆啮合收紧,再在环形槽上装上弹性卡圈。这种结构较适用于细牙螺纹的连接

续表

连接结构	改进前	改进后	说　明
搁置式重力快速拆卸连接结构	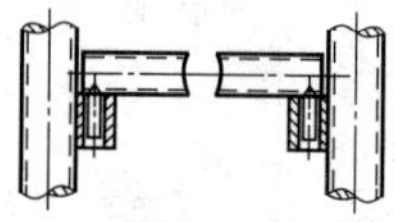 图(a) 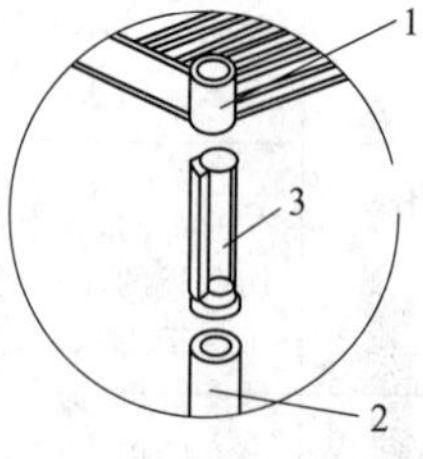　图(c)	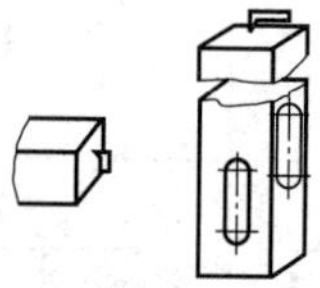 图(b) 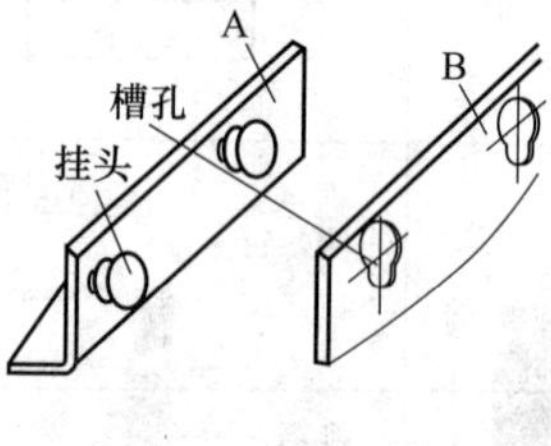　图(d)	用于连接插头仅在竖直方向受有重力，并要靠重力维持其稳定的结构，接头的两部分将一接头搁置在另一接头中。例如，图(a)所示为一圆管构架上的横撑与立柱连接，横撑上附设的锥形凸柱直径搁置在立柱附设的锥形凹孔中。图(b)所示为方管构架中横撑与立柱的连接，横撑端部钩形件插入立柱长孔后，可直接搁置在长孔上；立柱上四面设有长孔，可搁置四杆横撑。此外，立柱顶部也设有钩形件，而横撑上设有长孔，可在立柱顶部搁置横撑。图(c)中所示连接件1为内锥体，连接件2为外锥体，中间设有一个竖向开缝的内壁和外壁均为锥形的套管3，开缝套管3套在连接件2上，连接件1又套在开缝套管3上。在搁置重力作用下，开缝套管因收缩产生弹力，产生与连接件1和2的摩擦力，保证连接可靠牢固。图(d)所示结构中，B件上开有葫芦形槽孔，A件靠重力挂装在B件上
销连接	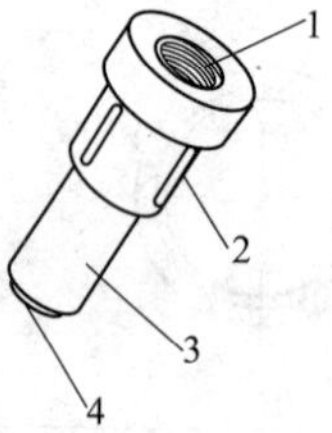		销帽1中心有内螺纹，件2为均布于销轴上的凸起，件3为圆柱杆，销轴末端4封闭且有导电性。该销轴特别适用于硒鼓废粉仓与感光鼓的连接。安装时，凸起2与硒鼓废粉仓的注塑件圆孔中的卡槽吻合，圆柱杆3插接于感光鼓的非齿轮端起固定作用，轴销末端4与感光鼓铝筒内的导电片接触。拆卸时，将螺杆旋入销帽1的螺孔内，用力拉出即可
便于拆卸的螺纹销轴	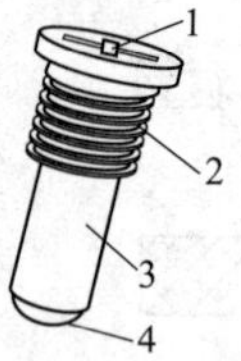		销帽1顶部有一字或十字的花式凹槽，另一部分有直径稍小的圆盘相连，圆柱杆3上部有螺纹2，轴销末端为小直径锥体4。安装时，对准螺纹孔旋转；拆卸时，用螺丝刀（螺钉旋具）反向旋转销帽即可

5.3　主动拆卸设计方法

主动拆卸（active disassembly，AD）是一种采用智能材料（如形状记忆合金）或智能结构的紧固件代替传统紧固件，通过外界触发使得产品自我拆卸的一种方法。外界触发原理包括机械式、热能、化学能、电磁、电等，不同的触发原理对应不同的实现机构。该方法可以高效、清洁、非破坏地分离零部件，实现高效率回收。

采用智能材料的主动拆卸技术适用于以塑料为主

的产品及有可重用零部件的电子电器产品，主要包括利用形状记忆合金 SMA（shape memory alloy）或形状记忆高分子材料 SMP（shape memory polymer）的主动拆卸结构。

主动拆卸设计方法流程如下。

步骤1：设计出产品初始结构。

步骤2：根据产品结构和使用环境选择和设计主动拆卸结构，常见的主动拆卸结构见表35-5-7。

步骤3：将主动拆卸结构布置在产品合适位置，并通过优化完成产品结构和外观设计，保证不降低产品使用性能、连接结构可靠等。

表 35-5-7　　　　　　　　　　　　　　　典型的主动拆卸结构

主动拆卸结构	激发前	激发后	解释
气动主动拆卸	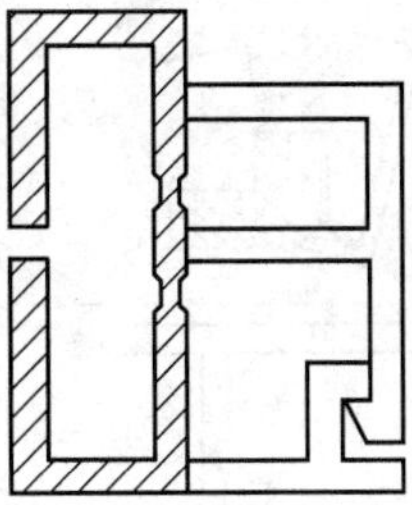	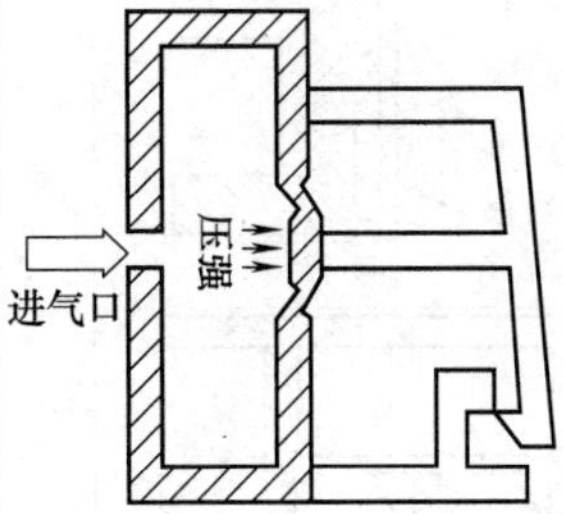 进气口　压强	利用气动触发拆卸的主动拆卸结构,激发前为正常工作状态,当废弃后拆卸时,充入空气,在气体压力下卡扣连接主动拆开
水冻结触发的主动拆卸结构	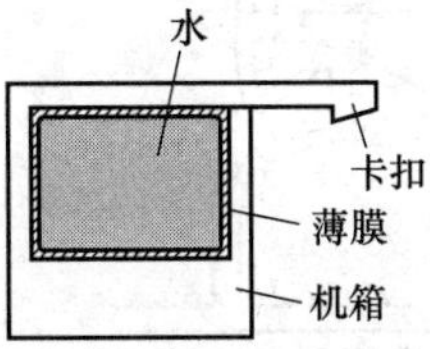 水　卡扣　薄膜　机箱	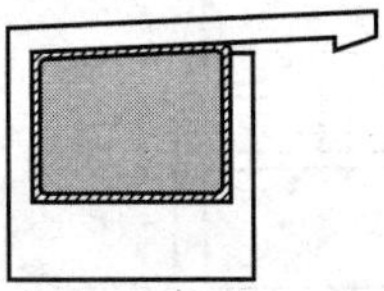	工作状态时,液体水充满薄膜;当需要拆卸时,冷冻使水冻结成冰,主动拆卸掉卡扣
MPL（mechanical property loss）螺钉	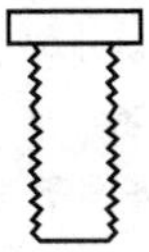	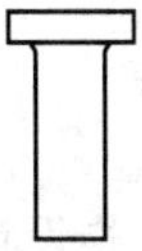	当所处环境温度高于某一温度时,螺钉螺纹消失,丢失连接效能
通电改变物体形状	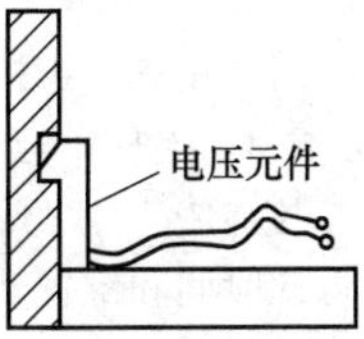 电压元件	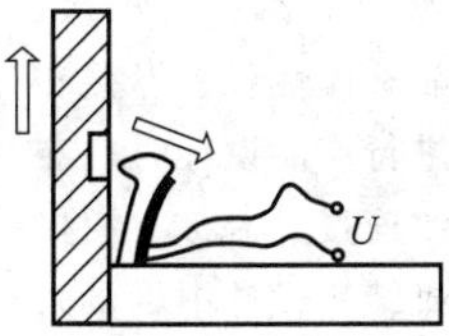 U	当卡扣不通电时,电压元件呈现原始形态,卡扣起到连接作用。通电后电压元件形状改变,使得卡扣实现自我拆解
SMA 弹簧	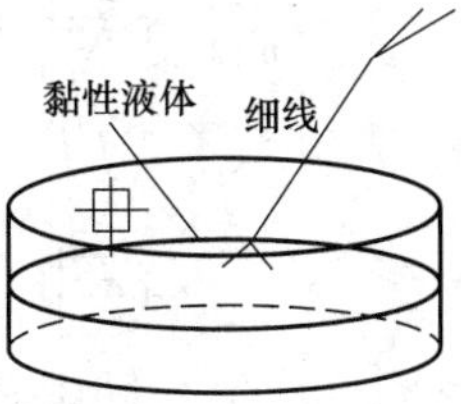 黏性液体　细线	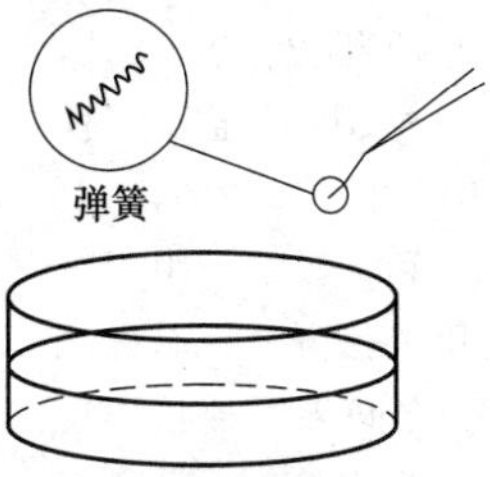 弹簧	开始时,弹簧弹性系数较小,几乎不产生弹力,加热后,弹性系数变大,相同变形量产生的弹力变大,形成主动拆卸所需的激发条件
SMA 螺钉	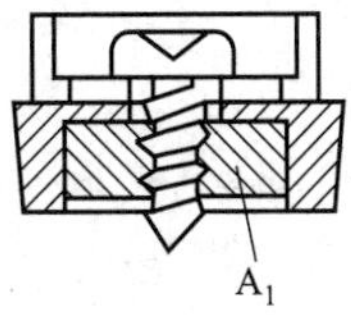 A_1	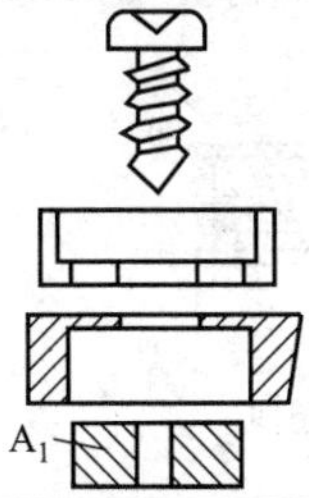 A_1	结构 A_1 见水溶解。拆卸时,将产品放入水中,A_1 内部螺纹溶解,螺钉可直接拔出,实现了螺钉的主动拆解
SMA 圆管	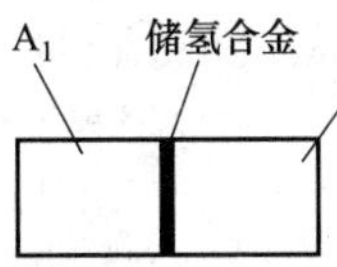 A_1　储氢合金　A_2	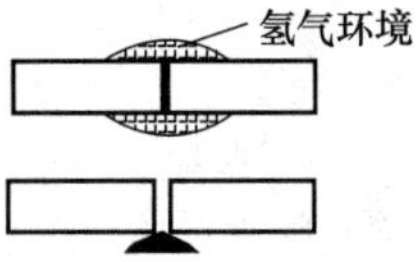 氢气环境	圆管 A_1、A_2 由储氢合金连接,当连接处处于氢气环境下时,储氢合金溶解,圆管 A_1、A_2 分离

续表

主动拆卸结构	激发前	激发后	解释
压敏元件	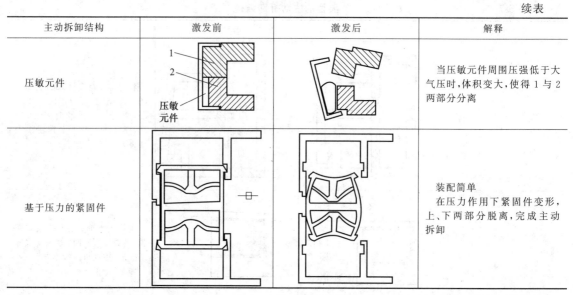		当压敏元件周围压强低于大气压时,体积变大,使得 1 与 2 两部分分离
基于压力的紧固件			装配简单 在压力作用下紧固件变形,上、下两部分脱离,完成主动拆卸

5.4 可拆卸设计案例

5.4.1 静电涂油机的可拆卸结构设计

一般零件之间的连接方式有焊接、粘接、铆接、螺栓连接、卡接、插接等。从产品整体性看,焊接和铆接较好;应用可拆卸设计准则进行产品设计时,在满足基本设计要求的基础上,螺纹连接、卡接、插接可拆卸性好,因此,在静电涂油机结构设计中尽量采用了螺纹连接、卡接、插接。

图 35-5-2 所示为高压电缆连接部位结构设计,考虑绝缘、使用寿命等要求,其中使用了金属零件(3、5、8~11),也使用了非金属零件(1、2、4、6、7)。应用可拆卸设计思想,支板 1 和卡板 2 采用了螺栓连接,卡板 2 和高压电缆 4 采用卡接方式,而高压电缆 4、内套 6、滑套 8 和顶头 9 之间采用插接。这样产品退役后,零件回收和处理较为容易,而且便于

对铁和塑料等不同种类零件材料进行拆卸、分类,节省了回收和处置成本。

图 35-5-3 所示是活动导板机构设计,其中大量使用了标准件,既有金属零件(1~5、7),也有非金属零件(6、8),采用可拆卸设计思想,将涂油室 1 和气缸座 2、铰链座 5 和气缸座 2、支座 7 和活动导板 8 之间采用螺纹连接,而气缸座 2 与气缸 3、气缸 3 与连杆 4、连杆 4 与铰链座 5、铰链座 5 与拨叉 6、拨叉 6 与支座 7 等之间采用卡接或销接,如此设计之后,拆卸时间和维护费用大大缩减。

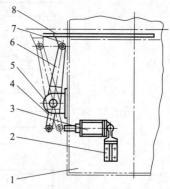

图 35-5-3 活动导板机构设计
1—涂油室;2—气缸座;3—气缸;4—连杆;
5—铰链座;6—拨叉;7—支座;8—活动导板

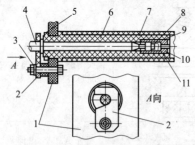

图 35-5-2 高压电缆连接部位结构设计
1—支板;2—卡板;3—螺栓;4—高压电缆;
5—锁紧螺母;6—内套;7—外套;8—滑套;
9—顶头;10—簧座;11—弹簧

5.4.2 Power Mac G4 Cube 的可拆卸设计

Power Mac G4 Cube 是苹果电脑公司生产的电脑主机(图 35-5-4),该模型包含 10 个主要组件[图 35-5-5(a)],用体素法对组件进行简化表示,如图 35-5-5(b)所示。表 35-5-8 是该模型组件的材料组成列表。

根据上述已知条件，应用多目标遗传算法对原设计进行改进，根据优化目标的不同生成 5 种优化结果，如图 35-5-6 所示。图 35-5-7 所示是设计结果 R_3 的最优化拆卸序列之一。R_3 和 R_5 空间布局十分相似，R_3 设计方案中使用了 3 个螺钉，R_5 设计方案中将组件 A 和 B 之间的螺钉连接替换为槽连接。

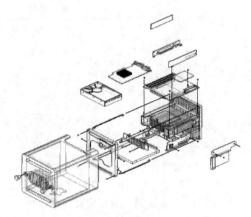

图 35-5-4　Power Mac G4 Cube 装配体

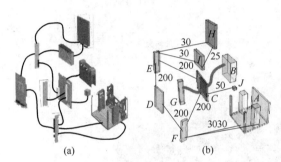

图 35-5-5　组件连接关系

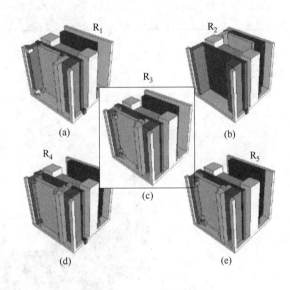

图 35-5-6　5 种优化结果

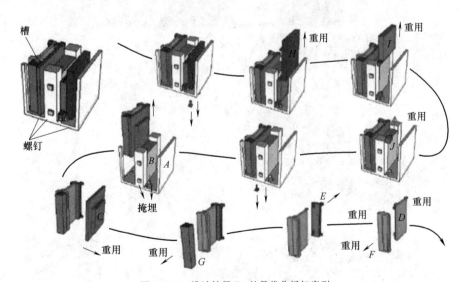

图 35-5-7　设计结果 R_3 的最优化拆卸序列

表 35-5-8　　　　　　　　　　　　　模型组件材料组成　　　　　　　　　　　　　kg

组件	铝	钢	铜	金	银	锡	铅	钴	锂
A（框架）	1.2	0	0	0	0	0	0	0	0
B（散热槽）	0.6	0	0	0	0	0	0	0	0
C（电路板）	1.5×10^{-2}	0	4.8×10^{-2}	7.5×10^{-5}	3.0×10^{-4}	9.0×10^{-3}	6.0×10^{-3}	0	0

续表

组件	铝	钢	铜	金	银	锡	铅	钴	锂
D(电路板)	1.0×10^{-2}	0	3.2×10^{-2}	5.0×10^{-5}	2.0×10^{-4}	6.0×10^{-3}	4.0×10^{-3}	0	0
E(电路板)	4.0×10^{-3}	0	1.3×10^{-2}	2.0×10^{-5}	8.0×10^{-5}	2.4×10^{-3}	1.6×10^{-3}	0	0
F(电路板)	5.0×10^{-3}	0	1.6×10^{-2}	2.5×10^{-5}	1.0×10^{-4}	3.0×10^{-3}	2.0×10^{-3}	0	0
G(内存)	2.0×10^{-3}	0	6.4×10^{-3}	2.0×10^{-5}	4.0×10^{-5}	1.2×10^{-3}	8.0×10^{-4}	0	0
H(光驱)	0.25	0.25	0	0	0	0	0	0	0
I(硬盘)	0.10	0.36	6.4×10^{-3}	1.0×10^{-5}	4.0×10^{-5}	1.2×10^{-3}	8.0×10^{-4}	0	0
J(电池)	8.0×10^{-5}	0	1.4×10^{-3}	0	0	0	0	3.3×10^{-3}	4.0×10^{-3}

5.4.3　转盘式双色注塑机合模装置的可拆卸设计

注塑机是注塑成形机的简称，是一个机电一体化很强的机种，主要由注射部件、合模部件、机身、液压系统、加热系统、控制系统、加料装置等组成。图 35-5-8 是 HTS 系列转盘式双色注塑机实物图。此处针对合模部件进行分析，图 35-5-9 所示为转盘式双色注塑机合模部件实物及其线框模型，包括尾板、头板、动模板、拉杆、调模装置、合模油缸、顶出装置等零部件，具体组成零部件信息详见表 35-5-9。

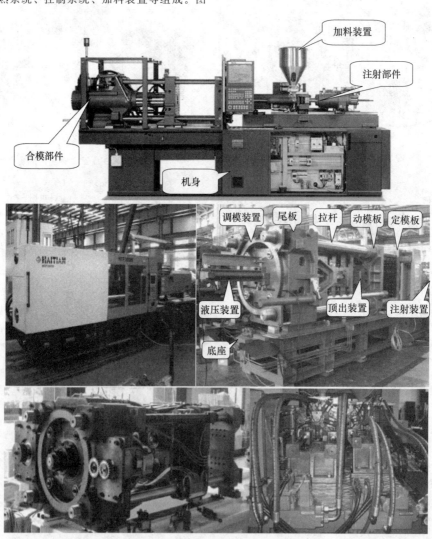

图 35-5-8　HTS 系列转盘式双色注塑机实物图

 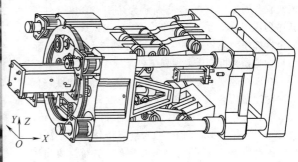

图 35-5-9　转盘式双色注塑机合模部件实物与线框模型

表 35-5-9　　　　　　　　　　注塑机合模部件零部件信息

编号	零件名称	数量	拆卸工具	拆卸方向	连接类型（连接数/个）
01	尾板	1	无	无	无
02	拉杆	4	起吊机	$-X$ 或 $+X$	螺纹连接（2）
03	挡板	4	扳手	$-X$	螺纹连接（3）
04	齿轮螺母	4	专用扳手	$-X$	螺纹连接（1）
05	大齿圈	1	起吊机	$-X$	齿轮啮合（定位滚轮定位）
06	头板	1	无	无	无
07	二板	1	起吊机	$-X$ 或 $+X$	销轴连接（4）
08	连杆	4	螺丝刀	$-Y$	销轴（2）
09	曲肘	8	螺丝刀	$-Y$	销轴（4）
10	小连杆	4	螺丝刀	$-Y$	销轴（2）
11	滑块	1	扳手/螺丝刀	$+X/-Y$	螺纹连接（1）/销轴（2）
12	滑块杆	2	扳手	$+X$	螺纹连接（2）
13	合模油缸体	1	扳手	$-X$	螺栓连接（4）
14	合模油缸活塞	1	扳手	$+X$	弹性连接（1）
15	合模油缸导向套	1	专用工具	$-X$	弹性连接（1）
16	合模油缸压盖	1	扳手	$-X$	螺栓连接（4）
17	合模油缸后壁	1	扳手	$-X$	螺栓连接（4）
18	顶出油缸体	1	扳手	$-X$	螺栓连接（4）
19	顶出油缸活塞	1	扳手	$+X$	弹性连接（1）
20	顶出油缸压盖	1	扳手	$-X$	螺栓连接（4）
21	顶出油缸后壁	1	扳手	$-X$	螺栓连接（4）
22	顶出杆	1	扳手	$+X$	螺纹连接（1）
23	顶出油缸导向套	1	专用工具	$-X$	弹性连接（1）
24	套筒	12	手	$-X$	销轴连接（12）

图 35-5-10 所示为注塑机合模部件的拆卸模型生成过程与结果。图 35-5-11 所示为注塑机合模部件拆卸序列规划分析过程与结果，图 35-5-11（a）所示为完全拆卸序列规划过程与结果，图 35-5-11（b）所示为目标选择性拆卸序列规划结果。

在序列规划的基础上，利用多粒度可拆卸性评价方法对注塑机合模部件进行可拆卸性评价，详见图 35-5-12。其中，图 35-5-12（a）所示是粗粒度评价，假设用户阈值为 100，由于粗粒度评价结果大于该阈值，因此需要进行下一步细粒度评价，评价结果如图 35-5-12（b）所示，其可视化表示如图 35-5-12（c）所示。

评价结果显示该注塑机合模装置中调模装置处的

齿轮螺母与挡板之间的套筒可拆卸性较差，其次是大齿圈。根据可拆卸设计准则对调模装置进行改进，通过减少零件数量提高可拆卸性，改进后的调模装置结构如图 35-5-13 所示。其中，调模齿轮螺母 5 置于尾板 1 左端孔内，齿轮凸缘外表面与尾板内孔为间隙配合，以挡板 3 进行轴向定位，改进后的结构减少了套筒零件。

在连接元可拓物元模型的支持下，设计改进后再进行拆卸建模时只需要在已有模型的基础上对调模装置部分（08，09，13，11）进行变更即可，在拆卸模型的基础上重复进行序列规划、可拆卸性评价等过程，直至设计结果符合要求为止。

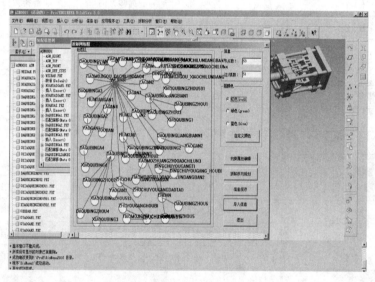

图 35-5-10　拆卸模型生成过程与结果

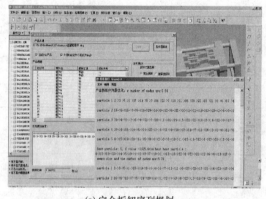

（a）完全拆卸序列规划

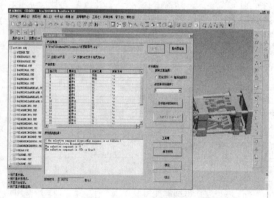

（b）目标选择性拆卸序列规划

图 35-5-11　注塑机合模部件拆卸序列规划分析过程与结果

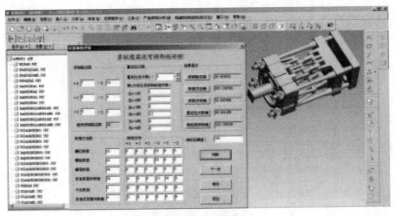

(a) 粗粒度评价

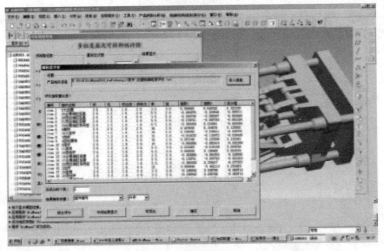

(b) 细粒度评价

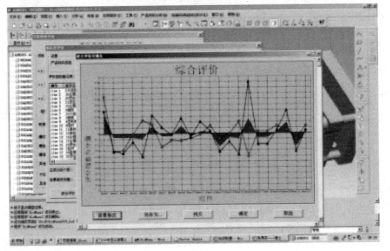

(c) 评价结果可视化

图 35-5-12　注塑机合模部件多粒度层次可拆卸性评价

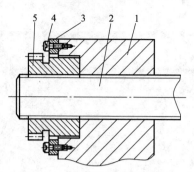

图 35-5-13　改进后的调模装置结构

1—尾板；2—拉杆；3—挡板；4—螺钉；5—调模齿轮螺母

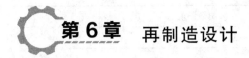

第 6 章　再制造设计

6.1　再制造设计准则

再制造设计准则是为了将系统的再制造性要求及使用和保障约束转化为具体的产品设计而确定的通用或专用设计准则，以此进行设计和评审，确保产品再制造性要求落实在产品设计中，并实现这一要求。新

产品的设计是一个综合功能、经济、环境、材料等多种因素的过程，基于准则的再制造设计方法是目前最为有效和常用的方法。

这些准则包括材料、结构、紧固和连接方法准则等，参考 Yang 等的分类进一步根据再制造工艺过程对这些设计准则进行了总结归纳，详见表 35-6-1。

表 35-6-1　　　　　　　　　　　产品再制造设计准则

准则	再制造需求	内　容
易于回收准则	产品的基本描述	产品信息应以标签、图形等形式放置在产品表面，以便了解产品是否适合再制造
		产品结构设计时尽量减少产品体积
	避免运输中损坏	提供足够的抓取空间和支撑
		避免不规则凸出结构
易于拆卸准则	内部拆卸区域可达	最小化为达到内部拆卸区域而移除零件的时间
	紧固件和连接件易于拆卸	紧固件个数尽量少
		减少永久性连接
		连接可达
		紧固件易于识别
	拆卸工具更换次数少	拆卸工具类型尽量统一
		连接件类型、零件尽量标准化
	拆卸过程中避免零件损坏	损坏的连接个数尽量少
		易于损坏部分单独设计
	避免零件腐蚀	使用不可腐蚀材料
	清晰的拆卸步骤指示说明	提供拆卸步骤指示
易于分类和检测性准则	组件易于分类	组件结构统一或相似零件进行标记
		相似零件进行颜色分类编码
		零部件尽量标准化
	更多的客观检测方法	组件和连接个数尽量少
		指定检测方法
	易于检测磨损和腐蚀	清晰标识组件信息（生命周期、组成、磨损指标等）
		简单的零件测试
		检测点可达
	组件状况易于评估	提供生命周期、组成、磨损指标等产品信息

准则	再制造需求	内　容
易于清洗准则	内部组件可达	难以清洗的死角(如凹坑、拐角)数量尽量少
	清洗方法简单	表面光滑
		内外表面简单
		选择合适的材料类型和零部件形状
	清洗方法标准	指定清洗方法
	废弃物少且清洗过程环保	使用的清洗材料尽量少
		产生的废弃物尽量少
	标签和指示牌在清洗过程中不易损坏	标签和指示牌能够在清洗过程中不损坏
易于再制造加工准则	零部件稳健性好	保留足够的强度冗余
		表面具有抗磨性
	替换的零部件尽量少	循环使用的生命周期次数尽量多
		废弃的组件个数少
		可再制造加工零部件个数多
	可再修复	磨损和失效部位易于定位
		维修的组件个数少、成本低
		组件模块化
		组件可升级
		包含产品周期追踪的方法
易于升级准则	易于调整	调整次数少
	能够并适合升级	再装配时间要尽量短
	测试方法简单	最后测试时间短,提升结构装配性能

6.2 再制造设计方法

传统的产品设计主要考虑产品的功能、装配、维修、测试等设计属性,造成产品退役后无法再制造或不宜再制造,为了提高产品末端时易于再制造的能力,需要综合设计产品的再制造性。

6.2.1 基于评价的再制造设计方法

基于评价的再制造设计方法的基本思路是,在产品设计阶段全面考虑再制造过程并确定产品设计方案中再制造性能影响因素,分析产品设计方案的再制造流程,预测和评价设计方案的再制造性,构建产品再制造设计反馈机制,以此优化设计因素,提高关键零部件良好的再制造性能,实现再制造流程的初步预测和控制,提高产品资源利用率,具体方法流程如表35-6-2 所示。

表 35-6-2　　　　　　　　　　　　基于评价的再制造设计方法流程

步骤	方　法
再制造性影响因素识别	根据 Bras 和 Hammond 的研究,选取拆卸、清洗、检测、再制造加工、再装配、零部件替换、维修、整机测试等再制造工艺过程作为产品再制造性影响因素,同时将这些因素作为评价产品再制造性的技术性评价指标。为了消除这些指标间的信息冗余,将技术性指标分为两个层次,指标 1 为关键零部件的替换指标,指标 2 由四个部分组成:①零件连接,包括拆卸和再装配两个评价准则;②质量保证,包括整机测试和检测两个评价准则;③损坏修复,包括基本零部件替换和再制造加工两个准则;④清洗准则。技术性评价指标的详细结构见表 35-6-3

续表

步骤	方　法	
理想零件的识别	Bras 和 Hammond 认为理想零件应该满足以下条件之一:①零件移动范围要求足够大;②零件要达到设计要求必须采用特定的材料,即对材料特性有特殊要求;③零件必须方便拆卸或装配;④零件要能将其磨损转移到价值相对比较低的零件上	
评价指标量化	关键零部件替换指标 $$\mu_1=1-n_{kr}/n_k \qquad (35\text{-}6\text{-}1)$$ 式中　n_{kr}——需要替换的关键零部件个数 　　　n_k——总的关键零部件个数	关键零部件指产品中价值较高的零部件,如果不可再制造的关键零部件数增多,则需要替换的关键零部件数也增多,此时,则由于经济原因,产品不可再制造。因此,理想的产品应该是所有关键零部件可以直接回收重用的产品
	零件连接指标 $$\mu_{21}=\bar{\omega}_d t_d n/T_d+\bar{\omega}_a t_a n/T_a \qquad (35\text{-}6\text{-}2)$$ 式中　$\bar{\omega}_d$——拆卸指标权重 　　　$\bar{\omega}_a$——装配指标权重 　　　n——理想零件个数 　T_d,T_a——拆卸和再装配所用的实际时间 　t_a,t_d——零件理想装配时间和拆卸时间,一般 $t_a=$ 　　　　　3s,$t_d=1.5$s	零件连接指标包括拆卸和再装配两个子指标。拆卸与再装配相似,但是彼此独立,易于装配并非易于拆卸,例如卡扣连接便于装配,但是拆卸却很困难
	质量保证指标 $$\mu_{22}=\bar{\omega}_i n_1/(零件总数-替换零件数)+\bar{\omega}_t t_t n_t/T_t$$ $$(35\text{-}6\text{-}3)$$ 式中　$\bar{\omega}_i,\bar{\omega}_t$——检测指标权重和整机测试指标权重 　　　n_1——理想的检测零件个数 　　　t_t——平均每个零件测试的理想时间,一般 $t_t=10$s 　　　n_t——总的需要测试的零件个数 　　　T_t——整机测试时间	再制造产品质量必须得以保证,质量保证指标由整机测试和检测两个再制造性评价指标组成。检测指标用来评估产品再制造过程对零部件失效的检验性,整机测试指标则用来评估安装后的再制造产品性能
	损坏修复指标包括零件再制造加工指标和零件替换指标,零件再制造加工指标评估产品再制造过程中产品的修复性能,零件替换指标评估非关键零部件的互换性。损坏修复指标定义如下 $$\mu_{23}=\bar{\omega}_m(1-n_m/N)+\bar{\omega}_r\left(1-\frac{n_r-n_{kr}}{N}\right) \quad (35\text{-}6\text{-}4)$$ 式中　$\bar{\omega}_m$——零件再制造加工指标权重 　　　$\bar{\omega}_r$——零件替换指标权重 　　　n_m——需要再制造加工的零件数 　　　N——总的零件数 　　　n_r——替换的零件数 　　　n_{kr}——关键零件替换数	再制造过程中,损坏的零件必须通过维修或再制造加工恢复性能,对于严重损坏的零件必须进行替换。再制造中希望尽可能多的原零件可以循环重用,因此在产品设计中应该将易于损坏失效的部分与有价值的零部件分离,这样通过替换再制造价值不大的易损件可以节省再制造成本。因此,设计中应尽量使有价值的零部件避免失效,即使可重用的零件数最大化
	清洗指标 $$\mu_{24}=s_1 n_c/s \qquad (35\text{-}6\text{-}5)$$ 式中　s_1——最理想的清洗分值,一般 $s_1=1$ 　　　n_c——理想的需要清洗零件个数 　　　s——实际清洗分值 　清洗过程中理想的情况是所有零部件仅仅需要吹或刷洗,且需要清洗的零件个数最少	清洗用于除去零部件表面的油污、水垢、锈蚀、腐蚀等,是再制造过程中重要的程序,清洗过程需要大量的资金投入来保证清洗过程符合环境法律法规和废弃物处理要求。一般清洗工艺包括四类:吹、擦、烘、洗。不同的清洗工艺,资源投入均不同,根据投入资源相对大小,评价指标等级分为 1、3、5、1/3、1/5 五个等级,即分别表示行列所示的两种清洗工艺投入资源一样多、多、比较多、少、比较少,量化后的清洗工艺指标相对重要性分值详见表 35-6-4

步骤	方　　法
综合评价	根据表 35-6-3,由指标 1 和指标 2 可以获得总的再制造性技术指标 $$\mu = \mu_1 \Big/ \sum_{i=1}^{4} (\bar{\omega}_{2i} / \mu_{2i}) \qquad (35\text{-}6\text{-}6)$$ 式中　$\bar{\omega}_{2i}$ $(i=1, 2, 3, 4)$——分别代表零件连接指标权重、质量保证指标权重、损坏修复指标权重、清洗指标权重
设计反馈	将综合再制造性技术评价指标值反馈给产品设计人员,采取相应策略进行产品设计修改以提高产品的再制造性

表 35-6-3　　　　　　　　　　　　　　再制造技术性评价指标

一级指标	二级指标	权重	三级指标	权重
指标 1	关键零部件的替换			
指标 2	零件连接	30%	拆卸	30%
			再装配	70%
	质量保证	5%	整机测试	80%
			检测	20%
	损坏修复	40%	替换(基本)	20%
			再制造加工	80%
	清洗	25%		

表 35-6-4　　　　　　　　　　　　　　清洗工艺分值

清洗工艺	吹	擦	烘	洗	分值	相对重要性	清洗工艺分值
吹	1.0	0.3	0.2	0.2	1.7	6%	1
擦	3.0	1.0	0.3	0.3	4.7	18%	3
烘	5.0	3.0	1.0	1.0	10.0	38%	6
洗	5.0	3.0	1.0	1.0	10.0	38%	6
合计					26.4	100%	

6.2.2　基于准则的再制造设计方法

基于准则的再制造设计方法的基本思路是,在产品设计阶段以再制造设计准则为指南,通过替换材料、优化结构等方法提高产品及其关键组件的再制造性能。表 35-6-1 所示的再制造设计准则为产品面向再制造设计提供了方法指南,然而,面向准则的再制造设计方法存在诸多不足,如设计过程中不可能考虑所有的设计准则、设计准则间存在冲突和设计准则不完善等。在再制造设计中,为了合理应用这些准则进行设计,需要注意以下问题:

① 并非所有准则都需要满足,不同的产品考虑的重点不同,应根据产品特点选择合适的几条准则进行设计;

② 这些准则仅仅提供了设计方向,实施过程中需要根据产品实际情况进一步细化。

因此,基于准则的再制造设计过程如下:

① 分析产品再制造性的影响因素,确定设计目标;

② 根据设计目标选择相应的再制造设计准则;

③ 对设计准则进行进一步细化,并给出相应的设计策略。

为了精准定位设计目标,一般可以采用失效分析法针对产品或其组件的失效模式,推断出失效原因,由此获得再制造设计影响因素,然后选择合适的设计准则进行设计。常见的再制造设计策略举例见表35-6-5。

表 35-6-5　　　　　　　　　　　　　　　再制造设计策略举例

优化策略	举例		备　注
	失效前	改进	
通过结构优化改善再制造性能	失效的曲轴	曲轴应力云图 应力 σ/MPa 41.7 38.2 34.8 31.3 27.8 24.3 20.9 17.4 13.9 10.4 7.0 3.5 0	以发动机曲轴为例,其主要失效形式为疲劳断裂和磨损损伤。零部件结构强度不足是影响产品再制造的一个重要因素,进一步对曲轴最大压力工况的应力云图进行分析,发现最大应力出现在油孔处,特别是应力集中主要发生在油孔、连杆轴颈处圆角等位置,在产品设计时适当增加强度冗余量可以有效提高零部件的可再制造性能
替换易于失效部分	卡扣的失效形式	失效处 替换的零件　　重用部分	以某墨盒上的卡扣连接为例,其失效形式为断裂,这种失效形式导致无法经济地进行再制造。因此,在产品设计过程中在易于失效的特征与零件主体间设置分离点,这些分离点往往是零件失效时的断裂位置,在零件失效后,将这部分易于失效的部位进行替换,而零件的其他部分重用

6.3　再制造设计案例分析

6.3.1　基于准则的再制造设计案例

6.3.1.1　手持军用红外热像仪的再制造设计

手持军用红外热像仪是一种全天候观测、跟踪装备。热像仪技术含量高,材料特殊,电气系统复杂,价格昂贵。手持军用热像仪的设计是一个综合的系统工程,需要综合分析功能、经济、环境、材料等多种因素,必须将产品末端的再制造考虑作为整体的一部分。根据再制造设计准则对手持红外热像仪进行再制造设计。

（1）易于拆卸、分类和清洗准则

拆卸是再制造的关键步骤,在设计过程中应尽量减少接头数量,例如,热像仪壳体分为主壳体及前后盖三部分,设计时,采用经济实用的螺钉连接能大大提高拆解效率。

有资料表明,零件分类的正确与否可影响再制造周期和费用,直接关系到再制造产品的质量。在热像仪的设计中,为了缩短再制造总体时间,核心部件均

采用通用组件。通用组件是成套的光学和电子学的"标准部件",全机由六个组件组成,分别为热像仪壳体、望远镜组件、扫描器组件、电子组件、制冷组件、目镜组件。热像仪外形如图 35-6-1 所示。

图 35-6-1　热像仪外形

采用标准化组件,减少零件种类,增强互换性,能大大缩短再制造过程中零件分类时间。

易于清洗的零件可以提高再制造的经济性和环保性。在热像仪的设计过程中,通过材料选取和零件表面设计确保易于清洗。例如,热像仪的壳体采用碳纤维材料,碳纤维是一种随航空、原子能等尖端工业发展的需求而研发的一种新材料,该材料碳纤维强度高,能够减小壳体表面在清洗过程中损伤的概率,并且在设计中尽量采用平整表面,使得该壳体易于清洗整理。

（2）易于装配和运输准则

热像仪的模块化和标准化设计,明显有利于拆卸

和装配；另外，在热像仪的设计阶段还应考虑末端产品的运输问题，所以在设计上通过尽量减少热像仪的突出部分等措施增强其运输性，保证将来废旧产品的质量和数量。

（3）易于修复和升级准则

对原产品进行修复和升级是再制造的重要组成部分，在设计研发阶段考虑产品将来的修复和升级能使产品随着科学技术的进步不断实现性能改进、升级，体现产品与时俱进的特点。

手持军用红外热像仪是一种科技含量很高的军用装备，在结构设计上热像仪的核心部件采用标准化组件和模块化设计，以保证将来可通过替换模块来修复和升级再制造产品。同时，在热像仪中预留模块接口，例如，预留 GPS 全球定位系统接口，以增强热像仪的升级性能。

电源是热像仪的重要结构，在本型号热像仪中，根据热像仪的各项功能参数，选用一款常用的镍氢电池，并设计了与之配套的电池壳，如图 35-6-2 所示。电池壳与热像仪外壳采用螺钉连接，便于拆卸，易于更换，同时，电池壳体内的定位块，能保证电池与主体连接牢靠，减少磨损，以延长寿命和增强零部件的再利用率。

6.3.1.2　基于拆卸准则的 QR 轿车变速箱的再制造设计

刘志峰等以 QR 轿车的两种变速箱为例，研究了

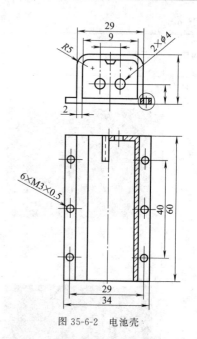

图 35-6-2　电池壳

基于拆卸分析的再制造设计方法和实施，给出了 QR 轿车的两类变速箱的输入轴部件装配图，分为方案 A 和方案 B，详见图 35-6-3。通过分析输入部分的再制造拆卸性能，识别出影响再制造拆卸特性的设计因素，从而进行优化改进，设计流程如图 35-6-4 所示。

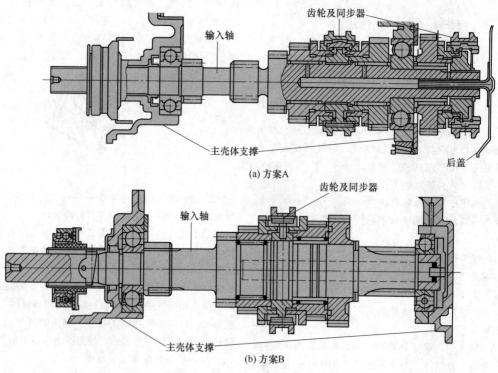

(a) 方案A

(b) 方案B

图 35-6-3　QR 轿车的两类变速箱

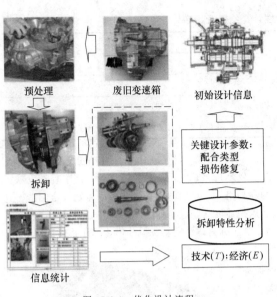

图 35-6-4　优化设计流程

信息统计

这两类输入轴部件皆为合金结构钢，再制造拆卸及修复的工艺技术及工具类型基本相同。输入轴的设计，方案 A 和方案 B 都采用了齿轮轴的布局，只有齿轮面的设计略有不同。其他部件装配方式的选择在两种方案中各不相同，具体装配方式和拆卸数据详见表 35-6-6 和表 35-6-7。

表 35-6-6　方案 A 的装配结构和拆卸数据

连接零件	连接方式	拆卸损伤	拆卸时间/s
壳体螺钉			120
前轴承	压装	结合面精度	10+20
一挡从动齿轮	齿轮		
倒挡中间齿轮	齿轮		
二挡从动齿轮	齿轮		
滚针轴承	过盈	结合面磨损	2
三、四挡转接齿毂	花键	花键精度	15+30
卡环	卡槽		10
滚针轴承	过盈	结合面磨损	2
后轴承	压装	结合面精度	10+20
后盖螺钉			60
衬套	压装	结合面精度	2
五挡转接齿毂	花键	花键精度	15+30
锁紧螺母	螺纹	螺纹磨损	40+20

表 35-6-7　方案 B 的装配结构和拆卸数据

连接零件	连接方式	拆卸损伤	拆卸时间/s
壳体螺钉			120
卡环	卡槽		10
前轴承	压装	结合面精度	10+20
一挡从动齿轮	齿轮		
二挡从动齿轮	齿轮		
滚针轴承	过盈	结合面磨损	2
三、四挡转接齿毂	花键	花键精度	15+30
衬套	压装	结合面精度	2
五挡主动齿轮	花键	花键精度	2
止推板	卡槽		15
倒挡中间齿轮	齿轮		
后轴承	压装	结合面精度	10+20
卡环	卡槽		10

由表 35-6-6 和表 35-6-7 中数据可以看出，方案 A 和方案 B 整体相似，但是零件结构布局及部件组合方式有所不同，由此造成拆卸过程也不相同。

变速箱设计中对零部件的尺寸要求较高，方案 A 中将输入轴的五挡主动齿轮和相应同步器安置于主壳体外部，需要进行两次壳体上螺钉的拆卸，增加了主壳体内零部件拆卸时的调整和装夹等准备时间，而且需要消除端部锁紧螺母的锁紧部分，耗费了部分准备时间。方案 B 的相应零部件皆在主壳体内，拆卸方式较为单一，相应的调整时间也较短。

对于方案 A 和方案 B 中的输入轴零件来说，基于目前的表面修复工艺，其拆卸破坏面的修复工艺主要是在去除残余应力后，利用堆焊及机械加工使表面恢复至原尺寸，为了便于比较结构设计，假定方案 A 和方案 B 中相同功能的零部件接合面具有相同的尺寸。

假设压装拆卸平均拆卸成本为 e_Y；螺母锁紧部分拆卸采用专用夹具进行破坏性拆卸，平均拆卸成本为 e_S；单位面积堆焊效率及成本分别为 t_R 和 e_R；磨削单位面积效率及成本为 t_{RM} 和 e_{RM}；铣削花键单位长度效率及成本为 t_{RX} 和 e_{RX}；车螺纹单位长度效率和成本为 t_{RC} 和 e_{RC}。

滚针轴承装配面应用堆焊和模型加工进行修复，齿毂装配面采用堆焊和铣削加工修复，轴承装配面采用堆焊、磨削和精磨削加工修复。在上述数据的基础上，两种变速箱设计方案的输入轴再制造拆卸特性计算结果如表 35-6-8 所示。

第 35 篇

表 35-6-8   **输入轴再制造拆卸特性计算结果及比较**

再制造拆卸特性		方案 A	方案 B
拆卸	技术性指标	406s	266s
	经济性指标	$406E_M + 100e_Y + 40e_S$	$266E_M + 70e_{TY}$
修复	技术性指标	$14t_{RC} + 10102t_{RM} + 36t_{RX} + 10235t_{RD}$	$7612t_{RM} + 35t_{RX} + 7485t_{RD}$
	经济性指标	$14e_{RC} + 8418e_{RM} + 36e_{RX} + 10235e_{RD}$	$6344e_{RM} + 35e_{RX} + 7485e_{RD}$

通过分析比较表 35-6-8 所示两种方案的再制造性指标结果，发现方案 B 的输入轴再制造拆卸特性比方案 A 优秀。原因在于：①方案 A 中输入轴上零件在主壳体内外均有分布，拆卸过程需要增加对后盖的拆卸操作，零件的拆卸也需要分布装夹两次，大大降低了输入轴的拆卸效率，同时使用两次压装拆卸工具，增加了拆卸成本；②方案 A 中由于锁紧螺母锁紧部位去除困难，导致拆卸效率低下，且拆卸过程中锁紧部位易于发生拆卸损伤，修复成本增加；③方案 B 将一部分五挡同步器机构移到输出轴上，减少了输入轴上的连接零件，大大简化了拆卸工艺，且大大避免了拆卸同步器齿毂产生的拆卸及损伤修复成本，显著提高了方案 B 的再制造拆卸能力；④方案 B 中将三、五挡主动齿轮之间采用轴套式连接，避免了方案 A 中卡环结构的使用，减少了拆卸步骤。

根据上述再制造拆卸特性分析，将设计方案中的各项设计因素与再制造拆卸特性进行映射关联，获得花键面数量、动载荷面数量、螺纹面数量、卡环数量、零部件拆卸准备时间、修复面面积等设计参数与再制造拆卸特性间的函数。为使得关键零部件再制造拆卸性能尽量最高，可以采用以下设计改进措施：

1）减少零件数。设计输入轴时尽量减少关键零部件所连接的零件个数，必要时可以将其设置到其他非再制造零件上，以提高关键零部件拆卸效率，并减少修复成本。

2）避免使用螺纹和卡环固定。轴类关键零件的紧固件尽量避免使用螺纹紧固件，因为这类零件拆卸往往为破坏拆卸，会增加修复成本；另外，减少卡环数量可以有效提高拆卸效率，保证轴上零件的一次性拆卸。

3）减少非重要零件连接面，以减少关键零部件本身连接面的修复成本。

6.3.1.3 基于材料准则的发动机盖的再制造设计

再制造过程中，并不是所有产品的组件都可以再制造，一般高潜在价值、长技术寿命周期或耐久性好的组件具有潜在再制造性能。

Yang 等基于材料准则进行发动机盖的再制造设计。发动机盖是发动机的关键零件，用于容纳发动机的各种组件。早期的发动机盖多以铸铁合金制造，其优点是强度高、成本低。图 35-6-5 所示为一个 14.6L V8 柴油机的铸铁发动机盖外形，其净重约为 408kg。

图 35-6-5 发动机盖外形

步骤 1：定义评价准则和备选的材料。

备选材料的选择需要参考材料手册、网络资源、再制造专家意见等。为了减轻发动机重量，近年来一些制造商开始使用轻合金，例如铝合金，其与铸铁的密度比仅为 0.37。由于铝合金抗拉强度较低，为了实现与铸铁相同的功能、性能，往往需要更多的铝。实际中用 1kg 铝代替 2kg 的铸铁。近年来，镁合金、紧密石墨铸铁（CGI）也被应用于制造发动机盖。因此，该案例给出四种不同类型的备选材料，即灰铸铁 ASTM A48、铝合金 A356-T6、镁合金 AMC SC1 T6、压缩石墨铸铁 ASTM A482。

步骤 2：构建材料性能矩阵。

r_{ij} 用于表示第 i 种材料性能相对于第 j 个评价准则的性能等级，$X_1 \cdots X_m$ 为备选材料，$A_1 \cdots A_n$ 为评估准则，则材料的性能矩阵 $\boldsymbol{R}$ 定义如下：

$$\boldsymbol{R} = \begin{array}{c} \\ A_1 \\ \vdots \\ A_j \\ \vdots \\ A_n \end{array} \overset{\displaystyle X_1 \quad \cdots \quad X_i \quad \cdots \quad X_m}{\begin{bmatrix} r_{11} & \cdots & r_{i1} & \cdots & r_{m1} \\ \vdots & \ddots & \vdots & \ddots & \vdots \\ r_{1j} & \cdots & r_{ij} & \cdots & r_{mj} \\ \vdots & \ddots & \vdots & \ddots & \vdots \\ r_{1n} & \cdots & r_{in} & \cdots & r_{mn} \end{bmatrix}} \quad (35\text{-}6\text{-}7)$$

步骤 3：计算权重因子。

产品或组件由不同的用户用于不同的场合，具有不同的设计约束，因此，材料评估准则的重要度彼此不同。第 j 个权重因子 w_j 计算公式如下：

$$w_j = \frac{\alpha_j \beta_j}{\sum_{j=1}^{n}(\alpha_j \beta_j)} \quad j = 1, \cdots, n \quad (35\text{-}6\text{-}8)$$

式中　α_j——通过熵方法获得的权重；

　　　β_j——由再制造领域专家决定的主观权重；

　　　j——准则个数；

　　　n——准则总数。

由熵方法获得的权重集合：熵方法使用已定义的材料性能矩阵 $\boldsymbol{R}$ 的信息和似然理论推导评估准则的相对重要性；首要原则是评估信息中的不确定性，因为有共识认为分布越宽广，其不确定性大于峰顶。该方法包括下列步骤：

(1) 决策矩阵 $\boldsymbol{R}$ 的规范化

$$P_{ij} = \frac{r_{ij}}{\sum_{i=1}^{m} r_{ij}}$$
$$i = 1, 2, \cdots, m ; j = 1, 2, \cdots, n \quad (35\text{-}6\text{-}9)$$

式中　i——备选解；

　　　m——总备选解个数；

P_{ij}——规范化的材料性能矩阵。

(2) 计算第 j 个准则的规范化值的熵 E_j，熵值取值范围为 $0 \sim 1$。

$$E_j = -\left(\frac{1}{\log_2 m}\right) \sum_{i=1}^{m} P_{ij} \log_2 P_{ij}$$
$$i = 1, 2, \cdots, m ; j = 1, 2, \cdots, n \quad (35\text{-}6\text{-}10)$$

(3) 计算第 j 个准则的熵的权重 α_j

$$\alpha_j = \frac{|1 - E_j|}{\sum_{j=1}^{n} |1 - E_j|}, j = 1, 2, \cdots, n$$

$$(35\text{-}6\text{-}11)$$

如果第 j 个准则的 P_{ij} 取值范围广，其取得的 E_{ij} 值较小，将导致较大的权重因子 α_j。

因此，本案例中选定 16 个评价准则，主观权重由再制造领域专家确定，每个评价准则的权重根据步骤 3 计算。根据主观权重及权重给出备选材料的性能等级，详见表 35-6-9。

步骤 4：使用模糊 TOPSIS 对备选材料排序。

表 35-6-10 列出了每种材料的分离方法 S_i^+、S_i^- 和相对亲密度 C_i^+。由此，备选材料的再制造性由高到低为压缩石墨铸铁、灰铸铁、铝合金、镁合金。

表 35-6-9　　　发动机盖备选材料性能等级

准　则	主观权重	权重	灰铸铁 ASTM A48	铝合金 A356-T6	镁合金 AMC SC1 T6	压缩石墨铸铁 ASTM A482
抗腐蚀	M	0.010	F	MG	MG	F
抗磨损	H	0.134	G	MP	F	G
抗疲劳	VH	0.125	MG	F	MP	G
抗清洗影响性能	H	0.094	MG	F	MP	MG
易于移除杂质和沉积物	VH	0.094	F	MP	MP	F
易于机加工	H	0.046	MG	G	G	F
易于增材制造	H	0.020	F	MG	MG	F
易于调整	H	0.066	MG	F	MP	MG
可靠性	VH	0.166	MG	MP	MP	MG
原材料稀有性	M	0.068	G	G	MP	G
有毒有害排放物	L	0.006	MG	F	F	MG
可回收性	M	0.002	G	MG	MG	G
毒性	M	0.019	G	G	F	G
美联邦/欧盟指令/日本等环境法律法规符合程度	VL	0.004	G	G	F	G
原材料成本	H	0.063	G	F	MP	G
密度	VL	0.082	MP	MG	G	MP

注：VL——较低；L——低；M——中等；H——高；VH——较高；P——差；MP——中等差；F——一般；MG——中等好；G——好。

表 35-6-10　　　　　　　　相对亲密度和备选材料的排序结果

	S_i^+	S_i^-	C_i^+	排序
灰铸铁 ASTM A48	0.523	4.079	0.886	2
铝合金 A356-T6	2.875	1.723	0.375	3
镁合金 AMC SC1 T6	3.980	0.615	0.134	4
压缩石墨铸铁 ASTM A482	0.355	4.234	0.923	1

6.3.1.4　基于强度准则的发动机曲轴再制造设计

零部件本身的结构强度对于决定再制造是否可行具有重要意义，因此，基于强度准则的再制造设计的思想就是在设计阶段增加强度冗余以提高产品的再制造性能。宋守许等以某型号的发动机曲轴（材料为42CRMoA，弹性模量为206GPa，泊松比为0.3）为例进行了再设计，该方法主要包括量化分析、参数优化、反馈验证三个阶段。

步骤 1：量化分析。

该曲轴的主要失效形式为疲劳断裂和磨损伤，疲劳又分为弯曲疲劳和扭转疲劳，因此，取弯曲疲劳强度 I_1、扭转疲劳强度 I_2、磨损量 I_3 为强度指标。为了简化计算，取四缸发动机曲轴的 1/4 为研究对象，建立曲轴的三维模型。对曲轴最大压力这一工况进行分析，得其最大应力出现在油孔处，应力集中主要发生在油孔、连杆轴颈下半部分过渡圆角以及主轴颈上半部分过渡圆角处。以曲轴一个循环的应力作为载荷序列，应用 FE-SAFE 软件获得该曲轴的疲劳寿命最短的位置位于油孔处，为 9.4×10^3 h。设现行汽车报废里程为 30 万千米，则曲轴的一个寿命周期约为 6×10^3 h，则弯曲疲劳强度冗余因子 $r_1 = (9.4 \times 10^3 - 6 \times 10^3)/(6 \times 10^3) \approx 0.57$。

同理，获得扭转载荷下曲轴的扭转疲劳寿命为 14.1×10^3 h，则冗余因子 $r_2 = (14.1 \times 10^3 - 6 \times 10^3)/(6 \times 10^3) \approx 1.35$。

假设该曲轴的极限修复尺寸为 1.5mm，而发动机每行驶 1000km 主轴颈磨损强度为 $0.52\mu m$，因此，可得磨损量冗余因子 $r_3 = \left(1500 - 0.52 \times 3 \times \dfrac{10^5}{1000} + 0.52 \times 3 \times \dfrac{10^5}{1000}\right) \bigg/ (0.52 \times 3 \times 10^5/1000) \approx 9.6$。

$r = \min(r_1, r_2, r_3) = 0.57 < 1.25$，所以该曲轴初始设计方案在服役一个寿命周期后不具有可再制造性。

步骤 2：参数优化。

通过上述冗余因子的大小可知该曲轴强度指标的

薄弱环节为弯曲疲劳强度，为了提高弯曲疲劳强度，其对应的设计要素集合为：

$$E = \{E_1, E_2, E_3, E_4, E_5, E_6, E_7\} \quad (35\text{-}6\text{-}12)$$

式中　E_1——材料性能，包括材料成分、组织状态、S-N 曲线等；

　　　E_2——零件表面状态，包括表面硬度、表面粗糙度、表层组织结构、表层应力状态以及热处理状况；

　　　E_3——零件的尺寸参数，包括轴径、圆角、油道尺寸以及轴肩高度等；

　　　E_4——应力集中、缺口效应等；

　　　E_5——载荷状况，包括载荷类型、载荷大小、加载频率、平均应力及载荷波形等；

　　　E_6——工作条件，包括零件服役温度、环境介质等；

　　　E_7——再制造工艺，包括再制造修复技术、再制造流程等。

利用德尔菲法和模糊层次法确定其影响权重集合，归一化后得 $\omega = \{\omega_1, \omega_2, \omega_3, \omega_4, \omega_5, \omega_6, \omega_7\} = \{0.182, 0.121, 0.273, 0.151, 0.212, 0.061, 0\}$。

由此可见，影响弯曲疲劳强度的主要设计要素包括尺寸参数、载荷状况、材料性能等。

步骤 3：反馈验证。

此处主要从尺寸参数入手进行设计改进，将曲柄臂宽度增加 3mm，连杆轴颈直径增加 2mm，过渡圆角半径增加 2mm，油孔直径减少 1mm。改进后，该曲轴的弯曲疲劳强度冗余因子比初始方案增大了 14%，提高了可再制造性。

6.3.2　基于评价的柯达相机的再制造设计

Bras 和 Hammond 利用评价工具对某柯达相机进行了再制造设计。该柯达相机外观及组成如图 35-6-6 所示，产品信息及相关数据通过调查，由设计人员填写，结果详见表 35-6-11 和表 35-6-12。

并不是所有零件都需要测试，只有电池、闪光装置总成、快门组件和缠绕轮等 3 个零部件需要在总装后进行测试，总的测试时间为 40s。

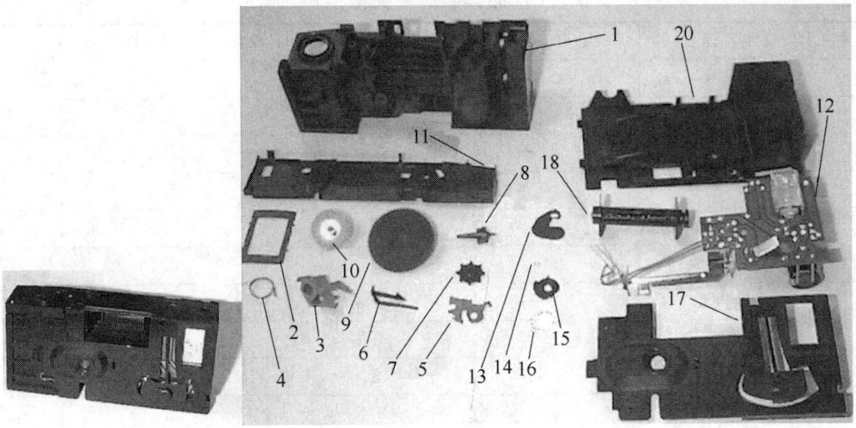

图 35-6-6　柯达相机（不含胶卷、电池和包装）

表 35-6-11　　　　　　　　　　　　　　　产品信息

零件序号	零件名称	数量/个	运动空间是否足够大	对材料是否有特殊要求	是否要求便于拆卸或装配	是否需要磨损	是否有潜在价值	零件是否疲劳失效	零件是否需要调整	涂层是否可去除	磨损的表面是否可修复	拆卸中损坏能否修复	理论最小零件数/个	再制造加工的零件总数/个	替换的零件总数/个	理想检测零件数/个	关键零件数/个	替换的关键零件数/个
1	相机机身	1	否	否	是	否	是	否	否				1	0	0	1	1	0
2	内光圈	1	否	否	否	否	否	否	否				0	0	0	0	0	0
3	操纵杆	1	是	否	否	否	否	否	否				1	0	0	1	0	0
4	弹性操纵杆	1	否	是	否	否	否	否	否				1	0	0	1	0	0
5	凸轮从动件	1	是	否	否	否	否	否	否				1	0	0	1	0	0
6	触发感应器	1	否	否	是	否	否	否	否				0	0	0	0	0	0
7	胶片推进轮	1	否	否	是	否	否	否	否				1	0	0	1	0	0
8	胶片推进凸轮	1	是	否	否	否	否	否	否				1	0	0	1	0	0
9	胶卷缠绕轮	1	是	否	否	否	否	否	否				1	0	0	1	0	0
10	胶片定位轮	1	是	否	否	否	否	否	否				1	0	0	1	0	0
11	上盖	1	否	否	是	否	否	否	否				1	0	0	1	0	0
12	闪光装置总成	1	否	是	否	否	是	否	是				1	1	0	1	1	0
13	快门	1	是	否	否	否	否	否	否				1	0	0	1	0	0
14	快门弹簧	1	是	否	否	否	否	否	否				1	0	0	1	0	0
15	外光圈	1	否	否	否	否	否	否	否				0	0	0	0	0	0
16	镜头	1	否	是	否	否	否	否	否			否	1	0	1	0	0	0
17	前盖	1	否	是	否	否	否	否	否				1	0	0	1	0	0
18	胶卷轴	1	是	否	否	否	否	否	否				1	0	0	1	0	0
19	胶卷	1	否	是	否	否	是	否	否				1	0	0	1	1	0
20	后盖	1	否	否	是	否	否	否	否				1	0	0	1	0	0
21	AA 电池	1	否	是	否	否	是	否	否				1	0	0	1	1	0
22	包装	1	否	否	否	否	否	否	否			否	0	0	1	0	0	0
合计		22											18	1	2	17	4	0

注：零件 19、21、22 在图 35-6-6 中未显示。

表 35-6-12　　　　　　　　　　　　　　　产品再制造相关数据

零件序号	零件名称	数量/个	零件拆卸时间/s	零件装配时间/s	清洗分值
1	相机机身	1	1.0	1.0	6
2	内光圈	1	2.1	1.7	1
3	操纵杆	1	1.8	2.2	1
4	弹性操纵杆	1	1.0	1.8	1
5	凸轮从动件	1	1.3	2.5	1
6	触发感应器	1	0.8	2.7	1
7	胶片推进轮	1	0.8	1.4	1
8	胶片推进凸轮	1	1.2	3.0	1
9	胶卷缠绕轮	1	0.5	1.2	1
10	胶片定位轮	1	0.5	1.5	1
11	上盖	1	3.3	3.7	1
12	闪光装置总成	1	2.5	6.2	1
13	快门	1	2.3	2.0	1
14	快门弹簧	1	2.1	4.5	1
15	外光圈	1	0.5	0.8	1
16	镜头	1	0.5	1.0	0
17	前盖	1	2.7	2.8	1
18	胶卷轴	1	2.1	1.9	1
19	胶卷	1	1.0	15.0	1
20	后盖	1	5.6	4.2	1
21	AA电池	1	2.0	3.8	1
22	包装	1	4.9	10.0	0
合计		22	40.5	74.9	25.0

注：零件 19、21、22 在图 35-6-6 中未显示。

将上述数据代入式（35-6-1）～式（35-6-6）计算柯达相机的再制造技术性指标，计算结果见表35-6-13。

根据上述计算过程及结果数据得知，拆卸和装配指标分值较高，说明该相机易于拆卸和装配；同理，清洗指标 0.720 也比较高，所以，再制造过程中需要清洗的零部件数目少，工艺简单。而且所需再制造加工的零部件个数少，最终获得的总的再制造技术性评价指标值为 0.829，从产品本身结构角度考虑，该相机设计良好，可以再制造，无需进一步改进设计。实践中，该相机是否可以再制造，还要考虑环境性指标、社会性指标、经济性指标等外部因素。

表 35-6-13　　　　　　　　　　　　　　　柯达相机再制造技术性评价结果

总指标值	一级指标	指标值	二级指标	值	权重	三级指标	权重	值
0.829	指标1	1.00	关键零部件的替换	1.000				
	指标2	0.829	零件连接	0.809	30%	拆卸	30%	0.758
						再装配	70%	0.832
			质量保证	0.768	5%	整机测试	80%	0.750
						检测	20%	0.850
			损坏修复	0.945	40%	替换（基本）	20%	0.909
						再制造加工	80%	0.955
			清洗	0.720	25%			0.720

第 7 章　绿色包装设计

7.1　绿色包装设计准则

包装是产品绿色设计的重要环节,绿色包装指对生态环境和人类健康无害,能重复使用和再生,符合可持续发展的包装。绿色包装涵盖了保护环境和资源再生两个方面的意义。因此,理想的绿色包装除了具备包装的一般特性(保护商品、方便商品存储运输、促进商品销售)之外,还应当具有安全卫生、环境保护、节约资源三个条件。归纳起来,绿色包装的重要内涵为"4R+1D",即减量、重复利用、回收再生、再填充使用及可降解,具体如表 35-7-1 所示。

绿色包装分为 A 级和 AA 级。A 级绿色包装指废弃物能够循环重复使用、再生利用或降解腐化,有毒物质含量在规定限量范围内的适度包装。AA 级绿色包装是指满足 A 级绿色包装的基本条件下,包装在产品整个生命周期内对人体及环境不造成危害的适度包装。

绿色包装的内涵体现了包装绿色化的途径,这些途径包括包装材料选择、减量化、回收再利用三个方面,即绿色包装设计准则。

7.1.1　包装材料选择

包装材料是形成商品包装的物质基础。绿色包装材料指在制造生产过程中,能耗低、噪声小、无毒性并对环境无害的材料及材料制成品。绿色包装材料的性能见表 35-7-2。

材料选择是绿色包装设计中的重要内容之一,具体选择方法参考第 3 章,此处针对包装,表 35-7-3 列出了常用的绿色包装材料,供设计人员参考。

表 35-7-1　　　　　　　　　　　　　　　　绿色包装的内涵

内　涵	内　容
减量化(reduce)	满足基本使用要求的基础上,尽可能减少包装材料
重复利用(reuse)	包装可以重复再利用多个周期,如采用玻璃瓶的啤酒包装可反复使用
可降解(degradable)	废弃的包装物可以自行分解,不污染环境
回收再生(recycle)	优先选用可回收再生材料,废弃后通过回收材料、生产再生制品、焚烧利用热能、堆肥化改善土壤等措施,提高再利用率,减少环境污染
再填充使用(refill)	重用和重新填装的包装可以延长产品包装的使用寿命,从而减少其废弃物对环境的影响。如可填充的喷墨盒、炭粉盒等

表 35-7-2　　　　　　　　　　　　　　　　绿色包装材料性能

性　能	解　释
保护性	包装能够保护内装物,对于不同的内装物,能防潮、防水、防腐蚀、耐寒、耐热、耐油、耐光等
加工操作性	材料易加工的性能,如刚性、平整性、光滑性、韧性等
外观装饰性	材料是否易于进一步美化和整饰,具体指印刷适应性、光泽度、透明度、抗吸尘性等
经济性	性能价格比合理
优质轻量性	性能好,密度低
易回收处理	废弃后易于回收处理和再生利用

表 35-7-3　　　　　　　　　　　　　　　　常用的绿色包装材料

包装材料	具体内容	举　例
可降解包装材料	纸制品材料	光降解、氧降解、生物降解、光氧双降解、水降解等材料包装及生物合成材料,如土豆泥制作的盛物盘
	可降解塑料	麦当劳公司的"Mater-Bi"餐具
	蛋白质薄膜	

续表

包装材料	具体内容	举 例
天然植物纤维包装材料	天然植物编制的容器	除树木以外的天然植物如蔗渣、棉秆、谷壳、玉米秸秆、稻草、麦秆等与废纸的纤维制成的容器;稻草袋、竹篓等
	植物叶片包装	荷叶、竹叶、苇叶等包装
可回收再用或再生的材料	纸制容器	卡纸及纸浆成形包装、瓦楞纸箱、粘贴纸盒、折叠纸盒等
	塑料容器	PP、PE、PVC、PET 及 PS 等制成的容器,用于电子零件包装
	积层彩艺包装	调理食品、农产加工食品、糖果、化妆品、粉末类、调味酱等的包装
	软管容器	洗面奶、牙膏等包装
	玻璃瓶	食品或医药包装
	袋类容器	纸质、PVC、PE、尼龙等制成的袋子,如米袋、砂袋、饲料袋、太空袋、购物袋等
	金属容器	铁或铝罐、铝箔、马口铁、铝合金等
可食性包装材料	包装纸	糯米纸及玉米烘烤包装杯、胡萝卜纸等
	包装膜	淀粉膜、改性纤维素膜、动植物胶膜、壳聚糖膜、胶原薄膜、谷物质基薄膜等
其他	铝箔成形容器	食品类、感光器材、高度防湿、防气等的包装
	保鲜、防潮包装	食品、医药或其他防潮的包装,材料为硅藻土、硅胶和生石灰等
	代木包装材料	塑木复合材料、竹胶板

表 35-7-4 包装减量化方法

方 法	内 容
适度包装	避免过度包装,商品包装空隙率小于 55%,包装层小于 3 层,包装占商品价值的比例为 15%
简化结构	合理设计包装结构,减少包装材料用量,如八角形的盒子比方盒子可以节省 10% 的包装材料
选用绿色材料	选用新材料或改进材料性能,减小产品包装重量或体积
无包装设计	完全无包装难以实现,目前的无包装指采用天然环保无能耗的包装材料的包装
化零为整的包装	产品尽量散装或加大包装容积

绿色包装材料的选择应遵循以下原则:

① 优先选用可再生材料,尽量选用可回收材料;

② 选用可再循环利用的材料;

③ 尽量选用低能耗、少污染的材料;

④ 尽量选择环境兼容性好的材料,避免使用有毒、有害和有辐射特性的材料;

⑤ 尽可能减少材料使用;

⑥ 使用同一种包装材料以提高包装物的回收和再利用性能。

7.1.2 包装减量化

包装减量化是在保证包装基本强度和功能的基础上,通过表面处理、内部结构设计、添加辅助材料等手段缩减包装的质量、体积,降低消耗,在消耗中减少污染和垃圾。在包装设计上应遵循适度原则。具体减量化方法见表 35-7-4。

7.1.3 包装材料的回收再利用

包装设计之初就应该考虑包装材料的回收再利用问题,设计人员必须了解各种材料的回收性能才能恰当地选择包装材料。表 35-7-5 所示为常用包装材料的回收再利用方法,以便设计人员查阅参考。

表 35-7-5　　　　　　　　　　　　　　　　包装材料的回收

包装材料		回收方法	具体内容
金属包装	钢铁桶	重用	按用途和规格分类,污染严重、变形大的桶需要进行翻新处理,进行除锈、清洗、烘干和喷漆
		材料回收	无法修复的钢铁包装废弃物直接回炉冶炼
	铝及其合金	重用	对于失效和污染轻度者直接回收再利用
		材料回收	方法包括: ①回炉冶炼:通过逆流两室反射炉、外敞口熔炼室反射炉等熔炼,获得可锻铝合金、铸造铝合金和可供冶炼钢铁合金用的用的脱氧剂 ②浸出法或干法:从浮渣和熔渣中回收铝粒
		开发新产品	如聚合氯化铝,用于生活或工业用水的净水剂
	锡制品	回收再利用	①锈蚀、污染不严重者,通过改制成小五金制品再利用 ②回炉冶炼降低钢铁中的锡含量,改善铸铁的性能
纸包装		回收再生造纸	碎解、净化、筛选、浓缩为纸浆,废纸浆经过过网、压榨、干燥、压光,制成筒纸或平板纸
		开发新产品	如将无杂物的废纸浆通过真空造型、液压造型、空气压缩造型等方法,快速均匀地沉积到网状模型上,压缩烘干而成纸浆模塑制品
		生产复合材料板	将废纸和酚醛或脲醛等树脂共同压制而成强度较高的胶合硬板板;将废纸、棉纱头、椰子纤维和沥青等原料模压而成沥青瓦楞板
		废纸发电	将废纸用烘干压缩机压制成固体燃料,在中压锅炉内燃烧,产生 2.5MPa 以上的蒸汽,推动汽轮机发电
木包装		生产新产品	将碎木片与胶黏剂等混合,经过 120℃ 以上的热压合制成人造板材
玻璃包装		包装复用	废旧玻璃包装回收清洗消毒后改装为同种物品或其他物品的包装
		回炉再造	破损严重无法直接重用的废旧玻璃包装可用于同类或近似包装瓶再制造
		原料回收	废弃玻璃捣碎,高温熔化后,快速拉丝制成玻璃纤维;应用机械法将玻璃废弃物破碎待用
塑料包装	聚氯乙烯	重用	直接用于同类或其他产品的包装使用
		制造沥青毡和塑料油膏	添加相应的增塑剂、稳定剂、润滑剂、颜料等辅助材料
	聚苯乙烯	再加工重用	通过直接发泡法和可发性珠粒法回收材料并直接重用
		制作建筑水泥制品	将聚苯乙烯塑料颗粒、水泥、碎木丝、水等混合搅拌,模塑成轻质水泥隔板
	聚烯类	再制造重用	收集到废旧聚丙烯塑料编织袋清洗、晾干、粉碎,掺入到新的聚丙烯中制作新的聚丙烯塑料编织袋
		制作钙塑材料	在聚乙烯、聚丙烯和聚氯乙烯等废旧塑料中,加入大量无机填料,制成钙塑材料
	聚氨酯泡沫塑料	人造土壤	在开孔性软质聚氨酯泡沫塑料中加入水、化肥用于植物栽培
		模塑法回制新品	将废旧的聚氨酯用胶黏剂黏结成新品;利用机械方法将聚氨酯切割为小片、颗粒或磨成粉末,放入模具中,加热至 200℃ 热压成半成品或成品
	热固性塑料	活性填料	成本低,易于粉碎,可用作填料使用
		塑料制品	粉碎后,混入黏合剂形成新的塑料制品

7.2 绿色包装设计方法

绿色包装设计需要同时满足基本功能需求和废弃后的回收再利用需求，即必须遵循 4R＋1D 的原则，具体如下。

包装功能分析，具体包括：①量化定义包装的功能价值，标识对应于功能价值的基本参数；②针对包装功能列出其目标及理论和实测参数；③评估每单位功能上材料和能源的消耗；④分析比较新包装和参考包装，优化包装设计。

包装材料设计，具体包括：①优先选用绿色环保材料和回收再利用的材料；②同时保证所选材料具有较好的加工性能、成形能力、印刷着色性能等；③所选材料来源足、价格低、可回收再利用、废弃后易于分解处理等。

包装的减量化结构设计，具体包括：①避免过度包装，一般情况下产品包装为 2 层；②优先采用"化零为整"包装，加大散装和包装容积等；③合理设计包装结构；④设计可重复利用的包装。

在上述原则的指导下，绿色包装设计的具体步骤见表 35-7-6。

表 35-7-6 绿色包装设计步骤

步 骤	内 容
形成设计方案	根据产品包装需求和环境性能需求收集详实准确有效的资料，制定产品包装初步设计方案
包装材料的选择	包装材料的选择，应满足：①所选包装材料在有效期内不会对产品产生化学反应等不良影响；②所选包装材料应具有良好的加工性能、成形性能、印刷着色性能；③尽量选用标准规格的绿色包装材料，成本低、来源足；④包装材料不含有毒有害物质；⑤包装材料易于回收重用
包装造型设计	明确包装类型和用途以及内装产品的类别、形态、规格、档次、容量等，确定包装的类别是多件包装、配套包装、系列包装还是单件包装
包装结构设计	根据类型，确定包装结构的组成部分，相互位置、连接方式，确定各部分的结构特点和特殊要求，且考虑与包装容器造型的协调。尽量减少包装材料的使用和消耗，且包装便于产品存储和运输
包装装潢设计	根据产品级别、档次、价值、整体结构等特性，准确鲜明地传递产品信息和企业形象，同时考虑货架效应和图形色彩。绿色包装装潢设计应简洁明快，主题突出，尽量避免繁杂奢华的设计，尽可能减少油墨用量
包装方案评价	应用价值分析法、层次分析法等对包装设计方案进行评价优化

7.3 绿色包装设计案例分析

表 35-7-7 绿色包装设计案例

案 例	图 例	技术要点解析
灯泡包装设计		利用整纸设计，四角折痕凸起的设计用于保护易碎品，纸的黄色给人以自然温馨感，整体包装符合减量化要求
无印良品糖果设计	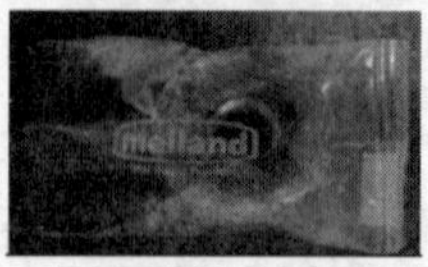	包装采用简洁透明的可降解包装材料，以单个包装，节省了外包装盒设计

案　例	图　例	技术要点解析
"火炬"牌火花塞包装设计		包装采用了可回收再利用的瓦楞纸材料,设计了单个、四个、六个、十二个等系列化包装,兼顾了包装的成本、安全性、环保性等
快餐包装	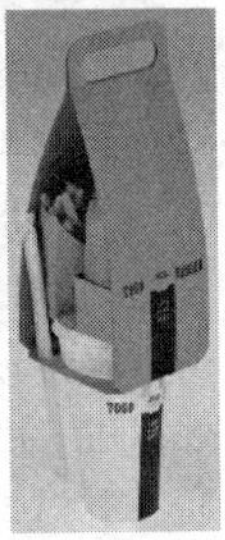	采用一个纸板提供了纸杯饮料携带的稳定性和装下一人份快餐的容积
100%可循环回收纸浆模塑猫砂包装		左图所示为 Nestle Purina PetCare 公司与 Ecologic Brands 公司共同推出的一款绿色环保包装。该包装的瓶身、瓶盖均采用 100%可循环回收纸浆为原料,瓶身使用的压敏纸标签和胶黏剂并不是以可循环材料为原料,但是均可回收。包装的提手处采用了专门的压制工艺,结构符合人体工程学,方便手提,且异常坚固
可降解包装瓶	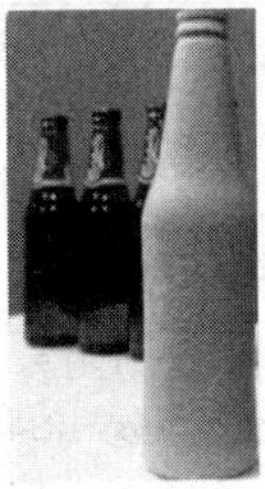	左图所示为嘉士伯啤酒公司开发出的一款零污染包装瓶,该包装瓶以可持续发展木材(指来源于砍伐后在一定时间内不可再次砍伐的木材)为原料,辅以生物技术,实现包装的 100%可降解

第8章　绿色设计评价

产品绿色设计是一个复杂的多解问题，绿色设计评价就是对设计问题的方案解进行比较、评定，确定各方案的价值，判断优劣，筛选出最佳方案并反馈结果的过程。方案是个广泛的概念，包括原理方案、概念方案、结构方案、造型方案等，载体包括零件图、装配图、模型、样机、产品等。绿色设计评价要考虑从材料选用、生产制造、包装运输、使用维修和回收处理等整个生命周期各阶段各环节的资源和能源消耗、对生态环境的影响情况，并力求找出改善设计的途径。

8.1　绿色设计评价指标体系

绿色设计评价用于界定产品绿色程度，为了定性或定量地描述产品的绿色性，需要建立合理的产品绿色设计评价指标体系，具体选择原则详见表35-8-1。

根据上述原则，绿色设计评价指标包括环境指标、能源指标、资源指标、经济性指标等，具体评价指标体系如图35-8-1所示。

环境指标可衡量产品在整个生命周期对环境的影响程度，包括大气污染、水体污染、固体废物和噪声污染等。

能源指标包括能源使用类型、再生能源使用比例、能源利用率、使用能耗和回收处理能耗等。清洁能源和可再生能源的使用可以提高产品的绿色性能。

资源指标指生成产品时所投入的资源，包括材料资源、设备资源、人力资源、信息资源等。材料资源是资源指标中较为重要的部分，材料的绿色特性和有效利用程度对于产品的绿色性影响重大。材料资源指标一般以材料利用率、材料种类、材料的回收利用率、有毒有害材料的比例等来描述。设备资源是衡量产品生产组织合理性的指标，包括设备的利用率、设备的资源优化配置等。人力资源包括生产的管理人员、技术人员、生产服务人员等，具有支配性、自控性、消耗性等。信息资源包括绿色战略决策信息、绿色技术信息生产管理等，对企业绿色形象的建立和绿色产品的开发具有重要意义。

经济性指标用以评价产品在其生命周期中成本消耗情况，包括生产成本、使用成本、生命周期末端处理成本、成本收益比率等。

表 35-8-1　　　　　　　　　　评价指标选取原则

原则	说　明
综合性	指标体系应该能全面反映评价对象的情况，应能从技术、经济、生态三方面进行评价，充分利用多学科知识以及学科间交叉综合知识，以保证综合评价的全面性和可信度
科学性	力求客观、真实、准确地反映被评价对象的绿色属性
系统性	要有反映产品资源属性、能源属性、经济性、环境属性的各自指标，并注意从中抓住影响较大的因素，要充分认识到与社会经济发展过程有不可分割的联系，反映这几大属性之间的协调性指标
动态指标与静态指标相结合	评价指标受市场及用户需求等的制约，对产品设计的要求也将随着工业技术和社会的发展而不断变化。在评价中，既要考虑到现有状态，又要充分考虑到未来的发展
定性指标与定量指标相结合	绿色设计评价指标应尽可能量化，对于某些难以量化的指标（如环境政策指标、材料特性等）也可采用定性指标来描述，便于从质和量的角度对评价对象做出科学的评价结论
可操作性	绿色设计的评价指标必须有明确的含义，具有一定的现实统计作为基础，因而可以根据数量进行计算分析。指标项目要适量，内容要简洁，在满足有效性的前提下尽可能使评价简便
独立性	绿色设计的评价指标项目众多，尽可能避免相同或含义相近的变量重复出现，做到简明、概括、具有代表性
层次性原则	绿色设计的评价指标体系为产品设计人员、管理部门及消费者提供了设计决策、产品检查及绿色产品消费选择的依据。由于评价对象不同，需要在不同层次采用不同的指标。如管理部门，需要知道的产品设计总体指标对需求的满足程度，该层次的指标应着重于其整体性和综合性；设计人员需要知道所选的具体方案满足特定要求或功能的程度，这时的指标应更细致、明确，即不同层次上应有不同的指标

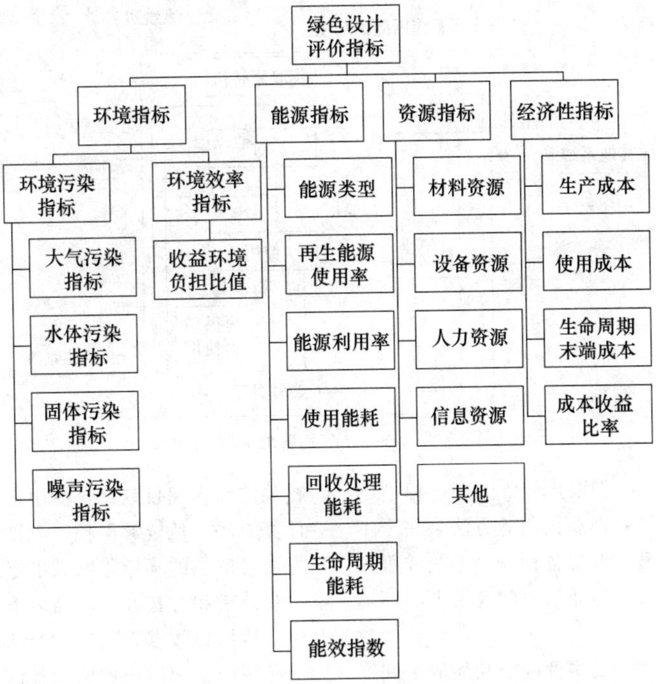

```
                          绿色设计
                          评价指标
        ┌──────────┬──────────┴──────┬──────────┐
     环境指标      能源指标        资源指标    经济性指标
  ┌──────┴──────┐    │              │           │
环境污染    环境效率   能源类型     材料资源      生产成本
指标        指标
  │          │       │              │           │
大气污染   收益环境   再生能源      设备资源      使用成本
指标       负担比值   使用率
  │                   │              │           │
水体污染            能源利用率     人力资源     生命周期
指标                                             末端成本
  │                   │              │           │
固体污染             使用能耗      信息资源      成本收益
指标                                             比率
  │                   │              │
噪声污染             回收处理       其他
指标                 能耗
                     │
                  生命周期
                  能耗
                     │
                  能效指数
```

图 35-8-1 评价指标体系

8.2 绿色设计评价方法

常用的评价方法包括专家咨询评价法、线性加权法、模糊综合评价法、灰色聚类评价法、生命周期评价法等，具体详见表 35-8-2。

生命周期评价是现今产品发展与设计所需参考的一项重要指标方针，对于生命周期评价并没有统一的定义。美国环境保护协会（EPA）、环境毒物学和化学学会（SETO）和国际标准化组织（ISO）将生命周期评价定义为一个衡量产品生产或人类活动所伴随之环境负荷的工具。不仅需要了解整个生产过程的能量原料需求量及环保排放量，还要对这些能源及排放量所造成的影响予以评估，并提出改善的机会与方法。ISO 对生命周期评价的定义是：汇总和评估一个产品（或服务）体系在其整个寿命周期中的所有投入及产出对环境造成的潜在影响的方法。虽然生命周期评价的定义不统一，但是其内涵基本一致，归纳如下。

表 35-8-2　　　　　　　　　　　常用的评价方法

方法名称	说　明
专家咨询评价法	通过收集有关专家的意见对评价方案进行评定
线性加权法	通过为每个衡量指标分配一个权重，将设计方案各项指标的取值进行无量纲化处理以统一量纲，通过极性转换达到极性统一，再将各指标的处理结果与其权重的乘积求和，作为设计方案的定量评价结果
模糊综合评价法	通过确定评价因素集（评价指标体系）、决策评价集（评语等级的模糊尺度集合），确定各因素的权重，然后按评价等级尺度进行单因素模糊评价，即根据评价因素和评价等级尺度建立隶属度函数，计算评价对象的综合评定结果，确定综合评定等级。该方法适用于被评价对象的评价等级之间关系模糊的情况
灰色聚类评价	利用灰色理论来分析与综合某个评价方案各指标的实现程度，根据评价标准得出综合性的评价结论。具体包括建立评价指标体系，制定具体评价指标各灰类的评分等级标准，确定各评价指标的权重，针对各设计方案确定评价值矩阵，确定评价灰类的等级数，灰类的灰数，建立灰类的白化函数，计算各灰类的灰色评价权得灰色评价权矩阵，进行灰色聚类得综合评定结果，并确定评价灰类等级。灰色聚类评价法用于评价信息不充足、不确切的情况
生命周期评价	以资源使用、人类健康和生态后果为评价指标，通过辨识和量化产品从原材料的获取、产品的生产制造、运输、销售、使用、回收、维护、退役处置整个生命周期阶段中能量和物质的消耗以及环境释放来评价这些消耗和释放对环境的影响，一般用于评估产品、工艺或活动在其整个生命周期中对环境的影响程度

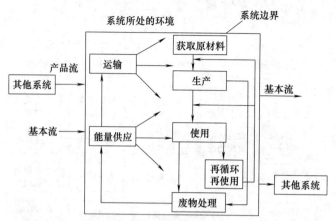

图 35-8-2　产品系统示例

① 生命周期评价方法着眼于产品生产过程中的环境影响，这与产品质量管理和控制等方法是完全不同的，即生命周期评价要求考虑各种产品系统或服务系统造成的环境影响，而不是评估空间意义上的环境质量。

产品系统是由提供一种或多种确定功能的中间产品流联系起来的单元过程的集合。图 35-8-2 所示是产品系统示例，产品系统包括单元过程、通过系统边界（输入或输出）的基本流和产品流及系统内部的中间流。其中，基本流指在给定产品系统中为实现单位功能所需的过程输入输出量。

产品系统可以进一步细分为一组单元过程，单元过程之间通过中间产品流和（或）待处理的废物相联系，与其他产品系统之间通过产品流相联系，与环境之间通过基本流相联系，详见图 35-8-3。

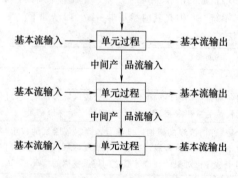

图 35-8-3　产品系统内的一组单元过程

② 生命周期评价的评估范围要求覆盖产品的整个寿命周期，而不只是产品寿命周期中的某个或某些阶段。生命周期的概念是生命周期评价方法最基本的特性之一，是全面和深入地认识产品环境影响的基础，是得出正确结论和做出正确决策的前提。

③ 生命周期评价的主要思路是通过收集与产品相关的环境编目数据，应用生命周期评价定义的一套计算方法，从资源消耗、人体健康和生态环境影响等方面对产品的环境影响做出定性和定量的评估，并进一步分析和寻找改善产品环境表现的时机与途径。其中环境编目数据，就是在产品寿命周期中流入和流出产品系统的物质。物质流既包含产品在整个寿命周期中消耗的所有资源，也包含所有的废弃物以及产品本身。生命周期评价是建立在具体的环境编目数据基础之上的，这也是生命周期评价方法最基本的特性之一，是实现其客观性和科学性的必要保证，是进行量化计算和分析的基础。

典型的生命周期评价方法详见表 35-8-3。

ISO 14040 标准把生命周期评价的实施步骤分为目标和范围界定（goal and scope definition）、清单分析（life cycle inventory analysis，LCI）、影响评价（life cycle impact assessment，LCIA）和结果解析（life cycle interpretation）四个部分，流程如图 35-8-4 所示。

评价目标定义必须清楚说明开展生命周期评价的目的、原因和研究结果预期的应用领域。

范围界定需要考虑产品系统功能的定义、产品系统功能单元的定义、产品系统的定义、产品系统边界的定义、系统输入输出的分配方法、采用环境影响评估方法及其相应的解释方法、数据要求、评估中使用的假设、评估中存在的局限性、原始数据的数据质量要求、采用的审核方法、评估报告的类型与格式。范围界定随研究目标的不同变化很大，没有一个固定的模式可以套用，但必须要反映出资料收集和影响分析的根本方向。另外，生命周期评价是一个反复的过程，根据收集到的数据和信息，可能修正最初设定的范围来满足研究的目标。在某些情况下，由于某种没有预见到的限制条件、障碍或其他信息，研究目标本身也可能需要修正。

表 35-8-3　　　　　　　　　　　　　　　　典型的生命周期评价方法

名称	内容
EPS 方法	EPS 方法是由瑞典环境科学研究院和沃尔沃公司共同研究并提出的,该方法旨在对各种产品从所消耗材料的角度来进行生命周期评价,从而设计了一种材料综合评价体系。EPS 法将环境影响分为生物多样性、生态健康、人类健康、资源价值和美学价值五个环境影响类别,根据价值观念对环境影响因素进行评价,获得一个总的环境指标。EPS 法的生命周期评价步骤为分类、特征化和加权三个阶段,和其他方法的一个很大的差别是它没有归一化过程 该方法综合性强,从影响的强度、时间范围、干扰单位对干扰流的贡献程度等多方面综合考虑环境与健康的影响,但 EPS 方法的环境负荷指标中生态、经济和社会影响相互耦合
CML 方法	CML 生命周期评价方法是由荷兰莱顿大学环境科学中心提出的。CML 方法的总体思想是将总的环境影响分为若干个影响子类别,分别对子类别进行计算,采用专家打分等主观评价的方式对各影响子类别进行重要度排序。具体过程是首先将所有环境影响因素根据其产生的环境影响效应进行分类,比如将所有造成温室效应的环境影响因素分到一类,为了区分其中的各个环境影响因素的不同影响程度,需要设置加权因子,为了更直观地了解影响的程度需要将结果标准化处理,最后综合形成单一的评价指数。整个评价过程分为:分类特征化、标准化和影响三个步骤 该方法采用影响进行分类,避免了结果耦合失真的情况,但是加权因子的设置主观性较强,人为因素对评价结果影响大
生态指数法	生态指数法(Eco-indicator 99)是在荷兰和瑞士共同资助下开发的基于环境损害原理对产品生命周期进行环境影响评价的方法。该方法建立了影响因子和环境影响类别间的定量化模型,以具体的数值表示影响因子在环境影响类别中的重要性。环境影响类别包括资源、人类健康、生态系统质量等。资源指地球上无生命的物质资源的影响,如各种物质材料来源的消耗、能源的枯竭等,主要以开采矿石、化石资源所需能量进行表示,单位为 MJ。人类健康指环境条件变化所引起的各种社会问题、疾病,以及对处在这一环境中的人类的影响,具体包括致癌物、可吸入性有机物、可吸入性无机物、气候变化、辐射、臭氧层破坏等。该指标以因故突然死亡或身体功能受损而损失的寿命年数进行描述,单位为 DALYs(伤残生命折算,disability adjusted life years)。生态系统质量主要包括除人类以外的生命物种的影响,通过产品对生物物种多样性与物种生存环境的影响进行描述,如生态毒性物质、酸雨/富营养化等,以在特定时间、地点内的环境负荷所引起的物种损失表示。该方法包括特征化、损害评估、标准化、加权、单一计分五个步骤

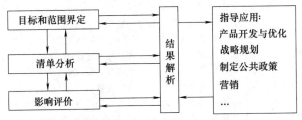

图 35-8-4　生命周期实施步骤

清单分析是对产品在其整个生命周期内的能量与原材料需要量及对环境的排放进行以数据为基础的客观量化过程。清单分析包括生命周期所有阶段每一个单元过程物质与能量消耗、废弃物排放等数据的收集与处理。清单分析是一个反复的过程,当收集到一批系统数据以及了解到更多的信息之后,可能会找出新的数据要求,从而修正收集程序使之满足研究目标。

在 LCA 中,影响评价是对清单分析中所辨识出来的环境负荷的影响作定量或定性的描述和评价。影响评价方法目前正在发展之中,一般都倾向于把影响评价作为一个"三步走"的模型,即影响分类、特征化和量化评价。

实施步骤具体内容详见表 35-8-4。

表 35-8-4 生命周期实施步骤

步骤		内 容
目标和范围界定	确定评价目标	生命周期评价的评价目标一般包括：①与竞争对手比较,看谁的产品更具有环境优势;②通过分析研究,找出产品的长短处;③帮助政府部门制定某类产品的生态标志或有关的环境政策法规
	评价范围界定	生命周期评价范围按不同的特性可以分为五类:①生命周期范围;②细节标准范围,如采用5%规则对产品材料范围进行界定,即忽略材料比重小于5%的材料;③自然生态系统范围,如木材发电过程,工业部分是木材燃烧和收获,自然部分是木材量的形成和收获废料的微生物分解,有些评价只考虑了工业部分;④空间和时间;⑤范围的选择
清单分析	根据清单分析的目的和范围进行数据收集的准备工作	明确数据质量目标 — 数据质量指的是分析中所用数据来源和数据值的可靠性。数据质量目标用于确定最终结果的精确性和代表性。数据质量目标指示了何处数据质量优先性高,以及为了获得满意的数据质量需要付出多大的努力。确定数据质量目标需要先确定清单分析使用的单个数据源中的数据质量水平、清单分析参数集中或整个清单分析的数据质量水平
		确定数据的来源和种类 — 数据的来源包括工厂报告、政府文件、报告、杂志、参考文献、产品和生产过程说明书等。总体可以分为原始数据和间接数据两类。清单分析数据集包含的数据随着数据来源是原始的还是间接的、数据类型以及数据集合的改变而进行相应的调整
		建立数据质量的指示器 — 数据质量指示器作为一种基准来对数据进行定性和定量分析,来确定数据质量是否满足要求。表35-8-5所示是一些常用的数据质量指示器
		设计数据调查表 — 设计数据调查表用于获取重要数据,必须与数据质量密切相连。通过调查表收集的数据越多,就越可以确定数据质量是否能达到要求
	进行数据收集	需要和设计与制造人员合作绘制详细目录流程图解,用以描绘所有需要建立模型的单元过程和他们之间的相互关系。详细表述每一个单元过程,并列出与之相关的数据类型,编制计量单位清单,针对每种数据类型,进行数据收集技术和计算技术的表述。目录流程图解详细地描述了系统的输入输出流,为清单分析奠定基础。清单分析需收集系统边界内每一单元过程中要纳入清单中的数据。数据包括定量数据和定性数据。常用的数据收集方法包括:自行收集、现有生命周期分析数据库和知识库、文献数据、非报告性数据。例如对于产品生产制造数据的收集,一般借助于企业生产流程图,将产品整个生产过程划分为若干个便于数据收集的单元过程。一个单元过程包括一个或若干个工艺过程,具体大小根据数据收集方便性确定。通过基本流与自然环境直接相连,进入每个单元过程的基本流包括矿石、煤、原油、沙子、风能、太阳能等自然资源,离开每一个单元的基本流包括三废、射线、噪声等,中间品则是基础材料或零部件。单元过程确定之后,可对每个单元过程输入、输出的各种物料、能源和环境排放数据进行收集、计算,然后按照功能单位进行换算即可获得该单元过程的清单数据。汇总后获得该产品生产阶段的清单数据

续表

步骤	内	容	
清单分析	分析数据的有效性	运用数据质量指示器来分析数据源	数据质量指示器分析数据时受到数据质量目标、数据类型(原始数据还是间接数据等)、数据的处理(是外推的还是内插替换)、数据质量分析方法类型(是在 LCI 分析过程中还是分析已存在的 LCI)影响
		评价数据的质量	LCI 数据质量的评价是合理解释 LCI 结果的前提,优秀的数据质量得到的 LCI 结果较为精确,反之亦然。数据质量评价的一种方法是用数据质量工作表对核心数据源进行评价,其中需要确定数据源的指示器的适合度以及数据的质量等级;另外一种方法是利用谱系矩阵对数据质量指示器进行半定量化的表征
		对数据缺失和缺乏时的处理	数据缺失和缺乏时情况发生的原因可能是不能从事先确定的工厂或生产线或产品或生产过程中得到所需的数据、无法获得某一产品的全部数据、调查表响应不详等。当核心数据源经过指示器确定并评价时,根据数据值对 LCI 结果的影响确定数据源和相应的数据是否满足数据质量目标的要求。如果不满足,则需要进行如下选择:①收集其他质量好且能满足要求的数据;②重新确定数据质量目标;③重新检查并在有可能的情况下重新确定 LCI 的目标和范围;④放弃这个 LCI;⑤运用数据补偿方法解决数据问题。常用的调整数据缺失和缺乏数据集的方法包括代替和权重。代替是用一种合理的替代值代替缺失值,可用于调整多种数据缺失的情况。经过经验或逻辑推理得到的特殊值、经过经验模型产生的预测值都可以作为替代值。通过逻辑替换、演绎推理替代、平均值代替总体情况、随机值替代总体情况、回归分析替代等方法进行数据处理
	将数据与单元过程和功能单位关联		产品系统可以划分为单元过程,单元过程之间、单元过程和其他系统之间、单元过程和环境之间都是通过流来联系的。由于流形式、单位等不统一,必须确定一个基准流(如 1kg 材料),然后才能计算出单元过程的定量输入和输出数据。通过基准流的确定就可以实现数据与单元过程的关联
			根据流程图和系统边界将各单元过程相互关联,以统一的功能单位作为该系统所有单元过程中物流、能流的基础,通过计算获得系统中所有的输入和输出数据
	完善系统边界		生命周期评价是个反复的过程,需要根据敏感性分析所判定的数据重要性来决定数据的取舍,从而对初始分析结果加以验证。而初始产品系统边界必须依据确定范围时所规定的划界准则进行修正完善
影响评价	影响分类		将从清单分析得来的数据归到不同的环境影响类型。影响类型通常包括资源耗竭、人类健康影响和生态影响 3 大类。每一大类下又包含有许多小类,如在生态影响下又包含有全球变暖、臭氧层破坏、酸雨、光化学烟雾和富营养化等。另外,一种具体类型可能会同时具有直接和间接两种影响效应
	特征化		特征化是以环境过程的有关科学知识为基础,将每一种影响大类中的不同影响类型汇总。特征化就是选择一种衡量影响的方式,通过特定的评估工具的应用,对补贴的负荷或排放因子在各种形态的环境问题中的潜在影响进行分析。目前完成特征化的方法有负荷模型、当量模型、固有的化学特征模型、总体暴露-效应模型等,重点是不同影响类型的当量系数的应用,对某一给定区域的实际影响量进行归一化,这样做是为了增加不同影响类型数据的可比性,然后为下一步的量化评价提供依据

步骤		内　容
影响评价	量化评价	量化评价是确定不同影响类型的相对贡献大小,即权重,以便能得到一个数字化的可供比较的单一指标。对在不同领域内(如气候变化、臭氧层空洞和毒性)的影响进行横向比较,目的是为了获得一套加权因子,使评价过程更具客观性。数据标准化反映了各种环境影响类型的相对大小,但是,不同影响类型标准化后即使值相同也不意味着他们的潜在环境影响一样,因此,需要对不同影响类型的重要性进行排序,即赋予权重。将各种不同影响类型综合为单一指标,便于对不同产品、产品系统的环境影响进行比较
	改善评价	根据一定的评价标准,对影响评价结果做出分析解释,识别出产品的薄弱环节和潜在改善机会,为达到产品的生态最优化目的提出改进建议
结果解释		清单分析结果需要根据研究目的和范围进行解释,主要包括敏感性分析、不确定性分析、系统功能和功能单位的规定是否恰当、系统边界的确定性等。敏感性分析主要用于确定一个模型的输入参数变化后对整个模型结论的影响。一般在数据源可信度不高、待评价的产品系统具有较高的可变性、某一成分的数据丢失或缺乏时需要进行敏感性分析。敏感性分析方法包括一条路敏感性分析法、图表分析法、比率分析法。其中,图表分析法最适合单个系统的敏感性分析,而比率分析法适用于两个系统 LCA 间的比较 不确定分析用来确定各种输入参数的不确定性对模型结果的影响。不确定性来源于收集和分析数据时测量和取样方法的随机误差和系统误差、自然变异性、建模的近似性

表 35-8-5　　　　　　　　　　　　　　　　**常用数据质量指示器**

数据质量指示器	定　义
可接受度	数据源经过一个可接受的标准评价或经过专家的评定的程度
偏差	使数据平均值总是高于或低于真实值的系统误差程度
比较性	不同的方法、数据体系能被视为相近或相等的程度
完备性	相比所需要的数据总量我们能得到的用于分析的数据量的比率
数据收集方法和局限性	描述数据收集方法(包括与数据收集相联系的局限性)的信息的水平
精确度	变异性或分散的程度
参考性	数据值参考原始数据源的程度
代表性	数据能代表分析所要表达内容的程度

8.3　生命周期评价工具

生命周期评价过程复杂,已有商业化软件,比较

常用的生命周期评价软件详见表 35-8-6,设计人员可以利用这些工具进行设计。

表 35-8-6　　　　　　　　　　　　　　　　**常用的生命周期评价软件**

名称	简　介
GaBi	GaBi 是德国 Institut fur Kunststoffprufung und Kunst stoffkunde 所开发出的环境影响评估软件,所含的评价方法主要有 CML、EI、EDIP 和 UBP 等。其数据库由 PE-GaBi、PlasticsEurope 、Codes、Eco Inventories of the European Polymer Industry(APME)与 BUWAL 等数据库联合组成,包括全球地理、欧洲化工业生态冲击与包装材料等数据。GaBi 数据库包括 800 种不同的能源与材料流程,数据库有能源与物质流及生产技术两大项。每一种流程又可以让使用者自行发展出一套子系统。数据库中也提供 400 种的工业流程,归纳在十种基本流程中,如工业制造、物流、采矿、动力设备、服务、维修等。GaBi 软件可用于生命周期评价项目、碳足迹计算、生命周期工程项目(技术、经济和生态分析)、生命周期成本研究、原始材料和能流分析、环境应用功能设计、二氧化碳计算、基准研究、环境管理系统支持(EMAS Ⅱ)等。GaBi 软件的功能详见表 35-8-7

续表

名称	简　介
SimaPro	SimaPro 软件是由荷兰莱顿大学于 1990 年开发的用于收集、分析、监测产品和服务环境信息的生命周期评价集成软件工具,目前已发展到 SimaPro 8 版本。该软件由 Dutch Input Output Database95、Data Archive、BUWAL250、ETH-ESU 96 Unit process、IDEMAT、Eco Invent Data、Danish Food data、Franklin USA data、IO-database for Denmark 1999、USA input output data 等多个数据库联合组成,包括能源与物料的投入产出、20 世纪 90 年代初期各项数据、包装材料数据、油品与电力等各种产业数据及环境冲击、全球变暖、温室效应等数据,可提供使用者进行分析时需要的足够的参考依据,是数据库最丰富的生命周期评价软件之一 　SimaPro 的画面依照 LCA 理论编排,分成盘查分析、冲击评估、阐释、案例底稿与产品普通数据,使用上只要依照 LCA 流程,找到 SimaPro 对应的项目即可开始操作。SimaPro 软件的功能详见表 35-8-8
LCAIT	LCAIT(LCA inventory tool)乃是瑞典 Chalmers Industriteknik 所开发出的软件,它仅提供有限的数据库,包括能源、生产燃料及物流、化学物质、塑料、纸浆及纸制品等内容,其优点是可外接其他数据库,适合具有物质能量流动概念的非专业技术的初学者使用
PEMS	PEMS(Pira Environmental Management System)系由英国 Pira International 公司所研发出来的软件,可以选择 109 种材料、49 种能源、37 种废弃物管理及 16 种物流等,来计算影响评估程度,参数主要采用欧洲的资料,且不可自行修改或编辑,输出资料可选择采用文字或图表。初学者及专业人士皆可使用该软件
TEAM	TEAM 系由法国 Ecobalance 公司所开发的软件,其数据库分为 10 大类及 216 个小类个别资料文档。10 大类分别为:纸浆造纸、石化塑料、无机化学、铜、铝、其他金属、玻璃、能量转换、物流、废弃物管理等 　TEAM 软件的树结构功能优良,具有制作图表、感应度分析、误差分析、情景分析等功能,使用者可自行定义及编辑资料或单位。该软件具有主要的库存管理程序和控制技术的评价方法,数据库形态为单元式程序

表 35-8-7　　　　　　　　　　　　GaBi 软件的功能

功能	说　明
清单分析建模	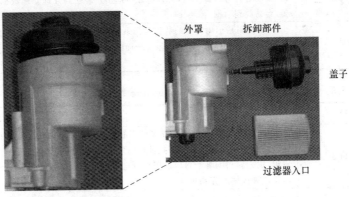 　该示例为汽车上的一个机油滤清器装配部件,以该装配部件为研究对象
	生命周期评价所需要的信息包括装配部件和元件构成的结构信息、元件的质量、原材料类型、生产工艺、元件制作生产过程中的运输及原料损耗等,这些信息可以由下图所示材料单获得 名称　　　　　　　　　质量　　　　原料　　　　　　工序 机油滤清器　　　　　3.6kg 　├→外罩　　　　　　2.4kg　　　　铝　　　　　　铸件 　├→盖子　　　　　　0.5kg　　　　聚乙烯　　　　喷射模塑法 　├→过滤器入口0.7kg 　　├→过滤器　　　　0.4kg　　　　纸 　　└→机架　　　　　0.3kg　　　　钢铁　　　　　深冲压(金属板坯加工)

续表

功能	说　明
清单分析建模	应用 GaBi 软件创建机油滤清器的工艺流程图模板,下图所示为机油滤清器生产阶段的模型 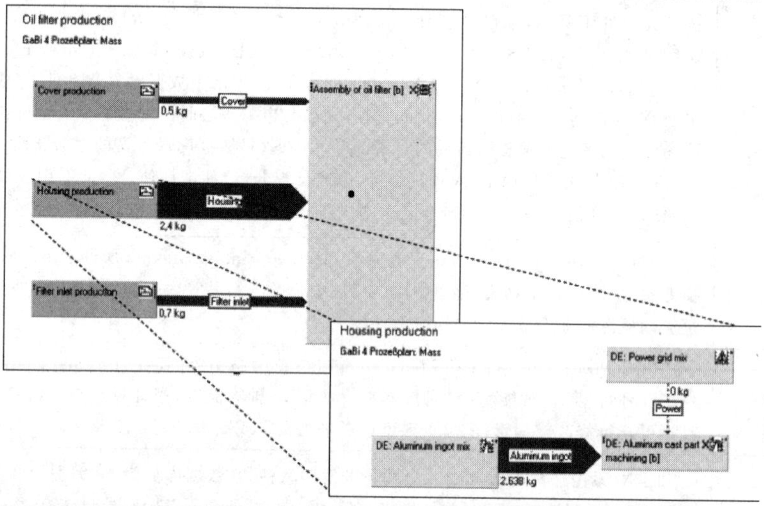
影响评价分析	GaBi 包括 9 种环境影响评价方法,并支持用户自定义环境影响评价方法。GaBi 软件可以自动计算复杂流程图并显示各单元名称及流量,流程进行层次化结合,使生命周期流向结构清晰
分析和解释评价结果	GaBi 软件的平衡分析是进行分析和解释评价结果的起点,通过平衡视图以百分比或绝对值显示评价结果。该软件提供了阶段分析、参数变更、敏感度分析、蒙特卡洛分析等分析方法,可进行敏感度分析、冲击分析与成本分析,并由数据质量指数加强数据可靠性
数据库管理	GaBi 的主数据库为 GaBi 数据库和大量的 PE/LBP 数据,约 1000 个工艺。GaBi 软件包括辅助对比、辅助合并等智能工具,可以有效帮助用户轻松高效地管理数据库,该软件的数据库的分类整理完善,容易找到数据
存档	GaBi 使用基于浏览器的数据存档系统,与欧盟委员会的 ILCD 手册类似。每一条 GaBi 数据集与一个 HTML 文档链接,该文档包含全面的过程描述信息、分配原则、数据来源、流程图、范围等,支持用户添加自己的存档文件

表 35-8-8　　　　　　　　　　　　　　SimaPro 软件的功能

功能	内　容
清单分析建模	SimaPro 可以用于对两种或多种产品系统进行对比分析,SimaPro 通过向导式建模方式引导用户构建产品的生命周期模型。该软件可以用于系统过程或单元过程分析,每一个过程数据都可以定义多输出,输入输出的参数可以由用户自定义。每条过程数据的排放可以细分为空气排放、水体排放、土壤排放和固体废弃物排放
环境影响评价	SimaPro 包含 10 多种环境影响评价方法,几乎包括了世界上大多数主流的环境影响评价方法,另外,这些评价方法可以编辑和扩展,也支持用户自定义新的环境评价方法。SimaPro 软件中制造阶段的数据库最为详尽,且其可以选择图文输出方式。除了具有生命周期查询的资料外,同时也给予环境影响的评估,并可比较在不同程序集原料中对于环境所产生大小的冲击。该软件除了针对各种环境影响可以建立一个环境指标外,还以树状图清楚地表示环境负荷,借由树状图清楚地表现出各个输入的能量与材料的分支,并在各项分支的子系统中以衡量的方式,依据类似温度计的表达方式,快速地判断该材料及能量对环境的影响
分析和解释评价结果	清单分析结果以表格形式表达,环境影响评价结果则以表格或图形方式表达,同时提供特征化、标准化、权重值分析结果。双击图形可以进一步得到对该影响类型的物质明细
数据库管理	SimaPro 软件整合不同的数据库,将不同来源的数据分级并以库项目的方式组织,可以用于所有工程,用户可以定义任何数量的工程,数据可以在不同库项目和工程之间复制。该软件还可使用其他生命周期软件开发的数据。SimaPro 数据库为主数据库,包括了所有的库项目和评价方法
存档	SimaPro 软件可以将清单数据进行存档,同时,环境影响评价方法也存档于数据库中

8.4　生命周期评价案例

生命周期评价方法已经被广泛应用于制造业环境影响评价，下面以几个具体案例论述生命周期评价的过程。

8.4.1　电动玩具熊的生命周期评价

研究对象为一个电动玩具泰迪熊，移动身体时可以唱歌、讲故事，使用普通的碱性电池。该泰迪熊由一家西班牙公司设计，在中国制造，并出口到欧洲、美国、非洲。生命周期评价包括了所有中国制造的组件、海陆运输、使用、退役等阶段。根据 ISO 14044 标准对电动玩具熊进行生命周期评价，为玩具熊的绿色设计提供改进方向。

（1）目的和范围的确定

① 目的　研究目的包括：a. 评价电动玩具熊整个生命周期的环境影响；b. 识别环境热点，为将来进行设计改善提供方向。

② 产品系统和功能单元　在生命周期评价中，产品系统往往作为评价的功能单元。本项目中产品功能单元为一个会唱歌和讲故事的电动玩具熊，假设服务寿命为 2 年，具体如图 35-8-5 所示。该产品由主角泰迪熊和塑料底座组成，移动熊的身体和头时，它会唱歌和讲故事。该玩具由 6 个主要部分（见表 35-8-9），大约 30cm 高，净重 0.73kg，含包装重 1.05kg。

该玩具的设计开发在西班牙巴塞罗那的塔拉萨总部完成，大批量的组件生产制造在我国福建省完成。就材料组成而言，玩具中的塑料（特别是 ABS 和涤纶）占总重量的 52％，包装占 31％，黑色金属占 11％，其他金属（铜、锡、陶瓷等）占 6％。

玩具以娱乐为主，面向年龄大于 18 个月的孩子。除了这个主要的功能，退役阶段提供了额外的材料回收和能源回收功能。鉴于该案例并不与同类产品比较，因此，没有必要扩展该系统除去额外功能造成的环境负担。

③ 系统边界　该项目中，电动玩具熊的生命周期过程包括基本材料的生产、材料的运输、组件加工、装配、产品销售、电池的生产、废弃物的管理等阶段，考虑了所有组件的环境影响，但是不包括基础设施的生产。具体的产品系统如图 35-8-6 所示。

包装　　内部机械结构　　电子组件

图 35-8-5　电动玩具熊

表 35-8-9　　　　　　　　　　　　　　　　功能单元详细规格

组件	重量/g	备　　注
包装	313	由 2 个大硬纸板箱、几个小紧固件组成
主角	137	由毛绒、红色 T 恤、塑料眼睛、填充物组成
底座	227	由塑料箱体和按钮组成
机械系统	125	由几个内部结构件、齿轮等组成
电子系统	167	由印刷电路板、集成电路、电缆、电动机、扬声器、开关等组成
LR6 电池（3 个）	72	
合计	1047	

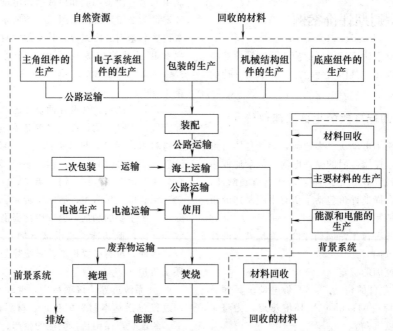

图 35-8-6　产品系统

(2) 生命周期清单（LCI）

LCI 是一种定性描述系统内外物质流和能量流的方法。通过对产品生命周期每一过程负荷的种类和大小进行登记列表，从而对产品或服务的整个周期系统内资源能源的投入和废物的排放进行定量分析。

本项目中 LCI 输入包括电动玩具熊产品自身需要的材料，制造过程中需要的辅助材料，生产制造、使用和退役后处置过程中需要的能源和其他自然资源；输出包括电动玩具熊产品、各种空气和水体污染物、固体废弃物。

背景系统根据国际 PE 公司的 LCA 数据库构建，采用了 GaBi4.2 软件系统。玩具制造商提供了物料清单和完整的组件清单（100 个），以及产品物流和能源效率信息。组件的生产和装配在中国福建省完成，因此，从厦门港口通过海上运输到出口国。根据制造商提供的信息，93％运输到欧洲（61％运输到西班牙），6％运送到拉丁美洲，1％出口到非洲。

公路运输和能源消耗主要发生在中国，数据类型为二次数据。热能消耗以煤炭替代计算，而电能消耗采用 2005 年国际能源署有关中国的报告数据。

包装材料和电池由发达国家独立收集和回收，相关数据采集困难。由于许多国家没有建立废弃玩具的回收途径，此处将玩具与其他家电产品统一回收并处置。根据欧洲国家统计数据，玩具掩埋和焚烧的比重分别为 77％和 23％。在拉丁美洲和非洲，由于没有详细的废弃物管理数据，掩埋被认为是唯一的回收处置方法。

进行这项研究时，只有国际 PE 公司提供的包括电子电器组件的 LCA 数据库可用，为了弥补数据不充分的不足，在该数据库开发者的帮助下进行了部分假设，例如，数据库仅仅包括表面贴装设备（SMD），而玩具使用的是深孔加工设备。

最重要的数据鸿沟是缺乏背景清单数据和有关常规电池的 LCA 研究文献。为此，本研究采用来自西班牙电池回收公司的原材料组成成分粗略模拟该玩具熊中碱性电池生产的数据清单，表 35-8-10 给出了电池的组成成分。电池的生产以这些组成原材料的生产替代。这种假设仅仅适用于一次性使用的电池。关于使用期间电池的消耗量通过假设计算获得，按照 2 年的使用寿命，每周使用 1 小时计算，根据玩具的能效，减去初始试用模式下的 LR6（AA）电池消耗量，大约需要 39 个 LR14（C）碱性电池。

表 35-8-10　碱性电池近似成分

碱性电池材料	组成／%
水	6～9
碳	3～5.5
钢	17～23
锌	14～18
二氧化锰	34～42
氢氧化钾	3～6.8
塑料和纸	2.5～4.3
杂质	<1

（3）生命周期影响评价（LCIA）

1）生命周期影响评价方法学　LCIA 是根据清单分析（LCI）过程中列出的要素对环境影响进行的定量和定性分析。LCIA 分析的目的是根据清单分析的结果对潜在环境影响的程度进行评价。该研究中的 LCIA 采用 SETAC 生命周期评价工作组提出的方法论，包括分类、特征化和评价三个步骤。

由于 LCI 数据不足，该项目中 LCIA 仅仅考虑五种环境影响类型：非生物的损耗（abiotic depletion potential，ADP）、酸化潜能（acidification potential，AP）、全球变暖（global warming potential，GWP）、富营养化（eutrophication potential，EP）、光化学烟雾（photochemical oxidants formation potential，POFP）。

特征化是将清单分析的结果根据分类结果转化为相应的环境影响，根据不同类型的环境影响采用不同的特征化模型，该项目采用莱顿大学 CML 的特征化模型。由此，将生命周期清单结果转化为环境影响。

2）生命周期影响评价结果　图 35-8-7 列出了电动玩具熊的绝对 LCIA 分值和各个生命周期阶段的相对权重。图中将生产阶段划分为 5 个组件集合：基座、主角、电子系统、机械系统、包装。生产阶段造成的环境影响占总影响的 24%～40%，该阶段各组组件彼此相关，主角占 7%～12%，基座占 4%～12%，电子系统占 4%～9%。由图 35-8-7 可知，销售和使用这两个阶段最为重要，其中，销售阶段造成

14% 的 GWP 和 16% 的 EP，这主要是由中国经过海上运输销往国外造成的，单程运输距离约为 16500km，而且，空集装箱也将沿途返回。

使用阶段的环境影响占 48%～64%，该阶段的环境影响源于电池生产和处置过程。然而，由于使用阶段具有较大的不确定性，因此进行了敏感性分析。以最为悲观的情况为例，假设初始的 LR14（C）电池用完后，消费者再没有替换电池并使用该玩具熊。这样，经过分析发现使用阶段的环境影响由 48%～59% 降低到 2%，具体比较详见表 35-8-11。

表 35-8-11 中，ADP 和 AP 指示值在最悲观的情况下出现负值，这是由于避免了回收电池 LR6（AA）的环境影响。

玩具回收处置阶段最为不重要，其环境影响仅仅为 EP 的 6%。退役阶段只考虑了掩埋和焚烧，材料回收分配到下游产品考虑。

由于电子系统的复杂性，其详细的分析结果见图 35-8-8。由图 35-8-8 可见，环境影响最大的组件是电动机，约占总 EP 的 50%，其次为电路板（占总 ADP 的 47%）。

（4）结果

根据评价结果，给出了设计改进建议，详见表 35-8-12。由表 35-8-12 可知，11 条设计改进建议中只有 2 条由于不可行被否决，其中，5 条可在短期应用。

表 35-8-11　　　　　　　　　　　　　两种使用模式下的环境影响分析　　　　　　　　　　　　　%

使用模式	ADP	AP	EP	GWP	PFOP
最乐观的情况：2 年的使用寿命内，每星期使用 1h，总共消耗 39 个电池	54	59	54	60	48
最悲观的情况：耗尽出厂配置的电池后没有再使用，总共消耗 3 块电池	−0.3	−0.17	1.2	1.8	0.2

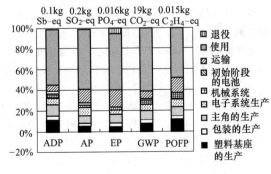

图 35-8-7　电动熊的环境影响评估结果

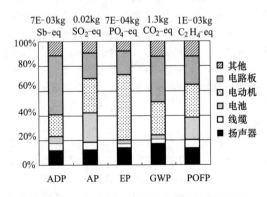

图 35-8-8　电动玩具熊电子系统的环境影响评估结果

表 35-8-12　　　　　　　　　　　　　　　　绿色设计策略和评价结果

序号	设计策略	技术可行性	经济相关性[①]	环境相关性[①]	顾客接受度	优先级
1	电子组件由穿孔转变为表面贴装	是	2	1	2	中等
2	改变包装形状减少原材料消耗	是	2	1	2	中等
3	替换毛绒和 T 恤材料为有机棉	否				拒绝
4	使用回收材料作为填充物	是	1	1	2	长
5	使用回收的塑料制作隐藏组件	是	2	1	2	中等
6	使用可充电电池	是	3	2	2	短
7	减少使用模式下的能源需求	是	3	3	3	短
8	减少包装材料种类	是	3	2	2	短
9	避免包装回收时材料不兼容	是	3	2	2	短
10	电池适配器由 ABS 替换聚丙烯	是	3	1	2	短
11	包装塑料进行符号标记	否				拒绝

① 相关性等级分为 0，1，2，3，其中 0 表示最低相关性，3 表示最高相关性。

8.4.2　碎石机的生命周期评价

（1）目标和范围的确定

美国国家机械制造厂 Nordberg 委托生态平衡研究项目组对其产品型号为 HP400 SX 的碎石机进行生命周期评价研究，研究的最终目的是识别碎石机整个生命周期所造成的环境影响，以及对环境产生影响最大的生命阶段，以帮助有关产品设计和提高能源利用效率等方面的决策工作。为实现这一目标，就需要对碎石机整个生命周期进行定量的环境影响评价，包括原材料的开采和生产，碎石机的制造、使用、运输、分配和最终处理。研究按照 SETAC 和 ISO 制定的生命周期框架和指南对碎石机实施生命周期评价，研究采用 TEAMTM——由生态平衡研究中心开发的生命周期评价软件模型。

（2）碎石机的系统边界和模型

生命周期评价是对产品系统或者工艺整个生命周期的物质和能源流（流入和流出环境，包括空气排放物、水体排放物、固体废弃物、能源和资源的消耗）进行定量化评价的工具。整个生命周期包括原材料的提取和加工，产品的制造、运输、分配、使用和最终处理。图 35-8-9 描述了延伸系统边界的一般原则。所有系统内部的物流都视为代表一个功能单元，这样有利于对具有相同功能的不同工业系统进行比较分析。

碎石机的系统边界见图 35-8-10。碎石机的系统边界包括：产品构件的生产、使用、终端处理和运输阶段。定义碎石机的功能为将巨型冰川岩石碾碎为直径小于 3.2cm 的碎片。因此，碎石机生命周期评价

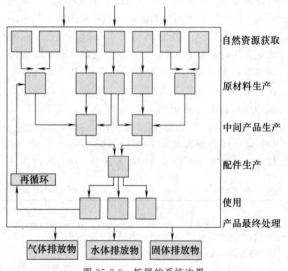

图 35-8-9　扩展的系统边界

的功能单元为将 1000t 巨型冰川岩石碾碎为直径小于 3.2cm 碎片的碎石机。

碎石机生命周期过程中材料生产阶段包括收集碎石机自身使用的原材料的主要材料信息。碎石机的材料组成见表 35-8-13。碎石机原材料以及消耗的其他能源和资源的开采和生产数据来自于环境分析管理数据库（DEAM）。假定所消耗的钢铁的 50% 为一次钢铁（在基本氧化炉中生产的原始钢铁），50% 为二次钢（再循环钢）。由于缺乏数据，一次钢采 50/50/BOF/EAF 组合数据。假定碎石机的使用期限为 25 年，使用阶段包括动力能源、石油和润滑剂消耗以及碎石机由于磨损而需要的部分替代物质。HP400 SX 的碎石机实际使用的数据由用户提供，表 35-8-14 列出实

表 35-8-13　　　　　　　　　　　　　　　HP400 SX 碎石机材料组成

材料	质量/kg	质量分数/%	材料	质量/kg	质量分数/%
钢	20684	87	环氧树脂	80	0.3
铁	1733	7.3	铝	17	0.07
青铜	338	1.3	黄铜	0.64	0.003

表 35-8-14　　　　　　　　　　　　　　　HP400 SX 碎石机的特征

粉碎岩石的类型	冰川岩石
粉碎输出	直径 3.2cm 的碎片
标准功率/m·t·h^{-1}	454
碎石机生产力/h·年$^{-1}$	5000
电力消耗/MJ·年$^{-1}$(kW·h·年$^{-1}$)	5850000(1625000)
备件("备用")名称和质量/kg	衬砌,703
磨损部件("磨损")名称和质量/kg	机套,1089
	碗状衬砌,1075
	切割环(torch ring),6.8
	每 7 年换一次磨损部件
润滑油/L	568(每两年换一次)

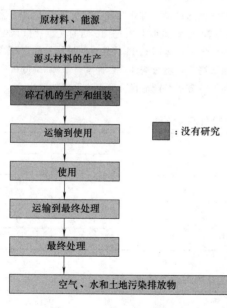

图 35-8-10　碎石机的系统边界

际使用数据和 Nordberg HP400 SX 制造厂提供的规格说明书数据。考虑到使用和说明书数据，应该注意：①Nordberg HP400 SX 是 Nordberg 碎石机的最新型号，在收集数据时仅仅在公司内部使用 4～5 个月，数据基于说明书和有限的使用；②为获取一天的电力总消耗量，监测 8h 工作时消耗的动力；③25 年

有限生命期限总磨损和总余料质量为 397354kg，假定余料和磨损物质为 50/50/BOF/EAF 混合钢材。

碎石机每功能单元的动力消耗为 2340MJ，也即 650kW·h。由于缺乏数据，不考虑碎石机磨损和老化带来的能源利用效率降低的问题。

假设碎石机的金属构件在碎石机生命终端得以全部再循环和恢复，恢复的金属在碎石机系统边界以外使用，因此，由材料恢复和一次钢材生产的抵消引起的再循环能源、材料消耗和排放物不属于本次研究的对象。

运输包括装配厂到制造厂之间的运输以及制造厂到再循环厂之间的运输，运输使用重型柴油汽车（标准最大载重为 20t），运输距离见表 35-8-15。

表 35-8-15　　　运输距离

生命周期阶段	距离/km
装配工厂到碎石厂	1287
碎石厂到二次金属制造厂	81

生命周期评价可能会包括一些公用材料，如混凝土和钢材的生产和运输等，本研究不考虑这些材料。

①电力生产模型　美国能源信息署（EIA）提供有关电力生产中使用的燃料能源配比。根据 EIA 提供的数据，五类主要燃料比例总和为 100%，模型包括这些燃料能源的生产、燃烧和燃烧后处理的数据。

第 35 篇

② 钢材生产模型　原始钢材生产包括铁矿石开采、煤炭化（无氧蒸馏），也包括烧结和鼓风过程。二次钢材生产模型包括钢材碎片在电弧熔炉（EAF）中的处理过程。电力、天然气和煤炭作为燃料能源，也包括在模型中。

③ 数据来源　提供所有数据资源（如物质生产、电力、柴油等）并不是本研究的目的。因此，项目中使用的数据主要来自美国和欧盟出版的数据文献，包括 EPA、EIA 和其他 US DOE 来源，以及生态平衡 DEAM 数据库数据资源。

（3）讨论

① 生命周期　表 35-8-16 列出了 Nordberg 公司碎石机每一生命周期阶段的生命周期评价结果。项目考虑的物流包括 NO_x、SO_x、CO_2、颗粒物质、铁、能源，如表 35-8-22 中所示，每一行结果合计为 100%。如表 35-8-16 所示，使用阶段决定了铁矿石和能源消耗以及空气污染物的环境影响，对这些类型的环境影响的总贡献大约为整个生命周期总影响的 94%。碎石机使用的钢材和铁看起来好像对整个生命周期环境影响有较大的作用，但是在碎石机 25 年有效使用期限内由于磨损需要的钢材和铁的补给物（约为 $4.0×10^5$ kg）远远超过了原始钢材和铁的使用量（约 $2.3×10^4$ kg）。

② 使用阶段　表 35-8-17 列出了使用阶段从电力、磨损和润滑油消耗三种主要模型组分进行分析的详细生命周期评价结果，反映了使用阶段实际物流以及上述三种组分中的每一种对整个环境影响的贡献比

例。从表 35-8-17 中可以看出，电力消耗是使用阶段最主要的组分，也暗示了碎石机整个生命周期磨损替代物产生的环境影响与能源消耗相比是很微不足道的。电力组分和颗粒物值得重点关注。颗粒物环境影响贡献总和小于 100%，其他的颗粒物来自工厂自身，而不是表中列出的组分。

（4）结论

根据数据和假设，从评价结果可以看出，使用阶段，特别是电力的消耗，是碎石机生命周期环境影响产生的决定性因素。因此，Nordberg 公司的环境工程师和设计人员对碎石机的使用阶段投入较多的关注，而不是产品的生产阶段。在对碎石机的生命周期评价项目研究开始之前，Nordberg 公司的公司策略是通过改善能源使用率而提高生产力，同时降低操作费用。该公司采用这种提高生产力的策略改革了碎石机的生产模型，开发出新的高性能产品模型，如 HP400 SX。因此，HP 系列产品作为下一代碎石产品开发的基准，包括提高单位能源消耗下的破碎率和总体能源利用率。

8.4.3　基于 GaBi 的汽车转向器防尘罩的生命周期评价

本案例选自秦雪梅等发表在《重庆理工大学学报（自然科学）》2013 年第 27 卷 10 期的文章，根据生命周期评价方法，运用 GaBi 软件对两种材料的汽车转向器防尘罩进行环境影响评价，探索基于 GaBi 分析的生命周期评价方法在产品设计变更决策中的应用。

表 35-8-16　　　　　粉碎 907t 物料的碎石机的生命周期评价结果

项目	物质	总量	源头金属生产/%	使用/%	终端处理/%	运输/%
输入	铁(Fe,矿石)	4.0kg	6	94	—	—
输出	二氧化碳	586333g	0.1	100	0	0
	氮氧化合物	1902g	0		0	0
	硫氧化合物	3261g	0.1		0	0
	颗粒物	3410g	0.1		0	0
能量	总能量消耗	8906MJ	0.1	100	0	0

注：0% 表示小于 0.1%；— 表示缺乏数据。

表 35-8-17　　　　　粉碎 907t 物料的碎石机使用阶段生命周期评价结果

项目	物质	总量	钢/%	电力/%	润滑油/%
输入	铁(Fe,矿石)	3.7kg	100	—	—
输出	二氧化碳	585530g	1.3	99	0
	氮氧化合物	1899g	1	99	0
	硫氧化合物	3257g	0.7	99	0
	颗粒物	3405g	2.0	66	0
能量	总能量消耗	8894MJ	1.1	99	0.3

注：0% 表示小于 0.1%；— 表示缺乏数据。

汽车转向器是完成旋转运动到直线运动（或近似直线运动）的一组齿轮机构，同时也是转向系统中的减速传动装置。转向器防尘罩用在汽车转向系统上，与汽车转向拉杆连接，其主要作用是防尘和密封润滑脂，同时将刚性连接转变成柔性连接，其外形详见图 35-8-11。防尘罩的关键尺寸是防尘罩与转向拉杆球头销座之间的配合尺寸。对防尘罩的技术要求是防摩擦、防尘以及保证骨架内孔尺寸与精度。

图 35-8-11　汽车转向器与汽车转向防尘罩外形

（1）目标与范围的确定

分别选用材料为橡胶和塑料的同一款汽车转向器防尘罩作为研究对象，目的是通过两种材料防尘罩的生命周期评价，对比两种材料防尘罩生命周期阶段的能源和环境影响差异，为产品设计人员选用产品材料提供参考依据。

根据研究目的确定研究范围，重点是防尘罩生命周期中的原材料、制造、使用和回收处理等阶段。由于销售和运输阶段对环境的影响较小，因此此处忽略不计。

根据重庆某汽车厂数据显示，橡胶防尘罩和塑料防尘罩单件防尘罩质量分别为 0.12kg 和 0.075kg，生产工艺分别为模压硫化成形和吹塑成形。生命周期评价的功能单位确定为单件防尘罩的产品质量（kg）。

（2）清单分析

① 原材料及其生产阶段　由于防尘罩生产的配方保密，此处只列出部分原材料数据。单件防尘罩所需原材料见表 35-8-18。

表 35-8-18　单件防尘罩原材料

零件名称及质量/kg	原材料名称及质量/kg	备注
橡胶防尘罩（0.120）	丁腈凝炼胶（0.135）	按丁腈橡胶计算
	炭黑（0.038）	按普通炭黑计算
	增塑剂（0.017）	按邻苯二甲酸二异壬酯计算
塑料防尘罩（0.075）	TPV（0.079）	配方保密，按聚丙烯/三元乙丙橡胶混合物计算

注：TPV 为动态交联型热塑性弹性体，其主要基材是 EPDM（三元乙丙橡胶）和 PP（聚丙烯）。

② 制造阶段　橡胶防尘罩采用模压硫化成形，其工艺流程为：原材料→配料系统→炼胶机→预成形机→硫化机→修边机→防尘罩成品。运用 GaBi6 软件对生产过程进行建模，如图 35-8-12 所示。

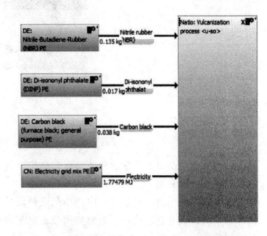

图 35-8-12　橡胶防尘罩生产过程的 GaBi6 软件模型

从所建立的软件模型可以看出橡胶防尘罩制造阶段消耗的电能为 1.77479MJ。单件橡胶防尘罩制造阶段的输入和输出情况如表 35-8-19 所示。

表 35-8-19　单件橡胶防尘罩制造阶段的输入和输出情况

输入	输出
丁腈混炼胶（0.135kg）	橡胶防尘罩产品（0.12kg）
炭黑（0.038kg）	
邻苯二甲酸二异壬酯（0.017kg）	
电能（1.77479MJ）	

塑料防尘罩采用吹塑成形，工艺流程为：原材料→除湿干燥供料机→吹塑机→防尘罩成品。运用 GaBi6 对生产过程进行建模，如图 35-8-13 所示。

从图 35-8-13 所示模型可以看出塑料防尘罩制造阶段消耗的电能为 1.99078MJ。单件塑料防尘罩制造阶段的输入 0.079kg PP/EPDM 和 1.99078MJ 电能，输出 0.075kg 塑料防尘罩成品。

③ 使用阶段　两种防尘罩在汽车使用寿命期间一般不会出现中途更换的情况。由于防尘罩在使用过程中不产生负面的环境影响，暂且忽略该阶段的环境影响。

④ 防尘罩回收阶段　由于汽车产量和用量的快速增长，汽车橡胶件和塑料件的回收利用对资源与环

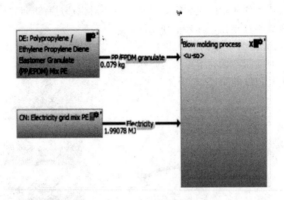

图 35-8-13　塑料防尘罩生产过程模型

境的影响已日益凸显。汽车的回收再生包括废弃汽车整车的回收再生和制造过程中产生的不合格废品与边角料的回收再生两类。制造过程中产生的废料较易回收再生，而在废弃整车处理时的材料回收是汽车回收再生的重点。

废旧橡胶属于固体废弃物，其来源主要有报废的橡胶制品和制造过程中产生的边角料与废品，可以通过直接回收重用和物理化学加工重用实现橡胶的回收。塑料废弃物是伴随着树脂的生产、成形、加工、应用和废弃而产生的。TPV 作为一种通用热塑性弹性体，具有热塑性，可反复利用，废弃物回收比较容易，只是热塑性弹性体产品数量少，在废弃物收集和分类方面存在问题。

（3）影响评价

运用生命周期评价软件 GaBi6 对橡胶防尘罩和塑料防尘罩进行生命周期评价，得到两种防尘罩的生命周期阶段对能源与环境的影响评价结果。

① 初级能源消耗对比　从分析结果可以得出两种材料防尘罩的初级能源消耗情况见表 35-8-20。两种防尘罩的初级能源消耗总量为 38.6746MJ，橡胶防尘罩的初级能源消耗所占比重为 69%。从节能的角度考虑，塑料防尘罩比橡胶防尘罩更节能。

表 35-8-20　两种防尘罩的初级能源消耗对比

MJ

生命周期阶段	橡胶防尘罩	塑料防尘罩
原材料提取阶段	20.91818	5.75462
制造阶段	26.57490	12.09980

② 两种防尘罩的污染物排放对比　选择对环境影响较大的气体 CO、CO_2、NO、NO_2 和 SO_2 作为

主要的污染物考虑。表 35-8-21 列出了两种防尘罩的主要污染物排放数据，图 35-8-14 所示为两种防尘罩的污染物排放对比分析数据。结果显示：橡胶防尘罩的 CO_2 排放值远大于塑料防尘罩，橡胶防尘罩对环境的影响远大于塑料防尘罩。

表 35-8-21　两种防尘罩的主要污染物排放对比

kg

污染物排放	橡胶防尘罩	塑料防尘罩
一氧化碳（CO）	0.002768650	0.000676848
二氧化碳（CO_2）	1.245100	0.649364
一氧化氮（NO）	1.605756×10^{-6}	3.36808×10^{-7}
二氧化氮（NO_2）	1.72436×10^{-7}	3.82498×10^{-8}
二氧化硫（SO_2）	0.00273206	0.00204188

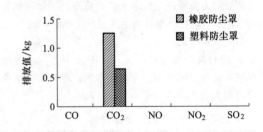

图 35-8-14　两种材料防尘罩的污染物排放对比

③ 酸雨（AP）、富营养化（EP）、臭氧分解（ODP）和温室效应（GWP）等环境影响的对比　图 35-8-15 所示为两种材料防尘罩的环境影响结果对比，图中数据来源于 GaBi6 软件数据库。分析结果显示，橡胶防尘罩的环境影响值大于塑料防尘罩，其中，温室效应的影响较为显著。

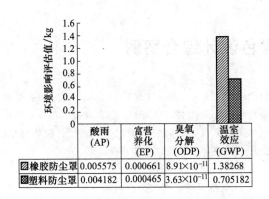

	酸雨 (AP)	富营 养化 (EP)	臭氧 分解 (ODP)	温室 效应 (GWP)
橡胶防尘罩	0.005575	0.000661	8.91×10^{-11}	1.38268
塑料防尘罩	0.004182	0.000465	3.63×10^{-11}	0.705182

图 35-8-15　两种材料防尘罩的环境影响对比

TPV 材料防尘罩的质量小于丁腈材料防尘罩,为汽车减重和节能做出了贡献。在两种防尘罩的原材料提取阶段和加工制造阶段,TPV 材料防尘罩的环境影响小于丁腈材料防尘罩。虽然 TPV 材料防尘罩在制造阶段的电能消耗大于丁腈材料防尘罩,但在总的能源消耗方面,TPV 材料防尘罩远小于丁腈材料防尘罩。由于塑料是省资源、节能型的材料,因此 TPV 材料的回收利用性能也优于丁腈材料。在进行汽车转向器防尘罩材料设计变更时,不考虑两种材料产品的成本因素,而只考虑产品的节能性、环保性和质量可靠性。通过对两种材料零件进行生命周期评价对比分析,表明 TPV 材料零件的整体性能优于丁腈材料零件。

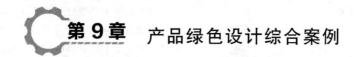

第 9 章　产品绿色设计综合案例

9.1　鼠标的绿色设计案例分析

本案例以中国台湾福华电子公司生产的计算机鼠标为例进行介绍。

9.1.1　目标产品

以福华电子公司生产的滚轮式 3D 光学计算机鼠标 FDM-28USO 为研究对象，规格为 11.2cm（长）× 6.1cm（宽）×3.6cm（高），其材料明细见表 35-9-1。该鼠标的主要销售地区为日本，需要符合日本生态标签的要求。该鼠标的预计年产量约为 15000 只。

9.1.2　产品基本资料分析

研究对象为 FDM-28USO 计算机鼠标，规格为

11.2cm（长）×6.1cm（宽）×3.6cm（高），主要零部件包括外壳组件（ABS）、光学透镜（PC）、连接线（无毒 PVC）、印制电路板、3D 转轮、包装材料、垫片、标签，上下盖以卡扣连接。

该产品的主要工程特征包括：

① 结构简单，质量小；

② 大小适中；

③ 塑料外壳采用同种材料（ABS）设计，简化材料种类；

④ 除一般鼠标操作及左右键功能外，同时具有 3D 转轮及中间键功能；

⑤ 表面光滑，符合人机工程学要求；

⑥ 能耗小。

研究对象的生命周期清单见表 35-9-2。

表 35-9-1　　　　　　　　　　　　　　福华鼠标材料明细表

序号	零件名称	材料	备　　注
1	上盖、下盖、按键、球盖	ABS	使用再生材料(40％以上)，不添加卤素、卤化有机物、阻燃剂 PBB、镉、铅、IARC(international agency for research on cancer) 所列的致癌性物质等
2	光学透镜	PC	不可回收材料，不得添加卤素、卤化有机物、阻燃剂 PBB、PBDE 及氯化石蜡、铅、镉、IARC 所列致癌性物质等
3	3D 转轮（轴心） 3D 转轮（外套）	PC，ABS 橡胶	规范同零件 1 可回收
4	滚球（外套）	硅	规范同零件 2
5	转盘惰轮	聚甲醛（POM）	规范同零件 2
6	电线（外套） 电线（芯线）	PVC 铜	模压处采用无毒 PVC、由协作企业制作 可回收、无特别规定
7	弹簧	不锈钢线	可回收、无特别规定
8	鼠标垫	超高分子聚乙烯（UPE）	可回收、无特别规定
9	单层 PCB	酚醛树脂纸基材	UL94 标准中 HB 以上的阻燃等级，不添加 PBB、PBDE 等
10	说明书	模造纸	使用再生纸、满足生态标志的要求（印制用纸）
11	包装盒	瓦楞纸板	符合 ISO 11469 的规定，采用再生纸，不含有 CFCs、HCFCs 等
12	协作企业		生产流程不得有 CFCs、HCFCs 等 需遵守当地的环境法规 需取得当地环境部门的认可

表 35-9-2　　　　　　　　　　　　　　鼠标的生命周期清单

(1)制造阶段

项目	零部件/材料	数量	单位	来源	运送方式	单位:每项产品制造的投入与产出量(质量、kW…)
原材料	塑料外壳/ABS	200	g/个	奇美	货车	BOM 表为附件
	光学透镜/PC	80	g/个			
	基板/纸质酚醛	50	g/个			
	树脂铜箔基板					
	连接线/无毒 PVC					
	3D 转轮外套/橡胶					
辅助原料	助焊剂、稀释剂、焊锡丝、酒精					
	步骤名称	零部件描述	操作时间/s			
装配动作	①装配基板	下盖	10			
		光学透镜	3			
		基板半成品	10			
	②上下盖嵌合	下盖半成品,上盖组(含按键)	3			
	③贴脚垫	鼠标,四个脚垫				
	④贴标签	鼠标,标签				
能源/资源消耗	自来水	电能/kW·h·年⁻¹	天然气/m³·年⁻¹	燃料油/L·年⁻¹		说明厂内直接用于制造所需使用的水量与能源　办公室照明、空调、室外照明、水电解不属于直接制造用途
污染排放						说明厂内每天制造产品所生产的空气、水体、废弃物等污染量
其他	①产品合格率②不合格品的处理方法					①不合格品:包括生产过程中产生的不合格品以及经销商退回的产品　②处理方式请逐项说明,如拆解再利用或整个废弃等

(2)使用阶段

平均使用年限		2 年
能源消耗		耗电量:40mA
维护情形	维护项目	无须维护

(3)废弃阶段

项目	处理者	处理方式	回收率	最终去向	若有部分可回收材料应单独列出,并说明回收渠道与实际回收比例
外壳组件	经销商	回收使用			
电路板	经销商	废弃			

(4)国内外相关法规、规范、规格

重要性	法规名称			
必须符合	WEEE			
注意事项	有害物质限制使用,不采用含铅工艺等			

9.1.3　建立核查清单

参照中国台湾工业技术研究院环境安全中心、澳大利亚皇家墨尔本理工大学（RMIT）及加拿大国家研究委员会（NRC）等绿色设计研究机构常用的核查清单，列出的鼠标检查项目有 100 多项。参照这些检查项目列出该鼠标的核查清单，详见表 35-9-3。

产品种类不同，用到的核查清单也不同，常用的核查清单建立步骤如下：

① 将常用的产品绿色设计准则汇总成检查总表。

② 由核查小组与生产企业进行沟通协调，若核查小组人数 2/3 认定该检查项目为重要准则，即将检查项目纳入鼠标设计核查表单中。

③ 针对这些检查项目给出产品的绿色设计建议。

9.1.4　绿色设计策略和方案

在产品绿色设计小组对产品进行综合分析的基础上，通过绿色设计评估，确定影响鼠标绿色设计的因素并制订绿色设计策略，详见表 35-9-4。

在绿色设计策略的基础上，需要制订详细的绿色设计方案。该公司利用其良好的研发与设计能力，采用的绿色设计方案见表 35-9-5。

表 35-9-3　　　　　　　　　　　　　　　　　福华公司的鼠标核查清单

检查大分类	检查小分类	检查内容	说　明
原料	原料识别	可回收再生的原料是否易于识别	如将可回收的 ABS 材料标示在明显位置
	原料的使用量	能否在设计时减小零部件尺寸 是否可通过改进技术方法减少原料使用	如主机造型小型化 如改进结构强度
	原料的来源	原料对生态环境是否有重大影响	
	原料的危险性	零部件中的原料是否具有危害人体健康的潜在威胁	如含有过量的重金属
生产过程	组装与拆卸	是否易于拆卸	
包装运输	减量设计	包装体积是否减至最低 包装是否有良好的回收渠道	如设计的产品可折叠 如与附近回收机构协作
使用过程	适当的使用	是否提供消费者废弃处理及回收再生信息	如产品说明书中有清楚的描述
废弃及回收	能源与资源回收	不可回收再生的原料是否容易与可回收再生原料分离	如改进结构
		设计时是否考虑用最少的拆卸和分类活动即可完成资源与能源的回收	如废弃显示器玻璃的回收利用
		废弃产品是否能再利用或用于制造新产品	如采用单一材料制造产品零部件

表 35-9-4　　　　　　　　　　　　　　　　　　　鼠标绿色设计策略

检查项目	绿色设计策略	备　注	执行状况
可回收再生的原料是否易于识别	将回收标志模压到零部件上		按照 ISO 11469 规定进行了回收符号标示
可回收再生的材料是否易于分离	可回收材料/零部件易拆卸设计	哪些材料可回收	主要回收的零部件为塑料外壳 ABS，连接方式采用卡扣结构，易于拆卸
能否减小零部件尺寸			部分标签固定内容,蚀刻在下盖上
是否可通过技术改进减少原料使用	减小外壳壁厚	2mm	外壳表面采用蚀刻或镂空方法刻印产品标志或图案等,减少材料 0.5g
使用的原料是否会对生态环境造成影响			
零部件中的原料是否具有危害人体健康的潜在威胁	避免有害成分	如铅、镉、汞、六价铬等	

续表

检查项目	绿色设计策略	备　注	执行状况
拆卸动作是否简单方便	卡扣设计		已执行
包装体积是否减至最小	包装材料单一化 包装材料再利用 包装材料印制单色化 采用回收材料	包装材料单一化,便于回收 单色印制比较环保	
包装是否有良好的回收渠道	包装上注明包装材料的回收方式	如与纸类一同回收	
是否给消费者提供了废弃处理及回收再生信息	在产品包装中注明		
废弃产品是否可再利用或做成新产品	外壳再利用 芯片及其他元器件的再利用 发光元件的再利用	如手机架、肥皂盒等 手机发光饰品等	
是否可用最少的拆卸和分类即可完成回收	有害成分集中设计 有害成分(主机板)易拆解设计 可(拟)回收原料,零部件易于分类		
其他替代材料的使用	可否使用其他替代材料 记忆材料的使用 外壳回收材料百分比提高	如木屑压制成的外壳或其他塑料的使用等 如可随个人手型调整与记忆 可回收材料 ABS 的百分比约为 25%	

表 35-9-5　　　　　　　　　　　鼠标的绿色设计方案

方　案	内　容
采用模压式的标签设计	将标签上的产品名称、公司标志、电磁兼容性、检验证明及安全规定等固定内容蚀刻在鼠标的下盖上,大大减少了标签纸用量,可节省约 2/3 的印制油墨
蚀刻与减少壁厚的减积设计	将鼠标上盖蚀刻或镂空,在保持产品结构强度的基础上,将鼠标的壁厚减小 2mm,大大节省了原材料的使用
卡扣设计	以前的鼠标是上下盖采用螺钉连接,为了便于拆卸,该鼠标采用卡扣连接,大大降低了拆卸、装配成本
建立零件的绿色材料表	产品设计阶段也确定了零部件的组成材料,按照企业污染预防和清洁生产的相关规范,选择绿色环保材料

9.2　产品绿色设计成功案例赏析

搜集了一系列绿色设计的优秀作品,汇编成表 35-9-6,以供设计人员参考。

表 35-9-6　　　　　　　　　　　　经典案例赏析

案例名称	图　例	说　明
AQUS 污水系统	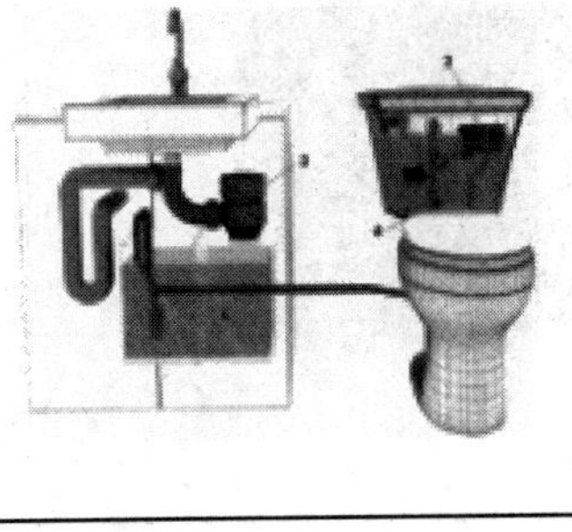	家庭中大部分水冲进厕所,AQUS 污水系统将洗菜池的水收集起来并转移到马桶,每人每天节约了 7gal(1gal=3.78541dm³)水 该系统的工作原理如下:水槽下面的 P 形夹子将水槽的污水导入 5.5gal 罐 1,水槽的水通过含有溴和氯片的分配器 2 进行杀菌。填充控件 3 使厕所控制箱保持阀浮起,将淡水注入水箱。相反,污水通过两个管 4 进入水箱

续表

案例名称	图　例	说　明
绿色迷你台式机		Dell Studio Hybrid 是由戴尔（DELL）公司推出的一款迷你台式机，其绿色性体现在以下几个方面： ①该台式机尺寸大小是196.5mm × 71.5mm × 211.5mm（含外套），比普通的迷你台式机小80% ②其外壳材料为竹子 ③其耗电量比普通的迷你机的70%还少，其功率不超过65W ④在外包装材料使用方面，其和能源之星（Energy Star）4.0 标准相比，重量减轻 30%，95% 是可回收的，里面的材料（手册类）也减轻了75%，另外还增加了回收工具包
环保车轮		环保车轮由麻省理工学院的研究学者设计，这款自行车车轮可以将乘骑时使用手闸等设备产生的制动力储存起来，然后在上坡或者加速的时候提供动力辅助。除了贴心的辅助设计，它还能将沿途的路况、空气质量和其他乘骑信息进行统计，并将结果发送至客户的手机上。根据其变化的数据，客户可以更加合理地安排出行计划，选择空气更加舒适的时段出行
人力洗衣机		这款人力洗衣机是海尔公司在2010 年柏林国际电子消费品展销会上展出的产品。这款环保洗衣机可以将配套的动感自行车健身器材在使用时所产生的能源，用于驱动洗衣机清洗衣物。20min 的运动可以支持洗衣机用冷水清洗一次常量衣物，算得上是一款从侧面督促用户健身、保持健康生活状态的实用家电了
太阳能无线键盘		罗技公司推出了世界上第一款太阳能无线键盘，这款键盘顶部装有一排太阳能光电板，可以通过阳光或普通灯光为其充电。当电量充满时，它可以在黑暗的情况下连续工作长达 3 个月的时间。键盘上还附有光亮量提示，能随时随地告诉用户当前的照明强度。此外，这款键盘采用可回收塑料制成，在保证产品质量与寿命的同时，也体现罗技的节能、环保理念

案例名称	图 例	说 明
环保电池	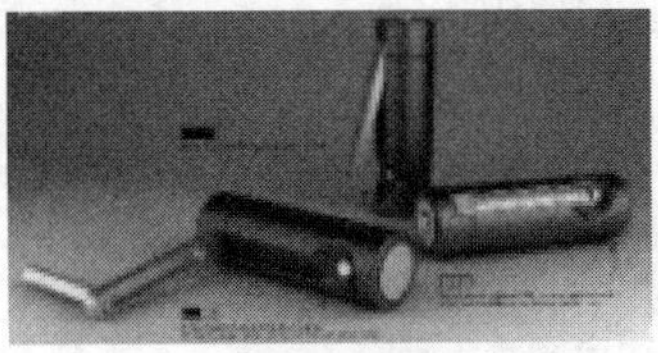 图(a) 外观图 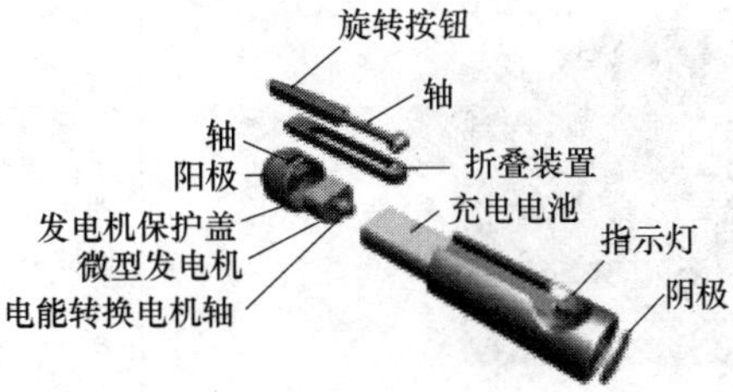 旋转按钮 轴 轴 阳极 折叠装置 发电机保护盖 充电电池 微型发电机 指示灯 电能转换电机轴 阴极 图(b) 爆炸图 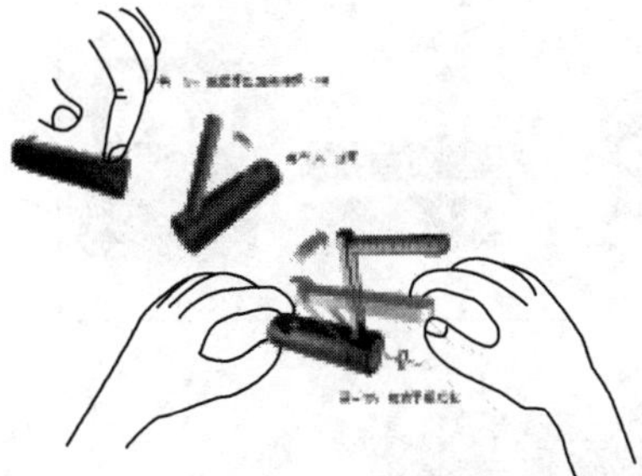 图(c) 充电过程	这款环保充电电池的外观如左图(a)所示,电池组成结构如左图(b)所示,当电池没电的时候,只需打开把手,将其顺时针转动即可给电池充电,详见左图(c),只需持续摇动20min就能让耗尽电量的电池恢复饱满活力。而电池把手下方还有小灯提示,如果小灯显示黄色则表示电池电量不满,需要充电
丰田汽油电力混合驱动轿车 Prius	 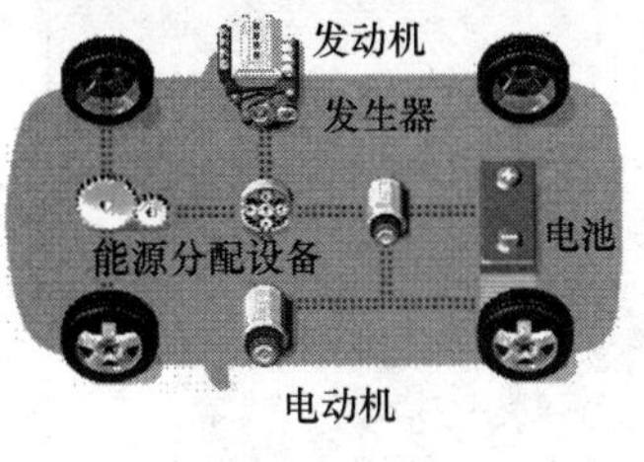 发动机 发生器 能源分配设备 电池 电动机	该轿车配置了高达 500V 的混合协同驱动系统,使得汽油机和电力两种动力系统通过串联与并联相结合的形式进行组合工作,达到低排放的效果。由于电动机的输出转矩要比汽油机大很多,因此,当汽车处于起步、加速、上斜坡等高负荷状态时,电动机工作,使得高负荷状态下的废气排放得以进一步降低,比普通内燃发动机尾气排出的废气降低了 90%左右 Prius 造型也颇具匠心,使得该汽车空气动力学特性较好,风阻系数仅仅为 0.26,为降低燃油消耗和车内噪声做出了贡献

续表

案例名称	图　例	说　明
Thonet 椅子	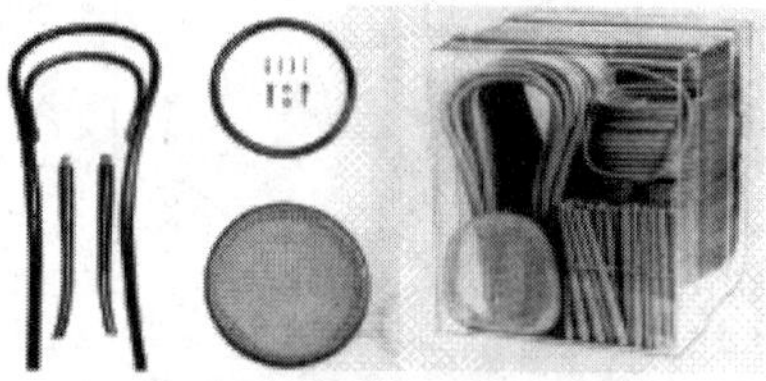	左图所示为 1859 年由奥地利索耐特（Michael Thonet）所设计的第一把可以组装并得到量产的椅子。该椅子利用蒸汽曲木技术制作，所有零部件均可拆装，方便运输及工业化生产
可拆卸的电脑主机箱		该电脑主机机箱设计的创新点在于其可拆卸性好，通过徒手按一键即可开箱，便于产品的维修维护和回收利用
可重复利用的电视机包装	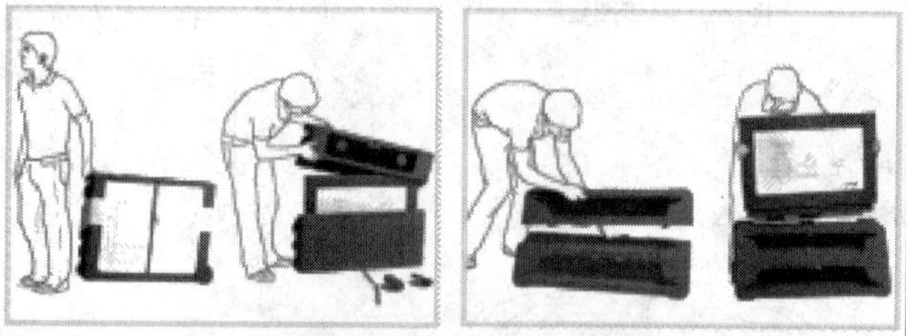	该产品的外包装通过简单组装可以作为电视柜使用，实现了包装的整体重用
GIGS. 2. GO 手撕 U 盘	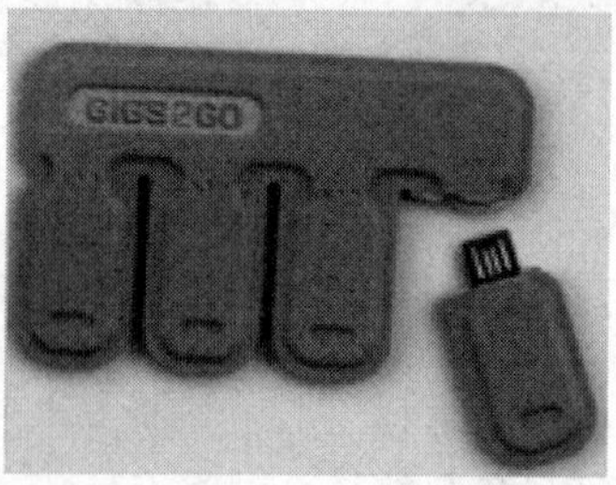	该作品来自 BOLT 集团的产品设计师 Kurt Rampton 之手，包装为四个 U 盘一组，大小只有信用卡那么大。这款手撕 U 盘外壳采用 100% 可回收的纸浆做成，可降解、质轻、价廉。使用时只需撕下一块，然后就可以插到电脑上使用，还可以把备注信息写在 U 盘的包装纸上
Flexible Love 沙发		Flexible Love 沙发是由中国台湾设计师 Chishen Shiu 利用 100% 可回收的硬纸板材料制作的，椅子中间的部分就像手风琴一样灵活，可以任意展开、弯曲和收缩，也即它可以通过自身的调节来适应很多种场合和环境
可拆卸的简易圆规	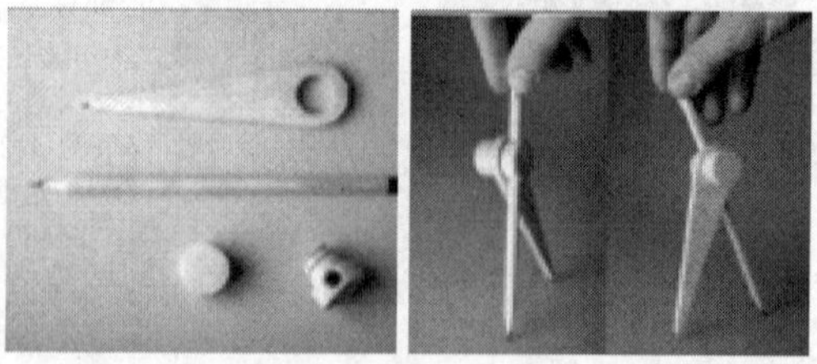	该圆规巧妙地将铅笔作为一个替换的模块融入圆规结构中，零部件只有四个，便于拆卸和组装

案例名称	图　例	说　明
蒸发式滤水器		该产品利用液体受热蒸发的原理实现了水资源的过滤,充分利用了太阳能,节能环保,设计原理简单,便于推广使用

参 考 文 献

［1］ Carrell J，Zhang H C，Tate D，et al. Review and future of active disassembly ［J］. International Journal of Sustainable Engineering，2009，2（4）：252-264.

［2］ 崔秀梅，张清锋，张靖. 面向再制造的某些手持军用红外热像仪的设计研究 ［J］. 机械设计与制造，2007，5：40-41.

［3］ Duflou J R，Willems B，Dewulf W. Towards self-disassembling products design solutions for economically feasible large-scale disassembly ［J］. 2006：87-110.

［4］ 杜彦斌，曹华军，刘飞，等. 面向生命周期的机床再制造过程模型 ［J］. 计算机集成制造系统，2010，16（10）：2073-2077.

［5］ 邓南圣，王小兵. 生命周期评价 ［M］. 北京：化学工业出版社，2003.

［6］ Farag M M. Quantitative methods of materials substitution：application to automotive components ［J］. Materials and Design，2008，29：374-380.

［7］ 费凡，仲梁维. 基于 TRIZ 的绿色创新设计 ［J］. 精密制造与自动化，2008，2：47-50，56.

［8］ 高全杰. DFD 技术及其在静电涂油机结构设计中的应用 ［J］. 湖北工程学院学报，2002，17（2）：168-169.

［9］ 官德娟，朵丽霞，陶泽光. 机械结构轻量化设计的研究 ［J］. 昆明理工大学学报，1997，22（4）：62-67.

［10］ 高洋. 基于 TRIZ 的产品绿色创新设计方法研究 ［D］. 合肥：合肥工业大学，2012.

［11］ 黄海鸿. 基于环境价值分析的设计改进理论与方法研究 ［D］. 合肥：合肥工业大学，2005.

［12］ 黄海鸿. 绿色设计中的材料选择多目标决策 ［J］. 机械工程学报，2006，42（8）：131-136.

［13］ Ijomah W L，McMahon C A，Hammond GP，et al. Development of design for remanufacturing guidelines to support sustainable manufacturing ［J］. Robotics and Computer-Integrated Manufacturing，2007，23：712-719.

［14］ Jahan A，Ismail MY，Sapuan SM，et al. Material screening and choosing methods：a review ［J］. Materials and Design，2010，31（2）：696-705.

［15］ 康黎云，郭丽，尹秀婷，杨武. 曲轴轻量化设计的要点及案例分析 ［J］. 西南汽车信息，2016，（11）：15-19.

［16］ Lily H. Shu，Woodie C. Flowers. Application of a design-for-remanufacture framework to the selection of product life-cycle fastening and joining methods ［J］. Robotics and Computer Integrated Manufacturing，1999，15（3）：179-190.

［17］ Lund R，Denny W. Opportunities and implications of extending product life ［J］. Symp on Product Durability and Life，Gaithersburg，MD，1977：1-11.

［18］ 卢建鑫. 基于碳足迹评估的产品低碳设计研究 ［D］. 南京：江南大学，2012.

［19］ 刘涛，刘光复，宋守许，等. 面向主动再制造的产品可持续设计框架 ［J］. 计算机集成制造系统，2011，17（11）：2317-2323.

［20］ 刘志峰. 绿色设计方法、技术及其应用 ［M］. 北京：国防工业出版社，2008.

［21］ 刘志峰，柯庆镝，宋守许，等. 基于拆卸分析的再制造设计研究 ［J］. 数字制造科学，2008，6（1）：40-56.

［22］ 刘志峰，李新宇，张洪潮. 基于智能材料主动拆卸的产品设计方法 ［J］. 机械工程学报，2009，45（10）：192-197.

［23］ 刘志峰，张磊，顾国刚. 基于绿色设计的洗碗机内胆材料选择方法研究 ［J］. 合肥工业大学学报，2011，34（10）：1446-1451.

［24］ 刘志峰，胡迪，高洋，等. 基于 TRIZ 的可拆卸联接改进设计 ［J］. 机械工程学报，2012，48（11）：65-71.

［25］ 侯亮，唐任仲，徐燕申. 产品模块化设计理论、技术与应用研究进展 ［J］. 机械工程学报，2004，40（1）：56-61.

［26］ Peeters J R，Bossche W V D，Devoldere T，et al. Pressure-sensitive fasteners for active disassembly ［J］. International Journal of Advanced Manufacturing Technology，2015：1-11.

［27］ Rao R V. A decision making methodology for material selection using an improved compromise ranking method ［J］. Materials and Design，2008，29：1949-1954.

［28］ 石全. 维修性设计技术案例汇编 ［M］. 北京：国防工业出版社，2001.

［29］ Shu L，Flowers W. Considering remanufacture and other end-of-life options in selection of fastening and joining methods ［J］. A IEEE Int Symp on Electronics and the Environment，Orlando，F L：IEEE，1995：1-6.

［30］ Shu L，Flowers W. Application of a design-for-remanufacture framework to the selection of product life-cycle fastening and joining methods ［J］. Journal of Robotics Computer Integrated Mfg（Special Issue on Remanufacturing），1999，15（3）：179-190.

［31］ 谢卓夫著. 设计反思：可持续设计策略与实践 ［M］. 刘新，覃京燕，译. 北京：清华大学出版社，2011.

［32］ Smith S，Yen C C. Green product design through product modularization using atomaic theory ［J］. Robotics and Computer-Integrated Manufacturing，2010，26：790-798.

[33] Song J S，Lee K M. Development of a low-carbon product design system based on embedded GHG emissions [J]. Resources，Conservation and Recycling，2010，54（9）：547-556.

[34] Suga T，Hosoda N. Active disassembly and reversible interconnection [C]. IEEE International Symposium on Electronics and the Environment. IEEE，2000：330-334.

[35] 宋冬冬，芮执元，刘军，等. 机床床身结构优化的轻量化技术 [J]. 机械制造，2012，50（573）：65-69.

[36] 宋守许，刘明，柯庆镝，等. 基于强度冗余的零部件再制造优化设计方法 [J]. 机械工程学报，2013，49（9）：121-127.

[37] 孙凌玉. 车身结构轻量化设计理论、方法与工程实例 [M]. 北京：国防工业出版社，2011.

[38] Takeuchi S，Saitou K. Design for product embedded disassembly [J]. Studies in Computational Intelligence，2008，88：9-39.

[39] 唐涛，刘志峰，刘光复，等. 绿色模块化设计方法研究 [J]. 机械工程学报，2003，39（11）：149-154.

[40] Wang C C，Zhao Y，Purnawali H，et al. Chemically induced morphing in polyurethane shape memory polymer micro fibers/springs [J]. Reactive & Functional Polymers，2012，72（10）：757-764.

[41] Willems B，Dewulf W，Duflou J R. Active snap-fit development using topology optimization [J]. International Journal of Production Research，2007，45（18-19）：4163-4187.

[42] 王树宝. 一种便于拆卸的金属轴销：CN202275266U [P]. 2012-06-13.

[43] 闻邦椿. 机械设计手册（单行本）-创新设计与绿色设计 [M]. 第5版. 北京：机械工业出版社，2014.

[44] 吴会林. 机械产品并行设计理论与方法学的研究及其工程应用 [D]. 天津：天津大学，1996.

[45] 吴雄. "火炬"牌火花塞包装结构安全设计 [D]. 株洲：湖南工业大学，2015.

[46] Yang S S，Ong S K，Nee A Y C. Handbook of manufacturing engineering and technology [M]. London：Spring-Verlag London，2015.

[47] Yang S S，Nasr N，OngS K，et al. Designing automotive products for remanufacturing from material selection perspective [J]. Journal of Cleaner Production，2017，153：570-579.

[48] 姚巨坤，朱胜，时小军，等. 再制造设计的创新理论和方法 [J]. 中国表面工程，2014，27（2）：1-5.

[49] 阳斌. 变速箱再制造设计冲突解决方法研究 [D]. 合肥：合肥工业大学，2010.

[50] 赵岭，陈五一，马建峰. 高速机床工作台筋板的结构仿生设计 [J]. 机械科学与技术，2008，27（7）：871-875.

[51] 张丹丹. 绿色设计中材料选择关键技术研究 [D]. 青岛：山东科技大学，2011.

[52] 张明魁. 再制造产品智能拆卸和评估系统 [D]. 南昌：南昌大学，2007.

[53] 张晓璐. 简化生命周期评价方法及其案例研究 [D]. 广州：广东工业大学，2013.

[54] Zhang Xiufen，Zhang Shuyou. Product cooperative disassembly sequence planning based on branch-and-bound algorithm [J]. The International Journal of Advanced Manufacturing Technology，2010，51（9-12）：1139-1147.

[55] Zhang Xiufen，Zhang Shuyou，Hu Zhiyong，et al. Identification of connection units with high GHG emissions for low-carbon product structure design [J]. Journal of Cleaner Production，2012，27：118-125.

[56] 张秀芬，张树有，伊国栋，等. 面向复杂机械产品的目标选择性拆卸序列规划方法 [J]. 机械工程学报，2010，46（11）：172-178.

[57] 张秀芬，胡志勇，蔚刚，等. 基于联接元的复杂产品拆卸模型构建方法 [J]. 机械工程学报，2014，09：122-130.

[58] 张秀芬. 复杂产品可拆卸性分析与低碳结构进化设计技术研究 [D]. 杭州：浙江大学，2011.

[59] 周春锋. 基于LCA的船舶环境影响评价方法研究与应用 [D]. 武汉：武汉理工大学，2009.

[60] 周长春，殷国富，胡晓兵，等. 面向绿色设计的材料选择多目标优化决策 [J]. 计算机集成制造系统，2008，14（5）：1023-1028，1035.

[61] 周淑芳. 绿色设计中材料选择决策方案的模糊综合评价 [J]. 机械制造与自动化，2008，37（5）：7-9，11.

[62] 朱胜，姚巨坤. 再制造设计理论及应用 [M]. 北京：机械工业出版社，2009.